# 婺源

## 古村落
## 古建筑

詹显华　著

中国科学技术大学出版社

## 内 容 简 介

　　婺源是朱子故里、古徽州名县。本书系统阐述了婺源古村落古建筑的发展历史、营建规划、功能类型、工艺技术、特征价值,图文并茂地介绍了7个中国历史文化名村、22个历史文化名村和中国传统村落,以及民居、祠堂、书屋、牌坊、商铺、古桥、古道、庙庵、亭台阁塔、井塘堨圳等各类古建筑500多处,其中全国重点文物保护单位16处,省、市、县各级重点文物保护单位138处。一册在手,遍览婺源古村落古建筑风华。

**审图号:赣S(2021)097号**

**图书在版编目(CIP)数据**

婺源古村落古建筑/詹显华著. —合肥:中国科学技术大学出版社,2021.9
ISBN 978-7-312-05299-6

Ⅰ. 婺…　Ⅱ. 詹…　Ⅲ. 村落—古建筑—研究—婺源县　Ⅳ. TU-092.2

中国版本图书馆CIP数据核字(2021)第174673号

**婺源古村落古建筑**
WUYUAN GU CUNLUO GU JIANZHU

| | |
|---|---|
| 出版 | 中国科学技术大学出版社 |
| | 安徽省合肥市金寨路96号,230026 |
| | http://press.ustc.edu.cn |
| | https://zgkxjsdxcbs.tmall.com |
| 印刷 | 合肥华苑印刷包装有限公司 |
| 发行 | 中国科学技术大学出版社 |
| 经销 | 全国新华书店 |
| 开本 | 787 mm×1092 mm　1/16 |
| 印张 | 46.25 |
| 字数 | 1124千 |
| 版次 | 2021年9月第1版 |
| 印次 | 2021年9月第1次印刷 |
| 定价 | 338.00元 |

# 序

婺源自唐开元二十八年(740年)建县以来,在1200多年的历史中,历代人民艰苦奋斗,建设家园,留下了一大批具有很高历史价值、科学价值、艺术价值的古村落古建筑。长期以来,婺源县委、县政府高度重视对这些珍贵的文化遗产的保护利用,出台实施了许多富有"婺源特色"的具体措施,取得了显著成效。

一是建立古村落古建筑保护体制。成立了高规格的古村落、历史文化名村、古建筑保护委员会,由县领导担任主任。乡、村两级也成立了相应机构,将各地需保护的古村落古建筑列入清单,纳入每年对乡、村两级的考核内容和干部的离任考核指标,压实了保护目标和责任。

二是保障古村落古建筑保护投入。除了争取历史文化名村、中国传统村落保护专项资金外,近5年来,县财政共投入4000余万元,通过对古建筑保护管理责任人维修古建筑实施奖励,拉动了全县古建筑保护资金大投入。同时,引进社会力量保护维修古村落古建筑,开发旅游景区和古宅民宿。据不完全统计,5年来古民居所有权人总投入不低于1.6亿元,社会投资不低于5亿元,维修了近千幢古建筑,使近百个古村落的原真性、整体性得到了良好保护。

三是形成古村落古建筑保护制度。积极申报历史文化名村和中国传统村落,全县经评定的历史文化名村有14个(其中中国历史文化名村7个),中国传统村落有28个。对这些古村落建立了保护管理档案,并对所有历史文化名村编制了保护规划。开展了古建筑和文物普查,对各级重点文物保护单位和重点古建筑进行挂牌保护。切实实施好《文物保护法》和国务院《历史文化名城名镇名村保护条例》,建章立制,先后出台了关于加强古村落古建筑保护的十余个文件和管理规定。

为了宣传展示婺源古村落古建筑保护工作的成果,向广大读者介绍婺源古村落古建筑的风采,进一步提高全社会对文化遗产的保护意识,我们组织编写了《婺源古村落古建筑》一书。本书图文并茂地全面阐述了婺源古村落古建筑的发展历史、营建规划、工艺技术、功能类型、特征价值,介绍了7个中国历史文化名村、22个历史文化名村和中国传统村落,以及民居、祠堂、书屋、牌坊、商铺、古桥、古道、庙庵、亭台阁塔、井塘堨圳等各类古建筑500多处,其中全国重点文物保护单位16处,省、市、县各级重点文物保护单位138处,首次全面系统地论述和展示了婺源古村落古建筑。期盼广大读者通过该书加深对婺源历史文化的认识,并能走进婺源,亲身感受体验婺源深厚的文化底蕴。

婺源县住房和城乡建设局

2021年9月

# 前　言

　　江西省婺源县是镶嵌在赣、浙、皖三省交界处的一颗明珠,有"中国最美乡村""江南曲阜"之誉。自唐开元二十八年(740年)建县以来,这里有550余人先后中了进士,是朱子、詹天佑故里,还是古徽州"一府六县"之一,徽派古村落古建筑遍布全县,有7个中国历史文化名村和6项国家级非物质文化遗产,以及16处全国重点文物保护单位。婺源县是原国家旅游局评定的"中国旅游强县",目前,全县有1个国家AAAAA级旅游景区,14个国家AAAA级旅游景区,县域面积2967平方千米,下辖16个乡镇、1个生态工业园区、1个街道办事处。南北向的京福高铁和东西向的九景衢客专两条铁路在婺源交汇,景婺黄、景婺常两条高速公路在婺源有5个出入口,98%的通村公路都已硬化。第七次全国人口普查数据显示,全县有常住人口31.5万。2019年,全县国内生产总值131.5亿元,财政总收入17.1亿元,城镇和农村居民人均可支配收入分别为2.8万元和1.4万元。

　　人类从散居野处时代的穴居、巢居到构木为屋定居,经历了漫长的历史发展阶段。进入农耕文明时代,人类的聚居地经历了村落—城镇—都市的发展过程。古村落是我们的祖先按生产、生活的需要集聚定居的区域空间和文化空间。作为区域空间,它的构成要素包括住宅、道路、水利设施等各类人工建筑和山林、河流、田地等自然资源;作为文化空间,它包括村落形成发展的历史、人文等非物质文化遗产。研究古村落,就是系统地研究它的构成要素,揭示其科学规律,为今人保护和开发利用古村落古建筑,建设新家园新建筑提供借鉴。

　　婺源古村落,是指婺源县境内建村较早、古建筑保存较多、自然环境和历史风貌保留较完好的自然村落。婺源古建筑,是指兴建历史在百年以上的民居、商铺等生活、生产建筑,道路、桥梁等基础设施建筑,县衙、城墙等社会管理建筑,祠堂、书院等文教礼制建筑,寺观、庙坛等宗教崇祀建筑。古村落是古建筑建设的空间区域,古建筑是古村落的构成主体,二者互为表里,不可分割。研究古村落,不能不研究古建筑;研究古建筑,不能不研究古村落。

　　符合上述要求的古村落在婺源县境内有近百个。截至2020年底,婺源共有14个古村落被评为历史文化名村:沱川乡理坑村,江湾镇汪口村、篁岭村、江湾村、晓起村,思口镇思溪村、延村、西冲村,浙源乡虹关村、凤山村,秋口镇李坑村,段莘乡庆源村,镇头镇游山村,紫阳镇考水村(其中理坑、汪口、延村、虹关、思溪、篁岭、西冲7个古村为中国历史文化名村);共有28个古村落被评为中国传统村落,除了上述(除考水村外)13个古村落外,还有清华镇洪村、诗春村,赋春镇甲路村、上严田村,中云镇岑峰村、坑头村,秋口镇长径村,思口镇龙腾上村、河山坦新源村,浙源乡岭脚村,沱川乡篁村,大鄣山乡菊径村、水岚村、黄村,段莘乡东山

村15个中国传统村落。本书将重点介绍上述29个古村落。

截至2020年底，婺源县1949年前所建的古建筑，留存至今的有近5000处。已列入各级重点文物保护单位尚留存的达433处。其中理坑村民居(5幢)、明清宗祠(9座)、彩虹桥(1座)、凤山村客馆(1座)等16处被列为全国重点文物保护单位。还有省级重点文物保护单位76处，市级重点文物保护单位53处，县级重点文物保护单位288处。这些古建筑大多坐落于古村落中。本书重点介绍尚存的古建筑420处，其中民居216幢、祠堂42座、牌坊4座、书屋14幢、商铺10幢、古道11条、古桥50座、亭台阁塔18座、井塘堨圳45处、庙庵10座，其中有全国重点文物保护单位16处，省级重点文物保护单位28处，市级重点文物保护单位32处，县级重点文物保护单位78处，共计154处。

对人类聚居地的现代科学研究始于1841年德国地理学家科尔的《人类交通居住与地形的关系》一书。此后，聚落(村落、城市)研究逐步形成了比较一致的内容框架。这个框架大致由五方面组成：一是聚落的历史学研究，重点研究聚落的形成、发展、成因和规律；二是聚落的规划学研究，重点研究聚落的选址、空间布局、功能区划等；三是聚落的建筑学研究，重点研究聚落的各类建筑形制、特征、方法；四是聚落的社会学研究，重点研究聚落的人口、产业、人文、民俗风情和民间艺术等；五是聚落的艺术学研究，重点研究聚落的环境艺术、建筑艺术、美学风格等。

参照上述研究体系，本书内容分上、下两篇，共10章，上篇为"总论"，下篇为"分述"。上、下两篇由总到分，从理论阐述到具体的古村落古建筑介绍，形成一个理性认识与感性认识相统一的整体。

上篇共5章，阐述婺源古村落古建筑的发展历史、成因以及自然灾害和人为破坏对古村落古建筑的毁损情况；阐述在风水理论指导下古村落的选址和古建筑的设计，功能建筑的空间布局规划以及建设的历史情况；阐述单姓聚居型与多姓聚居型，山地型与河谷型，农业型、手工业型与商业型等不同类型村落的基本特点，生活类、生产类、基础设施类、社会管理类、文教礼制类、宗教崇祀类等6种类型古建筑的文献记载情况、遗存情况以及基本特点；以历史建筑的演进为线索，对古建筑的工艺技术作较全面的介绍；总结论述婺源古村落古建筑的基本特征，阐述其历史价值、科学价值和艺术价值以及不足之处。

下篇共5章，分别介绍理坑、汪口、延村、虹关、思溪、篁岭、西冲等7个中国历史文化名村；江湾、晓起、李坑、凤山、庆源、游山、考水等7个历史文化名村；洪村、诗春、甲路、上严田、坑头、豸峰、长径、河山坦新源、龙腾上、岭脚、篁村、东山、菊径、黄村、水岚等15个中国传统村落；水墨上河、熹园、瑶湾等3个古建筑群；婺源县引进和鼓励社会力量维修保护古建筑，利用古建筑开办民宿的实践和一些民宿业主保护开发民宿的理念，以及民宿的接待设施、体验活动。

本书力求达到如下目的：

(一)采用总分结合的方式，理性认识与感性认识相统一，全面系统地探讨婺源古村落古建筑的历史发展、规划建设、工艺技术、功能类型、特征价值等，挖掘整理和全面介绍重点古村落的地域物质空间和非物质文化空间的构成元素，丰富婺源古村落古建筑的研究，为聚落研究学科提供一种新视角。

（二）力图科学地总结和回答有关婺源古村落古建筑的一系列基本问题。这些问题包括：婺源古村落古建筑是在何时兴建形成的？婺源古村落古建筑发达的原因有哪些？婺源古人是如何在风水理论指导下为村落选址和对建筑进行设计的？婺源古村落的建设有规划吗？如果有，它的规划原则和内容是什么？婺源古村落的建设发展有何规律？婺源古建筑的基础是如何施工的？墙体是如何砌就的？屋架是如何搭建的？地面是怎样铺筑的？屋面是怎样建造的？砖雕、木雕、石雕"三雕"工艺程序是怎样的？天井在婺源古民居中起着怎样的作用？婺源古村落有哪些类型？每种类型有哪些特点？婺源古建筑可以分哪些种类？各个种类在形制上有什么特点？文献记载的各类古建筑有哪些遗存？婺源古村落古建筑的基本特征有哪些？婺源古村落古建筑有何历史价值、科学价值和艺术价值？其历史局限有哪些？等等。

（三）辨析纠正传统建筑理论中的一些误解和疑问。误解有：中国古建筑基础太浅；中国古建筑梁木过于硕大，浪费材料；中国古建筑不懂得利用三角形力学原理；中国古建筑对石性了解不足，石作方法落后；徽州古建筑以屋架为单元来布局平面；徽州古建筑以屋面形式决定营建方式；等等。疑问有：木质构件为什么不油漆？房屋朝向为什么四方均有？许多村落为什么坐落于山北水南而不是山南水北？一些民居门院为什么呈一头宽一头窄的斜院形状？为什么厅堂屋面形成"阴阳坡"？等等。

（四）汇集较丰富的资料。整理了文献记载的古建筑系统，介绍了各类古建筑遗存的现状，引用了重点古村地形图、古地形示意图、重点古建筑测绘图以及照片等1800余幅，使全书几近"图志"。

作者在2004～2011年，组织完成了13个历史文化名村（其中5个为中国历史文化名村）、13处全国重点文物保护单位和4项国家级非物质文化遗产的申报工作，主持编制了13个历史文化名村的保护规划，收集了有关婺源古村落古建筑的一些资料，并在实地踏勘中拍摄了一些图片，谋划推进了一些古村落古建筑的保护和旅游开发、民宿利用，为本书的写作打下了基础。从最初为了完成工作任务出发，逐渐在学习、调研中爱上古村落古建筑，对日益损毁的古建筑生发出无比痛惜之情，深感保护和利用好祖先留下的这笔宝贵财富，责任重大，意义深远，任务紧迫。走进一个个古村，触摸一根根古木，沉淀在历史深处的一个个人物又重新鲜活起来，为他们曾经不屈不挠地建设家园的奋斗所感动，也为世事变迁中村落和建筑的沧桑命运所神伤。因此，本书的漫长写作过程，真可谓一场旷日持久的马拉松，令人百感交集。祈盼本书能让更多人了解古村落的生命，爱上古建筑的风华，加入保护和利用古村落古建筑的行列。这也是写作本书的缘由。

本书最初的写作设想是"全"，企图用文字、照片、测绘图等较完整地反映和记录古村落古建筑的风貌，因此，2020年底初稿完成，电子稿居然有1400多页。考虑到本书的性质和读者的阅读便利，不得不在博约之间作痛苦的选择，从"求全面"变为"显特色"，经过三轮删改，忍痛割爱，删去了一半图片，最终形成700多页的定稿。一番删改，不知不觉，竟从2021年初春走进了初夏。

本书在写作中，引用和参考了一些学人的研究成果，在此深表感谢！婺源古村落古建筑从20世纪90年代开始，就引起了不少专家的关注。陈志华、楼庆西、李秋香先生最早带清华

大学建筑系学生来婺源作田野调查,研究古村落古建筑。稍后,龚恺先生也带东南大学建筑系学生前来测绘调研。生活·读书·新知三联书店特约编辑李玉祥先生多次来婺源拍摄古村落古建筑图片,为宣传婺源提供了不少好素材。张海鹏、王廷元、唐力行、王振忠、卞利、朱永春、张脉贤、方利山、翟屯建等先生研究徽州和婺源的著述,也是作者在写作过程中经常参阅的。特别值得一提的是婺源本土的几位同仁的研究工作。毕新丁先生曾和作者为申报历史文化名村共同撰写申报书,他还受委托组织编制了婺源20余个中国传统村落的"调查登记表"和"建档登记表",吴精通、汪发林先生也参与了其中几个村落的调查和文字撰写工作。这些成果,在本书的写作过程中多有借鉴。陈爱中、胡兆保先生多年来对婺源历史文化和古村落古建筑的研究论著,也为本书的编写提供了很多宝贵的资料。

本书第十章中的大部分图片为各民宿业主所提供,少数为作者拍摄,文中不一一注明。其他各章图片,除注明拍摄者、出处外,均为作者所拍摄。理坑、汪口两村测绘图,引自婺源县人民政府委托东南大学建筑学院、深圳大学古建筑测绘小组所作的测绘图集;矛峰、晓起村测绘图,引自龚恺先生主编的《矛峰》《晓起》;其他测绘图、村落地形和古建筑分布图、村落历史环境要素分布图、村落发展演变图等,除注明出处外,均引自婺源县人民政府聘请相关规划设计单位编制的历史文化名村保护规划,文中不一一加注。特向以上单位和专家、摄影家致以诚挚的谢意!

本书力图点面结合、图文并茂地探求揭示婺源古村落古建筑的文化底蕴和奥秘,丰富这一领域的综合性研究。但由于这是一项系统的研究工程,涉及历史学、地理学、建筑学、美学以及宗族制度、徽商、理学、科举、工艺、民俗、民间艺术等多领域知识,受作者学术水平的限制,目前的成果还只是初探性质的,恳请读者多提宝贵意见。征求意见邮箱:570107269@qq.com。

# 目　　录

## 上篇　总　　论

# 下篇　分　述

上篇 总论

# 第一章　婺源古村落古建筑的发展历史

　　婺源县位于赣、浙、皖三省交界处的丘陵山区,县域面积2967平方千米,土地利用布局俗称"八分半山一分田,半分水路和庄园"。远在4000年前,这里就有先民生活劳作,建立了若干个原始聚落,属三苗部族。夏代后期,三苗族中的一支古山越人在此兴起。春秋战国时期,这里属吴国,吴亡属越,越灭属楚,县北浙岭就竖有一块"吴楚分源"的划疆碑刻。秦时,这里属鄣郡,汉代改鄣为丹阳,三国时属吴国新都郡,晋改为新安,宋齐梁陈因之。隋代属歙州。唐开元二十八年(740年),朝廷析休宁县回玉乡和乐平县怀金乡,设立婺源县,属歙州。北宋宣和三年(1121年),改歙州为徽州。元代州改为路,婺源仍属徽州路。明清两朝,婺源均隶属徽州府。1934年曾一度划隶江西省,1946年复划归安徽省,1949年5月又划隶江西省。

　　作为古代徽州府"一府六县"之一的婺源县,在1000多年的漫长岁月里与徽州其他县份的人民一道,创造了辉煌的徽州文化,自身也深深打上了徽文化的烙印。晋末、唐末战乱和南宋渡江定都杭州,形成了中国历史上三次人口南迁的浪潮。北方许多名门望族为躲避战乱,举族迁徙,来到婺源,聚族而居,使婺源山区得到了很好的开发,形成了星罗棋布的村落,建设了一大批精美的建筑。"凡五里十里,遥望粉墙矗矗,鸳瓦鳞鳞,棹楔峥嵘,鸱吻耸拔,宛如城廓,殊足观也。"([清]许承尧《歙事闲谭》)

## 第一节　婺源古村落古建筑的形成和发展

　　婺源是丘陵山区,属中亚热带东南季风气候,温和湿润,四季分明。年平均气温17.9 ℃,年降水量2000毫米左右,无霜期250天左右,为农耕生产提供了有利的自然条件,也十分适宜人居。县境内群山环抱,溪流纵横。海拔千米以上的高山有27座,较著名的有:大鄣山、五龙山、大鳙山、莲花山、石耳山、高湖山等。境内河流除江湾河由安徽休宁县溪西注入外,其余均发源于东北和西北群山,属饶河水系乐安河上游。集水面积大于100平方千米的河流有10条,总长516.4千米,流域面积2621.9平方千米,年平均径流量为31.782亿立方米。群峰之间的河谷地带,枕山面水,日照充足,方便开垦耕种,提供了优良的生活条件和人居环境。峰回水转,层峦叠嶂,交通险阻,又是躲避战乱的首选之区。

　　这片土地上的原住民是古山越人。"越"有偏远之义,与"蛮""夷"类似。其居民"椎髻鸟语""断发文身""鲜知礼节"。有记载的最早到这里的汉人是春秋时期的吴国太子。越王勾践灭吴国后,把吴王夫差的两个儿子流放到这里。其中的太子吴鸿,死后就葬于婺源江湾镇的湖山。秦灭后,被项羽封为衡山王、西汉初年被刘邦封为长沙王的吴芮去世后,他的墓也被后人迁到了婺源鸡山上。直到汉代,这里仍属荒服之地。西汉末年,时任汉廷司马长史的方纮"因王莽篡乱,避居江左,遂家丹阳(今歙县东)"。东汉末年黄巾军起义,汉灵帝中平年间,汪文和以破黄巾功为龙骧将军,建安二年(197年),因中原大乱而南渡江,被孙策授会稽令,遂家于歙,成为新安汪氏始迁之祖。上述吴、方、汪是最早南迁到徽州地区的三大姓。

**江湾镇汪口村地理环境**(池虹摄)

此后,汉人南迁越来越多,与山越人的矛盾也凸显出来。三国时,婺源属吴国。山越人"依阻山险,不纳王租"(戴廷明、程尚宽《新安名族志》前卷),对抗孙吴政权。孙吴与山越人进行了几十年的战争。建安十三年(208年),孙权部将贺齐平定山越,将新安、始新、黎阳、休宁(含后来的婺源县域一部分)、歙县、黝县立为新都郡。这是徽州地域立郡之始。从此,开始了汉文化与山越文化的交流、碰撞、融合过程。

从山越文化到徽州文化形成的漫长过程中,中原汉族躲避战乱或隐居南迁,形成了三次高峰。婺源因为前述的地理环境、气候条件的优越,而成为南迁氏族卜居的集中地域。《新安名族志》共收有历代入居徽州的名族78个,因避乱而迁入者42个,占54%。另一部分则是到徽州、婺源为官,离任后不愿离开,而在当地居住,繁衍子孙。民国《歙县志·风俗卷》载:"各大族半皆由此迁南。略举其时,则晋、宋南渡及唐末避黄巢之乱,此三朝为最盛。又半皆官于此土,爱其山水清淑,遂久居之,以长子孙。"婺源情形也大体如此。

三次人口大规模南迁,大大促进了婺源山区的开发。据民国《婺源县志》统计,宋真宗天禧二年(1018年),全县有14614户,31341人;宋理宗端平元年(1234年),增至44432户,55932人;元世祖至元二十七年(1290年),达到42928户,238617人。受元末战乱影响,人口下降,至明太祖洪武十年(1377年)达到28723户,130683人。清乾隆十六年(1751年)有

42853 户，142190 人；清宣统二年（1910年）增至
215000 人；民国九年（1920年）增至59000 余户，
273000 余人。耕地面积从明太祖洪武十五年
（1382年）的 51.92 万亩，增加到明崇祯十七年
（1644年）的 62.59 万亩。随着中原名门望族一
个个地迁入婺源定居，一个个星罗棋布的古村
落的建成和发展，一座座古建筑也应运而生。
婺源古村的形成和发展是先人寻找和建设心灵
桃源的波澜壮阔的史诗。

西汉长沙王吴芮墓

婺源先民开垦的江岭梯田

  第一次人口南迁高峰是两晋之际。中原地区"永嘉之乱"，士族渡江南下，来徽州定居的
有9族。其中詹氏作为北方的士族阶层，南渡时不仅举族而迁，而且带有众多的佃客和部曲
（私家武装）。在东晋103年间，詹氏子孙许多人仕晋为官。据谱乘记载，三十九世詹良义为
晋侍卫将军；四十世詹兑为晋将军；四十一世詹优为侯官令（侯官治今福州），并聚居建邺或
扬州。东晋灭亡后，南朝经历了宋、齐、梁、陈四个朝代，计170年。詹氏四十七世詹初，曾任
陈代东阳郡赞治大夫，在仕有治绩，东阳民谣云："前有沈，后有詹，东阳获二天。"陈亡后，詹
初不仕，归隐歙县篁墩（一称"黄墩"），慕黄石公之风，故号黄隐。隋大业年间，又从篁墩卜居
婺北之庐源（今浙源乡庐坑村）。卒后墓葬庐源石井坑桂花树下，宝剑出匣形，坤向。庐坑
村，是现存有记载的婺源建村最早的古村落。中国铁路之父詹天佑（1861～1919）祖居就在
庐坑村，村中还有他的祖母墓。

詹氏人丁繁衍,支属播迁,以庐坑为中心,形成了虹关(南宋绍兴年间建村)、庆源(唐广德年间建村)、察关、岭脚、水岚、秋溪等詹姓聚居的古村落,此后,陆续形成了一大批古建筑。现存的有虹关村清初制墨名家詹元生(字成圭)为四个孙子所建的玉映堂、愿汝堂、留耕堂、虑得堂等古民居和古石堨、长生圳、通津桥、祭酒桥等;岭脚村的贻桂堂、大夫第、立本堂等古民居以及庐坑村的龙川桥、凌云桥、龙隐桥;水岚村的詹氏宗祠等等。

詹初墓

詹氏肇基古村——庐坑村

第二次人口南迁高峰是唐末五代时期。黄巢起义,战乱祸结,迫使更多的士族南迁避难,迁徽定居的有24族。其中大多数不是直接迁入徽州地区,而是从邻近地区转迁而来,这一方面反映了人口迁徙持续时间之长的特点,另一方面也显示出徽州地区(包括婺源)作为避难和生活的环境条件的优越性。南宋罗愿在《新安志》中说:"黄巢之乱,中原衣冠避地保于此,后或去或留,俗益向文雅。宋兴,则名臣辈出。"婺源60%左右的名门望族所建立的古村落,都在唐末至宋初这个时期先后形成。这期间迁入婺源的主要姓氏有:王、方、戴、朱、齐、济阳江、萧江、潘、李、张、单、黄、游、董、胡、查、俞、程等。

迁入婺源的朱氏一世祖是朱瓌。他又名古僚,字瞬

詹天佑像

臣,生于唐大中九年(855年),曾任歙州衙内指挥。唐天祐三年(906年),奉歙州刺史陶雅之命,领兵三千镇戍婺源,巡辖婺源、浮梁、德兴、祁门四县,官制置茶院,故世称"茶院公"。婺之有朱氏自此始。朱子是他的九世孙。后来,朱瓌又克服江东,功高德懋,特升为宣、歙、池、平、苏、杭、饶、信八州观察使。他去世后葬连同(香田村)"青毡包砚"地。

**詹氏播迁古村——秋溪村**

婺源萧江先祖萧祯为唐宰相萧遘之第三子,任江南节度使。黄巢兵乱,朱温篡唐后,渡江南迁至歙县篁墩,易姓为江。二世祖江董,始迁婺源皋径(今水路村),卒后葬于此。北宋大中祥符二年(1009年),六世祖江文采始迁建旃坑村。元丰二年(1079年),八世祖江敌(进贤县尉)迁建江湾村。又有一支江氏族人迁建了龙尾村。水路、旃坑、江湾、龙尾,在江湾水河谷地带形成了萧江氏族聚居的古村落群。现存的重要建筑有:江湾村清代南京高等师范学校校长江谦祖居三省堂、清代同治户部主事江桂高故居中宪第、敦伦堂(明代)、白果厅(清代)、培心堂(清代)、善余堂(清代)等古民居;旃坑村萧江宗祠(清代)、凝望桥(明代)等等。

婺源俞氏始祖俞昌,于唐天祐年间从篁墩迁来婺源。《俞通德堂家谱》记载:"我俞氏一世祖讳源公,唐宪宗元和九年(814年)六月十六日生。僖宗乾符六年(879年),黄巢渡江,掠饶、信、池、杭、宣、歙等州,时公六十七岁,携子植公、孙昌公逃难由宣城至篁墩。居未甚久,昌公承父命卜迁,天祐三年(906年)由篁墩迁居婺源长田(今紫阳镇附近)。"此后,俞氏后代繁衍分派,分迁县内各地。北宋政和年间,朝议大夫俞杲在汪口建村。南宋庆元五年(1199年),俞氏十五世祖俞若圣转迁至今思口镇思溪定居。南宋景定五年(1264年),俞氏十六世祖世崇公由长田迁到西冲村定居。又有俞氏后代俞创在思口龙腾建村,另几支分别在今思口新源、长滩,今秋口鹤溪等地建村,形成了清华水中下游和江湾水中下游两条俞氏聚居村落带。这些村落中至今还保存有3座俞氏宗祠(汪口的仁本堂、西冲的敦伦堂、新源的义庆堂),4座书屋(汪口养源书屋、存舆斋书院、西冲小吾庐书屋、乙照斋)以及敬序堂、一经堂、大夫第、懋德堂等一批古民居和通济桥、曹公桥等古桥。

朱瓃墓

江氏聚居古村龙尾村古建筑

潘氏也是唐末为避黄巢之乱隐居篁墩,后转迁婺源的。潘氏迁婺始祖潘逢辰,字吉甫,世居闽之三山,当唐之季,上书阙下,不报。值广明黄巢之乱,道至新安,弗克归,避地歙之篁墩,后转迁婺源,择桃溪(今中云镇坑头村)而居。此后,潘氏又沿十八里桃溪河,建立了孔村、豸峰两个聚居村落(今均属中云镇)。潘氏在全县各地再繁衍迁播,建立了松溪、和睦、莲塘等约30个潘姓聚居或与他姓合居的古村落。在桃溪、孔村、豸峰三个古村里,保存至今的古建筑有桃溪三十六座半桥,豸峰成义堂、资深堂等宗祠和贤济堂、涵庐等明清古民居。

俞氏聚居古村——长滩村(任春才摄)

潘氏所建古村——孔村

第三次人口南迁高峰是在两宋之际。靖康之乱,金兵南侵,大批士族随着南宋定都杭州而涌入江南。这一阶段迁到徽州定居的共有15族,其中11族是在两宋之交。这个阶段迁入婺源的氏族不多,主要有余、郑、赵、夏等。

北宋宣和年间,任桐庐主簿的进士余道潜偕妻子来到婺源今沱川乡篁村隐居。《婺源县志》记载:"余道潜,字希隐,……博极群书,精于天文、地理。为政严明,民甚德之。时朱勔采奇石异卉以供贡献,将次桐庐,道潜曰:'吾岂剥民以媚权贵,若不去,终必有祸。'"于是来到婺源定居。"未逾年,方腊果起兵,以诉勔为名,浙东西遂大乱,人始服公之先见。"此后,人口逐渐繁衍,分枝发叶。第六世余德忱分迁郭村,再传至第十世余景阳卜居理源(今理坑),在沱水三溪沿岸和汇流处,相继建立起篁村、郭村、燕山、理源、东坑等余氏聚居的村落,并陆续迁居全县各地,建有余氏聚居或与他姓合居的村落42个。在沱川余氏聚居的村落群里,先后出了16位进士和一批名宦,他们兴建的宅第许多还保存至今。著名的有明天启年间吏部尚书余懋衡的"天官上卿"府、明崇祯年间广州知府余自怡奉旨建的"驾睦堂"、清康熙年间兵部主事余维枢的"司马第"等等。另外还有余氏宗祠"余庆堂""敦复堂",廊桥理源桥,石板桥天心桥、百子桥等古建筑。

余氏聚居古村——郭村

追溯婺源古村落古建筑的发展史,大致可分为五个时期。

## 一、形成期

从晋代到南宋初叶,历经800余年。东晋、唐末、南宋三次易代战争中北方士族举族入徽,聚族而居,带来了中原地区先进的生产技术和宗族制度。因南迁大族多为躲避战乱而来,因此选址建村所在,多为易守难攻的险要之地,僻处一隅,险阻四塞,"依山阻险以自安"是这一时期婺源古村选址布局的主要特征。"播迁所至,荆棘初开,人皆古质,俗尚真淳,其小筑山村,殆有人世桃源境界。"同时,北方士子也把科举文风带到了南方。唐开元二十八年(740年)建县后直到北宋,婺源有111人考取进士,80余人任七品以上官职,他们也为婺源古村的发展和文明的发展作出了贡献。

## 二、发育期

从南宋中叶到明代初叶，历经300余年。这一时期，以农耕为主业的小农经济在婺源得到了长足的发展，"生计难，民俗俭"（光绪《婺源县志》卷三《风俗》）。同时，"中原衣冠避地保于此，后或去或留，俗益向文雅，宋兴则名臣辈出"（淳熙《新安志》卷一《风俗》）。南宋中叶，朱子及其理学得到朝野一致的尊崇。南宋嘉定二年（1209年），朱子殁后第二年被诏谥"文公"。嘉定五年（1212年），朝廷将朱子《论语集注》《孟子集注》列入官学。宋理宗于宝庆三年（1227年），诏定朱子为太师，追封信国公。绍定三年（1230年），改封徽国公。淳祐元年（1241年），又诏列朱子从祀庙堂，与周敦颐、张载、程颢、程颐一道被尊为五大道统圣人。淳祐二年（1242年），又赐匾尊朱子为"宋代圣人"。宋度宗于咸淳五年（1269年），诏赐婺源为"文公阙里"，同"孔子阙里"并列为二，奠定了婺源中华圣地的尊荣地位。婺源作为朱子桑梓，人民"喜读书，虽十家村落，有讽诵之声。向科举未停，应童子试者，常至千人"（光绪《婺源乡土志·婺源风俗》）。南宋和元代，婺源进士多达218人，七品以上官员超过100人。耕读并举、民风淳朴的田园生活，成为这一时期婺源古村的鲜明特征。

朱子像

## 三、鼎盛期

从明代中叶到清末，历经500年左右。徽商突起，婺源的盐、典、茶、木四大行业富豪输金故里，使婺源古村迅速发展壮大。"每逾一岭，进一溪，其中烟火万家，鸡犬相闻者，皆巨族大家之所居也。一族所聚，动辄数百或数十里"（光绪《石埭桂氏宗谱》卷一），出现了像清华、游山等许多"千烟之村"。这时的婺源古村，从农耕所获收入不及十分之一，主要靠徽商在外的商业利润回流家乡维持生活，建设村庄的道路、桥梁、祠堂、豪宅，形成了本土的"小徽州"和徽商经营所在地的"大徽州"互动的特殊的经济和社会现象，是中国最早的"二元结构社会"区域。同时，明、清两朝，婺源进士多达170人，七品以上官员830余人，官僚资本和文风鼎盛，也极大地促进了古村落古建筑的繁荣发展。

## 四、衰落期

从清末到20世纪70年代，历经70余年。清道光十二年（1832）清廷废除盐纲法，改行票法,徽商从此丧失了世袭的行盐专利权,走上下坡路。加上西方列强的侵略和太平天国的战争影响,徽商日渐式微,婺源古村失去了经济支撑,日渐衰败。自给自足的小农经济,风雨飘摇。古建筑被战火毁损极多,人员伤亡,财富被劫,古村的光景渐渐黯淡。特殊历史时期,祠堂、牌坊、人物雕刻等被大量损毁。随着经济发展,木结构古民居已不适应现代生活方式的要求,相当一部分被居民拆旧建新。

### 五、复兴期

20世纪80年代至今的40多年间,中国乡村从农业文明向工商业文明转型。国家加大了对古村落古建筑的保护力度,村民也逐步认识到了古村落古建筑的价值。特别是婺源利用古村落古建筑大力发展乡村旅游和民宿产业,使相当多的文化遗产得到了保护和传承,包括非物质文化遗产。目前,婺源县已有全国重点文物保护单位16处,中国历史文化名村7个,中国传统村落28个,国家级非物质文化遗产6项。在保护古村落古建筑历史风貌的同时,有规划地安排村民建设徽派新居,继续延伸着古村的生命。作为工业原材料产地的传统农村,正逐步迈向三产融合的新天地。

婺源各古村落古建筑的兴建历程,大约都经历了三个阶段。建村之始兴建的都是住宅一类避风遮雨的房屋;其次兴建的是道路、桥梁、圳渠等基础设施;最后兴建的是祠堂、书院、文昌阁、狮傩庙、汪帝庙、土地庙等文教礼制建筑。这些建筑随朝代兴替、兵火侵毁和自然风雨的侵蚀,屡建屡毁,屡毁屡建,体现了婺源人民一代代建设家园的不屈意志。

婺源古村落古建筑兴建、发展、成熟的历史,是山越文化发展为徽州文化的历史,是中原士族转变为徽州望族的历史,也是婺源区域开发和经济社会发展的历史,同时也是婺源古村落规划建设水平和古建筑工艺技术不断发展的历史。

## 第二节　婺源古村落古建筑的成因

需要催生产品,古村落古建筑也不例外。为了满足人们遮风避雨、安居度日的需要,产生了住宅。为了满足人们开垦田地、发展生产的需要,产生了水利设施、各类作坊和商铺。为了满足人们广泛的对外交流和提升生活质量的需要,产生了道路、桥梁、水井、消防设施等多种建筑。为了满足人们的精神追求和文化需求,产生了书院、寺观、牌坊、祠堂等。建筑的发展,始于人们对实用功能的满足,终于人们对心灵境界的升华。这就决定了婺源古村落古建筑的发达是由多种因素综合作用而促成的。这些因素包括:自然环境、经济条件、社会制度、思想文化。这四方面的合力,成就了婺源古村落古建筑的辉煌。

## 一、自然环境的影响

一部古村落古建筑发展史就是人类不断地适应自然、利用自然、超越自然的历史。婺源地处北纬29°01′~29°34′，东经117°22′~118°12′，属于丘陵地区，影响村落与建筑的自然环境主要有气候水文、地形地貌、建材生产三个方面。

### （一）气候水文的影响

婺源地处中亚热带，属东亚季风区，气候温和，雨量充沛，四季分明。年平均气温17.9 ℃，夏季酷热，可达38~40 ℃，极端高温可达42 ℃。冬季寒冷，可达-8~-1 ℃，极端低温可达-11 ℃。昼夜温差大，雨、雾、霜、雪气候俱全。全年日照时数4425.9小时（闰年4437小时）。常年主导风向是东北风，历年平均风速1.5米/秒，极端最大瞬时风速40米/秒。全年降水量平均为1797.3~1908.3毫米。梅雨季节最大月降水量939.3毫米。日晒雨淋、风吹霜冻是对建筑的最大考验。婺源古村落古建筑在与这些不利的自然条件的抗衡中发展出极高的规划建设和营建工艺技术。

婺源古民居的一项称得上伟大的发明是内天井。它集采光、通风、排水等诸多功能于一身，是婺源古民居历经三四百年风雨而不毁的最关键技术。天井让阳光一年四季都能照进屋内，而垂直阳光形成的折射光又减弱了有害射线。天井让一些无法朝南而坐的民居也能享受到充分的日照，因为太阳从天上来，不为四墙所挡。为了防盗防火的需要，婺源古民居一层均不设窗，二层的窗子，外小内大如斗状，空气无法对流，不利于木质构件散发湿气，也影响人的呼吸。有了天井，这个问题便解决了。而且天井的垂直气流与门形成的风流是曲折和缓的，不会形成对健康不利的"穿堂风"。冬季关上屋门，又可形成有日照而无风吹的温暖小气候。有了天井，屋顶的雨水通过排水管集中后流入地下，减轻了檐水对屋椽和墙体的侵蚀。

中云镇豸峰村成义堂天井

斜坡屋顶有利于快速排水，增高了空间，形成了隔热层。民居多为两层，在二进后半方有的建有三层楼阁。清代民居一层空间在4米以上，二层稍矮，有利于通风散热。全堂木构架均不油漆，有利于木头散发潮气。木柱下加石础，防止地底潮气侵入柱体。

砖砌墙体和粉刷，具有一定厚度，是隔热挡寒的极好屏障。石灰粉墙可吸收空气中的湿气，也易于挥发，保护了砖墙。

飞檐可以减少斜风细雨对屋檐和墙体的破坏；戗角则利于马头墙转角快速流水，避免墙体受雨水浸泡。室内一层地面青石板下架空设有排水道，有利于保持地面干爽。

　　以上这些技艺的采用,是人们在长期建筑实践中探索总结出来的。这些工艺,保证了婺源古村落中古民居冬暖夏凉,成为最宜人的居所。

### (二) 地形地貌的影响

　　婺源地处万山丛中,群山环绕,河流纵横,林深树高,动物繁多。交通不便有利于避乱,却不利于经济的发展和生活质量的提高。因此,承平日久之后,为了生产、生活的需要,人们便筑起了一条条青石铺砌的大路小道,建起了一座座通津桥梁,修起了一个个路亭。为了灌溉和生活用水之便,在河上修筑了一座座堰坝和一条条引水圳,开凿了一口口水井和塘陂。为了防范虎、豹、熊等猛兽及毒蛇的侵害,民居高墙围护,具有极好的防护性。

浙源乡凤山村山川形胜(查继龙摄)

### (三) 建材生产的影响

　　婺源多山,林木幽深,木材资源十分丰富。松、杉、柏、樟、枫、栗、槠、栎、楠、栲、银杏、香椿、楝、榧、梓等树木在婺源山间多有生长。有的宜作柱,有的宜作梁,有的可作板壁,有的可作椽桁,有的可作门扇。取材的便利,使婺源古村落中木构架建筑日趋精美成熟。

　　婺源土壤由变质岩、花岗岩、碳酸盐岩类及红色质粉沙岩风化发育而成,主要有红壤、水稻土、黄壤等土类,红壤、黄壤特别适宜烧制砖瓦。唐代以前,婺源房屋多以竹木为架,茅草为顶,"民不知为瓦屋"。唐初,婺源区域尚属江南西道,时任观察使的韦丹"召工教为陶,聚材于场,度其贵为居,不取赢利。人能为屋者受材瓦于官,免半赋,徐取其偿。逃未复者,官为为之。贫不能者,畀以财,身往劝督"(《新唐书·韦丹传》),自此,砖木结构的瓦屋才在婺源

得到推广。

婺源西南乡多石灰岩，最迟在明代初年就开始了石灰烧制，为灰浆砌墙粉刷提供了材料。婺源还盛产糯米（江米），从明代开始，人们就已懂得以糯米桐油灰浆砌砖砌石，坚固耐损。

浙源乡岭脚村粉墙黛瓦古民居

## 二、经济条件的促成

一座座精美的古建筑，无不花费大量的人力、物力、财力。婺源的古村落建设得如此气派，古建筑如此丰富珍贵，人们不禁要问，建设资金从何而来？古代婺源，地狭人稠，力耕所出，不足以供。光靠种田养殖，是无论如何也聚集不起巨资来建豪宅、修宏祠、铺路桥的。而古代行政管理体制"政令不下县"，朝廷不会出资修建各类公益设施，连县衙、孔庙、城墙、试院等公共建筑，都靠募捐建造。如县衙，就在清光绪二年（1876年），"合邑捐资新造"（民国《婺源县志》），更遑论建民宅了。散布在乡里的祠堂、路桥、水圳等公共建筑，也是民间集资募捐建成的。这些募集、捐助和自造房舍的资金，主要来自商人和官宦两条渠道。可以说，没有商人和仕宦，就没有婺源的古村落与古建筑。

据民国《婺源县志·食货志》记载，明洪武十五年（1382年），全县有田地51.92万亩，而洪武十年（1377年），人口已达13.0683万，人均田地只有3.97亩，而在山涧更多的东北乡，人均田地只有一亩多一点。在当时的生产力条件下，婺源山区已无法养活日益增多的人口。清代许承尧在《歙事闲谭》中说："余郡处万山中，所出粮不足一月，十九需外给。""盖新安居万山，土少人稠，非经营四方，绝无治生之策。"赵吉士《寄园寄所寄》也说："郡处万山中，百货皆邸于外。"于是产生了一首民谣："前世不修，身在徽州，十三四岁，往外一丢。"男子在幼小时，便外出学做生意谋生。一江姓读书人叮咛出门经商的晚辈说："本富为上，末富次之，谓贾不若耕。吾郡在山中,即富者无可耕之田,不贾何待?"(汪道昆《太函集》卷四十五)。更重要的一个原因是,徽州这个高移民社区,人们在乱世迁进深山,承平日久,渴望和追求走出大山创业的愿望始终萦绕心头,"树挪死、人挪活"的观念如基因一般遗传给一代代移民,远走他乡去创业致富,改变命运,实现人生价值。"天下之民寄命于农,徽民寄命于商。"(康熙《徽州府志》卷八)"九章大学终言利,一部周官半理财"这副对联道出了以商业为第一等生业的徽州移民的心声。经过多少代人的拼搏,徽商终于成为明代中叶至清末400多年间称雄天下的商帮,经营的行业遍及盐、木、茶、典、粮、棉、布等。"业贾者十家而七,赢者十家而三"(万历《歙志·货殖》),大多数外出经商者都是落魄的失败者,只有少数成为富豪。"新安大贾,鱼盐为业,藏镪有至百万者,其他二三十万,则中贾身。"(《五杂组》卷四)徽商以徽骆驼精神经营全国,形成了"无徽不成镇""钻天洞庭遍地徽""两淮八总商,乡人恒占其四"的局面。据不完全统计,徽州自宋至清有名商人千余人,其中被称作"巨富"的有230多人。而封建社会里,士农工商四民中,商人居于末位,没有社会地位,更不允许私人资本扩张危害到皇权统治,因此,婺源商人的财富便流向家乡,建豪宅,修宗祠,筑道路,造桥梁。中云镇豸峰村富商所建"七星屋",有七个天井,占地面积800余平方米,规模宏大。清道光年间,今思口镇延村茶商金永俅在金陵(今南京)、宁波、广州等地开设了9片茶庄,号称"九龙下海"。他通过广州"十三行"做起了外贸生意,秉承"通天下货,谋天下财,利天下人"宗旨,生意兴隆,富甲一方。他贾而好儒,用所赚利润在家乡投巨资,先后建起了明训书堂(保鉴山房)、明训堂(住房)、福绥堂(客馆)等一组建筑。这组建筑间有过街廊连通,雨天不打伞也不会淋湿,因此有"穿堂过户"之称。这组建筑总占地面积1500余平方米。康熙《徽州府志》有曰:"吾乡之人,俭而好礼,吝啬而负气。其丰厚之夫,家资累万,尝垂老不御绢帛,敝衣结鹑。出门千里,履草屦,褛被自携焉。然急公趋义,或输边储,或建官庙,或筑城隍,或赈饥恤难,或学田、道路、山桥、水堰之属,且输金千万而不惜。"茶商潘开祥,为"振兴合族文社,首捐租六百秤,……课文资给"(《婺源县志》卷四十《人物·义行六》)。商人赵之俊"输千金筑书斋,置学田,以培人才"(《婺源县志》卷四十二《人物·义行八》)。商人捐资公益建筑的事例不胜枚举。思口镇思溪村通济桥头就立有一块捐资修建通济桥的"捐输碑"。类似碑刻,婺源还有很多。

婺源古人脱离贫苦生活,改变人生命运的另一条道路是读书应试。"朝为田舍郎,暮登天子堂"是无数青年学子孜孜以求的梦想。自宋至清,婺源出了500多名进士,七品及以上仕宦2665人。桃溪潘氏有"一门九进士,六部四尚书"的美誉,村规约定,凡有科名者可以在村中桃溪上建一座石桥,因村里考中举人和进士的多达36人,因此,便建有三十六座半桥,另半座是村中富商乐于捐输行善,村人特准所建。詹同、詹徽是父子尚书,余懋衡、余懋学是兄弟尚书,还有汪铉、江一麟、齐彦槐等名臣仕宦。这一大批官员在家乡都建有自己的豪宅,使婺源古村落里出现了许许多多的"尚书第""进士第""大夫第""司马第""天官上卿府""太宰读书处"。清代两淮盐运使江人镜不但建了自己的"荣禄第",还为其父亲江之纪建了"进士第"。这些官僚不管是在任还是致仕成为乡绅后,都十分关心乡村公益事业的发展。都御史兼户部侍郎江一麟捐资首创建设了萧江宗祠永思堂。江西省审判厅丞江峰青捐建了东山学社,并输田200亩资塾师薪膳。宋代中书舍人李侃在李坑建有中书桥。宋御史查元在凤山建有报德桥。江湾荷田前山堂大堨由职贡方土焕、同知衔方一仆等三次重造,费千余金。北宋熙宁年间进士李曦重建了黄莲寺。

延村保鉴山房书堂　　　　　　　　坑头村松雪桥和远处的迎恩桥

　　婺源古代有先贾后儒、亦儒亦贾之风,往往商人致富后不忘儿孙求取功名,贾而好儒,送其走上举业之路,登科为官,加深了官、商一体的程度。这样,就为婺源古村落与古建筑的兴盛发达,奠定了丰厚的物质基础。

## 三、社会制度的作用

　　走进婺源一个个古村落,只见青石板道路整齐有致,曲折蜿蜒,高墙古巷有序而列,排水沟渠或明或暗,随路而铺。全村的整体格局布置得当,路网系统科学有序,房屋建筑风格协调,丝毫没有错乱无章的感觉,这显然是有组织地作了村落的规划,并有一个机构监督实施这个规划才形成的局面。这个机构不是别的,就是各个村落的宗族组织。

　　宗族制度源于夏商周三代时期的宗法,是以家族为中心,根据血统远近区分嫡庶亲疏的一种等级制度。宗表示直系血缘关系,族表示横向亲属关系。三代时期的宗法领袖也就是国家的行政长官、军事首领、经济管理者。秦以后的宗族制度则仅指某一氏族在某一地域内的等级组织。在一个同姓聚居的村落里,嫡长子孙这一系是大宗,其余的子孙是小宗。嫡长子被认为是继承始祖的,称为宗子,只有宗子才有主祭始祖的特权,继承特别多的财产,受到小宗的尊敬,并掌握着管理全族事务的权力,故又被称作族长。这种以血缘关系确立的治理权,拥有世代相传的稳固地位,对同一族人具有不可争辩的权威,赋予族长稳固的权力法理地位。敬宗睦族,服从族长的管理,成为村民自觉的行动。婺源山区的古村落,多由北方士族举族迁来而建,又处在自然地理环境十分封闭的万山丛中,其宗族管理制度源远流长,施行十分有效。宗族制度一方面通过建祠堂、祭祖宗、修族谱等方式敦宗睦族,从精神上凝聚人心,维系长幼亲疏的血缘关系和尊卑贵贱的社会关系;另一方面,通过掌握族产(祠堂、祭田、义田、学田等)、制订乡约、执行奖惩、推行教化,实施对全村民众和村落公益事业的管理,成为封建国家最基层的社会自治组织,使"政令不下县"成为可能,节约了封建行政的成本,因而也得到了国家政权的大力倡导和支持。在漫长的历史进程中,村落的族长换了一代又一代,但他及其宗族管理的班子,始终规划全村建设的大局,何处修路,何处建房,何处筑埭,何处开渠,何处建水碓,何处设桥梁,一个个项目逐步得以实现,使一个个古村落成为生活、生产设施建筑齐全的最佳人居空间。这些规划设计,得到了大多数村民的自觉拥护和执行,有些还自觉地投工投劳,捐资以助。

推行宗族制度的首要举措便是祭祀祖先。不祭祖,无以敬宗,宗子族长的权威就无法世代巩固。明朝初年,政府开始允许庶民祭祀高、曾、祖、考,婺源建祠活动开始兴盛。明嘉靖时,大学士、礼部尚书夏言向皇帝上疏建议"诏天下臣工建立宗庙",由此掀起了全国性的建祠高潮。由于此时徽商已经崛起,徽州的大村望族已具备一定的资金大兴土木,因而修祠风气特别浓厚。"村落家构祠宇,岁时俎豆其间。"(明嘉靖《徽州府志》)各村各族除了宗祠外,还按房派分别建有支祠。家庭中出了地位显赫之人,其子孙还可建家祠以显其荣。婺源大地上由此盛开出一朵朵夺目的祠堂建筑之花,光收录在民国《婺源县志》里的就有618座,实际远不止此数。除祠堂外,配合宗族教化管理的需要,许多村庄还建有申明亭和旌善亭。前者用于公布宣示族人在一月中违反村规民约的坏人坏事,以儆效尤;后者用于公布宣示族人在一月中所行的善事义举,以彰倡行。

婺源古村落与古建筑之发达,既是经济实力所决定的,也是宗族管理综合能力的体现。

浙源乡庐坑村詹氏宗祠外观　　　　　　　　大鄣山乡戴村戴氏宗祠内景

## 四、思想文化的催生

村落与建筑,不但是自然风土的反映、社会人文的体现、物质条件的展示,还是特定时代精神的物化彰显。婺源古村落与古建筑的形成与发展,深受以下三方面社会思潮的影响:一是崇文重教的观念;二是崇善重礼的观念;三是崇天敬神的观念。这些深入人心的精神具有很强大的外化和物化驱动力,催生了婺源一大批古村落与古建筑。

### (一)崇文重教观念的催生

秦汉时期,婺源周边外族来此定居,带来了较山越土著居民先进的文化,婺源文风渐开。两晋六朝,中原地区战乱动荡,北方士族纷纷南下避难,有些就迁入了婺源,带来了先进的农业技术和儒家文化。唐末黄巢起义,中原争战不休,又一次使得北方士族大规模地迁入婺源。尤其是来婺源任职的中原官僚,简政惠民,奖励耕作,倡导文风,崇尚儒学,使婺源民俗风情产生巨变,经济文化获得极大发展。徽墨、歙砚及纸业、笔业生产的出现,促进了婺源文化教育事业的兴盛。北宋庆历五年(1045年),婺源县学成立。南宋初期是中原人士第三次大规模迁居徽州(包括婺源)的时期,当时,为应科举及传播朱子理学之需求,教育发展迅速,主要办学形式有县学和书院两种,众多书院于此时兴建起来。元代,徽州各县除设县学、书院之外,县以下所属村庄50户为一社,设社学一所,婺源全县建有140所。同时民间私学也很兴盛,各宗族房派乃至一家,都建有私塾、书屋等。明清时期,徽商称雄,同时贾而好儒,以其雄厚资财,振兴家乡教育,形成了"十户之村,不废诵读"的兴学风气,朱子故里的崇文重教之风达至鼎盛。风气所被,建筑兴焉。全县古村落中建有300多座书院和难以计数的社学私塾。除此之外,为祈求文运昌盛,作育村人登科,许多村落还建有文昌阁、文笔塔和"文房四宝"等象征性的建构筑物。

文庙老照片

浙源乡察关村文昌阁

（二）崇善重礼观念的催生

山越土著的淳朴民风,北方士族的儒雅士风在婺源大地上融合发展,形成了知书达理、求善守礼的"书乡"社会风气。为弘扬忠孝礼义廉耻的传统伦理道德,婺源乡村人家和宗族,兴建一座座高高耸立的石牌坊。有功名坊,为族人子弟树立仕途上进的学习楷模;有节义坊,无声地教导人们行善节欲。另外,还兴建有祭祀先贤的庙祠,汪帝庙遍及乡里。张巡、许远庙、军服庙、刘果敏公祠、三贤祠、乡贤祠、关帝庙、岳王庙、刘猛将军庙、胡老爹庙、齐总管庙等都是乡人塑造文明乡风的物化象征。

（三）崇天敬神观念的催生

在科学尚不发达的时代,人们对大自然充满了敬畏之情,一方面说明了当时人们认知水平的低下,另一方面也说明了古人追求天人合一境界的可贵。在这一观念驱动下,婺源境内古村落中兴建了宗教寺观大小近300座；兴建有祭祀天地的建筑，如社稷坛、先农坛、仰天坛、土地庙、城隍庙等；还建有祭祀各类神灵的建筑，如三官（天、地、水）庙、水府庙、火神庙、龙神祠、灵顺庙、五猖庙、五显祠、狮傩庙等。

浙源乡凤山村钦旌节孝第

浙源乡岭脚村钦旌孝子第门罩

# 第三节　婆源古村落古建筑的毁损

## 一、自然灾害的毁损

### （一）地震

据1993年版《婆源县志》记载，婆源历史上发生过8次地震，每次地震对古村落与古建筑都有程度不等的破坏。

### （二）水灾

据1993年版《婆源县志》记载，从南宋庆元六年（1200年）五月大水开始，至1985年，重大水灾有50余起。其中对古建筑造成较大损毁的水灾有：

明嘉靖十八年（1539年）六月，洪水冲毁民房2000余幢。

明嘉靖四十年（1561年），大水入城，水深7尺。

明万历元年（1573年）八月上旬，大水漂流船只、舂碓。

明万历三十年（1602年）五月，大水压损房屋无数。

明万历三十七年（1609年）六月，大水，东北乡为甚，冲损桥梁，漂流民房。

明天启四年（1624年）五月上旬，大水，县城内可行舟，县堂水深3尺。中旬，又大水，舟可往来于城墙上,西门和南门城墙倒塌,民房多漂泊。

明崇祯八年(1635年)夏,淫雨连旬,县堂倒塌,民房漂泊。

清康熙三十年(1691年)五月,大雨连旬,五月二十四东北河水暴涨,淹浸城垣,民房漂泊。

清乾隆九年(1744年)七月初六,洪水骤发,比明天启四年(1624年)水位高2尺,城内可行舟,冲毁房屋甚多。

清乾隆二十四年(1759年)六月二十一、二十二两日,洪水骤发,四乡冲坏房屋1540幢。

清嘉庆十九年(1814年),洪水骤发,舟可行于城内,冲毁田地房屋。

清光绪四年(1878年)五月二十五,洪水暴涨,县城学宫前水深5尺余,舟可从西门城垣上往来。

清光绪八年(1882年)五月初四,洪水骤发,较光绪四年(1878年)水位高5尺,冲毁房屋甚多。

清光绪三十四年(1908年)五月,东乡一带水灾,冲毁民房86幢。

民国二十四年(1935年)六月二十五至二十七,连降大雨,山洪暴发,被冲毁的房屋、桥梁、石坝甚多。

民国三十六年(1947年),全县水灾,冲毁房屋2151幢。

1955年6月17日18时至次日20时,降水300.2毫米,洪水涨至县城西关外屋顶,超过1935年大水。全县被冲坏水库塘坝3235座,桥梁143座,房屋367幢。

1982年6月19~22日,大水冲倒房屋56幢,冲垮石埧135座。

1983年5月29日,洪水冲塌石埧387座,石桥41座。

1985年7月4日,洪水冲垮石埧18座。

## (三) 风、雹灾

据1993年版《婺源县志》记载,从明嘉靖二十四年(1545年)开始,至1978年,共发生风、雹灾15起,对古村落与古建筑造成损毁的有:

明嘉靖二十四年(1545年),大风雹,毁坏县城儒学两厢房屋、文公祠坊、五显庙,民舍毁坏甚多。

民国八年(1919年)六月二十四,大风雨雹,倾墙倒屋,有的祠堂大柱礅被风吹移尺余。

民国三十一年(1942年)二月二十三下午七时,江湾一带骤起狂风,倾塌房屋48幢,吹坏房屋158幢。

1956年7月14日下午,暴风成灾,吹倒房屋68幢。

1976年4月22日下午和4月27日晚,大风袭击,378户房屋被吹坏,其中吹倒26幢。

1978年8月19日,县城大风,吹倒厂房和房屋30余幢。

## 二、人为的破坏

对古村落与古建筑的破坏,人祸甚于天灾。据1993年版《婺源县志》记载,发生在婺源的历代战争有20余起。其中兵火殃及古建筑造成重大毁损的主要有五次战争动乱。

一是唐末黄巢兵乱。唐乾符四年（877年），黄巢军攻至婺源，镇将罗芟领兵追至德兴铜埠，被打败。次年，黄巢军又至，宣歙观察使派兵来县镇压。战火频仍，焚毁了一批古建筑。

二是元末红巾军战争。元至正十二年（1352年），红巾军将领项普略攻占了婺源州，两次攻克婺源州城，知州张士谦被杀。时县人汪同领官兵抵抗，红巾军撤走。至正十三年（1353年）一月，红巾军又攻入州城。三月，都元帅帖古迭儿领兵进剿红巾军，夺回婺源州。不久，婺源州城又被红巾军攻下。在长达两年多的拉锯战争中，兵火焚毁了大批古建筑，寺观几乎毁尽，县城许多重要建筑被夷为平地。

三是元明易代之际的战争。元至正十五年（1355年），朱元璋发兵取太平路及婺源州，攻入城西。自此，朱元璋部与官军在婺源大地上争战，又使大批古建筑毁于兵火之中。清光绪《婺源县志·建置志》记载："婺邑草创于开元，历宋元明而规模大备，鼎革之初，半遭焚毁。修葺未毕，闽变又复见告。古今之公署、城垣、泮宫、营垒往往多创建也。"

四是清初动乱。清顺治五年（1648年）三月，江西饶州副总兵潘永禧兵变入婺源，在东乡一带焚掠。康熙十三年（1674年）八月，三藩叛清，耿精忠部属罗其雄领兵数万攻破婺源县城，又在各乡间争战，兵火所被，古建遭殃。康熙十五年（1676年）八月，福建白献忠叛清，领兵在婺源东乡一带烧掠村庄。

五是太平军战争。从清咸丰五年（1855年）二月二十八，太平军一部攻下婺源县城，到咸丰十一年（1861年），前后长达七年时间里，太平军六次攻进婺源县城，在各个乡村与官兵展开激战，战火燃遍了全县，焚毁了不计其数的精美建筑，这是婺源古建筑毁损面最广、数量最多的一次。民国《婺源县志》中有"焚杀甚众""焚县治及民居数百家""民居焚毁殆尽"等记载。曾国藩上同治皇帝奏折中说："徽、池、宁国等属，黄茅白骨，或竟日不逢一人。""皖南及江南各属，市人肉以相食，或数十里路无耕种，村无炊烟。"另一方面，官军"溃败后之掳掠，或战胜之焚杀，尤属耳不思闻，目不思睹，其惨毒实较贼又有过之无不及""官军败贼及克服所据城池后，其烧杀劫夺之惨，实较贼为尤甚"（李圭《思痛记》）。

除了兵火，还有其他火灾。民国《婺源县志》记载的火灾对古建筑的损坏不下百处。

尽管历遭劫难，婺源人民都不屈不挠地一次又一次在废墟上重建家园，而且一次比一次建设得更美好、更先进。婺源古村落古建筑的发展史，是婺源人民顽强地与天灾人祸抗争的悲壮史诗。

对婺源古村落古建筑的更大破坏发生在20世纪50～70年代的30年中。20世纪50年代，三大改造运动彻底结束了私营工商业的历史，使业已式微的徽商走完了它的历史之路，也使其故乡婺源的乡村失去了建设资金的输血渠道，从而一落千丈。另一方面，一向管理着乡村公众事务的宗族组织也被粉碎，古建筑的价值无人理会，遭到随意损坏。村落的公共设施和建筑也遭到破坏，传统的宗族管理维护村落规划、建设、秩序、卫生的制度荡然无存。20世纪60年代，孔庙、文公庙，大批的祠堂、牌坊惨遭破坏。延至20世纪70年代，为了改变学校在祠堂上课的面貌，又拆毁了一批古建，建起新学校。为了开荒造田，也将一批祠堂、厅屋、寺观、庙宇拆除改田。延至今天，我们所见到的婺源古村落与古建筑，只不过是劫后余烬，却仍然可见其夺目的历史光芒。

# 第二章 婺源古村落古建筑的营建

## 第一节 风水术与婺源古村落古建筑的营建

### 一、风水术概说

在三次人口南迁的浪潮中,中原士族迁来婺源定居,他们对未来家园的选择是非常认真而慎重的。各个古村落的始迁祖在传统的风水理论的指导下,对迁入地的山、水环境和交通状况作多方考察研究,有的还请风水先生帮助勘验,然后才作出定居的决定。这一个选址的过程以至于形成了一个专有名词——"卜居"。卜,即运用风水术探究预测和作出判断。

"风水"一词出现较晚,一般认为出自托名晋代郭璞所著的《葬书》:"气乘风则散,界水则止。……故谓之风水。风水之法,得水为上,藏风次之。"但在此之前,人们找寻理想的居住地的实践活动早已开始。

人类在与大自然相处和斗争的过程中,逐渐加深了对自然的认识,总结出一些探求和营造宜人居所的经验。考古发现的原始社会西安半坡遗址,坐落于渭河支流浐河台地上方,地势高而平缓,土壤肥沃,适宜开垦与生活,洪水也不会淹至聚落盆地。房屋基地大体朝南或向东。遗址四周有防御性壕沟,沟北或南有公共墓地。当时的人们就已经懂得了聚落地要近水、朝阳的初步道理,还有了功能区划和安全设施建设。

历史上殷人多次迁都,中期以后定居于河南中部黄河两岸的洛阳一带,其迁徙的原因除了内外战争等政治军事因素外,还与黄河下游改道、洪水泛滥及寻找地中、营建"中商"有密切关系。盘庚迁殷,就是出于对亳邑的地质、地形优越的考虑。殷商原来所居的耿地,地质硗脊,不利稼穑,民无以为生。而相中的亳邑却地土肥沃,可依山而居,使人民能安居乐业。考古发现的安阳殷商宫室遗址小屯村,也位于河流的凸岸(汭位),河湾随水流冲击,河岸将下移,可获得更多肥沃的河滩地。

到了周代,《诗经·大雅·公刘》就描绘了周人先祖公刘迁居到豳地的情形:"笃公刘,于胥斯原,既庶既繁,既顺乃宣,陟则在巘,复降在原。""笃公刘,逝彼百泉,瞻彼溥原,乃陟南岗,乃见于京。""笃公刘,既溥既长,既景乃冈,相其阴阳,观其流泉……度其隰原……度其夕阳,豳居允荒。"从诗意中可看出,当时的公刘已懂得了相地择居的基本方法:① 全面巡视,考察自然的山、水、林木情况;② 丈量土地,确定建筑的布局范围;③ 测量日影,确定建筑的方位朝向。后来周公营洛时,虽然有"既得卜,则经营"(《周书·召诰》)的记载,其实是派召公作了初步考察,继而周公本人又勘踏及占卜才决定下来的。当时周公就已作出了"以庶殷攻位于洛汭"(众多的殷人在洛河的隈曲内作宫室)的观点,懂得了在正弓水河弯内建城的科学道理。周公还在夏至那天中午时用八尺高的表杆测日影,日影长达一尺五寸的地方,即是天下的中央(《周礼·地宫·司徒》)。这地方天地之气和合,风调雨顺,土肥水美,特产丰富,是立王国最理想的地方。洛阳岩成镇至今还有周公测景台遗址。这种择地中建立王畿的观念与殷人建"中商"一脉相承。

　　上述例子说明,远在商、周时期,我们的祖先就已懂得了卜居的科学道理。

　　在"风水"一词出现之前,建立在实践基础上的相地学说已经出现。《淮南子·天文训》中提出"堪舆"一词时,还是指北斗星神,到《史记·日者列传褚少孙论》中的记载,已然成为与五行家、建除家、丛辰家并列的占家流派之一,专以占卜相地为业。战国秦惠王五弟名疾,死后葬于渭南宫之东,这是他生前选定的,并说"后百岁,是当有天子之宫夹我墓"。至汉代,果然长乐宫、未央宫分立东、西。因疾是渭南樗里乡人,人们称他为樗里子,后世风水家奉他为相地术正宗的祖师爷。此后,又出现了青囊、青乌、地理、相地、相宅、卜地、卜宅、图宅、图墓、葬术等"风水术"的别名。"青囊"语出《晋书·郭璞传》,谓郭璞"好古文奇字,妙于阴阳算历。有郭公者,客居河东,精于卜筮,璞从之受业。公以青囊中书五卷与之,由是遂洞五行、天文、卜筮之术。……璞门人赵载尝窃青囊书,未及读,而为火所焚"。"青乌"为古代专司相家的一代著名堪舆家青乌子。《抱朴子·内篇·极言》载:"昔黄帝……相地理则书青乌之说。"青乌氏是古代计时的天文历法之官,属于上究天文的官职。据《左传·昭公十七年》载,"少昊之国"以"百鸟名百官","青乌氏,司启也"。《山海经》中青鸟为西王母的使臣。巧合的是,青乌府案地理,青鸟上观天文,倒是道出了风水术的主要特征。

　　春秋战国时期,天文学、地理学有了长足进步,形成了百家争鸣局面,阴阳、八卦、五行、元气诸说方兴未艾。天人合一、阴阳相谐思想成为日后风水术的理论基础。七国争霸,竞相筑城,适应需要,出现了《考工论》《管子》《周礼》等著作,总结了城市建设经验,制订和提出了建国(都城)与营国制度以及城市选址理论,为风水理论的发展奠定了学术与实践的基础。

　　汉代,以阴阳五行学说为基础,"月令图式"世界观形成,玄学盛行,"天人感应""人符天数"等谶纬学说使风水术染上更多神秘、迷信的色彩,出现了黄道、太岁、月建等忌讳观念。堪舆术著作有《堪舆令匮》《宫宅地形》《周公卜宅经》《图宅术》等,均已失传。

　　魏晋南北朝和隋唐时期,南北文化和外来文化大融汇,佛教中的吉凶占验观念也与风水术结合了起来。道教方术祈求与天地自然一体长存的观念也影响到了风水术。管辂《管氏地理指蒙》,托名郭璞的《葬经》,王征的《黄帝宅经》是此时的重要著述。此时还出现了著名的风水术士杨筠松,其著作《青囊奥旨》影响后世,被尊称为"杨公",民间则俗呼之"杨救贫"。《江西通志》记载:"筠松,窦州人,僖宗朝国师,官至金紫光禄大夫,掌灵台地理事。黄巢破京城,乃断发入昆仑山步龙。一过虔州,以地理术行于世,称救贫先人是也,卒于虔,葬雩中药口。"天文学家一行也著有与堪舆术有关的《六壬类集》等。

　　宋元明清时期,理学、心学是主流哲学思想,太极和阴阳八卦图式理论被风水术吸收发挥。此时,指南针罗盘广泛运用,使风水术的理论和实践得到充实和普及。也就是在这时,

风水术形成了流派。

按相地用途分,有阳宅风水和阴宅风水两派理论。阳宅理论以堪舆九星及其吉凶方法为主体,专作如何择基,如何确定房、门、床、灶方位及补救办法。阴宅理论专论墓地的选择方法。

按学术理论基础分,有形势派(形法派、江西派)和理气派(理法派、福建派)。形势派依据山、水环境的来龙去脉和规模等来选择阴、阳宅,注重于山川形势和建筑外部自然环境的选择。此派肇始于江西赣州杨筠松,传之曾文迪、赖大有、谢子逸、吴景鸾、寥均卿等辈。理气派依据罗盘和阴阳五行、八卦干支理数推算,判定建筑方位,注重于建筑方位朝向和布局。此派始于闽中,至宋代王伋大行其说。王伋原在朝廷做官,后因获罪而贬居江西赣州,定居松源。他的弟子有叶叔亮等人,传其所著《心经》和《问答语录》。

综上所述,风水术是古代人们运用罗盘和各种测算方法对阳宅和阴宅的气候、山川、生态、景观等多种环境因素作出综合评判,从而确定居住、坟墓地点和建筑方位以及营建时间、禁忌的一门实用性理论。

风水术看似神秘庞杂,其核心理论却不过两个:一是天、地、人合一的系统观;二是形、数、理合一的认识论。风水术认为,人来于自然,归于自然,天、地、人三者统一于自然系统之中,互相联系,互相影响,互相作用,同呼吸,共命运。因此,人居环境不可不察,墓葬之地不可不慎,因为环境和墓葬都会给主人的命运、吉凶、祸福带来很重要的影响。形、数、理合一思想来自易学,万事万物的空间形态蕴含着过去与未来的信息,从它已发生的频率、周期、时间可以推断它的现状与未来,物极必反,否极泰来,有生必死,不死无生,万事万物联系、变化、发展之理便是不可抗拒的天道。因为这两个观念是形而上学的哲学思想,通过方术来表达,自然有许多不易理解和未被认识的地方。凡是今天我们的科学尚无法解释的一些内容,我们姑且把它当作迷信的内容,不予采信。但风水术中也有许多已被科学证明是正确的理论。如形势派觅龙、察砂、观水、点穴、择向的一套方法,注重山、水、阳光、气候、田畴、生态、景观对聚落选址的重要性,实际上就是注重正确处理人与环境的关系,具有较高的科学性。

人具有自然属性,自然创造了人,环境改造了人,人也影响着环境。人类为了生存繁衍下去,就要不断地从大自然中汲取营养,要与环境之间不断地进行物质交换。科学家精确测定人体器官和组织中的90多种元素里有60多种在人体内的平均含量同地壳中的平均含量相似,这些元素在人体血液和地壳中平均含量的丰度曲线几乎吻合。这是在漫长的岁月中,人体通过新陈代谢,与环境进行物质交换,并长期遗传进化的结果。这标志着人与环境之间的物质交换达到了动态平衡,也表明了人与自然共生存的关系。对人类影响最大的莫过于居住环境。风水术十分注重这一点。《阳宅十书》说:"卜其兆宅者,卜其地之美恶也。地之美者,则神灵安,子孙昌盛。……择之不精,地之不吉,则必有水泉、蝼蚁、地风之属,必贼其内,使其形神不安,而子孙亦有死类绝灭之忧。"居住环境确实对人类的体质和智力发展均有重大影响。甲状腺肿与居住地缺碘有关,克山病与病区缺硒有关,氟斑牙病是由于饮用含氟量过高的水引起的。流行性出血热,多分布于湖泊、河湾、沼泽等半垦区,血吸虫病则流行于江南的湿热地区。良好的居住环境,可使脑效率提高15%～35%。明代的江南地区,山明水秀,气候宜人,经济繁荣,文风鼎盛,全国200多名状元、榜眼、探花中,江南占了50%,这固然有其政治、经济、文化等社会因素,但与江南优美自然环境也是分不开的,正所谓"地灵人杰"。清代徽州相学大师戴震就曾说:"吾郡少平原旷野,依山而居,商贾东西行营于外,以就口食。然生民得山之气,质重矜气节,虽为贾者,咸近士风。"(《戴震文集》卷十二)已然认识到水土气候对民风民俗的影响。

## 二、风水术与婺源古村落选址布局

婺源古村落的选址,正是遵循风水术去主动适应自然环境,从而超越自然环境的一种有益的探索。

赣闽山区和徽州(包括婺源)地区,风水术从宋至清,一直非常流行,家喻户晓,深入人心,并且出了一批风水术名师。

高友谦所著《中国风水文化》(团结出版社,2004年)中介绍了53位中国历史上著名的风水先生,其中有7位是婺源人。他们是:

(1)游朝宗,明朝人,是天寿山(明十三陵)的主要堪舆家之一,曾受到永乐皇帝的褒赏。

(2)汪朝邦,字实用,明朝人。为人笃厚,科举失利,弃而攻医,尤精形家。

(3)江仲京,字林泉,明朝人。精堪舆之学,与其兄江抱时、江东白被时人合称为"婺东三仙"。

(4)江本立,字道生,明朝人。其家数世皆以堪舆为业,其孙江风亦精是术。

(5)李邦祥,字和征,明朝人。天资颖悟,博贯青囊星学,尤得阳宅真传。卜筑应验,本地士大夫对其十分敬佩信服。

(6)李景溪,明朝人。赋性灵异,精通阳宅、星象、历法诸学,著有《阳宅秘诀》《雷霆心法》。

(7)叶泰,字九升,清朝人。著作有《山法全书》十九卷行世,影响甚大,被收入《四库全书》。该书囊括了前人堪舆之说,而以己意评析,亦间附以己作,大旨以杨筠松、吴景鸾二家为主。

婺源古村落选址时,不可能不深受这些堪舆家思想的影响。

诞生这批风水先生的徽州(包括婺源)地区,远在唐、宋之时,就已经盛行风水之术。

南唐国师何溥,字令通,婺源人称他为何公仙。北宋太平兴国四年(979年),他被贬后来到婺源北部的灵山隐居。时萧江六世祖江文采慕名去拜望,并赠良田,为其在灵山上建碧云庵。为感谢江文采,何令通指点他从皋径迁居游坑,又告知他江湾是块风水宝地,迁居之后要将后龙山与朱笔尖之间的缺口填补上,以打通龙脉。还要在上街村外沿河修筑一条拦河坝,逼使河道南移外拐。最后要在村四周栽上5棵樟树,在村内开凿2口水井,以制服对面攸山脊"火"峰。元丰二年(1079年),萧江八世祖江敌率族人迁入江湾,并按何公仙指点一一实施,使江氏族人兴旺发达起来,出了江永、江一麟、江谦、江石溪等高官显达。江湾人为感谢何公仙,在村中建了一座"仙坛",还留下了一条仙坛巷。

婺源的每一个古村落几乎都有一个这样的建村传说和记载。明清时朝的七位婺源风水大师,正是在这种社会文化氛围中诞生的。朱子就曾说:"古时建立村庄之际,乃依堪舆家之言,择最吉星宿之下而筑之,谓可永世和顺也。"(《朱子语类》)因此,要了解婺源古村落选址

建村的规律,就不得不从风水术说起。

风水术的核心观念是认为天、地、人、自然与社会共处于一个密切联系的系统之中,作为自然现象的天、地、风、水对人类社会有着重大的影响作用。墓地(阴宅)的位置可以影响墓主后代的命运;村落住宅(阳宅)选址、设计得好坏也可以决定村子和屋主的兴衰。

农耕文明时代,在与农业生产力相适应的封建社会制度下,人们对居住环境和建筑的要求可以归纳为这样十条:

(1)要能够充分享受阳光。这既是身体健康的需要,也是农作物生长的需要。但住宅内夏日最好少些日照,冬日多些日照,做到冬暖夏凉。

(2)要能够挡住凛冽大风,四周峰峦叠嶂,藏风聚气,水口关锁严紧,有利于形成聚落水土调节的小环境、小气候。但又要易于通风散湿。住宅内不要有穿堂风,但又要能使空气流通。

(3)要有充足的水源。生活、饮用、消防用水要方便,农作物灌溉用水也要能得到保障,但又要避免洪水季节水淹村庄和农田。

(4)要有便于开垦的肥沃土地。

(5)要有比较丰富的物产,包括山林中的野生动植物和果实及河里的水产品。

(6)土质比较坚硬,不会发生山体滑坡崩塌和地面沉陷。

(7)地形地貌要比较平缓、开阔,后代繁衍扩建村落的建设用地有一定空间。

(8)与外界适当隔离,不易被兵匪强盗发现,适合避乱,但又必须与外界有联系的通道,开凿道路时无须翻越高山、大河。

(9)村落建筑地带要有一定坡度或形成台地,有利于排水排污。

(10)山清水秀,没有凶险狰狞的石峰,没有穷山恶水的景象,赏心悦目,林木葱茏,生态优美,给人以审美享受。

要满足以上十个条件的地方才是真正理想的居住地。

在徽州婺源山区,这个理想的桃花源,一般多位于河曲地带。姚廷鸾《阳宅集成》中说:"阳宅须教择地形,背山面水称人心。山有来龙昂秀水,水须环抱作环形。明堂宽大斯为福,水口收藏积万金。"婺源大多数由名门望族建立的古村落,都选址在这样的"风水宝地",如江湾、晓起、汪口、理坑、虹关、思溪、延村、清华、游山等。

这只是为村落选址指示了一个大的方向。在茫茫崇山峻岭间,道路未辟,人如芥豆,避难来此的北方士族如何找到和发现这方"风水宝地"呢?他们通常采用五步作法,即风水术中的觅龙、察砂、观水、点穴、择向。

(一)觅龙

龙,当然是指山脉,故人们又把山脉呼作"龙脉"。《管氏地理指蒙》云:"指山为龙兮,象形势之腾伏。"审辨龙脉的方法是:"以水源为定,故大干龙则以大江大河夹送,小干龙则以大溪大涧夹送,大枝龙则以小溪小涧夹送,小枝龙则惟田源沟洫夹送而已。观水源长短而枝干大小见矣。"这是对《山海经》《禹质》中"两山之间必有一水,两水之间必有一山"的地理规律总结的运用。因此,在选址实践中,觅龙实际上就是觅水。高山难以攀越,风水先生和卜居先祖,只有去寻找河流,然后沿河去寻找河弯地带的理想家园。

　　风水术认为,龙的贵贱全基于来龙祖山的远近,龙之有祖,犹水之有源,木之有根。源远则流长,根深则叶茂。山脉来得绵远者,发福亦绵远,反之,山脉来得短促者,发福亦短促。现代地质科学研究成果也证实了这一点。一个山系的形成,要经过一个相当漫长的历史过程。山系越大,山脉越长,形成的时间越长,其地质构造也越稳定。宋代廖禹在《金精廖公秘授地学心法正传》中说:"山系高耸宏大,由其根茎盘踞,支持于下者厚重也。根脚之大,必是老硬石骨作体,非石不能胜其大。低小之山,必根枝迫窄,土肉居多。"已懂得高山由坚硬岩石所组成,低山多由土质所组成的地质现象。这样选中的山形山脉,必能满足上述十个条件中对山林的要求。

### (二)察砂

　　砂,指单座的山峦。风水术提出山的"五星形体",并认为五种山若按五行相生排列而来便是"生龙",既指山态变化丰富腾跃,也指生态良好,认为"石为山之骨,土为山之肉,水为山之血脉,草木为山之皮毛"。充满生气的峰峦应该是:"紫气如盖,苍烟若浮,云蒸霭霭,四时弥留;皮无崩蚀,色泽油油,草木繁衍,流泉甘洌,土香而腻,石润而明。如是者,气方钟而休。"这样的山砂,当然也吻合上述十条要求中山体的标准了。

　　从现代科学来说,"察砂"还包含了选址规划中的四点要求:一是要避开山势陡峭、纹理紊乱、生态状况不良的地形,因其在地震或暴雨时极易滑塌和形成泥石流;二是不能选择四周有高大封闭的低洼地,因其会限制通风,促成逆风,增加午后温度,降低午夜后的温度,影响排水,易受洪涝,也不利于污染气体扩散,影响观景视线;三是斜坡地形的度数一般以0.3%～2%为好,利于排水防涝,坡度切不可大于70°,因为那会有发生崩塌的危险;四是考虑地质构造,避免在断层带上建房。

崇山峻岭环抱中的江岭村

### （三）观水

风水理论认为"吉地不可无水""行到平原莫问纵（山脉），只看水绕是真龙"。《水龙经》中就列出了吉水格局和凶水格局，要求水质要清，水流要深，水形要曲，这样才有利于灌溉、饮用、舟楫、防洪。风水术强调村落选址必须处在河流弯曲成弓形的内侧，水流三面环绕，"金城环抱"，又称"冠带水""眠弓水"。现代水文地理学研究表明：河流在地形地质的限定和地球自转引起的偏向力作用下形成了河曲。由于水力的惯性作用，河水不断冲去河曲的凹岸（反弓水），淘蚀坍岸。而凸岸一侧则水流缓慢，泥沙不断淤积成为陆地，既无洪涝之灾，又可扩展住宅，开垦田地，十分有利，可以满足十条要求中水的标准。

### （四）点穴

点穴即辨别建筑的土壤。风水术"辨土法"挖金井验土，以"土细而不松，油润而不燥，鲜明而不暗"为佳。《相宅经纂》卷三"阴基辨土法"载："于基地中掘地，周围阔一尺二寸，深亦如之，将原土筛细，复还坑内以平满为度，不可按实，过一夜，次早起看，若气旺，则土拱起，气衰，则凹而凶。"为判断土壤的承载力，《相宅经纂》卷三还提出了"称土法"："取土一块，四面方一寸，称之。重九两以上为吉地，五、七两为中吉，三、四两凶地。或用斗量土，土去碎量平斗口，称之，每斗十斤为上等，八九斤中等，七八斤下等。"现代土壤学研究表明，土壤大致可分砂土类、壤土类、黏土类三种。砂质土壤土质致密坚固，承载力大，含水率低，较黏土干燥，渗水性和透气性好，利于土壤净化，防污性好，并易于开挖施工，最宜于建筑。壤质土结构疏松，承载力小，建筑物易发生沉降塌陷。黏质土结构过于致密，渗水性能差，房屋易潮湿，不利健康。

### （五）择向

这里的向，既指村落的位置方向（如坐落于山南水北还是坐落于山北水南等），也指房屋的朝向。在人与自然的关系中，对阳光、温度、风向和气流、湿度、气压、降水量等的要求，都通过择向来解决。在婺源所处的经纬度上为享受充足的日照，利于作物生长，适宜将村落建在山南水北的位置。住宅要避免西晒，选择的厅堂朝向应该是坐北朝南偏东15°为宜。由于开设了天井，阳光可以从上空的任一方向照入厅堂，所以婺源古民居的厅堂朝向东、北、西的都有，但天井出檐高度和墙体设计很讲究，要保证阳光在冬至日中午，能晒到前堂太师壁前画押桌，夏至日则只有照射天井一小块地面，使室内冬暖夏凉。为避免东北、西北季风的侵害，婺源古村多建在山南麓，枕山面水，由山峰挡住寒流。房屋内天井与大门可形成空气对流，易于散发湿气。据研究，南方山峰南坡的降水量大于北坡的降水量，空气、土壤、植被也是南坡为好，所以古村落多选址在山南。由于婺源山区丘陵地带，河湾处的山峰都不是很高大，且讲究后有靠山，前有案山，所以许多古村建在山北水南，如思溪、清华、凤山等村落就是。

综上所述，可以得出一个古村落理想环境模式的示意图。这个理想的风水宝地可以用八个字来概括：枕山面水，河曲地宽。这正是婺源大多数古村落所选定的人居环境，如江湾镇的中国历史文化名村汪口村。

汪口村全景

但是,这样的理想村基并不多。对一些与标准的"风水宝地"有一定差距的村基,婺源先人们并没有完全放弃,而是认为"以气之兴,虽由天定,亦可人为"(何晓《风水探源》,东南大学出版社,1990年)。因此,建村的主持人、规划师在顺天的同时,以人力改造不良的风水环境,这在风水术中称"补基"。"补基"的方法大概有五种。

## (一) 引水补基

风水术在论及水对阳基的重要性时说过:"人身之血以气而行,山水之气以水而运。"村基之所应是:"以形势为身体,以泉水为血脉,以土地为皮肉,以草木为毛发。"所谓的引水补基,剔除其不科学的陈述,实际上就是兴建水利设施,以利于灌溉、消防、洗濯。江湾村古街离河道较远,村民用水十分不便,古人便从小溪筑坝引水,开凿了一条湖圳,在村头形成了荷花池,与村中的七口古井一起,构成利于全村用水和具有风水兴旺意义的村落水系格局。考水村则兴建了村头"迥澜"水圳,构成"圣人门前水倒流"的格局。段莘乡裔村、浙源乡虹关村、赋春镇岩前村都筑坝引水,水圳穿村流经门庭,给村人带来财气,实际上也方便了村人用水的方便。

岩前村水圳

许村水圳

## (二) 植树补基

如江湾村在村中种植了五棵樟树,按"梅开五福"形状分布,祈求村运长盛。一般开基肇造的建村人在定居时都会种下一棵树,或樟或枫,或楠或松,或遮或彰,对村落绿化、水土保持、景观构成都起着重要作用。如镇头镇磻坑村跨溪古樟、大鄣山乡程村红枫等。

磻坑村跨溪古樟

程村红枫

## (三) 培砂补基

一般在后龙山地段挑土增高或改变山形,改善村落的环境和景观。如江湾村就有"仙人桥",村中规定每出生一个男丁,均要挑一担土到此处,填满灵山与村庄靠山的断裂段落。无独有偶,虹关村后龙山也与高湖山、大鄣山中间断裂了一段,致使龙脉不顺畅,村民也议定每添一个男丁,均要挑一担土去填此"风水"缺陷。

## (四) 镇符补基

浙源乡凤山村经常失火,明代建了龙天塔以镇火神。还有很多村落,通过在水口等地建设亭、桥、楼、阁、井方式,来补救村基方面的缺陷。江湾镇江湾村在村中按北斗七星状钎了七口井,祈福消灾。无独有偶,思口镇西冲村也在村里上、下片区钎了7口"七星井"。这虽是迷信之举,却留下了一批古建筑的精华。

凤山村龙天塔

江湾村仙人桥（引自李俊编著的《江湾》）

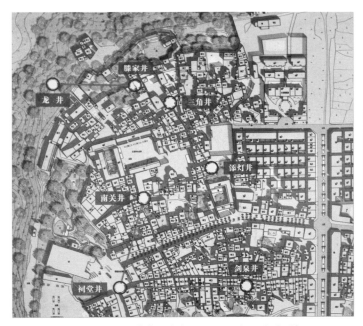

江湾村七星井布局（婺源旅游股份公司供图）

西冲村七星井之一

## （五）象形补基

从中云镇岘峰村《潘氏宗谱》村基图可以看出，民宅有序地集中建造，平面布局呈圆形，村内道路蜿蜒曲折，似乎巷巷相通，却又变化多端。这一空间布局形态像一面铜锣，稍远一点的岘下湾溪流则是一根锣槌，村中街巷大多弯曲不直，是为避免"铜锣"裂缝，村内不凿井是为了使"铜锣"不"哑音"。除此之外，虹关村像船形，西冲村呈"品"字形，还有一些村落的布局形态像棋盘形、鱼形、狮形等，都有一定的象征意义，反映了古代村民因地制宜、避凶趋吉，祈求村运长盛、人脉长兴的美好心愿。

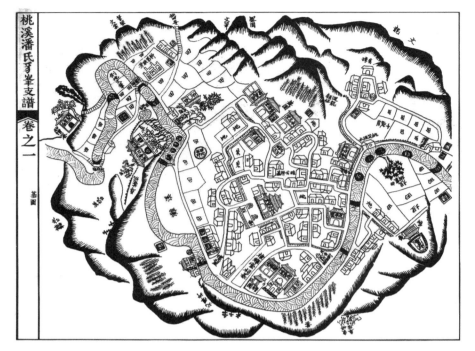

豸峰村地形示意图

需要说明的是,婺源大多数古村落在唐宋时期建村时,风水术中觅龙、察砂、观水、点穴、择向的理论还未诞生,因此,那时的古人不可能完全按这套术语去选址。但是在选址过程中所采用的一些方法,却是与这五步法的精神一致的,所以,我们采用了五步法来概括古人在古村落选址中的方法。

## 三、风水术与婺源古建筑择吉设计

古代建筑匠师们在长期的营造实践中总结经验教训,并联系风水术和神灵崇拜等迷信观念,对各类建筑都提出了一系列的建造规则,并把是否遵行这些规则与人生吉凶相联系。如明代午荣编撰的《鲁班经》,就对住宅、宫室、司天台、寺观庵堂、祠堂、凉亭水阁、仓敖、桥梁、钟楼、禾仓、牛栏、羊栈、马厩、猪栏等建筑的起造要则作了阐述,重点是住宅的建设。这是因为"夫宅者,乃是阴阳之枢纽,人伦之轨模,非夫博物明贤未能悟斯道也"(《黄帝宅经·序》)。确实,人一生中有一半以上时间在住宅里度过,住宅及其环境与人的健康和心理、生活、工作都有重要的联系,难怪乎住宅的建设受到历代风水家的最大关注,认为"宅者,人之本。人以宅为家,居若安即代代昌吉,若不安即门族衰微"。其中传世奉为经典的风水术论述有《阳宅十书》《阳宅会心集》《鲁班营造正式》《鲁班经》。由此,形成了风水术中专事研究民居的"阳宅学派"。因此,我们在这里重点探讨风水术与民居建筑的一些主要理论。

如同村落选址的风水理论有"形法派"和"理法派"一样,阳宅风水理论中也有这两大派。"理法派"附会河图洛书、九宫八卦等数理推算方法,依照宅主的生辰八字来测算其住宅的朝向方位、尺度、布局,以及门、灶、床的方位等,以指导住宅和室内布置。这一派的方法有些结论虽然具有一定的科学道理,但总体上来看迷信、臆测的成分更多,推算方法也纷繁复杂,被很多"风水先生"所利用牟利。故此,我们不对这派理论作过多介绍。

下面,我们择要介绍阳宅风水"形法派"理论的四方面内容。

### (一) 住宅的环境风水

《阳宅十书》列举了50多种住宅周围的环境状况,并一一作了分析,断定吉凶。这些环境要素包括地形、山丘、水流、池塘、道路、林木、坟墓等。

最理想的宅基地环境是"左青龙、右白虎,前朱雀、后玄武"。宅地北高南低有利排水;门前有道路,出行方便;住宅后方有林木可以挡风。这样的宅基地当然是"风水宝地"。反之,若门前有高冈,会使景观和空气堵塞,不利生活;周围树木围绕密不通风则空气不畅;四周道路环绕则噪音太盛;邻近坟墓则不吉利。为了房屋环境取吉,对一些特殊部位会设立隔邪物。如在直对路巷的屋墙上嵌立"泰山石敢当"石碑;在屋门朝向不利的山、不吉的构筑屋(如庙观、厕所等)、河、塘等处,建照壁墙。秋口镇李坑村李书麟故居院门前照壁宽2米,高2.2米,底部和两侧均用青石砌就,制作考究。

江湾镇汪口村"泰山石敢当"石碑　　　　　　　李坑村李书麟故居院门前照壁

### (二) 住宅的外形风水

《阳宅十书》列举了宅基地的若干种外形以定吉形。其中地形方正或缺少一角的均为吉宅,仅是前宽后窄、左边长右边短的用地为不吉。《鲁班经》在"推造宅舍吉凶论"一节也写道:"若内阔外狭乃名为獬穴屋,则衣食自半也。其外阔则名为槛口屋,不为奇也。选屋切不可前三直、后二直,则为穿心枋,不吉。如或新起枋不可与旧屋栋齐过,俗云:新屋插旧栋,不久便相送。须用放低于旧屋,则曰次栋,又不可直栋穿中门,云穿心栋。"

### （三）住宅的格局风水

《阳宅会心集·格式总论》云："屋式以前后两进，两边作辅弼护屋者为第一。后进三间一厅两屋，或作五间一厅四房，后厅要比前厅深数尺，而窄数尺。前厅即作内大门，门外作围墙，再开以正向或傍向之外大门，以迎山接水。正屋两旁，又要作辅弼两直，一向左一向右，如人两手相抱状以为护卫，辅弼屋内两边，俱要作直长天井。两边天井之水俱要归前进外围墙内之天井，以合中天井出来之水，再择方向而放出其正屋地基。后进要比前进高五六寸，屋栋要比前进高五六尺。两边护屋要作两节，如人之手有上下两节之意，上半节地基与后进地基一样高。下半节地基与前进地基一样高。两边天井要如日字，上截内天井一样深，下截比上截要深三寸。两边屋栋，上半截与前进一样高，下半截比上半截低六七寸，两边护屋，墙脚要比正屋退出三尺五寸，如人两手从肩上出生之状。……此为最上格。其次则莫如三间两廊者为最，中厅为身，两房为臂，两廊为拱手，天井为口，看墙为交手，此格亦有吉无凶。"这种房屋设计形成了大厅聚众，小厅起居，厢房卧室等较合理的功能分区，高墙围护的私密家庭空间，有分隔有联络，人流交通也合理。地坪高度进进抬升，利于排水、采光、通风。

在民居的空间布局上，风水术也有一些说法，如"屋式不论几间，香火要居中厅"；后厅后部不可开门；灶间不宜正对房门，不宜正对卧室；厕所不宜设在宅北和西北方；两廊要接厅堂；"宅之吉凶全在大门，……宅之受气于门，犹人之受气于口也，故大门名曰气口"。一般民居朝向多为坐北朝南，称为坎宅离向，大门朝向以离（南）、巽（东南）、震（东）为三吉方，尤以巽位为最佳。

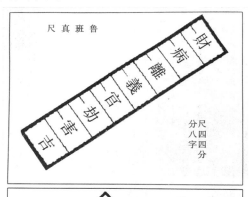

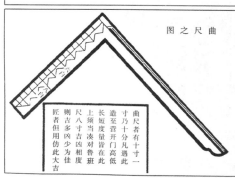

门光尺

### （四）住宅的尺度风水

风水术确定住宅门、柱、梁、脊等建筑尺度的吉凶时要使用"门光尺"来校核。"门光尺"又名"鲁班尺""八字尺"。

1门光尺长度为1.44营造尺（1营造尺=32厘米），折合公制为46.08厘米，每尺分为八寸，每寸折合公制为5.76厘米，每寸分别标有"财、病、离、义、官、劫、害、吉"八个字，有的标有"贵人、疾病、离别、义顺、官禄、劫盗、伤害、福本"八名称。每一寸又分为五小格，每格标示吉凶内容。尺的背面也分为八寸，每寸标示相应的星宿名称。一、四、五、八寸为"吉寸"；二、三、六、七寸为"凶寸"。确定建筑尺度时，只要将门、柱、梁、脊等定在吉寸范围内即可，非常方便实用。官府、寺观多定在"义顺""官禄"吉寸上，民居多定在"财门""吉门"吉寸上。

　　风水术确定营造物尺度时还有"压白"的规定,即将营造尺(共十寸)与九星九色相配。九色是:一白二黑三碧四绿五黄六白七青八白九紫,其中一白六白八白九紫为吉利星,余为凶星。九色与营造尺的前九寸依次对应,第十寸为一尺又复为白色。在确定建筑物的吉利尺度时,尺寸要落在"紫白"寸或尺上,称为"寸白"和"尺白"。这种方法就叫"压白",是风水术取吉的一种手段。更复杂的"压白"法还要与屋主人的生辰八字相配后推算("八卦纳甲"),并联系房屋坐向方位来确定营造物的高、宽、深、长。《鲁班经》对三架屋、五架屋、正七架三间屋分别提出了符合风水术的取吉尺度,现将原文整理成表2.1、表2.2、表2.3。

表2.1　三架屋

| 名称 | 步柱 | 栋柱 | 段深 | 间阔 | 次间 |
|---|---|---|---|---|---|
| 尺寸 | 一丈零一寸 | 一丈二尺一寸 | 五尺六寸 | 一丈一尺一寸 | 一丈零一寸 |
| 紫白 | 一白吉 | 一白吉 | 六白吉 | 一白吉 | 一白吉 |

表2.2　五架屋

| 名称 | 柱步 | 仲高 | 栋高 | 每段 | 中间 | 次间 |
|---|---|---|---|---|---|---|
| 尺寸 | 一丈零一寸 | 一丈二尺八寸 | 一丈五尺一寸 | 四尺六寸 | 一丈三尺六寸 | 一丈二尺一寸 |
| 紫白 | 一白吉 | 八白吉 | 一白吉 | 六白吉 | 六白吉 | 一白吉 |

表2.3　正七架三间屋

| 名称 | 前后柱 | 栋高 | 中间 | 次间 | 段 |
|---|---|---|---|---|---|
| 尺寸 | 一丈二尺二寸 | 一丈零六寸 | 一丈四尺三寸 | 一丈三尺六寸 | 四尺八寸 |
| 紫白 | 二白吉 | 六白吉 | 三碧凶 | 六白吉 | 八白吉 |

　　南方和徽州民居营造中还有一项"过白"规定,也是风水术取吉的一种特殊手段。所谓"过白",就是住宅纵剖面中,从厅堂太师壁画押桌前太师椅座位的人眼高度向天井前披檐望去,视线擦过天井后披檐下皮到天井前披檐屋脊的上皮之间,可见到一定高度的天空,即为"过白",徽州俗称"一线天"。其风水观念是欲达致人与天相通,天人一体,而实际的科学作用是为太阳射入天井进入室内创造一个最佳的角度,营造一个最优化的室内人居空间。"过白"高度,须依据屋主人生辰八字来推算测定。

　　上述四个方面的风水术规例在婺源古民居营造中都有应用。

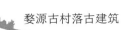

# 第二节　婺源古村落古建筑的规划

## 一、规划的基本原则

古村落选址确定以后，始迁祖对村庄的空间平面建筑安排应该是有统筹、谋划的。但这个谋划布局并不是一次性完成的，而是随着村落的发展而不断修正、扩充、完善的。随着村中人口的增多，宗族管理人员一起参与了村落的规划，使规划布局得到了村中更多人的理解与支持。从现有古村落的布局来考察，婺源古村落遵循了以下四条规划的原则。

### （一）整体规划原则

古村落的规划不仅仅是住宅房屋建设的规划，也不仅仅是住宅区域房屋、道路街巷的规划，甚至不光是居住区域与生产功能设施的规划。婺源古村落的规划布局是包含了山林、河流、水口、田园、房屋、道路等空间要素的综合性规划，营建出一个"家在锦峰碧水间"的"天人合一"的理想桃源。这个布局大致可分三块区域：居住区、耕作区、环境区。

在居住区，在路网系统规划的基础上，对房屋的建筑面积、朝向、体量、高度等提出粗略的要求，同时要规划排水系统，饮用水和生活用水设施（如水井等），以及消防设施。

上晓起村村落布局古示意图

在耕作区,有开垦规划。依据风水理论,对有损龙脉的区域作出不得开垦的规定。对农用灌溉水利设施也有统一的规划。

在环境区,规定禁山和养生河范围不准伐木捕捞。同时对补救风水不足的建筑区(点)做出圈定,重点是营建好全村的水口。

江湾镇汪口村的空间布局就全面地考虑了上述因素,在段莘水与江湾水汇合的河曲台地上,形成了"山-水-市-居"的总体空间格局。向山郁郁葱葱,河水清澈奔流,街市路宽店密,住宅连片成群,而耕作的田园则散布于村庄周边山麓、河岸。江湾镇上晓起村《江氏宗谱》所载的村庄基址图,各类功能的房屋建筑、田地、山川都布局在合理的位置,显示出古人规划的高水准。

### (二)有利人居原则

从大环境方面而言,注重对村落周边自然生态的保护与养育,营造一个山清水秀、空气新鲜、有利于人体身心健康的小气候。

从基础设施布局上看,要规划有利于住、行的道路、桥梁、河埠、井泉以及下水道。建设消防设施,以备火灾之虞。

从生产设施上看,要规划建设水埭、水圳、水碓等水利和加工设施,划定田地开垦地带,使开荒造田有序。

为满足村民精神文化需求,要规划建设祠堂、书院私塾、文昌阁、文笔塔、汪帝庙、狮傩庙等文教礼制建筑。

总之,全村的布局,使生活其中的每一个人都觉得十分方便,能满足人们获取衣食的温饱之需,也要能满足他们高层次的精神心理需求。

### (三)保育与开发并重原则

古人在风水理论指导下,对周边环境的一草一木、一山一水,都视为风水宝地的构成部分,着意加以保护和培育。《宅谱迩言》云:"乡居宅基以树木为毛衣,盖广陌局散,非林障不足以护生机;溪谷重风,非林障不足以御寒。故乡野居地树木兴则宅必旺;树木败则宅必消乏。"婺源几乎每个村都有禁林,对龙脉山、向山、水口林均施行禁伐,并通过村规民约,对盗伐者实行惩罚。有"杀猪封山"的风俗,对盗伐者家养的猪宰杀后分肉给全村百姓,以示儆戒。村中的河流,也多立"养生河"禁碑,如晓起、洪村,今仍有碑在,禁止捕捞鱼虾,对违反者也施以惩罚。不但对天然林木实行保护,还要着意种植林木,绿化荒山,美化环境。汪口村前的向山原是一片石壁山,村规有约:所有出外人员回乡都要带上几株外乡的树种在山上种植。凭着全村人的努力培育,一片石山变成百树汇聚的丰茂林山。

婺源古村落十分重视水口的保护和培育。"水口者,一方众水所总出处也。"(缪希雍《葬经翼·水口篇》)理想的水口应"狮象蹲踞回互于水上,或隔水山来缠裹""水口两山对峙,涧水环匝村境"。风水术认为,位于村头去水下游的水口是关锁全村财气、人运的至关重要的地方,一般讲究山峰对峙,流水蜿蜒,形成村落入口的一道天然屏障,有的名曰"狮象把门",有的名曰"双峰锁钥"。

汪口村向山

**赋春镇源头村水口**

　　有的村落还选择和护育两到三道水口,如江湾镇㟜坑村。水口树高林密,有利于形成村落区域相对封闭的地理空间,营造出村庄内良好的小气候,有利于村人的身心健康。最早的时候,建村之初,水口的选择和养护,还与避乱深山有关,尽量多些天然屏障,不让外界发现村人的生活,保障全村人的安全。从景观营造的角度看,粉墙黛瓦的建筑群,掩映在水口林之后,若隐若现,给人"山重水复疑无路,柳暗花明又一村"的世外桃源般的审美享受。水口林木以樟树、枫树为主,还杂以栲树、槠树、栗树、红豆杉、楠木等,许多树木都由村人悉心育护,历经数百年,长成要多人合抱的巨木。为了更好地关锁财气,作育文脉,村人还会在水口建设桥、亭、文昌阁、文笔塔、水碓等建筑物,护佑村运昌盛。如古代理坑村水口,就建有理源桥、文昌阁、文笔塔、水碓、天灯柱等"五星"。

## （四）美化景观原则

古村落的规划者不但考虑了村民生活生产的实用性，还以一个艺术家的眼光来谋划村落景观。

首先是讲究人工建筑的外观美、和谐美。建筑物要符合人们的审美眼光，建筑的高度、体量，门墙的装饰、粉墙与木楼的协调，比例适当，规模适度，与黄金分割率相吻合，并形成统一整齐而又灵活多姿的徽派建筑风格。

其次是讲究空间布局的疏密有致，曲直有韵。水口林犹如宏大的华彩乐章；高墙围护的深巷好似如歌的行板；灵动的河街，水波中倒影飞檐饿脊犹如古筝乐声悠扬；高耸的祠堂和门前空地奏响协奏曲的最强音……在古村落石板路上漫步，犹如欣赏用砖、木、石谱写的凝固的音乐。

江湾镇上坦村街巷

秋口镇李坑村景（陈华英摄）

再次是讲究村落环境的山水意境，画图天成。巧妙运用"借景"手法，通过花墙、漏窗、楼阁、敞轩、天井沟通内外空间，引天然山水图画入室。登高眺望，婺源的古村落与大自然融为一幅优美的山水画，仿佛一首意味深长的田园诗，视野中只见"古树高低屋，斜阳远近山，林梢烟似带，村外水如环"，叫人赏心悦目。秋口镇李坑村李知诚故居，推窗就可欣赏到池塘远山林木的青翠。篁岭村晒楼就像天然画框，镶进晒秋和山色美景。正所谓"窗外一幅画，名字叫自然"。

篁岭村晒楼雪景

## 二、规划的一般内容

### （一）路网系统

婺源古村落的道路街巷布局多为纵横交错的网状系统，也有由纵横路网结点连成的环状系统，很少有放射型路网系统。汪口村18个河埠、码头与18条南北向的街巷相连通，并和以官路正街为主干道的若干条东西向的街巷交织，构成网状道路系统。虹关村南北向有外路、中路、里路三条主干道，东西向道路20余条互通，可以构成多种环形路线。临水的河街多为交通要道和商业聚集街区，如李坑、游山、庆源、理坑、洪村、裔村等。也有临水只设埠头，无道路贯通的，如思溪、凤山、清华、汪口等。村中纵横方向均有至少一条主干道。所有道路均用青石板铺就。

### （二）水系

各村都有穿村或绕村而过的天然溪流。有的村庄还不止一条河流，如晓起、官坑、李坑都有两条河流。沿溪筑河埠提供汲水洗濯之便。离溪流较远的街区有两种办法供水。一是打井挖塘，如晓起有双井，理坑有金家井，清华有双眼井等。一些呈船状布局的村落则忌讳钎井，怕凿漏了船板，如汪口村、虹关村。二是筑埧开圳，引水到户。虹关村在村头上游河流筑埧，引水由北至南从长生圳沿里路街道而下，穿村而过，在添灯底引一支流通向村东边大河，水圳构成"T"字形。段莘乡裔村也是在村头筑埧引水，水圳到村边时分三路绕村流经家家户户。江湾村也有一条湖圳穿村而过。清华镇洪村则引小山泉流经村居。这些圳渠水系,形成了"浣汲未妨溪路远,家家门前有清泉"的格局。同时,这些圳渠还有引水灌溉下游水田之功,若遇火灾,又有灭火之利。水圳多以石砌,沿圳有些地段筑有水塘,供周边较多人口同时洗濯。

下水系统随路而筑,有明沟,有暗渠,宽窄深浅由沿路住户人口量而定,大多以石块砌就。

## (三) 住宅

村民住宅沿路建在路网空格内,整齐有致。为求得房屋正堂坐北朝南的布局,东、西、北三向的住宅一般都通过建门院的方式,改变正堂的朝向,即院门可以朝东、西、北三方,但房屋大门仍然朝南,形成倒座厅或横厅。房屋大门朝南面街的,一般都要建仪门(中门),以避人流视线,营造住宅的私密空间。仪门平时不开,人从仪门两侧的侧门进出。有贵客或重大事件活动时仪门才打开,叫"大开中门"。也有住宅大门朝东、北方向的,正堂进深方向也朝向东、北。这类住宅一般天井会大些、矮些,使阳光照入室内的时间久些,面积大些。

## (四) 消防设施

防火,对每个古村落都十分重要。防火设施主要有以下几种。

### 1. 水龙庙

放置手动力压水机和水枪等。水龙水柱可喷20米高,使用时可推动水龙至火灾现场,挑水倒入水箱,通过手动压力将水压入水枪喷水。此庙一般不大,占地面积10平方米左右,砖墙斜屋面,格栅门很大,占整面墙。现仍存有沱川乡理坑2座,浙源乡虹关1座,思口镇漳村1座。古时,各村在农闲季节都要组织灭火演习。水龙庙一般规划建于村中央大路边为多,便于失火时近距离拉赴火灾现场。若大村有几座水龙庙的,则按其均匀覆盖范围,合理确定建设地址。

漳村水龙庙　　　　　　　　　　洪村水圳

### 2. 水圳和水池

建设穿村而过的水圳,在解决生活、灌溉用水的同时,也提供了消防用水。有的村还建有水池蓄水,以备急需,清华镇洪村民居就与水圳相邻。虹关村在村中央建有"万安水池",可蓄2.4立方米的水量。水池用大块青石板砌成,北面刻有"万安水池"字样,东西刻有"坎"字及卦形。

### (五)文教礼制建筑

书院、社学、书屋、书塾等建筑一般建于村中交通便利处所。如汪口养源书屋、延村明训书堂等。

文昌阁、文峰塔、"文房四宝"(笔、墨、纸、砚象征性建构物)等一般建于村头水口处。

申明亭、旌善亭一般建于村中交通要道、人流集中的处所。如李坑的申明亭就建在村中双河交汇处。

牌坊一般规划在村头要道上,突显其教化意义。

戏台一般建在村中较开阔的场所。也有建在祠堂内的,一般设在祠堂门楼内,如阳春村方氏宗祠就建有古戏台。

### (六)宗教崇祀建筑

寺观多建于村落周边山坞之中,如汪口昔日的汇源禅寺,就建在村下游对岸山谷中。

祠堂是一村建筑之最宏丽者。宗祠一般建在村中风水最好的地方,背靠后龙山正脉,如汪口俞氏宗祠、江湾萧江宗祠、黄村经义堂等均如此。支祠也选在房派集中居住的中心地带。

祭祀天地、先贤、神灵的庙坛,如社稷坛、土地庙、社庙、汪帝庙、关帝庙、五猖庙、五显庙、狮傩庙等多散处村头、村尾及村四周山凹、山麓处。

# 第三节　婺源古村落古建筑的建设

现在我们看到的规模较大的婺源古村落,并不是一朝一夕形成的,而是经历了漫长的历史发展过程逐步建就的。在这个过程中,有的还遭遇过毁村的惨痛,兵火所到之处,古村灰飞烟灭。战乱平息之后,人们又在废墟上重建家园。古村落的成长史,是一部血与火的交响乐。

古村落的建筑,可分私宅和公共建筑两大类。

私宅,举家之财而为之,是一个家族心血的结晶。南宋进士袁采于绍熙元年(1190年)时居婺源琴堂,其《袁氏世范·治家》篇中说:"起造屋宇,最人家至难事。年齿长壮,世事谙历,于起造一事,犹多不悉。况未更事,其不因此破家者几希。盖起造之时,必先与匠保谋,匠者惟恐主人惮贵而不为,则必小其规模,节其费用。主人以为力可以办,锐意为之。匠者则渐增广其规模,至数倍其费,而屋犹未及半。主人势不可中辍,则举债鬻产,工匠则喜兴作之未艾,工镪之益增。余尝劝人,起造屋宇,必十数年经营,以渐为之,则屋成而家富自若。盖先议基址,或平高就下,或增卑为高,或筑墙穿池,逐年渐为之,期以十余年而后成。次议规模之高广,材木之若干,细至椽桷、篱壁、竹木之属,必籍其数。逐年买取,随则斫削,期以十余年而毕备。次议瓦石之多少,皆预以余力,积渐而储之。虽就雇之贵,亦不取办包率,故屋成而家富自若也。"上述住宅建设之艰难,历历如在目前。另外,他还记述了建屋的几点要求。一是宅舍关防贵周密。"人之居家,须令墙垣高厚,墙篱周密,窗壁门关坚牢,随损随修。"二是山居须置庄佃。"居止或在山谷村野僻静之地,须于周围要害去处置立庄屋,招诱丁多之人居之,或有火烛窃盗,可以即相救应。"

姚光钰在《徽州明清民居工艺技术》(《古建园林技术》1993年第40、41期)中也说道:"徽州古代工匠以砖、木、石、铁、窑五色匠人组成'徽州帮'。铁、窑两种工匠以各自独立作坊,提供古建半成品材料。砖、木、石三匠专管营造施工。民居营造前,先由建房主(称东家)找来砖木石班师磋商(徽称会墨),选定房屋格局式样,定下尺寸,而后各师班进东(东家作坊)按拟定式样互相配合施工。"可见民居营建之一斑。无论是仕宦府第还是商贾庭院,建宅立院都是一件非常重大的事情。从筹集资金,到备办材料,再到设计施工,每一步都要倾注很多精力。每一幢古民居,几乎都有一个传奇性的建设故事,同时也是一个家族发家的故事。如李坑村的铜绿坊,就由富商李聘如建于清代中叶。他是中国少有的化学工业的先驱者。铜绿是由醋酸和空气作用于铜而得到的一种绿色晶体,有毒,可用作杀虫剂,他在芜湖经营铜绿生意起家,致富后才建了这幢住宅。

公共建筑一般都是在宗族管理阶层成员组织指导下,动员化缘募捐建成的。举凡祠堂、桥梁、道路、书院,都靠村里村外的富商官僚甚至平民输金为之。江湾的萧江宗祠,就由明隆庆年间的右都御史兼户部侍郎江一麟带头捐建。后遭火毁后,民国年间,又由江知源、江谦等人募集资金重建。汪口村的"养源书屋"的来历更不平凡。屋主人俞光銮,自小父母双亡,自强自力,善于经营,经商发达后,回乡置田地。他有六个儿子,除每人各得应继承的一份外,为了光先裕后,勉学奖读,他把多余的产业,全部捐出建书屋,办幼学,以养其源,支资不竭,故命名书屋为"养源书屋"。他还怕日后出了不肖子孙,来夺书屋资产,于是通过县衙,核定税亩,规定后代不得侵夺书屋,并将县衙批谕刻碑勒石于墙,宣之于众。有寡妇化缘建的桥叫"寡妇桥",有后辈为母亲做八十大寿捐资建的桥叫"八十桥"(官坑村)等等。

古村落在统一规划下分步实施建设,一般经历了三个阶段。建村之始兴建的都是住宅一类满足生活起居需要的建筑。其次兴建的是道路、桥梁、堨、圳等基础设施。最后兴建的是祠堂、书院、汪帝庙、关帝庙、土地庙、文昌阁、文峰塔等文教礼制建筑。这三个阶段并不是截然地先后有序分开的,它们之间有交叉、重叠的现象。

汪口古村,由歙县篁墩俞昌迁婺后的第九代孙、宋代朝议大夫俞杲于北宋大观三年(1109年)迁建。他由汪口附近的陈平坞(今已废)迁到汪口村后的郑婆坞,再由郑婆坞逐渐向河边扩展,开始了俞姓家族建设汪口、繁衍生息的历史。1263～1380年前后,汪口的人口剧增,俞氏先人们亦儒亦商,跻身徽商行列,励精图治,苦心经营,财富迅速积累,一批官邸、商宅、祠堂、牌坊逐步兴建起来。栖真观、汇源禅院、文昌阁、胡老爷庙、关帝庙等均在这100

多年里相继建成。1375年前后,明代官府在汪口设立了汪口驿站,促进了汪口村的进一步发展。1405～1487年,俞赵虎后裔商道竞隆,有四家分别建造了宇正祠、孝友祠、黯然祠、立爱祠等四座祠堂。其间,一批颇为气派的民居塾馆相继建在这四个祠堂附近。汪口村的中心渐渐东移。1730年后的乾隆盛世,汪口进入又一个鼎盛发展期。俞氏宗祠(重建)、平渡堰、一经堂、懋德堂、四世大夫第、四宜轩、养源书屋、存舆斋书院、柱史坊、同榜坊等著名建筑,都在此后的160年里相继建成。平渡堰的建成,使汪口沿河码头水深达到更高标准,水运更快地发展起来,建起了18个转运货物的码头,与码头相接,通向村中深处的18条巷,促进了汪口官路正街在这以后的两个世纪里得到进一步发展、完善。清乾隆至光绪的近200年里,汪口俞氏进入仕途,实授官职的有39人,进士9人。这种由儒而商,由商而官,官商结合的途径,使汪口俞氏宗族财力剧增。汪口村虽经历了太平军的兵火,但到民国初年,全村还保留有480幢宅院、近百条街巷、18座溪埠码头、3座祠堂、2座牌坊。汪口村的建设与发展,是婺源古村落建设过程的一个缩影,具有一定的典型意义。

# 第三章　婺源古村落古建筑的类型

## 第一节　古村落的类型

婺源古村落的类型,按照聚居人群血缘关系可分为单姓聚居和多姓共居两类。按照地理环境可分为河谷型和山地型两类。按照主要产业可分为农业型、手工业型、商业型三类。

### 一、单姓聚居和多姓共居古村

单姓聚居古村占了婺源古村落的80%左右。由于北方士族举族南来婺源定居,或在婺源任职的官员留下来安家落户,选定村基后即由本族人规划开发、建设,一般不容外姓进入立足。长此以往,形成了这样一种局面:"新安各姓聚族而居,绝无一杂姓搀入者,其风最为近古。……千年之冢,不动一抔;千丁之族,未尝散处;千载谱系,丝毫不紊;主仆之严,数十世不改,而宵小不敢肆焉。"(赵吉士《寄园寄所寄》)。陈去病《五石脂》也指出:"徽州多大姓,莫不聚族而居。"婺源也不例外。如理坑为余氏聚居村,虹关为詹氏聚居村,凤山为查氏聚居村,汪口为俞氏聚居村,裔村为汪氏聚居村,官坑为洪氏聚居村。而在一个大姓聚居的古村周边,则形成了一批为大姓提供种田、砍柴、抬轿、办理红白喜事等劳动服务的小姓村落群,并相对固定雇佣关系,形成了明清时期流行于南方的一种具有严格的隶属关系的特殊租佃制度——佃仆制。

这种村落是在当时的经济社会形态下为适应宗族统治管理的需要而形成的。它的产生、发展也经历了一个历史过程。北方大族进入婺源时,大多是合族举迁,包括宗族乡党、佃客、部曲等庞大的家族成员。在南迁过程中,不断增进内聚力和排外机制,借助家族财力和势力,占地为主,屯聚成村。在新的自然环境里,他们一方面保持着名门望族的社会心理,另一方面又不得不增强适应土风民俗的能力。为了防止土著居民的骚扰侵犯,也要求加强聚族而居的内部管理体系和抵御外部冲击的防范机制。有的宗族进入已有其他姓氏居住的村落地盘,凭借财力、智力和势力发展壮大,以至于排挤赶走原有的姓氏家族。

大姓古村的佃仆也被称作地仆、佃民、庄仆、世佃等。佃仆,是一种特殊身份,他不是奴隶,但却有一般佃农所没有的特殊从属性。小姓村落的佃仆与大姓村落的地主之间存在着主仆名分。佃仆没有迁徙的自由,婚配受到地主的干涉,没有科举入仕的资格,甚至言谈、服饰等日常生活小节也受约束。在法律地位上,佃仆相当于奴仆,但两者也有性质上的区别。地主对奴仆的控制没有限度,对佃仆则有限度;奴仆服役没有回报,佃仆则有回报;奴仆以口为单位计算,没有私有财产,佃仆则有家庭,有一定的私有财产,以户为单位计算。佃仆与佃农也有区别。佃农对地主只承担种田纳租的义务,而没有其他附加条件。佃仆则除了种田纳租外,还要为主人承担固定的劳役义务,如守护管理坟墓,操办婚丧葬祭事宜,提供应试服务和抬轿、牵马等服务。

洪姓聚居古村——官坑村

佃仆由于种主田、住主房、葬主山而以契约或宗规家法形式确定与主人的长期稳定关系,其来源有多种形式,或由家内奴仆释放而来,或因佃种地主或祠堂的土地而来,或因无处栖身而被迫居住地主庄屋以致沦为佃仆,或因先人葬于地主山场而沦为佃仆,或因入赘、婚配佃仆的妻女而沦为佃仆,或因生活所迫卖身为佃仆。

多姓混居的村落也"姓各有祠,分派别复祠"(民国《歙县志·风俗》)。如赋春镇上严田村就是李、朱等姓氏共同聚居古村。村落仍在宗族制度下运行。多姓氏间通过族长、房长出面协调村落规划建设和管理事务。在长期的历史发展中,各宗族形成了自身的势力范围。宗族之间经济、婚姻、田地都产生了一定的交流成规。大多数村落中各宗族能协调关系和睦相处,通过婚姻关系结成新的血缘共同体。也有少数村落宗族间矛盾处理不好,冲突日甚,形成水火之势。在多姓氏混居村落,也有的逐步形成以一姓为主、他姓为辅的格局。主姓家族掌握了全村的决定权,辅姓家族只能配合服从。

李、朱等姓氏共居古村——上严田村

## 二、河谷型和山地型古村

枕山面水、河曲地宽是建村的风水宝地,这就决定了婺源古村落大多数均沿河而建,这类古村占了80%以上。溯古坦水(古称"婺水")往北,分布有思溪、延村、清华等古村。溯浙源水而上,有凤山村、虹关村、岭脚村。理坑村则位于沱川水畔。溯段莘水而上,有汪口、晓起等古村,李坑、庆源也位于其支流河边。溯十八里桃溪水而上,有龙山、豸峰、孔村、坑头等古村。这些临水而建的古村,大多建于河曲半岛上,有的村落民居夹河而筑,形成大山深处的水乡特色。河流绕村,得水的生活、生产之便,有的形成水运码头,如汪口;有的形成水街景观,如洪村、庆源;有的形成沿河商业街道,如霓村、游山;有的形成小桥流水人家的风貌,如秋口镇李坑、官桥、秋溪,江湾镇济溪。河谷型古村以水为灵魂,建筑布局因水就势,给人以灵动清秀的观感。

官桥村

济溪村

郡山村

也有一些村落选址在山高水远的台地形山头或山腰。这类古村选址一般有三个条件:一是有较平缓的台地可供耕种,或有坡度较小的地块可供开垦梯田;二是四周有更高的山峦为其遮挡寒风;三是林木茂密可蓄水或来龙山脉有水源溪坑。如海拔千米的大鄣山乡鄣山村,海拔800米的段莘乡阆山村、溪头乡龙池坦村,还有大鄣山乡水岚村、程村、戴村,浙源乡周家山村,江湾镇大潋村、篁岭村等。

这些古村大多偎依在山坳之中,以山林出产的野生动植物为生,靠山吃山。种植业以油菜、茶叶、玉米、桐油等旱作物为主。由于山高林密路陡,交通不便,这些村落发展得都不够快,经济、社会、建筑明显逊于河谷型村落。但是这类古村更多保留了古代风俗,生态环境优美,土墙房和石垒房别有风味,成为现代人们探古访幽的胜地,具有发展旅游业的潜在资源优势。

龙池坦村(严厚康摄)

## 三、农业型、手工业型、商业型古村

农业型古村占到婺源古村的95%左右。这些村落以农耕为生,在山麓河畔垦荒造田,栽种水稻、油菜等作物;在山上开荒垦出旱地,栽种茶叶、玉米、红薯、油茶树、桐籽树等作物;房前屋后则是菜园,栽种蔬菜。养殖业以猪为主,兼及鸡、鸭。值得一提的是许多村庄农户辟有石砌鱼塘养鱼,形成婺源一大特色水产品——冷水塘鱼。

手工业型古村不多见。比较著名的有徽墨名村虹关村、采石制砚的砚山村、制作油纸伞的赋春镇甲路村等。

商业型古村多位于交通要道上。汪口村是婺东"通舟至此"的水运码头,形成了670米长的商业街。江湾村地当古驿道,沿驿道形成了500多米长的商业街。清华老街也位于古驿道上,长1500余米,商铺林立。段莘乡裔村沿河商铺还建有路廊供买卖人休憩。

需要说明的是,在少量手工业型古村和商业型古村中,也有农业生产,只是手工业和商业的因素比较突出而已。

沱川乡汪王后村冷水鱼塘

甲路村商业街

裔村商道商铺和路廊

# 第二节 古建筑的类型

婺源历史上的古建筑种类繁多。按产权归属可分为私宅民居和公共设施。按建筑形态可分为房屋和基础设施。按使用功能可分为生活类(主要是住宅)、生产类(商铺、作坊等)、

基础设施类(主要是交通、水利设施)、社会管理类(包括行政性、公益性、保安性设施)、文教礼制类、宗教崇祀类等六大类。

下面对婺源古建筑六大类的功能、形制特点、文献记载情况和遗存现状作一些介绍。

## 一、生活类建筑

生活类古建筑主要是指民居住宅。在婺源古建筑系统中,这一类占90%左右,分量最多,历史上的具体数量无法统计。历经几百年风雨沧桑,现存留下来并保存较好的列入国家级、省级、市级、县级重点文物保护单位的民居住宅共有200多幢,其中明代的20余幢,清代和民国的200余幢。

婺源古民居平面布局因地制宜,规整而又灵活。说规整,主要指正堂建筑,说灵活,主要指院落、客馆、余屋的安排。

正堂一般多为三开间,两进,少数有三进,四进的罕见。楼层多为两层,有些在末进或余屋处建有三层。每进的布局只有两种。一种是四房一天井一明堂。房居于四角,围成一个口字形,俗称"四合头"或"三间四合"。天井居中,四方屋檐形成"四水归堂"格局,俗称"四披水"天井。明堂正面板壁叫"太师壁"。二层以天井为中心形成围合连通的"走马楼"廊道。另一种是两房一天井一明堂。天井位于靠墙一方,屋墙方无屋檐,其他三方屋檐形成"三披水"天井。明堂左右是两间正房。形成倒凹字形,俗称"一明二暗"。前进以第一种"四合头"布局为多,后进以第二种"一明二暗"为多,但天井一方的屋墙是正堂的后墙,明堂厅在天井的前方,与前进的明堂厅仅一墙或一板壁之隔,形成"倒座"厅堂格局。由于前、后进的明堂厅共处于一条屋脊的屋面下,所以称"一脊翻两堂"。

段莘乡庆源村聚庆堂外观

沱川乡理坑村诒裕堂内景

住宅院落有门院、内院之分。带内院的多为休闲读书性质的别墅型建筑。有的院子筑有石砌鱼塘,塘上空三分之一有楼板、靠椅。门院有带落轿间的门楼,形状不一。住宅余屋有客馆、厨房、作坊等功能空间。

墙基柱础深挖石砌。砖墙灰粉,山墙砌成马头式高低错落的封火墙,并有砌头戗角。屋架多为穿斗式,也有杂用抬梁式的。屋面为硬山,覆小青瓦,屋檐均朝向天井,向天井下水,极少出墙檐,所以婺源住宅的前后墙多不是檐墙。

室内以青石板铺地,明代建筑也有以方砖铺地的。楼梯有在太师壁后的,也有在余屋处安设的。住宅的正立面开大门,二层有设各种形状窗户的,一般都露出二层木楼,有的还设有飘出墙外的飞来椅美人靠,使整个立面粉墙与木楼相映,远近高低,形体交错,给人丰富的立体画面感。两侧立面则是封火墙五岳朝天的起伏天际线。住宅大门罩饰以砖雕,门窗格扇、大梁、雀替等木构件饰以木雕,柱础则为石雕。精致美观的"三雕"使房屋增色添彩。婺源古民居是徽派建筑的代表作,可用两句话来概括其风格特点:粉墙黛瓦,五岳朝天戗角飞;肥梁瘦柱,四水归堂三雕美。

## 二、生产类建筑

### (一)商铺

南唐昇元二年(938年),在县城南部曾建有东、西市场。以后南部逐渐形成商业街,店铺林立,有鸡市、猪行、盐行、油坊和杂货店、理发店等。现在县城古街还保留着清代商铺40余座,形制多为两层,木板门面、地面,一层为店堂,二层为家居或仓库。有的有两进甚或三进,作为家居、作坊之用。

在水陆交通便利的村镇,也有商业街,如清华,自古以来就是婺源北部商品集散中心,形成了一条约1.5千米长的商业街。甲路村地处通往浮梁的古道上,据记载有"上下街连五里遥"的商业街。而汪口村地当通屯溪的古驿道和水运码头,历史上曾形成18座码头18条巷的商埠,主街也有近1千米之长。裔村地当大路临河一带形成了上店、中店、下店一条绵延近1千米长的商业街。江湾村的老商业街也有一定规模。最别致的是游山村商业街,店铺沿溪排开,形成繁华的河街,并建有临河跨街的亭廊,设美人靠。这些古商业街开设有饭店、旅店、理发店、杂货店、木材店、水产店、米行、木行、瓷器店、绸缎店等,形制与县城店铺相仿,现在都还有部分老店铺保留下来。

### (二)生产作坊

#### 1. 纸伞作坊

较著名的有甲路村纸伞坊,历史悠久,康熙甲戌年(1694年)所修《婺源县志》已列入《食货篇》。现在这一工艺虽已传承下来,但作坊建筑却无处可觅。

#### 2. 徽墨作坊

婺源制墨,始于南唐,著名的墨坊集中在虹关村,村民世代经营婺墨,在外地有墨铺多达80多家,占婺墨生产的70%以上。墨坊多与住宅相连,现在墨坊留存下来的古建筑尚有10余座,有玉映堂、愿汝堂、留耕堂、虑得堂等。

#### 3. 茶叶作坊

婺源自古是茶乡,婺源绿茶唐载《茶经》,宋称绝品,明清入贡,叶嫩汤清,香高质醇。许多乡村人家都设有加工茶叶的作坊,与住宅相通。单设的作坊不多,现在难见其踪影。江湾镇上晓起村的一座水动力制茶作坊,有很高的文物价值。

4. 油榨坊

婺源盛产山茶(当地称桂子)油和菜籽油,油榨坊遍布乡里,牛拉石碾粉碎山茶籽和油茶籽,然后蒸熟填入铁箍里压实做成饼状,装进巨大的木质凹槽中,再用吊锤悬击楔木,挤出油饼中的油料。这些油榨坊,建筑虽简陋,却是传统生产工艺的物证。随着机器榨油设备的使用,这些油榨坊多已废弃,但古老的榨油器具在乡间还多有所见。

## (三)工矿生产建筑

婺源县内山虽多,但矿产资源并不多。民国《婺源县志》载:"婺山四塞几与圹,而草木谷稼之外,少珍奇焉。"《婺源县志·货殖篇》中所列之矿产,仅有陶土矿、瓷窑、龙尾砚石矿、小型煤矿以及硫黄矿等。文物普查结果显示,现存有清华、高砂两处古窑遗址。

## (四)水碓

利用溪水为动力,用于舂米、磨粉、炒茶、榨糖等。古时村村均设,有的甚至一村设两至三处。20世纪70年代开始改为电动碾米、磨粉机械后,大多已废弃不用,但遗址留存有不少。

清华镇清华村水碓

# 三、基础设施类建筑

## (一)交通设施

### 1. 道路

婺源山区崇山峻岭,舟车难行,极不利于商旅。但为了沟通山里山外的世界,求生存、谋发展,许多百姓和富商,捐资捐田,修建路桥,使婺源境内形成了较完备的路网系统。这个系统主要由三类道路构成:一类是通往徽州府的驿道;一类是通往外县、外府、外省的大路;一类是县内乡村古道。这三类道路多用青石板铺砌,驿道和大路宽敞,石板质量高;乡村古道狭窄些,铺路石档次也低些,有的是用碎石和黄土铺成。

清朝中晚期,县内古驿道有3条,婺源境内全长约180千米。

（1）县城至休宁黄茅驿道。途经樟木铺、鹤溪铺、古箭铺、古坑铺、汪口铺、湖山铺、烈矾铺、江湾、金竺岭铺、谭公岭、芙蓉岭、对镜岭、塔岭、茗坦铺、官亭铺、镇南铺,到休宁县黄茅。婺源境内全长约80千米,共设有11个驿站（铺）。古时婺东通徽州府的古驿道有五岭之险阻,其中的金竺岭更是在千仞悬崖之上,鸟道迂迴。行人肩负重担,手攀藤萝,蹒跚而上,汗水淋漓。明万历年间,婺源知县谭昌言出巡路过此地,见此情景不禁吁嘘嗟叹,带头捐款集资,征调民工凿山伐石,筑成了一条约1.7米宽、10余千米长的青石板大道。乡民为感念谭知县的功德,于岭端勒石,改称金竺岭为谭公岭。

塔岭古驿道（陈琪摄）　　　　　　　谭公岭古驿道（汪发林摄）

徽饶古道浙岭段　　　　　　　　　　石岭村古道

（2）县城至休宁汪村驿道。经汤村、武口、前坦铺、思口、清华铺、横坑口、十亩坦、月岭、沱川郢村、理源、充头铺、平鼻岭到休宁汪村。婺源境内全长约70千米，设有3个驿站（铺）。

（3）县城至德兴海口驿道。经寅川铺、梅林铺、江湖铺到德兴海口，再经开化到徽州府。婺源境内全长约30千米，设有3个驿站（铺）。

以县城为中心起点，通邻县的大路有8条，婺源境内全长约340千米。

（1）县城至休宁汪村（徽饶古道东北段）。经汤村、武口、思口、清华、花园、岭下、沱口、凤山、虹关、岭脚、浙岭至休宁汪村。从清华起算，约40千米。

（2）县城经清华至浮梁（徽饶古道西南段）。至清华段与通休宁冯村驿道相同。自清华经长林、石岭、严田、甲路、冲田、澄坑、排前、虎蝉至浮梁界。从清华起算，约60千米。

（3）县城经中云至浮梁。经汤村、太子桥、高砂、中云、横槎、汾水、万田庄、湖村、镇头至浮梁界。全长约80千米。

（4）县城经汾水通乐平。至汾水段与经中云通浮梁大路相同，自汾水经佛台山、岭渡、山头、笋岭、溪头、西湾、秀山至乐平界。从汾水起算，约30千米。

（5）县城经汾水、盘山至乐平。至汾水段与经中云通浮梁大路相同。自汾水经詹源山、巨门山、盘山、朗湖、朱村、彰睦、项村、烂泥湾到乐平界。从汾水起算，约40千米。

（6）县城经太白至德兴。经韩家坞、长源、官坑、中平、浮沙、浮溪、太白至德兴界。全长约30千米。

（7）县城至开化马金。至江湾段与县城至休宁黄茅驿道相同。自江湾经中平、梧村、济溪、里庄、济岭到开化马金。从江湾起算，约30千米。

（8）县城经大鳙岭至开化。至中平段与通开化马金大路相同。自中平经大鳙岭到开化界。从中平起算，约30千米。

通村古道四通八达，总里程在1000千米以上，不及备述。

古驿道、大路和乡村古道因修建公路、开山垦田、自然塌圮等原因损毁了一半左右，还有一半的古道湮没在荒草之中被废弃了。也有少量的路段仍有人行走使用。近年来登山徒步运动勃兴，古道穿越成为新时尚。婺源县抓住这一需求，开展古道保护维修，组织古道越野比赛，带动游人通过古道走进偏远山村，促进乡村旅游向纵深发展，带动山区农民脱贫致富。

2. 桥梁

婺源河川纵横，津梁遍布。据民国《婺源县志》记载，全县有桥梁340座之多。桥的形制有四类：廊桥、石拱桥、石板桥、木桥。

廊桥，桥墩多是石砌燕嘴，桥面为木桥梁上铺木板。桥身是木构架盖青瓦屋面。桥上设座椅栏板，为行人提供晴雨皆宜的歇脚场所。最珍贵的当属始建于宋代的清华彩虹桥。

彩虹桥横跨清华镇古坦水上，全长140米，宽3.1米。由两头引桥、四墩五间桥架与六亭五廊构成。桥的四墩构成的桥洞跨度不等，最长的达12.67米，小者9.8米。上面横架四根大梁，梁上铺3.3米长的杉木板，构成桥面。桥上廊亭高度不同，亭略高于廊，为4.1米，亭廊相连，错落有致。

水中四个桥墩为条状青石砌成，前锐后丰，呈流线型，如船体模样，俗称"燕嘴"。墩长14.37米，宽7.15米，高8.1米。墩尾则是亭子，亭内设有石桌石凳，中间一间辟为一砖木结构的"神龛",龛内正中供奉治水的大禹,两侧则是建桥的创始者胡济祥、胡永班。

桥面木质构成,结构洗练,做工粗犷朴实,不事雕琢,体现了一种厚实、古朴的风貌。亭廊上方盖有青瓦,岁月留痕,如今已成墨黛色,使整座桥像条横在水面的苍龙。

彩虹桥每个亭廊均是独立的,便于局部维修。一旦某处损坏,不致影响全桥。

彩虹桥正面(詹东华摄)

彩虹桥背面

彩虹桥廊亭

彩虹桥的下游60米处,建有一座石堰。石堰使桥所在处水位增高,流速减弱,减轻了汛期洪水对桥墩的冲击。

由于石堰的作用,彩虹桥所在水面水位变高,水势变缓,形成了微波荡漾的湖面。四周连绵的青山、田畴,还有集镇的徽派民居与之交相辉映,造就了一幅纯美的水墨风景,此水域自古即有了"小西湖"之称。明代著名篆刻家何震邀其师文彭游览彩虹桥时,文彭为此处美景倾倒,在桥上游不远处的卧牛石上欣然挥毫,留下了"小西湖"三个篆字,三字至今犹存。

彩虹桥始建于南宋,历代均有修缮。桥名来源于唐代大诗人李白诗句:"两水夹明镜,双桥落彩虹。"它处于古代皖赣驿道的要冲,为改善当地交通状况、繁荣经济社会起了巨大作用。2007年,彩虹桥被列为全国重点文物保护单位。

思口镇罗溪村廊桥,始建于明代,清咸丰年间重修。有两个燕嘴桥墩,三孔。廊亭脊高5米,10间48支柱。桥长41米,宽3米。

思口镇罗溪村廊桥

拱桥最为多见,绝大多数是石拱,少量有砖拱的。多数是一孔拱桥,也有两孔至四孔的拱桥。段莘乡官坑村村头三孔石拱桥长26米,宽3米。有些拱桥上还建有桥亭。中云镇孔村下水口就建有带廊亭的荥阳桥,单孔石拱桥,桥长16米,宽2.5米。

石板桥,一跨的就是一块青石条架于河两岸桥头基础上。两跨的,多以石板为墩,上铺长条形石板,形成丁字形构架。也有石砌燕嘴作桥墩的。许村镇汾水村在不到500米长的小溪上,就建有8座石板桥,桥名分别为扁担桥、永和桥、寡妇桥、中和桥(4座)、百板桥。比较特殊的形制是沱川乡汪王后村的石板桥,孔径8.5米,宽1米,长14.5米,石板长6.5米,始建于明代,该桥两桥头的台基采用整块石板悬叠层伸砌筑方法,达到缩短跨径之目的,使6.5米整块石板架到两边桥台上。这种新颖的古石板桥的砌架法,充分展现出古代匠人的聪明智慧。

段莘乡官坑村三孔石拱桥

中云镇孔村荥阳桥

许村镇汾水村石板桥群

沱川乡汪王后村石板桥

　　木板桥，用松树在河里搭起人字形木架，上铺木板，形似长板凳。用铁锁链拴住桥板和桥脚，洪水冲垮后，木料还在，待洪水退去后又可以重新搭建起来。

思口镇漳村木板桥

　　婺源古桥，年代最远的是汪口村的曹公桥，唐龙纪元年（889年），曹仲泽始建，明代曹俊、曹珏重建，后圮，曹珏之孙、进士曹鸣远复建，以承祖志。以后宋、元、明、清各个朝代，均有修建。现存列入各级重点文物保护单位的古桥有146座，如表3.1所示。

表3.1

| 名称 | 地理位置 | 年代 | 名称 | 地理位置 | 年代 |
| --- | --- | --- | --- | --- | --- |
| 玉桂桥 | 中云镇坑头村 | 明 | 塔山桥 | 秋口镇李坑村 | 清 |
| 古桥（36座） | 中云镇坑头村 | 明 | 岳飞桥 | 江湾镇江湾村 | 宋 |
| 穿鱼桥 | 段莘乡庆源村 | 明 | 新坑桥 | 江湾镇江湾村 | 明 |
| 下廊桥 | 段莘乡庆源村 | 明 | 万福桥 | 江湾镇江湾村 | 清 |
| 古桥（10座） | 段莘乡庆源村 | 清 | 思溪桥 | 思口镇思溪村 | 明 |
| 毓秀桥 | 段莘乡庆源村 | 民国 | 通济桥 | 思口镇思溪村 | 明 |
| 聚星桥 | 江湾镇汪口村 | 明 | 通津桥 | 浙源乡虹关村 | 清 |

| 名称 | 地理位置 | 年代 | 名称 | 地理位置 | 年代 |
|------|----------|------|------|----------|------|
| 曹公桥 | 江湾镇汪口村 | 清 | 永昌桥 | 许村镇许村 | 明 |
| 登瀛桥 | 沱川乡理坑村 | 明 | 晏公桥 | 许村镇许村 | 明 |
| 山底桥 | 沱川乡理坑村 | 明 | 双桂桥 | 许村镇许村 | 明 |
| 香糕桥 | 沱川乡理坑村 | 明 | 彩虹桥 | 清华镇清华村 | 宋 |
| 百子桥 | 沱川乡理坑村 | 明 | 发缘桥 | 江湾镇西坑村 | 明 |
| 寡妇桥 | 沱川乡理坑村 | 明 | 旃坑桥 | 江湾镇旃坑村 | 清 |
| 曲尺桥 | 沱川乡理坑村 | 明 | 护福桥 | 许村镇祊坑村 | 明 |
| 理源桥 | 沱川乡理坑村 | 明 | 求义桥 | 许村镇汪毕村 | 清 |
| 天心桥 | 沱川乡理坑村 | 明 | 高道桥 | 赋春镇严田村 | 清 |
| 观音桥 | 沱川乡理坑村 | 明 | 明德桥 | 赋春镇严田村 | 清 |
| 花桥 | 赋春镇甲路村 | 宋 | 义成桥 | 赋春镇严田村 | 清 |
| 流芳桥 | 赋春镇甲路村 | 明 | 树德桥 | 赋春镇严田村 | 明 |
| 昊阳桥 | 赋春镇甲路村 | 明 | 湖山桥 | 赋春镇湖山村 | 明 |
| 六关桥 | 赋春镇甲路村 | 清 | 汇秀桥 | 赋春镇巡检司村 | 清 |
| 南溪桥 | 赋春镇甲路村 | 清 | 八十桥 | 段莘乡官坑村 | 明 |
| 洪源桥 | 赋春镇甲路村 | 清 | 官坑桥 | 段莘乡官坑村 | 明 |
| 宝石桥 | 溪头乡上溪头村 | 清 | 大石桥 | 段莘乡裔村 | 明 |
| 洗笔桥 | 溪头乡上溪头村 | 明 | 长生桥 | 段莘乡江村 | 明 |
| 嵩年桥 | 江湾镇下晓起村 | 清 | 上洋桥 | 中云镇中云村 | 明 |
| 中书桥 | 秋口镇李坑村 | 宋 | 北宅桥 | 中云镇碧山村 | 明 |
| 仁寿桥 | 中云镇横槎村 | 明 | 东源桥 | 思口镇西源村 | 明 |
| 孝思桥 | 中云镇范坑村 | 明 | 集禧桥 | 思口镇下门村 | 明 |
| 沣溪桥 | 许村镇汾水村 | 元 | 遗德桥 | 思口镇何家村 | 清 |
| 双龙桥 | 许村镇汾水村 | 明 | 升平桥 | 思口镇枧田村 | 清 |
| 石祥桥 | 许村镇汪村 | 明 | 罗溪桥 | 思口镇罗溪村 | 明 |
| 盘山石桥 | 许村镇汪村 | 明 | 儒林桥 | 镇头镇游山村 | 宋 |
| 永济桥 | 许村镇董家村 | 明 | 庆远桥 | 镇头镇游山村 | 明 |
| 和睦桥 | 许村镇和睦村 | 明 | 题柱桥 | 镇头镇游山村 | 明 |
| 彰睦桥 | 许村镇仁洪村 | 清 | 万亨桥 | 镇头镇张村 | 明 |
| 拱秀桥 | 许村镇彰睦村 | 清 | 钓桥 | 紫阳镇西街 | 宋 |
| 昌大桥 | 珍珠山乡黄砂村 | 明 | 余庆桥 | 紫阳镇高砂村 | 明 |
| 步移桥 | 珍珠山乡港头村 | 明 | 弄璋桥 | 紫阳镇考水村 | 明 |
| 石猪头桥 | 珍珠山乡港头村 | 明 | 维新桥 | 紫阳镇考水村 | 清 |
| 进口桥 | 珍珠山乡港头村 | 清 | 永福桥 | 紫阳镇善坑村 | 清 |

| 名称 | 地理位置 | 年代 | 名称 | 地理位置 | 年代 |
|------|----------|------|------|----------|------|
| 祭酒桥 | 浙源乡察关村 | 宋 | 永济桥 | 紫阳镇汪村坦村 | 清 |
| 龙川桥 | 浙源乡庐坑村 | 明 | 九间廊桥 | 赋春镇游汀村 | 宋 |
| 凌云桥 | 浙源乡庐坑村 | 明 | 尚义桥 | 赋春镇赋春村 | 明 |
| 龙隐桥 | 浙源乡庐坑村 | 明 | 清霞桥 | 赋春镇麻坦村 | 清 |
| 环清桥 | 浙源乡虹关村 | 明 | 下大夫桥 | 沱川乡篁村 | 宋 |
| 敏公桥 | 清华镇诗春村 | 宋 | 水岚桥 | 大鄣山乡水岚村 | 清 |
| 诗春桥 | 清华镇诗春村 | 宋 | 复兴桥 | 溪头乡砚山村 | 民国 |
| 钟秀桥 | 清华镇诗春村 | 清 | 顾本桥 | 秋口镇长径村 | 明 |
| 廊桥 | 秋口镇秋溪村 | 清 | 官桥 | 秋口镇官坑村 | 清 |
| 崇福桥 | 秋口镇长径村 | 明 | 太尉庙桥 | 思口镇高枧村 | 明 |

### 3. 渡口码头

据民国《婺源县志》记载,婺源有渡口43处。设立较早的有明代主簿孙良佐捐建的县城小北门渡、明嘉靖年间设立的前川渡等。渡口码头多为石砌,规模大小不一,繁简各异。这些渡口设施今大部分已圮废,仅存有江湾镇汪口村4座埠头,被列入县级重点文物保护单位。

### 4. 驿站、驿馆

古代为了传递公文、战报,朝廷依托驿道设立驿站,建立起全国性的邮驿网。驿站有专门的建筑及管理人员、走递人员,有的饲养有马递马匹,每十里、二十里或三十里设一站不等。据民国《婺源县志》记载,婺源设有总铺(在县治南三步,铺司1名,铺兵6名)、樟木铺(东10里)、鹤溪铺(东20里)、古箭铺(东30里),以上三铺各有铺司1名,铺兵3名。古坑铺(东40里,铺司1名,铺兵4名)、汪口铺(东50里)、湖山铺(东60里),以上两铺,各有铺司1名,铺兵3名。烈矾铺(东70里)、金竺铺(东80里)、茗坦铺(东90里)、官亭铺(东100里)、镇南铺(东110里至休宁镇东铺10里),以上五铺各有铺司1名,铺兵4名。寅川铺(西10里)、梅林铺(西20里)、江湖铺(西30里至德兴海口铺10里),以上三铺各有铺司1名。前坦铺(北30里)、清华铺(北60里)、充头铺(北90里至休宁界30里),以上三铺各有铺司1名。"通衢峻岭,邮亭相重,行者得息肩,且有汤茗以济渴,于此徽人心之好义焉。"(民国《婺源县志》)在一些大的村镇,如清华、大鳙、项村、中平、高砂、汪口等,还兴建了一些民办的驿馆,接纳过往的官差、邮差,也供其他过往客商留宿。这些驿站、驿馆,因邮驿制度废除、年久失修和人为毁损,今已难寻踪影,实为可惜!

### 5. 路亭

古代婺源的驿道和乡村古道上、大路边、村头处,每隔两三千米,便建有路亭,数不胜数。路亭多为商贾或乡人捐建。亭内长年供应义茶、草鞋,设凳座,供过往商旅贩夫息肩歇脚。据民国《婺源县志》记载,最早的路亭为建于晓鳙村北1千米处的"四周亭",始建于北宋靖康年间,因供"泗洲菩萨"名"泗洲亭",后改为"四周亭"。

民国《婺源县志》收录古亭188座,实际上分布于婺源的古亭远不止此数。路亭形式十分简单,多为木构瓦顶,长方形。有的亭子四面开敞,有的四面有墙,并设前后房门。也有石砌路亭砌石为柱,柱上立三角形屋架,架上安放檩、椽,盖小青瓦。也有砖石砌筑的路亭,前檐廊敞开,道路从廊下旁过,正房里则有开小店的,偶尔客人无处过夜,也可在里面留宿。路亭还可以为路人指示方向,所以许多路亭建于岔路口。

现在,大部分路亭都已损毁,但田野里、石板道上尚可见其突兀的身形。已列入县级重点文物保护单位的路亭有:浙岭上的同春亭、鼻孔梁亭,溪头乡上溪头村的水口亭,大鄣山乡黄村的路亭(逆子亭)等4座。其他保存较好的还有浙源乡虹关村的永济茶亭,段莘乡庆源村村头的小桃源路亭,思口镇西冲村的思里亭,中云镇豸峰村的桃源初步亭,镇头镇游山村的函谷亭等。

同春亭于清乾隆乙亥年(1755年)始建,丁丑年(1757年)建成,历时3年。古亭跨古道而筑,用大块青石条垒砌墙体,三角木梁架做亭顶,盖青瓦。亭宽4米,长6米,屋脊高5米。亭出入门额上原有亭名石匾,左有《乾隆丁丑年同春亭记》石碑,碑文是:"此亭自乾隆乙亥买山拓址凿石,迄今丑春告竣。避北风而就南口春回,庶于行人稍有俾尔云耳。又感亭隔旧庵邻武,息肩于此者矣,汲饮不便,后于亭东垒石墙并屋数椽,另置田租,供茶济渴,凡此,皆仰体先大夫冰心公未了之思,而勉为成之者也。旧庵墙垣经先父缔造坚固,所费不贳于今,以免飘摇,详碑记不赘。乾隆丁丑年季春月王文德立。"碑文后有"王文德"印。《武口王氏金源山头派宗谱》"漳溪世系"载,王文德父名王士镜,字明远,号冰心,正与碑文相合。父子接力,成就此亭,造福于民,既是父子同春,也是行旅同享。而"供茶济渴"则传承了五代时方婆在此岭头路亭中终身免费施茶的"方婆遗风",她去世后墓地就在此附近,后代行人为了纪念她,都会从山下捡一块石头带上岭头,安放于她的墓上,天长地久,她的墓地便成了胜迹"堆婆冢"。明代诗人许仕叔有《题浙岭堆婆石》咏怀:"乃知一饮一滴水,恩至永远不可磨。"

鼻孔梁亭,位于浙岭古道将临顶前的路段,相当于人鼻高度,故名。建于清代晚期,宽2.3米,长3.2米,屋脊高4米。青石垒墙,木屋架,亭内有凳供休息。

同春亭

堆婆冢碑(汪春涛供稿)

鼻孔梁亭

紫阳镇瑶村坦村路亭

## （二）水利设施

婺源古代的水利设施建筑，以解决生活用水、生产灌溉用水和防洪抗汛为主要功能，以消防、通航为次要功能，可分为三类：塘陂、堨渠、井泉。

### 1. 塘陂

民国《婺源县志》卷八载："婺属古泽国而实处山脊，厥土刚硗多燥壤焉，雨集汇盈，涸可立待，虽群壑奔注而飞瀑汛急，无渟潴之蓄，是故瓦石截流，田乃受泽，农赋赖之。"塘陂，即今水库山塘也。民国《婺源县志》中记录的塘陂有207座，还有许多塘陂未录。还有一类是便于村民洗涤用水的池塘。其中较有名的是朱绯塘，其坐落在县城附近的三都村。朱子于1176年初春回婺源扫墓时，与门人滕璘出城见此塘清流如镜，蓝天白云，倒影如画。后来朱子为县藏书阁撰文，在参观藏书阁时想起朱绯塘情景，遂写下了著名的《观书有感》："半亩方塘一鉴开，天光云影共徘徊。问渠哪得清如许，为有源头活水来。"元代诗人胡炳文还曾有诗以志："一夜水涨高几许，鸟也忘机谈无语。朝来晴碧更好看，天光云影源头水。"明代三都村对面建有新村，取名"源头"以纪念朱子。这些塘陂规模大小不一。溪头乡西岸村的尚书陂，明代末年张之益重造，灌溉畈田2顷余。小的如莲花塘，只占地5亩。清华镇方塘，系南宋绍兴元年（1131年），岳飞领兵征讨李成时所挖掘，是婺源县重点文物保护单位，长10.2米，宽6.5米。赋春镇岩前村戴氏宗祠前有半月形沼池，始掘于明代，曾是古村中"北沼荷花"一景，直径14米。

赋春镇岩前村沼池

## 2. 堨渠

婺源称水坝为堨。筑坝修渠引水工程在婺源村落里、田野上到处可见。这些工程大多数现在还发挥着作用。民国《婺源县志》记载有堨渠212处,实际上远不止此数。这些堨渠有的主要功能是引水灌溉,如溪头乡龙尾村的石龙堨,水渠自西岸村至龙尾段,可灌田千亩。有的兼具提供生活用水、消防用水、引水冲动水碓水车和灌溉等多重功能,如浙源乡虹关村的平公堨、龙门堨和长生圳,渠水穿村而过;段莘乡裔村的引水渠绕至家家户户门口,然后再出村流入田畈之中。有的则为防止水患,平缓水势,便于通航,如江湾镇汪口村的平渡堰,状如曲尺,长边拦水蓄水,为上游汪口村船泊码头提供足够的水深,短边与河岸中间空出10余米,用于通航;清华镇彩虹桥水堨主要是平缓水势,减少水流对上游彩虹桥桥墩的冲击力,同时引水为水碓提供动力。这些堨渠均石砌,历经几百年,少有塌毁,建造技术十分精湛。江湾镇济溪村为拦水灌溉和水碓引水,在村头分别建了两座大坝,坝长30余米。列入县级重点文物保护单位的堨渠有:段莘乡庆源村石堨5座,建于明代;溪头乡上溪头村石堨4座,建于明代;沱川乡篁村引水堨4座,建于清代;虹关村古堨1座,建于清代。

济溪村双堨

浙源乡察关村石堨

## 3. 井泉

凿地汲水为井,蓄流成池为泉。婺源许多村落都有凿建年代久远的井泉。县城紫阳镇就有古井9口,江湾镇江湾村有古井泉7座。民国《婺源县志》中记载的著名井泉有31处,形制多样,建造科学。井壁、井台、井栏多用优质石材砌就,还充分考虑了排污保洁防毒等要素,体现出古人的极高智慧。大多数井泉至今还在为村民所用。已列入重点文物保护单位的有:紫阳镇朱子祖宅中的虹井(宋代)、朱子手书"廉泉"二字的"廉泉"(宋代),中云镇坑头村的澄碧井(宋代)、中云镇龙泉井(宋代),沱川乡理坑村金家井(宋代),赋春镇甲路村渊泉(明代)、义井(明代)、江湾镇下晓起村双眼井(明代)、江湾村剑泉(明代)、江湾村下井(明代),思口镇思溪村古井(明代),浙源乡岭脚村一线泉(明代)、凤山村西门井(明代)、庐坑村琉璃石井(明代),许村镇许村八瓣梅花井(宋代)、盘山村花园井(明代),清华镇清华村夫妻井(明代)。

虹井位于县城南门街朱子故宅后院。井圈用六块石板围合,石板上有深深的井绳勒痕。井内壁直径1米。光绪《婺源县志》称,北宋绍圣四年(1097年),朱子父亲朱松出生时,井中吐气如虹,经日不绝。南宋建炎四年(1130年)朱子出生时,井内紫气贯天,故名"虹井"。朱松曾作井铭:"道寓斯人,如水在池,汲之益深,有味外味。"故又以朱松号韦斋名井曰"韦斋井"。明正统年间,知县陈斌曾建"虹井亭"。明代汪伟有题诗云:"韦斋当日浚源深,一旦虹光出井阴。道学上传洙泗远,余波千载淑人心。"

明清时期,清华村商业兴旺,曾有"四坊九井十三巷"之称,"夫妻井"就是九井中的一处。两个井圈均用整块石头凿成,并列而立,像夫妻一样,故名。井内壁直径0.7米,井水清冽,曾滋养了多少居民和商旅!

虹井

清华村夫妻井

## 四、社会管理类建筑

### (一)行政建筑

婺源于唐开元二十八年(740年)建县,当时县治设于清华镇。彼时县衙等建筑已废圮不可考,只剩下古县衙前的千年古槠树,岁岁婆娑。

唐天复元年(901年),县治从清华迁移至弦高(今紫阳)镇之后,便开始了一系列行政建筑的营建。

县衙是一个县最重要的行政机构,位于县城正中偏北的蚺城山南坡上,地势北高南低。中轴一组建筑为典仪部分,两侧并列次轴线上的建筑为行政办公用房。中轴线上的建筑建得最早,前为八字式大门,有正厅、后堂。后遭火灾,正厅后面改为平政堂,再后有万山堂,山上建三贤(即二程和朱子)祠。东侧有一座读书楼。

此后,县衙于元代、明洪武二年(1369

清华古县衙内的槠树

年)、明正德五年(1510年)三次扩建大修。

县衙最后一次,也是最大的一次修缮是清光绪二年(1876年),知县杨春富劝乡绅富豪和百姓捐资重建。

县衙前小广场有钟楼、鼓楼各一座,用于报时。还设有乡约所(处理、协调、解决民事纠纷和行会间争议的办公场所)、县汛总铺(总管全县塘汛事宜)。还建有旌善亭和申明亭,这是婺源城乡村落普遍设立的场所。申明亭的功能是:"凡民作奸犯科者,书其罪,揭于亭中,以寓惩恶。"旌善亭则是:"凡民间有孝顺善举等义行,书其实情揭于亭内,以寓劝善之意。"(光绪《婺源县志》)县衙中轴线上依次是八字门楼、仪门正堂、通和堂、视远亭。县衙东侧一组建筑分别是赞政堂、土地祠、礼贤祠、鸠赋所、黄册庐、仪仗库、正堂衙、典史衙、县丞衙、吏户礼厅。县衙西侧的一组建筑则分别是保正所、监狱、仓库、吏舍、工刑兵厅。县衙于1949年拆除,在原址新建了县政府和招待所及工作人员宿舍。

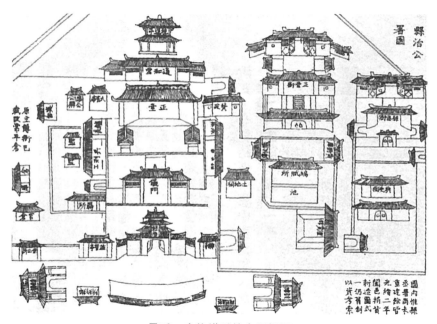

最后一次修缮后的古县衙图

## (二)保安建筑

### 1. 城池、城墙及城门

婺源县城地理位置很优越,星江河绕过北、东、南三面,西面接山,地势险要,有利防御。唐中和元年(881年),盗寇猖獗,"县人汪武始于腰唯(镇南)、蚰蛇(镇北)二港,架木立栅为守",并在港边立营,置城池,使弦高镇既有天险可倚,又有人工防御。南唐昇元二年(938年),都制使刘津营造新城,"北、东、南经水环抱,因此为池,西筑西湖,维时盖北筑蚰蛇港口,镇以铁牛,南筑港尾,中蓄水为湖"(康熙《徽州府志》),并设两门防守。到元代,"启四门,立木栅为之,东迎恩,南望越,西临江,北来苏"。元至元十八年(1358年)"因垒为城,周回五百三十一丈,西湖为塞。启四门,东门天泽,南门星溪,西临江,北通济。东南及西各濠地为池,阔二丈,深八尺"(康熙《徽州府志》)。但夯土城墙易圮,维修费力,加之城内人口日增,填塞西湖,以为居地。于是,明嘉靖四十五年(1566年),改为石城墙,并将城区向西扩展了0.5千米。所建正式城门仍有四个,东曰锦屏,南曰瑞虹,西曰宝婺,北曰璧月,均有城楼和月城(瓮城)。西门内还建了用于瞭望的谯楼。为居民出入城方便,又增开了四个便门:环带门、嘉鱼门、保安门、弦歌门,此四便门中只有环带门建有瓮城和城楼。

由于城北、东、南三面环水,故未凿护城河。西城在扩展之前的人工渠,扩城后引源于西北方的一条小河进西门瓮城内,由北向南穿越,进城须通过河上吊桥。清咸丰以后,城墙上又加1米高女儿墙,城北关外添设一段短墙,县城的城防设施更加完善。

目前,城墙多毁,只存瑞虹、保安2座城门。

瑞虹门

保安门

古县城地形图

## 2. 太白围墙

距县城南35千米的太白潘村,屡被寇害。明嘉靖二十九年(1550年),筑围墙,周匝2.5千米许,开三门,立规镌碑,保障地方。清嘉庆十九年(1814年)夏,洪水冲倒数十米,旋修。后又多次被水毁,皆全力修复。今已损毁。

## 3. 防城兵营

南唐昇元二年(938年),始建防城兵营于城内西隅山上,后将此山称为"军营山"。元代,兵营改建于城东星源翼双桂坊。明洪武初年,又迁移到昭义坊,武营坦。今皆拆毁无存。

## 4. 客兵营

客兵丁是在县城遇到敌情时,从他处调来援助的兵丁。清顺治十年(1653年)以前,客兵丁散居各处公房,对建筑多有损毁。顺治七年(1650年),在城北门外的道观坞口,建营厅3间,营房71间,将城防兵厅移出城来驻扎,外城兵营改为客兵营,并成定制。今已不存。

## 5. 驻防兵镇

婺源县境内共设有4个兵镇。光绪《婺源县志》载:"昔年寇警多自衢(浙江衢州一带)入。患在东,则设防宜在东路之中平,以扼大鳙岭、济岭、长降岭之冲。""近则寇警多自饶入,患又在西与北矣,因复设二防,一在北路之莒径,以扼石城、水南、高岭脚之冲;一在西路之西湾,以扼吴源、秀山之冲。"之后,又建彰睦镇。这些驻兵营房建筑今均已毁废。

另一驻兵营地是汛台。婺源从清雍正元年(1723年)开始设塘汛。县东10千米是鹤溪汛,20千米是古坑汛,30千米是湖山汛,35千米是中平汛,40千米是茗坦汛,42.5千米是大鳙汛。县西有彰睦、西湾两汛。每个塘汛内均建营房三间,烟台三座,望楼一座,牌坊一座,旗杆一座,上挂塘汛的标志,还有梆锣各一,有军情时放烟或敲梆、锣报警。根据汛台所处位置的重要程度不同,汛兵人数不同,最多的是中平汛,有25人,另外,西湾汛有22人,彰睦汛有14人,其他汛有10人左右。

塘汛台之下,许多村子还建有汛铺,辅助汛台的工作。汛铺一般只有1~2人,由各村派员,无官派汛兵。可惜的是,无论是汛台还是汛铺,今天都已难见其影了。

## 6. 巡检司及兵堡、兵铺

除兵镇外,在县与县毗邻处还设有4个巡检司,管辖地方治安。明嘉靖四十三年(1564年),在与浮梁邻近地立严田巡检司,万历八年(1580年),改为项村巡检司,位于浇岭。万历三年(1575年),在县东与开化邻近地建大鳙巡检司。太白巡检司位于婺源与德兴邻界处,镇头巡检司位于婺源与景德镇邻界处。

县辖区内设50个行政管理区,称为"都"。在都与都、村与村之间均设有一个大总,统领五六个防兵,称兵铺。地理位置险要的村落中也设有兵铺,正规兵丁1人,其他均由地方招募的民壮担任。

巡检司、兵堡、兵铺建筑均弃毁不存。

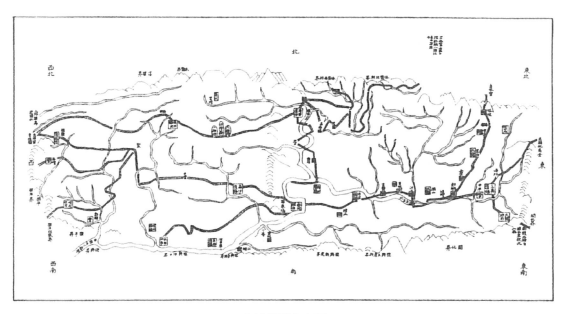

全县兵铺分布图

## （三）公益建筑

1. 粮仓

（1）常平仓。又称廉惠仓，明正德十六年（1521年）建于县衙西侧。有天字号仓21间，地字号仓12间，人字号仓17间，和字号仓10间，永字号仓12间。这是官仓，由官府丰年积谷藏储，荒年赈济饥民。

（2）社仓。始建于明万历初年。它与常平仓，"相辅而行，常平主积以备欠，社仓主贷以利农，取息不多。春夏之交，农民借以济之"。最初社仓只有4所，一在东乡古坑，一在北乡清华，一在南乡董村，一在西乡霍口。清乾隆二年（1737年），又在四乡各增建1～2所社仓，地点在东江、湾北、南玉、游汀等处，并选举社长、社副各1人管理，三年一届。嘉庆四年（1799年），奉上谕四乡社仓听民自行出借收放，不得官为经理，并要年底造册报销，以清账目。

（3）义仓。除官仓、社仓外，乡人多捐资兴建义仓，歉年之时，以义仓储谷赈济穷人。据民国《婺源县志》载，有义仓28所，实际更多。如义丰仓，江湾里人建。景义仓，在五都等。

上述粮仓时过境迁，均已不存。

2. 福利性建筑

（1）育婴堂：建于城外韩家坞，为官方所办，由紫阳书院照管，救养婴幼孤残。其他乡里也有捐输所建育婴堂。

（2）养济院：宋、元各建一座，均在县内城南，救养鳏寡老人。

（3）集善局：曾名义济堂、同善局。建于城内明道坊，为施棺处。

（4）停棺所：为贫困死者施棺救助。

（5）惠民药局：又叫施药局，位于县衙前街，唐、宋、元、明各代皆有，资金由政府抚恤移入。

其他福利性建筑还有：生生局，截留外流妇女。勉济局，施舍食、药。恤孤堂，收养无依儿童。公墓、义冢为无嗣者和流寓者墓地。还有义祠、救生局等。

以上建筑今均已不存。

## 五、文教礼制类建筑

### （一）儒学和孔庙

光绪《婺源县志》载："宋仁宗庆历四年甲申诏天下郡县建学。……庙学初建于今之社坛，在来苏门，次迁于县治后，……继迁于西门。"这便是学宫，包括儒学和文庙两部分，是一组综合书院和崇祀先圣乡贤双重功能的建筑。

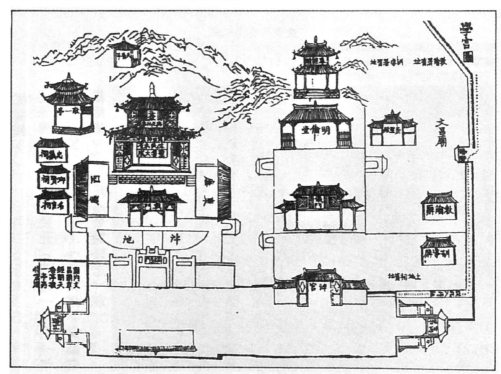

儒学和文庙示意图

儒学位于城西，又称西学，有礼殿（大成殿）、讲堂（明伦堂），后面儒学山上建有乡贤祠，亦称"三贤祠"，以祀二程和朱子。明洪武二年（1369年）十月，诏郡县立学，洪武四年（1371年），知县陈维姜又增建大成殿东西两庑、戟门、棂星门、神橱、库房、明伦堂东西斋、厨房，并建射圃亭于西门湾，创仓廪。又砌露台、丹墀，凿泮池，创号房（学舍）20余间，绕以砖墙。还引活水通渠注入泮池，作石栏以环之。弘治三年（1490年）九月初三，儒学建筑毁于火。

　　以后重建儒学,"建大成殿十二楹,戟门二十八楹,两庑五十楹,神橱、宰牲房二十四楹于西;明伦堂十二楹,门屋二十八楹,两斋四十楹于东。三贤祠、会膳堂、射圃亭、师生廨舍及庖廪祭器,以次成之。缭以砖垣",并立碑刻《明伦堂记》,由明末名宦余懋学书丹。此后,又曾遭火毁,几次重建,规模形制相当。到民国年间,儒学改为"城立高等小学校",后又改名"紫阳一小"。20世纪50年代开始逐步拆旧建新,改为新式学校建制,现在,只能看到当年大成殿的月台和拆下来的石柱、石柱础及石栏杆、石栏板等。

现存石栏板

大成殿藻井老照片

　　文庙,于明万历元年(1573年),由知县吴公琯更造,建有启圣祠、乡贤名宦祠。清康熙五十八年(1719年),重建文庙,"诏封孔子先世五代,改启圣祠为崇圣祠,又建忠义孝悌祠"。乾隆三十三年(1768年),"大成殿移教谕庙于明伦堂东,移名宦祠于明伦堂西,乡贤、忠义孝悌两祠建于教谕庙旧址,敬上亭在忠一祠后"。光绪年间,又在文庙后面山上造起文昌阁、天香亭、文笔等建筑。这些建筑均已损毁不存。

棂星门老照片

大成殿老照片

## （二）文公阙里和文公庙

南宋咸淳五年（1269年），诏赐"文公阙里"并由理宗赐额于婺源，时位于朱子之父朱松的故居，在明道坊。此后，多次扩建修筑，形成较大规模，共有四进院落。第一进为棂星门，前有照壁，左右各有一牌楼，左曰"修德"，右曰"凝道"。第二进为山门，两侧各有一便门。第三进为正殿，上悬清康熙二十六年（1687年）御书："学达性天"匾。第四进有"韦斋井"（即今虹井，韦斋为朱松之号），并有朱松题铭碑。后来，文公阙里遭火焚，再建时移至城东双桂坊旧察院基址。形制与原"阙里"相仿，第二进门楼有"宋代圣人"题匾，第二、第三进院落两侧有庑廊。第三进为主殿，重檐，上有"文公庙""学达性天""百世经师"匾额。第四进为韦斋祠，两边各有一小祠，名"追远""报功"。1949年后，此处成为婺源中学校址，全部古建筑遭拆毁。

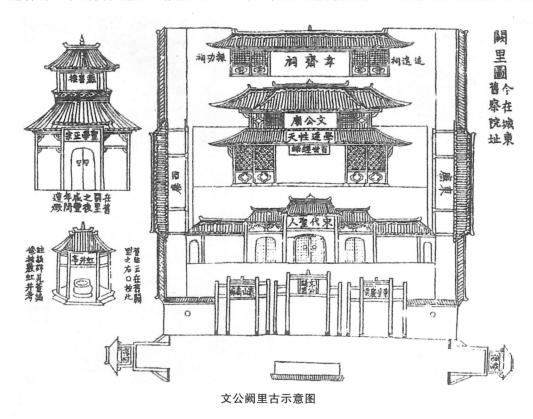

文公阙里古示意图

## （三）试院和考棚

这是古代举行科举考试必不可少的场所。试院建于县城双桂坊内，由三条轴线建筑构成。中轴线上有三进建筑，一进为大门牌楼，二进为"天开文运"大门，三进为正厅"自必堂"（即考棚）。西侧是"西堂号"，东侧是"东堂号"。主建筑东侧是东铺院，作为"驿馆"，称"东号舍"。西侧院称"西号舍"，有办公用官厅，并有驿馆、客房及厨房供考试或研习的生员驻读。这组建筑今已毁不存。

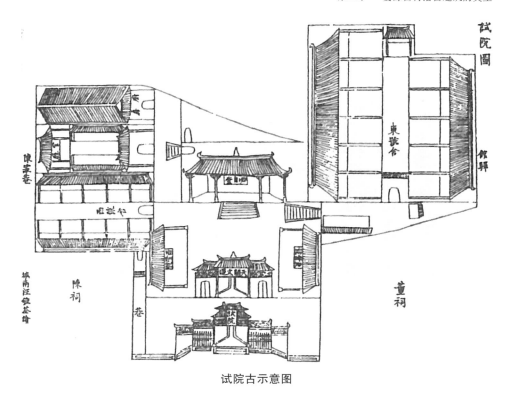

试院古示意图

### (四) 书院、社学、书塾

书院是古代学者聚徒讲学、开展学术交流与研究的教育场所。始于唐代,宋至清发展兴盛。社学是由乡、村兴办的地方性初级文化学校,全县有140所,每所设1人任教。私塾和义塾都是儿童启蒙教育的场所。私塾由个人承办,自家教授。义塾由宗祠公产学田中出租请老师,助膏火,设在宗祠旁或文昌阁内。婺源是朱子故里,有"书乡"之美誉,县境内的书院、书屋、私塾、义塾、山房、精舍、斋轩等教育场所,民国《婺源县志》收录有300多座,现择要介绍如下。

#### 1. 紫阳书院

光绪《婺源县志》载:"有学自宋仁宗庆历间始,其址在县治东,神宗熙宁三年庚戌(1070年),县令刘公定移建于县治西今地。孝宗乾道四年戊子(1168年),县令彭公烜复移建于县治东驿(县衙后的保安山上)。"书院建筑规模从小到大,几经变迁,屡圮屡修。元代为纪念朱子曾称"晦庵书院",明嘉靖九年(1530年)改为"紫阳书院"。

书院共四进。中轴线上一进为三间大门,门前有牌楼。进大门转九十度是二山门。三进为正厅,有"学达性天"匾额。四进为寝室,供奉三贤神主。院内有方形水池号"方塘"。左跨院为"笃行堂",是客房。右跨院为"明辨堂"和"余庆祠"。明辨堂内有"博学堂"及书房。余庆祠内供奉二程和朱子神主。书院有学田380多亩,以资"膏火"(教师薪俸和学生津贴)。

有许多硕儒名宦到紫阳书院讲学。朱子、汪应蛟(户部尚书)、余懋衡(吏部尚书)、游汉龙(南京光禄寺卿)、朱德洪(翰林院五经博士,朱子十三世孙)都曾在此讲学授徒。

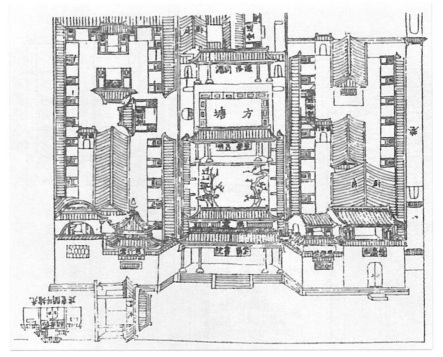

紫阳书院古示意图

### 2. 明经书院

位于距县城西15千米的考川(今紫阳镇考水村)。元至大三年(1310年),乡人胡淀捐资修建。胡氏先祖胡昌翼于唐末考取明经科进士,曾在考川西山之麓攻读。其"十四世孙龙泉薄淀暨其弟承事郎澄,即西山故址建屋捐田。胡淀建屋二百间,捐田三百亩,其弟胡澄捐田五十亩。以教养其族与其乡之人,聘其从父云峰先生炳文入主教事"(光绪《婺源县志》)。一时"四方学者云集","历十年,学者至盈千人"。可惜,至正十二年(1352年),书院毁于兵火。

明成化十六年(1480年),胡炳文的裔孙胡濬申文呈报提学御史娄谦,要求合族重建。万历十二年(1584年),邑侯万国钦批准重建。"中作堂为进道之所,左为祠,以奉云峰先生,右为室,以居诸生之肄业者。前为门屋,缭以周垣。"(光绪《婺源县志》)。后来,书院几圮几建。清康熙五十三年(1714年),胡氏合族将书院迁建于村内凤山东麓。雍正年间,邑令吴之珽曾题诗曰:"帝子龙潜处,明经赋考槃。乾坤归性命,姓氏寄烟峦。倡道薪传远,承家世学安。七儒书具在,星斗夜光寒。"

### 3. 崇报书院

位于县城东门街。清同治二年(1863年),邑人捐建。同时奉祀左文襄公。

### 4. 福山书院

位于县城西22.5千米处,今中云镇政府所在地附近。明嘉靖十六年(1537年),尚书湛若水门人为赎山地,请于县令吴辕,创建书院,后倒塌。万历三十六年(1608年),邑人余世安向知县金汝谐提议复建,但当时其基地为当地居民豪姓所侵,后经刑厅裁决,尽复旧业。清乾隆三十六年(1771年),书院扩建落成,"……循麓而上,迤逦度石樑,始入门,门以内东西前廊为学舍者二,左右偏廊为学舍者九,中为讲堂,总计房宇六十间,堂后高十余级,建数楹,以奉朱子并先贤而及湛增城"。湛若水、汪应蛟、余懋衡、朱德洪等均到此讲过学。书院左侧有"总灵洞",据传湛若水与门人盘坐洞中谈学、大书"总灵"二字镌于洞壁,故名。

福山书院古示意图

### 5. 桂岩书院

位于今赋春镇岩前村。明初,里人戴天德创建,寻废。明成化七年(1471年),戴天德曾孙善美重建。成化二十三年(1487年),戴铣(岩前人,弘治九年(1496年)进士)将书院迁建于里之翁村,并割田购书,以训乡族子弟。

### 6. 湖山书院

位于今太白镇太白村。元初,乡贤胡延芳结庐讲学于此。清道光十三年(1833年)创办书院。书院中有讲堂,崇奉先贤朱子;西为书舍,东有屋五楹;舍间二十,嗣立余庆祠。同治初年,院宇西部颓坏,修葺成学舍十间。同治十一年(1872年),建"求深堂",院门额曰"左右逢源"。

### 7. 富教堂

位于清华镇。明万历四十四年(1616年)建,明末冢宰余懋衡曾于此讲学。《婺源县志》载:"堂何以名富教也?泰复冯候建北乡社仓,而中为堂,以便儒绅之讲习也,养而教寓焉,故名之曰富教堂。"后因驻兵被毁,复建复毁。

### 8. 中山书塾

位于中山。元至正八年(1348年),里人祝寿朋割田200亩建,设朱子祠,基堂曰"进修",斋曰"成德立本",阁曰"清源",延师以教宗族及乡之子弟。

### 9. 遗安义学

位于西乡盘山。元至正七年(1347年),里人程本中建。祀先圣先贤,招延名师以教乡之子弟。割田500亩,以300亩赡师,另200亩为学生膏火、住宿等费用。

10. 芳溪义学

位于南乡。潘梦庚、潘常栈等建。由太白潘姓合族捐输田租岁具束修,并供给学生灯油、考费。

清光绪二十七年(1901年),朝廷宣布废止书院、书塾,改办学堂,这类旧式教育机构场所逐渐荒废以至损毁。历经百年战乱人祸,这些曾光彩熠熠的古建筑多已无影无踪,只留存下来不多的几座,它们是:江湾镇汪口村的养源书屋、存舆斋书院,上坦村的书屋;思口镇延村的明训书堂,西冲村的乙照斋、小吾庐书屋;段莘乡庆源村的倚屏对镜书屋等。

### (五)文昌阁、文峰塔、"文房四宝"

#### 1. 文昌阁

清嘉庆六年(1801年)六月,皇帝敕修地安门外文昌帝君庙。自此之后,全国各地乡村纷纷仿效兴建。一是为倡文运,以利学子举业有成;二是关镇水口文气,营造文风兴盛的风水;三是崇祀文昌帝君和魁星,祈求村庄文运昌盛。文昌阁供奉文昌帝君和魁星像,有春秋两祭。一些宗族也利用此场所举办私塾。民国《婺源县志》仅收录16座文昌阁,1座魁星楼,1座魁星阁,文昌阁分别坐落在庆源、冲田、渔潭、理田、下溪头、平盈、长溪、吴源、项村、汾水、坑头、赋春、思口、官桥、荷田、桃源,魁星楼位于中云,魁星阁位于东山。实际上全县许多地方都还建有这一建筑,如沱川、汪口、凤山、甲路等,总数不下50座。从《婺源县志》所载文昌庙旧图可以看出,这一建筑多为三层楼阁,飞檐翼然,造型优美。可惜这些精美建筑今多已不存。

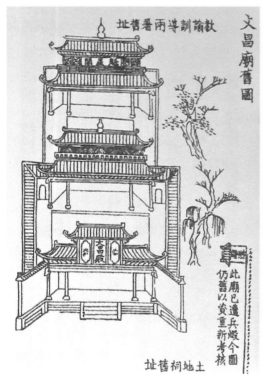

文昌阁古图

溪头乡上溪村文昌阁老照片(程剑锋供稿)

#### 2. 文峰塔和风水塔

婺源乡村为了兴文运祈文昌,作育更多子弟得进科举,往往在水口或显要位置建设文峰塔。塔平面多呈六角形,七层塔檐。底层有门,其上各层有窗。塔可循梯而上,登高远眺。《婺源县志》中记载有丁峰塔、太白塔、龙天塔、龙腾塔、湖山双塔、理田塔、荣岭塔等。丁峰塔位于县治西南5千米处,关锁县城水口以完风水。明万历二十三年(1595年),知县朱一桂从士民之请,开始筑塔,高60米。程享嘉捐资筑成。由于塔位居邑治的丁位,故称"丁峰塔"。婺源有古谚曰:"方村牌楼太白塔,江湾祠堂汪口塥。"把太白塔列入四大古建之中,可见其珍贵。上述古塔均已塌毁不存。

#### 3. "文房四宝"

婺源作为朱子故里,尊崇教育和祈求文运昌盛的愿望特别强烈,以至于许多村庄都在村头水口等处建有笔、墨、纸、砚"文房四宝"的象征性建筑,以寄寓村人期盼后代金榜高中的心愿。如镇头镇游山村、沱川乡篁村,都有这些依稀的遗迹。笔,为文笔,有用砖建造的,平面呈正方形,实心,攒尖灰瓦顶,一般高约10米。现在已不可见,从一张沱川理坑水口的老照片上,还可辨认出它模糊的形制。也有植树代笔的,如篁村的红豆杉树。墨,一般为条块巨石或石砌的墨状形制建筑。纸,一般是一丘方田。砚,则为一口池塘。这几样建筑一般组成一个建筑群。

沱川乡理坑村文笔塔老照片

### (六) 读书楼、御书楼

据民国《婺源县志》记载,城乡共有读书楼28座,读书阁29座。尊经阁,原在儒学明伦堂后山上,后迁县衙内。县衙内还有元至元年间所建读书楼。另据康熙《徽州府志》记载,南宋嘉定进士汪幡然,曾任郴州推官,告归后建楼于城南,日与同道讲明圣学。朱子题其楼曰"快阁",赠诗曰:"傍檐古木绿荫荫,下有清溪可洗心。燕坐红尘飞不到,清风时至喜披襟。""尊德性斋"在环溪,宋程洵(朱子内弟)建,初名"道问学斋",朱子改为"尊德性斋"。"紫光楼"在沱川理坑,是余懋孳的专用读书楼。"学易楼"为吴文言注易处。另还有天经阁、思源书阁、翊运阁、翼然阁等,今均已毁,仅有"立夜雪坐春风读书处",现保护于蚺城街道"厚塘庄园",弥足珍贵。读书楼门面全堂木格扇,雕刻遍布,精美华丽。内屋是个敞厅,三间梁架。二楼开轩敞亮,便于读书用功,设精雕细琢的美女靠椅,靠背上圆饰盒里,木雕"立夜雪坐春风读书处"九字,十分罕见。全楼占地面积106平方米,建筑面积212平方米。

据民国《婺源县志》载,全县共有御书楼5处。一在城南文昌阁右,朱文公裔朱英建。一在武溪,宋王实建。一在浯村,汪仲鲁建。一在清华镇大夫巷,宋武翼大夫胡师礼供御书"以藏龙命诰敕"。一在凤岭,御史程昊奉英宗赐玺书。今均已不存。

立夜雪坐春风读书处

## (七) 牌坊

据光绪《婺源县志》记载,全县共有牌坊253座。其中县治内43座,北乡68座,东乡60座,南乡33座,西乡49座。这些牌坊可分为如下四类:

(1)功名牌坊。有四世一品坊、父子进士坊、兄弟尚书坊、大夫坊、科第联登坊、举人坊等。

(2)颂德牌坊。有四忠坊、五世恩光坊、尚义坊、乐善好施坊、乡贤坊、世德流芳坊、孝子坊等。

(3)贞节牌坊。有节烈坊、两世坚贞坊、孝女坊、一门忠孝坊、双烈坊、完名全节坊、孝贞节烈坊等。清光绪《婺源县志》载:"自宋以来,烈女援例吁请旌表,外孝贞节烈志二千六百五十六口,建坊四百五十五口。"其中大部分都未建坊。

(4)标志性牌坊。建于礼制建筑前的牌坊,多作标志之用。如文公阙里、儒学、文庙等。

牌坊按柱数有二柱、四柱之分,按层数有二层、三层之分。柱、枋均为石质,坊顶砌瓦檐,中间坊顶最高,次间、梢间依次下跌。石枋上多雕刻题额和图案。柱础、石雀替、石出榫均施以雕刻。牌坊的建设有严格的呈请制度,非御旨不得兴建。批准和建设方式有三种:御赐,由国家财政安排建设资金;恩荣,由地方筹资建设;圣旨,由个人出资建设。还有一种较少见的"贴墙坊",出于缺少建坊土地和节约资金考虑,把牌坊和自家住房的墙体合为一体建设,坊柱、坊额等镶嵌在墙体内。

这些牌坊建筑,今只残存4座:

### 1. 戴铣功名坊

位于赋春镇岩前村。坊额题字:"丙辰科戴铣"。现存坊宽6米,高5.2米,四柱三间,上部三层罩檐残毁。是明弘治九年(1496年)进士、改庶吉士、授兵科给事中、南京户科给事中、光禄少卿、婺源岩前村人戴铣的科名坊。戴铣曾向朝廷提出优待婺源朱子后裔的建议,于嘉靖二年(1523年),得到朝廷批准,婺源朱子后裔也世袭翰林院五经博士。明孝宗登基后,推行新政,要求文武官员献计献策。戴铣应诏撰写了"端治本""审治要""遵治典""备治法""兴治利""救治弊"等条陈上奏,有不少为孝宗整饬朝纲时采纳。明武宗朝,宦官刘瑾横暴专权。正德元年(1506年),内阁首辅刘健等不满刘瑾专横,上疏揭露刘瑾、"八虎"的罪状,要求严惩这些奸恶。刘健见皇上置若罔闻,根本不听他的意见,以退休来抗争。武宗竟批准了刘健和另一辅臣谢迁的退休申请,使内阁大权落入刘瑾手中。当时任南京户科给事中的戴铣,得知这一消息,愤恨不已,与给事中艾洪、御史薄彦徽等二十一人,或独自具名,或几人联名,上疏请求保留刘、谢二人职位。不料皇帝竟将这二十一人全部逮捕,各廷杖三十。戴铣被廷杖后又被投入监狱,遭残害致死。兵部主事王守仁上疏援救戴铣,也遭刘瑾陷害。正德十六年(1521年),世宗继承帝位,下诏为戴铣平反昭雪,特赐祭葬,赠光禄少卿。戴铣治学明理,讲求实用,以古人忠孝大节自勉,淡泊名利,勤奋严谨,著作有《冲峰奏议》《冲峰文集》《成是录》《朱子实纪》等。

### 2. 江氏双节坊

位于县城石家巷16号,为贴墙坊,四砖柱三间,宽6米,高6.8米。坊顶额有"圣旨"二字,横额上行题字"节孝双完",并有上款"巡按直隶监察御史田生金题",下款"大明天启二年九月吉旦立",下行题字"旌表故生员张起敬妻江氏"。题词人田生金,字双南,湖北麻城人,生于1569年,23岁中举人,36岁中进士。约46岁出按广东,后任南京监察御史、太仆寺正卿,官至从三品。1639年去世,享年71岁。曾编订《徽州府赋役全书》。

### 3. 郡宪坊

位于江湾镇济溪村。牌坊现存部分宽8.2米,高6米。为济溪人广东南雄府和福建兴化府推官游廷用功名坊,建于明万历年间。四柱三间,青石柱、枋,中间两柱前后均有石雕趴狮,神态灵活。游廷用,原名游应卿,《游氏宗谱》说他"天性简静阔节……以文取高等,授广东南雄司……过家不旬,日捐馆舍……"。

### 4. 俞氏节孝坊

位于中云镇坑头村。门、坊合一建筑,比较少见。坊门宽4.8米,高5.8米。坊额刻字"旌表故太学生潘簏妻俞氏节孝"。

戴铣功名坊

江氏双节坊

郡宪坊

俞氏节孝坊

## （八）戏台

　　婺源永久性的戏台有两种。一种是独立的，称为"万年台"，清华、延村等许多乡村都有。另有一种建于宗祠的大门门屋内，面向享堂，观众大多在院内和两庑观看演出。戏台正中一排台板可以拆卸，遇有重大仪典须打开宗祠大门通行时，便将这一排台板拆卸。戏台有太师壁，左右为出入场门。太师壁后作候场用。戏台正面有的建成五凤门楼样式，十分美观。婺源古戏台今多已不存，仅剩下镇头镇阳春村方氏宗祠内的一座戏台。戏台属砖、木、石结构，面阔12.4米，进深7米（前台3米，后台4米），高8米（台基高1.4米），占地面积86.8平方米。重檐歇山顶，16个飞檐上下、左右、前后对称。前台正中为八卦边圆心藻顶，顶中有彩绘"双鹤凌云"图，两厢为长方形藻顶；

阳春古戏台

后台则全是卷棚顶。台上有方柱28根,圆柱10根,除中央2根照柱到顶外,余均半柱。台中有照壁,并按演出的特殊需要,设置了8门(正间左右各2门,次间左右各2门)。前台正面枋间雕刻,上枋"双龙戏株",下枋"《三国演义》故事",两侧"松鹤延年"。后台(即祠堂的大门正面)正中枋间上刻"双凤朝阳",下刻"双狮戏珠",两侧为"凤戏牡丹"。

### (九)申明亭和旌善亭

这是宗族管理制度下教化族人的礼制建筑。申明亭的功能是:"凡民作奸犯科者,书其罪,揭于亭中,以寓惩恶。"旌善亭的功能是:"凡民间有孝顺,善举等义行,书其实情揭于亭内,以寓劝善之意。"(光绪《婺源县志》)亭多为攒尖多角顶,木构架,不砌墙。有的柱间设横木,可架木板搭成临时戏台,如秋口镇李坑村的申明亭。其他乡村古时也多有这一对亭,可惜都已毁。

李坑村申明亭

## 六、宗教崇祀类建筑

### (一)佛寺和道观

民国《婺源县志》记载有佛寺31座,庵259座,道观、道院50座,今均难觅踪影。现择要简介如下:

1. 万寿寺

位于城北,即智林禅院。唐乾符年间侍中王瑜建,元延祐年间赐额,至正年间兵毁,明初建为万寿丛林,正统年间重修,为官员朝贺祝祷处,清乾隆五十年(1785年)毁,五十二年(1787年)旧地重造,咸丰年间遭兵毁。

2. 黄莲寺

位于今秋口镇黄源村。唐咸通年间敕建,北宋熙宁年间理田进士李曦重建,至明洪武二十五年(1392年)立为丛林。宋禅师佛印云游憩此,写照而题云:"汗衲染残云,知维画得真。白头来古寺,清世宥闲人。水底松千尺,潭心月一轮。若言求幻化,何处是吾身。"

3. 灵山寺

又称"碧云庵",位于今江湾镇灵山之上。唐大和二年(828年),国师何令通、邑人江广汉建,元至正十二年(1352年)毁于兵,至明洪武年间重建,二十五年(1392年)立为丛林,清咸

丰末年兵毁,同治初年重建。今尚存。

4. 普济寺

位于城东。唐中和三年(883年)建,北宋大中祥符六年(1013年)赐额,元至正十二年(1352年)兵毁,明洪武初重建。后毁。

5. 隆庆寺

位于今县城汤村。唐乾符年间建,名"永泰院",北宋大中祥符改赐今名,元至正年间兵毁,明永乐年间桂岩(今岩前村)戴耕乐重建。已毁。

6. 汇源庵

位于今浙源乡凤山村水口,里人查公艺捐建,施长生茶,庵前又建文笔峰及养生潭。已毁。

7. 紫虚观

位于县治北隅。南唐保大年间建,名"栖真观",北宋政和四年(1114年)诣阙请额,改赐今名,元至正十二年(1352年)兵毁,明洪武二年(1369年)重建,嘉靖年间分建西门湾,其祖观仍在原址。已毁。

8. 栖真观

位于今江湾镇汪口村。南宋景定三年(1262年)司户俞畴建,元至正十二年(1352年)兵毁,明洪武年间孙文威重建。已毁。

9. 通元观

位于今大鄣山乡通元观村。南宋绍兴十八年(1148年)建,庆元元年(1195年)重建。已毁。

## (二)祠 堂

婺源古村落多是同姓血缘聚居地,通过宗族制度实行村民自治,而祠堂就是一村百姓祭祀祖先、凝聚人心的神圣殿堂。因此,祠堂规模宏大,是一村之中最精美华丽的建筑。

### 1. 祠堂的产生与发展

祠堂是中国特有的祭祀祖先、管理宗族事务的建筑。祠堂一般由门楼、享堂、寝堂三部分组成。享堂用于祭祖和宗族议事,寝堂用于安放祖宗神主牌位。每座祠堂都有祠名,一般以宗族姓氏或房派之祖命名,如汪口村俞氏宗祠,晓起村敦贵公祠。祠中的享堂也都有堂名,如俞氏宗祠的堂名为"仁本堂",敦贵公祠的堂名为"敦彝堂"。"祠堂"就是整体建筑的"祠"和主体建筑的"堂"的合称。

祠堂是伴随中国宗法制度和祭祖历史的发展而产生的。中国最早专门用于祭祀祖先的场所叫"庙"。《礼记·王制》记载了周朝的宗庙祭祖制度:"天子七庙,三昭三穆,与太祖之庙而七。诸侯五庙,二昭二穆,与太祖之庙而五。大夫三庙,一昭一穆,与太祖之庙而三。士一庙。庶人祭于寝。"可见,当时一般的普通百姓还不能建庙立祠祭祀祖先,祭祖活动只能在居室里进行。到了宋代,中国著名的思想家、教育家、理学大师、婺源人朱子在《家礼》卷一《通礼·祠堂》中规定:"君子将营宫室,先立祠堂于正寝之东,为四龛以奉先世神主。""祠堂"之名开始出现。但这时的"祠堂"还仅仅是"正寝之东"的祭祀场所,与住宅还未分开。婺源《清华胡氏族谱》卷六《家庙记》记载,元泰定元年(1324年),清华胡氏宗族支丁胡升,"即先人别墅改为家庙,一堂五室,中奉始祖散骑常侍,左右二昭二穆;为门三间,藏祭品于东,藏家谱于西,饰以仓黝,皆制也"。这座"家庙"已初具祠堂的一些功能,并且已从居室中独立出来,是"家庙"向祠堂过渡期的产物。元代休宁人赵汸在《汪氏世范录·知本堂记》(安徽省图书馆藏)中记载,婺源大畈有一座建于元代的"知本堂":"创重屋为楹者五,其上通三间以为室,奉始得姓之祖神主中居及初渡江者及始来大畈者,而昭穆序列左右者十有余世。又为庙于屋南,像其祖有封爵在祀典者,配以其子孙有功德者四人。重屋之下有堂有斋舍,延师其中,聚族人子弟教之。庙有庑有门,时享月荐,买田以给月费者若干亩,合而名曰'知本堂'。以族人之属尊而年长者主祀焉。别为专祀于大畈西浯村先人故居,曰'永思堂',祀高祖而下四世,其田与祭则继高祖者主之焉。盖'知本'者,以明大宗之事,而'永思'则小宗之遗意也。"这座"知本堂"在许多文献中都有记载,是一座很有名气的古代建筑,因为它不仅规模大,还具备了祠堂的各种功能,是目前所见文献记载中最早的一座名副其实的祠堂。无独有偶,元代李祁《云阳集》卷八《汪氏永思堂记》记载了另一座"永思堂":"永思堂者,婺源回岭汪氏祀先人之堂也。其规为创制,皆出士章之母俞夫人。堂既成,凡旧尝供墓之山泽田地,其岁租悉入焉。先世忌日,率子若孙行祭礼于中,复入田二百亩,收其利。每当岁清明节,大会族人致祭。祭讫,分遣拜扫诸茔在他远者,以二百亩之利给其费。通计有余,则延师以训族子弟,使皆知学。选能干者司薄书,稽校出入无妄用焉。同族人割己田附堂中,至忌日以祀其私亲者咸听。"这已开了后世"祭田"之风,是一座以"合族"为宗旨的宗祠。据此可定,祠堂出现于元代。

江湾镇济溪村游氏宗祠大门

溪头乡江岭里村方氏宗祠内景

但祠堂的大量涌现,一般认为是在明代中期以后。明嘉靖十五年(1536年),礼部尚书夏言上疏"乞诏天下臣民冬至日得祀始祖":"伏惟皇上扩推因心之孝,诏令天下臣民,许如程子所言,冬至祭厥初生民之始祖,立春祭始祖以下高祖以上之先祖。皆设两位于其席,但不许立庙以逾分,庶皇上广锡类之孝,臣下无禘祫之嫌,愚夫愚妇得以尽其报本追源之诚,溯源祖委,亦有以起其敦宗睦族之谊,其于化民成俗,未必无小补云,臣愚不胜惓惓。"(《桂洲夏文愍公奏议》卷二十一)夏言的奏疏引起了中国古代祭祖礼仪的一次大变革。明世宗采纳了夏言

的建议,"许民间皆得联宗立庙,于是宗祠遍天下"(《桂洲夏文愍公奏议》卷二十一)。元代民间自发创制的建祠之举,至此演变成有组织、大规模的修建祠堂之风。婆源明清时期每个村落都建有祠堂,少者七八座,多者二三十座,是立祠最多的地区。

2. 祠堂的功能与价值

(1)祠堂是宗法制度的物质见证。在中国2000多年漫长的封建社会中,宗法制度始终是封建专制的基础。宗法制度的主要内容是:以血缘联系的祖宗关系来规范社会秩序,以祖为纵向,以宗为横向,通过血缘关系区分嫡庶,规定长幼尊卑的等级,并以宗族为单位,实行涉及族内各色人等和社会各方面的管理。在皇帝世袭的封建制度下,宗法制度构成中国特有的家、国密不可分的关系,并形成了从上到下重血统、敬祖先,修身、齐家、治国、平天下的宗法社会意识。"祠堂"就是一个宗族实行宗法统治的场所,是宗法制度的物化象征。

"追远报本,莫重于祠。"为维系和确立一个宗族内血缘祖宗关系,祠堂形制分成了宗祠、支祠、家祠等类别。"宗祠"是合族之祠,"支祠"是始祖以下五代(五服)之后房派各立之祠,"家祠"则是同一房派的若干个未出五服的家庭共立之祠。通过奉祀,尊祖敬宗,给每个社会成员规定了宗族关系网中的地位,而这一地位是不可违背的,凡违背者都要受到惩处,这是实行宗族管理和宗法统治的法理基础。因为徽州(包括婆源)的古村落绝大多数是聚族而居的村庄,一个村内的居民都是同姓的宗亲,因此对宗族的统治,实际上就是对一个村落社区的统治,这种逐步发展成熟的类似村民自治的宗法统治,是封建统治制度的基础。婆源上晓起村的敦彝堂就是江氏宗祠,而光禄公祠则是家祠,又称"十房厅"。

为了维护和推行宗法统治,清雍正皇帝在《圣谕广训》中说:"立家庙以荐蒸尝,设家塾以课子弟,置义田以赡贫乏,修宗谱以联疏远。"家庙即祠堂,它的首要功能就是祭祀祖先,"报本之礼,莫重于祠祀",通过祭祖达到敬宗收族的目的,凝聚全体宗亲的向心力。主持祠祀的或是宗族嫡长子(宗子),或是族中德高望重、有身份地位的族长(宗长),并由他组成宗族的管理班子,实施对全族的统治。这些统治和管理工作包括设家塾、置"三田"、修族谱,规划和管理村落的建设,制定祠规和民约并督查执行,所有这些管理工作方案、办法的确定和决策都在祠堂的享堂内举行,对违反祠规民约的人和事的处置,也要开祠堂判处,相当于"法庭"功能。婆源汪口村的宗法管理场所与组织就有三个层次:① 基层是众屋(支祠),由房股势力组成,负责处理本房股内的纠纷、忤逆等;② 中层是"乡约所",由4名"乡约"(分别由"天、地、人、和"4个支祠公推)负责处理、协调、解决一些影响较大的纠纷、忤逆事件和行会之间的争议;③ 上层是俞氏宗祠,处于宗法制度金字塔顶端,对本村族人有至高无上的宗法权力。祠堂还将祠规民约或膳引粉牌,悬挂祠内,或立碑刻石,传于后世。这些规约有封建糟粕,也有优秀传统。如婆源洪村祠堂就立有禁赌碑、禁林碑、养生河碑,还立有规范茶叶交易秩序的"茶规"碑。思口镇新源村俞氏宗祠就立有"祠规"碑。宗法制度一方面维护了封建统治秩序,成为统治者控制百姓的工具;另一方面通过祠堂教化,敦宗睦族,村民自治约束,稳定了社会环境,促进了农村地方经济、教育、社会的发展。

新源村俞氏宗祠"祠规"碑　　　　　　溪头乡下溪村程氏祠堂内景

（2）祠堂是礼制文化的重要载体。礼制也是中国封建社会的一项基本制度。《礼经·典礼上》指出："礼者,所以定亲疏、决嫌疑、别同异、明是非。"《管子·五辅》提出："上下有义,贵贱有分,长幼有等,贫富有度,凡此八者,礼之经也。"礼制的中心内容,就是从理论上充分肯定存在于社会各个阶层亲疏、尊卑、长幼分异的合理性,并肯定这种分异是一种理想的社会秩序,由此提出了君仁臣忠、父慈子孝的礼制的总体要求;在实践上,就是要求每个人只应按照自身的社会地位选择相应的礼,包括视、听、言、行、喜、怒、哀、乐、衣、食、用具、侍从等具体规则,并以此来规范自己的行为,内化和强化封建等级制度,使之成为每个社会成员的自觉行为。

祠堂的祭祀礼仪是十分严格的。各个宗族祠堂祭祖的时间和名目、参与人员、程序、祭品和用具、祭文等,都有规定的礼数,有的依《周礼》而定,有的依朱子《家礼》而定,虽有不同,但一旦确定下来书之于宗谱或祠堂,就不得逾越半分。祭祖的时间和名目,以春秋二祭或春冬二祭最为常见和隆重。春祭多定在立春,也有定在春分日的,秋祭为农历季秋,冬祭多为冬至日。一般冬祭祭始祖,春祭祭先祖,秋祭祭祢。担任主祭的人,古礼为宗子,宗子是一宗之子,是世袭大宗的嫡长子,故又称"宗主"或"宗长"。但也有宗子年老体衰或年幼无知或德行不优者,宋代理学家便提出了推选家长、族长,由家长、族长主祭。参与祭祀的人员叫"礼生",要由举人、监生、生员等地方名流担任,一般多达三五十人,基本职责分工和名称有:通赞(辅助族长对整个祠祭的礼仪过程进行指挥)、引赞(通赞的副手,引导祭祀次序)、司樽(管理祭器)、司帛(管理祠祭的钱物)、司祝(念祭文)、司馔(捧送祭品)、司盥(负责祭祀前的净手工作)、司过(负责及时纠正祭祖过程中的违规现象)、毛血(负责将祭牲的毛血葬于地下)、散胙(祭毕,负责将供奉祖先的祭肉散发给族众)、饮福(祭毕,负责将供奉祖先的祭酒散发给族众)。祭祀的祭品,有猪、牛、羊"三牲"和荤菜、蔬菜、糕点、水果、酒水等,都是有定数的。祭祖时祠堂里要用彩绸、灯笼、字画等装饰一新,红烛高照,香烟弥漫,鼓吹乐奏。祭桌的摆设,祭品器皿的选择,都有讲究。祭祖之日,天未亮,鼓声五响,提醒礼生执事入祠摆设祭架和祭品;拂晓时分,鼓声节奏加快,通知族众同至祠堂;鼓声连续三响,表示与祭人员已各就各位,祭祖仪式正式开始。祭祖严禁迟到,违者要受罚。祭祀仪式过程各宗祠大同小异,都有程式化的规定:

序立:与祭人员各就各位后,时辰一到,通赞、引赞一东一西,唱序立(即依世次名分顺序站立)。通赞唱,引赞复唱,众人行祭拜礼。

启椟:众人礼毕,通赞唱"启椟",打开祐室大门(享堂通寝堂的门)。有的宗族在启椟前还有"盥洗"一礼,请启椟者净手,然后打开祐室大门。

降神:打开祐室后,通赞唱降神,请出祖宗神位。行降神礼:四拜(三敬香、一敬酌)。

瘗毛血:葬三牲毛血以祭。

参神鞠躬:向祖宗神位行三鞠躬礼。

奠帛:司帛礼生手捧祭品跪敬祖宗神位之前。

行初献礼:与祭子孙同司帛一起向祖宗神位晋献祭品。

读祝文:礼生读祭文。陪祭者跪敬。

宣圣谕:内容为清康熙九年(1670年)的"上谕十六条"。子孙俯伏而听。宣完,通赞唱平身。

行亚献礼:与祭子孙同司帛一起向祖宗神位晋献祭品。

鞠躬拜兴:向祖宗神位行三鞠躬礼。

行终献礼:与祭子孙同司帛一起向祖宗神位晋献祭品。

侑食:奏乐娱神。

上酒:向祖宗神位祭酒。

鞠躬拜兴:向祖宗神位行三鞠躬礼。

饮福分胙:向与祭子孙分发祭酒和祭肉。

读碬词:读祝者出位朗诵,感谢神灵赐福。

辞神:向祖宗神位告辞,鞠躬三拜。

化燎:奠帛者捧帛,读祝者捧祝,至化燎所烧化纸帛、祭文;主祭者至化财处望燎、作揖。

阖椟:通赞唱关闭祐室大门。

彻馔:收拾祭品。

祝毕:乐声起,与祭子孙跪前拜后地鱼贯离祠。

祭祖的祭文也有固定格式,第一部分是祭祀的时间,第二部分是祭祀的对象,第三部分是祝祠,简练庄严。"分胙"的胙肉可带回家,"饮福"则是在祠堂中享用供品,这些都有定规。祠祭,就是一部活生生的礼制教科书。

在祠堂的寝堂部分,安放着祖先的牌位,牌位龛的设置也有礼制规矩,不得错乱,这叫

"寝室之制",或称"龛室规"。最常见的规定是,寝室中间设龛座三间,神主座次的安排遵循这样一个原则:中龛供奉的是始祖神主,左右两龛则根据昭穆齿德等资格条件对先祖牌位进行排列。所谓"昭穆",是用来区分宗族内部长幼、亲疏等辈分的一种次序排列。始祖居中,二世、四世位于始祖左方,称为"昭";三世、五世位于始祖右方,称为"穆"。

祠堂还是族人举行各种礼仪活动的场所,如婚丧嫁娶等。有些宗族规定,娶亲时新娘需先进祠堂拜祖后才能进男方家门。婚后三日回娘家或新郎上女方家,都要先入对方家庭祠堂拜祖。人死入殓之后,灵柩须在祠堂内暂厝,举办丧事后才能入葬(如婺源黄村祠堂)。有的宗族规定,再嫁的寡妇不许入祠堂。死者灵柩存放在祠堂中的位置需按辈分年龄而定,长者在厅堂,越年轻越在前。这些,都渗透着礼制对社会成员行为的制约与规范。

清华镇罗云村祠堂大门　　　　　　　　　　　镇头镇磻坑村祠堂内景

(3) 在漫长的历史发展中,形成了丰富而独特的祠堂文化。姓各有祠,祠各有谱。婺源《婺东永川汪口俞氏族谱》序中说:"古者宗法行,人皆尊祖敬宗,而俗化以厚。晚世宗法废,人犹不及其尊敬之心,不沦于薄俗者,则赖谱牒之行也。"修宗谱以正名分、明昭穆,是尊祖敬宗的宗祠的需要,也是宗祠必须承担的一项重要任务。婺源人朱子就十分重视修谱,他亲自编纂了《新安朱氏族谱》,还说:"三世不修谱,当以不孝论。"(《金山洪氏宗谱》卷一)围绕着宗谱的编修,形成了一整套中国特有的"谱牒文化"。编修谱牒,首先要由祠堂组织一个修谱班子,司事财务、编辑、印刷、校对、分发登记等事务。宗谱修成,如同祠堂之落成,是宗族的大喜事,一般要举行庆典活动。宗谱编修的内容和形式、体例、主旨等,也逐渐形成了一套成熟的规范。修谱的年限,在清代一般规定为三十年一修,因为三十年为一代,及时修谱才不至于发生"视一族为途人"之事。有的族谱还置有"添丁簿""行第歌"。"行第歌"是以歌词的形式规定辈分排行取名之字,便于背诵记忆,使爱亲敬长之心永世相传。婺源汪口俞氏的"行第歌"有两个:"大小千万泰肇京,垓鉴泽椿炜奎镇。源森荣培钟澄植,熙垲钜泮本煌堂。"二十五世祖"泽"字辈严彰公,由金竹坑继汪口母舅二十四世祖俞宗仁为嗣,他从曾孙起另立门户,自排行第如下:"泽椿炜金心,淳朴焕基种。泓楚璨垣锦,滋桂辉堡钧。"行第用字的选择关乎支丁的取名,一般不以国、不以官、不以山川、不以饮食、不以畜生、不以器币择字。宗谱是神圣的,其分发与保存、丢失与惩罚也都形成了一套规矩。

祠必有祭,祭必有田。朱子在《家礼》卷一《通礼·祠堂》中规定:"初立祠堂,则什见田,每龛取二十之一,以为祭田。亲尽则以为墓田。……立约闻官,不得典卖。"每个宗祠都有属于

整个宗族共有的田亩,名称不一,一般有"三田"之分:祭田、义田、塾田(又称"学田")。祭田所得,一般用于祠祀和守墓之需。义田所得用于抚恤鳏、寡、孤、独,赈贫济弱。塾田所得用于置办私塾,扶助学子,奖励科举。"三田"均由祠堂管理,从而形成了宗法制度下一种独特的社会保障机制。

祠堂以其规模宏大,有足够的空间供祭祖、议事、断案。但这类活动不但内容严肃,而且直接参与的族人也十分有限。为了让更多的族人在祠堂中参与活动并受到教化,祠堂里还举行演戏、猜谜、迎神等各种庆典和文娱活动,以达到敬宗合族的目的。婺源阳春方氏宗祠在享堂的正对面就设立有舞台,专供文娱活动的开展。

出于尊祖敬宗、教化族人的需要,祠堂中的装饰,发展出了独特的"联匾文化"。堂名和各种匾额、楹联,须请名人题写,制作精良,具有很高的文化品位,是宝贵的文化遗产。婺源黄村"经义堂"三字就是清代文华殿大学士张玉书所题。婺源汪口俞氏宗祠中的楹联有:"经学毓人贤文才堪益世,宦门蕙德范福寿可宜容。""施于仁益于仁自始为人知礼义,立在德行在德从来治国有嘉猷。""俞氏以居当念水源木本,永川而荐勿忘春雾秋霜。"

(4)美轮美奂的祠堂是中国古代民间建筑的杰出代表。祠堂是聚族而居的古村落的灵魂。它由于重要的功能而成为全族人心目中的圣地。因此,族人总是把风水最好的宝地用来建祠堂,使祠堂所处的位置成为全村的亮点,期盼着宗族的未来兴旺发达。一方面,祠堂与周边山环水绕的环境有机融合,与粉墙黛瓦、飞檐戗角的徽派民居组合成一曲凝固的乐章,构建出古村落最美的建筑景观。另一方面,为了达到教化族人、提升支丁的精神境界的作用,总是把祠堂建得非常宏大,营造出广阔、肃穆的空间气氛,使进入祠堂的人有一种在先灵和族众面前的压抑感、渺小感。在平面布局上,祠堂采用对称的中轴线结构,从门楼到天井到享堂到天井再到寝堂,一进又一进庄严的厅堂建筑,组成了令人肃然起敬的环境,引导族众在内心升腾起依附宗族、敦亲睦族的感情。

祠堂不但是村落所有建筑中规模最大的建筑,而且其形制也最为优美壮观,用材也最为精良上乘,技艺也最为高超,是古代民间建筑中的精华和精品工程。婺源祠堂建筑的门楼多为"五凤门楼",展翅欲飞、重重叠叠的戗角勾画出优美的天际线,气势恢宏,令人叹为观止!进入祠堂,那粗大的梁、柱,奇巧的斗拱、雀替,清亮平整的青石板地面,庄严肃穆的气氛震撼人心。汪口俞氏宗祠以细腻的雕刻工艺见长,被专家学者誉为"木雕艺术的殿堂"。祠堂的梁枋、斗拱、脊吻、檐椽、雀替、驼峰等处,均巧饰雕琢,有双凤朝阳、双龙戏珠、万象更新、福如东海、渔樵耕读、亭台楼阁、福寿双全、倒趴雄狮、瓜瓞连绵等精美图案100多组。雕刻形式有深雕、浅雕、透雕等,人物鸟兽仿佛呼之欲出,山水花果无不形态逼真,达到了祠堂木雕艺术的至高境界。正是由于高质量、高水平的建筑施工,许多婺源古祠堂历经几百年风雨和人为损毁,至今还保存良好,成为后人学习借鉴的典范。

婺源古祠堂的建设者在遵循祠堂形制由门楼、享堂、寝堂三部分组成的一般规则的同时,发挥想象力和创造力,因地制宜,创造出多样化祠堂建筑形制,丰富了古代中国民间建筑的样式。游坑萧江大宗祠、岩前戴氏宗祠前均建有"泮池"。泮池一般都建于文庙前,祠堂前建泮池是很少见的,其用意是鼓励族人致力科举,光宗耀祖。矛峰成义堂则与书屋相连成一组建筑群。西冲村俞氏宗祠左右两侧还建有祭祀配套用的厨房、仓库等,以及本族的公共粮仓、惩罚作奸犯科村民的水牢等。虹关詹氏厅屋前用围墙围成一个广场,可供族人集会、舞龙灯之需。一些祠堂中还可搭建戏台,用于演戏娱乐,如阳春方氏宗祠。

### 3. 婺源古祠堂的遗存状况

婺源是朱子故里,自古以来,人民读朱子之书,服朱子之教,行朱子之礼,彝伦攸叙的宗法观念深入人心。据民国《婺源县志》记载,全县共有618座祠堂。实际上远不止此数,还有很多支祠、家祠未被载入。一般一个村中一个姓氏有宗祠一座,供奉始迁祖。宗祠之下各房派建有支祠、分祠,祭祀本房派先祖。在支祠、分祠之下,又有私祭厅,属分房派之前家族祭奉祖先的厅堂。在私祭厅之下,大家庭中还设有香火堂,有的大到如宗祠一样的规模,有的只在住宅楼上明间设神橱(龛)。目前文献记载中最早出现的祠堂便是婺源大畈建于元代的"知本堂"。在历史上婺源全县建筑祠堂有2000余座,数量居古徽州六县之首。光游山村董氏宗族建造的祠堂就有24座之多,除董氏宗祠嘉会堂之外,还有著存堂、荫槐堂、继思堂、树德堂、叙伦堂、听彝堂、庆远堂、种德堂、勤治堂、叙庆堂、敦彝堂、崇德堂、怀德堂、光烈堂、永思堂、保和堂、光裕堂、崇义堂、贞训堂、贞和堂、双节堂、志礼公祠等,现还存留有8座。据初步调查,目前完全或部分保存至今的婺源古祠堂还有68座。其中列入全国重点文物保护单位的有9座:汪口俞氏宗祠(清代)、黄村经义堂(清代)、篁村余氏宗祠(明代)、阳春方氏宗祠(明代)、豸峰潘氏支祠(成义堂,清代)、西冲俞氏宗祠(清代)、洪村洪氏宗祠(光裕堂,清代)、凤山查氏宗祠(清代)、新源俞氏宗祠(义庆堂,清代)。

本书在分别介绍婺源的29个历史文化名村和中国传统村落时,将对各个村落中现存的主要的40座古祠堂做具体介绍。这里只对未涉及的阳春村方氏宗祠、庙坑村萧江大宗祠作一介绍。

阳春村方氏宗祠,位于婺源县西南部镇头镇阳春村,距婺源县城45千米。该祠现为全国重点文物保护单位。

该祠原有前院及半月形泮池,今已改作道路。主体建筑由大门门楼(戏台)、享堂、寝堂等三进组成,占地面积1150平方米。

莲花木础

享堂

　　该堂在门楼建筑方案上,是按"门楼"和"戏台"合二为一设计的,采用了全榫卯组合建筑,便于装拆。每逢祭祖大典时,只要卸去台板和部分枋、柱,便是大门,即可畅行无阻;平时装上部分枋、柱和台板,就是一座完整的可供常年演出的戏台。

　　门楼(戏台)与享堂之间是一个可容纳四五百名观众的宽敞院落,青石板铺地,四周有围墙,两边各设一门通祠堂外大路,占地面积310平方米。

　　享堂部分,三开间,呈"凸"形,前宽后窄。前部面阔11米,后部面阔8.6米,进深8.8米。

　　享堂与寝室之间是天井,两边有廊庑相连。天井与寝室面阔13.8米,进深22.3米,占地面积307平方米。寝室两边各有厢房。

　　祠堂自享堂至寝室共有68根柱子,木质柱础,具有明代建筑的显著特征。

　　祠堂建于明代末期,至今已有近400年历史。1985年,该祠被列为婺源县重点文物保护单位。1994年,曾对戏台部分进行维修。近年进行了大修。

寝堂和二进天井

卷棚和抬梁

　　萧江大宗祠,坐落在婺源县东部江湾镇旃坑村村头,距县城32千米。祠堂背靠青山,一面临水,两面朝向田野,环境优美。

　　唐朝末年,唐宰相萧遘之子、柱国上将军、江南节度使萧祯南渡。因朱温伐唐,王室倾倒,萧祯复唐不克,耻事二主,易姓为江,故有"萧江"氏。北宋大中祥符二年(1009年),萧江六世祖江文采择坑为开基建业之地,举族迁来旃坑定居,自后氏族繁衍,人文蔚起。萧江族裔极重崇本励后,早在宋代就不惜重金建祠修谱。清康熙五十三年(1714年),村民又集资,择地重建了萧江大宗祠。历经280余年的风雨,该祠堂有部分毁损,2001年进行了维修,再现了祠堂的宏丽风采。

　　萧江大宗祠占地面积达2400平方米,分前院、门楼、享堂、寝堂四部分,有木柱136根。前院为宽敞的花园,设有半月形莲花池。门楼为五凤楼、九脊顶、午朝门式。享堂粗梁大柱,莲花式石础,设青石护栏,梁枋巧饰雕琢,画面生动,形象逼真。寝堂高于前堂,有楼阁安放

门楼戏台藻井

灵牌。

门楼

享堂

寝堂

## （三）祭祀天地建筑

### 1. 社稷坛

宋时建在县城来苏门外,元朝迁至城北社坛山,明朝迁到城北汤村。各乡村也多有建设,规模甚小。今已毁。

### 2. 先农坛

位于城东郊外,天仙观之旁,用以祭祈农桑之事。今已不存。

### 3. 云雨风雷山川城隍坛

宋朝时,风师、雷师、雨师各建坛附于社稷坛。明朝,云雨风雷山川为一坛,建于城南。到清朝,两处城隍合为一坛共祭。今已毁。

**4. 万祭坛**

专祭无祀之鬼神。明朝,婺源县、乡、村有万祭坛40余所。万祭坛规模为一开间,只有县万祭坛为三开间,前面有祭坛和院落,后面有寝堂。《大清会典》规定,每年农历三月寒食节、七月望、十月朔,祭万坛。县城万祭坛建于城外北部,而乡村万祭坛均要建在村外。今均已毁。

**5. 常雩礼坛**

用于为百谷祈膏雨,建于城外西山山麓。今已毁。

**6. 仰天坛**

用于祭天。今已不存。

**7. 城隍庙**

城隍为县城守护神,建于城东福泽坊内。后与风云雨雷山川坛合为一庙共祭。《婺源县志》记载:"明初封县城隍为监察司长显佑伯。洪武四年大正祀典改之,第称本县城隍之神,每春秋及新官上任或有灾旱,皆祭之。然春秋之祭即在风云雷雨山川之坛,不于庙也。"城隍庙形制:"前为大门,内为平门,上为堂,严密深靓,塑神像而龛之,傍列侍从如官府仪,两阶下为廊,廊外树佳木盘。"今已不存。

**8. 土地庙**

专祭土地神。土地神无名无姓,因此也有以萧何、韩信、岳飞、韩愈等作为土地爷供奉的。每年有春秋两祭。今乡村还存有一些。

**9. 社庙**

是祭祀土地和五谷神的地方,城内原有1座,基地不详。乡村中也多有,每年有春秋两祭。今所存不多。

## (四)祭祀先贤建筑

**1. 忠烈庙(汪帝庙)**

祀汪华。汪华,绩溪人,于隋末割地自据,保一境平安。后归唐,封歙州刺史越国公,食邑三千户,领歙、宣、杭、饶、婺、睦等六州,有治绩。徽州汪姓皆出其后。全县许多乡村均有此庙,今已少见,只中云镇坑头村尚留存1座。

**2. 张巡庙**

又称"张睢阳庙"。一在凤山查村,一在清华镇,南宋建炎年间进士胡连建。《大清会典》记载:"乾隆十二年,封浮梁张巡为显佑安澜之神。四十五年,改司水张公之神。嘉庆八年年,封丹徒张巡神为显佑安澜宁漕助顺之神。"今均已不存。

**3. 军服庙**

元末吴总管在军服山战胜红巾军,护城护民有功,乡人立庙祭祀之。今已拆毁。

**4. 刘果敏公祠**

位于县治东门昭仪坊火神庙左,祀通政使司谥果敏刘公典,清光绪九年(1883年)冬月奉敕特建。刘果敏公于同治初,驰援婺源,抗太平军,绅民建专祠奉祀。公祠规模大,中轴建筑共三进,大门为楼阁式,门前有照墙。二进为祭厅。三进为寝室,奉刘果敏公神位。两侧跨院内有客厅、厨房等。今已毁。

**5.三贤祠**

祭祀程颐、程颢、朱子。位于县衙后。今已毁。

**6.乡贤祠**

凡有学问、德行,被乡民崇敬的人士,经官府审定称为乡贤,可以入祀。大多数乡、村均有建设。今已不存。

**7.关帝庙**

祀关羽。民间信仰认为关公为伏魔大帝,能镇祛一切祸祟,保境安民,同时又为轻利重义的典范,长期享祀。"其庙在北关者,原为灵顺庙,康熙丙寅改奉帝像,有司朔望拈香及每年三祭皆在此。"建筑为三进,有大门、前殿和后殿。今已毁。

**8.岳王庙**

祀岳飞。岳飞曾经于南宋绍兴元年(1131年),为讨李成过婺源。庙初建于县城锦绣坊,明万历年间毁,后重建于城外杨村。今已毁。

**9.生祠和去思碑**

为纪念有德于地方百姓的人物,生前就为其营建的称生祠。如文渊蓝公祠、石樑赵公祠、漳浦吴公祠、月樵朱公祠、豫章万公祠等,今已毁。去思碑是为纪念有功于地方的官员,辞官卸任之后,为其所建的碑。如汪口水口桥头有谭侯去思碑。谭侯指知县谭昌言,曾主持修通徽州府古驿道,百姓为他建一座去思碑,以表思念之情。今已不存。

**10.刘猛将军庙**

位于县治北门外,麻榨坞口。清雍正二年(1724年)诏直省立庙,春秋致祭。刘猛将军为元指挥刘承忠,元亡,自沉于河,传说其神能驱蝗。今已毁。

**11.胡老爷庙**

胡老爷是宋朝婺源人。其父为道冠。本人业屠,随父习星卜,能预知休咎祸福,极灵验。相传元朝受封灵应王。婺源各地有庙,如李坑、洪村等,城中者最大,有庙会,屠宰业奉为祖师。今多毁,只有思口镇龙腾村还存1座。

中云镇孔村社庙

龙腾村胡老爷庙

**12. 齐总管庙**

齐总管是婺源齐村人,宋朝任浮景陶丞,劳于王事,误毁御器,抱博容器,立死不仆。齐总管庙作为瓷器行业之保护神,在婺源地区有多处,可惜都已毁坏。

### (五)祭祀神灵建筑

**1. 三官庙**

祭奉天、地、水三神,城乡各地多有,为农业社会中重要的神庙。今已不存。

**2. 水府庙**

位于城内明道坊,原称"发祥庙",后改为"水府庙",而百姓俗称"杨泗庙"。庙共两进,是城中祭祀水神、河神之庙。清朝累封"显佑通济昭灵效顺广利安民惠孚"14字,为御灾抗旱正神。今已毁。

**3. 火神庙**

位于道观坞,祀火正之官。道书谓六月二十三为火神生辰,清雍正十三年(1735年),奉文每年照京师祭期,以是日致祭。今已不存。

**4. 龙神祠**

每岁春秋二仲致祭。今已毁。

**5. 闰八相公庙**

位于沱川充头。明初余海阳猎母麂,麂子号死,海阳感悟,引枪自杀,仆胡仲亦以身殉,遂成神焉。太仆余一龙立庙,其孙余绍祖修墓作祀。今已毁。

**6. 灵顺庙和五显庙**

一在城北,一在下槎,一在高安。《祖殿灵应集》载:"唐光启二年,邑人王瑜有园在城北隅,一夕红光烛天,见五神自天而下,威仪如五侯。"为了让五神保佑四方百姓,免灾免疫,建立灵顺庙祭祀。后毁,近年重建。灵顺庙后演变为"五显庙",在乡村亦多建。又称五星灵神或五通神、钟灵庙等。今多已毁,只有篁岭村尚存1座。宋理宗时,曾封五显王号:显聪照应灵格广济王柴显聪,显庆协慧昭助夫人;显明昭烈灵护广佑王柴显明,显慧协庆善助夫人;显正昭顺灵卫广惠王柴显正,显济协佑正助夫人;显真昭佑灵祝广泽王柴显真,显佑协济喜助夫人;显德昭利灵助广成王柴显昭,显福协爱静助夫人。五显神庙香火益盛。五显神的传说始于唐,见于典籍则始于宋,《夷坚志》载五显神之事极多,但别于五通神,后世却常把五显、五通混称。

**7. 华光庙**

位于县治北门内,此处原有"龙井",深数丈,常有五彩云气喷出,百姓认为是神龙卧井喷云吐气,遂在井旁建华光庙祭祀。今已不存。

**8. 五猖庙**

婺源乡村,五猖庙很多,庙不大,多建在村头村尾,内供东南西北中各方位猖神:北方黑帝垫猖,南方赤帝狂猖,东方青帝鄞猖,西方白帝毛猖,中方黄帝伤猖,掌猖官坛都督。百姓传说,此神凶煞,却十分灵验,有求必应,心想事成。今均损毁不存。

9. 狮傩庙

供奉狮神、傩神,祈求保佑狮舞、傩戏正常演出活动,驱邪佑民。婺源李坑、长径、庆源等村落均有庙,可惜今均已不存。

其他还有祭水龙王的龙王庙,祭树神的灵树庙,祭风神的西风大圣庙等。今均不存。

# 第四章　婺源古建筑的工艺技术

　　建筑工艺技术涉及材料的运用和加工方法、工具的发明创造和发展、各种建筑类型和建筑部件的施工技术等。就房屋建造工艺技术而言,涉及基础、屋架、墙体、屋面、地面、修饰等六个方面。本章以历史发展为线索,以房屋建筑工艺技术为主体,旁及桥、井、路、碣等,对婺源古建筑的工艺技术作一些介绍。

## 第一节　明代以前建筑的工艺技术

　　明代以前的婺源木质建筑今天已经看不到实物了,留下来的只有宋元时期的石(砖)桥、石井。古石桥有:江湾村的岳飞桥,甲路村的花桥,诗春村的敏公桥、诗春桥,李坑村的中书桥,鹤溪村的鹤溪桥,篁村的下大夫桥,察关村的祭酒桥,汾水村的泮溪桥,清华村的彩虹桥(桥墩),游山村的儒林桥等。古石井有:甲路村的马家花园古井,坑头村的澄碧井,中云村的龙泉井,理坑村的金家井,许村的八瓣梅花井,紫阳镇的虹井、廉泉等。由于宋元之前的古建筑缺少实物,只能在中国建筑史的大背景下,依据文献资料和现存的桥、井等建筑的工艺技术来分析研究。

### 一、从干栏房到土墙屋

　　六七千年前,南方长江流域多水地区的氏族由巢居发展到干栏式住宅。河姆渡遗址中就已有干栏式建筑遗存。这类建筑的基本做法是:先在地上打下成排成列的木桩,纵列较密,相当于后来楼房底层的屋柱。然后在桩上横搁上下劈平的楄栅,再在楄栅上直铺木板(即后来的楼板),成为一个平台。然后在平台上另立直柱,装梁枋桁椽,盖上茅草。它的墙壁用芦柴编就,两面抹上泥。现在云贵一带高脚楼依然是干栏式建筑,底层一般高两三米,用于圈养牲畜或加工粮米、堆放杂物。人居住在二层,一来可以防止山区野兽的侵袭,二来可以防止潮湿环境形成的瘴疠之气。

　　在漫长的土著山越居民和邻近迁入的少量江浙移民生活在婺源境域的年代,这里的民居住宅和南方其他地区一样,都先后经历了散处野居到集中聚居的过程,干栏式住宅是主要的一种形式。三国两晋时期,孙权征山越,当时居民"非有城廓邑里也,处溪谷之间,篁竹之中"(《汉书·严助传》)。房屋以竹子为骨架,以茅草盖顶,隔几年便必须拆换新竹、新茅。婺源山区至今还有许多黄土夯筑的土墙屋。在唐初砖瓦普遍使用前,婺源境域的民居应该有一个时期是以土墙屋占主流地位的。这是建筑工艺技术发展演进中的合理一环。土墙,常见的是夯土墙。夯土墙是我国最古老的墙体形式之一,原始社会的城址就有遗存。因为它以木板作模具,于其中置土,再以杵分层捣实,所以又称为"版筑"。一般用黏土、石灰按6:4调配,也有用土、砂、石灰加碎砖石或铺垫入植物枝条的。土墙的隔热、隔音性能好,又有一定的承载力,并可就地取材,施工简易。但土墙易受自然侵蚀,特别怕水浸,所以多注意排水,有的

浙源乡郑公山村土墙屋

在土墙下砌一段石墙基,有的在土墙内隔一定距离放置木柱,以加固墙身。

## 二、木架砖瓦房的出现

我国古代建筑木构架出现很早,在距今七八千年前的河渡遗址中就已有木构件遗物柱、梁、枋、板等,还有用石器加工的榫卯。到汉代,抬梁式、穿斗式两种主要木构架已发展成熟,并已普遍使用斗拱。徽州婺源山区因为开发较晚,真正意义上的木构架房屋的出现不会早于唐代初年。同样,龙山文化时期就已有土坯砖,西周时,砖、瓦已得到普遍使用,使建筑从"茅茨土阶"的简陋状态发展到较高级阶段。但在徽州(包括婺源),使用砖、瓦的时间却到了唐初。据《新唐书·韦丹传》记载,唐初,歙州隶属江南西道时,时任江南西道观察使的韦丹见"民不知为瓦屋",遂"召工教为陶,聚材于场,度其费为估,不取赢利。人能为屋者,受材瓦于官,免半赋,徐取其偿。逃未复者,官为为之。贫不能者,畀以财,身往劝督"。韦丹是开创婺源古建筑新局面的里程碑式人物。由于他的劝导、督促,砖木结构的瓦屋在徽州(包括婺源)民间得到推广。

远在龙山文化时期,室内地面光洁、坚硬、防潮的白灰面层,经$^{14}$C测定,是用人工烧制的石灰作原料的。西周时期,建筑遗址中发现夯土墙或土坯墙上有三合土(白灰+砂+黄泥)抹面,表面平整光洁。也是在唐代,婺源建筑才开始使用石灰粉墙。

据综上所述推测,《婺源县志》中记载的建于南唐昇元年间的县城东、西市场的店铺和住宅,始建于唐、宋、元多次改扩建和修葺的县衙,始建于宋仁宗时期的学宫(包括儒学和文庙),始建于南宋咸淳年间的文公阙里,元至大三年(1310年)建的明经书院,元至正年间建的中山书塾、遗安义学,唐乾符年间建的万寿寺、咸通年间建的黄莲寺、太和年间建的灵山寺等一批寺观,南宋建炎年间建的张巡、许远庙等宋元之前的建筑,都已采用了木构架、砖瓦粉墙、瓦顶的建筑工艺技术。

## 三、券砌工艺技术

我国建筑中的券砌技术在汉代已经比较成熟。西汉时，发明了楔形和有榫的砖，并用之砌下水道顶部。河南洛阳等地发现了用条砖和楔形砖砌拱作的墓室，有时采用企口砖以强化拱的牢固性。当时的拱顶已有两种砌法：纵联砌法和并列砌法。到了东汉，纵联拱成为主流。李坑的中书桥用砖砌拱，还出现了察关村的祭酒桥等一批石拱桥，石砌拱券紧密稳固，整齐美观，历经800多年风雨，仍未塌圮，表现了高超的工艺技术水平。

砖券，按其形状可分为平券、半圆券、车棚券、木梳背券等。砖券的砌筑叫"发券"。砖券立砌者称"券砖"，卧砌者称"伏砖"，因而有"几券几伏"之称。拱顶中央的券砖叫"合龙砖"，其他券砖要在经过放样后，砍制成上宽下窄的形状，叫"镐楔"。发券用的券胎（木质支架），应适当增高起拱，既可抵消沉降，也符合视觉习惯。起拱高度，半圆券为跨度的5%，木梳背券为跨度的4%，平券为跨度的1%。制作券胎及砍制镐楔砖需弹线放样。在摆砌施工中，要注意以下要点：① 券砖应为单数；② 为避免误差，可将计算确定的每块砖的准确位置点画在券胎上；③ 砖与灰浆的接触面达到100%。

石券多用于拱桥、无梁殿形式的宫门或庙宇山门等，大多为半圆券。石券由众多的券石砌成，其中最外端的一圈叫"券脸石"，简称"券脸"。券体较薄时，直接由券脸组成。券脸正中间的一块石料叫"龙门石"。券石也应根据拱高弧度计算放样，打制成上宽下窄的式样。

发券前同样要制作券胎。然后在券胎上摆样券，反复校正无误。发券时从平水开始，从两侧向中间对应进行，直至合龙。合龙后用清水灌洗，冲掉券石间的浮土，然后开始灌生白灰浆或糯米灰浆。

汪口村唐代石拱桥——曹公桥

李坑村宋代砖拱桥——中书桥

　　券拱技术是解决大跨度空间联结建筑难题的重要发明,它运用穹顶力量分散转移的原理,把垂直的重压力量变成横向的张力,压力越大,上宽下窄的砖、石间的扩张力也越大,券砖(石)间的紧密联结度就越大。

甲路村宋代石拱桥——花桥

汾水村宋代石拱桥——沣溪桥

## 四、石材加工铺砌技术

　　龙山文化遗址中已发现了柱子下垫有石础。但石料加工对工具依赖性很强,直到战国时期铁质工具斧、锯、锥、凿发明后,石材才广泛运用于建筑,散水、柱础、路面等才开始使用加工平整的石板。但石建筑主要在汉代得到突飞猛进的发展,出现了石墓、石阙、石雕。从婺源遗存至今的宋元时期筑就的桥、井来看,石材的加工使用达到了成熟的地步。

　　婺源古建筑常用石材种类有:① 青白石,质地较硬,质感细腻,不易风化;② 汉白玉,据其质感可细分为水白、旱白、雪花白、青白四种,具有洁白晶莹的质感,质地较软,石纹细,因此适于雕刻,比青白石美观,但其强度及耐风化、耐腐蚀的能力均不如青白石;③ 花岗岩,质地坚硬,不易分化,适于做台基、阶条、护岸、地面等;④ 青砂石,又叫砂石,质地细致,较易风化,多用于小式建筑;⑤ 花斑石,呈紫红色或黄褐色,表面带有斑纹,质地较硬。

　　传统的加工石材的常用工具有:① 錾子,打荒料和打糙的主要工具;② 楔子,主要用于劈开石料;③ 扁子,用于石料齐边或雕刻时扁光;④ 刀子,用于雕刻花纹,雕刻曲线的叫圆头刀子;⑤ 锤子,用于打击錾子或扁子;⑥ 斧子,用于石料表面剁斧(占斧)工序的操作;⑦ 剁斧,与锤子相仿,但下端介于斧子与锤子之间,专门用于截断石料;⑧ 哈子,专门用于花岗岩表面的剁斧;⑨ 剁子,用于截取石料的錾子;⑩ 无齿锯,用于薄石板的制作加工;⑪ 磨头,一般为砂轮、油石等,用于石料磨光。

　　石料加工的主要手法有:① 劈,用大锤和楔子将石料劈开;② 截,按要求截取一段石料;③ 凿,用锤子和錾子打掉石料的多余部分;④ 扁光,用锤子和扁子将石料表面打平剔光;⑤ 打道,用锤子和錾子在基本凿平的石面上打出平顺、深浅均匀的沟道,为找平石面做准备;⑥ 刺点,砸花锤,用錾、锤进一步找平、打平石面;⑦ 剁斧,又叫"占斧",用斧子剁打石面2～3遍,一遍打平,二、三遍平整石面;⑧ 锯,用锯将石料锯开;⑨ 磨光,用磨头沾水将石面磨光。

　　婺源古建筑已能运用上述技艺，在石料取材上，能根据需要任意切割成面积、体积不同

的各种形体的石块。还能运用打磨技术和开凿技术，磨平石材光面，凿成石材糙面。还能大面积挖凿，加工石池子，如理坑的金家井。

　　在石材铺砌上，除砌拱桥的券拱工艺外，在井圈、井栏和石板接缝处已采用榫形加固，并利用糯米灰浆砌，防水渗漏达到了高超境界。时间和自然风雨，证明清华彩虹桥燕嘴形桥墩的浆砌工艺技术臻至化境。

理坑村宋代古井——金家井

清华村宋代池塘——方塘

# 第二节　明代建筑的工艺技术

　　我国古代建筑在唐宋时期就已达到高峰，明清时期只是在原有基础上发展进步。但徽州（包括婺源）由于开发时间晚，建筑发展成熟的时间也滞后到了明清时期。明代建筑已奠定了婺源古建筑的基本功能形制和风格样式，工艺技术也已全面成熟。清代建筑在此基础上，朝着工艺繁复和规模扩张方向发展，别开生面。婺源明代古建筑工艺技术的精湛成熟有五点值得一提。

## 一、伟大的发明——天井

无法考证何时、何地、何人,哪一幢建筑首先建设了天井,但有一点可以肯定,天井的出现,使徽派建筑一跃登上富有高度创造性的建筑典范的崇高位置,使中国古代建筑天人合一的理想得到了最生动和直观的体现。天井,使人们实现了足不出户即能晨沐朝晖,夜观星斗与自然对话的理想。古徽州有一首《风水歌》专门吟诵了天井的这一生态学、养生学相融合的杰出特质:"何知人家有福分,三阳开泰直射中。何知人家得长寿,通天沐日无忧愁。"天井是徽州(包括婺源)古建筑的眼睛和最主要特征。

沱川乡篁村明代余氏宗祠天井

没有天井的房子将会一片黑暗。由于天井给房屋带来阳光和空气,其重要性不言而喻。婺源古民居是以天井为单元来布局整体的,木构架和墙体、屋面都是围绕天井而设计的。先谋定天井的位置,而后确定屋架的规模和位置,成为房屋设计的一种定式。

为什么偏偏在徽州古民居中出现了天井? 一个比较合理的解释是:天井是为了满足民居采光、通风的需要而产生的。但采光通风可以开窗来实现,徽州民居为什么不在一层开大窗呢? 因为怕露富、防盗、防火。为什么徽州人家特别怕显富、怕强盗、怕火灾? 因为徽州地区青壮男劳力全部外出经商做官,家里只剩下妇孺老弱,富室豪绅家庭又很富有,当然怕招盗;至于防火,是因为木构架房屋特别易燃。因此,天井的发明,出于建筑功能采光通风的需要,其深层成因却是由徽州特殊的社会经济形态所决定的。因此,徽州婺源古房屋几乎幢幢有天井,就不足为怪了。一座古建筑,如何同时满足防火、防盗、采光、通风等多重需要? 能创造出天井来解决这一难题的古代工匠们,难道称不上伟大吗?

## 二、基础的优化

中国古建筑多通过夯筑三合土台基来打基础,被林徽因女士指为三大缺点之一。因为建筑物"地基若不刨到结冰线以下,建筑物的坚实方面,因地的冻冰,一定要发生问题"(《论中国建筑之几个特征》)。而地基太浅这一"大病",在婺源徽派建筑中却不存在。婺源明代建筑墙基和柱础就已懂得深挖以后用灰浆砌石块垒就,基础深度根据地质和土质而定。在虚土上,一般采用松树打桩做基础,十分坚固。普通民房基础灰土厚度为虚铺21~25厘米,夯实15厘米。灰土配合比多为3∶7(体积比),大式房屋以4∶6居多。基础槽宽为墙宽的2倍。为了护墙,墙基露出地面的一截多用大青石块浆砌。

沱川乡篁村余氏宗祠石墙基和简约的雕刻

由于婺源古民居采用了围护结构的墙与承重的屋架相分离的做法,墙基和柱础分开承重,而墙基基本上只承受自重,这样的基础做法已能够满足建筑的承力要求。从现存的明代古建筑中可以看出,婺源古建筑的工匠们,十分重视基础的建设,并创造了打牢基础的一系列方法。

## 三、肥梁瘦柱的木构架的形成

建筑的木构架方式,从原始社会末期开始,逐步发展成熟。木构架的主要构件有柱、梁、枋(栿)、檩、椽。

### 1. 柱

承托整个建筑屋顶重量的大木构件。依其所处位置不同而有不同名称。建筑前后最外边的称檐柱,檐柱以内的称金柱。隐在山墙内的叫山柱,其他的叫中柱。立在横梁上不着地的称童柱或瓜柱。多层建筑中一根柱贯通上下两层的称为通柱或永定柱。柱的构造法有单柱、拼合柱等。一般柱径上小下大有收分,有的柱头作卷杀。柱顶有榫头与梁枋等构件连接,柱脚有管脚榫与柱础相卯合。宋代檐柱作侧脚、生起,《营造法式》规定前后外檐柱向内倾斜柱高的1/100,山柱向内倾斜柱高的1/125,角檐柱两个方面都有倾斜,明清时期侧脚很小或没有。还规定次间柱升高2寸,向外各柱依次递增,使檐口呈两端逐渐翘起的曲线,明清已多不用此法。柱断面以圆柱为主,也有两头稍小中间稍粗如梭子形的圆梭柱,还有方柱、梅花柱、八角柱、瓜楞柱、蟠龙柱等。有斗拱的大式檐柱,柱高一般按60斗口确定,柱高与柱径之比为10.5∶1~9.5∶1。无斗拱的小式柱高与柱径之比一般为11∶1。

2. 梁

由支座或前后金柱直接支撑的,断面呈矩形的大木构件。一般安置在建筑的进深方向,是建筑的主要结构兼承重构件之一,宋代称为栿。明清时梁的断面近于正方形,高宽比为6.5∶5,5∶4,6∶5,宋式多为3∶2,唐式多为2∶1。

3. 枋和地栿

安置在檐柱、金柱、瓜柱等柱头或柱身之间,以及斗拱之间,起水平拉接作用的矩形断面木构件。和它起相同作用的位于柱底部的矩形断面木构件叫地栿。

4. 檩

安置在梁架间支承椽、屋面板的构件,在大式作法中称桁,又叫栋。

5. 椽

安置在檩上与之垂直正交按比瓦宽度稍小的间距排列的长木条形构件,承托瓦屋面的重量。飞檐椽挑出为上檐椽的1/3。

抬梁式木构架为屋顶进深方向柱顶抬梁,梁上安置短柱,按步架逐层缩短,直到屋脊,梁头架檩,上面布椽,面阔方向以枋连接。此种形式多用于北方及宫殿、庙宇等规模较大的建筑。婺源祠堂等大型公共建筑也大多用抬梁屋架。

沱川乡篁村余氏宗祠抬梁式架构

穿斗式构架柱上端直接承檩不用梁,进深方向按檩数立一排柱,柱间穿枋连接组成排架,以斗枋将排架相连,形成框架系统,柱脚位置以地栿相连,柱下端立于柱础上。有的做法柱子不全落在柱础上,将部分柱子落在穿枋上以增大室内空间。排架上的穿枋,一般是三檩柱一穿,五檩柱二穿,七檩柱三穿,九檩柱四穿,十一檩柱五穿,檐柱穿枋成为挑檐梁形式。这种形式广泛应用于南方地区,二层以上建筑多用此种方式,在梁、枋上架楼板,构建楼层。

中云镇坑头村明代民居穿斗式梁架

婺源古民居多为二层(清代发展到大部分有三层),所以大多采用穿斗式木构架形式。而祠堂等一层的大规模建筑,多采用抬梁式。还有的抬梁、穿斗混合使用。婺源徽派房屋的木构架还形成了"肥梁瘦柱"的特点。即柱子不粗大,而梁却硕壮,犹如冬瓜和半月,所以又叫冬瓜梁、月梁。中国古建筑的用材,总体发展趋势是由窄变宽,即由瘦变胖。唐代梁的断面高宽比多保持在2:1左右,宋代《营造法式》规定为3:2,金元时期接近1:1,到清代则是5:4或6:5。而柱子的变化则相反,早期的柱子较粗大,越晚越细长。唐代柱子长细比在8:1左右,明代以后增大到9:1~11:1。婺源古建筑"肥梁瘦柱"的特点与这一历史发展相吻合。

"肥梁瘦柱"也被林徽因女士视为中国古建筑的三大弱点之一。她认为:"中国匠师对木料,尤其是梁,往往用得太费。他们显然不明了横梁载重的力量只与梁高成正比例,而与梁宽的关系较小。所以梁的宽度,由近代的工程眼光看来,往往嫌其太过。同时匠师对于梁的尺寸,因没有计算木力的方法,不得不尽量地放大,用极大的factor of safety,以保安全。结果是材料的大靡费。"(《论中国建筑之几个特征》)梁思成先生也持类似观点(《中国建筑沿革》)。其实,他们的理解是值得商榷的。在婺源古建筑中,硕大的梁,并不起承重作用,而只起固定柱间稳定性的结构作用,与枋和地栿一起,使整个屋架前后左右的牵引力维持平衡。但是,古建筑的瓦顶重量很有限,不足以使整个较轻的木质架构牢牢地坐实在石础上,缺少上方垂直的压力作用,屋架还是无法形成盒子式的稳固体,而只是井字形,若前后左右的受力有一点不匀,屋架就会整体平移或扭曲、撕裂。为了克服这一弊端,匠师们只有加大屋架上部的重压力,通过硕大的冬瓜梁把屋架子压牢在石础上。这就是"肥梁瘦柱"现象的科学解释。

## 四、封火墙的出现

到了明代,中国古建筑的墙体砌筑形成了较成熟的基本方法。不同等级的建筑,墙体做法也有不同要求,可分为混水墙和清水墙两种。墙体的砌筑一般分里外两层,里层墙面称为"背里",里外层中间的空隙填碎砖称为填料。清水墙砌筑的方法有干摆、丝缝、淌白和粗砌。其中干摆的做法要求最高,粗砌要求较低。混水墙用砖不需要加工,室外抹灰据建筑性质需要刷红浆、黄浆或月白浆、青浆。房屋前后两面的墙体分别叫前、后檐墙,左右两端的墙体叫左、右山墙。

　　砖砌墙体主要有两种形式。一是空斗墙，即用4块砖砌成长方体盒状，中空或填以碎石泥土，多半不承重，或仅承少量荷载。墙厚度大多为一砖至一砖半，砌法有马槽斗、盒盆斗、高矮斗等多种。二是眠墙（卧砌墙），即将砖平放垒砌，一般砌内、外两层，中间填碎石泥土。为加固墙体，横放平砌砖每一块、两块或三五块间隔中砌一块竖放砖（称为"丁"）伸进中空的填料中，有三顺一丁、二顺一丁等做法。砖缝上下要错开，隔一层砖对齐。砌浆多用石灰浆，高级的用糯米灰浆。

　　婺源古建筑最引人注目的是"五岳朝天"式的"马头墙"，即封火墙。

　　火灾是木构架房屋的大敌。由于婺源古村落地狭民稠，房屋鳞次栉比，一户起火，必"火烧连营"，殃及全村。在封火墙（马头墙）出现之前，防火成了困扰人们的严重问题。

　　提起封火墙的出现，不得不提到一位功臣——何歆。康熙《徽州府志》记载："何歆，字子敬，广东博罗人，弘治进士，由御史出守（徽州），为人精明强干，有吏能。郡数灾，堪舆家以为治门面丙，丙火位不宜门。前守用其言，启甲门出入，犹灾。歆至，思所以御之，乃下令：郡中率五家为墙。里邑转相效，家治崇墉以居，自后六七十年无火灾，灾辄易灭，墙岿然。"明弘治十六年（1503年），何歆任徽州知府，火灾成了他最头痛的难题。他多次亲临火灾现场参与救灾，并仔细观察火势蔓延过程，发现有高墙之处，火势便受阻而停，于是得出结论：火烧连城的原因并不是风水先生所说的府衙大门朝南的问题，而是城里木构架建筑连成一片，中间无高墙防御。于是他提出了治火之策："降灾在天，防患在人，治墙其上策也，五家为伍，壁以高垣，庶无患乎。"随之，他又下令，五家为伍，让出墙基三尺，建造高墙，高出屋面，防患火灾，违者治罪。此法执行之初，百姓不理解，行动缓慢。不久，城中又发生火灾，"灾不越五家而止"，新建的封火墙起到了作用。百姓亲见之后，踊跃改墙，一月之内，建起2000多道，各村镇每处所建不低于1000道。封火墙围护着木构架房屋的四周，并高出屋面，形成铁桶般封闭状态，拒火于室外。墙体厚度达30~40厘米，耐火时间达6小时以上，能有效遏阻火势蔓延。由于封火墙不承重，与房屋木构架相互独立，有"屋塌墙不倒，墙倒屋不塌"之效。火烧屋架后，墙体不会被拖垮，它仍然高高耸立，继续担当阻挡火灾蔓延的功能。此后，徽州府城中再未出现火烧全城现象，百姓安居乐业。"民视火墙一德足以御患于千百载者"，官民集资于1506年为何歆立了一块"德政碑"，铭记了何歆发现并推行封火墙德政的全过程，称颂他治火的丰功伟绩。自此，"五岳朝天"的封火墙便成了徽派建筑的一个象征符号，成为中国建筑史、消防史上的一座里程碑。

　　随着历史的发展，起源于防火需要的封火墙演变成"三山屏风""五岳朝天"样式的马头墙。屋脊顶部的一段墙最高，随屋顶两面坡度下斜，墙体也随之降低高度，形成二迭三层，前后面山墙共五层的围护墙，故又被形象地称为"五岳朝天"。因其三层叠高，形似马头高昂，故又被称为"马头墙"，这样既节约了全部一样高墙所费的砖材，又形成了跌宕起伏的韵律美。

沱川乡理坑村明代官厅马头墙

## 五、朴素简约的"三雕"技艺

徽州(包括婺源)古建筑中的木雕、砖雕、石雕装饰,起初完全出于审美的需要,给人以美的享受。后来在雕刻内容上大做文章,渔樵耕读、冰梅图、八仙过海、二十四孝、九世同居等具有教化意义的故事和三元及第、富贵花开、吉庆有余、福如东海、封侯爵禄等祈愿内容的图案都在"三雕"中大量地表现出来,是婺源儒商官绅家庭文化品位的体现,也是出于教育家庭成员特别是后代的需要。最后,"三雕"的出现还与封建社会建筑规模制度的规定有关。"庶民庐舍,洪武二十六年定制,不过三间、五架,不许用斗拱,饰彩色。"富商豪绅们只能走小而精的建筑之路,在房屋"三雕"上花钱财,下功夫,比奢华,往往以雕工时日来争夺建筑的价值。"三雕"的需求也催生了一大批徽州雕刻名家,数以千计的徽州木雕、石雕、砖雕艺人应运而生。

明代婺源古建筑的"三雕"艺术以简朴典雅为美。刀工简洁,线条流畅,图案素净,以单层凸雕为主,写意性强,图案化意味浓。木雕从柱子的"卷杀"发展而来,雕刻多施于窗扇、户净、厢房门扇、大梁等处。砖雕主要施于大门门罩、窗罩。石雕主要施于柱础、栏杆、栏板、望柱、抱鼓石、牌坊等处。雕刻题材广泛,内容丰富,人物、花卉、动物等图形无不生动有致,意味深长,想象力极为高超,创造出婺源古建筑装饰艺术的质朴天然的审美情趣。

沱川乡篁村余氏宗祠大门砖雕

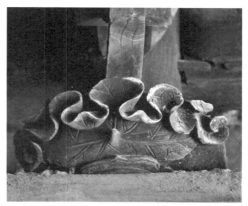

镇头镇阳春村方氏宗祠驼峰雕刻

沱川乡理坑村天官上卿第木窗和户净

镇头镇阳春村方氏宗祠出榫鸱吻雕刻

## 第三节　清代建筑的工艺技术

　　进入清代以后,婺源山区的开发进入了更快更好的时期,人口繁衍,村落繁荣,生产力发展到新的水平,徽商经济有了新的发展,社会财富也累积到了新的阶段。随着对木、石、砖、瓦、灰、土等建材认识的进一步加深和建筑工具的进一步发展,古建筑的总体水平在明代的基础上又有所发展进步,呈现出屋面更丽、规模更大、楼层更高、檐拱更美、铺地更精、天井更优、"三雕"更丰的建筑风貌。

## 一、屋面更丽

中国古建筑中的屋顶是最华彩的乐章,体现了遮雨避风的实用性和建筑外观艺术性的高度统一。传统建筑的屋顶形式多样,其中主要有以下几种。

1. 庑殿式

屋面为一条正脊与四条垂脊组成的四坡顶,两山做斜坡屋顶,与前后坡屋面成45°相交,形成四面排水,又称四阿顶、四注顶、五脊殿等,是最高等级的屋顶形式,多用于大规模宫殿、寺观,婺源建筑极罕见。

2. 悬山式

只有前后两坡屋面排水。屋顶两端的桁或檩伸出山墙外做成出梢,又称挑山、两山出际等。悬挑宽度按宋《营造法式》的规定为40～100分,清式一般与出檐相同。在挑出桁或檩的下面安装起承托作用的燕尾枋。屋顶有一条正脊,四条垂脊。这是民居的主要屋顶形式。

3. 硬山式

与悬山式相仿,也是只有前后两坡屋面排水,但屋顶两端桁、檩不伸出墙外,不露檩头,有些山墙封砌至屋顶,甚至超出屋顶。山墙不封顶的是一条正脊四条垂脊。山墙封顶的有一条正脊,上竖叠板瓦做"脊筋"。这是婺源古代房屋采用最多的屋顶形式。

思口镇新源村俞氏宗祠硬山式屋面

4. 歇山式

屋顶上部为前后两坡屋面,下部为四坡顶,上部有一条正脊,四条重脊,下部的四条脊称为戗脊,共有九条脊。这种屋顶形式外观庄重华丽,多用于宫殿、寺观等重要建筑。

### 5. 五凤楼式

三重檐每重檐各有前后两面坡屋顶。每重屋脊均像鸟翼般呈曲线戗角,称"翼角"。五凤楼共有十个翼角,而且是成五对展翅,就像五对欲飞的凤凰,故称"五凤楼"。据《新唐书》记载,唐代即有五凤楼。原为皇宫建筑,明清时期被徽派建筑用于祠堂门楼建造。

### 6. 攒尖顶式

屋面斜坡向上收束,呈尖锥形,无正脊,数条垂脊交汇于顶部,上覆宝顶。多用于亭阁建筑,有四角、八角、圆形等形制。

清代婺源古建筑的屋脊也多加美化。

美化方法之一是戗脊的制作。一般在歇山式屋顶的四个脊檐角和五凤门楼的脊檐角上施用。有两种形式:一为水戗发戗,特点是檐口平直,角部基本不起翘,仅戗脊在近屋角处向上反翘。二是嫩戗发戗,特点是脊檐角显著升起,檐口至屋角处有很大的起翘。

美化方法之二是脊饰。民居上不多见,多用于五凤门楼的戗脊上。造型有龙、凤、鳌鱼、鸱吻等。青瓦屋面上,坐狮会安装在最前端,脊饰小兽的数量须为单数。每件小兽制件各表现尊贵、威严、吉祥、光明、公正、祈雨、防火等寓意。

大鄣山乡黄村经义堂戗脊和脊饰

江湾镇汪口村俞氏宗祠五凤门楼

屋瓦的形制规格和施工也发展成熟,形成了一套工艺体系。婺源古建屋瓦多为青瓦板瓦(又称蝴蝶瓦),很少用筒瓦,琉璃瓦更为罕见。各类瓦件的规格达8~10种,在不同等级的建筑中,依据其屋顶形式的规格及选定的屋面材料,有各种不同的做法。

1. 板瓦

横断面小于半圆的弧形瓦,前端较窄,后端稍宽。仰瓦铺于两椽之间,两片仰瓦之上扣覆瓦,覆瓦上的雨水全流入仰瓦沟中,顺仰瓦沟排入天井檐沟,流入落水管,下到天井底的下水道。

2. 筒瓦

横断面为半圆形的瓦,安装在两行板瓦之间的缝隙上,其尾端有筒瓦之间起搭接作用的小半圆形头。

3. 瓦当

安放在屋面筒瓦垄沟最下端出檐处的防水瓦件,也称勾头,断面与筒瓦相同,上面有为钉瓦钉盖钉帽固定勾头用的小孔,前端为圆形或半圆形的头,雕饰各种不同的图案。

4. 滴水

安放在屋面板瓦垄沟最下端出檐处的排水瓦构件。断面与板瓦相同,前端为如意形舌片,向外飘出约15°,也称滴唇,以防止雨水回流,其上雕饰各种花纹图案。

黛瓦与粉墙相辉映,构成婺源古建筑高雅质朴的主色调。

**秋口镇李坑村丁余堂瓦当与滴水**

在马头墙的砌筑方式上,也发展出了三种富有寄寓意味的戗角样式。

一是"坐吻式",因墙脊设有窑烧构件走兽"坐吻"得名。主要用于祠堂、禅寺等较高等级的大型建筑,婺源极少见。

二是"印斗式",因墙砌头戗角像印玺而得名。《抱朴子·登涉篇》载:"古之人入山者,皆佩黄神越章之印,其广四寸,其字一百二十,以封泥着所住之四方各百步,则虎狼不敢近其内也。"《隋书·经籍志》载:"又以木为印,刻星辰日月于其上,吸气执之,以印疾病,多有愈者。"马头墙上砌做印斗也有避邪趋吉之意。印上"万"字,印下博风板有雕或绘的"如意"图案,上下合称"万事如意"。其印斗下支撑方式的不同,又可细分为"挑斗"式和"坐斗"式。在婺源,这又称"武式"戗角。

江湾村善余堂外立面

三是"鹊尾式"，因其墙砌头类似于喜鹊尾而得名。在婺源，这又称"文式"戗角。

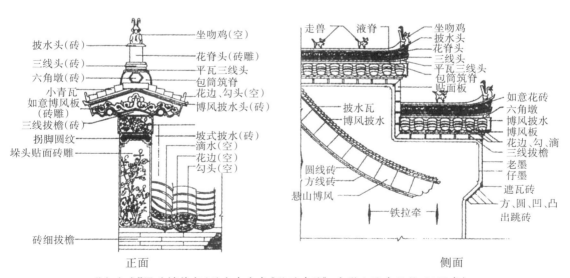

正面　　　　　　　　　　　　　侧面

"坐吻式"马头墙戗角（引自朱永春《徽州建筑》，安徽人民出版社，2005年）

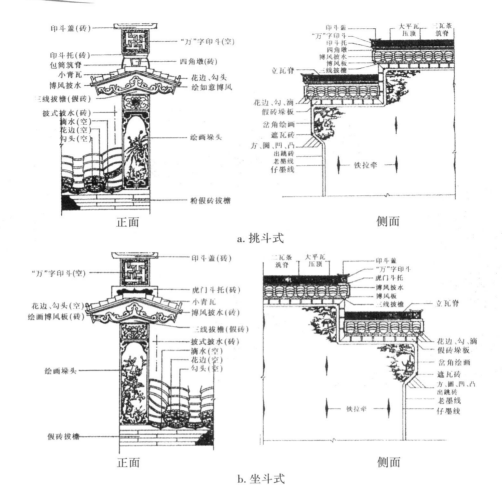

正面　　　　　　　　　　　　　　　　　　　　侧面

a. 挑斗式

正面　　　　　　　　　　　　　　　　　　　　侧面

b. 坐斗式

**"印斗式"马头墙**（引自朱永春《徽州建筑》，安徽人民出版社，2005年）

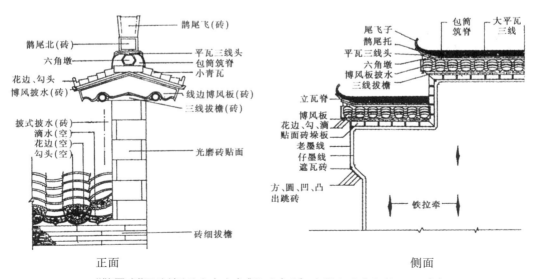

正面　　　　　　　　　　　　　　　　　　　　侧面

**"鹊尾式"马头墙**（引自朱永春《徽州建筑》，安徽人民出版社，2005年）

江湾村善余堂坐斗式戗角　　　　　　　　　　江湾村白果厅挑斗式戗角

李坑村春蔼堂鹊尾式戗角　　　　　　　　　　江湾村敦崇堂鹊尾式戗角和山墙

## 二、规模更大

　　婺源徽派住宅建筑由三部分组成。一是正堂。一进为前堂，二进为后堂，有三进的二进则为中堂。一层供会客、住宿（主卧室）；二层有楼厅，有的辟有神龛，还有住房，主要供女子住宿。二是余屋，包括厨房、客馆、书房等。三是庭院。明代住宅多为三间两进式，余屋面积很小，没有客馆，基本上没有庭院。即使是吏部尚书余懋衡的"天官上卿"府占地面积也只有156平方米。清代住宅正堂有扩展到三进的，如上晓起大夫第、延村明训堂、汪口慎知堂等，

许多二进的住宅面积也宏阔许多。余屋部分,则建有客馆(有的还分男、女客馆)、书房,形成许多个小天井组群建筑,有的多达五六个天井。大多数清代住宅都建有院落,主要是门院,也有余屋部分或正堂之后建有庭院的。规模较大的建筑占地面积达到400~600平方米。如浙源凤山的三斯堂,占地面积560平方米,有2个前院,72个门,7个厅堂,12个天井。还出现了大规模的建筑群,如思口镇延村明训堂,由3幢堂屋组成,共有3个前院、6个天井,除了住房还有书塾、客馆、厨房等功能的空间。

清代祠堂占地面积相比明代也大为扩展。明代祠堂规模很少超过600平方米的,而清代祠堂,如大鄣山乡黄村经义堂有104根柱子,占地面积达1200平方米。

经义堂外观

### 三、楼层更高

据邵国楟先生考证,在他所见的50余处明代徽州民居中,建有三层楼的只有8处,占总数的16%(《明清徽州古民居的演变》,《徽州文化研究》第二辑第188页,安徽人民出版社,2004年)。在已发现的婺源20多幢明代住宅中,仅沱川理坑天官上卿府为三层,其他均为二层。而在清代古民居中,三层建筑就很多见了。一般来说,三层楼并不位于前堂之上,而多建于后堂或客馆之上,多为朝南敞开式楼层,其功能为会友聚朋,吟诗品茶。敞开一面也搭起晒杆,作为晒楼。如豸峰涵庐、潘灶金宅、潘永德宅、潘松印宅、潘先熊宅、潘茂泰宅、潘永泰宅、张永丁宅、潘次良宅、上晓起进士第、荣禄第、大夫第,下晓起日新堂、日省堂、延村金富仁宅、金桂熊宅、汪口养源书屋、懋德堂、旧糕饼店等,均有三层。三层楼房的建筑对木构架设计与建造要求更高,标志着工艺技术发展到了新的水准。

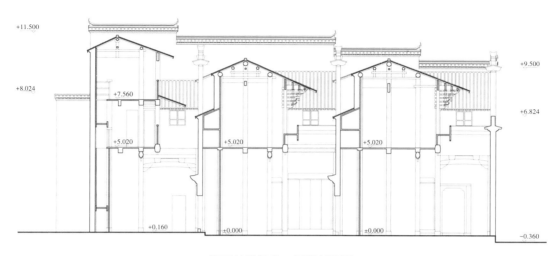

汪口村懋德堂三层楼剖面图

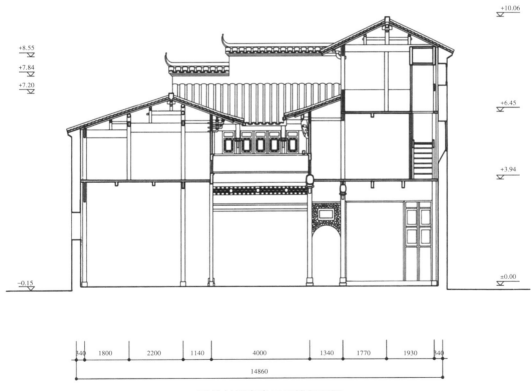

理坑村福寿堂三层楼剖面图

　　由明入清,民居底层逐渐升高,由楼上厅变为楼下厅,这是婺源清代住宅完成的一个转变过程。明代中期前的住宅遗留有干栏式建筑的痕迹,底层较矮,楼上高敞。歙县璜蔚乡天堂村出土的元元统二年(1334年)的《元墓石浮雕》上,所刻元代房屋都楼下低矮,按其与楼前

骑马人相比较,不过7尺左右。它们临街(正立面)楼上通间设窗,栏上装飞来椅,檐下悬卷帘,屋面覆小瓦,由于采用彻明造而显得楼上高敞,既通风又避潮,成为家人团聚、待客、居住的理想场所。人们的活动多集中于楼上,所以叫"楼上厅"。而底层高度多在2.6~3米之间,鲜有超过3米的。这种建筑随着生产力和社会的发展而显得越来越不适应。一则底层圈养牲畜极不卫生,影响健康;二则底层堆放农具杂物给进入大门的人的第一印象很不舒服,不利于待客聚会;三则大人、小孩的起居、用餐、就寝全要通过楼梯上下,给生活带来极大的不便。因此,将家人和客人的活动从楼上移到楼下来,就成为住宅建筑发展的必然趋势。明代中期以后,升高底层便成了大势所趋,由不到3米发展到4米左右。如理坑天官上卿第底层就是3.4米,直到清代,才完成整个变化过程,通常底层高度都达到4.5米左右。现择部分清代古民居底层高度,如表4.1所示。

表4.1

| 乡镇 | 村 | 古民居 | 底层高度(米) |
| --- | --- | --- | --- |
| 中云镇 | 豸峰村 | 涵庐 | 4.53 |
| 中云镇 | 豸峰村 | 潘灶金宅 | 4.45 |
| 中云镇 | 豸峰村 | 潘永德宅 | 4.58 |
| 中云镇 | 豸峰村 | 潘松印宅 | 4.78 |
| 中云镇 | 豸峰村 | 潘先熊宅 | 4.40 |
| 江湾镇 | 晓起村 | 进士第 | 4.85 |
| 江湾镇 | 晓起村 | 大夫第 | 4.85 |
| 江湾镇 | 晓起村 | 荣禄第 | 4.85 |
| 江湾镇 | 晓起村 | 老屋 | 4.75 |
| 江湾镇 | 晓起村 | 日新堂 | 4.84 |
| 江湾镇 | 晓起村 | 日省堂 | 4.90 |
| 江湾镇 | 晓起村 | 继序堂 | 5.02 |
| 江湾镇 | 上坦村 | 树仁堂 | 4.45 |
| 江湾镇 | 上坦村 | 宜福堂 | 4.55 |
| 江湾镇 | 上坦村 | 新屋 | 4.83 |
| 思口镇 | 延村 | 金富仁宅 | 4.45 |
| 思口镇 | 延村 | 金观生宅 | 4.40 |

由于楼层增高,一根木材的长度往往达不到直贯二层乃至三层的木柱长度要求,因此,普遍应用了对接与包镶法,把两根以上的木料用榫卯结构对接成一根,有的外部运用长条木楞镶包起来,供楼阁作通柱之用。这是木材加工技术的一大进步。

## 四、檐拱更美

斗拱是中国传统木构架建筑中独具特色的构件系统,它由层层交错叠置的斗形和弓形木构件组成。斗拱所处的位置不同,其名称也不同。在柱头上的,主要起承托梁架的作用,称柱头科,宋代称柱头铺作。在角柱上的,主要起承托脊檐的作用,称角科,宋代称转角铺作。在两个柱头科之间的额枋及平板枋上的,主要起承托出檐的作用和装饰作用,称平身科,宋代称补间铺作。斗拱组合变化形式较多,有一斗二升、一斗三升、品字斗拱、鎏金斗拱、如意斗拱、桃金斗拱等。较为完整的一组斗拱称为攒,宋代称为一朵。斗拱的翘、昂自中心向里或向外伸出,称为出踩,如正心为一踩,里外各出一踩共为三踩,各出两踩共为五踩,可加到十一踩。宋代称出踩为跳,自栌斗口出一拱或一昂即为一跳,最多限于五跳,相当于清式的十一踩。斗拱组合总高度与柱高的比例关系,清代一般为柱高的12%,唐代有的为30%,可见其规模在缩小,传递荷载、加大出檐深度的作用在减弱,最后演变为纯粹的装饰性构件。

斗拱的构造虽然繁杂,但基本构件只有斗、拱、昂、翘、升、耍斗、撑头等数种。斗,是承托翘、昂的方形木构件。拱,为矩形断面的弓形短木构件,承载建筑出跳荷载或缩短梁、枋等的净跨。昂,位于斗拱前后中轴线上的斜置构件,断面为一材。翘,形状与拱相似,但安置在纵向伸出位置并翘起。耍头,在翘或昂上与挑檐桁相交的拱材,出头部分一般雕成蚂蚱头形状。撑头,平行重叠安置在耍头之上,并与耍头大小相同的构件,与里外拽枋及正心枋成直角,其前端与桃檐枋相交。

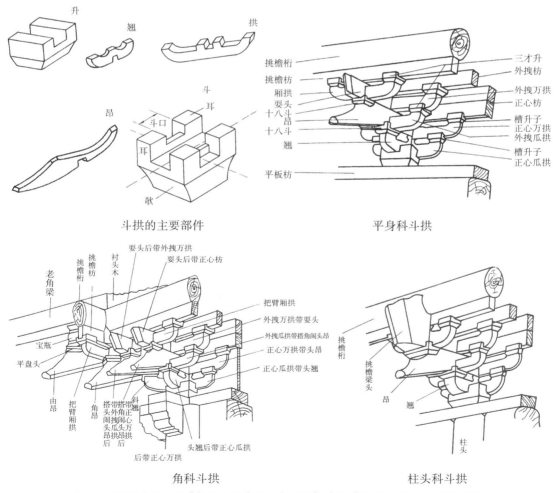

斗拱的主要部件

平身科斗拱

角科斗拱

柱头科斗拱

(以上四图引自谢玉明《中国传统建筑细部设计》,中国建筑工业出版社,2001年)

斗拱是为支撑飞檐的,飞檐的作用不光是防止斜风斜雨侵蚀椽、墙,而且可以形成上陡下缓、上缓下挑的屋面曲线,使屋瓦不至于滑落。飞檐是如何飞起来的呢? 宋代是以"举折"法来形成上陡下缓的屋面曲线,清代是以"举架"法来形成上缓下挑的屋面曲线。

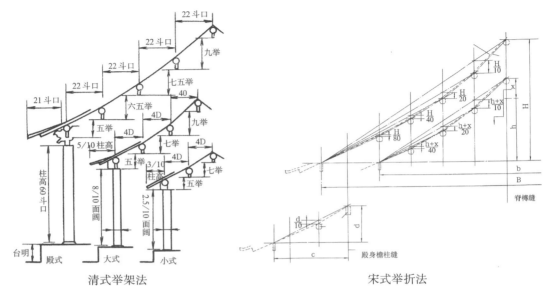

清式举架法 宋式举折法

(以上二图引自谢玉明《中国传统建筑细部设计》,中国建筑工业出版社,2001 年)

中国古建筑中的斗拱在汉代已经普遍使用,其作用是为了保护墙体和木构架及房屋的基础免受雨水淋浸侵蚀,而用向外逐层挑出的斗拱承托屋檐,使屋檐伸出到足够遮雨的长度。因此,斗拱是与屋顶举折技术和飞檐构件紧密联系为一体的。斗拱是飞檐之蕾,飞檐是斗拱之花。到宋代《营造法式》出现,斗拱中横拱之"材"成为建筑模数的度量单位。大木作制度规定"材"的高度分为十五"分",斗拱两层拱之间的高度定为六"分",称为"栔",大木作的一切构件几乎全部用"材""栔""分"来确定。直到清代《工程做法》,斗拱的斗口仍然是大式木作其他构件尺寸的标准,具有模数的作用。一般认为,到明代,建筑多用梁头向外挑出的作用来承托屋檐的重量,挑檐檩直接搁在梁头上,弱化了斗拱的作用。但在徽州婺源的明代古建筑中,斗拱承托飞檐却仍然普遍地充分发挥着它的作用,不但没有弱化,反而得到了强化。沱川篁村的"始基甲第"祠堂、镇头镇的阳春古戏台等建筑中,都可见斗拱飞檐的精美身影。

江湾镇汪口村俞氏宗祠飞檐

江湾镇济溪村平身科和柱头科斗拱

　　一般人常常分不清斗拱与雀替。雀替是安置在梁或阑额与柱交接处承托梁枋的木构件，宋代称为棹幕，其作用为减少梁、枋跨距，增加抗剪能力，长度一般为面阔的四分之一。它与飞檐没有关系。兼有斗拱和雀替类似作用的另一个木构件是斜撑。它既可以承托梁、枋，有的地方也支撑檐檩或檐枋，利用三角支架的力学原理，将垂直重力转移到柱子上，是斗拱和雀替的变形，俗称"牛腿"。这些雀替、斜撑样式和雕刻题材繁多，做成倒趴狮、鲤鱼吐水的最常见，还有和合二仙、八仙、福禄寿三星、卷云、花草等形状，少数雕刻成倒鹿（寓意"禄"）、羊（寓意"阳"）、凤凰，是实用性和艺术性相结合的建筑之花。

新源村俞氏宗祠雀替

思溪村敬序堂客馆斜撑

## 五、铺地更精

　　婺源古建筑室内地面最早用三合土夯筑而成,光洁平实,在明清古民居余屋的厨房、仓库部分,仍有这类地面。明代民居堂前多用方砖铺就,俗称"金砖墁地",也有中心部位铺方砖,四周铺卵石的,俗称"金镶玉"。其他部分多用青石板铺砌。楼上厅发展为楼下厅以后,楼下厅由于没有了架空层,防潮湿成了大问题。清代住宅,运用架空铺青石板的方法来防潮

湿,不再用砖铺地,石板地下空沟同时兼作天井及屋面排水沟。有的室内石板上再铺木地板,厢房多见,防潮效果更佳,但地板易腐烂,所以并未广泛应用。铺地石板在寄寓性方面更为精致。如堂前八仙桌下多为一块巨大的"团圆石",可供八仙桌就座的人全部坐在一块石板上聚会用餐。再如天井四水归堂为锁财气,石板也铺筑成古代铜锁的式样。

浙源乡凤山村得顺堂"团圆石"

## 六、天井更优

　　明代民居正堂天井多与三间两房式结构相适应,为"三披水",呈倒凹形。清代民居规模扩展后,底层多为三间四房式结构,于是形成了"四披水"天井,呈口字形布局。随着余屋功能和规模的扩展,天井的形制样式也丰富多彩起来,有"二披水""一披水"等多种构造。

江湾村敦伦堂三披水天井

李坑村春蔼堂四披水天井

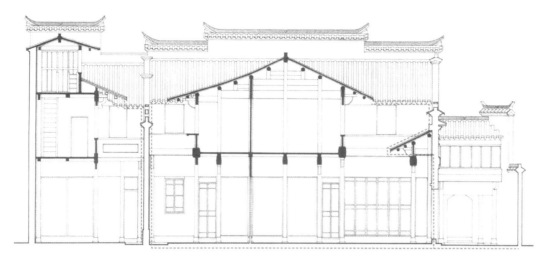

**延村明训堂排水系统**(红色虚线为下水通道。引自陈志华等《婺源》,清华大学出版社,2010)

明代天井地池很深,四周是石砌深沟,中间是石砌平台,与地面等高,这是因为屋檐水直流入天井沟池的需要,不深不足以蓄水,不深不足以防流水溅湿堂屋地面。明末清初开始,深天井地池变为浅天井,只比地面凹下不到10厘米。因为这时已采用陶瓦檐沟和水管集中排泄屋檐水,浅天井也不怕檐水溢出地面了。

最初的排水管从天井四角屋檐沟通过两侧水管流下,进入地下暗沟,在堂前汇流后排出屋外。两根水管竖在正堂中间,遮挡视线,不美观。因此,后来的许多民居,都把排水管弯曲设置,埋设到隐蔽部位。如延村民居的排水管多从大门后两侧而下,还用木板壁门遮挡。裔村民居的排水管则从上堂两房的金柱石础处入地。

清代住宅正堂屋架出现了"阴阳坡"做法,即第一进的屋面长度比第二进的短一些,两者的长度比例由风水先生根据屋主人的生辰八字测定。这一做法虽源自迷信,却有其科学道理在。前进屋面缩短,在客观上增大了天井空间,使冬日阳光更多、更久地射入正堂,有利于增加室内日照。同理,天井"过白"的做法也使日照角度和时间更利于生活。

## 七、"三雕"更丰

一是"三雕"施于建筑的更多部位,雕刻作品规模宏大。

木雕多施于门扇、窗扇、户净(窗栏板)、梁、枋、雀替、斜撑、垂柱托、瓜柱托(驼峰)、雨挞板、美人靠、飞来椅等部件上。民居中格扇门的木雕也很多,构成复杂。一扇格扇门,由上至下,由六部分组成:头板、格身、开光(又称"镜心",一般在格身中央)、腰

延村聪听堂格扇镜心木雕西厢记

板、裙板、底板。思溪村百寿花厅格扇门头板和底板雕夔龙纹,最出彩的是身板,从上到下,依次雕有竹石、蝙蝠、寿桃瓶、松石,镜心雕刻的是八仙和他们的法器,周边遍雕瑞草纹,通体镂空雕,采光效果好。腰板则是各种写法的"寿"字。

思溪村百寿花厅格扇门

砖雕多施于大门门楼、门罩、窗罩、天井明壁、八字门墙、脊饰兽等部位和部件。门楼门罩是砖雕装饰的重点。门楼门罩造型多样,婆源民居多为石库门枋,门框由石门头、两根石门柱、石门槛组成。门枋之上为二悬柱门楣式门罩。顶部是砖檐出椽,上覆瓦檐,并做小戗脊。下是方框,框边为砖雕,方框内为金元宝状的砖雕。下方是上额枋砖雕和下额枋砖雕,额枋中有开光。上下额枋中间是门楣,可题宅名。门楣两侧是方块砖雕。额枋两边是悬柱,也可设开光砖雕。悬柱下端饰以荷花或花篮,故又名"垂花柱"。下额枋与悬柱交接处是雀替砖雕。上、下额枋穿出悬格的短头和悬柱与上下额枋交接处凸出悬柱的短头砖雕,叫"榫饰"。有的在门楼两侧设八字或一字青砖门墙,墙上雕刻纹饰,称"鱼鳃墙"。除此之外,还有四柱门楣式或牌楼式门楼门罩,但很少见。晓起继序堂砖雕门罩在近3平方米的空间里雕刻有福禄寿禧、瓜瓞连绵等图案;文王访贤、连中三元等两块大型故事雕刻以及苏武牧羊、三顾茅庐、赵氏孤儿、桃园结义、"忠孝节义"四个故事图案;还雕刻了渔、樵、耕、读的生动画面,几乎成了表现各种美好愿望的大型雕刻交响乐!

二是雕刻技艺更为精湛。徽雕艺人秉承深厚的传统技艺功底和文化素养,首先审材度势,大处着眼,布局雕刻对象的位置比例、主次关系,并相应施以不同技法,如对称、呼应、疏密、虚实、明暗、刚柔以及立体感、空间感、节奏感、韵律感等形式美的规律,做到胸有成竹;然后才分层次、分步骤奏刀,将整体的构思化为细致入微的刻画。在长期的雕刻实践中,徽州"三雕"形成了平雕、浅浮雕、高浮雕、透雕、镂空雕、圆雕等成熟的刀工技法。平雕是指雕刻图案完全在一个平面上,主要通过图案线条给人以形象感。浮雕的图像高低错落,不在一个平面上,可凸显图像的侧面。透雕则将图像的背面也雕刻出来,图像也凹凸不平,不在一个平面上。镂空雕则雕穿材料上无图案的空白处。圆雕是指雕刻出图像的四面和上下成为一个独立的艺术品,如石狮子、木雕倒趴狮、驼峰、砖雕脊饰吻兽等。理坑村九世同居木雕表现出一幅富贵祥和、子孙满堂的家庭和谐美满的生活场景,人物众多,凤阁琼楼、玉树新枝、飞檐饯脊、雕梁画栋铺陈画面,全都合乎透视法则。全幅雕刻刀法工整严谨,刀功力透深骨,结构符合法度,是艺术性与技术性的完美结合。清华镇洪村寒梅馆木雕"三英战吕布"人物动作栩栩如生,战斗场面刀光剑影呼之欲出。

江湾镇晓起村继序堂门楼砖雕

大鄣山乡黄村经义堂抱鼓石

江湾镇济溪村郡宪坊趴狮石雕

洪村寒梅馆木雕"当阳桥"

新源村俞氏宗祠圆雕凤凰斜撑

思溪村百寿花厅卷棚倒挂牡丹圆雕

三是雕刻工艺的流程发展成熟定型。"三雕"工艺有一定的工序,每道工序又可细分很多制作阶段,且有不同的操作要领和质量要求以及方法。

适应不同雕刻工艺的需要,"三雕"运用的制作工具也日渐提高完备起来。主要工具有:锯(截头锯、板锯、手锯、撕锯、线锯、勾锯、钢锯、石锯等)、斧(平斧、中钢斧、手斧、刨斧、弯斧等)、刨(粗刨、细刨、线刨、弯刨等)、凿(平凿、寸凿、分凿、线凿、镂空凿、弯凿、圆凿等)、锉(平锉、圆锉、线锉、手锉、弯锉、空心锉等)、钻(螺纹钻、三角钻、圆钻、竖钻、横钻等)、锤(大锤、手锤、钉锤、细锤等)。

砖雕的原料是水磨青砖,与普通粉土砖不同,是特制的。经过精选无沙碛的泥土,注入泥池,和清水搅拌成稀糯糊状,待泥渣子沉淀,上面的泥浆糊放入另一个较低点泥池过滤。再经过沉淀后,排掉上面的清水,等一两天,略干一点后用铁锹像切豆腐一样把上面的泥巴搬到制作池中,检查有无砂粒后,再等稍干一点,即用牛把它踩成千斤泥,反复踩成泥筋,如同面粉揉成面筋一样。泥巴揉熟了才可做砖坯,晾干后入窑烧制。火候要恰到好处,成功后封窑时用水浸浇,砖色以青灰为最佳,太青或色过深,质地便硬。出窑成砖抗烈度一般为150度至180度较理想,不能太晚太嫩。成砖后还要把它放在水中,用光滑石头细磨,制成平整如镜的水磨砖。砖雕的第一道工序是"打坯",即创作的选题立意、构思和在砖块上绘图勾勒。一般由经验丰富的艺人主刀,凿出画面的轮廓、物象的深浅,确定画面近、中、远景的层次、位置。包括画(在砖上画出要雕刻的形象)、耕(用小錾子沿画线浅"耕"一遍,以防画线在雕刻中被涂抹掉)、钉窟窿(用小錾子将形象以外的部分钉去)、镰(将形象以外多余的部分镰去,显出形象的立体轮廓)等阶段。第二道工序是"出细",即精雕细刻,对图像轮廓作具体细致的刻画。包括齐口(用錾子沿图案侧面细致地剔凿)、捅道(用錾子将图案中的细微处如花草叶子的脉络等雕刻清晰)、磨(用磨头将图案内外粗糙之处磨平磨细)、上药(将七成白灰三成砖面、少许青灰加水调匀,将残缺之处或砂眼找平)、打光(用砖面水将图案揉擦干净)等阶段。一些通用的部件上的图案如二方、四方连雕等则用木模印制好砖坯烧制而成。屋顶脊饰兽、戗角饰件等有许多也用整砖并用圆雕技巧雕刻而成。

石雕材料要求一为青黑色的黟县黑(产于安徽省黟县),一为绿色的采青石(产于浙江省淳安县),最好的当为青田石。工匠们能利用石料的天然色泽,雕刻出造型和色泽相适应的作品,充分利用石质、石形、石色、石纹来确定相应的题材与造型。石雕工艺程序根据平雕、浮雕、透雕、圆雕的不同类型而有所不同。(1)平雕。包括阴刻和阳刻两种,图案用凹线表现的叫阴刻,用凸线表现的叫阳刻。简单图像,可直接在加工磨平的石料上雕刻。复杂图像则要先在石面上画出图案纹样,再用錾沿纹样画线凿出线条。阴刻还要继续把线条以外的空白部分凿去,凸显出图像来,并把图像边缘修平整。(2)浮雕。有三道工序:一是画。简单的图案直接画在石面上。复杂的要先画在厚纸上(起谱子),再用针顺图案线条托出针眼(扎谱子),再把纸贴在石面上,用棉花团等沾红土粉在针眼上拍打(拍谱子),在石面上留下线条虚线,再用笔将线条描画清晰(过谱子),然后要用錾子沿线条"穿"一通(相当于砖雕中的"耕"),就可进行雕刻了。二是打糙。即把图案形象的轮廓雕凿出来。三是见细。即将图案形象的细部(如毛发、叶纹等)用錾子雕刻出来,并把边缘用扁子扁光修净。三道工序有时交错进行,随画随雕,随雕随画。(3)透雕。与浮雕工序相似,但画面的凹凸起伏更大,许多部位要掏空挖透,花草图案要"穿柱过梗"。由于层次较多,画、穿、凿等程序应分层进行,反复操作。为加强真实感,细部需要进行更多精细的雕琢。(4)圆雕。一般的工序是:① 出坯子。根据设计要求选择石料并切割成外轮廓形体。② 凿荒。凿去图像形体多余的部分。③ 打糙。画出形体轮廓线并将外形凿打出来。④ 掏挖空当。凿空形体空洞部分。⑤ 打细。雕刻出全部线条,并将整体形象用磨头、剁斧、扁子修整干净。

木雕取材要求也很高,大型雕木如梁、枋等一定要用百年以上的枫、樟、柏、槠、栲等;细木雕如格扇门、户净、屏风等,则要用纹理细密、质地坚实的楠、杨、枣、桃等。其雕刻工序与砖雕、石雕相仿,一般也要经过选材磨面、绘画勾图、粗雕轮廓、细刻精修、砂磨定型等四五个阶段。

四是形成了"三雕"题材内容的寓意化表现体系。婺源"三雕"除了建筑装饰功能外,还起着精神理念的教化作用,使雕刻的题材内容成为"有意味的形式"(格式塔)。"万"字图案是生生不息、平安无限的象征。"鱼"意味着生殖繁衍、财富有余。"虎"是避邪和护生的象征,"桃"是驱鬼、高寿的象征。八仙手持的法器称"暗八仙",其图案是人生努力、各显神通的谕示。仙果蝴蝶寓意"瓜瓞连绵"。马、蜂、猴则寓意"马上封侯"。牡丹锦鸡代表"锦堂富贵"。瓶里插戟、磬、鞍,谐音则是"吉庆平安"。江湾镇汪口村俞氏宗祠大梁下部就有丰富的雕刻,中间是不断头的"福"字,两边还有瓜瓞连绵、双鱼、蝙蝠图案。类似的艺术符号还有很多,长期的创作与欣赏实践,使之成为创作者和民众心灵息息相通的表现形式。中国传统文化所积淀的各种符号的固定寓意通过谐音、组合等手段,成为"三雕"惯用的表现题材,并形成了有机联系的一个表意系统。

汪口村俞氏宗祠大梁下部雕刻

新源村俞氏宗祠大门石地栿雕刻暗八仙

# 第五章 婺源古村落古建筑的特征和价值

## 第一节 特 征

作为人类聚居地的村落总是坐落在特定的区域空间。区域的地理环境、气候水文、经济形态、社会体制、文化思潮的不同,造就了村落的不同个性。北京的四合院、陕北的窑洞、福建的客家围屋、云贵的吊脚楼等,都呈现出不同地域的鲜明特色和独特风貌。

婺源古村落建立在农业文明基础之上,深深植根于徽州地域和文化传统之中,形成了宗族乡村、理学乡村、商贾乡村、风水乡村、宜居乡村、徽建乡村的六大特征。它们依托聚族而居和宗法文化,发展出成熟的宗族管理制度;它们以儒家思想和程朱理学为规范,形成了浓郁的文化乡村品位;它们培育了一代代徽商,又从徽商那里得到了村落发展的经济支撑;它们遵循"风水"理论,物色村落基地,规划建设人与自然和谐相处的村庄环境;它们营建优良的村落人居条件,规划建设完善的生产生活设施;它们汲取中国建筑学的精华,因地制宜,创造出徽派建筑的辉煌历史。婺源古村落达到了人类家园"天人合一"的极高境界。

### 一、宗族乡村

婺源古村落以血缘关系为纽带的同姓、同族家庭聚居,形成血缘共同体和地域共同体,实施宗族管理制度,形成重祠堂、崇祭祀、修谱牒、护墓冢、尊礼制的宗族社会生活习俗。

宗族制度源于中国西周形成的按血缘关系区分亲疏等级的宗法制,是聚族而居的乡村普遍施行的一种社会制度。宗族制度一方面通过建祠堂、祭祖宗、修族谱等活动敦宗睦族,从精神上凝聚人心,维系长幼亲疏的血缘关系和尊卑贵贱的社会关系。另一方面,通过掌控族产(祠堂、祭田、义田、学田等)、制订乡约、执行奖惩、推行教化,实施对全村民众和村落公益事业的管理,成为封建国家最基层的社会自治组织,使"政令不下县"成为可能,节约了封建行政的成本。

理坑、汪口都是典型的宗族社会乡村。两村都建有祠堂,汪口有俞氏宗祠,现保存相当完好,理坑有友松祠、敦复堂、郊陈祠、德寿堂,还修有不同年代编写的族谱家乘。祭祀祖先的仪式更是庄严肃穆,是全村人"朝圣"的节日。两村都建立了由户长-房长-族长构成的组织管理体系。这一组织掌握着"三田"的收支,祭田收入用于祭祀祖宗,义田收入用于赈贫恤

穷,学田收入用于办私塾、奖励科举出身之人。游山村董氏祠堂嘉会堂就保存有"三田"碑。宗族管理班子还掌握着村落的规划建设和公益事业的决策权、管理权;掌握着制订村规、祠规、乡约和"开祠堂"处置村中事务的权力。理坑的明代尚书余懋衡就曾主持制订《沱川乡约书》。汪口村"乡约所"还将这些规约"膳列粉牌,悬挂祠内"。规约内容有三纲五常、三从四德等封建伦理,也有职业当勤、崇尚节俭、重视教育、尊敬长老、济贫救灾、抚孤恤寡、护林防火、禁止赌博等有益规定。龙尾村"乡约所"保存至今。对符合封建伦理的事,宗祠都要逐级上报朝廷为其旌表。对违反封建伦理的人要予以惩罚。理坑箬皮街上首马石头有"苦珠钱"(细卵石铺成的圆形地面),凡违反族规的人要罚跪在"苦珠钱"上,叫仆人抽打,以警示全族全村。

镇头镇游山村嘉会堂"三田"碑

宗族社会乡村自有其独特的文化习俗和生活特征。理坑、汪口都是典型的"佃仆制"乡村,村中一姓,不杂旁姓,村外围形成了专为村民提供生产耕作、生活服务的旁姓小村,并形成相对稳定的佃仆关系,二者之间不通婚姻。"千家之家,不动一抔;千丁之族,未尝散处;千载谱系,丝毫不紊。"(赵吉士《寄园寄所寄》)婚嫁要采用朱熹《家礼》所定"纳采、问名、纳吉、纳征、请期、亲迎"六礼。丧礼规矩更为严格。正月和节日,都要舞板龙灯、出灯彩、扮抬阁,热闹非凡。汪口村还有龙船行香、送水、同年会等各种风俗。

乡村宗族制度是婺源古村落发展成为具有极高价值的人居社区的决定性因素。村落的选址布局和规划建设、崇尚理学和教育的传统、结帮外出经商之风等,都是实施宗族制度有效管理的结果。

溪头乡龙尾村乡约所　　　　　　　　沱川乡理坑村"苦珠钱"

## 二、理学乡村

婺源古村落以程朱理学规范村民的思想、行为、道德,尊儒重教,养育了一大批理学家、官宦、学者、文人、医学家、天文学家,建设了一大批文化教育设施,有书院、文昌阁、文笔塔、学堂屋等,散发着浓烈的书香文气。

孔子(前551～前479年)的儒学思想发展到南宋时期,由婺源人朱熹(1130～1200年)弘扬光大,创立了"理学",成为此后中国封建社会占统治地位800余年的主流思想。"要识晦翁真面目,好来此地问津梁。"朱子故里婺源历来崇尚"读朱子之书,服朱子之教,秉朱子之礼",延至明清时期,婺源出现了一大批本朱子理学天人性命之说,撰有大量理学著述,并实践躬行不已的理学家。如理坑村一批理学仕宦的府第,建筑技艺达到了当时很高的水准。

沱川乡理坑村福寿堂"理学渊源"门额

这些理学名家及其现存的具有代表性的府第有:明代南京户都右侍郎、赠工部尚书余懋学的"尚书第",明代南京吏部尚书余懋衡的"天官上卿第",明代广州知府余自怡的"驾睦堂"(官厅),清代兵部主事余维枢的"司马第",清代州同知余启官的"云溪别墅"等。深深植根于理学思想的理坑古建筑还有供乡里文人学子读书之用的6幢别致的引水入室、傍斋筑塘的"学堂屋"以及"理源桥""天心桥"等,现都保存完好。理坑、汪口在古时都建有书院、文昌阁、文笔塔等教育场所和祈求文运昌盛的标志性或风水建筑。汪口村现存的书院有存舆斋书院、养源书屋。大夫第、一经堂、守训堂、懋德堂、生训堂、政德堂、慎知堂等,都是明清时期汪口村信奉理学的富商们的建筑精品。朱子阙里,儒风独茂,"理学文章山水幽"。清人黄登甲

《山中杂咏》写道:"家住万山里,庐前溪水清。豆棚喧鸟语,茆屋响书声。门前渔樵过,途无车马行。客来坐幽谷,红紫不知名。""深巷重门人不见,道旁犹自说程朱。"在这种世风背景下,婺源"人文应振,群籍兴育之力"(光绪《婺源县志》),出现了许多商贾和仕宦在乡里建义学、书院,倡扬理学的事迹。清代邑人程世杰"念远祖本中曾建遗安义塾,置租五百亩,久废,杰独力重建,岁以平粜所入延师,使合族子弟入学,并给考费,有余即置田地"(光绪《婺源县志》)。他在县邑建紫阳书院时,又捐金千两(光绪《婺源县志》)。坑头人潘涟,"始业儒,后念贫无以养,遂服贾。家稍裕,延师课子,倡兴文会"。大畈村古有"鳙溪八景"之一的"芳村夜读",因村中汪氏"世业经儒,迄今子姓之繁无虑四五百家,入夜书声比屋相闻"而得名。明代初年,歙县唐桂芳夜过此地,曾留下"第一人家灯火阑,小儿都诵晦庵书"之句。婺源民间也有"汪门一杯清水也带书香"的赞誉。明代大文豪李东阳还为之赋诗:"萧条城市不闻喧,杳杳书声若箇村。空谷响余虚籁远,一灯深处野堂昏。月斜孤枕长惊梦,雪打寒窗早闭门。此夜客中浑不忘,隔邻喃语教儿孙。"这样的人和事不胜枚举,由此构成了婺源乡村理学昌盛的特征。

## 三、商贾乡村

徽商的崛起是婺源古村落发展兴盛的最主要的物质基础,儒贾结合,为村落的建设和发展提供了经济基础。村人或先儒后贾,或先贾后儒,或亦儒亦贾,为官者、经商者致富后,携巨资回乡修筑豪宅,兴办公益事业,官邸商宅遍布乡里,街巷道路和公共设施日臻完善,使村落日渐发展繁荣起来。

在中国15~19世纪称雄400余年的"徽州商帮"中,婺源商人是一支劲旅。徽商兴盛之时,每村每户,几乎都有外出经商之人。这些商人致富回乡,营建豪宅的同时,也捐资为村里修桥造路,建祠修谱,兴办书院,浚河凿井,繁荣村落。由于受封建社会营造等级制度的限制,富有的徽商无法扩大私宅的规模,只能在房子装饰雕刻上下功夫,形成了建筑上精美的木雕、砖雕、石雕;商宅大门台阶不能做三级,只能做一级(寓意"一本万利");大门门楣不能题写府第名称,只能留下空白。商宅大门和门罩砖雕,构成"商"字架构,反映出徽商的微妙心理,如思口镇延村余庆堂"商"字门楼。商宅室内中堂画押条桌上的摆设,东瓶西镜,中间是座钟,谐音"终生平静",是家人对远在异乡经商的游子的祝祷。许多建筑高墙上的窗户是各种形状的叶子,表现了徽商"叶落归根"的心愿。

皖南徽州地区古代水路交通要道有两条,一条是新安江—富春江—钱塘江—运河—长江,另一条就是从婺源境内发端的星江—乐安江—鄱阳湖—长江。江湾镇汪口村正处于婺源水路交通"通舟止此"的端点。古代商业"沿水而兴",在15世纪末至19世纪,汪口是皖南有名的商埠和货物集散地。为了便于商船通行和深水码头的建设,婺源的大学者江永(1681~1762年)在距汪口村下游约300米处设计建造了"平渡堰"。堰坝呈曲尺形。曲尺的长边拦河蓄水,曲尺的短边与河岸夹道形成通船航道。平渡堰在不设闸门的情况下,同时解决了蓄水、通舟、缓水势的矛盾,是水利建设史上的一项奇迹。平渡堰的建成促进了汪口商业码头的加速发展。繁盛之时,汪口村有18个河埠码头供商货转运。18个码头与村中南北向18条街巷对应相连,直达村落的纵深处,以便利货物集散。人流、物流的汇集,促进了汪口当地商业的繁荣。村中东西向的主街道是官路正街,全长670米,青石板铺地,商铺夹道。兴盛时遍布全村的商号有120余家,官路正街现存的古商铺建筑还有70多幢,古商铺经营范围十分广泛。商铺建筑多为两层,大门为可装卸的长排木板,形制有前店后坊式、前店中坊后宅式、下店上宅式等。除正街商贸外,在村中大街小巷,每天24小时都有流动小贩不停地吆喝穿行,热闹非凡。汪口古村的诸多构成要素都深深打上了商埠名村的烙印。

汪口村古商号"裕丰号"

汪口村商业街

## 四、风水乡村

婺源古村落以风水理论指导村落的选址布局,融山水与家园为一体,营建出栖居的心灵家园。

"风水"理论在中国已有2000多年历史,其基本学说认为,天、地、人,自然与社会,共处于一个密切联系的系统之中,作为自然现象的天、地、风、水对人类社会有着重大的影响作用,墓地(阴宅)的位置可以决定墓主后代的命运,住宅、村落(阳宅)选址的好坏也可以决定屋主和村子的兴衰。

在这一理论指导下,婺源出现了许多村落建筑与周边地形地貌、山水风光和谐统一,人与自然和谐相处的古村落,理坑、汪口便是其中的两个典型。

理坑村背靠雄伟壮观的驼峰山,为其挡住了寒流与狂风,面朝汩汩不息的理源溪,为其提供了生产灌溉与生活之便。民居建在山麓开阔的河湾处,阳光充沛,利于开垦田地。山环水绕,锦峰簇拥,河川如练,不仅满足了村民物质生产和生活的需求,还为村民营建出一个世外桃源般的审美空间。全村建筑有规划地面街、面水而建,由中心向四周辐射扩张,呈现出非常美观的"出水莲花"布局。沿河而筑的民居,飞檐错落,粉墙倒映,与清清溪水构成了一幅优美的"河街"景观。大街小巷,青石板铺设,平整光滑;两边"马头墙"高低错落,天际线丰富多变;门楼门罩精雕细镂,千姿百态;街中还有十几处"月门",有文雅警醒的题额。所有这些,构成了富有文化品位的街巷风情景观。

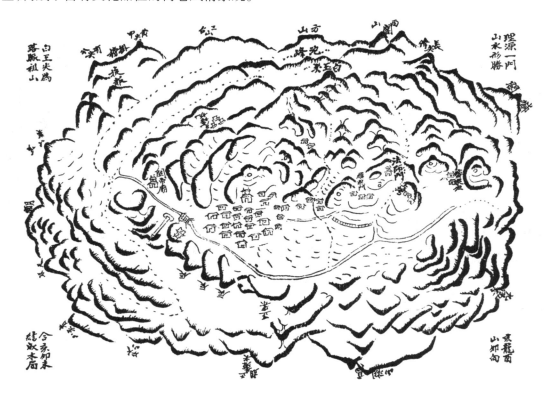

**理坑村宗谱所载"出水莲花"村基图**

汪口由一股正东水(江湾水)与另一股东北水(段莘水)在村南汇合,形成一个三面环水的半岛。村落处于碧水汪汪、川流不息的双河口,给盼望后裔如水绵长的始迁者俞杲以灵感,遂以"汪口"定村名。汪口的村落格局近似网形,以1条官路正街做"纲",18条直通溪埠码头的主巷道连着错落有致、纵横发展的小巷,将民居织成一个个"目"。"风水"学认为,网形不能钎井,所以汪口这个拥有千余人的古村落至今没有水井。村落前低后高,枕高山,面流水,沿溪流由东向西延伸,迤逦展开。村前有隔河的"向山"绿屏,气势壮观,富有"鸟语鸡鸣传境外,水光山色入图中"的山村意境。另外,古建筑的平面和立面、尺度设计,门、厅、灶的方位选择都应用风水术以趋吉避邪。

著名的中国科技史专家李约瑟在《中国之科学与文学》中指出:"再没有其他地方表现得像中国人那样热心体现他们伟大的设想:'人不能离开自然'的原则。……城乡中无论集中的,或散布在田庄中的房舍,也都经常地出现一种'宇宙的图案'的感觉,以及作为方向、节令、风向和星宿的象征意义。""天人合一"的思想,在婺源古村落的规划布局中有着鲜明的体现,使其成为具有文化魅力和审美价值的景观村落。

汪口村风水格局

## 五、宜居乡村

婺源古村落有统一的村落建设发展规划,并在宗族的管理下有效地组织实施。古村落的街巷道路、桥梁、码头、水井、排水系统、消防设施十分完备,民居、商铺、祠堂、书院各种功能的建筑十分齐全,营建出一个理想的人工环境和一处处村落景观,提供了优越的人居条件,是中国古代不可多得的乡村规划建设的范例。

理坑村村内交通是四通八达的街巷。通往村外道路有青石板铺就的3条古道,东通百子岭,西达观音岭,北接胡柏岭。连通理源溪两岸有9座石桥,有石拱、石板、廊亭等形式。为了村周围水田灌溉之需,在理源河上建有2座水塥,引水入田。还建有水碓,用于舂米、磨粉。沿理源河还建有溪埠,供村人洗濯。村中建有统一规划的排水系统,或明沟或暗渠。村中凿有金家井,以解决离河较远的村民用水问题。特别值得一提的是,理坑古村落针对徽派建筑木质用材易于起火的特点建设了消防设施。每幢房子的"马头墙"又叫"封火墙",可以隔断邻居火势;墙上窗子开得很小,既为防盗也为防火;每家每户设有"太平缸"蓄水,也是为了防备火灾之虞。另外,村中还建有两处"水龙庙",庙中放置灭火用的手动喷水机器——"水龙",至今还能喷出10余米高的水柱。

汪口对外交通建有二坑园、言坑园、王富坦岭等三条要道,分别可从正东、西北、正北三个方向进出汪口村。汪口的水路是婺源通往鄱、饶水系的端点码头。发达的交通优势使汪口成为名闻徽州一府六县的商埠名村。670多米长的官路正街,以街为市。河埠码头、商铺、货运集散场地等商业服务设施十分完备。汪口村的排水系统至今还保存完好，可以使用。为了防火需要，汪口村每年重阳节都有一个"水龙会"，这天要在河滩检修水龙（消防器材），做消防演习，以备不虞之需。

浙源乡察关村水口

"宜居乡村"的另一重含义是，村民们生活在图画般的村子里，出门见景，心旷神怡。婺源古人们不但把村庄当作安身之所来建设，还把她当作安魂之所来打造，把梦想中的桃花源建在了人世间。

婺源古村落的村落景观大致有以下八类。

一是水口景观。绿树成荫，流水潺潺，桥浮半规映水中，一角粉墙隐林梢。水口是一个村落的门户，也是村落的一道如画屏风。察关、晓起、菊径、严田水口是保存至今较为典型的例子。

二是田园风光。村落四周，田畴环绕。春季茶花金黄，桃红梨白；夏季秧苗油绿，稻浪滚滚；秋天晒场金谷灿灿，红椒彤彤，山野枫林如炬；冬季紫云英一片粉红……

三是林木掩映。后龙山郁郁葱葱，荫庇村落兴盛，一株株百年古树历尽沧桑成为古村的精灵。如虹关的千年古樟，冠幅达数亩，庆源的千年银杏、古桂，深藏着许多故事，李坑的宋代紫薇长放半年花，"独占芳菲当夏日，不将颜色托春风"。

四是鸳瓦鳞鳞。登高眺望，古村尽收眼底，黛瓦的坡屋顶和一个个天井组成协奏曲，又和一片片马头墙形成古意盎然的韵律。

赋春镇游汀村水口

江湾镇下坦村春景

古枫掩映下的赋春镇长溪村（李宝洋摄）

五是街巷通幽。行人在街巷中曲折前行,眼前犹如展现出一幅中国水墨画"长卷",不会一览无余,而是移步换景,让人细细品味婺源古村特有的巷韵,置身于"四维空间"的妙境。人们不能站在一处尽观全貌,而必须加上"时间"因素,通过行走才能领略古村落古建筑的丰富性、层次感、韵律美。婺源古村中的古建临街面多为两层,高度为8～9米,而街道宽度多为5～6米,二者总比约为1:1.2。1:1与1:2之间比率的空间在建筑学上被认为最宜人亲近的空间,既不会给人以高墙封闭的压抑感,又不会给人一眼望穿的平直感。而街巷中的牌楼、拱门、过街楼、转角等,又进一步丰富了街巷的空间景观,形成一次次的审美兴奋点。

六是水街灵动。许多古村或傍河而建,或沿河两岸而立,从而形成了一道道水街风景线。粉墙黛瓦和溪埠旁浣洗的村姑倒映明净的水面,让人感受到古村鲜活的灵气。"清溪如带复如环,家在溪头第几湾。但使一湾栽一柳,也应无数鸟绵蛮。"婺源著名学者齐彦槐的这首《环溪丝柳》是对古村流水的最好写照。

秋口镇李坑村古巷

沱川乡燕山村水街

大鄣山乡程村民居

浙源乡虹关村街景

七是山墙古韵。行走在古村的石板路上,眼前的天际线是由马头山墙构成的和谐的韵律,或跌宕起伏,或错落有致,或穿插衔接,或旋转跳跃……

八是结点风情。古村空间布局中的祠堂坦(小广场)、亭子、村门、桥头、井台、添丁柱等是古村诗画中的一个个标点符号,构成了古村起承转合的篇章结构。这些大小不一、形状各异的空间使村落布局疏密有致,曲直得宜。在这些结点上,是村民生活、劳作、休闲的场所,构成了古村人流集散的多样场景,多姿多彩,是古村人文风情的一个窗口。

对婺源古村景观的丰富性以及审美价值古人早有认识,许多村落的族谱上都记载着"八景""十景"及其风景诗。清华"八景"是:茱岭屯云、藻潭浸月、花坞春游、寨山耸翠、东园曙色、南市人烟、双河晚钓、如意晨钟。豸峰"十景"是:寨冈文笔、田心石印、曜潭云影、东岸春阴、水口诰轴、船槽山庵、倒地文笔、鸡冠水石、笔架文案、回龙顾祖。

段莘乡庆源村路亭

思口镇思溪村河埠

## 六、徽建乡村

婺源古村落中的古建筑达到了极高的水准,建筑以砖木结构为主,以砖瓦、石料、木材、灰浆为材料,形制与功能相统一,布局组合丰富多变,砖、木、石"三雕"装饰精美绝伦,建筑工艺技术与南方丘陵山区的地理、气候达到完美的统一,是风格独特的"徽派建筑"的博览园。古村落清一色的徽派建筑,统一规整,墙连瓦望,蔚为壮观。徽派建筑的独特风格,外观上表现为粉墙黛瓦,飞檐戗角;内部表现为四水归堂,木质构架;装饰上表现为"三雕"精美;布局上表现为规整灵活。

"粉墙黛瓦"是随着制砖、制瓦和石灰生产技术的发展而形成的。中国南方多雨潮湿,砖墙瓦顶是挡雨排水的最好材料,粉墙则利于湿气挥发。"飞檐"的出现,建立在成熟的斗拱技术基础之上,可以远距离排泄屋顶雨水,使之不淋湿墙体和木质构件。"戗角"则是为封挡隔壁人家火灾的火势而筑的"马头墙"上的装饰。由于徽州古村中青壮年男子多外出为宦、经商,家中只有妇孺老人,为解决防盗问题,外墙上只有高处开很小的窗户,为解决室内采风、通风、排水等问题,"四水归堂"的内天井应运而生。房屋木构架或抬梁,或穿斗,多为两层,也有三层,肥梁瘦柱,不施油漆,以利于木质水分挥发,不易腐烂。就审美和观念层面而言,洁白的粉墙,黝黑的黛瓦和青山绿水相辉映,是最美的色彩搭配;飞檐戗角的曲线,富有最优美的视角形象;朴素的原木纹理与雕刻图案相得益彰,格外典雅;天井则被人们赋予了采天地之灵气、聚肥水财气于一家的观念色彩。

沱川乡查平坦村古民居外景

　　虽然明洪武以后,朝廷对民间建筑有严格的"三间"等级限制,但婺源古村落的建筑形制仍相当丰富。布局上除规定的正屋并排三间以外,又视功能需要在正屋的前后左右建庭院、书斋、厨房、作坊、花园、牲畜圈栏等余屋。子孙繁衍,不足以居,就以回廊三间的形制往后扩建。如汪口"慎知堂"就有三进六堂,18个大小天井,2个塾馆及1个前院加1个花园。

　　伴随着生产工具和材料工艺的不断改进,徽派古建筑出现了斜撑、斗拱、卷棚、梁托、瓜柱、叉手、霸拳、雀替等建筑技艺,使婺源的古建筑愈显华丽、壮美、气派。大梁多为用料硕大的"冬瓜梁",立柱由明代梭形向圆形、方形转化,梁与柱多雕刻花纹、线脚。梁柱及其构件的巧妙组合和装修,使工艺技术与艺术手法相交融,达到了珠联璧合的妙境。

段莘乡裔村古建群外观

　　冶炼技术的进步使得匠人的切割工具越来越坚硬锋利,墙角、天井、栏杆、照壁、漏窗等多用青石裁割成石条、石板筑就。砖雕、石雕、木雕由浅雕向深雕、圆雕、透雕、镂空雕发展。其表现内容和手法因不同的建筑部位而各异。砖雕多见于门额,石雕多见于柱础、抱鼓石、栏杆,木雕多见于梁枋、雀替、户净、门板、窗棂。技艺臻至炉火纯青之境,图案日趋纷繁完美,内容广泛,多人物、山水、花草、鸟兽及八宝、博古。题材众多,有传统戏曲、民间故事、神话传说和渔樵耕读、宴饮、品茗、出行、乐舞等生活场景,文化气息浓厚。

　　婺源古建筑的文化品位除了表现在粉墙黛瓦、飞檐戗角、原木雕刻的色彩、线条之美,庭院花园设计的工巧之美,"三雕"内容的文化底蕴之外,还表现在:每幢建筑都取有雅致的堂名,反映主人的志向心愿;室内家具装饰典雅清幽,八仙桌、太师椅、压画桌、时钟、东瓶、西镜、书案、茶几,无不散发书香气息;屋内柱子和板壁上挂有楹联、字画,摆设古董橱、架,体现出"书乡"人家的情趣。

江湾镇江湾村由礼堂堂前摆设

思口镇龙腾村俞改旺宅花枋

# 第二节 价 值

"天人合一"是婺源古村落古建筑的内涵特征,也是其风貌特征,这一特征使它成为人类的生活家园和精神家园的高度统一体。时至今日,这一人类的家园仍然具有很高的历史价值、科学价值、艺术价值,具有令今人赞赏不已的经典性质。

# 一、历史价值

婺源古村落古建筑历经三五百年乃至千年的历史发展,积淀了丰厚的历史信息和文化底蕴。

## (一)经济形态的活标本

古村落古建筑提供了感性认识农耕经济生产力状况的遗存。

**溪头乡江岭村梯田**（詹东华摄）

村落周边的田园以栽水稻为主,旱地则为菜园、茶园、茶油树林、桐籽树林、乌臼树林,还可栽种红薯、玉米。这是古代婺源几种主要的农作物。

婺源古村人家还保留着许多传统农具,有犁、耙、耖、风车、晒簟、烘笼、石磨、石臼、揉茶机等,每一件都可以讲述一篇农活技艺。水碓形象地告诉你古人是怎样脱谷壳、磨粉的。遍布乡野的石塥、水圳则是农耕文明时代的水利设施。

虹关村的墨坊烟房,告诉你古人是怎样采烟制墨的。在砚山村,你可以看到制作砚台的艰辛。清华、江湾、裔村、汪口、游山的商业街上,有布店、粮店、南货店、饮食店、剃头店、铁匠铺、药店等,一座座商铺都会告诉你古人怎样经营百货,提供各种生活服务。清华洪村有一方"公议茶规碑",约定对削价竞卖松萝茶者的处罚办法,是商业自律规范的重要文物。

古村落古建筑还反映着古代交通运输的状况。晓起、虹关等村的古石板道上,留有古代货运独轮车铁皮轮磨出的车辙痕道,记录了商族的艰辛。汪口村的水运码头让人依稀看到古代水路运输的繁忙景象。许多民居门院建有"落轿间",凤山村一户人家还保存有"轿橱",反映了轿子这一特色交通工具的普遍使用情形。

**紫阳镇考水村茶园**

　　一些村落里还生活着老排工,他会告诉你古代婺源是怎样利用洪水季节扎木为排,利用水运把木头运到鄱阳湖,运到长江,运到全国各地码头的。一座座廊桥、石拱桥、木板桥、路亭都是古代婺源交通史的物证。

秋口镇秋溪村石堨　　　　　　　　　　　　　　江湾镇晓起村石板古道车辙

　　古村落里的一幢幢商宅民居,记录了徽商命运的风雨。李坑村的大夫第就是茶商李文进所建。他早年在广东经营茶叶,生意兴隆,"承父荫好施与,遇有义举无不乐输。咸丰年,……捐数百金以济公急"(《婺源县志·义行》),又花钱捐了个徽州同知,授五品奉直大夫衔,达到了名利双赢的境界,建起这座"官宅",设官邸才能建的三步台阶,还设计了一个飞在墙外的"美人靠",室内雕刻华美。时至光绪年间,李文进因两个儿子吸食鸦片,又输了一场官司,晚境艰窘,耄耋之年,无疾而终。两个儿子把这座豪宅以800两银子卖给了他人。几乎每一幢商宅都埋藏着一部徽商兴衰的长篇小说。

秋口镇李坑村大夫第

## （二）社会生活的活化石

古代徽州婺源的社会生活与其他地区的最大不同是在乡为农、在外儒贾的内外互动的"二元结构"社会形态。

因为山区少田，村中的青壮男子不得不外出谋生。但宗族观念、忠孝观念、农本商末观念、衣锦还乡观念、叶落归根观念、终老林泉观念，还有科举制度原籍考试的规定，像一股股强劲的引力，使这些游子哪怕官做得再大，业做得再盛，都极少举家迁徙他乡，而是返回故里，建设家乡，为婺源乡村的繁荣注入了源源不断的资金血液。所以，在婺源古村落中生活的，除了农民外，还有致仕的官宦、乡绅、儒生、富甲天下的徽商家眷。豪华的商宅，富丽的官邸，清幽的别墅，典雅的书院，构成了婺源乡土建筑的历史华章。在中国许多纯粹以农耕为主的广大乡村，并不具备农、官、贾三类居民，其建筑功能样式，就不可能如此丰富多彩。

婺源古村落古建筑是古徽州婺源这一独特社会形态的物化见证。

古代婺源的宗族社会体制，集中地反映在祠堂、旌善亭、申明亭、"三田"族产以及修宗谱等方面。祠堂是全村人的精神殿堂，每个男人将来都会在里面有一方灵位。为了不被除籍（从族谱中除名），使身后有荣，村人就不能作奸犯科，不能违反村规民约。古代婺源乡村就是通过祠堂祭祀庄严隆重的仪式和修宗谱的规矩，来树立村民的信仰，维系世道人心。为了教化村民，建旌善亭倡扬正气，建申明亭抑制歪风。同时，祭田、义田、学田"三田"族产制度，保障了全村人的生活和福祉。祭田的租金收入用于全村的祭祀活动；义田的租金收入用于抚恤鳏寡孤独；学田的租金收入用于修书院书塾，助膏火。很多乡村还设有集中祭祀没有后代的亡灵的场所，立有"孤坟总祭"碑，体现村人互恤的道德情感，如秋口镇长径村就有孤墓总祭碑。这样，使全村社会维系比较和谐公平的境地，可以说是封建社会中的一种"社会保障制度"。

此外，古村落中的牌坊，是封建国家褒扬教化制度的一种物化标记。书院考棚、插旗表彰科举功名的旗杆墩，则是了解古代科举制度的活教材。浙源乡庐坑村就有詹天佑工科进士旗杆墩。

长径村孤墓总祭碑　　　　詹天佑旗杆墩　　　　　　漳村禁林碑和养生禁示碑

水龙庙是古村落中消防组织体系的遗存。狮傩庙古戏台则可以让我们想见古代农民跳傩舞演傩戏舞狮舞灯的文化生活场景。许多禁赌碑、养生碑、禁林碑、捐输碑,则反映了古代乡村生活的方方面面。思口镇漳村忠靖祠院墙上就有禁林碑和养生禁示碑两通碑刻。

### (三)意识形态的象征符

古村落的选址布局遵循着"风水术"的理念,有些与风水相冲之处还要建设高塔、照壁等镇物和悬挂镜子等避邪之物。这实际上反映了古人"天人合一"的世界观和系统观。

村落的布局建设体现了以人为本的理念,着力改善和提高人们的生活质量。村中不但建设有道路、水井、排水、消防等方便生活的设施,还建有满足人们文化生活和精神追求的设施,如书院、戏台等。

古人宗教崇拜观念在古村落古建筑中也有很多体现。寺庙、道观是宗教文化的集中反映。五猖庙、五显庙等代表了神灵崇拜。婺源古村落中还建有许多汪帝庙。汪帝是唐代的历史人物,绩溪人。他在隋朝末年割据一方,保一境平安,后来归顺了唐朝,被封为歙州刺史越国公,食邑三千户,领地有歙、宣、杭、饶、婺、睦六个州,治绩显著,百姓拥戴,许多村庄都立庙祭之,称他为"汪帝"。

思溪村敬序堂"敬惜字纸"焚纸炉　　　　　　　中云镇坑头村汪帝庙

婺源人民对为当地做出过贡献的一些历史人物,如朱子、张巡、吴总管、刘果敏、岳飞等都立庙祭祀,体现了浓烈的先人崇拜观念。思溪敬序堂读书楼院子里有书有"敬惜字纸"字样的焚纸炉,是古人文字崇拜的物证。

伦理观念在古村落古建筑中也有许多反映。古民居中父母亲一般居住在第二进(后堂),称"高堂",长子一般住东厢房,以示长幼有序。未字女子一般住楼上,客房(客馆)也分男、女客馆,以示男女有别。正堂上方地面多置"团圆石",分配给兄弟的住房多按插花方式错开,以防后代变卖祖业,这是古代维系大家庭举措的生动表现。

江湾村江仁庆宅的外墙就集中展示了许多古徽州婺源人特有的思想观念。江仁庆清末在上海经商。门楼门罩与大门形成"商"字形,门罩砖雕中的门楣空白,待后人为官晋爵再题写,体现了商人地位低而又渴望提升身价的愿望。门扇有意做成关不拢的错位形状,以"关"

"官"谐音,表明商人"官(关)不到"的现实,激励后人读书入仕使大门"官(关)到"。墙角青石削去三分,在婺源古民居上有很多这样的做法,称"礼让三分墙",实际上也防止了青石锐角碰伤行人。墙体以13块大青石围护,是主人13岁背井离乡去上海学徒经商的历史写照。墙上方两扇叶子形状的小窗户,则寄寓了主人"树高千丈,叶落归根"的乡土情结。

江湾村江仁庆宅大门、"礼让三分"墙角石、落叶窗

### (四) 历史名人的纪念园

婺源的许多历史名人都留下了他们的故居或祖居。县城有朱子的祖宅、虹井以及他手书"廉泉"二字的泉池,文公山上有他曾祖母的墓,以及他扫墓时栽下的16棵巨大的古杉。廉泉位于县城东门旧城墙下,凿石为泉池,2米见方,泉水自石缝中流出,清澈见底。"旱涝不盈涸,风摇亦不浊。"相传,南宋绍兴二十年(1150年),朱子考中进士后第一次回婺源时,与学子漫游,见此泉澄澈,饮后觉得甘醇可口,于是题泉名"廉泉"。此后,廉泉便成为戒贪倡廉的胜迹。明代姜琎作诗咏道:"涓涓泉脉石中生,流出沼堤分外清。涵镜有光能照物,鸣琴无谱自成声。一泓澈底原无滓,万古称廉岂盗名。若使夷齐身未死,也须来此濯尘缨。"浙源庐坑村有詹天佑的祖居、祠堂以及他赠送给家乡灭火用的水龙。

察关村有现代哲学家詹剑峰故居及其墓葬。理坑村有明代南京户部右侍郎、赠工部尚书余懋学的"尚书第",明代南京吏部尚书余懋衡的"天官上卿第",明代广州知府余自怡的"驾睦堂",清代兵部主事余维枢的"司马第"。晓起村有两淮盐运使江人镜的"荣禄第"。下溪头村有中医巨擘、上海中医学院第一任院长程门雪的故居。这些,都为今人了解历史名人提供了第一手资料。

许多历史名人在婺源乡村留下了他们的胜迹,甚至身后之墓也留在了婺源。岳飞曾于南宋绍兴元年至三年(1131~1133年)率兵征伐李成数次来婺。他曾在鹤溪万贯州、清华、甲路、江湾等地屯兵扎营,旌旗猎猎,兵不扰民,骑不践谷,百姓拥戴。鹤溪的一片古树林因此而叫"兵营林"。他在江湾村留下了"岳飞桥",在清华街上修建了12米见方的方塘,在石城村东侧的岭头石壁上留下了"观止"二字的题刻。他在甲路花桥留下了题咏:"上下街连五里遥,青帘洒肆接花桥。十年征战风光别,满地芊芊草色娇。"

廉泉

詹天佑赠送家乡的水龙

　　江湾镇湖山村有春秋战国时期吴国太子吴鸿墓和著名经学家、音韵学家江永墓。浙源乡庐坑村有江南詹氏始祖詹初墓和詹天佑祖母墓。虹关村有受林则徐赞赏的詹应甲墓。沱口村有墨业巨子詹成圭墓。紫阳镇考水村有唐末太子、明经胡始祖胡昌翼墓。江湾镇水路村有萧江迁入婺源一世祖江董墓。县城周边查公山有江南查氏始祖查文徵墓,婺源朱氏始祖朱瓌墓。西坑村有江南俞氏始祖俞昌墓。镇头镇鸡山上有汉代长沙王吴芮墓。朱子父亲朱松携家赴福建上任时曾变卖田地百余亩作盘缠,后来,婺源学者张敦颐出资赎回,并把田契交给回乡认祖的朱子,他去世后葬在家乡张门店。明嘉靖年间的吏部尚书兼兵部尚书汪鈜是婺源大畈村人,他第一个提出"师夷制夷"思想,并指挥收回了被葡萄牙人侵占的澳门,他去世后也归葬故里。

江董墓

程门雪故居

## 二、科学价值

婺源古村落古建筑体现了实事求是的科学精神,精益求精的科学理念,开拓创新的科学品格。在长期的规划、建设实践中,我们的祖先科学地认识了人与环境的相互作用关系,总结出村落选址如何与山水地质相谐的一套方法。在村落的功能布局上,已懂得科学地安排路网、水系、住宅的方位,并建设了下水设施、消防设施、堨圳等水利设施。建筑的工艺技术也与时俱进,发展成熟,对木、石、砖、瓦、灰、土等建筑材料有了深刻的认识并能恰到好处地施用。对建筑力学,对如何处理建筑与阳光、风、水、火的关系也有了深刻的认识。基于这些认识,发明创造了天井、粉墙、封火墙、"肥梁瘦柱"的木构架、飞檐斗拱等高超的建筑构件,以及精湛的砖雕、木雕、石雕工艺。

说婺源的古村落古建筑具有精湛的营建技艺,达到了极高的科学水准,有何衡量标准呢?有两个标准可以衡量。

一是看其是否能创造性地应用建筑材料的性质和与之相适应的施工技艺,来克服自然环境对建筑的侵蚀与破坏。工艺技术的每一次进步,都是战胜日晒雨淋风吹火焚的结果。建筑匠师们在大自然面前经受考验,不断总结经验教训,使古建筑营建技艺一步步走向成熟。

二是看古建筑是否经历了自然风雨沧桑还能耸立在大地上,这是检验建筑工艺技术是否高超的实践标准。从理论上看起来是科学的技艺,如果其营建的建筑几十年便塌毁无存,便不能证明其高明。反之,从理论上看起来与常规不合,却能使其营建的建筑历三五百年而风姿熠熠,则不能不说这种技艺是切合本土建筑实际的高超技术。

婺源古村落古建筑高超的营建技艺的科学性表现在如下三个方面。

### (一)对建材性质的深刻认识和科学采用

#### 1. 木材

木材具有的普遍性质是刚柔并济。硬木立柱可承重压,梁枋地栿可承拉力,木材赛过钢铁。"是故十围之木,持千钧之屋"(《淮南子》),"横承千斤竖承万"(匠谚)。同时,木材还具有柔韧性,可采用"水湿压弯法",使木料弯成弧形檩枋,制作圆顶卷棚、弯头扶手等构件。更重要的是,全部用榫卯栓结的木构架,既平衡稳固,又富有弹性,具有石结构、钢结构无法比拟的抗震动、摇晃的特长。婺源古建筑的木构架特性,是使其长寿的重要原因。

木材另一个普遍特质是吸水性和挥发性。一根砍伐下来的木头,其纹理细胞并没有死亡,还会呼吸。所以婺源古民居内所有木质构件都不油漆,目的是让原木仍能舒畅地呼吸,唯有此,才能保障它能抵御虫蚁和微生物的侵蚀,长葆健康的肌体不变质、不腐朽。

不同树木的个性特质则千差万别。清代李斗在《工段营造录》里以木材的重量来分等级,以每一尺见方为准,越重者越高级。像铁梨、紫檀等珍贵木材,纤维细密坚硬到可与金属媲美,重到遇水即沉,虫蚁不侵,价值不让黄金。《营造法则》中还记载有民间工匠《论木歌诀》:"楠木山桃并木荷,性硬直秀用放心,唯有杉木并松树,树性松嫩照加用,节烂斑雀痈入心,进深开间横吃重。严柏据木香樟栗,照前还可减加半,血柏乌柏及樟树,还有留心节斑痌,疤空头破槽是烂,务将木病细交论。"婺源本地也有歌诀:"梁上千年枫,地底万年松。"说明古人对枫树不怕日晒、风干,松树油脂重不怕水的特点已有掌握。婺源古建筑灵活地择木营建,栲、楠、梓、银杏等多作柱,枫、樟等多作梁,杉作板壁、桁条、椽条,松作地脚桩,尽显材质之功、之美。江湾镇江湾村就有一座"白果厅",全堂梁柱均为白果木(银杏木)。

江湾镇江湾村"白果厅"

### 2. 石材和灰浆

梁思成先生《中国建筑史》(百花文艺出版社,1998年)把"用石方法之失败"作为中国古建筑的缺陷之一来论述。他写道:"中国建筑数千年来,始终以木为主要构材,砖、石常居辅助之位,故重要工程以石营建者较少。究其原因有二:① 匠人对于石质力学缺乏了解,盖石性强于压力,而张力、曲力、弹力至弱,与木性相反。……通常石匠用石之法,如各地石牌坊、石勾栏等所见,大多凿石为卯榫,使其构合如木,而不知利用其压力而垒砌之,故此类石建筑之崩坏者最多。② 垫灰之恶劣。中国石匠既未能尽量利用石性之强点而避免其弱点,故对于垫灰问题,数千年来尚无设法予以解决之努力。垫灰材料多以石灰为主,然其使用,仅取其粘凝性;以为木作用胶之替代,而不知垫灰之主要功能,乃在于两石缝间垫以富于黏性而坚固耐压之垫物,使两石面完全接触以避免因支点不匀而发生之破裂。故通常以结晶粗砂粒与石灰混合之原则,在我国始终未能发明应用。古希腊、罗马对于此方面均早已认识,希腊匠师竟有不惜功力,将石之每面磨成绝对平面,使之全面接触,以避免支点不匀之弊者。罗马工师则大刀阔斧,以大量富于粉性而坚固之灰垫托,且更进而用混凝土,以供应其大量之建筑事业,是故有其特有之建筑形制之产生。反之,我国建筑之注重木材,不问石性,亦互为因果而产生现象者也。"就婺源古建筑而言,梁先生所指出的问题其实不但不是缺点,反而应是优点。石牌坊、石勾栏为什么不垒砌而仿木构架卯榫构建? 这是因为牌坊是旌表之建

筑,必须体现简朴庄重、巍峨耸立之风格,故用石立柱、石梁枋。试想用石块垒砌而成,还会有牌坊样式的创立吗?石栏杆也一样,石板、石望柱榫卯构成,比垒砌省料、省工,而且体现出简洁明快的形象美。其实,中国石匠工人并不是不懂得垒砌的功效,大量的屋基墙角都用大青石块垒砌而成。青石板铺路也是砌。这正如古希腊、罗马石建筑中既有垒砌也有石柱高耸相辅相成一样。

梁先生说这类建筑倒塌者最多是确实的,如婺源牌坊大多不存,现今只残留下4座。但牌坊被毁的原因不是没有垒砌,而是因为太平军兵火和历史事件的摧残。用榫卯构建的石牌坊、石勾栏并不那么容易倒塌,明代许国牌坊建于万历十二年(1584年),棠越牌坊群七座牌坊中有三座建于明代,绩溪龙川村奕世尚书坊建于明嘉靖四十一年(1562年),黟县西递村胡文光刺史坊建于明万历六年(1578年),至今历400余年而不倒,若无人为破坏,应还可以在风吹雨淋日晒下耸立几百年。石拱券技术建造的石桥的建造年代,远可追溯到宋代,延至今日800余年,不能不说属长寿了。因此,移植木榫卯技术营建石牌坊、勾栏是石建筑史上的一个发明创造,它是艺术设计创作和营建技术的一次完美结合,由此诞生了牌坊这一独特的建筑艺术典范。

至于垫灰的优劣,主要应看其实际效果。婺源古代建筑匠师对灰浆性质的探究认识已达到了很高的水平,发明了石灰、桐油、糯米汁配比合一的灰浆用来浆砌砖、石墙体和拱桥、井壁。这种浆砌技术,保障了建筑物凝固稳定的整体性。正因为灰浆中含有植物油和黏性纤维,具有很好的黏合性和柔韧弹性,避免了石块之间压力不匀的弊端。正因此,浆砌的石墙基坚固无比,历300余年而不圮废是有现存建筑为证的。而且这样浆砌的井壁(有垒砌也有石板立式榫卯构建以灰浆勾缝的),长期浸泡水中却不毁坏,防水渗漏效果极佳,又有何种材料做得到?现代混凝土浇筑和砌墙建筑,还没有超过200年历史的,其寿命究竟几何还是一个未知数。

古人对灰浆的制作还有一项重要发明就是掺纸筋粉墙,用苎麻、稻草等植物纤维来增强灰浆的整体黏合性,防止热胀冷缩造成墙面的开裂。虽然极微小,却使当今混凝土建筑始终没有解决的胀缩难题在我们先人手上就解决了。现在平顶屋面渗漏水问题也几乎是无法解决的难题,我们的先人却在几百年前就已砌出了不渗漏的井壁!浙源乡虹关村的"万安水池"建于清咸丰三年(1853年),是一座消防蓄水池,用3块长2米、宽1.2米、厚0.12米的青石板作长边板和底板,用2块长1.2米、宽1.2米、厚0.12米的青石板作短边板,围筑成一个大水缸,可蓄2.4立方米水量。青石板接缝用桐油石灰黏合,十分紧密,四角顶端又用曲形铁件稳固,168年后的今天还能使用,毫不漏水,体现出防水建筑极高的水准。水池临路长边石板上刻有"万安水池 咸丰癸丑 惇彝祠造"字样。临路的朝南短边石板上刻有八卦中代表水的"坎"字和卦形。

3. 砖、瓦

虽然婺源古建筑使用砖瓦的时间比较晚,在唐初才开始砖瓦的烧制和运用,但对其特质认识和使用的工艺技巧却达到很高的水平。

黏土烧制的青砖和红砖,坚硬如石,却具有一定的柔韧性和透气性,易于切削和打磨加工。明代,就已掌握了水磨青砖技术,经打磨后的方砖用于铺筑地面。干摆、丝缝、淌白等砌墙作法也发展成熟。眠墙(卧砖砌法)、斗墙(竖砖围合成内空的砌法)成为墙体砌筑的两种主要形制。为强化墙体的联结整体性,发明了"加丁"(在长条卧砖三块间加一短条卧砖,一般多为三顺一丁)、"五进五出"、"圈三套五"等砌筑技巧。还发明了"挑三线"砖檐、砖卷棚等砌筑方法。砖拱作法也很成熟,大多运用于拱桥洞、门洞等处。最富有艺术性的创造是砖雕,徽州匠师们视砖为木、石、纸张,用錾子在砖上作画,雕像逼真生动,线条清晰柔美,层次感强,成为立体的雕刻艺术精品。鸳瓦麟麟,全天候听任日晒风吹雨淋,不怕霜雪冰冻,不惧烈日炎炎,使用寿命可达上百年,其烧制技术不可谓不精湛!

浙源乡虹关村"万安水池"

中云镇旸峰村成义堂瓦屋面

## (二) 对建筑力学的深刻认识和科学应用

林徽因女士对中国古代建筑缺点的第三个批评是,不善于运用三角形的力学原理。她在《论中国建筑之几个特征》中说,工匠们"虽知道三角形是唯一不变动的几何形,但对于这原则极少应用。所以中国的屋架,经过了十分长久的岁月,便有倾斜的危险。……不惟如此,这三角形原则之不应用,也是屋梁费料的一个大原因,因为若能应用此原则,梁就可用较小的木料"。很可能林女士所考察的大多是北方大式建筑,单层建筑没有楼层,层层抬梁,使她得出这样一个结论。她如果考察过徽派民居,也许会改变看法。在徽派房屋建筑中,运用三角形原理的构件主要有三种:一是叉手,上端托脊檩,下端连顶梁,一左一右,与顶梁组成一个三角形,固定檩的位置,防止其偏移。二是斜撑,有用于连接挑楼楼板与立柱,与楼板和立柱构成三角形,使楼面在其撑托下挑出屋墙的;也有用于连接立柱与梁、枋、檩、椽,撑托屋面出挑的。三是斗拱,不管其多繁复,实际也是应用三角形力学原理支撑受力。这些构件说明匠师们已掌握了将水平重力转移到垂直受力的立柱上的方法。要说费料,斗拱用斗、拱、昂等部件组合,确实费料,但是它和斜撑多雕刻成倒趴狮、叉手也多雕刻费工一样,是匠师们的一种艺术创作,和"三雕"一样,除了其实用价值外,还给人带来审美愉悦的艺术价值。如果叉手、斜撑、斗拱都用一条直木代替,建筑的美观性、艺术创造性就要大打折扣了!

除了对三角形的力学原理有认识的应用之外,对圆拱的力学原理也有认识和应用。在房屋建筑中有卷棚,在桥梁建筑中有石(砖)拱,还有圆形的井壁,以及石圆门券。

匠师们还懂得了利用正方体的稳固性来设计屋架,在柱与柱之间设置木枋、地栿,与梁、柱构成牢固的正方体。为了减轻剪切力的破坏性,增加建筑的寿命,匠师们采用了许多巧妙的做法。在瓜柱下安放驼峰,增加梁的受力面,减轻压力。在梁下设置雀替,增加柱对梁的受力面,减轻柱对梁的剪切力。

思溪村"百寿花厅"石券圆门

清华镇洪村光裕堂大枋木枋

古代匠师已知道用斗拱"才""分"为模数来设计建设,对柱高与柱径定下比例:有斗拱的大式檐柱柱高一般按60斗口确定,柱高柱径之比为10.5:1～9.5:1;无斗拱的小式柱高柱径之比一般为11:1。梁断面高、宽之比,明清时期多为6.5:5或6:5。从中可以看出,古代匠师已掌握了一套木材建筑力学的计算方法。

围护结构与承重结构的分离是中国也是婺源古代建筑的一大独创发明。充分利用木材垂直受重力的优势,采用木构架承重;充分利用砖墙不易损坏、隔热保温性能好的特点作为安全围护。二者相对独立,"墙倒屋不塌,屋烂墙不倒",又互相依托联系,构成实用、牢固、美观三者兼具的建筑杰作。

### (三)对自然元素的深刻认识和科学应对

人依靠大自然中的阳光、空气、雨露而生活,没有一天离得开它们。但是,日晒、雨淋、风吹对人类居住的建筑又会形成很大的破坏作用。怎样让人在房子里白昼沐浴阳光,夜晚能与星星对话,享受清风和清新的空气,又不让这些自然元素太快地损坏建筑,成为考验古代匠师的一道难题。让我们来看看他们交出的答卷吧!

先看如何调遣阳光。婺源古民居为防火防盗的需要,只能在很高二层楼墙上开小斗窗,高墙围护的室内采光成了大问题。为解决这个问题,匠师们创造了徽派建筑的奇葩——天井。灿烂阳光天上来,使民居的朝向问题变得不那么重要了。为了调节室内日照的时间,做到冬长夏短,匠师们结合房屋的朝向,调整屋檐的长度,创造了"阴阳坡"的屋顶样式,以保证冬至日阳光也能在午时爬上太师壁前画押桌,在夏至日,阳光只能在八仙桌边止步。生活在古民居里的老人,就是根据阳光的脚步来判断几点几分的。

为了创造室内冬暖夏凉的小气候,匠师们增高楼层,这样利于热气散发。砖、瓦烧制的特殊工艺、白石灰粉墙,保证其能长久地抵抗日光的侵蚀。

再看如何塑造风的形象。南方雨水多,空气湿度大,对木质构架十分不利。为了防止木构件霉烂,古民居巧妙地引导风向,利用通风来干燥木构件。一方面,在人活动较多的厅堂、卧室,避免穿堂风,因为穿堂风对人体有害。另一方面,通过走道、门廊等设置形成风道,并利用曲折的门洞与天井形成空气对流,保障室内干燥。

最后看看因水而生的建筑文化。首先要提到的就是飞檐,它使雨水飞泻,远离墙体,有效地减轻了雨水对墙体的淋蚀。石灰粉墙也有利于湿气的挥发。其次要说到木构件的不油漆,让每个木质细胞都裸露在空气中,舒畅地呼吸,散发潮气。石础隔开地表的潮湿,防止其侵入木柱。一些不起眼的建筑设计,细究都有其科学合理性的实用功能。

李坑村"大夫第"天井光线

水岚村肇英堂石础

## 三、艺术价值

婺源古村落古建筑是古代人们的审美创造,裁秀丽山川四时景色入画,谱小桥流水人家入曲,是一部部杰出的艺术作品。婺源古村落古建筑体现了古人融先进的建筑理念、精湛的工艺技术、灵动的艺术形象为一体,并为其实用功能服务的高度的创造性智慧。一座座古村落,一幢幢古建筑,是婺源历代人民用青山、绿水、田园、蓝天作文字,用鸟啼、虫鸣、蛙声作音符,用砖、木、石作韵脚谱写的宏丽篇章。

### (一)朴素自然的美学风格

"大象无形,大音希声"(老子),"朴素而天下莫能与之争美"(庄子)。婺源是理学先贤朱子故里,朱子曾言:"大抵圣人之言,本自平易,而平易之中,其旨无穷。""道法自然"的美学思想,首先体现在古村落古建筑粉墙黛瓦的色彩效果上。以黑、白、灰的色彩层次变化组成统

一的建筑色调,黑白相间的建筑群,使人联想起太极图的阴阳鱼,单纯得一目了然,又神秘得高深莫测。其次体现在木、石、砖、瓦本色材质的天然美上。精美的"三雕"不用五彩勾画,所有木架梁柱都不施油漆丹青,质朴原真。还体现在方正的大面积墙体与简洁优美的飞檐戗角的曲线的韵律组合以及横平竖直的木构架与雕窗格扇、月梁雀替的丰富的视觉变奏上。婺源古村落古建筑给人一种匠意天成的总体美感。

思口镇思溪村的粉墙黛瓦

汪口村俞氏宗祠抬梁和露明天花

汪口村俞氏宗祠飞檐戗角

### (二) 花果同枝的艺术境界

婺源古村落古建筑的艺术性之花和实用性之果达到高度统一的境界,形成了花果同枝摇曳的别致风韵。古村中既有满足物质生活需求的各类生产生活设施,又处处体现出古人的精神追求和艺术创造。村落格局的象征寄寓,空间布局的起承转合,田园山水花木的掩映成景,都体现了古村建设者把生活的家园当作艺术品来构建创作的激情与旨趣。

秋口镇秋溪村水街景观

斗拱支撑飘檐,为防雨水淋墙,却以其如花的形态给人以美感。封火墙本为隔火,却筑成高低有致的马头形状,五岳朝天,美化了建筑的外观。门罩也为防雨而设,却饰以精美的砖雕。雀替、柱托、梁、枋除了各自的承重作用外,雕刻又赋予了它们艺术的生命。正因为技术与艺术的结合,古人敢于在房屋内使用彻上露明造,不用天花板来掩盖建筑构件。砖、木、石"三雕"更是聚材质美、画面美、工艺美于一体,体现出实用性与工艺性、审美性的完美结合。

婺源古村落古建筑集奇葩与硕果于一枝,达到了内容与形式、功能与美学的水乳交融的境界。

新源村俞氏宗祠倒鹿斜撑

经义堂雀替、抬梁卷棚柱托和象鼻榫

篁村余庆堂门罩砖雕

### （三）七维共相的审美特质

古村落古建筑群是与其他艺术形式迥异的特殊审美对象。她既有绘画艺术长、宽、高、色"四维"形式要素，又有音乐艺术的历时性时间维要素，同时还兼具舞蹈艺术的灵动风韵的动感维要素，以及史诗的时间沉淀、变迁演化的历史维要素。绘画加音乐加舞蹈加史诗的"七维"综合体，使古村落古建筑富有立体的音画韵味。

歌德说："建筑是凝固的音乐。"古村落也是一曲宏大的交响乐。当你走进古村，首先映入眼帘的是绿树滴翠的水口。远处白墙飞檐掩映，若隐若现，仿佛让你听到一首交响乐的前奏曲。步入村落的街巷，走在光洁整齐的青石板路上，两边是高墙围护，天际线起伏跌宕，足音回响在迷宫般的深巷，像不像悠扬的慢板？蓦然间，眼前一亮，一座巍峨的祠堂耸立在一片空地上，五凤门楼振翅欲飞，你的心情也为之一振，仿佛聆听到乐曲的高潮……而高低错落的马头山墙则弹奏出丰富的和弦。

浙源乡十堡村村头　　　　　　　　　　江湾镇上晓起村的山墙韵律

古民居的平面布局和空间组织，依据不同功能而定，规整而灵活。门院是一方小天地，有的带落轿间，是整幢房屋乐曲的前奏。正堂是房屋乐曲的主旋律。一进宽敞阔大，天井、厢房、太师壁、八仙桌是常见构成元素。二进、三进逐层升高平面，穿过一进的大门、仪门到各进的内门，仿佛乐音从低到高在上行。正堂之外的余屋，有留宿宾朋的客馆，格扇门窗华丽多致；有厨房，简朴实用……各个功能空间大小、层高、方位、形制，每幢房屋都各不相同，因地制宜，并有各式门扇相通，曲折通幽。穿行其中，可以品味到不同乐曲主题的变奏。

庆源村福绥堂外观

　　站在屋内的厅堂,你的视线从方砖或青石板铺就的地面开始,到各式各样的石雕柱础,再到笔直的木柱,上移到肥硕的月梁和额枋,那上面刻有精致的木雕,目光再上升到屋顶的栋檩,朴素简洁,如果是卷棚和藻井,则显得富丽堂皇。最后,你的目光穿过天井,仰望到的是天空的一角,那里漂浮着蓝天白云……短短的片刻,你的双眼便能享受到一次美的盛宴,经历了一次审美的愉悦。如果伫立在一座老房子面前仔细欣赏,你会读到门楼、小窗点缀在宽大的粉墙上,犹如一篇张弛得度的散文。那刺破青天的飞檐戗角和飞来椅、美人靠,犹如一首宋词元曲。檐墙的深处,透出木楼的格扇窗和三层楼的敞轩,与粉墙形成刚柔、远近、虚实、疏密、黑白、简繁的对比,构成建筑外观的丰富旋律。整幢古宅,犹如木石写就的史诗。

理坑村驾睦堂内景

　　动感维表现在哪里呢? 她表现在环绕古村的山林和田园的四季变化上,春天山花烂漫,菜花如金;夏天浓绿滴翠,碧潭流云;秋天红叶满山,稻浪滚滚;冬天万物萧疏,霜雪素妆……她还表现在云霓流霞、碧空疏雨的自然变行上;表现在炊烟袅袅、鸡鸣狗吠的村庄风情上;表现在小桥流水的碧波荡漾上,村民劳作的背影和休闲的谈笑上。婺源古村落古建筑是一幅幅活着的立体画卷,让人亲近、走进、融入……

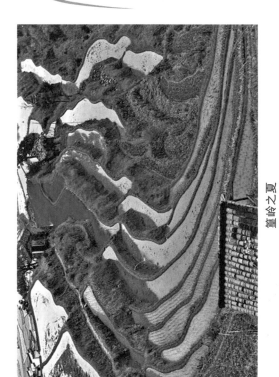

篁岭之夏

篁岭之冬

篁岭之春

篁岭之秋

婺源古村落古建筑还荟萃了各个时代的建筑样式,向我们展现出建筑艺术发展的流变史诗。由于建村时间大多在唐宋,中原士族把北方宋式做法的建筑工艺带到了婺源,所以在今天婺源的明清建筑中还遗存着肥梁、梭柱、斗拱等宋式建筑的痕迹。明代民居以简约之风取胜,木础、苇壁、金砖墁地、深天井,较少镂雕细刻的装饰。而清代建筑则以繁文典丽取胜,无论木构架、墙体、天井还是"三雕"装饰艺术都更趋于成熟定型。延至民国初年,欧风东渐,婺源乡村古建也烙下了这一时代印记。延村的训经堂是民国初年与洋务派多交往的茶商金銮所建,中西合璧。它没有了传统的天井,窗门镶的是从法国进口的变色玻璃。瓇峰的涵庐主人潘方跃,早年留学海外,回国后曾任民国安徽省教育厅厅长,涵庐一改徽派建筑小窗户的传统,改用了大窗和西化的弧形窗楣。笔直浅薄的马头墙边,带有西方建筑檐口的韵味。庆源村的詹励吾宅的立面一改传统的大面积粉墙,以窗、简化的窗楣、拱门、券洞等构图。室内以透明玻璃的天窗代天井采光,八边形逐渐递收,综合了西式穹顶和徽派天井、藻井的长处,别有韵味。

思口镇延村训经堂

古村落古建筑正因为具有这些文物价值,成为当今都市游客返璞归真、探寻童真年代心灵家园的理想处所,因而具有了巨大开发利用的经济价值。研究古村落古建筑,有利于深入发掘它们的文化内涵,揭示不同古村落古建筑的特色,对于保护好它的文物价值,开发旅游产业,可以提供有益的借鉴。

中云镇瓇峰村涵庐外立面

　　研究古村落古建筑,对于今天农村和城市的规划建设也有借鉴意义。尽管时代不同了,建筑材料和工艺技术也大为进步了,但建设最适宜人居的社区与建筑,提升人的生活质量的目标,古今都是一致的。现代建筑与古村落古建筑比较起来,明显存在着弊端。首先是太注重人工建筑的交通、聚居的便利性,而不注重选择建筑的风水宝地。其次是太注重利用人工能源和设备,而不注重利用阳光、大气、雨水等自然资源。平屋顶不利排水,不利隔热;大玻璃窗夏热冬冷,只有依靠空调,浪费能源。再次是缺少融自然为建筑元素的审美创造力,只会在建筑材料、技巧上求变化,玩组合。这些弊端的思想根源都是背离了天人合一、道法自然的哲学。如何克服这些弊端? 从婺源古村落古建筑中可以学到很多有益的东西,得到有益的启发。这些启发既有规划设计理念层面的,也有正确认识建材、力学、自然力的方法以及具体的营建技艺层面的。既有规划建设科学技术方面的,也有建筑艺术美学方面的。婺源古村落古建筑,是非常值得研究、学习的一个典范。

　　婺源古村落古建筑是与农耕文明、宗族社会、徽商经济相适应的聚落典型和建筑典范。但也存在两方面的缺陷。一是楼梯设置不科学。多设于太师壁后,陡且黑暗,做工简陋,缺乏设计,不便上下楼。二是"三雕"内容程式化。多套用传统戏文和吉祥谐音图案,题材狭窄而世俗化,工艺定型化,装饰位置模式化,缺乏创新,形成僵化生硬的匠作之气。尽管雕工精美,材质上乘,但缺乏蓬勃的生命力和创造力。

下篇 分述

# 第六章　中国历史文化名村

## 第一节　理学名村——理坑

### 一、概述

理坑村,古称"里源""理源",坐落在婺源县北部沱川乡大鄣山余脉驼峰尖南麓。发源于黼阁山的理源溪从村庄南面环绕而过,形成依山临水的村落格局。理坑距县城50千米。古代理坑位于婺源通往徽州府治的古驿道附近,今有硬化公路与县城相通。

理坑村于北宋末年由金姓建立。元末明初余姓迁入,两姓共居了一段时间,至明洪武年间,金姓迁居延村,理坑才成为余氏单姓居住的村落。据《沱川余氏宗谱》记载,沱川余氏始祖余道潜(字希隐,号东窗),安徽桐城人,生于北宋神宗年间,官于浙,为桐庐县主簿,与朱子的父亲朱松是北宋政和八年(1118年)同科进士。"时朱勔采奇石异卉贡献朝廷,将次桐庐,道潜曰:'吾岂剥民以媚权贵。不去,终必有祸。'遂挈妻子之婺源沱川(篁村)。未逾年,方腊果起兵,以诉勔为名,浙东西遂大乱,人始服公之先见。"(光绪《婺源县志·寓贤》)。余道潜迁隐沱川篁村后,人丁兴旺,遂分支徙居周边,另立村居,形成了郎村、燕山、理源、东坑等余氏聚居村落群,相隔不远,统称沱川余氏。

余氏始迁理源定居的是余道潜的第十世孙余景阳。余景阳父亲余元启"以明经历职池州路判,曾小筑书院于理源"(《沱川余氏宗谱·奠居》)。余景阳看中理源村来龙沉雄有力,水口左右狮象对峙,极能藏风聚气,于是迁到父亲所建书院定居。余景阳是余元启第四子,生于元(后)至元三年(1337年),卒于明永乐六年(1408年)。据此可认定,余景阳迁居理源建村,当在元末明初。

理源建村后,村人好读成风。自明隆庆元年(1567年),31岁的余懋学考中进士后,村人更是秉承勤学苦读之风,先后经科举考中进士者有13人。取仕不成外出经商的则成巨贾。这些达官显贵、巨富豪商,或衣锦还乡,或告老隐退,都花费巨资,大兴土木,建起大量的官邸、商宅、祠堂、书屋、别墅、石桥等。清嘉庆时村号称千烟,有3000多人口,500多座建筑,60多条巷道。

理坑初名"里源"。有明一代,出了余懋学、余懋衡等硕儒名宦。清光绪七年(1881年)曾任两部侍郎,安徽学政,都察院副都御史,巡抚陕西、湖北等地方提督军务筹理粮饷等职衔的邵亭豫,为村人余道生、余华、余元迁题门楣"理学渊源",村名改"里源"为"理源"。婺源称小

溪为"坑",理源改"理坑"是现代的事,因为民国九年(1920年)《婆源县志》上它还是叫"理源"。名物通俗化是现代普遍现象,除理坑外,李源也改称为李坑,考川改称为考水等。

山环水抱的村落

明初,婆源政区为坊、乡、里、都制。理坑建村时属浙源乡大安里十六都。清宣统二年(1910年),改坊都制为区乡制,理坑隶属沱川乡。1949年5月后,属沱东区沱川乡。1952年属第五区郭理乡。1956年撤区并乡后仍属沱川乡。1958年属郭公山垦殖场高湖分场。1961年设立沱川分场后改隶之。1968年属沱川人民公社。1984年恢复乡(镇)建制后,理坑仍隶属沱川乡,为理坑村民委员会驻地。

理坑自建村至今已历800年左右,历史上没有大的自然灾害。只是经历明清换代、太平天国兵火和人为破坏,村中的祠堂等古建筑遭到了严重损毁。部分建筑因自然因素而塌圮。但村落的整体格局,道路系统、山林河流、桥梁民居等仍保存着古时风貌。目前,全村还有古民居130幢,古祠堂4座,古别墅书屋8座,水龙庙2座,古石桥9座,古青石板巷道42条,古井、塘2处。其中明代及明代之前的建筑16处,各级重点文物保护单位28处。古建筑占地面积3.8万平方米,建筑面积7.6万平方米。

理坑村民居2000年被列为"江西省文物保护单位",2003年6月被评为江西省"历史文化名村",2005年被评为"中国历史文化名村",2006年被列为第六批全国重点文物保护单位。

理坑地处丘陵山区,四季云雾缭绕,雨量充沛。年平均气温15.7 ℃,1月平均气温3.7 ℃,7月平均气温26.9 ℃。年平均降水量1867毫米,初霜期11月中旬,终霜期3月中旬,无霜期约242天。

现在理坑全村有耕地900多亩,茶地600余亩。林木资源丰富,青山绵亘,环列村落。

理坑是一个余姓聚居的古村,余姓占90%以上。2020年,全村有408户1212人。历史上,理坑村曾出现了余懋学、余懋衡、余懋善等一大批理学家和达官名宦、文学家、诗人、数学家、天文学家、医学家,中进士者达13人,七品以上官员36人,村人著述达333部之多,其中5部78卷被列入《四库全书》,故而,理坑被誉为"山中邹鲁""理学名村"。

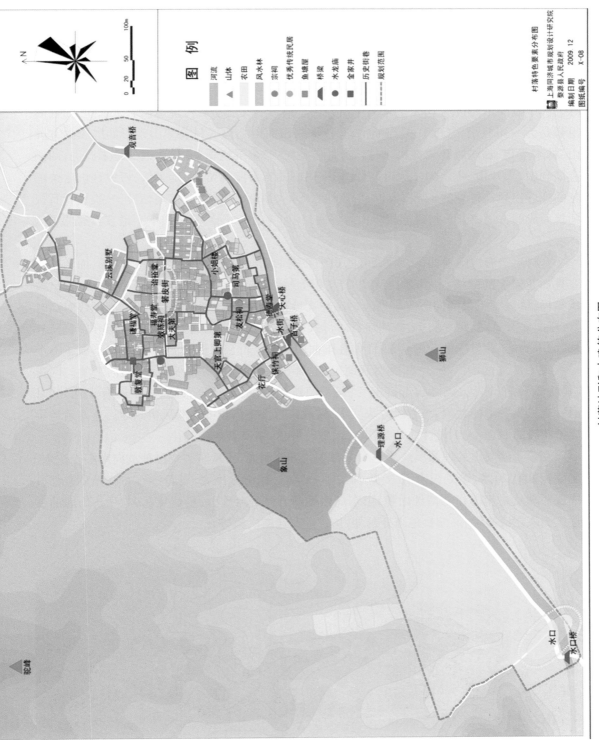

村落特色要素分布图

上海同济城市规划设计研究院
婺源县人民政府
编制日期 2009.12
图纸编号 X-08

**村落地形和古建筑分布图**

## 二、一朵出水莲花

理坑村，镶嵌在锦峰簇拥、绿水环抱的理源河湾，仿佛一朵出水的莲花。村子四围层峦叠嶂的青山是这朵莲花的叶瓣。村西南有发脉于婺源最高峰大鄣山的驼峰尖、三台山、关印尖、项公尖、华盖峰、月岭、天马山，村东北有西山阁、白玉尖、长降尖、黼阁尖、板岭尖、九阳岭。其中黼阁山海拔达1000多米。《沱川余氏宗谱·理源图说》载："理源虽川之东隅，而黼阁祖势是为一川尊星，气度轩昂若帝座，有抚御众山而臣之势。"村前案山是形如屏风的方屏山，林木葱茏，临溪展开数百米，护挡着村庄，是村中"南屏绕翠"一景。远处是朱源尖，两侧有高湖山、大片山、音山尖。远近高低，错列周围的十多座峰峦，绵延起伏，缀成理坑这朵莲花的绿叶。通往村外的3条石板古道，东通百子岭，西达观音岭，北接胡柏岭，一块块青石板铺筑而成的古道、台阶，蜿蜒起伏于山脊谷底，犹如一条条叶脉，营造出一个最宜人居的天然环境。

全村建筑有规则地面街、面水而建，由中心向四周辐射扩散，好比莲花的花瓣，而道路街巷犹如花瓣上的脉络。理坑的街巷以箬皮街为轴线，有官巷、石坦巷、百子巷等42条，呈枝状布局，体现了很强的向心凝聚性。道路与高墙构成的街巷空间，时窄时宽，天际线时高时低，弯曲而又贯通，幽深曲折，犹如迷宫。行人从水口步入，在沿河石板路上视野开阔、舒畅。从"渊渟岳峙"的村门进入街巷，视线便在幽曲中前行。行至箬皮街上的水塘边，形成了一个村人集中洗濯的小广场，空间豁然开朗起来。街巷路面全用青石板铺设，光洁平整。两边"马头墙"高低起伏，天际线丰富多变；门楼门罩精雕细镂，千姿百态；街中还有十几处"月门"，有文雅警醒的题额，与直线方块变奏，构成富有文化品位的街巷风情景观。这些巷道构成了花瓣的肌理，人工设计而又犹若天成，穿行其中，富有音乐的韵律。

发源于黼阁山的理源溪从遥远的山谷东北方流淌而至，从东边绕过理坑向南汇入沱水。河面宽处有20米，窄处只有五六米，深浅不一，却一律清澈见底，游鱼沙石和波光日影都可毕现。理坑村坐落在河湾处山麓，由东向西逐渐升高的台地上，粉墙黛瓦，与马头山墙的古建筑倒映在清流中，又向台地高处延伸，仿佛莲花花瓣次第盛开……

理坑风水格局犹如"出水莲花"

村巷

箬皮街

村落街巷图

最能体现人工与自然相融的迷人景观是理坑的河街,村人称其为"溪弦头"。高低错落、黑白相间的古民居倒映在理源溪水波中,河沿青石板砌筑的溪埠上,有浣衣、洗濯的村姑,河中还游弋着洁白的鸭子,好一幅恬静古雅的村居图画!清代通政司副使、邑人王友亮旅居金陵回婺时写有一首《婺源道中》:"隔坞人家叫午鸡,幽深不让武陵溪。白纱翠羽一双浴,红树画眉无数啼。"这也是对理坑山水人居境界的传神写照。

溪弦头烟雨

水碓屋和新建的文笔

为了养护村庄的龙脉山水,理坑人祖祖辈辈都付出了努力。村中至今还留有两块"禁碑"。一块上刻:"合村来龙上下左右□□杉树杂木以荫祖墓阳基,严禁盗砍挖掘侵墓,及纵牛残害树枝,如违,定行议罚不贷。 嘉庆二十二年正月。"另一块上书:"仁齐公坟来龙上下左右,日后永禁挖掘侵葬及砍害荫木等件,如违,以不孝呈究不贷。坟林中毋许放牛践踏残害树枝,违者一并议罚。嘉庆二十三年三月□日乐义衍庆堂全立。"理坑咸丰、同治间人余翔也曾有言:"大郡山麓及本里来龙,前被居民垦种残害,翔与族议,累请宪示严禁,长养杉苗十年。"正是在这种"风水"观念支配下,理坑古村才形成了良好的自然生态环境。

理坑的水口也是天人合一的审美空间。在

一边像狮,一边如象的两支山脉夹峙中,一泓清流奔涌而至。这里是河谷最狭窄处,古树参天,关锁最为严密,藏风聚气,有助村运兴旺。为了更好地作育全村后代"书香不绝,宦简联芳"(《沱川余氏宗谱》),村人又在水口处建了"五星"。其中之一是理源桥。这是一座单孔石拱桥,桥上有五开间的亭廊,四面砖墙,青瓦覆顶,横跨理源溪上,倒影如规,犹如为水口又加了一把锁匙。桥长16米,宽6米。据民国《婺源县志》记载,该桥由明正统年间村人余相、余楷所建。桥亭的门额上,西南面题有"山中邹鲁",西北面题有"理学渊源",东南面题有"闾阎阀阅",东北面题有"笔峰达汉"。"理源桥"三字,刻于拱桥正中拱顶龙门石上。从20世纪二三十年代留下的老照片上还可依稀看出另外"四星"的面貌。一是水碓屋。二是文笔,砖砌多边形实体,高十五六米,攒尖顶。三是文昌阁,三层,五开间,层层飞檐戗角。四是天灯。理源桥、文笔和文昌阁规模都很宏伟,体现出理坑村作为"理学名村"的不凡气度。水口"五星"现还存有理源桥和水碓屋,前些年又新建了文笔。

老照片水口"五星"中的理源桥、文昌阁

理源桥

## 三、理学家们的故居

理坑村在明清两代出了许多仕宦名儒,他们在村里建起自己的府第、官厅、别墅,留下了一笔珍贵的建筑遗产。

### (一)余懋学和尚书第

在理坑村中心位置,矗立着一座三间五楼式的青砖牌楼大门。门楼很朴素,雕刻不多。砖檐、开光起伏错落,灵芝砖拱,下镂雕如意,砖雕刀法稚拙,散点式构图,是明代雕刻的风格。门楣开光处浅刻"尚书第"三字。"尚书第"主屋已于1983年烧毁,后花园仍在,石砌鱼池依旧。

这座府邸的主人是余懋学(1539~1599年),字行之,号中宇。明嘉靖三十三年(1554年),以16岁之幼中秀才。四十三年(1564年),中应天乡试举人第36名。隆庆二年(1568年)中进士。先授江西抚州推官,断案如神,望重一时。万历元年(1573年),任南京户科给事中,上疏申斥南京守备太监申信不法行为,后又疏"防奸佞奉承"事,触怒首辅张居正,于万历

三年(1575年),被削职为民,并"永不叙录",一直闲居在家。万历十年(1582年),张居正去世,赋闲八年的余懋学官复原职,后又升为南京尚宝卿。万历十三年(1585年),上疏为谏阻建造万历寿宫的御史李植、江东之辩解。《明史》称他"夙以直节著称"。后又历任太仆寺、光禄寺卿和通政使、南京户部右侍郎兼都察院右佥都御史等职,总理漕储,署大司空事。他压抑宦官浮费,节省开支,因此而开罪了一贯冒领滥支的宦官,受到恶意中伤。万历二十一年

门楼

(1593年),因门生上章得罪了首辅申时行而受牵连,辞官回乡,时年55岁。余懋学回乡后读书著述,与士人研讨理学,声名远传。万历二十七年(1599年),余懋学去世。虽然朝廷下旨赐祭,追赠工部尚书,但他为官清廉,家无积蓄,家人只得变卖家产殡葬之。余懋学作为一代名儒,著述良多。有《春秋蠡测》《读书随笔》《说颐》《丽事馆余氏辩林》《尚书折衷》《明代实录》《大政辑要》《字学辩略》《南垣疏草》《读论勿药》《仁狱类编》等10余种,80多卷。

## (二)余懋衡和天官上卿第

天官上卿第是余懋学的弟弟余懋衡的府第,建于明万历年间。

余懋衡,字持国,号少源,少年好苦读,本朱子天人性命之说,实践躬行。明万历二十年(1592年)进士,初任永新知县,御史。时因修宫殿征矿税,矿使四出骄横,余懋衡上疏议罢矿税,受责停俸一年。视察长芦盐政时,救济贫苦饥荒,巡视陕西,上奏税监梁永征用民役运载私物,被梁永指使党羽贿赂厨人投毒暗害,幸未死。后历任河南道守、大理寺左少卿、右佥都御史、右副都御史、南京吏部尚书等职,一生为官清正。天启四年(1624年)奸党张纳疏言废天下书院,诋毁讲学诸臣,被评诬削职。崇祯初,追叙其功,复南京吏部尚书职,赐金帛。后病故,旨赐祭。著作有《语录》《经翼》《关中集》《明新会志》《涧宾悟语》《乾惕斋集》《太和轩集》《奏议》《古方略》《沱川乡约书》等92卷。

天官上卿第是余懋衡为接待女婿建造的客馆。它位于一个三岔路口,大门朝北,牌楼式,石库门,两侧水磨青砖呈八字形,上嵌浅刻楷书"天官上卿"四字。该第的地基不规则,临街的两面倾斜,通过内部的墙体分割处理,巧妙地使主体建筑仍然四方平整,符合建筑规范。

该第坐西朝东,有前中后三进,总占地面积为156平方米。粉白的马头高墙垣围与硬山式的屋顶组成封闭的建筑空间。内部的木结构为穿斗式,有三层楼,地面至屋脊高达8.92米,明代建筑中极为少见,体现了高超的建筑工艺。主体建筑是三间两厢式,分天井、两厢、两正房、厅堂。前三方青砖封火墙,最高一叠墙高11米,2米以上全是六寸方砖实砌,缝密,砖坚,墙厚,结构坚固。

大门　　　　　　　　　　　　　　　　　　　内景

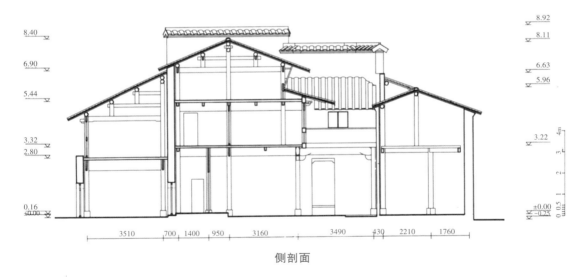

侧剖面

　　前进雀替深雕,方柱,素础,梁枋素净,半浅天井,面阔9.8米,进深9.85米,楼上、楼下格扇门,上堂金砖铺地,楼梯安在照壁后。中堂改建为厨房,后堂倒塌。建筑的木结构构件不施油漆,裸露着木质与纹理的自然美,窗栏板雕刻仿石构,兼有浑圆与健劲之美,体现了明代建筑简约之美。

## （三）余维枢和司马第

司马第,明末建筑,系余维枢所建。

余维枢是吏部尚书余懋衡裔孙,清初曾先后任永年知县、兵部主事,工书能文,有《从祀诸儒系议》《泮宫礼乐合集》等著作传世。

司马第坐西朝东,三间两进两层,屋脊高9.8米,三天井。面阔19.7米,进深21.6米,占地面积315.5平方米。

大门朝北,石库门,水磨青砖门面。旁有砖柱,单檐,鸱尾。檐下灵芝砖拱四个,拱下砖刻"富贵万字"和"钩手万字"花枋两根,旁有卷云花枋,中间刻"司马第"三字。粉白的马头山墙与硬山式的屋顶围护,外观错落有致。屋内木结构为穿斗式,两层建筑,高8米。

大门

团圆石

前进面阔三间,进深两间,分天井,两厢房,两正房,厅堂。天井形制较深,用青石砌成。全堂方柱,素础。八仙桌安放在一整块"团圆石"上。上堂横梁三根,两端雕刻月牙,雀替深雕灵芝纹,方格式格扇门,月梁上有雕刻。两厢拱枋中雕刻戏剧人物,旁雕花草,雕刻手法简练,楼上装有方格式格扇门。一侧雨挞板刻有"马到鹤鹿",象征长寿得禄;另一侧刻"麒麟双鹊",象征爵财天降。前进后堂三间两厢,分天井、堂厅、两厢,半深天井,用青石砌成。明间横枋深雕图案花纹。两厢花枋深雕,楼上、楼下厢房装有方格式格扇。前进正堂右厢通往轩斋,三间两厢。前有天井花台,轩廊卷棚,下有雕狮拱撑两对。梁枋上有雕刻。正房格子窗,户净雕工精致。后进三间两厢,分天井、两厢房、两正房、厅堂,天井形制较深,用青石砌成。

天井两侧雨挞板雕刻"马到鹤鹿""麒麟双鹊"

### （四）余自怡和驾睦堂

　　驾睦堂，是明末崇祯时广州知府余自怡奉旨敕建的府第，故又被称为"官厅"，并有一段时间成为理坑余氏楷公房的支祠，故又叫"友松祠"。

　　余自怡，字士可，崇祯元年（1628年）进士，授汀阳县令。有政绩，擢户部主事。因与户部尚书意见不合，降为九江征税官，事毕，迁为副都御史，督象房草场。帝阅其绩，赐串线，表"旌异"。寻改调广州知府，其间政声极好，尝赴京朝见。后因积劳成疾，卒于任上。善书，有《经书疑义》《三才蠡测》《星槎集》《浔关杂咏》《鲁瞻文集》等著作传世。

院门

正厅

官厅坐西朝东,分门院、正厅、余屋三部分。门院院门为石库门,青砖五凤门楼,三重檐,青砖一跳三斗拱。"富贵万字"砖枋,中雕"双龙戏珠",原"圣旨"二字已残,门簪不存,门楼内向为四个木拱支撑,上盖青瓦,双梁下有深雕单拱。正门大门为石库门。正厅五间,面阔23.20米,进深18.42米,占地面积427.35平方米。两层,屋脊高11.3米。分天井、两厢房、两正房、厅堂。天井深凹,用青石砌成,四披水,即"四水归堂"。金砖铺地,方柱雕础。梁枋间砖泥粉灰。三面四廊,轩廊木质卷棚,檐下有斗拱。全堂方柱50根,石础分雕花、素面两种,楼梯从右侧上。楼上为走马楼,正厅重檐一跳三斗拱,下堂、两廊三方单檐斗拱。余屋在正厅左面,前为大厅,后为厨房,三间两层。

楼厅　　　　　　　　　　　　　　　　　原镶院门上的圣旨碑

### (五)余道生和福寿堂

余道生,曾于清光绪年间任五品官,光绪七年(1881年)建了此宅。因其一家余华、余元迁等都崇奉程朱理学,闻名遐迩,曾任两部侍郎、安徽学政、都察院副都御史等职的邵亭豫于光绪七年(1881年)为其题门楣曰"理学渊源"。大门为五凤门楼式样,很有气派。

该宅正堂坐北朝南,三间四厢,四披水天井,进深14.86米,面阔9.8米,占地面积约150平方米,东面余屋为长条形,面阔7.48米,进深2米。

该宅前进为两层,一层高3.94米,二层高2.51米。后进为三层,层高3.61米。全幢房屋脊高9.4米,山墙高10.06米。

在艺术上,该宅立面高低错落,富有跌宕起伏的层次感,与五凤门楼和窗户构成十分美观的景致。内部木构架上采用了撑拱构件并雕刻精美,图案有"八仙""渭水河""百忍图""福禄寿三星""花果"等。二层的雕花窗扇工艺精致,雀替、斜拱均为花篮、人物雕饰。

前墙和临街

内景

木雕"渭水河"细部

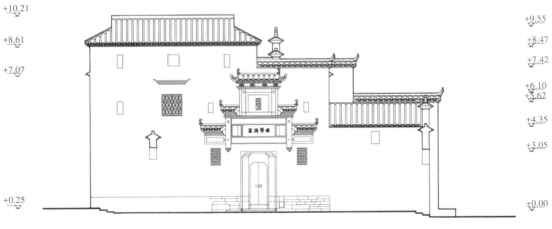

正立面

### （六）余启官和崇德堂、大夫第、云溪别墅

余启官祖上经营茶叶生意，他自己深受"士农工商"四民思想的影响，认为商人低人一等，于是从35岁开始读书，寒窗16载，于道光年间考中进士，任州同知、光禄大夫。衣锦还乡后建造了崇德堂、大夫第、云溪别墅。

厢房退步格扇门

崇德堂位于箬皮街上，临街设有两门，通正堂的大门垂花门罩，水磨青砖门墙，石库门枋，另有一小门通余屋，规模小些，无水磨青砖门墙，只有简洁的石库门枋。一层开有四个花漏窗，与二层所开的瓶形、叶形窗相呼应，有平平安安、落叶归根之意。整面墙门、窗、罩、瓦檐参差协调，构图元素丰富多变，十分美观。

正堂坐西朝东，二层屋面做成"阴阳坡"形式，西长东短，利于阳光射入天井。室内石础形状有长方体、莲花形、鼓形三种，石雕简练，线条流畅优美。

平面布局方整，分为东、西两部分。东部是正堂，三间两厢两进两层，屋脊高8.66米，三披水天井。西部是余屋，做厨房用，"四水归堂"天井。正堂占地面积约120平方米，余屋占地面积约70平方米。正堂天井内有一口由整块石头雕刻而成的水缸。门口有一对石凳和旗杆石。

正堂内景

大夫第位于箬皮街与百子巷交叉口上。三间两厢两进，三披水天井，两层，屋脊高10米。面阔14米，进深9.8米。前堂大梁跨度9.8米，樟木。屋面飞檐悬挑达1.9米，使整个内部空间显得极为宽敞，有气势。这与此宅是皇帝赏赐余启官为官清廉有关。房屋细部也异常精致，与一般民居迥异，有八角莲座柱础、鲤鱼吐水斜撑、八铺作五出挑斗拱。

大门

天井一侧梁枋和雕刻

上堂内景

云溪别墅，以余启官的号命名，位于村北，建于清道光十五年（1835年）。这幢花园式别墅，是主人休闲、读书之所和族人的私塾，当年余启官曾在此"舌耕以供甘旨"。别墅占地面积达300平方米。

别墅大门朝北，开门即见田园风光。大门为歇山顶木雕门楼，飞檐斗拱，门楼开光处为

青石板浅刻阳文"云溪别墅"四字。门楼内向横额中部有"六鹭（禄）同荷（和）"雕刻，左右两边为"瓜瓞（蝶）连绵"雕刻，生动精美。檐下左右各有一排供人歇息的美人靠。

步入门楼，是一个大庭院。庭院地面以青石板铺成十字形甬道，将地面分割为四个相对称的方块，分别种有花卉、果树。庭院面积约100平方米，开阔宽敞，还设有石桌石凳，"绝迩天机，雅淡自然"，是养生怡情的好地方。

正厅比庭院高0.4米，青石板铺地，坐西朝东，五开间，面阔14米，进深8米，为敞开式大厅，不设门扇，很有气派。大厅前部分为卷棚，做工精美。后部分为两层楼。卷棚脊至地面层高5.55米，给人以空旷舒畅感。

大厅

正厅南侧为陪屋，一层，东、西陪屋之间是一个小天井，通向南门。东陪屋是书房，尚存有余启官手书"退步想"草书匾一块。余启官在乡时"劳怨胥肩，排难解纷，乡邻并服"，可见其胸襟气度。

大门门头

大门里侧飞檐门廊

檐下斗拱和漏窗、雨挞板　　　　　柿蒂纹格扇和花枋雕刻"凤戏牡丹"

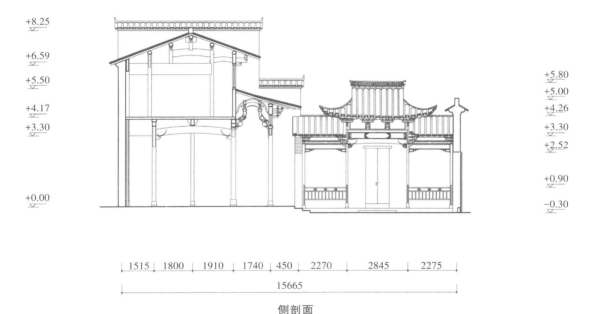

侧剖面

## （七）鱼塘屋

理坑村于清末时在村子东南角理源河拐弯处建了七幢院内带鱼塘的鱼塘屋，引理源河水入塘，七座鱼塘流水相通，形成"门外青山如屋里，东家流水入西邻"的意境，故称"七星鱼塘"，以应北斗七星，祈福求吉。这一处所也被村人叫作"鱼塘角"。除此之外，村中沿理源河还建有河北、河南两座鱼塘屋，一为方塘，一为圆塘。这些内设鱼塘的房屋，从其布局设计和功能来看，并不是为养鱼而建的，而应当是蛰居乡里的致仕高官和名儒巨贾们闲聚、读书、休养的别苑，展示出作为理学名村的浓郁人文气息。

76号鱼塘屋布局规整，小巧别致。房屋呈曲尺形傍鱼塘而建，另两面有一层高的围墙。从正门入户就到了客厅，客厅正对鱼塘，有可以开启的雕花窗户。住房和厨房位于客厅后部。客厅上方是二层楼，推窗举目，近可观塘水粼粼，远可见田园绿林，视线景致极好。鱼塘和房屋占地面积达210平方米。

78号鱼塘屋无论是鱼塘还是房屋规模都是七幢中最大的，占地面积达320平方米。房屋是凹形布局，中间围合一个方形鱼塘。正门进入，鱼塘和主楼便映入眼帘。鱼塘前还有一棵很大的枇杷树，树冠翠绿浓密，枝丫伸展到塘水上方。塘前客厅部分悬挑于鱼塘之上，可以凭栏眺望。鱼塘四周都设有美人靠围绕，是一个会客的极佳场所。

99号鱼塘屋占地面积只有130平方米，面积较小，但保存良好。曲尺形布局的房屋围绕着中心的方形鱼塘，鱼塘一侧是过道和楼梯，较窄，只能容两人并行。塘前是客厅，是一个两层贯通的高敞空间。有花格窗临向塘面。

88号鱼塘屋是七座鱼塘屋的最后一座，鱼塘流水经过前面六座鱼塘后，从这里又汇入理源溪。房屋不像前几座那样临水而建，而是与鱼塘相隔3米远，中间还有照壁遮挡避邪。

99号鱼塘屋                                88号鱼塘屋

河北鱼塘屋占地面积550平方米，鱼塘和房屋在所有鱼塘屋中都是规模最大的。正屋三开间，两层，有四水归堂天井。正屋东侧有一座客馆，临塘水而筑，与正屋相通，穿过正屋天井南侧的廊道可以到达西侧的花园，空间布局灵巧生动。鱼塘与花园成为房屋怡情养性的重要构成要素。

河南鱼塘屋是村中最古老的鱼塘屋，建于明末，已有400多年历史，也是村中最特殊的鱼塘屋。鱼塘为石砌圆形，直径有8米多。旁边房子已重建过多次，但鱼塘一直保留完整，塘水从前面的溪中引入、流出，有石级挑出池壁下到水面。房屋和鱼塘总占地面积265平方米。

河北鱼塘屋                                河南鱼塘屋

## 四、商宅精华

### （一）余蔚农"三堂"

清朝商人余蔚农是沱川余氏第二十七代传人，属上房。他长期在广东经营茶叶，原先居住在谦福堂西北的保远堂内，由于家族人口增长，才先后兴建了光裕堂、玉全堂、谦福堂等"三堂"。其中谦福堂是最主要的建筑，承办了100多年来婚丧嫁娶等大型家族活动。整组建筑共有7个院子36间房，占地面积近500平方米。

院门

谦福堂一进梁架

谦福堂坐东朝西，水磨青砖门楼，旁有砖柱。前三个青砖封火墙，墙高10.22米，2米以上全是0.2米方砖实砌，密缝、厚墙、结构坚固。宅内木雕保存完好，工艺精致，大梁包袱心雕刻花开万福，梁下雕刻双凤送瑞。

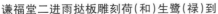

谦福堂二进雨挞板雕刻荷（和）生鹭（禄）到

罕见的羊形斜撑

光裕堂二层檐口和屋面

玉全堂二楼厢房花窗

"三堂"一层平面图

"三堂"漏窗纹饰——拐龙纹、夔龙纹

## （二）花厅

花厅由明末清初一个做丝绸生意的余姓商人所建，其商号叫"万和"。据传，他当时在村中建了7座房子供休闲娱情之用，花厅是其中一座。完整的花厅原状规模宏大，其西边有养马场，现已辟为道路；北边原来连着一座家族聚餐用的厅堂，现在已成为废园。

花厅现存部分占地面积400多平方米，主入口是北边的门院。院内大门，门罩非常考究，门额上有长达2米的水磨青砖雕刻"万寿图"。进入大门便是一个宽敞的大花园。地上步道用十块石板铺成，中间四块寓意四季发财，两侧各三块寓意六六大顺。地上还用鹅卵石铺砌成各种图案。石砌花台内种有栀子花、枣树、天竺等花木，绿意盎然。还有鱼缸、石桌、石凳等休憩设施。院子前方是原先主人邀客看戏的场所，一层走廊半敞，二层木格花窗可开合，屋脊高6.62米。院子左边是正房客厅，二层，全用木格门窗。院子右边是一堵隔着主院和后院的墙，墙上有嵌雕花的窗洞。二楼立面是凹形三面围合的木雕花窗扇。廊和屋的走道曲折通幽，犹如迷宫一般。楼上有几间卧室，其余大面积的都是回廊式空间，人们可以凭窗欣赏花园美景。

俯瞰屋面全景

花园

## （三）小姐楼

小姐楼建于清代中期，占地面积210平方米，其中建筑占地面积120平方米，其余是花园。该宅是一茶叶富商为其未出嫁的女儿所建，房屋面阔10米，进深12米，屋脊高10米。

小姐楼正堂两层，有四披水天井，围绕天井分布着房间。正堂边上有一梯形余屋，作为厨房和楼梯间。

正堂雨挞板木雕暗八仙和拐龙纹挂落

这幢住宅的一个主要特色是南面二层面向花园的一方建有美人靠，挑出屋面，构成十分美观又实用的飞来椅景观。同时，用两根斜撑把美人靠部位的屋檐向上、向前抬起，使屋檐屋线形成一个弧形，丰富了立面变化。美人靠下方的门首，有"双凤朝阳"木雕，精美耐看，与闺楼建筑含义相协。

小姐楼另一个特色是它内部繁复精美的雕饰。沿天井四周的梁、枋、雀替等木构件上分别雕有暗八仙、琴棋书画、麒麟送子、福禄寿等图案。

小姐楼美人靠、栏杆、花窗

上为麒麟送子雕刻,中为冰裂纹漏窗,下为福禄寿三星雕刻

## (四) 友训堂

建此宅者为余氏二十三代传人。他本居于村中其他地方,年轻时南下广东福建一带做茶叶生意,发迹后回到村里建了友训堂、学训堂、守训堂、进训堂、彝训堂等五处房产。友训堂位于箬皮街南侧,形制规整。全宅有两路,靠箬皮街外侧的建筑装饰较多,用作会客、居住;内侧则为厨房、储藏之用。外侧一路较有特色的是,在堂前的两侧,徽派建筑多作连廊,而此宅两廊进深较大,做成了房间形式。一侧用作入口门屋,其对面的廊屋则做成了开放式会客厅,装饰精美。因此,进此宅天井内,感觉有两处不同功能的厅堂。全宅占地面积260平方米。

内侧部分根据功能降低了层高,因此这部分有三层,屋脊高10米。两路建筑内部空间互通,但上下需要通过楼梯踏步的转换。

### (五)诒裕堂

诒裕堂又称"九世同居"府,清道光年间茶商余里辉所建,是理坑雕饰最华丽的建筑。前堂明间前檐骑门梁中央的开光盒子里雕有"九世同居"图案,故人们把这幢房屋叫"九世同居"府。"九世同居"是徽州木雕常用的题材,取典于明代浙江浦江的郑义门九代不析炊的故事。据光绪《婺源县志》载,明代理坑人余准,"少孤,子母孝,及长有志圣贤性命之学,……仿浦阳郑氏家法立规七章,世为子孙守"。郑义门的故事经过余准的效仿,在理坑有着很大影响,诒裕堂的建设就是一个明证。

房屋主体形制是三间两厢两层。正门前有门院过道。余屋则多而复杂。正堂之后是一个四面围合的天井院,作厨房、仓储用,侧面建有三层晒楼。它的后面,又建有一个三间两厢厅堂,朝向与正堂成九十度角。

院门

大门垂花砖雕门罩

诒裕堂梁、枋、雀替、斜撑等构件全用木雕装饰,梁柱之间还饰有木雕挂落。大梁上"九世同居"雕刻中间是一长髯老人,正含笑与一小童戏耍,左右共有九人着官服趋奉,一派多子多孙、和睦融融的气氛。正堂前方梁柱间的狮子形斜撑上还重叠雕出和合二仙,形象逼真,雕工精细。天井左右梁枋上雕刻有"满堂福""三英战吕布""九寿宫""穆桂英戏挑杨宗保"等故事,人物栩栩如生,令人赞叹,表现出"家和万事兴"这一主题。厅堂太师壁两旁雕有"冰梅图",户净、门扇上也雕刻着花瓶、花卉、卷草等图案,构图生动,雕工精湛,寄意深远。

主屋二楼明间有祖宗神龛,造型精巧,做工精致。神龛内还供奉着三代先祖牌位。婺源旧俗,凡新居落成,要先把祖先神主延请到家,然后才能搬家乔迁。

正堂一进内景

九世同居木雕

## 五、公共建筑

### （一）祠堂

理坑历史上有十余座祠堂。余氏宗祠是全村的总祠，位于村西北角，地势最高，由前院、门楼、享堂、寝室四部分构成。五凤门楼、五开间、用斗拱，形制宏丽。可惜这座宗祠于1968年被拆毁。现在村中尚存敦复堂、友松祠（驾睦堂、官厅）、效陈祠、德寿堂4座祠堂。

## 1. 敦复堂

为祭祀余氏十二世祖良一公而建。良一,号定富,字良实,是理坑上九房的祖先。祠堂位于村子西北面,前为水井巷,旁有村里最古老的水井——金家井。它始建于明代,清末遭火焚,民国十九年(1930年)重建,从铺地石板被火烧裂的痕迹看,它的基础还是原来的。

祠堂面阔11米,进深18.35米,占地面积200平方米,规模不大,只有三开间一进院落。大门前有栅栏门,分心造。门楼、两厢、享堂构成四披水天井。享堂与寝室合一,为两层主体建筑,屋脊高9.8米。

大门　　　　　　　　　　　　　　　　　内景

屋面和天井

## 2. 效陈祠

位于箬皮街西端北侧。主厅三开间两层,有四水归堂天井,外部无雕饰,大门也不在中轴线上,目前保存较为完整。该祠为祭祀余氏十四世祖燧公而建。燧公,字宗时,号效陈,是十三世祖楷公(友松祠)的后代。

大门　　　　　　　　　　　　　　　　　　　内景

### 3. 德寿堂

为祭祀余氏十四世祖烁公而建的祠堂。烁公,字宗盛,是十三世祖楷公(友松祠)的后代。祠堂位于理源河边天心桥旁,规模较大。五厅五开间两层,有四水归堂天井。内部梁柱粗硕。

### (二)水龙和水龙庙

婺源古村落都十分重视消防灭火。水龙,就是利用手工动力压水喷水灭火的器具,为了保存这些消灾弥难的宝贝,村人专门建造了水龙庙。理坑的水龙有两台,水龙庙也有两座。

一在箬皮街西端,称上水龙庙。这台水龙高1.41米,木质水箱长1.62米,宽0.54米,高0.46米。救火时众人挑水倒入水箱,水箱两侧是手摇压杆,救火时在手摇压杆上各穿一根木杠,每边4~6人双手同时用力上下压动木杠,将水压进水管、水枪,再从水枪喷射而出,可达10余米高。

一在官巷口,称下水龙庙。这台水龙从德国进口,可直接吸水。它是1933年由理坑旅沪商人捐资购买的,共捐得1394元银洋,支出1361.3元,余32.7元存于村中"扶龙会"。这台水龙性能优越,水箱内镶铁皮,长1.51米,宽0.59米,出水量大,压力大,水管可直接放在河里吸水,免去了人力挑水。

灭火用的两台水龙

### （三）水碓屋

水碓屋是利用水动力舂米、磨粉的加工场所，是农耕时代乡村必不可少的建筑，婺源村村皆有，但保留至今的却不多了。随着电力脱壳机器和磨粉机器的出现，水碓也告别了历史舞台。

理坑水碓屋位于理源河上游，距村子大约500米，为佃仆汪姓所建。水碓紧靠理源河，却没有引河水为动力水源，而是将水碓北边山上涌下的一股泉水引入前后三进的屋内。"文革"期间，水碓被拆毁，但却留下了碓屋和水池。

### （四）石板桥

理源河上有九座连通两岸的石桥，由村头溯流而上，分别是水口桥、理源桥、百子桥、天心桥、观音桥、孝缘桥、曲尺桥、香糕桥、山底桥。除理源桥为石拱桥外，其余都是石板桥，均用长条青石深埋河底为桥墩，条石顶端平置一块长方形桥顶石，凹槽与桥墩石紧密卯接，再在桥顶石上铺放桥面长条石板构成，构造简洁却十分牢固。理源桥在前面已有介绍，此再择要介绍四座石板桥。

#### 1. 百子桥

传说建桥那年村子里生了100个男孩，因此得名"百子桥"。桥的一头正对着百子岭古道，村中旧俗，进村的新娘要在桥旁落脚，步行走过此桥，以求添子添孙。该桥长10米，宽1.2米，两个桥墩，由两排长条石共六块铺筑而成。村人传说桥板似朝笏，寄寓着人们求仕途发达的心愿。

## 2. 天心桥

村人传说形似倒扣的金元宝,寓意财源广进。由一座桥墩、两块长条青条板铺成,长8米,宽2.4米。桥面两边各铺建了一排石板条凳,可供闲坐观景聊天。

百子桥　　　　　　　　　　　　　　　　天心桥

## 3. 观音桥

位于村东口,一头正对观音岭古道。传说建桥时在桥下发现一座观音雕像,因此得名,同时,在桥上也可以看到对面山上的观音庙。一个桥墩,一头引桥墩突入河中较多,桥面由六块青石板呈三排铺成,长12米,宽2.4米。

## 4. 孝缘桥

位于村东北水碓附近,过桥即可上胡柏岭古道。传为一寡妇捐钱而建,故又名"寡妇桥",并有"冬不结霜,夏不结露"之说。有两个桥墩,由三块长条石一排铺成,长12米,宽1米。

观音桥

### （五）金家井

位于村子北部，离理源河较远，村民用水不便，故凿有此井。井呈长方形，长2米，宽0.8米，无井圈，形制古朴（旧有唐方宋圆之说）。井内壁石砌，井台表面用大青石板铺就。沿井一圈有回字形排水沟，与村内排水系统相通。井台四角有四个用整石挖凿而成的石槽，供村民洗濯之用。石槽底部凿有出水孔，蓄水时用木塞堵上，用完后拔塞放水。

金家井传说是金姓所挖建，故得名。由此推测，它应是余氏家族还未迁入或刚迁入时所开掘，时间不会晚于明初。相传，明神宗皇帝念理坑村人余懋学"代天巡狩"有功，将御花园池中的红鱼数尾赏赐给他。余懋学告老回乡时将此鱼放在此井中养殖，成为一时佳话。经漫长的驯化选择和繁殖，这种红鱼逐渐成为婺源当地的一种名贵特产。

## 六、人文遗韵

### （一）深山出俊才

明、清两代，理坑余氏人才辈出，灿若星辰。除了已介绍的名儒仕宦、巨贾富商之外，还有许多文臣武将，理学文士，名臣艺匠，现择要简介如下。

余启元，字伯员，号大郭，端方耿直，读书日诵数千言。明万历二年（1574年）进士。历官河南内黄、北直临城知县，户部主事，北京光禄寺丞、少卿，南京大理寺丞、鸿胪寺卿、大理寺卿等。崇祯六年（1633年）卒。万历十四年（1586年），临城知县任上，因不肯新丈田土扰民，谪霸州学正，因之谢病归家，居十五载。万历三十年（1602年），奉敕监兑豫章漕粮，减虚耗四十万担。又督易州粮储，被誉为"清操第一"。任南京大理寺丞时，每日只支用十数文供煮茗消渴，南京有歌谣云："谁言南储如山积，余公十文买水吃。"

余世儒，字汝为，学者称其为"念山先生"。8岁能文，明嘉靖九年（1530年）入县学，年十七中举人。十四年（1535年）选授浙江瑞安知县，时两浙有倭警，他内拊疲瘵，外赡军兴，民倚之若慈母。隆庆三年（1569年）任南康知县，更新役法，课士移风。万历二年（1574年）升四川台州知州，辞不赴任，归乡读书，与同好讲业，筑有中心精舍，著有《幼学稿》《未信稿》《破蟋蟀集》。

余懋孳，字舜仲，号瑶圃。自幼失怙，与兄懋学相师益。明万历三十二年（1604年）进士。初授浙江山阴知县，任上以德化民，明于刑狱，为官清廉，羡余馈饷分文不取。三十八年（1610年）征为礼科给事中。当时宦官高寀入闽，拘囚府属，无法无天，余懋孳到闽后，查证其不法恶行，使朝廷不得不撤了高寀。余懋孳工真、草书，娴古文词，著有《黉言》《春明草》《龙山汇牍》《礼垣疏草》等。

余龙光（1803～1867年），字灿云，号黼山。清道光二十四年（1844年）会试名列第一名。历官元和、昆山、青浦知县。能诗文，著作有近20种，重要者有《广唐书》《朱子祠祀考》《经学管窥》《元明儒学正宗录》等。

余鸣雷，字长公，余懋衡子。博学耿直，于星象、河渠、疆域、礼乐、律法、兵制等皆能悉数。明天启四年(1624年),奸宦魏忠贤专权,勾结其党禁止道学,鸣雷感愤时政,不入考场。崇祯九年(1636年),行荐举之令,鸣雷力辞不就。按例,父荫可得恩职,他却辞不补官,居乡辑述父书,绍明性学以终。所著有《天闻斋稿》《天经阁集》《经济典汇》《军资备考》《孝经末简》《秦税纪》等。

余光耿,字觐文,一字介遂,号念斋。清康熙三十七年(1698年)拨员廷试授州周知,候选吏部。四十四年(1705年)中举人。博学多才,著有《一溉堂诗集》《蓼花词》《雅历》《枌榆杂述》等。

余绍祉(1596~1648年),字子畤,初号无邨,后号疑庵居士。生性纯笃,负侠好客,18岁筑室天郠山读书。明泰昌元年(1620年)补诸生,名噪郡邑,世人目为奇才。天启六年(1626年),魏逆恣恶天下,正直之臣都遭荼毒。余绍祉不畏株连,慰勉申救,劝尚宝黄龙兴"当门不见客,不如在深坞",并指出"荆棘不可除,路人空不平"。崇祯十五年(1642年),乡试不第,游览名山。明亡,清兵南下,余绍祉裂衣冠缁服上高湖山隐居。清廷几次派人邀其出山,他坚辞不合作,表示"宁钓荒江鱼,不走官街马",并给反清志士许多支援。不几年,在怨愤交加中辞世。余绍祉诗作得白居易精髓,"开心涤臆,骨烟霞而韵泉壑"。如《山居感时》诗云:"泗上蝗灾未宴然,东陲又复报烽烟。廊庙自是多筹画,且向山窗一醉眠。"他的诗论求率真为上,认为"诗者天地自然之声",就像"鸟之鸣""虫之语""雷之击""风泉之走涧","出语要开人性灵,字句好何益"。著作有《晚闻堂集》《山居琐谈》《元丘素话》《樵云居诗》《凝庵文集》《山中吟草》《访道日录》等。

《中国分省医籍考》中说:"婺源医家甚多,医学著作竟达一百二十余种,占江西总数的四分之一。"其中理坑医家所著就有:余述祖《医白》《伤寒翼》,余国珮《医理》《燥湿论》《吴余合参》《痘疹辨证》《金石医原》《医案类编》,余鸿翥《医案》,余馨《医理析微》,余光第《医案》,余冠贤《医学险症随笔》《活幼心传》,余日辉《医学元要》《加减十三方》《试验奇方》,余星廷《医案》等10余种。民国《婺源县志》中有记载的理坑名医还有:余文英,"少失怙,家贫甚,乃弃其家学,专业岐黄。值天寒,移一灯于帐中,检阅方书,或至达旦,帐为之墨。后游沪上,多起沉疴"。余国桢,"以母多病,潜心医术,活人无算,不受谢"。余朝杰,"擅长麻、豆科、治愈者无数,对求诊者礼待,随请随至。卒之日,乡亲无不伤心致哀"。余雷,"主簿衔。……尤善医,伤于斫者,诊治便效,名噪一时"。余文辉,"服贾暇时习医术,遇难治症,思虑至深,或为之忘寝"。余廷璋,"精岐黄,求之必往,痊不受酬,贫者且馈之药"。

理坑余煌,字汉卿,号星川。清乾隆五十三年(1788年)入县学,六十年(1795年)补廪膳生。嘉庆三年(1798年)中举人。他博学多才,工诗文,治学严谨,尤精天文历算。曾预推嘉庆九年(1804年)以后十年日月交食,分秒皆准。著述有30余种,其中较著名的有《天官考异》《长历》《二十星距离》《勾陈晷度》《预推十年日月交食分秒时刻》等。余煌在70寿辰时自拟了堂匾和楹联,密封交付子孙,嘱在他盖棺之日悬挂。后来启封,匾曰"乐天安命",联曰"读父书颇知三畏,宅我心不失一诚",是他"力为穷理,淡于宦达"一生的写照。

理坑还养育了一批博学多才,精通琴棋书画、星相堪舆的方家。较著名的有:明代余有道,字万山。善丹青,尤长于翎毛,悬其所画之鹰于堂,鸡雀望之而惊。吕相国赠其诗中有"胸中藏宇宙,笔内吐山河"之句。婺源人、户部右侍郎游应乾于广东见其画,疑为古人所作,

归家后才知桑梓中有此胸怀绝技之俊才。清代余昌佳,字竹修,号土瑞。精书画,墨兰尤佳。太史俞镜湖汇其画帙,题为"翰墨生香"。文豪俞曲园见其画作惊为超尘绝俗之品,陆宗标等尝为之题词,士大夫求画者不断。清代余逢金,字式如。素工铁笔。篆刻、雕镂,无不精妙。又善琴学,每每亲自入山采木为琴,非遇知心,从不轻弹。清代余绍简,字亦慕。性聪敏,星象、方舆、医术咸有心得。清代余显廷,字廉斋。好学多能,星象、琴棋皆有涉猎,尤精医术,自号"橘泉子"。

### (二)民俗风情

首先是清明祭祖的独特礼俗。祠祭一般在正月,理坑却安排在清明,很少见。由于理坑乡村多居住着名臣硕儒,故祠祭仪式十分隆重,仪典也特别讲究。清明前夕,祠堂里便布置得富丽堂皇,庄严肃穆,墙壁、梁柱全用白布衬底,再覆以绫罗绸缎、苏湘绣幛。四周悬挂祖先容像,陈设文物古董,地铺红毯。祭仪遵循朱子家礼,于黎明前举行(民国初改为天明后举行)。在一片管乐声中,行初献、亚献、终献"三献"礼,每道献礼都要分别上祭品三牲、蔬果、糕点、酒水、衣帛、金银烧纸等。礼毕天已大明。明代监察御史洪垣、户部侍郎江一麟等都先后到理坑以观礼身份参加过清明祭祖礼仪。清嘉庆年间,婺源知县丁应鎏观礼后大加赞赏:"雍雍穆穆,极合礼仪,无愧于书香大族大家。"还和当地文人学子谈诗作词,辑成《桃源唱和集》一册。民国初,婺源知县冯汝简也曾参与观礼,和当地文人唱和,诗词成帙,名曰《桃源续集》。

理坑的节日民俗和婺源其他乡村一样,也很丰富。正月新年,除了放鞭炮、拜年、走亲戚外,理坑还有提龙灯的习俗。理坑到清代,宗族分为四个房头。正月十一、十三、十四、十五四天分别由四个房头出龙灯。每户有几个男丁就要出几板灯。二月送瘟神,请道士做道场,打锣鼓,放纸船。在河的下游将纸船收集起来送到一地集中焚烧。五月初五端午节,天气回暖,病毒易发,村人要喝雄黄酒,包粽子,门插蒲艾,还要吃大蒜和咸鸭蛋以防病从口入。七月十五,祭土地菩萨,祈求丰收。每家每户都要到田地中拜祭,烧香,祈求风调雨顺。八月十五中秋节,舞香火龙。用稻草扎一条草龙,点燃香火,插在稻草上。夜幕下,长长的稻草龙香火闪耀,腾跃起舞,穿梭在田野里。村民们认为八月瘟神猖獗,为了驱除瘟神保平安,村人抬火龙绕村走,香火燃尽就将龙身扔进河里。九月初九重阳节,村人用毛竹做龙,把香点燃插在龙身上,然后抬龙游走,保村里老年人平安长寿。十月十五,打麻粿庆祝丰收。把蒸熟的糯米放在石臼里捣成胶状,然后捏成一个个拳头大的圆形小球,并滚上黑芝麻,蘸糖吃,又香又糯口。腊月二十四、二十八,各家各户去祠堂朝拜祭祖,烧香烧纸。从腊月二十四开始到正月初一,村人在各个庙里舞狮。大年三十,家家户户吃团圆饭,放鞭炮,坐岁迎新年。

# 第二节　商埠名村——汪口

## 一、概述

汪口村位于婺源县城东部16千米处,系江湾镇下属的汪口村委会所在地。因村子位于两水汇合口,村前碧水汪汪,故名"汪口",古时也因村前河流叫永川溪,故又称"永川"。

汪口村处于山环水抱之间。村子背靠逐渐升高、呈五级台地的后龙山。由西北向东南延伸的后龙山直扑向正东水(江湾水)和东北水(段莘水)汇合而成的永川溪,形成"龙饮水"的风水格局。明净如练的河水绕汪口村东南而过,形成村前的一条"腰带水",使汪口村成为三面环水的一个半岛。村东南隔河相望的朝山,林木葱郁,形似画屏。自南向北,向山-永川溪-官路正街商市-村庄民居依次形成了汪口村"山-水-市-居"的村落整体布局形态。

汪口村属亚热带温润季风气候区,四季分明。年平均气温16.7℃,常年平均降水量1821毫米,无霜期约252天。

明清时期的汪口,既是古代徽州府通往饶州府的陆路交通要道,又是婺源水路运输自长江、鄱阳湖、乐安河、婺源通达徽州府休宁等五县的终点码头,因此,交通十分便利。今天,婺源—黄山市的省际公路从汪口村西北面穿过,且已硬化。

2020年,汪口全村有558户1964人。全村经济以农业为主,盛产绿茶。旅游业发展成效显著,现已被评为国家AAAA级旅游景区。

汪口村全景

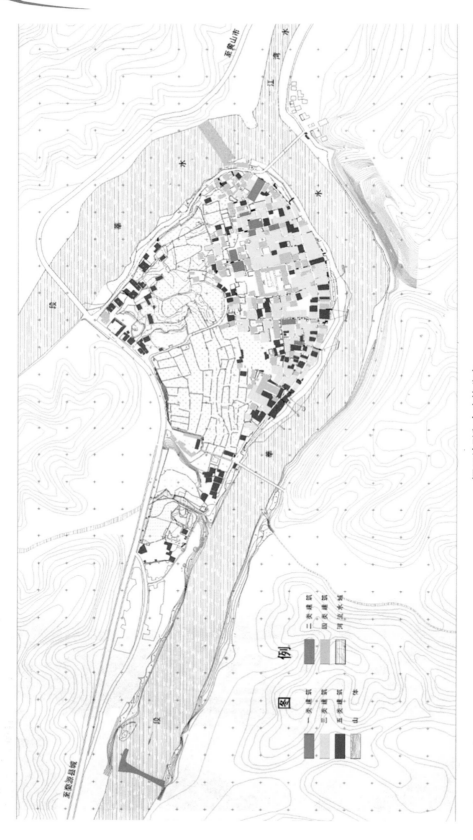

汪口地形和古建筑分布

据婺源《永川俞氏宗谱》记载,歙县篁墩俞昌迁婺源的第九代孙、宋代朝议大夫俞杲于北宋大观三年(1109年)由汪口村附近的陈平坞迁到现址的郑婆坞开基建村,再由郑婆坞逐步向东南的河边扩展。从此,汪口人在此繁衍生息开来。

1263~1380年前后,汪口村人口剧增,俞氏祖先励精图治,一批民居逐步兴建起来,汪口村初具规模。1375年,明代官府在汪口设立了驿铺,促进了人员往来和村子的发展。1405~1687年,汪口的先人亦儒亦商,跻身外出经营的徽商行列。当时汪口的林业和茶叶商人生意如日中天,财富迅速积累并回流到家乡,一批官邸、商宅、祠堂、牌坊逐步兴建起来,汪口村的中心渐渐东移。1730年后的乾隆盛世,汪口进入了鼎盛时期。外出经商者继续走红,汪口的水运码头也发展至盛,俞氏宗祠、一经堂、懋德堂、四世大夫第、四宜轩、养源书屋、存舆斋书院、柱史坊、同榜坊、汇源禅寺等著名建筑,都在此后的160年里相继建成。汪口官路正街也逐步发展成为一条繁华热闹的商业街。清乾隆至光绪的近200年里,汪口俞氏中进士9人,进入仕途,实授官职的有39人。由儒而商,由商而官,官商结合的途径使汪口俞氏宗族势力日强,达到繁盛的顶峰。咸丰年间,汪口村几经太平军与清军的战火,民居被焚过半。星移斗转,王朝更迭,到民国初年,全村尚存有480幢宅院、近百条巷路、18处溪埠码头、3座祠堂、2座牌坊。民国以降,内忧外患,徽商衰落,宗族制度解体,汪口村进一步受挫衰落。延至今日,汪口村核心区占地面积约11.02公顷,有古建筑282处,其中明代建筑5处,清代建筑143处(包括商铺66家)。历史建筑面积达9.65万平方米,占全部建筑面积的80.4%;历史建筑占地面积4.495万平方米,占全部建筑占地面积的80.2%。另外有平渡堰、19条街巷、4个码头、1座石拱桥(曹公桥)保留完好。全村共有各级重点文物保护单位30处。全村总体格局依然古韵犹存,具有很高的历史价值、科学价值、艺术价值。2007年,汪口村被评为"中国历史文化名村"。俞氏宗祠被列为全国重点文物保护单位。

## 二、家在青山秀水间

汪口村位于锦峰簇拥、绿水环抱的山麓台地,一派"鸟语鸡鸣传境外,水光山色入图中"的人居胜境景象。背倚的后龙山来龙绵长,其祖山是海拔1166米的大鳙山,奇峰峥嵘,川谷突峙,林木葱茏,盘旋而至段莘水与江湾水交汇处,形成河湾肥沃、开阔的盆地,居家则阳气充足,水源丰沛;耕作则良田可垦,雨露万物。发源于海拔1468.5米的五龙山的段莘水和发源于大鳙山的江湾水,汇百溪而南流,千折百迴,至汪口交汇,形成飘逸在汪口村的绿色腰带,给汪口村增添了灵动的水韵和妩媚的风姿,为汪口村的繁荣提供了舟楫之利。隔河相望的朝山如一道翠屏,樟松杉柏,四季常青,秋枫如炬,春华烂漫,氤氲蔼岚,浸润千家。据传,这座朝山本是光秃秃的一座石壁山,村人为了作育青山以发吉祥,按风水术原理,在山上植树造林,并规定外出经商为官之人,回乡时都要带来各地树种栽种到山上。代代相传,此风日炽,终于造就了今天这座汇集了上百种名木古树的迤逦屏山。生活在枕山面水画境里的汪口村人,得天地之灵气,为自己营造了一个天人合一的温馨家园。古人赞赏的汪口八景是:屏山拥翠、绣水环清、峭壁春花、澄潭秋月、蓼州烟艇、松岭云樵、双溪柳渡、叠嶂茶歌。沿

河而筑的成排民居,推窗即见山水如画,登上楼阁远眺,村子四周是一片田园美景,古民居鸳鸯瓦相属,街巷经纬,古意盎然。自东南向西北,汪口全村形成了"翠山—绿水—街市—民居—田园"有序展开的家园画卷,这种村落选址布局遵循了风水术"负阴抱阳,冲气以为和"的理论,达到了"背负龙脉镇山为屏,左右砂山秀色可餐,前置朝案呼应相随,正面临水环抱多情,南向而立富贵大吉"的效果,实现了人与自然共生、共存、共荣、共乐的理想境界。

汪口的水口也是风景如画的绝佳园林。这里古木参天,樟绿枫红,是村人迎接远方来客而奉上的画卷。作为"天门地户"的水口,这处胜景不但为汪口村关锁了财气福气,也驱避了邪气鬼气,使全村人兴财旺,平安吉祥,长作桃花源里人。

为了营造一个最宜人的居住环境,除了借山光水色之自然造化外,汪口村人还建设了一批生产生活设施,使自己的家园胜似天堂。按照风水理论,汪口村人按照"网"形来布局全村的空间形态。官路正街为"纲",18条直通溪埠码头的主巷道,连接着错落有致、纵横延伸的小巷,将民宅织成一个"目"。不但街巷道路四通八达,为了方便居民过河生产,还分别在村东、西两头各建了一座木板桥。最值得一提的是汪口村的排水设施。所有街巷边或青石板铺就的道路下,都有经过严密设计的明沟暗渠,纵横连通,直达永川溪。无论下多大的雨,汪口村都不会积水内涝。这些排水系统至今还发挥着作用。

山川如画的家园

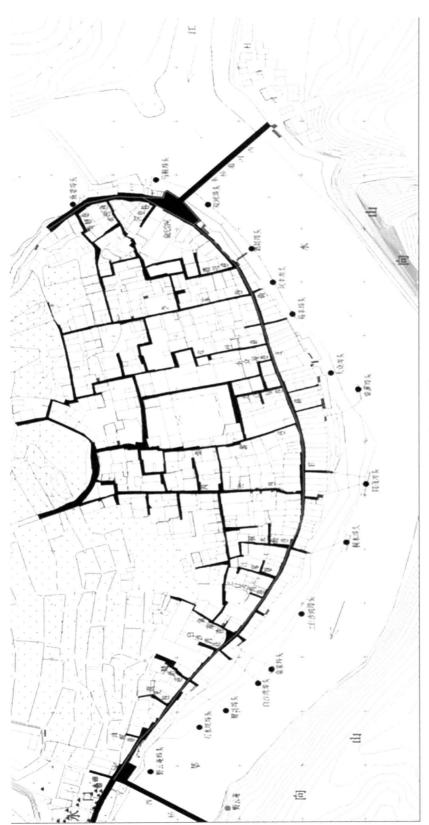

便利的路网系统

石板路和排水沟

路巷

## 三、商埠胜迹

### （一）平渡堰

平渡堰因形似曲尺，当地人俗称"曲尺堨"，位于汪口村水口河中，由清雍正年间经学家、音韵学家江永（字慎修，婺源江湾人）设计并督造。

平渡堰南北长120米，东西宽15米。其南端接岸，北端堰头向河上游折成曲尺形，曲折坝长10米，宽5米，形成一条离岸边6米宽的舟船通道引流渠。平渡堰坝体采用了独特的片石直立砌筑法，就是将大块片石紧贴直立，窄边对着水流方向，以减小水流对片石的冲击力。堰体中间部位的片石则横过来重叠，与迎水面的片石组成"丁"字形结构的坚强后盾。此堰历经200多年洪水冲击，至今仍完好保留。

据光绪《婺源县志》记载，"汪口两溪合流，洄漩凶险，每遇洪水涨发，辄溺人居"，多"覆舟之患"。平渡堰在不设闸门的情况下，解决了蓄水、通舟、平缓水势的矛盾，显示了很高的技术水准。此堰的建成，使上游汪口村形成了18个深水码头，大大促进了汪口村水运业的兴盛，汪口村发育成为商埠名村，江永及其平渡堰立了首功。

### （二）码头和街巷

古代徽州的水运交通"取道有二：一从饶州、鄱、浮（即江西一线，婺源星江—乐安河—鄱阳湖—长江),一从杭、严(即浙江一线,新安江—富春江—钱塘江)。皆壤地相邻,溪流一线,小舟如叶,鱼贯尾衔,昼夜不息。"汪口,是婺源东部航运的终端码头,"通舟止此",是货物的水陆转运集散地。从江西水运至此的货物由此上岸集存,再由陆路肩挑车载,运至休宁、歙县、绩溪、祁门、黟县等地。从大山深处外运的货物,也由陆路运抵汪口集存,再水运至江西一线各地。从清华来的船长近9米,有3块船篷,叫北路鸭舋。从鄱阳来的船长10米余,有4块船篷,叫大鸭舋。从乐平来的船长12米,有5块船篷,叫东港船。从余干来的船有3~4块船篷,叫鸭尾子船。古代商业"因水而兴",由于交通运输的发达,汪口成为万商云集的集镇,各种为交通运输业服务的行当也在此繁荣发展起来,有茶号、客栈、米店、布店、饭店、南货店、裁缝店、豆腐店、理发店、烟店、药店等20多个行当。繁盛之时,汪口村有18个河埠码头供商货转运。18个码头与村中南北向的18条街巷对应相连直达村落纵深人家,以便利货物存放、集散、转运。18个溪埠码头的名称自东北向西南,依次是:鱼塘碓、马弯石、柳溪、桥头、酒坊、滩头、裕丰、兆记、迪公、同茂、悦来、养源、白沙湾、三家村、赌坊、野云庵、西关、石狮头。18个码头今天虽已失去作用而废,但溪埠和商家用于上下货物的临河建筑仍存。

18条接通码头的街巷,由东北向西南依次是:鱼塘巷、水碓巷、祠堂巷、酒坊巷、李家巷、双桂巷、小众屋巷、大众屋巷、柴薪巷、四通巷、桐木岭巷、汪家巷、上白沙湾巷、余家巷、下白沙湾巷、赌坊巷、夜光巷、油榨巷。这些巷道命名,有很多都体现了行业功能区的特点,如酒坊、柴薪、赌坊、油榨等。其中最长的是四通巷,达270米,其次是李家巷,230米,双桂巷180米。小巷幽深,宽度大概为1.5~2米,建筑侧墙高度9~10米,空间比例为1:5左右。

向山和码头

平渡堰

码头古碑

## (三) 官路正街和商铺

汪口村东南滨河而筑的是连排的商铺,商铺北边临街便是官路正街,街的北边是栉比相连的民宅和祠堂、乡约所、商铺相间杂的建筑。这条官路正街全长 670 米,东西向呈弯月形,一律用青石板铺地。它既是婺源至徽州府古驿道的一段,也是汪口的一条商业街市。街的建设和形成经过了漫长的年代,至清代中叶而达繁华。

官路正街

糕饼店正立面

官路正街街北、街南的建筑功能和风格迥然不同。街北有少数住宅,古代还建有 3 座祠堂和 1 个乡约所,其余多是商铺,建筑规整,质量较高。街南则全是商店,空间和平面布局不一,店门都是门板式的。这些商店大多是临街一间店堂,中央一间杂用空间,后面是厨房,厨房窗外便是溪流和翠绿的向山。楼上可供住宿和存放货物。清代繁华时,商旅辐辏,沿街商号鳞次栉比,有裕丰、同茂、悦来、德通、裕馥隆、发茂源等名号。整条商业街空间尺度亲切宜人,大多数为两层楼房,檐口高度为5.3米左右,街宽2.5米左右,街道空间比例为1:2。

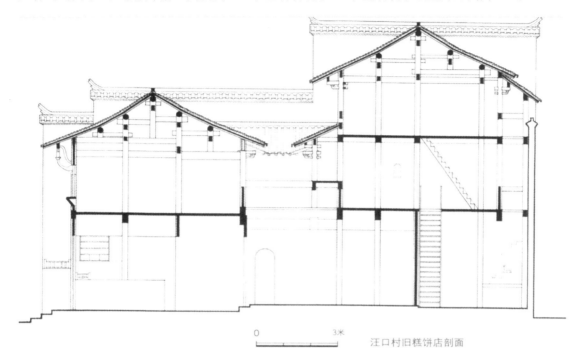

**旧糕饼店侧剖面**(引自陈志华等《婺源》,清华大学出版社,2010)

　　官路正街中段路北有一幢原貌保存较完好的老糕饼店。临街店堂两开间,宽的一间装着木排板门,窄的一间筑了一个曲尺形柜台,朝街的一边短些,向外凸出几十厘米,边缘有精巧的小栏杆。另一边长的,可供顾客进入店堂后购物。柜台下有抽屉。屋内两侧墙上设有吊柜,可存货物。店堂店面有一间很宽敞的大厅,带一个小小的天井,像天窗一样。屋梁、柱、枋都很合规矩。左右枋上各有一块木板,浮雕着"刘海戏金蟾"图案。"金蟾"与金钱谐音,刘海手中的拂尘也是一串长长的钱串,寄托了商人们招财进宝的心愿,是商业建筑和商宅中常见的装饰题材。厅旁和厅后以及楼上都有卧室,后进的右侧有一大间作坊。整座商铺建筑总占地面积173.75平方米。这种店堂、作坊、仓库、住宅相结合的商业建筑,是汪口商铺最典型的代表。

### (四)商宅

#### 1.懋德堂

　　懋德堂主人俞理臣是汪口的大茶商,被当地人称为婺源"东门出城第一家"豪富。俞理臣在经商同时兼管汪口村祠众诸事。相传他在广东经营茶业时赚钱就像"河滩搬石",享有"业至三省,家无白丁"之誉。他在安徽、浙江、江西均有钱庄、当铺、田产,家中老少都识文断

正堂大门

字、知书达理,家业兴旺,子孙满堂。他还热心公益,乐善好施,曾出资修缮俞氏宗祠的五凤门楼。他将自己住宅取名"懋德堂",就是教育子孙后代要扬德、重德、崇德、行德。

懋德堂建于清乾隆六十年(1795年),建筑占地面积达295平方米。此宅分两路,南路是正堂,三间三进三天井,北路是书斋和余屋,单间两进两天井,规模宏大气派。正堂第三进后半部分和余屋第二进前半部分为三层,屋脊高12.34米,其余为两层。余屋的东部有一个门院。全幢建筑平面布局规整中见变化,起伏有致;立面高低错落,生动灵活。室内梁柱板壁简朴大气,不像一般商宅那样精雕细镂,炫富显贵。该宅的大门和绣楼十分抢眼。大门的砖雕门楼、石库门、水磨青砖门框在气派庄重中又见砖雕的细腻精美和石雕的洗练写意。绣楼木质格板图案华美繁复,下部的漏窗用九个砖雕铜钱花装饰,别具一格,既增强了装饰效果,又寄寓了主人的求富心愿。

大门柱础石雕"瓜瓞连绵"和"芝兰迭秀"

书斋和绣楼外观

梁架和走马楼

## 2. 慎知堂

慎知堂建于清初,为汪口俞氏二十世祖宗哲公所建。在建成后的数代里,后裔营商效益红火,人丁兴旺,逐渐往慎知堂后扩建了三组堂屋,共有6个正堂,14个天井,2个私塾,1个花园,横跨双桂巷与柴薪巷,总占地面积1600多平方米,成为村中规模最大的一组商宅。1949年土改后,该宅分给多户人家居住,随年代推移,多数房屋已毁损、改建,现已难窥当年风采。现存部分为慎知堂最早的宅第。南边的一进院落居住着原主人后裔,厅堂正中挂有"慎知堂"匾。北边一个院落为昔日的私塾。

慎知堂现存部分建筑占地面积尚有281.5平方米,有5个天井,三层楼,南边门院内花台上花木葱绿。平面布局虽然尺度较小,但天井和院落空间较为开敞,所以居住其中,并不会有压抑局促之感。二层格扇雕饰简洁精美,显现出建筑细部的考究。

门院

内景

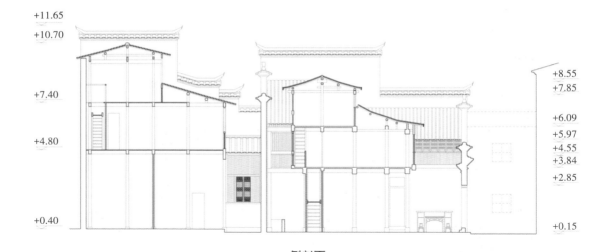

+11.65
+10.70
+7.40
+4.80
+0.40

+8.55
+7.85
+6.09
+5.97
+4.55
+3.84
+2.85
+0.15

侧剖面

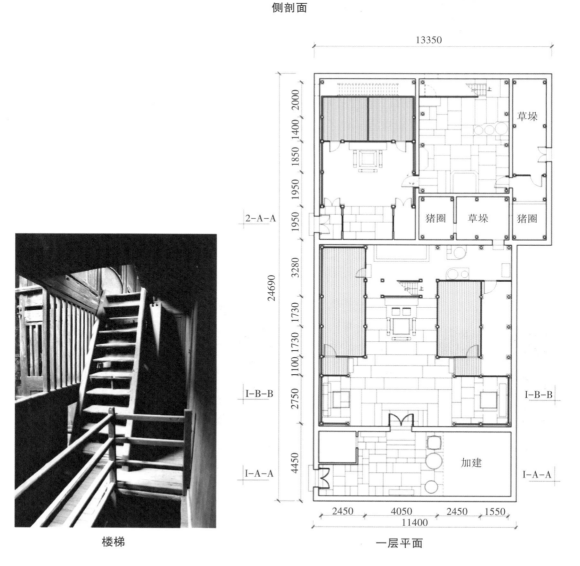

楼梯

一层平面

3. 俞运行宅

俞运行宅建于清代中期。该商宅西临双桂巷,却另辟一条南北向小巷,由东南向的宅前空地进入住宅,体现了徽州民居中以东南向门位为吉位的传统观念。

该宅建筑占地面积约170平方米,建筑面积约370平方米。平面为两进三开间布局。第二进后部有三层晒楼,屋脊高11米,其余为两层楼。该宅保护较好,砖、木、石"三雕"都很精美。房屋北墙东下角立有一块"泰山石敢当"风水石碑,以挡路口冲煞。

大门石柱础和雕刻

枋托和枋板

## 四、民居风华

### (一) 大夫第(养忠堂)

位于李家巷的一所官宅,建于清咸丰年间。此宅以祖孙三代为官而闻名。其原主人为俞氏三十三世祖俞炳圭,诰封奉直大夫。其子俞泰曾,官至州同知,敕授儒林郎,赠中议大夫。其孙俞德林,为拣选知县。

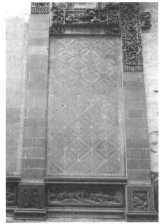
大门水磨砖柱、门屏和石础

大门门楣题字

大夫第占地面积约200平方米。正堂为典型的三间单进四合布局。余屋部分是三间两进结构。正堂太师壁后设楼梯,全幢为两层楼房,梁架构造中规中矩。正堂天井四边的"跑马楼"宽敞恢宏。大门内地面上铺有一长两短三块白色石板,镶成官帽形状,是主人身份的象征。该宅木、砖、石"三雕"题材多样,技艺精巧,很有观赏性。

### (二)致和堂

位于李家巷内,北邻大夫第,东面隔巷为懋德堂。该宅已有100多年历史,建筑占地面积220平方米,两层,屋脊高9.55米。

大门前是一个门院,东头有"门圈",用于落轿;西头是一个只有一层高的客馆,格扇门装饰很精美,是致和堂别致的设计。门院内还有一座砖石花台,古韵犹存。进入砖雕门楼,正堂为三间单进两厢一天井布局。往西有两路余屋建筑,中间一路单间两进,西边一路三间两进。室内主要梁架均饰以雕。

门院和落轿间　　　　　　　　　　　大门

### (三)一经堂

该宅建于清乾隆二年(1737年),主人俞念曾,字祝南,曾为乾隆年间州同知(五品)。他清正廉洁,为人宽厚,且勉学勤读,颇得民心。"一经堂"是他以《三字经》"人遗子,金满籝,吾教子,惟一经"的古训取的堂名,意在教诲子孙以读书传家,长存耕读之家风。

一经堂占地面积270平方米,由三组建筑组成,自东至西分别是偏堂、正堂、书院,三部分以墙相隔但都有门相通,楼上也有门相通。正堂为三间两厢一天井结构,前两层,后三层。大门门头砖纹石雕繁复精细,梁身木雕颇为精美。偏堂三间两进,天井紧靠南墙,只有两间厢房,前进为家眷住所,有三层楼阁,屋脊高11.27米。后进为厨房。书院也是三间两进结构,木门雕饰精细华美,"万"字图案漏窗别有意趣。

大门内外

别具一格的雀替

正堂内景

厨房

## （四）俞泮尧宅

位于官路正街中段北侧。屋主为大户人家，祖上为官，属于懋德堂的一个分支。该宅建于清代中叶，占地面积180平方米，建筑面积360平方米。大门前是一个门院，院门开在东头。进入大门，是三间三进格局，前进为四合一天井结构。第三进为三层，其余部分为两层。该宅梁架结构和木雕保存较好。底层右首厢房内还保存有一张红漆描金的雕花大床，十分精美。

外观

神龛"香火供"

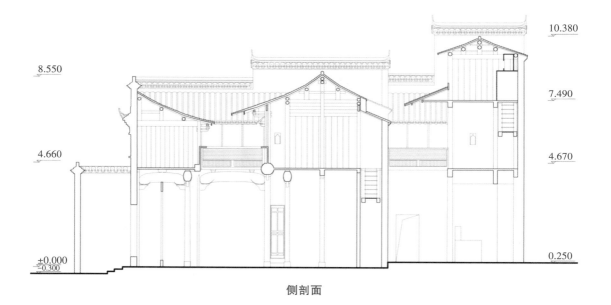

侧剖面

## (五)寿德堂

　　位于双桂巷内,靠近汪口村北,建于清康熙年间,至今已有300多年历史,是村中现存较早的住宅。寿德堂平面布局呈长方形,十分规整,占地面积190.8平方米。房屋结构为三间三进三天井,一进为两层,二、三进均为三层。此宅的墙砖砌法有两种。一种是用在侧面墙上的开砖砌法,为明代民居中常用砌法。寿德堂的窗棂均为方格形,非常简约,木构也很少用雕刻,具有明代民居的风格。这些都可佐证寿德堂建筑年代之久远。

外景 内部梁架

## （六）俞灶树宅

　　清代中叶建筑，现存古建筑正堂占地面积93.6平方米。第一进是典型的一明两暗三间布局。一明即中间的厅堂，两暗指两侧的厢房，厢房内有阁楼。绕过太师壁便是第二进的天井，其后为厨房。第二进楼面为三层结构，屋脊高10.14米。三层楼上有神龛供奉祖先牌位。厢房书卷形户净上刻有隶书铭文，用蓝漆书写，这在婺源古民居中仅此一见。铭文为："雅歌吹笙，考之六律，八音克谐，荡邪反正，奉爵称寿。""相乐终日，于穆肃雍，上下蒙福，长享利贞，与天无极。"语出《汉鲁相史晨飨孔庙碑》，该碑是东汉所立的记载鲁相史晨祭祀孔子盛况的隶书碑文。这几句碑文描述了祭孔时鼓乐谐和、肃穆庄严的吉祥氛围，表达了人们对圣人圣道的钦敬追慕。书法端庄严谨，为学汉隶者所取法，传为蔡邕所书。户净字体照原碑摹刻，虽有修整，却不失原碑韵味，体现了房屋主人高雅的情愫。

素洁的梁架 铭文户净

## （七）大夫第（俞汉寿宅）

位于四公巷内，为清代中期建筑，占地面积210平方米。该第平面呈十分整饬的长方形。大门前有门院。大门是三开间门楼，饰以砖石雕刻，宏大精湛。进入大门后还设有中门，平日不开，只在重要客人来访或重大节日时才开启。房子内部是三间两进布局，第二进后部有三层晒楼，其余是两层楼。第一进的天井尺度较一般住宅大，四边的空间均开敞，是典型的四合头形制。二层的"跑马楼"层高尺度也较大，显得宽敞宏丽。

大门门罩

俯瞰一层内景

青石基础和护墙

从三层楼俯瞰屋面

梁柁

门头砖雕细部

## 五、宗族古风

### （一）宗族制度和祠堂

汪口村的宗族制度在长期的历史发展中形成了一套组织系统。这个组织系统从低到高由三个层次组成。基层是众屋（支祠），由房股势力组成，负责处理本房股内的纠纷、忤逆事件。中层是"乡约所"，有4名"乡约"，分别由"天、地、人、和"4个众屋公推，负责处理、协调、解决一些影响较大的事件和行会间的争议。上层是俞氏宗祠，宗子族长具有至高无上的宗法权力。这些宗族管理均有特定的场所建筑，可惜支祠已损毁殆尽，乡约所也已毁掉，只留下一块"乡约所"门额石。

"乡约所"门额石

硕果仅存的只有俞氏宗祠了。俞氏宗祠由朝议大夫俞应纶于清乾隆元年（1736年）省亲回乡时带头捐资重建而成，后经多次修缮。整座宗祠占地面积1116平方米，由北首的书院和南首的花园共同组成。宗祠主体"仁本堂"由门楼、享堂、寝堂三部分组成，共有两进，每进之间有天井连接，天井两边均有庑廊。每进一堂递高一层，寓意步步高升。祠堂大门处宽15.7米，寝堂后墙宽16.2米，前小后大，形如口袋，利于聚财藏气。

大门外立面

整座宗祠形制与其他宗祠相类，没有特别之处。但整座祠堂凡梁、枋、雀替、柱托、牛腿、斜撑等木质构件遍施雕刻，内容丰富多彩，技巧精湛超群，被誉为"木雕艺术宝库"。

祠堂前面是一个青石板铺就的小广场，紧临二水汇合口，正对着宽阔深远的溪流和朝山明堂。大门为五开间，中央三间翘角飞檐，如凤凰展翅，构成歇山式屋顶三牌楼建筑样式，也就是"五凤楼"。明间最高，用网状斗拱，次间用斜向的五跳插拱密密层层叠压，梢间向前突出，作青砖八字形壁。前檐柱之间设签子门。门楼上花枋高浮雕"双龙戏珠"，下花枋是"双凤朝阳"，两幅巨型木雕合成为"龙凤呈祥"之意。大门内侧形制与外侧形同，梁、枋上的雕刻有"双凤朝阳""万象更新"图案，其他构件上还雕刻有栩栩如生的花鸟虫鱼和人物故事，雕法多样。雕刻画幅达5平方米以上。

从享堂看五凤门楼里侧

门楼里侧"双凤朝阳"和"万象更新"木雕

俞氏宗祠除了柱身外，几乎无木不雕。连接门楼和享堂的左右庑廊花枋上，分别雕刻着"渔樵耕读"和"琴棋书画"生活场景，有花树山林、亭台楼阁、小桥流水、飞禽走兽，还有人物情节。构图丰富多变，镂空雕刻技术娴熟。两庑枋板雕刻每块长度达6米，高度1米多。木雕画面中，肩犁农人、骑牛读书儿童等人物，逼真灵动。画面中的船就有帆船、楼船、篷船、小划船等12艘。亭台楼阁形制各异。光是桥就有双拱桥、单拱桥、廊桥、石板桥、木板桥等形式。两幅大型木雕一气呵成，不露一处败笔。

左右庑廊与享堂交接处的阴角上，向天井挑出一个高翘的翼角，角梁下悬着垂花柱。柱下的斜撑巧妙地雕成两只倒趴狮，把承重力转移到金柱上。这是艺术形式与建筑力学巧妙结合的一个示范。享堂和庑廊最近天井的4根柱子用长条石材制作，可有效防水防腐，也是巧匠们的得意之笔。

享堂是祠堂中祭祀祖先和祠众集会议事的场所。享者，献也。这是宗祠中最庄严、神圣的地方。享堂三开间，骑门梁长9.6米，这样长的跨度使享堂显得十分宽敞。享堂前檐作卷棚。前后金柱间有七檩，显得三架梁、五架梁、七架梁格外轻逸疏朗和谐。梁的位置都低于相应的柱头，由柱头直接支承檩条，横梁实际只起联系结构作用和承托上面瓜柱的重量。这是穿斗式和抬梁式相结合的梁架结构。享堂的梁都是月梁，节点处加散斗扶持，梁插入柱身而在另一侧出榫，榫头是卷曲的象鼻形装饰构件，驼峰也雕刻成花篮形状，十分美观。另外，在月梁底面也刻有较浅的浮雕，骑门梁、二道梁下分别刻有蝙蝠、寿字，寓意"福寿双全"。其

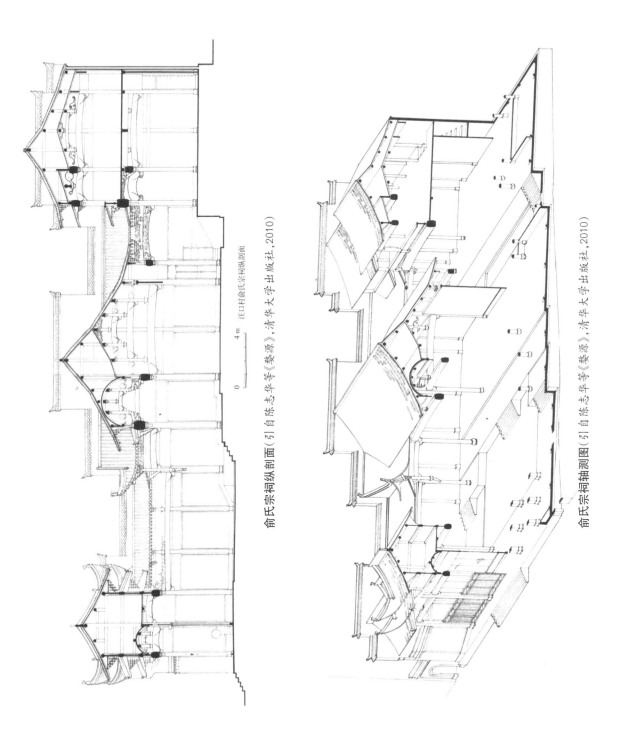

俞氏宗祠纵剖面（引自陈志华等《婺源》，清华大学出版社，2010）

汪口村俞氏宗祠纵剖面

0 4 m

俞氏宗祠轴测图（引自陈志华等《婺源》，清华大学出版社，2010）

他梁上还刻有文房四宝、瓜瓞连绵等题材。粗大的圆柱和笨重的冬瓜梁由于尺度比例和谐与小构件的装饰点缀而显得灵动起来,给人极匀停透畅的感觉,建筑力学和形式美学得到完美的融合。

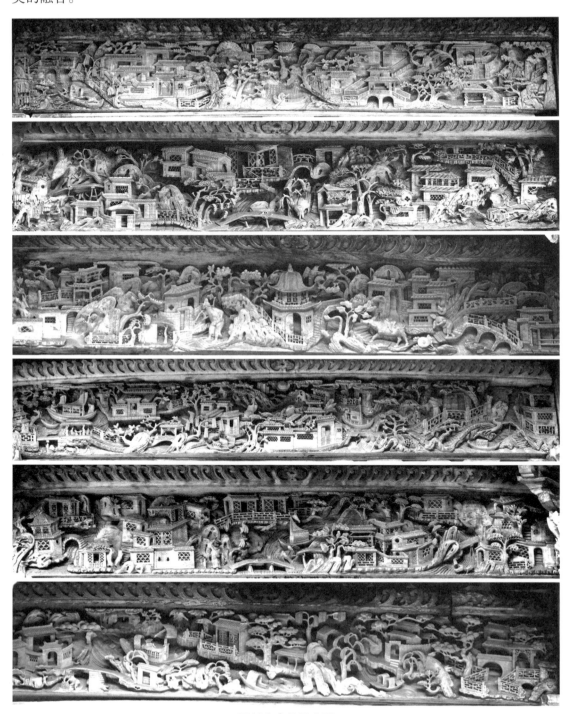

两侧厦廊枋板木雕

鸱吻雀替

享堂和抬梁

　　石台阶通达。五开间,前檐用网状斗拱撑托飘檐,华美轻灵。次间前檐枋上各雕一龙一凤,合为"龙凤呈祥"图案。距地面5.6米为楼,木板铺地,供放神主牌,每次祭祖时,都要将神主牌请到楼下,供族众祭拜。

　　俞氏宗祠西侧原是花园,东侧是义塾。宗祠附设义塾是常例,宗族一般都设有学田,以田租收入供族中子弟读书。花园、义塾今已不存,但义塾院里的两棵百年金桂、银桂却依然枝繁叶茂,每到金秋便芬芳醉人,寄托了俞氏族人"兰桂齐芳"的期望。

　　宗祠享堂内还挂有许多牌匾。居中的"乡贤"匾,旌表宋代进士、汪口始迁祖俞杲的贤德。"父子柱史"旌表的是明代御史俞一贯父子。"兄弟同榜"旌表的是明代同榜进士俞文进、俞文达兄弟。还有一些是旌表才学高深、卓然有成的名流,如"程朱一脉""道学名家"等,表明全村人推崇的是二程和朱子的理学精神。还有一些旌表科举和文会优胜者,如"拔贡""会元""文元""亚魁"等。还有一块匾是旌表明代著名抗倭英雄俞大猷的"探花及第",是汪口人最自豪和津津乐道的话题。

童柱驼峰细部

梁、柱、枋和雀替、柱托、挂落

　　由此看出,祠堂是古代乡村宗族制度最集中的体现。族人在这里祭祀祖先,敦宗睦族,增强凝聚力;在这里商议村子发展大事,处理族中纠纷,惩处违反祠规的人和事,以实现对族人的管理;在这里宣传表彰族人的荣耀,以激励后代;在这里培养后裔苦读诗书,谋求功名。繁盛之时,汪口曾有14座祠堂,可惜今只剩宗祠1座了!

寝堂

义塾双桂

### (二)宗族与教育事业

宗族乡村为保持自身长远的发展势头和竞争力必定要十分注重后代的教育和培养。汪口古时的办学经费除了学田以外,还有四条来源渠道:一是茶厘,按比例从在汪口加工买卖的茶叶中征收厘租;二是鱼厘,由渔户组织按季向卖鱼者征收一定比例的银钱;三是亩角,由拥有土地者在春、秋两季按比例缴纳;四是学生所交少量费用,一般不超过5角(铜钱)。汪口历史上还建有许多书院、书屋供后代学子接受教育。据光绪《婺源县志》记载,元初,村人俞杲曾建"心远书院";清初,俞肖建"岩筑山房",并于山房静鉴塘旁攻读。时至今日,汪口还保存有书院建筑三处,下面逐一介绍。

#### 1. 养源书屋

该书屋坐落于桐木岭巷石级顶部,由赐封奉直大夫(从五品)、翰林院待诏俞光鉴于清光绪五年(1879年)建造,为昔日专供孩童启蒙之场所。书屋门院右侧墙上立有一块石碑,记述了创办此书屋的由来。据碑文记述,俞光鉴自幼失怙,靠自强自立在江西做生意发了财,回乡置办产业。他有6个儿子,将家产分为7份,除6个儿子各得1份外,多余的1份资助办学。为了防止子孙不肖者今后争夺这份产业,他通过县衙下达文告以明示警戒。立碑时间为光绪十年(1884年)三月二十三,落款为"钦加同知衔新授婺源县正堂吴鹗"。

书屋由门院、课堂、塾师室、厨房等部分组成,为三间两进布局,两层楼房,占地面积100.45平方米。门院里有一株古木槲树,苍翠怡人,还有砖石花台,古意沁人。此书屋与一般民居不同之处在于楼梯位于二进尽头,纵向布局,使得二层空间连续通透,整体宽敞,便于较多人数的蒙童在此活动。楼上花格窗也很新颖别致。

大门门楣题额

院门门楣题额

临街外观和门院中的桂花树　　　　　门院

一进内景　　　　　　　　　　天井和内景

一进花枋木雕

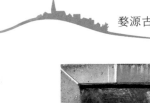

书屋产业确认碑

门院中的砖石花台

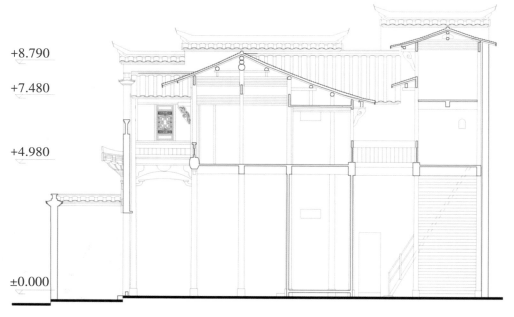

侧剖面

## 2. 存舆斋书院

坐落于酒坊巷,清乾隆年间村人俞功臣所建,占地面积约90平方米。该书院虽只有两层,屋脊高8米,但它处于整个村子地势较高处,从楼上可俯瞰附近很大一片风景,给苦读的学子以登高畅怀的环境。大门为朝东八字门,门首有翘角门楼。第一进天井内房间为先生的教书地点兼卧室。该书院的门窗及梁架构件少用雕刻,线条简洁。室内挂有清乾隆时期状元及大臣王杰题写的书赠屋主的3副木刻楹联。

大门

下堂与天井

### 3. 三六公众家书院

建于清代,为两层的砖木结构建筑,是三六公祠族人的众家书院。书院占地面积70平方米,平面布局比较规整,屋架也较高敞,两进三开间,门前有一小院。室内木雕非常精美。

邻巷

花枋和斜撑

尊师重教的传统使汪口人才辈出。汪口俞氏中进士者有9人,出任七品以上文武官员24人,另有潜心著作、光耀词林者9人,著作达21部。其中佼佼者除前文提到的以外还有:宋代,有代理滁州州事"以清廉名"的俞勋;"学行昭著"的俞士千;"扬真泰饥,建议赈给,所活数十万人"的俞君选。清代,有"善指头画,可颉颃高且园,肆力六书古文,工篆刻,著有《印谱》"的俞珽;"决诸症多奇中,并著《本草正误》等行世"的名医俞塞等(见光绪《婺源县志》)。

### （三）宗族自治活动

**1. 经济组织——渔户**

古时，汪口村有一个组织严密的渔户（渔人行会）。渔户以船头为单位，兴盛时，有16个船头（16艘渔船）。船头收学徒要宴请宾客，接受学徒拜师礼：父带子入户每人交一斗米，单身入户交一斗五升米。每个船头每天的收入，要在当天晚上按投股分渔利，其比例为：渔户1.9股、师傅1.8股、渔船1.6股、徒弟1.5股、渔网1股、渔纲0.2股，共8股。剩下2股为村民1.5股，交学堂鱼厘（租）0.5股。之所以有村民1.5股，一是因为河道不是渔户的，更不是船头的，而是村庄共有的；二是有村规民约，非渔户不准在河中捕鱼。即使村妇在河中洗菜，孩童在河里洗澡偶得一两条小鱼也不准拿回家。若有违反，即停止该户一年渔利分配，还要示鱼于胸前游街。村庄前有一个养生潭，平时禁渔，只有每年的八月十五、腊月二十四前对渔户开禁两天。由于是封禁的养生潭，这两天渔户产量很高，全村过节就不必另外买鱼了。由于村民得到了实惠，禁渔的村规能得到很好的执行。这两天所获鲜鱼除照股份分配外，还要给村里的昆腔曲堂留出一份，用于添置戏衣、道具。

**2. 慈善事业——义仓**

义仓由汪口茶叶商人俞澄辉于清道光二年（1822年）创建。他第一个捐银1600两，置买田产，然后收租粮进仓，以备赈济孤寡灾祸。义仓的粮食主要救济孤寡老人。规定"每日半升（约375克）孤老粮"，每年最多不超过三担六斗（约195千克）。每月还要向孤老提供1.5千克油、0.5千克盐。此外，义仓在端午、中秋、春节也要给孤寡老人送三节礼。村人遇到水灾、火灾时，也要将义仓粮食贱卖给受灾户。存了2年以上的粮食要以新换陈。由于俞澄辉义举深得人心，永川俞氏富商纷纷捐银。鼎盛时期，汪口义仓的田产置到了万年、乐平等县，分别在当地设有裕丰庄和乐丰庄。

汪口义仓的管理也很严格。义仓的管理者称为"仓首"，仓首每年分别由"天、地、人、和"四众屋族长轮流担任。每年新老仓首交接班时，交班的老仓首要公布一年来义仓的收支账务，必须货款相符。接班的新仓首，则要向俞氏宗祠祠首交足相当于当年全部粮租的现洋，或等价黄金"积仓"，以防贪污，或用以补足因管理不善造成的亏空耗损。

**3. 社会活动——同年会**

男丁从20岁起至40岁，每逢整十岁，汪口人要由同岁数富有人家"驮同年"，承办相应的娱乐活动。20岁，经济能力有限，承担打字虎（猜谜语），换贴庵堂、寺庙、众屋、乡约所对联等活动。其中，打中一个字虎，视难易程度，赏饼一至数对。30岁，已成家立业，有一定的经济基础。这个年头的人要到外地请戏班。正月里连演六本戏，一天一夜共一本，即要演六天六夜。戏的曲目及演得好坏，均由众屋的管理者负责，演砸了就要抽戏台板（拆台）。这样，该戏班就会在全婺源县没有市场。演得好，除正常的酬金外，还要赏红包。40岁，已是不惑之年，同年会主要承办祠堂祭祖活动。50岁，由同龄人负担全村男丁正月进祠堂每人一对饼的费用，不承办具体活动。60岁，已成为受人尊敬的长者，对各项活动不负有责任。他们或指导，或静观年轻人举办的各项活动。在祭祖仪式上，每名50岁以上的整十岁的人都会得到丁饼，50岁1对，60岁2对，70岁3对，80岁4对，以此类推。同年会举办的各项活动，由一个富有人家同龄人出钱承办,这个人被尊称为"献瑞"。由于费用庞大,加上要体现同年会的宗旨,因此,每个年龄段的同年男丁要根据自身经济状况,自愿捐献数量不等的钱币。不足部分即由"献瑞"一人承担。"献瑞"是显示财富和实力的机会,每年同年会不必推选,那些家境殷实的人家都会争着承办这种露脸的事。

### 4. 祭祀活动

农历正月初三,仁本堂(俞氏宗祠)、明善堂祭祖。农历正月初四,立爱堂(支祠)祭祖。农历正月初五,四公祠(支祠)祭祖。农历正月初七,进俞氏宗祠领丁饼。农历二月初五,祭文昌。农历三月初三,全村斋戒,在乡约所祭玄帝。农历七月十五,中元节,祭孤魂野鬼。白天在河滩搭"下世篷",请道士"破穴湖",晚上放河灯。农历九月初九,到齐云山祭玄天老爷。农历十月十五,下元节,在河滩搭"下世篷",祭孤魂野鬼。农历十一月冬至日,仁本堂、明善堂祭祖。

### 5. 公益活动

农历八月十五,由拔路会组织拔路(清除道路边的杂草杂木)。农历九月初九,由水龙会组织在河滩清洗检修水龙(灭火器材)。汪口村还有桥会,负责组织维修桥梁;渡会,负责组织检修渡船。

### 6. 文化娱乐活动

农历正月初一,昆腔曲堂艺人到汇源禅院献曲。农历正月十三至十八,出灯彩。"天、地、人、和"四家众屋每年正月十三至十五都要举行灯会。天字号:培元第,挂红纱灯。地字号:明善堂,挂玻璃灯。人字号:立爱堂,挂明角灯。和字号:孝友堂,挂珠灯。

每当夜幕降临,各众屋张灯,烧茶、装桌盒(一种装6~8样糕点的果盒)。客人一到马上泡茶,请坐吃糕点,赏灯。四家众屋,暗中相互较劲,看谁家灯精彩,吸引的客人多。这将预示着当年众屋的人丁是否兴旺,财源是否茂盛。因此,各众屋族长及族人都不敢怠慢。"天、地、人、和"四家众屋在正月十五元宵节晚上,还要诚心诚意地请祠正、老人吃元宵酒。

正月十五众屋灯结束后,十六至十八,即举行平民灯会。沿官路正街街面两旁所有民居、店家,家家户户门前要挂灯彩。这三天的平民灯会没有统一规制和样式,所以,千姿百态,争奇斗艳,却也十分精彩。官路正街是一条繁华的商业街,多数店家都会以此广告、渲染自己的生意。

农历正月十九至二十四,由30岁同年会出钱,请戏班进村,连续六天六夜演六本戏。

农历五月初一至初五,划龙船。汪口有乌艄、黄艄两条龙船,且有龙会。每年端午节,从初一至初五,龙会都要组织划龙船,其意义和全国各地一样,也是纪念屈原。不一样的是初五晚上划龙船的结束仪式——行香。初五白天最后一场划龙船结束后,龙船会将人员分成若干组,按划定居民片区线路,挨户进行驱逐疫鬼的行香仪式。

上户行香,每组5人,有明确分工。分别为扛木雕小龙船、捧圣像、提香炉、打小锣、打小鼓各1人。打小锣的人负责背装祭品的小袋。

这天,家家户户在八仙桌上摆设三个碟子,分别装满茶叶、大米、黄豆等祭品。户主鸣放24响鞭炮迎行香队伍,行香的这5人龙头在前,依次从右侧进入屋内,提香炉的将正熏着香术、白芷的香炉到屋内每间居室和厨房晃三下,意在驱除瘟疫。同时,主人将三个碟子中的

茶、米、豆各抓一撮放入木龙船的三个小仓内。碟中剩下的祭品,则分别倒入背袋人背的三个"黄坤袋"内。这些程序完成以后,行香的5人在堂前绕半个圈从门的右侧离开,主人则再次放一串24响鞭炮送行。当全村行香结束,将每户抓来的茶、米、豆取出适量放到龙船内,各路人马一路鸣炮,到紫坛集中,前往水口一块巨形石壁上,将龙船内的茶、米、豆倒入河中。这最后一项活动叫"送水",意为将各家各户附有瘟疫的茶、米、豆送到河中随水漂走。剩下的茶、米、豆作为行香人的工钱,或平分或聚餐吃掉,至此,整个划龙船活动才算结束。农历八月十五,中秋节,舞龙。农历九月初九,文人墨客在文昌阁赋诗作词。汪口还有七年一次的"阳会",演地戏、扮抬阁,意在庆祝七年来全村的善事,祝贺平安。另有三年一次的"阴会",也是演地戏、扮抬阁,意在驱鬼、消灾。

# 第三节　儒商故里——延村

## 一、概述

距婆源县城北偏西18千米的登高山西麓、思溪河湾处,有一个山环水绕、粉墙黛瓦相属的古村——延村。延村属亚热带季风气候,温暖湿润,年平均气温16.7℃,七月平均气温28℃,年降水量1821毫米,年无霜期252天,常年多见偏北风。

延村是婆源县思口镇思溪村下属的一个自然村。2020年,全村有192户577人。村庄有耕地830余亩,茶地1700余亩。农民主要从事传统的水稻种植业和茶叶生产加工业。近年来,随着村中旅游业的兴起,村落被评为国家AAAA级旅游景区,服务业收入大增。

古代延村陆路有青石板古道,北出浙源乡虹关村至徽州府;水路可从思溪河入星江河通达县城,向南通饶州府,现仍存有2个小型码头。现有沥青公路干线——婆清线,从距村2千米的思口镇经过,并有沥青公路连接线通达村中。

延村建在婆源山区少见的一片较宽阔的盆地中,整个村庄呈不规则几何形,南北长约322米,东西宽约447米,核心区面积8.8公顷。全村现有民居103幢,其中清代建筑56幢。现存古建筑占地面积12096平方米,建筑面积58000平方米。其中建筑原貌保存良好,结构体系坚固,外观完整,无改造或加建的A类建筑占地面积2767平方米,占22.88%;建筑局部出现破损,但整体仍较完整,有部分改造或加建,但仍基本尚可修缮复原的B类建筑占地面积6479平方米,占53.56%;建筑质量差,破旧不堪或有大量改建、加建,较难修复的C类建筑占地面积2850平方米,占23.56%。被列为县级以上重点文物保护单位,具有很高历史文化价值的古建筑有7幢:明训堂(3幢)、聪听堂、余庆堂、训经堂、笃经堂;具有较高历史文化价值待申报为重点文物保护单位的古建筑有19幢;具有一定价值的古建筑30幢。

延村始建于北宋元丰年间,古称"延川",取祈愿子孙"绵延百世"之意。最早聚居的是吴、程、洪等姓氏家族,至明正德年间,金氏添爱公迁入延村,金氏在这里繁衍生息迅猛,超过了先入居的几个姓氏,金姓人口占到全村的80%。

明末清初是延村稳步发展时期,村中商人资本原始积累初步完成,并逐步成为古代徽商队伍中的一支有生力量。他们把本地盛产的茶叶、木材运销外地,取得丰厚收益,在家乡建设了一批豪华商宅。

至清嘉庆年间,延村达到了历史上的鼎盛时期。这一时期,延村户户均有青壮年男子外出经商,很多人取得了极大成功。在雄厚的经济支撑下,延村主要的商宅、祠堂、巷道、学堂等建筑、设施建设臻于完备。

近代以来,随着太平天国战乱和洋商的入侵,徽商受到致命打击。随着政治格局的巨变和农村宗族体制的瓦解,延村历史建筑遭到极大破坏。但村庄的整体格局变化不大,历史建筑也遗存较多,仍具有较高的历史、科学、艺术价值。延村2005年被评为江西省"历史文化名村",2008年被评为"中国历史文化名村"。

延村全景

## 二、亦儒亦贾的家园风貌

延村商人是徽州商人的组成部分,秉持以贾牟利、以儒成名的理念,以仁为本,儒雅敦厚,"通天下货,谋天下财,利天下人"。他们尊崇以义取利、以利济世、以和为贵、以儒兴商、儒贾结合的理念,形成了"儒商风骨"。他们中的杰出代表有弃儒从商,往来白门、湘汉间的金玉成;有商于景德镇的金城;有业木金陵、如皋的金照、金荣先、金玉章、金起凤、金嘉顺、金烈光等;有业茶于沪、粤的金大震、金禧、金庭槐等。据民国《婺源县志·列传》记载,延村著名的商人还有:金芳,"太学生,江苏候补知州,经商沪、汉间,习英语,为通事"。金大炘,"行商饶州二十年,为名商代表"。金銮,"太学生,花翎通奉大夫。佐父经商沪、汉间,以茶业起家,习英语,为洋商所信服,遂为茶业领袖"。金国振,"从父、兄行商海上,习英语,为茶商通事"。金大坤,"业木金陵,为众推重,后改业茶,以诚信著"。金瀚,"太学生,侍父河南唐县,帮办防堵,奖五品蓝翎,……少年练达,领袖茶商"。金维城,"初业茶义宁,蜚声英商界,嗣游幕闽南,晚经商屯溪,任茶栈职三十余年,群推忠厚长者"。金树琨,"随兄经商浔、沪间,习英语,为茶业通事,群商倚如腹心"。这些商界精英义利兼取,将巨额财富带回故里,光宗耀祖,叶落归根,兴建了延村的一条条青石板街道和祠堂、牌坊、书屋等公共建筑,也为自己筑就了一幢幢气派的住宅。这些建筑和整个村庄的规划布局建设,无不打上"儒商"的烙印。

古建筑历史价值评价标准一览表

| 分类 | 评价标准 | 栋(处) | 比例(%) |
|---|---|---|---|
| 很高价值 | 经县以上人民政府规定公布应予重点保护的文物古迹。 | 7 | 12.5 |
| 较高价值 | 建筑未列入文物保护单位名单,但却具有较高历史文化价值的古建筑。 | 19 | 33.93 |
| 一定价值 | 历史文化价值较低的一般古建筑。 | 30 | 53.57 |
| | 合计 | 56 | 100 |

图 例

很高历史价值建筑
较高历史价值建筑
一定历史价值建筑
一般类建筑
1-73 古建编号
水 面

延村地形和古建筑分布图

## （一）在财气绕门的河湾处聚居

风水术视水为财，而河湾处就是聚集财气之所，所以延村的祖先们选择了思溪河中游登高山下的一个河曲处建村。思溪河自西向东，在村南环绕而过。两岸田畴开阔，四季作物轮替，风光旖旎，山野溪畔，花团锦簇，林梢烟织，古村的粉墙黛瓦掩映在绿荫古树之中。这一村落选址，同时也体现出儒家文化的影响，以山峦为骨架，以溪水为血脉，注重营造"天人合一"的人居境界。村庄北边有高山阻挡寒流与狂风，南面则有登高山隔河相望，有如画屏。山麓河谷地带土壤肥沃，提供了开垦良田的开阔空间。思溪河环抱村庄，提供了充足的水源，能满足灌溉和河运之需。

**山水滋养人家**

延村人把隔河南望的登高山又俗称为"火把山"，全村民居坐北朝南，大门正对火把山，恰似商人希望生意红火的愿望。不仅如此，村中还有四条街巷故意纵横交叉形成"火"字形，以求财运胜火。正由于有意形成斜街，使朝南的住宅与街道无法平行，许多人家的门院因此形成了一头宽一头窄的不规则形状，让人陷入不得其解的迷局。为了克制火把山和火形街引来火灾，村人在"火"字头上打造了一口水井，名为"镇宅井"，以镇火妖。当地习俗，每年农历七月初七，全村人要淘洗一次井底，保持井水清澈不涸。这种规划布局，一般的商人是无法设想的，只有知书达理的延村儒商才有这样的谋划。

镇宅井  　　　　　　　　　　　"火"字形道路

### （二）关锁财气的灵思巧运

首先是水口关锁。延村水口在村东北约500米处狮形山和象形山对峙的河谷处,并植枫、樟掩映,形成风水术上"狮象把门"的形势,使延村能够"藏风聚气",财运长存。

其次是在村落的街巷布局上做文章。古代整个延村村内交通主要由6条青石板街道构成,三角地巷全长183米,四家巷全长99米,庄上巷全长141米,水井座巷全长116米,七家巷全长240米,巷道宽度1~2.5米。这6条街巷形成三横三纵呈"田"字形网络连成一体,蕴含着使全村财气聚集而不外流的规划理念。

深巷悠悠

最后是"四水归堂"积财。延村先贤们在用天井解决民居四面高墙围护而带来的屋面雨水排泄难题时,也不忘"肥水不外流"。他们在天井四周屋檐下装置锡质或陶质落水管,使雨水收集归于管中。下水管曲折依墙而下,通到天井下面的"明塘",在屋内旋转一周后再排出室外。这一排水模式民间称为"四水归堂"。人们赋予天井"招财进宝""天降洪福"的象征。天井"明塘"的排水口,往往有雕刻着鱼口的石板,取"年年有余"之意。明塘上方正对天井的青石板地面,也往往铺砌成古老的铜锁状,寄寓着商人"锁住财气"的祈盼。

隐蔽在堂壁后的下水陶管

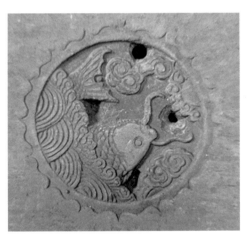

"年年有余"石地漏

天井承接檐水的下水陶管

## (三)儒商人生的物化体现

先来看看这幅"麒麟踏铜钱"照片。这是延村许多人家下水管石础上的石雕图案。麒麟是贵的象征,铜线是富的象征,二者的结合正是儒商求富又求贵的心愿的最好写照!

再来看看这幅"'商'字门楼"照片。由于受封建社会营造等级制度的限制,富有的徽商无法扩大私宅的规模,只有在房屋的装饰雕刻上下功夫,形成了建筑上精美的木雕、砖雕、石雕。商人的大门门楣不能题写府第名称,只能留下空白。为了表示对自身社会地位低微的不满,延村的儒商们把精雕细琢的砖雕大门设计成"商"字形状,让来访的达官贵人也要从"商"字下通

余庆堂"商"字门楼

过。幽微的心理在精美的砖雕和巧妙的设计烛照下毕现,也只有儒商才有这份心思和雅趣!

"前世不修,生在徽州,十三四岁,往外一丢!"这是徽州民谣,也是延村儒商少小离家学做生意坎坷一生的写照。训经堂厅堂格扇门锁腰板是一组"人生四味"系列木雕,分别雕刻着葡萄、水蜜桃、苦瓜、辣椒、酸、甜、苦、辣的人生况味,寓意深切。两侧窗雕上"福禄寿"三星,以示吉祥愿望。前梁梁枋雕有牡丹图案,彰显富贵。底座雕的"寿""喜"图案均不通头,寓意"寿无尽""喜不断",期望寿喜绵长的心理表现得那么强烈。还有一组格扇门锁腰板上雕刻着六幅一组的"山川行旅图",画面虽小,却逼真地刻画了延村儒商穿行于险峻山道、奔波于江湖舟船的情形,是商人羁旅艰辛的生动写照。

麒麟踏铜钱　　　　　　　　　　　　训经堂寿喜绵长雕刻

### (四)商贾的人文情怀

延村商人自小接受私塾教育,初通文墨,科举不顺者就走上从商之途,而身在商界心在学,始终不忘谋个仕宦出身。于是,他们致富之后,输捐兴建书院祠堂等礼教建筑和桥梁道路等基础设施,使村庄逐渐繁荣起来。

古代延村先后建有绍志、善诱、育美、博古、吉斋、明训等书塾。清道光二十七年(1847年),村人候选知县金洪曾主持与邻村合建了一座"开文书院"。明训书院就是延村儒商兴办的一座村塾,建于清代中叶,建筑面积达1260平方米,在乡村私塾建筑中算得上规模宏大了。古时,此书院经常延请学者宿儒到此讲学,使全村文风鼎盛,由此走出的许多生员,中举折桂。有清一代,延村出过10名七品以上官员,文人学士留下的传世著作有17部。据光绪《婺源县志》记载,村人金筠"尝构读书楼,贮书数千卷,昼夜研究,寒暑勿辍。嗣立文社,为后进鼓舞,乡里文风浸起"。金鸿熙"广购群书,手不释卷,尝输地建书院,置田培文社及资助寒酸力学者……著有《询尧集》《枕善居文稿》《云山吟草》"。金蓉照"闭户著书,有《尚书考异》《枕经堂文稿质疑》《杂录》《茗仙试贴》《金粟山房吟草》等"。

明训书堂(又称"保鉴山房")正门前是一个院落,有花台、枇杷树,营造出一个幽静的读书环境。正门很别致,是一个圆形的月洞门。书院一层,原是塾师室、课堂、会馆;二层有生员宿舍和课堂,都用木板壁或格扇门分隔。二层的"早读楼"有精美的美人靠,便于学生晨读倚靠。整个建筑尽书院之用而设计建造,简朴而富有特色,颇具匠心。

　　村中还有一座金家书屋,建于清代晚期。整个书屋的主体由2幢楼组成。一幢用作讲堂,另一幢用作学子自修的读书楼。均为三间两层,楼上主要用作学生宿舍,读书楼楼上有敞厅和大木窗,可作为学生读书的场所。另有偏房可作厨房和储物间。总占地面积340平方米,建筑面积620平方米。

书堂正厅大门

书堂内景

　　为了作育村庄文风,古代延村还建有文昌阁。今天文昌阁虽已毁废,却留下了两方碑刻,见证着商人的书香。一方是《建造文昌阁碑记》,全文如下:"本村水口关帝庙左首,金齐坪自愿输租八秤,与众换田,独建文昌阁,为合里肇开文远,颇当大观。楼上供奉神像四座,楼下供奉神位二尊。计用费贰千金。子孙笃志诗书,世守勿替也。嘉庆八年秋月齐坪金益亮记。"另一方是《水口文昌阁诗》,全文如下:"尝观放翁诗,东坡读书台。孕奇蓄秀地,山水何佳哉。齐坪性卓荦,下帷绍氛埃。所居最胜处,杰阁巍然开。是为文昌宫,瓣香其素怀。至尊尚崇隆,典礼视上台。文章万国器,激劝在吾侪。载籍为枝干,孝友为根荄。神者本依人,诸福源源来。此即诗书城,千载东坡偕。后元登览者,将不尽低徊。齐坪大弟嘱题水口文昌阁诗。"

　　延村建筑布局另一个重要特色是"穿巷过户,群屋一体",体现了村人敦睦的宗族情结和人文关怀。这种连片构造既方便村人互相串门联络,全村人宛如一个大家庭,又在雨雪天气时方便人们行路,穿堂过户,由村头至村尾可以做到鞋不沾水、衣衫不湿。商宅的许多构件和装饰,都体现出延村古人贾而好儒的风气。如笃经堂正堂两侧格扇门锁腰板木雕就刻有"文房四宝""琴棋书画"图案。

文昌阁诗碑拓

"文房四宝"木雕

## 三、儒商故居

### （一）余庆堂

余庆堂建于清康熙十三年（1674年），占地面积380平方米，建筑面积720平方米。

大门和外墙

余庆堂老主人金文谏是著名茶商，早年曾经商于南京，是江宁商会会长。他的4个儿子，均有建树，在村中分别建起了4幢大宅，形成了村里6条街巷之一的"四家巷"。余庆堂是金文谏次子金时秋所建。他16岁随父经商于吴楚，由于经营有方，获益颇丰，同时他也是个好读书的商人，所以他的故居充满了书卷味。

余庆堂大门前有一横跨的门院。院门内有小阁，村人叫"门圈"，用来停放来客的坐轿。大门是精美阔大的砖雕"商"字门楼。门罩重瓦铺盖，翘角飞檐，不仅能遮挡雨水，还增加了美观和气势。门罩下的上下门枋等处是雕工精湛、寓意吉祥的锦文图案。走进屋内，是两层穿斗式结构屋架，三间两进两天井布局。特别引人注目的是室内的木雕遍及梁枋、雀替、户净、格扇门，手法多样，雕工精致，寓意隽永。前梁上雕刻有蝙蝠与海浪组合的"福如东海""天宫赐福""双凤朝阳"等图案，窗格开光上雕刻有人物戏文。特别是前堂过厢格扇8块腰板雕刻着神态各异的獾，寓意"欢欢喜喜"，无不形神兼备，令人激赏！

前堂

格扇腰板雕刻群獾(欢)图

格扇腰板雕刻双鹿同春

格扇腰板雕刻麒麟送子

## (二)笃经堂

延村大木商金大斯于清康熙年间为三个儿子分别建了三幢豪宅。三幢住宅连成一排,按长幼排序,临街为老三的房子,老大的房子居最里面,由外而里,房子一幢比一幢高。三幢房子共用一个长条形门院,大门均朝门院开。"笃经堂"就是最里面那幢长子的住宅。

从"笃经堂"堂名可见金大斯作为儒商的精神境界。据传,康熙年间,江西北部发生瘟疫,千里鄱湖十室九空,死人无数。金大斯没有乘机买卖棺木获取暴利,而是向疫区运去大批药品救治灾民,使疫情得到控制。这一次金大斯虽未发大财,但他仁爱的声誉却从此传播开来。又一年春天,他贩运木材去江苏,遇到一商船触礁呼救,危在旦夕。而金大斯自己的船只恰好外出,他便请求江边一条船的主人前去搭救。但对方见水急礁险,不敢施救。紧急之下,金大斯果断地掏出银两买下船只,驾船救出了遇险的商人。

笃经堂前的门院十分精美。月洞门和亭子对空间既作了分隔又体现了长院通透、立面视觉丰富的效果。院内还有石花台、石鱼缸等摆设,增添了情趣。房屋主体结构也是穿斗式两层楼房,三间两进两天井布局,整幢建筑面积达1020平方米,十分宏阔。屋内格扇门窗保存得较完好,古意盎然。木窗圆开光内黄莺穿柳、喜鹊啄梅、松鹤同春木雕造型中规中矩,古朴简练;长方形开光内的戏曲故事雕刻则线条流畅活泼,人物俯仰神态毕肖,很见功力。

门院

窗棂开光雕刻松鹤同春

梁枋和楼栏板

月梁雕刻

窗户雕刻细部

## （三）训经堂

金鸾是延村著名大茶商，出身书香门第，思想开明，通晓洋务，懂得英、法、日等国语言，与当时南通实业家张謇等洋务派首领多有来往。他创制的"鼎盛隆"品牌绿茶饮誉欧美，曾于1915年获巴拿马国际博览会金奖，成为当时上海茶界的知名人物。民国初年，他携资回延村建起了中西合璧的"训经堂"，用以给村里孤寡老人颐养天年，体现出一个儒商仁厚善良的胸襟。

训经堂建筑面积720平方米，两层建筑，两进，前进是正厅，有两厢房，太师壁后设楼梯；后进是余屋厨房。它没有一般徽派建筑传统的天井，而靠前院格扇门上方的玻璃采光。砖雕大门楼进去便是一个门院，院子一侧便是厅堂的格扇门。木质格扇门上梁枋、雀替、牛腿、开光布满精美木雕,上方窗户镶嵌的是从法国进口的变色玻璃,别有一种传统与现代相糅合的韵味。这一面木门仿佛是一方木雕艺术的博览图,集中了花卉、人物图案等各种题材内容,运用了透雕、圆雕等多种手法,令人目不暇接,赞叹不已! 短窗额板上刻游龙一对,下压镂空六角锦,海棠形开光内雕刻福、禄、寿三星,下压梅花纹锦,整幅木雕运刀锋利,气韵生动。门窗上方额板雕刻着豹猴雀鹿(寓意抱侯爵禄),窗身宝瓶格上下刻着倒蝠(寓意福到),两边雕刻瓜瓞(蝶)连绵(藤叶),锁脚板上雕刻着《西厢记》连续画面,背景选择典型,人物形象圆润健劲,可惜头部在"文革"中被铲掉。窗格中的花卉花篮雕刻富有立体感,凸显出花香灵气。

门院玻璃窗户格扇

窗额板雕刻双龙护家

内厅

荷、菊雕刻斜撑

### （四）聪听堂

聪听堂是延村著名的书香门第。此屋由延村著名木商金嘉藻的祖先于清乾隆年间所建,建筑面积760平方米。金嘉藻有十个儿子,所以此屋又叫"金氏十家"。金嘉藻及其后代秉承朱子理学,走亦儒亦官亦商的人生之路,是延村儒商的典型代表。聪听堂主人喜好古典诗文、戏曲,多与儒学名流交往,屋里至今还保存有清代"桐城派"首领姚鼐墨迹匾额,房屋的设计建造也体现出儒商的独特审美意蕴,不仅追求住宅的舒适实用,还追求其精致美观和教化作用。

与延村其他古宅一样,聪听堂前边有一个一头宽一头窄的门院及门圈,水磨青砖石库门枋,上有砖雕门罩。房屋主体也是穿斗式两层屋架,三间三进三天井布局,外有高墙围护,五岳朝天的马头山墙耸入天际。余屋的厨房内有石栏板下水池和陶质下水管,设施先进合用。聪听堂正厅内的雕刻则表现出屋主人的文化品位。大梁丁头拱满施雕刻,承托阑额。楼裙边透雕卷云海浪图案,动感强烈。雨挞板以龟背菊花锦纹围起开光,内雕人物故事。两厢格扇门雕十二生肖,圆润生动,还雕刻有《西厢记》中"莺莺焚香拜月,张生隔扇窥玉"故事和白居易《琵琶行》中"浔阳江头夜送客,枫叶狄花秋瑟瑟""千呼万唤始出来,犹抱琵琶半遮面"诗意。人与景偕,形与神俱,雕工细腻,画面逼真,富有韵律美。

一进内景

屋面檐口和门檐交错一线天

# 第四节　徽墨名村——虹关

## 一、概述

虹关村位于婺源县北部浙源乡境内,距县城45千米。虹关村属中亚热带温暖季风湿润气候区。年平均气温16.2 ℃,年平均降水量1856.6毫米,无霜期242天。虹关村坐落在婺源名山——高湖山(海拔1116.6米)南麓,浙水河谷,背枕青山,面临清溪。浙水从村庄东边由北向南流过,青石板铺就的宽阔的徽饶古道呈南北走向穿村而过。村中另有溪边路、中路、里路等4条南北向青石板大路和风华路、添丁路、守俭路等24条东西向巷道交织成道路网络。全村建筑布局形成船状,占地面积约2.3万平方米,镶嵌于锦峰绣岭、清溪碧河之间。

**虹关村全景**(詹东华摄)

虹关地域古为方氏聚居之地,南宋绍兴年间,詹同从附近的宋村迁入定居。因村落位于"吴楚锁钥无双地,徽饶古道第一关"的浙水河谷要冲,建村时"仰虹瑞紫气聚于阙里",故取名"虹关",又名"虹瑞湾""鸿溪"。

2020年,虹关村全村有214户550人,有农田474亩,茶地214亩,山林2600亩,森林覆盖率87%。村民主要从事农业生产和外出经商务工。

虹关古村落构成要素有:

(1)自然要素:浙水河绕村而过。后山盘踞村背,村四周近山有白头翁尖、天井山、丙峰等4座。村中有古樟树14棵,古桂花树5棵,古枫树8棵。

(2)人工要素:① 古民居:68幢,其中明代8幢,清代60幢,县级重点文物保护单位6处。古建筑占地面积14253平方米,建筑面积56000平方米。② 街道:27条,总长度约4000米。③ 桥梁:有古代石拱桥2座(通津桥、环清桥)。④ 水利设施:有平公堨、龙门堨各1座;长生圳1条,约610米。⑤消防设施:有石板筑万安水池1座;存放灭火器材水龙的水龙庙1座。

（3）民俗文化：墨业文化十分丰富，还是个典型的佃仆制古村。另有"十八会"、舞龙灯等习俗。林则徐曾为虹关詹应甲题写墓碑。村头古樟巨树被誉为"江南第一樟"，并有《古樟吟集》。许多古楹联流传至今。

虹关村2007年被评为江西省"历史文化名村"，2010年被评为"中国历史文化名村"。

村在山拥水环间

## 二、墨村遗韵

虹关是一个因制墨业兴旺而发展繁荣起来的手工业古村，这是它区别于其他古村的显著特征。周绍良《清代名墨谈丛》记载："婺源墨铺大约在百家以上，仅虹关詹氏一姓就有80多家，而詹大有一家就有乾行氏、真瑞氏、小竹氏、少竹氏、允成氏、成记、文星氏、悦庭氏这些分支，在数目上远远超过歙县或休宁县造墨家，在徽墨之中是一大派别。"

墨是"文房四宝"之一，古人云："有佳墨犹如名将之有良马。"它是古代不可或缺的书写用具，同时又兼有工艺品的艺术价值。有的墨中渗有冰片、麝香等中药材，具有药用价值，是为"药墨"。

我国制墨用墨历史悠久。明清时期，徽州地区生产的徽墨流行全国，是中国制墨业发展的顶峰，涌现了曹素功、汪近圣、汪节庵、胡开文等墨业名家。徽墨按地域划分为三大派：歙县、休宁、婺源。婺源墨是三大徽墨派别中产量最多、流行最广的一派。婺源虹关墨号多在家乡采集墨烟，运到北京、上海、武汉、南京、扬州等地制成墨锭，并在当地开设的墨号（铺）销

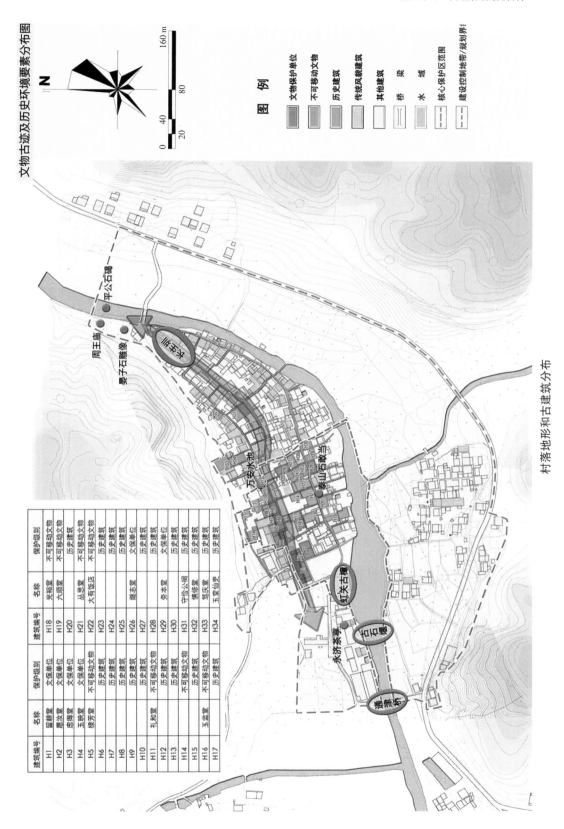

文物古迹及历史环境要素分布图

村落地形和古建筑分布

| 建筑编号 | 名称 | 保护级别 | 建筑编号 | 名称 | 保护级别 |
|---|---|---|---|---|---|
| H1 | 雷耕堂 | 文保单位 | H18 | 光裕堂 | 不可移动文物 |
| H2 | 惠芳堂 | 文保单位 | H19 | 六顺堂 | 不可移动文物 |
| H3 | 志得堂 | 文保单位 | H20 | 愚忠堂 | 历史建筑 |
| H4 | 玉映堂 | 文保单位 | H21 | 丛思堂 | 不可移动文物 |
| H5 | 继芳堂 | 不可移动文物 | H22 | 大有饭店 | 不可移动文物 |
| H6 | | | H23 | | 历史建筑 |
| H7 | | 历史建筑 | H24 | | 历史建筑 |
| H8 | | 历史建筑 | H25 | | 文保单位 |
| H9 | | 历史建筑 | H26 | 继志堂 | 历史建筑 |
| H10 | | | H27 | | 历史建筑 |
| H11 | 礼和堂 | 不可移动文物 | H28 | | 文保单位 |
| H12 | | 历史建筑 | H29 | 务本堂 | 历史建筑 |
| H13 | | 历史建筑 | H30 | 守益公祠 | 历史建筑 |
| H14 | | 不可移动文物 | H31 | 博修堂 | 历史建筑 |
| H15 | 玉堂堂 | 历史建筑 | H32 | 驾庆堂 | 历史建筑 |
| H16 | 玉监吏 | 不可移动文物 | H33 | 玉堂仙吏 | 历史建筑 |
| H17 | | 历史建筑 | H34 | | 历史建筑 |

售,集制墨与售墨于一身,自产自销。虹关詹氏墨品多以实用为目的,以价廉易售为宗旨,其特点是"入纸不晕,浓墨而光,防腐防蛀,耐久不变"(王俪阎、苏强《明清徽墨研究》第26页,上海古籍出版社,2007年)。由于墨铺分支众多,虹关墨家制墨有一惯例,即在墨的题识中,不但有店主名字,大部分还要加上支属的标记,如詹成圭制"万国咸宁"墨,即有成圭之子、制墨者"惟一氏"款识。

### (一)墨业名家及其故居

詹晃祖,字方寰,国学生,清初墨家。创"世宝斋"墨肆。墨品有康熙时制"凤阁腾辉"、乾隆时制"青麟髓"并有"天下文明"墨传世。模制甚精,烟质亦细,磨处湛湛若小儿晴。嘉庆十七年(1812年),东瀛市河氏所撰《未庵墨谈》中载有其制品。虹关村中今有"方寰巷",其故居和制墨工场位于该巷中。

詹武龙,字振升。清康熙年间曾制"江汉朝宗""钓璜""尚方"等墨锭,朴实少文,为百姓和士人所喜爱。邱学敏《百十二家墨录》中有载。其故居是六顺堂。

詹应虬,字子云,国学生。据光绪《婺源县志》载,子云"少时家艰窘,以营商为生。家稍宽裕,便以利济为心,曾经捐金独建亭舍,并率领族人输租煮茗,以方便过往行旅客商"。清乾隆初尝制"八宝药墨""龙门"等墨锭。清钱泳《履园丛话》"制墨"条载:"近时曹素功、詹子云、方密庵、江节庵辈所制者俱可用。"日本古梅园墨店主人松井元泰曾远涉重洋向他请教制墨方法,并在其《古梅园墨谱跋》中称:"徽州官工素公(功)、游元绍、詹子云,三子盖当代之名家。"子云故居务本堂,砖雕门楼高大精美,屋内格扇门上开光处雕有八仙图案,灵动逼真。正堂三间一进两层,余屋三间两进三层,屋脊高9.31米,总占地面积164.81平方米。现由尚逸轩公司维修保护,辟为"尚逸工坊",用作"文房四宝"制作体验场所。

梁架和格扇

天井

八仙雕刻

詹元生,字成圭。清雍正年间侨居姑苏,市墨生理。乾隆初,曾制"竹燕图""道谊遗风"等墨锭。乾隆五年(1740年)由钦差内务府郎中苏赫讷监制,为乾隆定制御墨。《未庵墨谈》中载有其制品。詹元生有一子(若鲁)四孙,他为四个孙子各建了一座大宅,分别是玉映堂、愿汝堂、留耕堂、虑得堂。

詹成圭墓

其中的留耕堂堂名联文是:"心作良田一生耕之不尽,书为恒产百世留之有余。"屋主詹国涵是詹成圭的第三个孙子。"留耕堂"匾额就是状元、兵部尚书、左都御史彭启丰(字芝庭)为之题写的,并落款"泰舒年学兄嘱,芝庭彭启丰题"。该堂正堂大门朝北,大厅坐西朝东。正堂三间两进,前、后堂天井三披水,"凹"形深坑石槽,十分少见。余屋部分有男客馆和女客馆以及厨房。女客馆有三层楼。全幢房屋有4个门,6个天井,占地面积400多平方米,十分宏大。2005年,留耕堂被列为婺源县第二批重点文物保护单位。近年,尚逸轩公司对留耕堂进行了维修保护和利用,开办了民宿。详见第十章第一节。

临巷大门

正堂和堂名匾

屋面和古樟远山

堂名对联

院内古桂树

天井和梁架

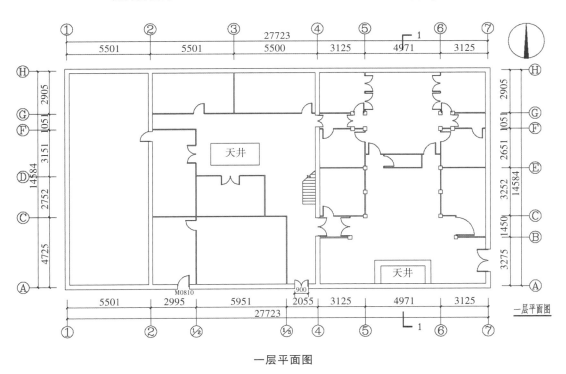
一层平面图

　　詹若鲁,字惟一。詹元生(成圭)子。自幼讲易水法,业墨姑苏,名驰京省。承父业开设"玉映堂"墨肆,尝制有"万国咸宁"等墨锭,称佳。其故居是玉映堂。正堂坐西朝东,大门临街,有砖雕门罩,石库门枋。四披水天井,走马楼,设仪门,三间两进,楼梯设在太师壁后。正堂有门通向两侧的余屋,是客馆和厨房。三层楼有房3间,设晒台。全幢房屋占地面积300平方米。2005年,玉映堂被列为婺源县第二批重点文物保护单位。

大门

大门砖柱和石础

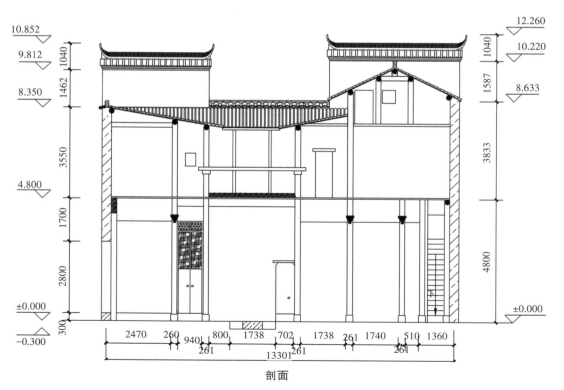
剖面

　　詹国淳,字从先,号古愚,又称詹淳,监生,詹若鲁子。吴仲纶《初月楼续闻见录》载:"婺源詹古愚,名淳,善治墨,操业以游。"其子詹应甲在《赐绮堂集》中云:"詹氏之族,业于治墨,其墨行天下,惟府君能披罗唐、宋以来之古法,远以精思,得者如拱璧。"创"省吾斋"墨肆,乾隆年间尝制"群仙高会""漱金""紫玉光"等墨锭,墨质精坚,造型古朴,为墨中佳作。著有《古愚诗抄》《省吾斋墨谱》。詹国淳故居虑得堂大门为石库门枋,有砖雕门罩,工艺精湛。正堂设仪门,四披水天井,三间一进,走马楼,南侧廊道也辟为房间,所以一层有5间卧房。有门道通北侧余屋,是带天井的客馆和厨房。全幢房屋占地面积达300平方米。2005年,虑得堂被列为婺源县第二批重点文物保护单位。

外观和路网组织　　　　　　　　　　外墙窗户

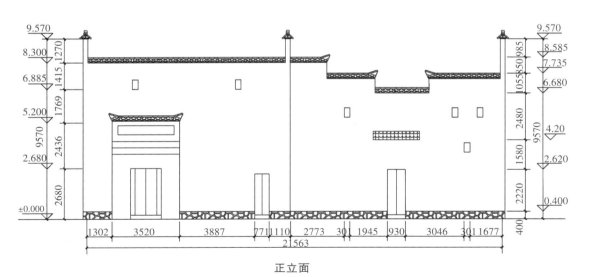

正立面

　　虹关墨业名家的故居还有:

　　愿汝堂:大门前有门院,大门有水磨砖雕门罩,设仪门。正堂坐西朝东,三间四房,二层为走马楼。深天井,石板砌筑成墨锭形状,十分精美。建筑占地面积240平方米。2005年,

被列为婺源县第二批重点文物保护单位。

门前通道

墨池形天井坑

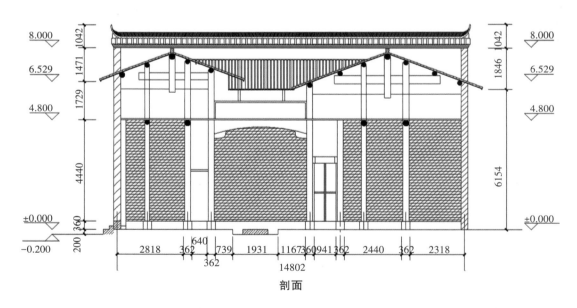

剖面

继志堂：建于清末。三间四厢两进，一进两层，二进三层，屋脊高9.18米。前有门院。梁枋雕刻保存较好，户净雕琢内外达五层。下堂悬有"松龄鹤算"金字祝寿匾额。建筑占地面积170平方米。现由尚逸轩公司保护维修，后利用其作民宿（详见第十章第一节）。2005年，被列为婺源县第二批重点文物保护单位。继志堂的建造者叫詹汇川，其墨被称为詹汇川墨，设肆于湖北武汉，汉阳郡守沈公题额曰"行义纯固"，卒于嘉庆十五年（1810年）。

内景　　　　　　　　　　　　　　　　祝寿匾额

格扇腰板雕刻王昭君、白蛇传

从是堂：清代著名墨铺"詹大有号"主人故居。因其业墨成百万巨富，所以房屋建筑气派宏大，空间宽阔，雕刻较多，且工艺精美。正堂部分，大门泡钉钉木条斜纹，非常少见。进入大门是门廊，带天井。第二道墙门里方是厅堂，三间两房两进，有三层晒楼。厅堂南侧有门道通余屋。全幢房屋建筑占地面积340平方米。

屋面、天井和走马楼　　　　　　　　　　泡钉大门

大成堂："詹大有号"主人所建客馆。清代晚期建筑，格扇门采用了镶玻璃采光等新材

料。前部是门厅,用雕花圆门隔断划出会客室。后部三间两进,有三层楼,屋脊高10.48米,占地面积236平方米。

侧门

内景

格扇门腰板木雕四季花卉

精美的木雕隔屏

上部镶玻璃格扇门

礼和堂：也是墨商所建清代民居，占地面积99.5平方米，三间两进两层。大门开在一侧。

大门和外观

天井和梁架

户净木雕

玉鉴堂：建于清代，主人也是墨商，占地面积达393平方米。正堂三间两进两层，墙高9.18米。一进三披水天井，两厢房。二进四披水天井，四厢房，二楼是走马楼。余屋部分是厨房和杂物间。屋内梁枋、门窗雕刻精美。

院门和题额

花枋雕刻细部

窗镜心透雕

棣芳堂：位于虹关中路，清代民居，是制墨名家詹侔三、詹正元故居，占地面积288平方米。正堂三间两进，前进三披水天井，后进四披水天井，二楼是走马楼，有三层楼，墙高8.5米。余屋部分用作厨房。

内景

二层走马楼

### （二）墨家与名墨

詹方寰"壶中日月"墨：国家博物馆收藏，长方形，长9.1厘米，宽2.3厘米，厚0.9厘米，落款"方寰氏选烟"。

詹鸣岐"文华上瑞"墨：鸣岐为清初制墨家，其"文华上瑞"墨品选烟精良，形制古朴，雕镂浑茂，文士视若珍宝。嘉庆十七年（1812年），日本市河氏《米庵墨谈》中载有其墨品。

詹成圭墨品："竹燕图"墨，为四锭一套的通景集锦墨，楷书阴识"乾隆戊午夏月制'竹燕图'于澄怀园，晴岚若霭"，阳识"詹成圭监制"。每锭背面由汪由敦、嵇璜、梁诗正、彭启丰各题诗一首。"御墨"，长方形，面额一珠，珠下横书"御墨"，直书"乾隆庚申年制"，楷书填金，背刻海水云龙戏珠，两侧分别题识"徽婺玉映堂詹成圭拣选名烟墨"与"钦差内务府郎中苏赫讷监制"，楷书阳识。题识形式非常独特。"道谊遗风"墨，长方形，直书"道谊遗风"，填金。背刻松下三贤图。"大方"墨，长条形，刻一红衫人物，逸气纵横，有大家风范。

詹国淳墨品："瓦砚"墨，长方形，纹如犀，质如玉，烟质上乘，制工精良。"漱金"墨，长条形，是詹国淳家传制墨技术的品牌名，传世广泛。

詹正元"国宝"墨：詹正元是詹成圭、詹国淳后代，墨肆"文艺斋"。传世名墨有漱金龙纹"国宝"墨。此墨整体形制与明代罗小华的龙格墨非常相似，落款"超顶烟詹正元制""螽斯衍庆"，题识"甲申午日詹正元造"。

詹应甲"日月合璧"墨：詹应甲是清乾隆五十三年（1788年）举人，官湖北知县。"日月合璧"墨是他为纪念道光元年（1821年）出现的日月合璧天象而特制的。长方形，面额间一珠，珠下题"日月合璧，五星联珠"，背刻日月五星合璧联珠图案，两侧分别为"道光辛巳明辛巳翔""臣詹应甲恭纪"，均楷书阴识填金。

詹云朋"金盘露"墨：据张仁熙《雪堂墨品》记载，"金盘露"墨"作落花流水式，铭'金盘露'，漱金"。

詹素文"文魁"墨:据借轩居士《借轩墨存》记载,"文魁"墨有题识"文魁"二字及"徽城詹素文制"字样。

詹圣宣制墨:长7.3厘米,宽1.7厘米,厚0.8厘米。题识"五百斤油",落款"詹圣宣监制"。

詹大有制墨:见藏9方,米墨4方,一方有题识"中山墨"。另有婺源博物馆藏"五老图"集锦墨。

詹惟一"易水堂"墨:詹惟一对易水法制墨有独到创新,墨质优良,深受文人喜爱。此墨长10厘米,宽3厘米,厚1.5厘米。

詹子云"八仙"墨:见藏5方,墨锭正面为八仙图像,每方一仙,背面题识分别是:拍板催歌,无拘无束烟霞;瑶池玉药,宿沧云母精英;策马中条,俄然变幻无休;笛韵悠然,顷刻生苑献白;阆苑琼枝,奇韵异卉益芬。

詹北海制墨:圆柱体,长10厘米,直径2厘米。

詹有乾制墨:清嘉庆十四年(1809年)中秋日,他按照"哉生霸,哉生明,溯而阙,望而盈,何物蟾蜍薄太清?金精水汽含玄英"图制"月精"墨。墨质精绝,黝然有光,时人视为珍品。其墨品另有"圣朝雨露"等。

詹衡襄制墨:据清光绪三十二年(1906年)《婺源地理教科书》载,其"凤鸣岗""腾蛟凤"墨,"销售于二十三行省"。

虹关其他墨家还有:詹声、詹伴二、詹文生、詹华山、詹致和、詹永新、詹行三、詹彩臣、詹从光、詹麟飞、詹文魁、詹茂圭、詹文寰、詹西园、詹子虞、詹威宇、詹公五、詹文宪、詹益兰、詹素亭、詹公生、詹大信、詹友翰、詹利川、詹惟怀、詹永利、詹公和等。

| 詹成圭制"道谊遗风"墨 | 詹成圭制"大方"墨 | 詹国淳制"瓦砚"墨 |

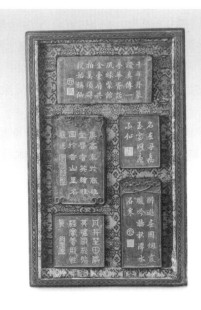

詹正元制"国宝"墨

詹大有制"五老图"墨

### （三）制墨设施设备

制墨工艺十分复杂。先要收集原料（墨烟），再将原料入胶、和剂、蒸杵，经上万次杵捣，然后装入墨模、晾干，再倒出模具，经锉、刻、刷等工序才能完成。

虹关村是古代制墨业原料——墨烟的生产地，专事采集墨烟的场所叫"烟房"，采集墨烟叫"点烟"。墨烟可分三类：油烟，燃桐油集烟；松烟，燃松木集烟；油松烟：混合燃桐油和松木集烟。虹关点烟以油烟为多。点烟用具有：油盏，用于盛油点火；覆盆，用于罩住油火，凝结油烟；支架，用于撑住覆盆。古时虹关有许多处集中点烟的烟房，可惜现在均已废。

墨模的设计雕刻是一个艺术创作过程。墨之造型大概有方、长方、圆、椭圆、不规则形等。墨模一般由正、背、上、下、左、右六块组成，圆形墨模则只需四板或两板合成。内置墨剂，合紧锤砸成品。款识大多刻于侧面，以便于重复使用墨模时，容易更换。

采集墨烟的烟灯

墨模

墨号铜印鉴

### 三、宜人家园

虹关先祖们卜居浙水边的风水宝地建村,充分利用自然生态环境并加以人工改造,使虹关成为一处绝佳的人居聚落。

#### (一) 水口

水口关锁一村,藏风聚气,为村庄营造一个优良的小气候。古时虹关水口绿树环抱,古木参天,碧水荡漾,檐瓦参差。可惜历经战火和人为的砍伐损毁,现在只剩下两棵古樟,屹立在村口溪畔。最大的一棵古樟,树龄在1000年以上,树高26米,胸径3.4米,冠幅达3亩,气势非凡,被誉为"江南第一樟"。另一棵小些,但也有23米高,胸径1.2米,树龄也在200年以上,枝叶婆娑,姿态灵动。

古樟和水口

　　民国时期,村人詹佩弦在湖北将虹关古樟摄影照片展示,并征题诗文。一时间,许多人纷纷索要照片并寄来诗文。经编辑,刊印了《古樟吟集》一书,内收诗文50余篇(首)。一书专赞一树,算得上是虹关人的一件雅事,折射出古人与自然生态相亲相敬的思想观念。集中诗文描绘古樟"下根磅礴达九渊,上枝摇荡凌云烟,层柯蜿蜒为龙眠……",记载此神樟"栽培远自南宋前",并赞道:"树荫虹关数百年,休黟祁歙盛名传。几多词客增诗意,仰视云霞俯听泉。"20世纪80年代,复旦大学中文系教授、著名书法家王遽常先生题写了"虹关古樟"碑文,今勒石在古樟旁。

《古樟吟集》书影

"江南第一樟"

伴清流而居

　　早在南宋中叶,虹关水口便筑有古桥,锁钥村口,护气养势。现存的这座单孔石拱桥,长16米,宽4米,全部选用精良的青石砌筑,并设有石栏板,上下桥有三级石板台阶,与古道相通。造型美观,建筑精良,是村人詹元吉于清同治年间重建的。民国《婺源县志》卷四六载:

"詹元吉,字骏先。同治间,村水口通津桥为洪水冲塌,行者病焉,公复创建石梁,且输百金为创,董其事,三阅寒署无稍倦。"石桥两面龙门石上各有一方精巧的篆题,朝村外的一面题"通津"二字,朝村里一面题"挹秀"二字。

通津桥

龙门石题字"通津""挹秀"

在通津桥上游,有龙门堨横卧溪中,是村人詹广高于清乾隆年间倡修的。堨长23米,高2.7米。丰水季节站在通津桥上遥望古村,清溪古村相映,龙门堨上瀑布泻玉,形成"四面烟云绝顶下,一湾溪水斜阳中"的美景,村人将此景观命名为"通津观瀑"。龙门堨下河中央有一巨石如鲤鱼状,故村人名此景为"鲤鱼跳龙门"。

沿浙水河边的徽饶古道上行,可见一座粉墙黛瓦的茶亭,名为"永济茶亭"。亭为一层建筑,古道从亭中穿过,设有廊凳,供路人歇脚。古时婺源这类路亭还设缸烧茶,免费供人饮用。永济茶亭一面门额题词是"白波浸天",一面门额题词是"青蔼丛木",是对亭周边景致风光的真实写照。亭门口两边有一副对联:"若问几何年曰宋曰唐古樟自晓,溯回多少事分吴分楚浙水长流。"

鲤鱼跳龙门石

**永济茶亭和周边风景**

虹关村来龙水口樟枫互映,古木参天,建有石拱桥环清桥(又称"宋村桥"),长26米,宽6米,从石壁上起拱,建设难度很高,体现了古代工匠的高超水平。

**环清桥**

## (二)古道与街巷

徽饶古道自南向北,贯通虹关全村,全长约2000米,是村内的主干道。古时,这条路上商旅如云,车马不绝,是婺源通往徽州府的一条主要通道。在村头永济茶亭附近的一处古道有三级石台阶,其中有两级各有一道宽5厘米、深4厘米左右的凹槽,是长年累月被车轮碾磨出来的车辙,它记录下了虹关历史的辉煌一页。

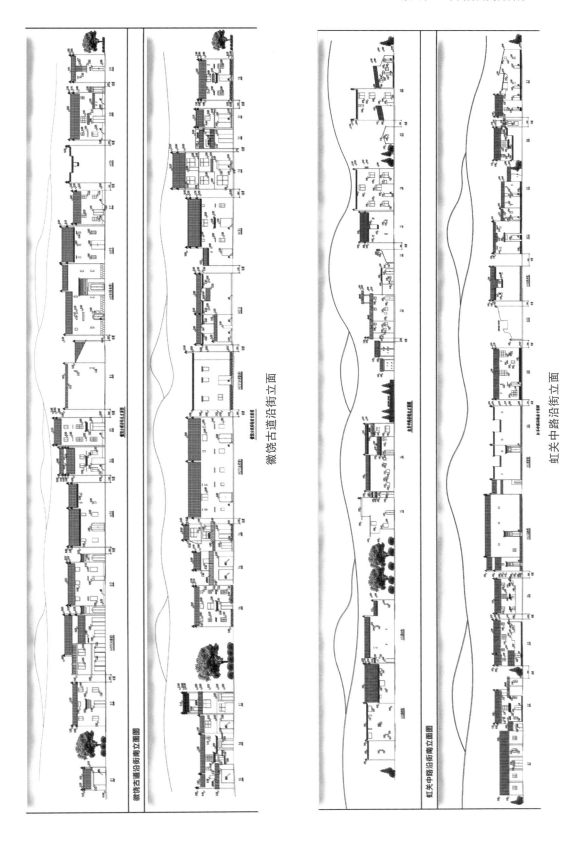

徽饶古道沿街立面

虹关中路沿街立面

村中还有四通八达的街巷共27条,全长达4000米,一律青石板铺筑,平整光滑。大路宽敞整洁,小巷曲径通幽,为村人的出行和生产生活提供了十分便利的交通途径。

**徽饶古道**(水岸边民宿供稿)

万安巷          大有巷          风华路和过街楼

## (三)水利设施和消防设施

虹关北边村头筑有平公坝,拦截浙水流入长生圳,该坝用青石砌筑,是一座滚水坝,长19米,高5.6米。长生圳从北至南穿村而过,流经人家门口,用青石砌筑而成,全长1600余米。这座坝和这条圳起到了三个方面的作用:一是灌溉村南头"八亩丘"等一大片水田;二是为居住在离浙水河较远的里路村民提供洗涤、生活用水;三是提供灭火消防用水。历经几百年风雨,坝和圳安然无恙,仍在发挥着它的作用。

平公堨 长生圳

　　为了防火消防之需,虹关村中屋有封火墙隔火,家有"太平缸"蓄水,村有"万安水池"蓄水,还有长生圳供水,并建有水龙庙存放手动的喷水灭火水龙,构成了一个完备的消防设施体系。虹关水龙庙建在村中央徽饶古道旁,交通方便。这座单间平房里存放的"水龙",至今还能使用。"万安水池"是虹关村特有的消防用蓄水池,其他村落尚未发现。它建于清咸丰三年(1853年)。水池用3块长2米、宽1.2米、厚0.12米的青石板作长边板和底板,用2块长1.2米、宽1.2米、厚0.12米的青石板作短边板,砌筑成一个长方体水缸。接缝用桐油石灰黏合,十分严密,不会渗漏。四角顶端用铁件稳固,体现了防水建筑的极高水准。临路一面长边石板上刻有"万安水池""咸丰癸丑""惇彝祠造"字样(惇彝堂是虹关詹氏宗祠堂名),短边石板上刻有"坎"字和坎卦画像。

水龙庙 水龙

### （四）祠堂和宗谱

虹关也是一个宗族管理的古村落,建有规模宏大的宗祠"惇彝堂",可惜现已拆毁,原址上建了虹关小学。另外还有玑宗祠、珇宗祠、瑞宗祠、玮宗祠、瑜宗祠等五房支祠,均已不存。现在村中还存有一座与祠堂性质相似的厅屋——玉堂仙吏。此厅屋建于明代中叶,由前院、门楼、大厅、庑廊几部分组成。门楼正中悬挂有清道光皇帝御赐的"七叶衍祥"匾额一块,是为旌表村中曾见过儿孙七代的高寿老妪而颁。正厅挂有"玉堂仙吏"匾额,前梁挂"世天官"匾额。此厅屋是全村议事场所。每年正月初一,全村老少兴高采烈地在此欢聚,吃团拜酒。正月初二至十九,厅屋正厅宫灯高挂,龙旗招展,全村人在此举行一年一度的聚会。同时,全村一年的重大议事和乡规民约的修订,均在这18天内进行,俗称"十八会"。厅屋前院很大,石板铺地,有东、西、南、北四个圆洞门,分别是如意门、万安门、添丁门、笃庆门。门额上分别写有"浙水钟灵""湖山毓秀""虹瑞紫气""长发其祥"。每年元宵灯节,村民在此接龙起灯,舞龙灯结束后又在这里盘龙拆灯。

为了满足村人文化娱乐、教育和崇祀的精神需求,虹关古村还建设有一批建筑。有吟香书舍、载芝舫等书院、书斋,有周王庙、汪帝庙等祭祀建筑,有清泉庵等宗教建筑,还有文庙、文昌阁等礼制建筑,以及崇仁社、天灯台等民俗文化活动场所。可惜这些古建筑今都已毁。

虹关詹氏历来重视修谱,最后一次重修是在清光绪年间,共8册20卷。

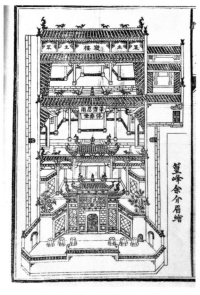

詹氏宗祠"惇彝堂"旧图

詹氏宗谱书影

## 四、人文风情

### (一) 佃仆制古村

虹关村是詹氏单姓聚居的大村落,和隔河相望的早禾墩村以及附近的言坑村在古代构成了佃仆制关系。

所谓佃仆制,是明清时期广泛流行于江南,特别是徽州地区的一种具有严格隶属关系的租佃制度。一个单姓聚居的大村落附近,往往有一个至几个小村落,小村落的农民专为固定的大村落地主雇佣佃田,提供劳力服务,并受到大村地主一定的人身限制,他们被称作"佃仆"或"庄佃""世佃""佃民"等。佃仆是介于农奴和佃农之间的一种特殊身份的农民。佃仆与地主之间有主仆名分,他们没有迁徙的自由,婚配受到干涉,没有科举入仕的资格,服饰、言谈也受规矩约束。在法律地位上佃仆相当于奴仆。但不同之处是,地主对奴仆的人身控制没有限度,而对佃仆则是有条件的;奴仆以口为单位计算,没有任何私有财产,佃仆则有家庭,有一定的私有财产,以户为单位计算。佃仆又不同于佃农。佃农对地主只承担种田纳租义务,没有其他附加条件。佃仆则除了种田纳租外,还要为主人承担固定的劳役义务,如守坟,办理丧葬、冠婚事务,充当书童等。

早禾墩村柴姓本是替詹氏二世祖飞公守墓的家奴,后繁衍至十几户人家,每逢节庆,虹关村便敲锣通知柴姓过来当差听使。有一年,虹关村与邻村争地打官司告到官府,官府为探两村案情,便烧红一双铁靴、一锅滚油,要判敢于穿铁靴入油锅者胜诉。正当双方僵持不下之时,早禾墩村柴来保(音)自告奋勇要替主人穿铁靴入油锅,用自己的生命换来了虹关村的胜诉。虹关村人感觉到了义仆的忠心,便作出了决定,为早禾墩全村脱"奴籍"、改姓氏,并于每年清明祭祖之时,在詹氏宗祠下堂单设香案,上摆"柴来保灵位"供村民拜祭。

### (二) 林则徐赞婺源和虹关詹应甲

詹应甲,字麟飞,号湘亭,虹关人。清乾隆四十九年(1784年),乾隆南巡时,以廪膳生召试献赋,钦定二等,并赐缎二端。五十三年(1788年),中举人。历摄湖北天门、远安、汉阳、汉川诸县事。嘉庆六年(1801年),迁为汉阳知县;二十一年(1816年),又摄宜昌府通判、直隶州知州。为官20余载,廉明守法,政声卓著。天门有其督民修筑的"詹公堤"。著有《赐绮堂集》。詹应甲卒后,时任湖广总督的林则徐铭其墓曰:"南畿名邑数婺源,笃生人杰昭代繁,汪江朴学世钦重,才华惟郡脱篱藩。令一县,尹一州,大才小试殊优优,所谓伊人对松楸。"

### (三) 虹关板龙灯

婺源许多村庄都在正月里舞板龙灯,虹关的板龙灯别具特色,还曾轰动上海。虹关板龙灯规定要108板,全长200余米,比吉尼斯世界纪录记载的世界长龙——新加坡130米长龙还要长70余米。龙头龙尾以竹骨彩纸扎糊而成,宏大精美。迎龙灯的高潮叫"打旋",

盘旋成首尾相衔的团圆状。最后击鼓三下,折灯托回家中。清末,在上海的虹关墨铺由詹方寰、詹大有牵头,按虹关模式在上海迎了一次板龙灯,轰动上海,获上海知县赐的红绸一匹。

### (四) 虹关古楹联集锦

1. 思源亭联

思久神自通,愿借菩提遮夏日;源清来不浊,好煮佳茗引春风。

2. 社公坛联

浙水荡清波,雨后有人栽菽粟;湖山凝秀气,门前遍地植桑麻。

3. 继承堂联

创业殊难祖父备尝辛苦;守成不易子孙宜戒奢华。又:孝友可传家,兄弟间式好无他,何来外侮;诗书能裕后,子孙辈见闻止此,岂有弃材。又:小足闲居有新安大好山水;门多长者其旧德可传子孙。又:言易招尤,对亲朋少叙几句;书能益智,教子孙多读几行。

4. 登瀛书屋联

四壁云山王维画;一窗活水杜甫诗。又:人文孕育湖山秀;祖泽留贻浙水长。

5. 中和堂联

中也者,天下之大本也;和也者,天下之达道也。又:中本唐虞质;和原天地同。又:齐家礼教敦三伦;华国文章本六经。

6. 留耕堂联

心作良田一生耕之不尽;书为恒产百岁留之有余。又:希圣希贤,方是吾儒真学问;克勤克俭,勿忘我祖旧家风。

7. 玉堂仙吏大厅屋联

浙水钟灵宏开甲第;湖山毓秀蔚起人文。

8. 万善庵联

为善者昌,为善者不昌,不是不昌,祖有余殃,殃尽则昌;为恶者灭,为恶者不灭,不是不灭,祖有余德,德尽必灭。

9. 观音岭联

一湾灵液成甘露;半岭慈云出秀山。

### (五) 虹关长人

据民国《婺源县志·轶事》记载,清道光年间,虹关有一"长人之家",名叫詹真重,字衡钧,出生未满月,体重达一钧(15千克),俨然六岁童。他成人后身高达2.48米。詹真重生有五子,长子世钟,躯体如其父,有臂力,客游豫省时,军门见而奇之,特保举六品衔,招至麾下效用。其四子世钗,字玉轩,成人后身高达3.19米,在上海"徽州玉映堂墨铺"制墨,后被英商重金聘之赴英,并娶英国妻子,因历泰西诸国,四海之内皆知婺源有巨人。对此,清代宣鼎《夜雨秋灯录》卷四《长人》篇也有记载:"长人者,徽人,造墨为业。每出市上,小儿欢噪走逐之,呼曰:'长人来。'一日,西洋人遇之,以为奇,以多金聘去。"原认为世界最高之人是美国芝加哥的桑迪·艾伦,他身高2.31米,但詹世钗比他还要高0.88米。至今,虹关还流传着许多长人故事。长人读书写字的桌子是一个2米高的大橱,他睡的床是一张2米多长的满顶床,将脚端床头板抽去,用一只大箱子接着搁脚。咸丰十年(1860年),太平军路过虹关,村人纷纷避乱躲之,詹世钗独立于自家堂前。太平军见此人如此高大,不敢冒犯,悄然离去。1949年前,长人故居玉映堂前还挂有长人坐着的巨幅照片,许多村人亲眼见过。婺源博物馆收藏有长人穿过的方鞋一双。《拍案惊奇》和《今古奇观》对虹关长人也有记载。

身高3.19米的詹世钗

虹关龙灯

# 第五节 枕山面水家园——思溪

## 一、概述

思溪村位于婺源县中部思口镇境内,距县城13千米,有柏油公路直通村内。2020年,全村有251户689人。村庄建筑占地面积约8.6公顷。全村有农田683亩,茶地150余亩,山林2200余亩,森林覆盖率达82.5%。村民主要从事农田耕作、茶叶生产和猪、鱼、鸡、鸭等养殖

业。思溪村近年来旅游业得到大发展,已被评为国家AAAA级旅游景区。

思溪村地处亚热带,属东南季风暖湿温润气候。年平均气温16.5℃,年平均降水量1857毫米,无霜期252天,全年日照时数约1856小时。

思溪村始建于南宋庆元五年(1199年),由俞氏十五世祖若圣公由张文坑派转迁而来,至今已有800多年历史。因俞谐音"鱼",鱼儿只有在溪水里才能存活成长,故村名为"思溪"。后来,俞氏人家又邀江姓共建村庄,为的是有"江"水滋养,俞(鱼)姓人家,可以更好地发展壮大。

**思溪古村全景**

思溪建村后,在漫长的历史发展中,与婺源其他古村落一样,村人大多赴江、浙、沪、广经商,主要贩卖木材、茶叶、盐等。清乾隆年间,思溪村繁盛时,有千烟规模,发展出兴泰、振源、舜公、获公等几大士族。经商致富者多携巨资回故里买田置房,兴建津梁、书院,建设了一大批府第楼阁、祠堂牌坊。保存至今的古建筑,尚有91处,其中民居84幢,祠堂1座,廊桥、石板桥各1座,街巷道路30多条,均以青石板铺筑,另还有以青石板砌筑的精致河埠4座。古建筑总占地面积21268平方米。其中原貌保存良好,结构体系坚固,外观完整,无改造或加建的A类建筑占地面积5532平方米,占26%;局部破损,但大部仍较完整,有部分改造或加建,但仍可修缮复原的B类建筑占地面积10671平方米,占50%;质量差,破旧不堪或有大量改建、加建,很难修复的C类建筑占地面积5065平方米,占24%。列为各级重点文物保护单位、具有很高历史文化价值的古建筑有19处:敬序堂、百寿花厅、承德堂、通济桥、延寿桥、古井等;具有较高历史文化价值、待申报为重点文物保护单位的古建筑有9处;具有一定价值的一般古建筑57处。全部古建筑总建筑面积约65000平方米。

思溪村历史上曾几遭劫难。太平天国年间,左宗棠与石达开两军在此鏖战,烧毁了一部分房子。抗日战争时期,国民党第三战区副总司令唐式遵总部设在村中,拆民房,建碉堡,走时还掳走了大批文物。"文革"期间拆毁了村中的大部分祠堂、牌坊,许多精美的木雕、砖雕、石雕等被铲被毁。但劫后尚存的思溪古村,以其良好的生态环境和古建筑遗存,仍然吸引着人们探赏、研究的目光。思溪村2007年被评为江西省"历史文化名村",2014年被评为"中国历史文化名村"。

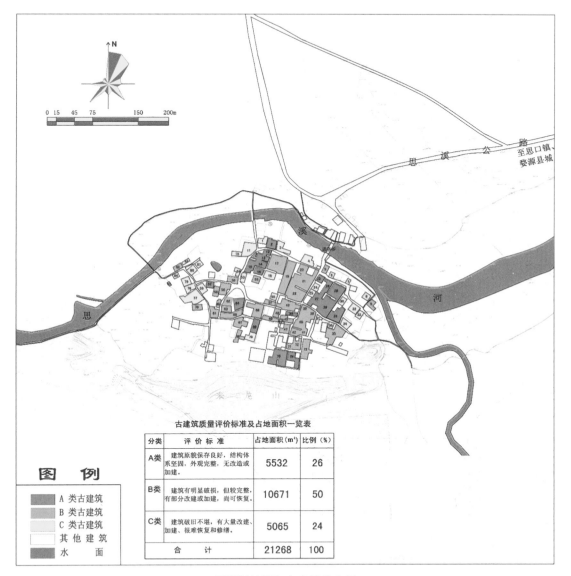

古建筑质量评价标准及占地面积一览表

| 分类 | 评价标准 | 占地面积(m²) | 比例(%) |
|---|---|---|---|
| A类 | 建筑原貌保存良好,结构体系坚固,外观完整,无改造或加建。 | 5532 | 26 |
| B类 | 建筑有明显破损,但较完整,有部分改建或加建,尚可恢复。 | 10671 | 50 |
| C类 | 建筑破旧不堪,有大量改建、加建、很难恢复和修缮。 | 5065 | 24 |
| 合　计 | | 21268 | 100 |

思溪村地形和古建筑分布图

## 二、水光山色对家门

　　婺源古村落选址布局有大致相同的规律,但也有一些例外,显示出每个村庄不同的个性特色。思溪村选址与别的村落不同之处在于村庄坐落于山北水南的河谷小盆地,与一般村落山南水北的选址相反。村南的后龙山是全村的靠山,居中的山峦形似一颗玉印,故名"玉印山"。村北隔河相望的青山为鲤鱼山,是村庄的屏风山。南北山峦夹峙,锦峰逶迤。村北的思溪河形成绕村而过的圆弧,清澈透亮。而村庄形似船泊河岸,倒映清溪中,偎依翠峦间。这一自然地理环境,决定了思溪村房屋朝向基本上都是坐南朝北。这一选择与风水术"五行说"有关。"五行说"称"商属金,南方属火,而火克金",故"商家门南向不吉"。思溪民居多是木商、茶商所建,故都带上了这种风水观的色彩。真正深层的原因在于这些民居都建有天井,通过天井,无论哪个朝向的房子,都有充足的日照采光,即使坐南朝北的房子,也能享受日光的抚慰。为了进一步克服房屋坐南朝北的不利光照的影响,思溪的民居大门前墙都较低,而且多不带朝内的屋檐,形成三披水天井,使正堂采光面积更宽阔。有些民居即使是四披水天井形制,其前门前墙朝内的屋檐也较厅堂木架天井檐要低许多,目的也是让厅堂内能更好地采光。从正堂太师壁画押桌面至前檐墙最高处的"过白"空间也显得最阔大。

**春水春花拥古村**

如果把思溪的后山林比作佳人的眉,那么思溪河就是她水汪汪的大眼。后山林木一片青黛,高低错落有致,樟、枫、槠等阔叶林木四季绿色沁人。古木枝叶交错如纹,疏朗与细密融于群峰,犹如眉之颦蹙飞扬。而思溪河环绕古村,一泓碧水,春柔秋澄,把思溪的灵气和风情都含在她的波光涟漪之中。

思溪河上有三座桥,各呈独特的风姿。最东面进村处的通济桥,古朴浑厚,透出历史的沧桑。这是一座双孔廊桥。据光绪《婺源县志·津梁》记载,该桥由思溪村人俞宗亨始建于明景泰年间,清乾隆五十七年(1792年)桥被洪水冲毁后,村人俞德任捐田3亩倡修,嘉庆九年(1804年)告竣。河中桥墩用大块矩形青石砌成,严丝密缝,坚固异常。迎水的一头砌成尖尖的船头形状,俗称"燕嘴",利于分水,可减小水流对桥墩的冲击面,使桥墩不易被冲塌。以松木为横梁,上架木板构成桥面,全长22米,宽3.8米。桥上廊亭有八间,上盖黛瓦遮阳挡雨。廊亭两边设板凳和靠背栏杆。村人和行人无论晴雨都可在此歇脚休憩,纳凉闲谈,此处成为村中人流聚集的一处热闹场所。桥墩的"燕嘴"上立有一根"如来佛"石柱,高1.4米,柱身八面,分别刻有:"南无阿弥陀如来""南无甘露王如来""南无离布畏如来""南无广博身如来""南无妙色身如来""南无宝胜如来""南无多宝如来"等文字。此柱立于嘉庆三年(1798年)十二月,类似佛教经幢。桥上东面居中与"如来佛"石柱相对的是一个大约3米见方的河神龛,供奉着禹王神位。龛前原有一副楹联:"二水对流彭王庙,一桥横托夏禹宫。"设立"如来佛"石柱和河神龛,都是为求神灵保佑免遭洪灾,桥固行畅,全村平安。

通济桥

溯河流往西,大约在河湾中部有一座木板桥,纤长的桥身和人字形木架构成极简朴又优美的造型。桥上行人和小桥倒映河中,在周边田园风光油菜花和粉墙古宅映衬下,形成一幅明媚的水村风情画。最西端的一座是石板桥,村人称之为"龙须桥"。桥的造型简洁明快,是两墩三架的一座青石平板桥,桥面由三块大青石板架成。桥面已磨得光洁斑驳,给人一种金石的古韵。此桥又名"延寿桥"。相传有一位村民重病之时出资用青石条搭建撑架,将断裂的石桥板修补完好,他的病很快康复,活到90多岁,故村人以"延寿"名之。

木板桥

延寿桥断裂石板修理细部

　　弯弯的思溪河两岸还筑有4座青石砌筑的埠头,供村人洗涤之用。这些古意盎然、石韵之美和水波之灵相结合的景观,配上洗衣洗菜的村姑的身影,让人仿佛穿越时光隧道,来到远古的桃源……

　　思溪村的街巷悠长而幽静。年代久远的青石板路面清冷光洁,发出古朴的光泽。上面的道道磨痕和碎纹都记录着岁月的年轮。深深的巷子在高高的马头墙间尽情蜿蜒,仿佛永无尽头。墙壁上块块黛色的青苔,向人们诉说着风雨的力量。高低错落的马头墙一齐涌向天空,纵横顾盼,好似一串串音符。思溪全村只有高不过10厘米的一步台阶把全村分成"上宅"和"下宅"。西头的为"上宅",又称"上思本堂",居住着俞氏先祖俞饶祖的后裔。东头的为"下宅",又称"下思本堂",居住着俞氏先祖俞振祖的后裔。这一平面布局说明思溪的先祖们早已掌握了建设标高的测度方法,让我们不得不景仰!

石板路和石护栏

区分上、下宅的一步台阶

　　思溪村人把自己村子的形状比喻成一条鱼,而且是一条游动在永不干涸的溪流里的大鲤鱼,因为他们都是俞(鱼)姓的子孙!思溪河上的三座桥是这条鱼的背鳍,而鱼的眼睛则是村东北角的一口古井。这口古井的井栏以6块"T"字形青石板榫合,围成一个六边形,简朴而又坚固。井中泉水倒映着蓝天白云,饱含着对俞氏村人的深情。

汇济巷 　　　　　　　　　振源巷 　　　　　　　　　六边井

## 三、藏着故事的古宅

思溪的古宅和婺源其他古宅大同小异。粉墙黛瓦,五岳朝天,四水归堂,"三雕"繁复,是它们的共性。那么,思溪古宅的个性在哪里呢?在它们几乎都深藏着一段佳话,一个故事,体现出这个古村积淀深厚的文化底蕴。

### (一) 振源堂

古代的思溪商人主要经营茶叶和木材。茶叶主要做出口生意,而木材主要面向江浙齐鲁和燕京。婺源出产的木材品种多,品质好,闻名遐迩。北京颐和园、山东曲阜孔庙的栋梁之材大多由婺源的思溪木商供应。这些巨大的古木良材,由星江入乐安河,进鄱阳湖,然后通过长江、运河运抵全国各个码头。古代运输木材都由水运,扎木筏乘洪水季节顺流而下。进京的木筏上还飘扬着一面面"贡"字大旗,浩浩荡荡,锐不可当。

振源堂就是思溪的木商金仲暄所建。

金仲暄先是弃儒经商,后又弃茶业木,但他自己和家人始终不弃儒雅之风和仁义气节。振源堂里现在还保留着两副青瓷横联,就是这个儒商家风的写照。一副是:"月斜诗梦瘦,风散墨花香。"另一副是:"百韵诗成明月夜,三礼人家菊花天。"

金仲暄做茶叶生意时就有个怪脾气,就是对不是当年的茶叶都要标有"陈茶"二字,时间长了,市场上都知道他是个讲诚信到了迂气程度的儒商,经营获利不降反升,很快致富。后来,他又和扬州商人合伙经营木材。他从婺源运去大量上等木材,结果遇山洪暴发,木材全被冲散，损失万余金。合伙的商人知道后认赔一半，他却不受，说按照合同木材到扬州后才结算，运输途中损失应由自己全部认账。他因此破产了，却名声大振。扬州商人借给他5万两银子重新起家，结果生意越做越红火，成为扬州的木业大户。

1840年，鸦片战争爆发，国土沦丧，金仲暄悲愤不已，将"振源堂"改名"怀耻堂"，并决心将子孙培养成才，报效国家。果不其然，其孙俞士英，经营茶、木两行，富甲一方，朝廷授予三品中宪大夫，成为与徽商胡雪岩齐名的"红顶商人"，官府赠其匾额"嘉惠士林"。后来还出了两位精英。一位叫俞希禹，1916年毕业于英国格兰斯奇大学，获工学士学位，回国后曾跟随詹天佑参与铁路建设，后任国立武汉大学理学院院长。另一位叫俞希稷，1917年毕业于美国威斯康星大学，获商学士学位，回国后因精明能干而入国民政府任职。

振源堂原有前宅、后宅、偏院三部分，据说有100扇门，36个天井。可惜前宅已倒塌，但从仍存的大门楼，就可想见其恢宏的气派。后宅建于嘉庆十七年（1812年），重楼华丽，斗室清幽，"三雕"精美，显得雍贵典雅。大门是重花柱式石门枋。门罩上两脊饰鳌鱼砖雕造型，飞檐下元宝内雕蝴蝶、蝙蝠，下面横枋上砖雕有麒麟、鲤鱼形象。这些精美的砖雕图案，采用高浮雕、透明雕、半圆雕等做法，并饰以各式花边，把大门装饰得十分华彩典丽。

垂花门式砖雕门罩

花窗雕刻

振源堂内的木雕装饰也十分华美。四片窗户上额板刻双凤朝阳。楣板分别刻着梅、兰、竹、菊。窗身以回纹、线纹、卷草围起开光，长方开光内分别雕刻着"曹操献刀董卓""诸葛亮挥泪斩马谡""吕布戏貂蝉""王允说貂蝉"等三国故事。刀法精湛细腻，层次分明，反映出古代匠师的智慧和高超技艺。

（二）继志堂

清嘉庆年间，思溪"兴泰里"茶号在江南一带有着很响的名声。其主人俞树玖也是思溪实力很雄厚的儒商。他和中华铁路之父、婺源人詹天佑的祖父詹世鸾以及闽浙总督左宗棠交情很深。他业茶致富后为三个儿子各建了一幢豪宅,老大居"继志堂",老二居"承德堂",老三居"承志堂"。这三幢古宅连成一排,一律坐南朝北,三间两进四水归堂,建有走马楼。门口的巷道特别宽敞,十分气派。

继志堂,又叫"孝友兼隆厅"。堂内正厅月梁上雕刻着"鲤鱼跳龙门",富有神韵。雨挞板上所刻的人物故事,形象稚拙,再现了婺源古代劳动人民生产生活的场景。

两厢腰板所刻12种名花更是姿态各异,形神兼备。主人将它刻在此,用以象征不同客人的个性,使之成为迎

前堂内景

客之花,可见主人的好客心态和闲情逸致。这12种花所代表的不同性情的客人是:梅花——清客;瑞香——佳客;兰花——幽客;牡丹——贵客;茶花——雅客;茉莉——远客;芍药——近客;菊花——赏客;丁香——豪客;桂花——仙客;莲花——幽客;蔷薇——野客。

12种名花雕刻

## (三) 承德堂

这幢古宅也埋藏着一段轶闻。清咸丰十一年(1861年),左宗棠率清兵与太平天国将领

石达开在婺源鏖战,左宗棠的行营就扎此宅第。当时,左宗棠被困思溪,军饷无着落。承德堂主人俞冠川卖掉千亩良田给予资助,一举解了左宗棠之困。从此,俞冠川结交上了左宗棠,往来密切,书信有100多函。俞冠川后来在生意上得到左宗棠的许多扶持,成为富商。

这幢古宅最值得称道的也是木雕。雨挞板上的雕刻,人物举手投足,有板有眼,手法变化丰富。最吸引人的是两边过厢格扇门腰板上的雕刻,有博古文物、琴、棋、书、画,显示出主人的儒雅情怀,刻工细腻,视觉角度运用灵活。两侧厢房户净雕刻着人物故事,虽在"文革"中被铲去人头,但还是能感受到人物呼吸的生命,永不磨灭。

格扇腰板雕刻

户净雕刻

### (四) 承志堂(百寿花厅)

承志堂分正堂和百寿花厅两部分。正堂三间两进两层,与兴泰里其他两堂形制类似。百寿花厅则是献给兴泰里茶号老主人俞冠川70寿诞的贺礼。花园部分最抢眼的是它的圆形石券门枋。这座圆门枋由8块青石打磨成曲扇形拼装而成,拱砌严丝合缝,坚固美观。门顶上青砖横匾刻"余庆"两个楷体大字。在兴泰里宽敞的青石板巷街上一排矩形门洞中,出现一座圆形大门,立刻显得生动活泼起来。进入圆门,里面有石花台、石鱼缸、石桌凳,种植着花卉草木,青石板地面光洁平整。花园围墙的漏窗也精致美观。

花园的南边,隔着围墙,就是花厅了。这是一座两层的楼阁式建筑。山墙夹峙中,一层是10片格扇门,二层也是格扇窗。这整个一面完全是由木构成的立面,真可谓婺源木雕的巨幅展板!二层的格扇窗和一层的10片格扇门板雕刻简朴素洁,繁复华美的雕刻集中在中间部分。楼栏板边往下,排列着5条装饰枋、板,镂雕、复浮雕、浅浮雕、残雕、素平刻五法齐备,图形有卷纹、"万"字、花草、人物等,无处不雕。

最精彩的是楼板下的撑拱,雕件如流水奔涌,活灵活现!荷花荷叶俯仰有致,鸟飞鱼跃,生机盎然！10片格扇门身板精心雕作，玲珑剔透。格心图案有造型古朴的梅、山石、瓶花、蝙蝠等，一丝不苟，每个细部都精心构思制作，令人赞叹！

石券圆门和街道

　　10片格扇门的腰板上，分别刻着8～12个不等的各式书体"寿"字，共96个，突出了建筑庆寿的主题。这些不同写法的寿字，刻线脚干净工整，没有一丝瑕疵，历经200多年风雨，依然清晰饱满，不由人不喜爱！

　　这座花厅还隐藏着另四个寿字。在中间格扇门上的横板上有1个，在屋内厢房的窗户上有2个。但还有一个在哪里呢？说起来还有一段故事呢！2002年，香港凤凰卫视在这里拍摄《寻找远去的家园》时，通过直升机航拍才发现，原来这幢花厅的平面布局和结构就是一个繁体的"寿"字！

花园

花厅木楼外观

格扇门面

荷花斜撑　　　　　　　　　　松石不老雕刻

花厅内部和藻井　　　　　　　卷棚和倒挂牡丹拱

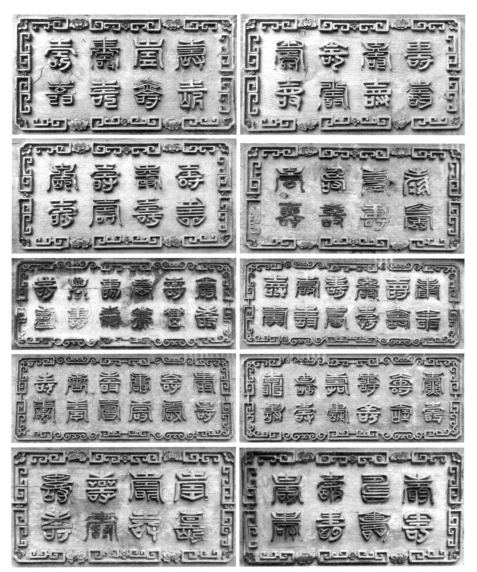

百寿木刻

## （五）银库

这幢古宅坐落在南北走向的村中主街道边，为了保持正堂和大门朝北，只得在大门前建门院。门院之门朝东临街，解决了出入问题。这座月洞门的小院，内植花木，小巧精致，别有情趣。进入屋内第二进，才可发现这幢房子的最大特点在于它四周的墙面全用高达2米多的青石板砌成，坚固异常。为什么要这样加固墙体呢？这就不得不说到这座古宅的用途了。

徽商有格言："为天下生财，济天下苍生。"许多富商极富回报社会、造福桑梓的责任心，他们将经商盈余取出部分纳入全村集中的"银库"。在族长的管理下，公议用于筑路修桥、赈灾救灾、修建祠堂等公益事业。这些集中起来的银两需要一个安全存放的地方，于是这座银

库便应运而生。这座古宅,可以作为古代宗族乡村管理体制的见证,也可以作为徽商历史的见证。

院门

前堂梁架

花枋

二进青石板护墙

## (六)敬序堂

敬序堂建于清雍正年间。建筑原由庭院、正厅、后堂、花厅、客馆、厨房余屋、花园等部分组成,占地面积有2亩多。现在除花园荒废,外院墙倒塌外,其余部分都保存完好。由于房主经营茶叶致巨富,建筑上也出手不凡,不但兼备多种功能的场所,而且开间、进深、层高都比一般民居阔大、宽敞,给人气势宏大的感觉。

最北面是门院围墙,进入院门是一个青石铺地的东西向长方形小院。正堂大门在西边,东边有一月洞门通花厅,门上有"挹爽"二字。

正堂大门有砖雕门罩,石库门枋,抱鼓形门枕石。进门后可见宽阔的前堂,迎面太师壁上方悬挂着"敬序堂"匾。三间四水归堂式天井,二层是走马楼。梁长硕大,开间宽敞,太师壁后是第二进和厨房余屋。肥大的巨梁上额内锦袱雕刻华美,可惜"文革"中被铲平人物脸面。楼栏外与额间镂雕挂牙和圆雕"罗汉送宝"。罗汉长10余厘米,神态极为生动。两厢雨挞板也精雕细刻。

门院朝东进月洞门便到了花厅。站在花厅小院内仰头观望,可见一座两层楼阁,整面布满木格扇和梁、枋板木雕。梁、枋、卷棚之实与格扇之虚相映衬,显得玲珑剔透,华美精湛。

推开花格扇门入内是一个小厅。带卷棚和浅藻井。造型和线条富于变化,给斗室增添了情韵。

敬序堂主人叫俞文杰,亦贾亦儒,业茶致富,也是个由举人而入贡的书生。他曾与《聊斋志异》的作者蒲松龄交往深厚,日夜捧读《聊斋志异》,痴迷其中,手不悉卷,并为之手写了两篇跋文。这座敬序堂,就是他参考《聊斋志异》里对古宅、书屋的描写而建的。谁也料不到,200多年后的1995年,《聊斋志异》电视剧组居然寻找拍摄场景至此,并选定此屋拍摄,真是因缘际会,情动幽冥。山东淄博蒲松龄纪念馆曾给敬序堂现在主人来信说:"三百年前,您的祖先和蒲松龄交情深厚,三百年后,又是贵祖先和蒲老先生的宿缘使我们联系在一起……这真是一段文坛佳话啊!"

外立面

院门头墙画

大门椒图铺首

正堂一进内景

客馆木楼正立面

客馆卷棚和荷叶斜撑

木楼美人靠和花枋

客馆木楼八仙雀替

客馆院落

客馆格扇门图案

## （七）江家客馆

明清时期,思溪村有俞、江、洪、董四姓居住。清朝中叶,江家出了一个"江百万",名叫江树滋,因经营木材生意而致富。他的财富有三个百万:房屋田产值百万,金银财宝值百万,山场和河中运输的木材值百万。因此他为江氏建了祠堂和豪宅,这幢客馆就是其中之一。现存的客馆有个占地面积100平方米的前院。门面通身木楼,格扇和梁枋遍布雕刻,三间两进两层。一层一进是会客大厅,占地面积80平方米。楼上有美人靠和花窗,十分精致华美。

江百万的命运也很波折。先是长江上运木材的管事与厘金卡(收税官)起争执,税官落水身亡。为保性命,他把这批木材全部运送到曲阜修孔庙,才平息官司,不过也得了一块曲阜送的"望重东山"匾,挂在江氏祠堂内。不久,在赛龙舟中又翻船淹死数人,赔了不少银子。后来,江家在思溪河上拦坝建水碓,抬高水位,使上游老水碓无法运转使用,又引来老碓主人状告,争讼数年,耗银无数,最后还是败讼拆了水碓。这样,江家慢慢衰落下去。

客馆门面和楼面

垂花柱花篮雕刻

## (八) 花颐轩

花颐轩建于清雍正年间。花,即花甲之岁;颐,乃颐养天年;轩,为有窗的廊或小屋。这里是徽商专为村族中老人所建的休闲活动场所。老人可以在这里种花养草,吹拉弹唱,写字下棋,安享晚年。

内景

# 第六节　晒秋人家——篁岭

## 一、概述

　　江湾镇篁岭村,位于主峰海拔1260米的石耳山北面一支余峰的山坡上,距县城37千米,与江湾镇政府所在地江湾村相距7千米。从县城到篁岭村,已通省道和乡道公路。

　　篁岭村是婺源典型的山地型古村。四面山麓缓坡,可开垦为梯田。隔着山谷,有大激山等生态屏障,形成适宜人居的小环境。篁岭古村所在的山坡面向西南,总体上东北部高,西南部低。居民区分布有近西南向展布的冲沟,地势稍低凹,民房主要分布在海拔400~500米地段。民房街巷根据斜坡的走向改变,房屋的大门朝向街路,家家二楼开后门,后门与上一层的大路相连,形成了篁岭村高低错落的阶梯状村落格局,形似"布达拉宫"。村中现存有传统建筑83幢,其中明代传统建筑1幢,清代传统建筑24幢,民国时期传统建筑58幢。既有商铺,又有官宅和民居。现存传统建筑面积达1.1万平方米。

　　篁岭村属亚热带温润季风气候区,四季分明,年平均气温14.3 ℃,年平均降水量1820.2毫米,无霜期约246天,66.7%降雨集中在春夏两季。基岩为灰黑色板岩,土壤表层为黑色黏质土,深层为黄棕壤。植被以长绿阔叶树为主,野生动物有獐、麂、野兔、穿山甲、野猪等。

　　道光《婺源县志·山川》载:"此地古名篁里,县东九十里,高百仞。其地多竹,大者径尺,故名。"篁岭初名"篁里",明代后期改称"篁岭"。篁岭是曹氏聚居地,自明宣德年间建村至今,曹氏宗族已在此繁衍生息580多年,已延续至44世。

　　篁岭曹氏宗族源自安徽歙县篁墩,为徽州曹氏一脉,尊全晸公为始祖。据《曹氏家谱》记载,北宋建隆年间,歙县篁墩曹姓徙婺源城北军营山,复迁汪口。北宋景德年间,曹仲纲迁居石耳山脚下的大鳙(今晓鳙村)。明宣德年间,大鳙曹文侃迁居篁岭建村。据《曹氏家谱》抄本载,明宣德年间,大鳙曹公文侃到篁岭,见"此地险要,遂迁居焉"。曹文侃为篁岭建村始祖。

　　迁居篁岭的曹氏宗族起初与晓鳙村的曹氏宗族共宗共祠,村中宗族事务仍由晓鳙曹氏宗族统一管理。大约在明代后期,村人曹玒捐资,牵头创立篁岭曹氏宗祠,制定了宗祠及宗族管理的各项制度、礼仪,并给宗祠捐田,作为宗祠维护经费,篁岭曹氏宗族从此自立门户。这标志着篁岭曹氏从此走上了自主发展之路。

　　篁岭曹氏处于徽州重文兴教的大环境中,历来都重视读书育人。但由于篁岭处大山深处,信息不灵,在曹文侃迁篁岭后的200多年里,虽然也出过几个书生与商人,但文化、经济、村落发展都无大的起色。

直到明代末期,出了进士曹鸣远,篁岭才声名大振。曹鸣远,字文季,号篁峙,崇祯十六年(1643年)进士,授抚州临川知县。但"甫莅任,遭甲申之变""清兵下南昌,鸣远复潜遁入闽地,与汪志稷等募兵江西,崎岖险阻,破家危身,弗顾也。后为郡将所执,义而释之,遂改号寄庵,遁迹林泉"(民国《婺源县志》)。此事在《抚州名宦志》中有记,并立祠堂祭祀。曹鸣远"遁迹林泉",即隐居家乡篁岭,一心经营老家。他在篁岭修族谱,纪源流,兴乡学,教子弟,终使篁岭成了一个令人向往之地。在曹鸣远及后辈的不懈努力下,篁岭终于仕宦富商累出,由一个贫瘠的山村,发展成为徽州历史文化名村。

从清末开始,内忧外困,兵燹不断。在近一个世纪里,篁岭的发展与全国各地一样受阻受挫,甚至凋敝。近几年来,国家加大了古村落的保护力度,篁岭于2014年8月,被评为江西省"历史文化名村",11月,篁岭村还被住建部、文化部等部门命名为第三批"中国传统村落",2018年12月,篁岭村被评为"中国历史文化名村"。2010年以来,篁岭村整体保护,开发旅游业,村民受益良多。

篁岭村2020年有村民207户813人,村落占地面积10.03公顷。过去,篁岭是以农业为主的传统村落,有农田810亩,山林3200亩,油茶林986亩,板栗林20亩。村民除外出经商外,以林、茶、粮业为主,兼以采收、晾晒、出售茶油、竹笋、辣椒等高山"绿色"土特产。因为土特产"绿色"无污染,勤劳的村民收入也较可观。

近年来,篁岭村民依托古村落,发展乡村休闲旅游文化产业,开发农家乐乡村客栈、特色餐饮、民俗表演等业态,繁荣古村经济。村民参与到旅游文化产业经营,在家门口创业致富。全村第三产业比重逐年增加,村民收入节节攀升,生活越来越好。

今日篁岭已经开发为国家 AAAA 级旅游景区,各类设施得到更好的完善。村内道路用石板整修平正,并已安装路灯。村庄引来了晓鳙村的汪坑头和石洞坑两股山泉水为供水水源。村内排水通畅,采用雨水和污水分流的排水体系,并将生活污水经处理后用于农田、林地和绿化灌溉。垃圾分类收集,并有专人负责清扫路面,生活垃圾统一运送往县城垃圾处理厂进行无公害处理。为避免古村环境景观受破坏,村内电力、电话、电信线路采用埋地铺设。古村外围有宽4米以上的消防通道,沿消防水管设室外消火栓,并建有消防池。篁岭于2014年10月被评为"中国最美休闲乡村"。2015年初,在文化部"美丽中国行·共圆中国梦——寻找最美中国符号"活动中,篁岭古村以其独特的"晒秋景观"成功入选"最美中国符号"。7月,篁岭被住建部和国家旅游局公布为第三批全国特色景观旅游名村。8月,篁岭被国家旅游局授予"中国乡村旅游模范村"。2016年8月,篁岭被国家旅游局授予"中国乡村旅游创客示范基地"。如今,篁岭古村已破茧化蝶,一个濒临破败的古村,重新焕发出生机!

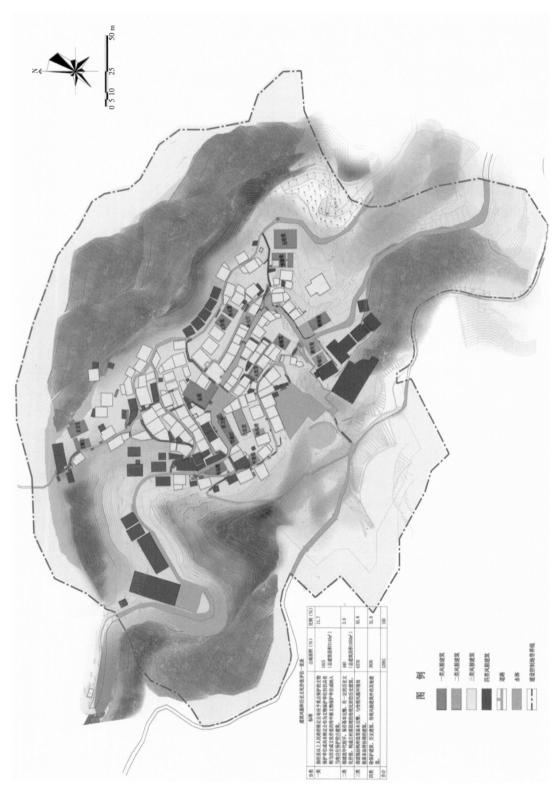

篁岭地形和古建筑分布

篁岭全景鸟瞰（詹东华摄）

## 二、依山而建的"布达拉宫"

篁岭古村所在的山坡,坡度为20°~50°,建筑分布区地形平均坡度约为25°,从下往上逐渐变陡,上下落差近百米,被称为"江南的布达拉宫"。民居从古木参天的水口往上,呈扇形梯状错落排布。在如此陡峭的坡地上建村,需要很高的智慧,解决不少难题。

挂在陡坡上的古村

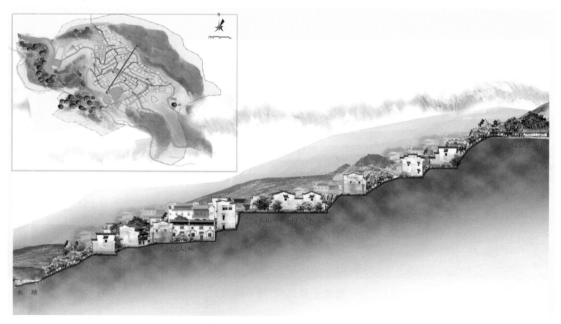

篁岭村地形剖面示意

篁岭天街

一是削坡为梯台,筑起民居建筑地基平台。仿佛开垦梯田一样,在陡坡上让房屋安身。

二是错层连通路,解决房屋采光通风和出路问题。下排房屋在二层开门,与上排房屋前的道路相通。这样层层半叠增高的布局,便营造出一座悬挂在陡壁上的村庄。

三是疏浚防渗水,避免山体滑坡。在山顶护育大树林以蓄雨水。村中六口井塘(五色鱼塘、方塘、尚源井、忠延井、霞披井和廉井)寓意六六大顺,石砌井塘防渗效果极好,石砌水圳排水通畅。

篁岭古村纵横的街巷,方便了村民的出行。一条天街(长388米)横贯东西,三座桥(步蟾桥、安泰桥和通福桥)通往村内外,九条街巷在以天街为"主轴"的基础上纵横交织。这九条街巷是:大丰巷(长160米)、担水巷(长178米)、添丁巷(长93米)、厅屋巷(长140米)、团箕巷(长40米)、五桂巷(长147米)、犁尖巷(长157米)、月光巷(长169米)、方竹巷(128米)。这些街巷有平路,有台阶,曲折延伸,通达于村庄的每家每户,每个角落。道路均以石材铺就,坚固耐久,烙着几百年的时光印记。

石板路巷和花溪水街

徽州古村非常重视村落风水特别是"水口"的营造,认为它是藏风聚气、关乎村庄命运兴衰的命脉之所。篁岭也不例外。至今茂盛葱郁的篁岭水口林,遍布着古老珍稀的参天树木。有极为罕见的国家一级保护植物红豆杉群,及樟树、银杏、香枫等名木古树。经调查,古村内有古树名木(树龄200年以上)共计9类52棵,其中国家一级珍稀濒危保护植物——红豆杉17棵,樟树类17棵,银杏类2棵,女贞类4棵,枫香类5棵,糙叶树类3棵,朴树类2棵,香榧类2棵。在水口古树下,步蟾桥头,还有世所少见的成片方竹。郁郁葱葱的来龙山,茂密的红豆杉水口林,古朴的石拱桥、五显庙,椭圆形的五色鱼塘,是篁岭村落水口风水的核心要素。"来龙山"青松直立,"香榧树"苍翠千年,"水口林"遮天蔽日,"五色塘"集财聚气,"石牌坊"屹立村头,"步蟾桥"关锁水口,"五显庙"护佑平安,这些都共同彰显着篁岭的风水营造特色。

水口林和步蟾桥

五色鱼塘

水口古树和水车

夫妻枫树

千年红豆杉

村头红枫

香榧树

花海村落

　　在500多年的历史长河里，勤劳智慧的篁岭百姓，将陡峭的山麓开垦成为层层梯田。篁岭梯田最初从山脚水源充足、坡度较缓之处开垦。随着曹氏宗族的繁衍，人口规模的扩大，梯田逐渐沿山势向上拓展。经历数百年来的农耕稻作，篁岭人依坡造田，修塘蓄水，挖渠引水，开山不止，逐步形成如今的千亩梯田的规模，造就了如今镶嵌在高山深谷中的犹如"大地诗行"的梯田景观。篁岭梯田风光已被广大网友评为"全球十大最美梯田"之一。每年春耕之后，蓄满水的梯田，波平如镜，倒映着天光云影。插秧后的梯田，禾苗一天天拔节长高，颜色从浅绿一点点变浓，而秋天的层层梯田，则满地金黄。特别震撼的是，早春的油菜花盛开时，层层叠叠都是流金的浪涌！像布达拉宫似的篁岭古村，就是花海上的天堂家园！

春耕后的梯田

梯田花海上的篁岭

## 三、云上家园

远眺高山上的篁岭,她仿佛是云端的仙境,时有祥云拂过她的容颜。从明代建村到民国时期,经过祖祖辈辈的不断建设,篁岭已经是一个具有较好的生产生活设施和各类公共建筑、民居建筑的宜人家园。鳞次栉比的粉墙黛瓦,与山林翠竹相映成画,体现出篁岭村民与自然和谐相处的智慧。村中传统建筑类型丰富,有徽派官宅、民居、祠堂、庙宇、书院、牌坊、戏台等。据统计,现存传统建筑共83处,其中县级重点文物保护单位1处(怡心楼);公共建筑5处,民居建筑78处。传统建筑面积达11065.46平方米。

现将篁岭村重点古建筑简介如下。

### (一) 曹氏宗祠

始建于清乾隆年间。建筑面积308平方米。三进五间。一进为仪门,由大门和过厅、仪厅组成,门楼里面是天井。二进为享堂,正壁悬挂祖宗容像,为宗祠主体部分,是祭祀祖先和处理本族大事的场所。三进为寝堂,供奉祖先牌位及放置贵重物品。该祠于2012年大规模重修,祠堂内现有婺源民俗展览。

外景

门廊、庑廊和享堂

寝堂

## （二）竹山书院

清代晚期建筑。建筑面积252平方米。书院大门门楼上的砖雕造型是典型的徽州五凤楼格式，整体上是一卷打开的画轴。竹山书院门额之上是"喜上梅（眉）梢"，之下是"望子成龙"，左为"兄弟登科"，右为"孟母教子"故事砖雕。书院一层分门楼、前堂和后堂三大部分。楼上是藏书阁。门楼通前堂有风雨廊，侧边墙壁上书有"忠孝廉节"。书院后门（边门）上方的砖雕图案场面宏大，人物生动传神，上图是"校场赛艺"，下图是"畅游琼林"，两块合在一起，就隐含着文武双全的意思，是篁岭人对后代儿孙的期望。竹山书院在2013年进行了大规模维修。

外观

门楼通一进走廊

一进厅堂

二进院落

二进课室

侧门门罩砖雕校场赛艺、畅游琼林

### （三）古戏台

建于清代晚期。建筑面积286平方米。篁岭古时每逢四时八节、庆寿诞、迁新居、添男丁、婚姻嫁娶，大户人家都会出资聘请邻近的戏班来这古戏台演戏庆贺。古戏台在2010年进行了局部维修。

古戏台前　　　　　　　　　　　　戏台上的藻井和梁架

### （四）众屋

建于清代晚期。建筑面积306平方米。"众屋"也叫"厅屋"，是村里族群开会议事的地方。全屋分正堂和客馆两部分。正堂由前堂、中堂和后堂三部分构成，三间三层，后堂有四层，特别高大。大门为石库门，大门和仪门之间的上方是卷棚。前堂上方有"百鸟朝凤"藻井，藻井两侧牛腿雕刻有"和合二仙""刘海戏金蟾"画面，寄寓着期盼家庭和美、招财进宝之意。客馆部分大门是半月门，当街有华美的绣楼。

外观全景

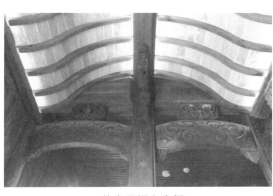

前堂月梁和卷棚　　　　　　　　　　　后堂天井

## （五）树和堂

清代晚期官厅式建筑。建筑占地面积103平方米，建筑面积196平方米。大门气派，砖雕门楼飞檐戗角，水磨青砖精雕细刻，人物和故事图案寓意深刻。墙上月眉形窗罩搭配八字形窗。进大门后为下堂，有两厢房，三间一层。两边各有庑廊通上堂，为一大敞厅，三间两层，屋脊高9.35米。上、下堂之间是宽天井。

正面外观　　　　　　　　　　　柱、梁、枋和斗拱细部

内景

## （六）慎德堂

　　清代民居，为县级重点文物保护单位。建筑面积210平方米。堂名"慎德堂"，是提醒后人做任何事都要三思而后行。这是曹鸣远父亲、被朝廷有司旌表为"孝友"的曹孜学的宅第，包括小院、客馆、正堂和书房4个主要部分，是篁岭最考究的民居。正堂大门罩下水磨青砖雕刻了渔樵耕读、琴棋书画内容。进门是三披水天井，三间两进两层，有门通书房。正堂之南为客馆，三间一进两层，全堂木质门楼，精致古朴。该建筑经保护维修后用作度假民宿。

正堂大门上的八卦砖雕

正堂和客馆外景

月梁和枋托

民宿客房

民宿会客室

民宿多功能厅

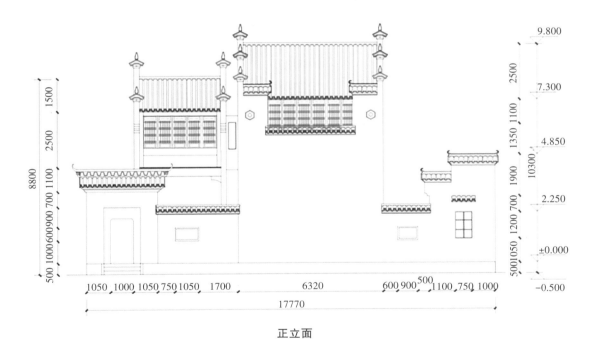

正立面

## （七）培德堂

　　清代晚期民居。建筑面积206平方米。屋前有小院,院内有鱼池、假山,院墙上的雕花漏窗非常小巧精致。正屋为三间两厢两层楼结构,三披水天井。天井三面的木雕以三国故事为主题。一层有4个房间,进门两边有2个小耳房,堂前两边为2个厢房。二楼在天井两边还有2个小姐绣楼,边上设"美人靠"。现经保护维修用作民宿。

外观

民宿休憩空间

民宿客房

卫浴设施

## （八）竹虚厅

清代晚期仿官厅式建筑。建筑面积186平方米，三间一进两层结构。一楼没有厢房，为会客用的敞厅，房间设在二楼。门面全堂木雕，十分华丽震撼。门面上的6方木雕图案，左上是"赵子龙救阿斗"，左下是"关公送嫂"，中上是"九世同居"，中下是"状元及第"，右上是"周文王狩猎"，右下是"文王访贤"。四根木柱上的梁撑的木雕主题，从右到左，依次是福、禄、禧、寿。该古建筑经保护维修后用作高端度假民宿。

正立面

中间花枋木雕"九世同居"和"状元及第"

二层民宿观景晒台

### （九）京卫府

清代晚期客馆。建筑面积262平方米。原主人是曹廷咨,清嘉庆年间,担任京城都指挥使司,六品衔"京卫经历"。致仕回乡修建此屋,作为会客聚友场所。京卫府临街及外沿的两面都做成木门窗,木雕线条简洁大方。大门上方的4个圆"门头",是屋主身份等级的象征。三间一进一层,为敞厅式建筑。

外观

### （十）五桂堂

清代中期民居。建筑面积306平方米。明万历至崇祯年间的篁岭人曹永护与曹希例父子四代都是单传,他们乐善好施,见义勇为,美德美名乡间皆晓。曹希例有5个儿子,27个孙子,曾孙、玄孙有 200 多人。篁岭曹氏在发展演变的过程中,就形成了以五桂堂出去的五兄弟为代表的五大房。这五大房均统称五桂堂,一直延续至今,凡是结婚、出嫁、建房、出葬等红白喜事,文帖、器物上常常要郑重地写上"篁里五桂堂"这五个大字,家家如此。五桂堂由此得名。

五桂堂院门兼做落轿间,带檐廊。前院种植了柿子、红梅、芭蕉等树木,并有一个半月池,取"人生忧喜一半一半,名利得失一半一半,财富聚散一半一半,修行佛魔一半一半"之意。左侧有月门通偏院,内有水井,桂梅双植。

五桂堂正屋分为前堂和后堂两部分。前堂是典型的对朝堂结构,上方是徽州典型的四披水天井,二层为走马楼。天井四方的梁柱雕刻故事,靠堂前一方是"麒麟送子",靠大门一方是"福禄双寿",两边为"六郎出山"和"一马当先"。天井下两边的隔厢上,是《朱子家训》,与《朱子家训》匹配一起的是以琴棋书画、梅兰竹菊、八仙器物等为主题的木雕图案。后堂与厨房相连,除了锅灶与厨房用具,农具也都放在后堂。楼上有粮仓和房间,在侧墙上建有木楼和美人靠,使建筑外立面更出彩。

外观

院门和落轿间

半月形泮池和梅花树

仪门

一进厢房花窗和户净

从二楼天井俯瞰一进厅堂

二进厨房

二楼正厅

二楼房间和葫芦窗

二楼走马楼和天井

二楼陈设祝寿屏风

## （十一）怡心楼

建于清光绪年间。建筑面积288平方米。怡心楼最出彩的是它的大门木雕，华美而繁复，中国千百年来传统的木雕题材，如刘备赴江东、夜访寇准、杨业战韩昌、文王访贤、弃官寻母、子孙满堂、战长沙、八仙祝寿、讨荆州、连中三元、丹凤朝阳、金玉满堂、梅兰竹菊、荷叶、圆月、宝瓶等，都在怡心楼大门木雕中得到了淋漓尽致的展现，雕刻手法纯熟精湛。怡心楼分前堂与后堂，均为三间两层。前堂顶部有精美的藻井，是一个敞厅式会客厅；二楼也是建有美人靠的厅堂。后堂有四披水天井，两厢房，兼设厨房；楼上是走马楼，设厢房和楼厅。

格扇门身板处别具一格的漏窗造型

一进厅堂和藻井

楼厅

斗拱飞檐、美人靠、花枋、卷棚和斜撑

"渔樵耕读"木雕

### （十二）五显庙

明末始建,清末重修。建筑面积25平方米。位于村南水口林步蟾桥以西,坐北朝南。砖木结构,保存完整。庙内供奉五显财神的5尊神像,信众颇多,香火旺盛。

五显,也叫五通,还叫五猖,被信众奉为"五路财神"。婺源是五显信仰的发源地,也是五显崇拜的祖庭。古时婺源乡村,几乎村村都有五显庙。据光绪《婺源县志》记载,唐光启年间,居住在婺源县城紫阳镇(那时叫弦高镇)龙井墩的王瑜家的园林里,有一天晚上红光冲天,有五位神人从天而降,齐声说:"我等庙食于斯,佑汝子孙绵延。"说完便又升天而去。于是王瑜就动员城中百姓倾力建庙,塑像供奉,虔诚祈祷,无不应验。

到了宋元明三代,五显被历代皇帝褒封,名号不断加长,到最后每个王的名号都达到8个字,成为"八字王",即显聪昭应灵格广济王、显明昭烈灵护广佑王、显正昭顺灵卫广惠王、显真昭佑灵祝广泽王、显德昭利灵助广成王。因为每个名号前面都带显字,所以总称为"五显"。

明代通俗小说家余象斗的《南游记》(也叫《五显灵官大帝华光天王传》)中,也曾详细描写了五显神在婺源萧家庄投胎转世的故事,曲折离奇,生动感人。这也是婺源作为五显祖庭的一个例证。

五显在南宋时就已经跨越地域,影响到当时的京师临安(今天的杭州)以及整个东南沿海地区,成为宋代重要的跨地区的民众祭拜神明。明洪武年间,官方还把五显神正式纳入祀典,规定每年的农历四月初八和九月二十八,统一由官方祭祀五显。

五显庙外观

明代郑成功收复台湾,也把大陆地区的五显信仰带到了台湾。五显信仰在台湾落地生根,开花结果,不断发展壮大。现在,在台湾地区,五显信众有230多万。

## 四、晒秋人家风韵

### (一)四季缤纷的晒秋民俗

在太阳下晾晒物品,是人类很早就掌握的生产生活方式。阳光可以把经历了雨季的实物消毒除霉,以利于收藏保存。因此,各地有晒衣、晒经、晒佛、晒谱、晒书等习俗。阳光还能将农作物晒干,以利于剥壳脱粒和仓储。一些需脱水制作或保管、腌制的食物,也需要经过晾晒。"晒秋"不只是秋天才有,因秋天晾晒特别集中,所以用其指代全年中各季节的晾晒活动。

晒秋一般都是在平地上用竹簟等铺物晾晒。但篁岭晒秋非常独特,与众不同。篁岭晒秋,不是晒在平地上,而是用大大小小的圆形竹晒匾,晒在家家户户晒楼的晒架上!由于篁岭整个村子建在陡坡上,地无三尺平,一幢幢徽派古民居在百米落差的坡面错落排布,聪明的篁岭百姓便创造出这一独特的方式,来解决无地晾晒农作物的困难。红日初升,整个村落民居晒架上,圆圆的晒匾里,春晒白竹笋、绿蕨菜、乌苏菜;夏晒甜蜜枣、酸杨梅;秋晒红辣椒、黄稻谷、褐板栗、皇菊;冬晒萝卜丝、红薯片、腊肉、果脯、香菇、兽皮。篁岭犹如一块巨大的调色板,一年四季,家家晒楼上都晒出五彩缤纷的丰收图。这一习俗一直沿袭至今,成为最美中国的靓丽符号,也成为现代人追忆农耕文明乡愁的最好精神寄托。

门前建平台晒场

篁岭晒秋民俗,具有较高的科学价值。面对陡峭坡地的村落地形,农作物无地可晒的困境,篁岭人不是采用挖山平地的办法去解决晒场问题,而是巧妙地利用斜坡地形,在家居楼上搭建晒台,用晒匾盛物晾晒。因为每排房屋都沿坡度逐级升高后退,后排较高处房屋的晒台就不会遮挡前排房屋晒台的阳光。这一科学方法的运用,体现了篁岭人敬畏自然、不破坏自然、与自然和谐相处的哲学理念。篁岭人利用力学原理巧妙搭建晒台,通过大屋檐完美解决晒楼敞开晾晒和挡风遮雨的矛盾,体现了因地制宜、善于用科学方法破解难题的智慧。

　　篁岭晒秋民俗,具有较高的历史价值。通过晒秋的方式,我们可以了解篁岭建筑工艺技术的水平。通过晒秋的物品,可以掌握篁岭历史上种植、养殖业的发展情况和百姓生活状况。通过四季晒秋的不同流变,可以了解篁岭古人的时间观念。篁岭晒秋民俗,积淀着丰富的历史信息。

晒楼

　　篁岭晒秋民俗,具有较高的美学价值。在近2万平方米的山坡上,徽派古民居的晒楼,铺满了层层叠叠、五颜六色的圆晒匾,仿佛一幅巨大的立体画卷。晒匾里红、黄色的农作物,与民居的白墙黑瓦相辉映,与绿树远山相衬托,形成人工与天然的协奏曲,色彩瑰丽的圆形晒匾,就是飞扬在蓝天白云下的一个个音符。实用的晒秋活动,就是篁岭民众最朴实鲜活的艺术创作!

家家楼台流金溢彩

晴雪晒台

## （二）篁岭名人

篁岭古村和朱子故里婺源的其他乡村一样，"十户之村不废诵读"，虽深处大山之中，依然保持着尊儒重教、耕读自强的传统。因而篁岭村自古是个人才辈出的地方。据不完全统计，明末以后，篁岭村由朝廷任命的曹姓官员就有12人，文人著述有3种数十卷。如曹鸣远主修的《曹氏统宗谱》等。著书立说的曹孜学、不愿效劳清廷的曹鸣远、兴山知县曹元功、兵部会举曹鸣鹤、刑部司狱曹学闵、浙江按察司经历曹建鸿、京卫经历曹廷咨等篁岭的人杰，至今仍被当地村民所津津乐道。光绪《婺源县志》就载有以下篁岭人物的事迹。

曹师恕："篁岭人。事亲至孝。母多病，每朔、望，即焚香祷，欲以身代。弟师让，难以自给，推食解衣，殚力扶挈。家势极弱，强家屡有侮之者，阋户若不闻见。博学，通经史，雅好吟咏。徜徉山水间，时策杖于石耳山。襟怀之洒脱如是。初见汪司徒登原于童年，大奇之，曰：真吾婿也！以女嫁之。时人咸服其识。"

曹时可："字无住，篁岭人。性颖异。幼与牧竖伍，独构茅亭读书，群牧代刍事，夜燃松节以照。长，从楚野詹公、登源（原）汪公讲学，见儒道在躬行、反身、修德，在愧无争，事亲孝，友爱笃。父疾，祈以身代。兄弟值毒命讼，妻、子不相保，时可罄产为息。恶少索诈，又称贷益之。家食贫，事母益竭力承欢。继娶汪氏，刲股愈姑疾。乡里颂之不衰。"

曹显达："字昌嗣，篁岭人。孝友乐义。兄贫，独孝养二亲，任职无缺，更为兄子娶妇。里有孝廉，贫窭至不能具饔飧，自未遇及。既荐，咸给助无厌。族贫士天权者，中道失偶，度无续而终鳏矣，慨然倾数十金佐之，不责负。水口山低塌，形家患之，捐赀买白果树坦以助众。其笃于人伦而勇于从义类若此。蚤（早）岁艰嗣，晚举子，有声庠序。"

曹廷启："字道可，篁岭人。天性孝友。幼读诗至《蓼莪》，塾师为述王哀故事。启瞿然曰：'哭是自家要哭，废诗无益也。'塾师奇之。甫弱冠，父命徙业服贾。有赢利，上其父。父曰：儿得自辛苦，兄弟勿与也。启谢曰：'此身总大人有，安敢私？父有疾，启躬侍汤药，兼仆妾之役，跬步不入内。'尝曰：'昔徐仲车四十不娶，以服勤其亲。谓异姓人，恐不喻父母意，况敢委诸疏贱乎？平生尤多阴德，尝归自金陵，宿石会旅次，得弋阳刘信遗金二百余两，守候还之。'邻人俞祥负官钱急，将鬻妻，启助金代偿，俾完聚。里多逋负，启廉知其贫，辄焚券，不复问。识者卜其后必昌云。"

曹孜学："字懋舜，号宏宇，篁岭人。少有至性，三岁丧父，踊恸如成人，人奇之。甫九龄，伯仲欲析箸，孜泣曰：'奈何忍分手足耶？'伯仲感之，复同居十余载，乃析。孜受产，独取碛。后，仲兄文学以贩木供上用，缘事系京师。孜闻，涕泣不已，倾产往救之，坐是贫落终身，无德色，无怨言。妻江氏，名德贞，亦至孝。偕事媂母俞，竭力承欢。母老疾，三十余载孝养不少衰。垂白，执母丧，哀毁骨立，秉心方正，见义必为取与，是非一介不苟。室无宿储，乐施不倦。著有《尚书宗镜》《问心集》《于野集》数十卷。"

曹鸣远："字文季，号篁峙，篁岭人。崇祯癸未（崇祯十六年，1643年）进士，授抚州临川知县。甫莅任，遭甲申（崇祯十七年，1644年）之变，大盗刘明八乘机将纠黄峒、长丰诸贼为乱。鸣远行保甲都网法，并设方略擒斩渠魁，贼遂平。会闽寇破光泽，逼建昌，益王告急。副将郭云凤来援，赏薄，哗去，沿途劫杀，进围抚州，连日不解。鸣远督民坚守。攻益急，鸣远请于郡守，曰：'城且陷矣，力不能战，盍以诚感？'乃单车开南门，竟赴郭营。甲士尽出露刃，注矢镞相向。鸣远笑曰：'令孤来尔军，杀之易易尔，不烦怒也！'直登堂，握副将手，颂破贼功，因谢失地主谊，坦衷开晓。郭意释，解围去。临川当闽、越、吴、楚冲，苦于供应，而以殷实主夫、马役。鸣远悉其累民，为条议官养之法，驿害顿苏。其他厘奸剔弊，有德于临川者甚众。详《抚州名宦志》，并祠祀。后清兵下南昌，鸣远复潜遁入闽地，与汪志稷等募兵江西，崎岖险阻，破家危身，弗顾也。后为郡将所执，义而释之，遂改号寄庵，遁迹林泉。时或泛游异地，有所感，一以诗文见志。人拟之陶靖节云。"

曹元功："字常伯，篁岭人。性刚介，幼入庠食饩。崇祯乙亥（崇祯八年，1635年）拔贡，授湖广兴山县知县。城先被流寇焚屠，功至，捐赀掩骼，招抚流亡。时军需告急，阁部杨嗣昌委功采买接济，题授监纪军务。抚流寇，剿土贼，集孑遗，请牛种，民获少安。抚、按交荐，奉旨行取。适李闯寇兴山，功力战不敌，被执不屈，骂贼死。应天巡按贺以'僻壤义烈'，与宣城知县陈美合疏题请，略云：'此二城者，四十人民不忍弃，义激有如田横；千百折磨而死节，忠勇不让许远。'奉旨该部议覆。后郡、邑又详院请允乡贤奉祀。因鼎革，未得旌表优恤。子士先、士心，均庠生，无愧家学云。"

曹文埴："字近薇，号茅原，歙县籍篁岭人，乾隆壬申（乾隆十七年，1752年）恩科举人，庚辰（乾隆二十五年，1760年）二甲第一名进士，翰林院编修，历任经筵讲官，派充南书房供奉，晋太子太保、户部尚书，兼管顺天府府尹事。"

曹振镛："字怿嘉，号俪笙，歙县籍篁岭人，乾隆己亥（乾隆四十四年，1779年）恩科举人，辛丑（乾隆四十六年，1781年）进士，官至大学士，谥文正。"

曹鸣鹤："字仲余，篁里人，癸未（万历十一年，1583年）兵部会举。"

### (三) 油茶飘香

油茶,别名茶子树、茶油树,婺源俗称"柽子"。属茶科,常绿小乔木。油茶与油棕、油橄榄和椰子并称为世界四大木本食用油料植物。油茶籽的出油率高达30%,不饱和脂肪酸含量高达90%,远远高于菜油、花生油和豆油,与橄榄油比,维生素E含量高一倍,并含有山茶甙等特定生理活性物质,具有极高的营养价值。也可作为润滑油、防锈油用于工业。茶饼既是农药,又是肥料,可提高农田蓄水能力和防治稻田害虫。果皮是提制栲胶的原料。今天的科学研究证明,油茶是一个抗污染能力极强的树种,对二氧化硫抗性强,抗氟和吸氯能力也很强。因此科学经营油茶林具有保持水土、涵养水源、调节气候的生态效益。篁岭村有栽培油茶的悠久历史,今天还有油茶林986亩,家家都有几十亩油茶林。茶油是篁岭重要的特产,也是篁岭人家重要的经济收入来源。在长期的油茶种植和茶油加工实践中,篁岭人积累了一整套生产加工技术和工艺,形成了珍贵的非物质文化遗产。

1. 油茶的种植生产技术

(1) 选地和整地。油茶对土壤要求不甚严格,一般适宜土层深厚的酸性土,而不适应石块多和土质坚硬的地方。在种植前一年的夏、秋季节进行整地,在山区,整地前要进行砍山、炼山,整地方式有全面整地、带状整地、块状整地等,要因地制宜地采用合适的整地方式。然后,在适宜种植的地方,按2米×3.3米的株行距开穴备种。

(2) 种植。油茶以种子、插条或嫁接繁殖。为保持亲本的优良性状,多采用插条或嫁接育苗,然后进行栽植造林,最适造林季节是立春到惊蛰,也有在10月份进行的。直播造林以冬季最好。

(3) 抚育管理。油茶在扦插之后的1~2个月内就逐渐愈合发根,而在油茶发根前,由于插穗没有根系,所以必须及时对其进行浇水,从而加速内部细胞的分裂,尽快萌发新根。在油茶发根之后,要适时施肥,促进油茶的生长和发育。同时,要做好炭疽病、软腐病、根腐病、蓝翅天牛、象虫等病虫害防治。油茶成林后,每年要除草松土。

2. 茶油的加工工序

(1) 油茶籽的采摘和脱粒。深秋时节,油茶果实成熟,从树上采摘到家后,要铺在簟上晒干,直到果壳开裂,然后辅以手工剥取里面的油茶籽粒,并继续晒到干透为止。

(2) 碾籽。过去用牛拉大石碾的方式将干油茶籽碾碎,现在一般都改用机器碾。

(3) 蒸籽做饼。将碾碎的油茶籽放蒸锅蒸熟,然后铺入直径40厘米、厚4厘米的铁环中,并压实,形成圆饼状。铁环上下用干稻草辅助包裹,以免籽屑散落。

(4) 装榨榨油。将油籽饼一个个装入木榨内挤紧,形成横排,中间塞以若干木楔,然后手工推拉吊锤击打木楔,挤出油茶籽中饱含的油来。这是以前的工艺,现在都改用机器榨取了。

# 第七节　翠谷家园——西冲

## 一、概述

西冲村位于思口镇西南部,海拔76米。村域面积2.8平方千米,村庄占地面积150亩,距县城22千米。有村级公路通往思口镇,思口镇通县城为省道公路。

西冲村地处婺源县中部,属亚热带温暖季风湿润气候区。年平均气温16.5℃,年平均降水量1857毫米,70%降水集中在春、夏两季,无霜期252天,全年日照时数约1890小时。西冲村属丘陵低山区,地质条件为侵蚀剥蚀构造丘陵区,残坡积物覆盖,土质肥沃。村落四周群山涌翠,森林植被茂密,植被覆盖率高达98%以上。植物种类丰富,古树名木繁多,村中有樟、枫、红豆、女贞、柞木、樱桃、苦槠、糙叶、柿子等名木古树300多棵,主要分布在村落水口、来龙山、面前山;野生动物则有獐、麂、野猪、野兔、穿山甲等。随着生态保护力度的加大,野生动物数量在逐年增多。西冲村山体稳固,基本上没有自然灾害。

西冲古村坐落于六水朝西的东西向的狭长山谷平地上,村庄坐北朝南,朝山象屏风,乡人称此为"南屏绕翠"。自东至西由"新亭""水井头""庄前"三个聚落组成,整个村为"品"字形分布。村头至村尾全长850米的道路,全为青石板铺就。溪水从村庄一侧流过,梅、柳、桃三树依岸而立,绘就一道美丽的风景线。

村头水口

北宋年间,县内东乡江湾村张氏兄弟俩来此打猎,因见此处山水秀丽,决定在此定居,但人丁不旺,几代而终。民国《西冲俞氏宗谱》"序"记载:"西冲俞氏,婺之望族也,始祖纵公以武功显于晋,至唐沇公避乱迁徽之篁墩,其至篁墩迁婺长田者,昌公也。其继迁县市城南者,文远公也。中间派别支分各著天启谱录。十六世祖世崇公独爱西谷山环水抱,有田园之美,无市井之哗,爱筑室于斯,聚族于斯。"

唐元和九年(814年),俞沇为躲避战乱,从宣城迁歙县篁墩,其孙俞昌又南移至婺源长田。俞昌之后文字辈分居婺源各地,形成著名的婺源俞氏十八派。西冲俞氏即属文远一脉,原居婺源城南,称县市派。

南宋景定五年(1264年),俞氏十六世祖俞世崇,始迁此定居。因处在六水朝西的山谷平地上,故取名"西谷",村落逐渐形成,开辟了一条经今龙山村通往景德镇的山路,西谷扼守隘口,故改名为"西冲"。

俞世崇迁居于此时,首先在"水井头"一带建村。宋元时期,俞氏家族主要在水井头一带修建房屋,所以"水井头"是西冲村落最古老的部分。

十九世祖圣武(1303~1377年)因为战功卓著而获奖赏并赐名,回乡后购农资扩展生产,并建叙伦堂(已毁,即今西冲小学处)作祖庙。

明宣德、正统年间,俞氏传至二十三世兆友。兆友公(1404~1466年)在生下儿子闰德公后偕妻赴外地发展,通过辛勤劳动后挣得一份不小的家业,并生下德宗公(1445~1477年)。兆友公去世后,德宗公遵照父亲遗愿,变卖家产,携带家小,扶枢回乡安葬,并兴建敦伦堂。敦伦堂后在清道光年间重修。因为德宗是从外地回迁村中,又将祠堂建在村外,故德宗一房称作外房,而闰德一房称为里房,世居"水井头"。明万历年间,西冲木商崛起,积累了大量财富,回乡大兴土木,逐渐形成了村中"新亭"聚落。

三十四世俞本仲为其子建房于今之"庄前"地段。清乾隆、嘉庆年间,西冲俞氏子弟奋志经营、展露商业才能。特别是西冲木商,在时代的风云变幻中获得了巨大的财富,从而反哺了村落的发展,西冲村规模不断壮大,不断沿山谷两侧发展。这些成功的木商回家乡兴建豪宅,又形成了"庄前"聚落。

至清末,西冲村"庄前""水井头""新亭"三大聚落不断发展,形成如今的"品"字形村落形态。

2006年5月,敦伦堂被列为第六批全国重点文物保护单位。2007年7月,西冲村被评为江西省"历史文化名村"。2013年8月6日,西冲村被评为"中国传统村落"。2018年12月,西冲村被评为"中国历史文化名村"。

西冲古村传统建筑为徽派民居、祠堂、书院、客栈、商铺、庙宇等,全村现存有民居85栋,其中清代建筑40余幢,传统建筑完好程度为80%以上。其中重点文物保护单位2幢,俞氏宗祠(敦伦堂)为第六批全国重点文物保护单位,俞开祥宅(乙照斋)为婺源县重点文物保护单位。保护对象建筑12幢,分别为节孝祠、职思堂(正和堂)、耕心堂、友竹居、古香斋、小吾庐(学到老)、关帝庙、挹秀亭、三房(3幢)、六上;一般历史建筑33幢。古村内现存历史建筑总建筑面积9479.71平方米。其中,保存良好的古建筑面积1265.05平方米,占总面积的13.3%;保存一般的古建筑面积6596.26平方米,占总面积的69.6%;部分损坏的古建筑面积

1618.40平方米，占总面积的17.1%。

2020年西冲村有196户615人。全村现有农田785亩，茶地227亩，山林3689亩，森林覆盖率98%。村民主要从事农田耕作等生产活动，还有部分村民外出打工和经商。经济作物主要是水稻、茶叶。近年来，西冲正利用传统建筑发展民宿经济和旅游产业。

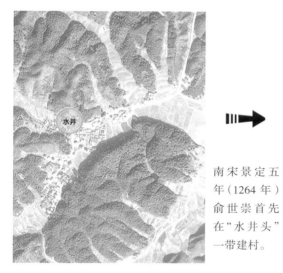

村落定居阶段

南宋景定五年（1264年）俞世崇首先在"水井头"一带建村。

村落发展阶段

村落历史演变图

十九世祖俞圣武（1303～1377年）因为战功卓著而获奖赏并赐名，回乡后购农资扩大生产，并建叙伦堂（已毁）。

村落再发展阶段

清乾隆、嘉庆年间，西冲俞氏子弟奋志经营、展露商业才能。后三十四世俞本仲为其子建房于今之"庄前"。

村落鼎盛阶段

俞兆友（1404～1466年）之子俞德宗迁出"水井头"，在村东定居形成"新亭"聚落。

村落历史演变图

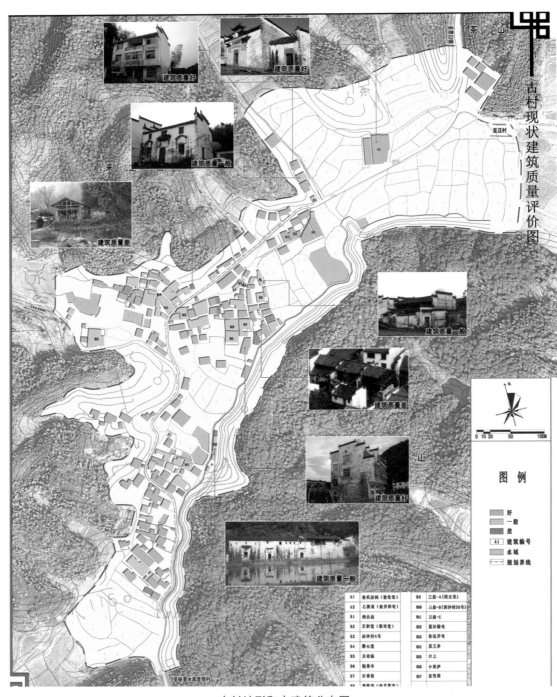

古村地形和古建筑分布图

## 二、六水朝西的"品"字形村落

婺源民间有"圣人门前水倒流""水流西、主富贵"的说法。因此,"六水朝西"是村庄风水宝地的象征。西冲古村位于一条翠谷之中,小吾庐溪、新屋溪等6条小河,自东南向西北,从村中和村旁流过。《西冲俞氏宗谱》"宅基图"记载:"世崇公由县市徙居西谷,山取其罗围,水取其回曲,基取其磅礴,址取其荡平。卜云其吉,长发其祥,爱绘斯图,凡以冀世安此土者,服畴食德,启后人无疆之福念。"西冲北靠来龙山,南对面前山。东西两头谷口广植乔木形成人工屏障,古树名木种有80余种300多棵,主要有樟、枫、槠、栗等树种,分布在村庄周围及面前山和来龙山上,营造出良好村落小环境。村落南面的面前山,西段形似"卧牛",东段形似"笔架",彰显此地是"耕""读"两宜的居家宝地。《西冲俞氏宗谱》载有清代施衡、齐一枝等文人所写的《西冲八景》诗,形象地描述了西冲的优美环境。

**西冲春景**

一景六水朝西:川流难得是朝西,六道清泉偏町畦。细漱轻浮山影动,余霞斜映夕阳低。象占庶富夸丰蔀,秀发人文仰焕奎。灵异如斯诚罕见,堪与应可测端倪。

二景三峰拱北:翠绕南屏瑞色新,三峰插汉更嶙峋。层峦鼎峙疑朝斗,群壑星罗似拱辰。隐与恒山相对望,高连海狱远为邻。庄严气象真堪比,木假苏家一脉亲。

三景南山绕翠:当户南山翠绕庭,徘徊仰止岁曾登。回环螺黛云烟淡,酝酿精英草木灵。折展豪情穿仄径,读书清影入跰儒。卧游便自饶奇胜,恰似襄阳画做屏。

四景西谷藏烟:谷口寻来树影低,人家丛住小桥西。渠渠夏屋深如隐,楼楼炊烟望若迷。

云外何人朝放鹤,林间有客午闻雉。醇风朴俗推珂里,聊借微吟略品题。

小溪绕村

山水环抱

古建风貌

　　五景古庙传钟:历年古庙势巍峨,墙上青青挂壁萝。几度风来吹北牖,一声钟响醒南柯。静思护法神通广,敬事心香福庇多。百八铙铮长不断,朝朝惊起硕人过。

　　六景甘泉献醴:山泽交通出水泉,源源不竭本先天。綩经铿处心弥净,况复当来味最鲜。醉我何烦杯里物,邀宾可省杖头钱。一瓢饮罢诗脾沁,直抵琼浆斛万千。

　　七景花朝鸟语:花朝花自吐奇香,蜂蝶邪忙鸟亦忙。似有知音同倡和,为谁解语费商量。暖风吹彻声皆碎,春色啼残喜欲狂。日此鸣禽真得意,萧骚辜负好时光。

八景月夜溪声：清宵明月傍溪游，静听潺潺细细流。且得乘间披鹤氅，何须览胜觅龙湫。本然道体原无间，太古铉歌益自幽。缓步归来心在水，梦中情思尚悠悠。

据《西冲俞氏宗谱》记载，清人戴骆当年至西冲时，曾看到成群的白鹇飞栖于林间，为之作有《白鹇昼栖》诗赞："白鹇远举任东西，高树双双向午栖。雪羽霜翎仙似鹤，柔冠修尾锦同鸡。倦飞正喜朱曦永，醒梦还欣白昼啼。幸列文禽珍五品，骚人着意为渠题。"

西冲古村山环水绕，四周是郁郁葱葱的青山，新亭、水井头、庄前三个聚居点沿石板古道分布，呈"品"字形展开，并与外围自然环境相融合，完整地反映出了古村的传统聚落形态。通过长期的建设发展，西冲古村形成了完备的生产生活设施。村中有石板街6条，小巷9条，排水沟7条，水圳5条，水埠11座，古井5口，石碣2座，古庙2座。

宋代俞世崇来此地建村时，俞氏族人定居在山谷来龙山山坡上，即现在的"水井头"一带，也就是"品"字形上面的那个"口"。明代后期，传至二十三世，次子居村外，分为里房和外房。后来外房不断繁衍成七大房派，沿山谷向两侧发展，形成"庄前"和"新亭"两个聚落，即"品"字形下面的两个"口"。村内主干道为"丫"形石板街，派生出12条支街巷，将整个村落连为一体。村中的主干道均由青石板铺就，较为宽敞。

坊门和街巷　　　　　　　　　　　　古交通标志

西冲村的总体格局通过线形空间（街巷、水系等）和节点空间（祠堂、水口、路口等）的串联、围合，将独立的单体建筑组合成"品"字形三个聚落的组团。村落空间形态具体构成要素如下：

（1）路径。古代西冲地处思口一带通往景德镇的必经之道上，是重要的交通节点。在村中吴王井边上民居的墙角，嵌有一块醒目的石刻指路牌，上刻"大路转弯"四个大字，提示行人至此需转弯前行，避免走错路。该石高155厘米、宽35厘米、厚17厘米。该民居建于清康熙年间，表明这交通标志距今已有300多年历史。

（2）边界。西冲村以村落的边界区域为边界空间，北侧边界为来龙山，南侧边界为面前山，东、西两侧边界为天然加人工营造的水口林，村落边界空间整体清晰。西冲村的入口空间，分布着俞氏宗祠（敦伦堂）和俞氏支祠（职思堂）及相公庙，有门楣题"西谷"的正和堂后门，围合着众多的名木古树，形成精致的水口空间。随着经济的发展，村落沿山谷东西两向，往外扩张。

（3）区域。西冲村自西向东分为"庄前""水井头""新亭"三个聚落；以宗族不同派系分为里房和外房。里房主要集中居住在水井头，外房主要集中居住在庄前和新亭，其中八只墈（石台阶）是区域界址的标志。

（4）节点。西冲村的节点主要包括重要历史建筑、广场、重要景观以及人们自发形成的集聚点、村口、道路交叉口等。如俞氏宗祠（敦伦堂）、吴王井旁，以及大型公共建筑（村委会办公楼、村小学等）。旧时，村东头的挹秀亭是村中人气最旺的地方，每年中秋节的傀儡戏都在这里演出。夏天，这里还设有茶亭，村人轮流烧茶供行人解渴。古时还有思源亭，也是热闹场所。

正和堂后门

"西谷"门额

"八只墈"

（5）标志。俞氏宗祠、吴王井、大路转弯古交通标志、职思堂、友竹居、懿行堂等是西冲村的特有标志，构成了西冲村的标志地图，突显了聚落空间的独特性。

吴王井位于西冲中心，村人常称它为"水井头"。从前通往四乡，都得经过井旁，便于取水解渴，以续行程。井侧有一块刻于清康熙三十四年（1695年）的"禁牌"石碑，对污染、破坏水井的行为进行禁止和处罚。此井即为传说中的西施娘娘首次来此的"鸿影初照"处。禁牌上碑文如下："门路□□水井秽污，实为可愤。今众协力维修整成，但门路之上，一律不许堆柴、停粪、笼灰等事，犯者即行□□□叱罚，如不遵依，定行罚银伍两□□，决不徇后。康熙三十四年乙亥岁冬日。"

吴王井

禁碑

### 三、徽州木商名族

西冲是叱咤一时的徽州木商故里。明清时期,随着江南商品经济的发展,木材的需要量也非常巨大。在江南地区,木材最主要的经营者是徽商,木材贸易是徽商贸易的四大主要行当之一,而且徽州木商多为婺源人。清光绪年间的《婺源地理教科书》指出:"实业者,交通之势力也,本境以茶、木、墨三种实业为交通势力,茶叶运于上海与汉口,木排泛于扬子江上下及浙江一带,墨销售于二十三行省,所至皆开行起栈,设店铺无数,乡人食其利益矣。"

西冲俞氏正是在此背景下兴起的。徽州俞氏在明末刻本《新安名族志》中的排名,仅次于程、鲍、方、柯,名列第五,说明在徽州的分布之广、人数之众。西冲俞氏德宗公在世时,为后代积累了大量土地、鱼塘和房屋等产业。在德宗之后,其曾孙辈从第二十八世希字辈开始(二十八至三十九世排行依次为"希廷宗文士俊本光明崇仁日"),始分七大房派,即希灏公房、希澪公房、希治公房、希瀹公房、希溶公房、希洸公房、希瀚公房,其中以希瀹公房最为繁盛,该房诞生了诸多成功的木商。

西冲俞氏可以确认为最早的商人是二十八世俞希治(1558~1609年),活动时期是明代中后期的万历年间。此时江南的商品经济已经获得很大发展,也正是徽商驰骋疆场的鼎盛时期,因此希治"贩木游吴越,转毂所至,乐与诸豪长游雅,以然诺取重,居息日赢,田连阡陌,事父母孝,赀用无所俭,于亲居丧,毁瘠竭力以襄大事,卜兆本里张铳之麓"。以经商所得资本,购置田产,为父母营葬。希治之父金琼的职业乃是力农,从农民向商人的转化的过程,必须付出巨大的艰辛。希治本人曾说:"以田人子起贾竖,中不得比一逢掖,幸而曰丧、曰葬、婚子鞠孙,近而一家次第就近,何必然远为殿陛彝鼎物哉?"民国十五年续修《西冲俞氏宗谱》所收入的明代俞氏商人仅希治一人,可知此时俞氏经商之风并未形成。

继希治之后,陆续有俞氏子弟外出经商。清乾隆初年,西冲俞氏涌现出了更多的木商,包括三十一世文字辈,三十二世士嵩、士巍、士端、士荣和三十三世俊字辈多人,均为希公房。这几位木商中,最为成功的是俞士荣(1723~1784年)。士荣之祖、父均为农民,俞士荣中年游业江湖,取与然诺,较然不欺,而持己接物,朴素自然,人咸以笃实君子目之,释争端,修桥路,不惜解囊,遇事缓急,辄量力而为之经纪,在金陵经商以诚信获得了广泛的声誉。

乾隆年间西冲俞氏子弟得以奋志经营,展露商业才能,同当时全国范围内商品经济大发展的社会氛围密不可分。道光、咸丰年间的婺源人追忆这个时期的商业繁荣及其带给婺源人的实惠时,都津津乐道其盛况,"乾嘉以来,士奋于学,农勤于野,商贾牵车遍都会,盛哉称富庶焉"。《西冲俞氏宗谱》卷十四《传文》收入第三十三世子弟共22人,可以确认为木商身份者,竟达20人之多,他们多经营"吴头楚尾",将贵州、湖南等地生产的木材,捆扎成筏,沿着长江顺流而下,抵达金陵上新河,然后发售江南各地,从事长途贩木生意。第三十四世本字辈共15人,均为木商,他们往往"侍父服贾金陵""从伯叔昆季服贾金陵"。本字辈以木业为主要行当,乃是因为三十二、三十三世两代人已经打下了经商的基础,他们继承发展。比如士荣之孙俞本仁,尝语子孙曰:"吾祖父艰辛创业,积累数世,使吾与汝得有今日,虽复兢业自持,犹恐隳前人业,而顾枕安乐、纵奢侈,日征逐于酒食声色之场,无论玩时溺志,无以自立,

又奚以仰对吾祖吾父耶？且不见富家之子，履厚席丰，不数岁而中落，非其人尽不才也，亦好逸好奢之一念，有以取之，是岂不足为吾与汝鉴哉？"可见，不坠祖先产业、发扬祖先经商的传统，依然是俞氏第三十四世子孙的重要选择。

第三十五世光字辈共19人，明确为木商者6人，加上"服贾经营吴头楚尾""服贾金陵""生理金陵"者，从木业者之数当更多，或者本人先在金陵"谙练生计"，未几"去金陵而改图粤东茶业"，或者"奉父木业，后由木业转而业茶粤东"，或者本人"设屯浦茶庄"，或者祖、父相继以木业起家，其本人则因为当时"上海初通商埠，诸兄以业茶往来其间"，也投身茶业。

第三十六世明字辈共15人，明确为木商者仅2人，茶商3人，药商兼医生3人，可见西冲俞氏商人从经营木业开始，积累了原始资金，在时代的风云变幻中不断把握商机，对经营行当加以适当的灵活变动，获得了巨大的资金，从而反哺了村落的发育。而且这个经商的过程从未间断过，数世相沿。以希瀹公房文公支为例，从三十二世士荣至三十八世，均有多人从事木业经营，堪称地道的木商世家。

直到生活于民国时期的第三十八世，依然有俞氏子弟经营木业。旅沪的俞仁耀（1896～1989年）就是一位成功的徽州末代木商。仁耀次子俞昌泰先生这样追忆其父亲的经商事迹："我的父亲，8岁在乡下私塾3年，11岁进杂货店（八只坎）学徒6年，17岁务农4年，21岁到上海，在陈家渡（北新径）达享昌木行学徒3年，24岁于曹家渡裕丰木行和源昌盛木行（婺源人俞子标为老板）就职，7年后该行亏损歇业。31岁同金绍香一股、刘瑞昌与张玉清合一股，各出资一千银元，合股开设协泰祥木行。经股东们同舟共济，齐心协力，业务得到了空前发展，扩大了的协泰祥，已不满足于本地市场，派张玉清去常州与当地李姓经理开设协大祥棉布号，刘瑞昌赴康脑脱路（现康定路）主持协和木行，父亲则仍在本行坐镇，以后又抽资金和别人开设协义木行。12年后（1939年），完美与和谐的局面终于出现了裂纹，日本侵略和百业萧条，加深了裂痕，最后只能分道扬镳，各奔前程……抗战胜利，父亲又返回上海，独资在原地（梵航渡路，抗战前称极司非尔路1466-1468号）开了协泰祥良记木行，时年51岁。1956年公私合营，1962年退休时已67岁了。父亲为人诚信，工作踏实，理财清晰，处世严谨，受人尊重，投其门下学徒者，先后有孙开济、王茂林、金镇中、吴烈华、钱云清、孙开趣、戴昌龙、王鉴湖、俞开创等不下10人之多。生活上洁身自好，不嗜烟酒。"从俞仁耀的经历，可见俞氏木商的人生轨迹之一斑。

由此可见，从乾隆初直至民国末长达200年间，西冲俞氏均有子孙前赴后继，经营木业，并能不断把握时代商机，调整经营行当，取得了巨大的成功，从而为家族的繁盛创造了条件。婺源举人戴骆就目睹了西冲的发展变化："余尝馆于绣溪，道经西谷，入其境，质朴而醇古。越今年才十数年耳，簪缨照人耳，墙屋焕然一新，烟火连甍，犬声如豹。"戴骆写作此序文时间在道光四年（1824年），故西冲俞氏村落面貌大为改变的时间应该在嘉庆、道光时期。

俞氏木商继承了所有徽商的优良传统，在经商致富之余，不忘在家乡大兴土木、报本思源，留下了大量祠堂和民居建筑。在金陵的俞氏木商，"踊跃奋兴，同心协力，各乐捐输"，于道光七年（1827年）共同重修了俞氏宗祠——敦伦堂，占地面积约2300平方米。

多数西冲古民居的建筑形制与婺源县其他古建筑相同，其中有几幢比传统的三进住宅多出一进，而且在第四进的屋内砌筑一口精巧的鱼池，如此建筑在婺源其他古村落屈指可数。懿行堂是金陵大木商俞本仲(1770～1842年)所建,该建筑最具特色的部分是木雕风格。徽派建筑的雕刻内容大多是琴棋书画、花卉鸟兽和神话戏曲人物,而懿行堂的主人在选取雕刻主题时还选取了犁、耙等耕作工具,其意不言自明。徽商回乡之后也多广置良田,因为服田力稿是本业。木雕内容选取农具还有一个原因在于徽州人普遍认为,无论读书做官经商,做任何事都要精耕细作,方能有所成就。

西冲俞氏木商的终极人生理想是发家致富、光宗耀祖,因此有种种与此理想相关的传说。石壁井,是西冲最古老的井,它是一口天然岩井,位于村溪中央,与吴王井相对,夏日珠水涟涟,凉风嗖嗖,冬天井水冒气,暖流如春。据说喝了此水会使人开窍。金陵大木商本仲之子光治,生在南京,幼时并未显出聪明,少年回乡,就专爱饮此井水,他说:"服用石壁水,夜夜香甜睡。梦中见范蠡,谆谆陶朱说。"结果真的在他接掌木行时,独当一面,拓宽思路,打破常规经营手法,发了大财。因而,此井被称为"开窍泉"。村中有志上进的青少年,纷纷效法,以至编成了一首民谣:"石壁流水滴叮当,壁水养了俞家郎。经书求学非做官,不为明堂进庙堂。"时至今日,略带传奇色彩的诸多古迹,依然静静地屹立在西冲,笑迎来往行人。

## 四、楼楼炊烟望若迷

《西冲八景诗》"西谷藏烟"有描写古时西冲人烟兴旺的诗句:"楼楼炊烟若望迷。"华美的民居、高耸的祠堂、雅致的书院,勾心相连,斗角互啄,构成西冲古建筑的一曲曲华章。

### (一) 俞氏宗祠(敦伦堂)

第六批全国重点文物保护单位。

西冲俞氏宗祠(敦伦堂)重修于清道光七年(1827年),坐北朝南,占地面积约2300平方米,是二十四世祖德宗公祠。祠堂面阔14.6米,进深43.2米,由门楼、天井和两庑、享堂、寝堂等部分组成。寝堂两层,屋脊高11.2米。敦伦堂的大祠隔墙另有节孝祠、余屋等,是祭祀的配套用房,分南、北两部分。南部受地形限制,是个三角形大厅,进深18米,最南端面阔只有4.4米,开有小门;最北端面阔11.2米。北部面阔与南部一样,进深22.2米。

祠堂正梁高1米多,雕梁、立柱、石板、门枋、墙脚都整齐美观,门楼厅前有大方石柱圆形抱鼓石。门楼下面,可搭建活动戏台,有四门出入。以前做戏的戏子自包场,自卖戏票,每次演戏数天,甚至半月。大祠门口两旁大旗杆石8只,全村大旗杆石共有12只。祠堂东侧的节孝祠内砌筑了一口精巧的鱼塘,吃、喝、洗、晒概不出门,如此建筑形式,在婺源农村极为少见,称得上是独一无二。鱼塘有个出口洞,高2米,宽1米多,有几十米长,可以出洞上山,也是惩罚违反族规者的"水牢"。

西冲俞氏本仲公出巨资,和乡亲们一起,彻底翻造了"敦伦堂"。将原来的木结构门枋,除木门板外,统统换成了石建筑。石坎、石鼓、石门枋,高耸的马头墙,配合着砖雕、铜环、黑大门,连祠堂内的大梁、偏梁等都全部更换。有《敦伦堂记》记录了建祠经过:"堂名敦伦,盖本书之敦典以有庸,敦叙以励翼,务使父子、兄弟、长幼之情允洽,孝友、睦姻、任恤之道常昭,其道甚大,而其意甚深矣。然或前人有是志而未遂,则全赖后之人之善继之;前人有事而未成，则全赖后之人之善述之，此达孝之所以通于古今也。其祠甲申修谱时尚未建造，而已预颜其堂名，诚念祠必不可不建，而后之人必有能继之述之者，以善成其志与事其顾，抑何殷欤？惟是经营土木筹费，为先无米之炊徒嗟束手，幸自嘉庆十七年至道光元年，吾宗之共祠者，在金陵贸易时，闻此举，皆踊跃奋兴，同心协力，于是鉴议，山客照原粮，行客照滩马，各乐捐输，专领生殖建堂之费，美哉！始基之唉。迨岁丁亥，阖族妥议兴工；又得输金输料者，源源而来。比及三年，寝成孔安。……同治四年岁次乙丑仲秋月三十六世裔孙星采百拜识。"

本仲公回到故乡，与兄不分你我，他们将旧居修缮一新，为曾经有过五品官衔的父亲、三十三世俊礼（节斋、兆麟）所创的堂名"正和堂"，正式建成一幢祠堂，名"职思堂"，其规模仅次于"敦伦堂"，并在旧居门前树立了标志身份的一对旗杆墩，上书"奉直大夫俞兆麟"。

祠堂正立面

五凤门楼内侧

水牢

享堂

寝堂楼上夹层暗室

配套祭祀用房

配套用房楼上吊运货物的活动楼板

## （二）懿行堂（57-60号）

本仲公建了两座祠堂后，还为后人建了"懿行堂"一组建筑。他依据"长子不离居"的祖训，为大儿子光海在老屋边造起了新屋（已毁于火）。为二（漾）、三（灏）、四（汝）子，另找场地，盖了三幢具有四进的堂屋，屋前有宽敞石板场地，配有小花园，并安置石凳，以备夏夜消暑纳凉的场所。现一幢已毁，另两幢分别为西冲村63-65号、西冲村57-60号。

大门和外墙

大门石阶构造细部

一进梁架

格扇镜心木雕

二进内景

三进天井和石库门

四进天井水池

天井石地漏

## （三）懿行堂（63-65号）

此宅与57-60号宅隔巷并立，由四进组成，规模宏大，在婺源很少见。石库门上有砖雕门罩，一、二进为一脊翻两堂结构，出檐很大，有斗拱承托。全堂梁枋雕刻繁复精美，格扇开光由蝙蝠和寿字纹构成"福寿双全"的美好寓意。

大门

一进梁枋和楼栏板

二进天井和木楼

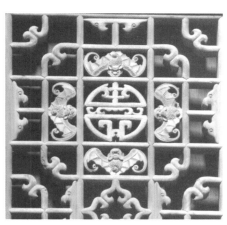

格扇木雕

三进内景

四进天井

## （四）相公庙

建在村头，距俞氏宗祠约100米。相公庙是徽州乡间非常普遍的庙宇，是专门奉祀范蠡的。建筑占地面积60平方米，高6米（含台基）。

外立面

内景

## （五）关帝庙

祀关羽。关公为伏魔大帝，能镇祛一切祸祟，保境安民，又是轻利重义的典范，长期享祀。整幢建筑至今较好地保留了下来，就连门前以石柱和大石板卯榫成的护栏，都完整无缺地直立着。关帝庙得以保存，或许是因为这类建筑是最贴近百姓生活、反映百姓愿望、为百姓日常所迫切需要的。此外，商界普遍祭奉的神为关帝，故关帝庙常设在一些古商道上。建筑占地面积98.71平方米，高7.5米。

关帝庙外观

### （六）职思堂

为西冲村俞氏宗族的支祠，又称正和堂。《西冲俞氏宗谱》记载："念我赐赠朝议大夫先君子节斋公，身在江湖，心怀乡井，无日不以培植水口为念切，然以基址难图，故有志未逮，不肖等藉庇蒙庥，欲酬罔极之恩，急体未竟之愿，不惜多金，零收地址，得尺则尺，得寸则寸，或毁方而就圆，或裁长而补短，聚米亦可成山，成裘何妨集腋？迨既获其全业，乃鸠厥工，乃庀厥材，筹画固已多年，成功难于不日，创造在壬午之夏（1822年），告竣乃甲申之春（1824年），于以妥先灵，于以藏木主，于以定祀典，于以展孝思。李水部颜之，张太守书之，堂曰：职思堂。"2014年，聪思堂引入社会资本进行保护，并建设成墅家·墨娑西冲院民宿。详见第十章第五节介绍。

### （七）耕心堂

建于西冲木商辉煌的清乾隆、道光鼎盛时期，是俞氏宗祠的支祠。"文革"时期，村人在大门门额上嵌上一颗立体的五角星，别有一番特色。总体建筑保存尚好，2014年底，引入开发商对耕心堂进行大修，发展民宿经济，建设成墅家·墨娑西冲院民宿。详见第十章第五节介绍。

### （八）乙照斋书屋

是村内现存最古老的书院建筑，旧时用于教书育人，屋内装饰古朴，最大特色是屋侧有一口半月形的小水塘，俗称洗笔池。

外观

院门门头墙画"三星高照"

一层课室格扇门

洗笔池（张银泉摄）

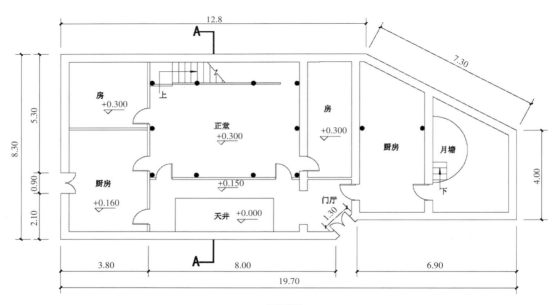

一层平面

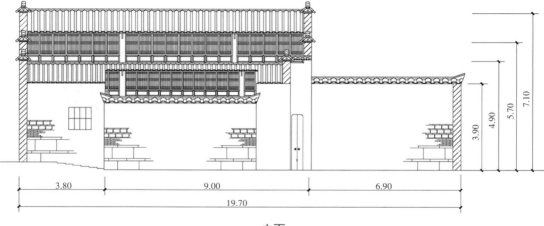

立面

### （九）小吾庐书屋

占地面积 181.1 平方米,建筑面积 352.3 平方米。由 3 架穿斗式单进梁架组成,局部两层,墙高 8 米,构成课室、读书楼等场所。

临溪外立面　　　　　　　　　　　　　屋内梁架

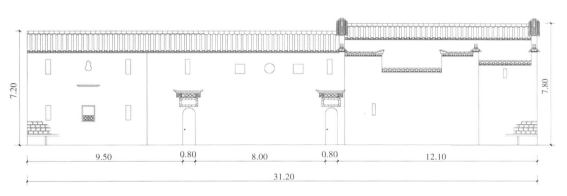

正立面

### （十）古香斋书屋

穿斗式梁架,单层大厅用作讲堂,占地面积 100 平方米。

外观　　　　　　　　　　　　　　　内堂

## （十一）三房

是一幢体量很大的民宅，传说当年主人建此房给三个儿子居住，故称"三房"。屋内有三个天井，三户人家可在屋内互不干扰地居住生活。此屋总体格局完整，局部建筑构件受白蚁侵害。2014年10月，广东东莞客商承租此屋，进行了重新翻修，建设了"西府隐居"民宿。详见第十章第五节。

## （十二）俞开明宅

原是西冲村清末茶商的宅第，体量不算很大。此宅前进三间，后进不算宽敞。前有天井，陶瓷竖笾。天井正梁几无雕刻，天井边枋雕刻精美的"全家福"与"九世同居"，四个梁柁是传神鳌鱼造型。

外景　　　　　　　　　　　　　　　　　　　　内景

## （十三）观稼庐

清代中期民居。穿斗式梁架，三间两进一天井，局部两层。占地面积112平方米，建筑面积223平方米。

正立面　　　　　　　　　　　　　　　　　　　背立面

## （十四）董岩禄宅

清代民居。占地面积202平方米，建筑面积375平方米。穿斗式梁架，三间三进三天井，局部三层，墙高10.6米。

## （十五）俞达开宅

建于清代晚期。占地面积245.2平方米，建筑面积476.8平方米。平面布局灵活。主体部分为三间三进三天井格局，大部为两层，部分有三层，墙高8.2米。

## （十六）同德堂

建于清代晚期。前有较大的院子，设仪门，三间一进两层，占地面积110平方米，建筑面积210平方米。

院门、大门、仪门三门相对

两边过厢格扇

## （十七）友竹居

清代晚期民居。占地面积160.2平方米，建筑面积235.1平方米。三间四厢一进两层，旁边有厨房等余屋，还有一个花园。

大门和门院

堂名匾

瓶形窗（俞京红摄）

外观

## 五、人文西冲

### (一) 人物

　　西冲村古有书院、经馆屋6处,分别是开文书院、养余书屋(已毁)、乙照斋、友竹居、古香斋和小吾庐(学到老)。据光绪《婆源县志》载,清道光二十七年(1847年),西冲曾与附近的延村、思溪、读屋泉、汪村合建了一座"开文书院"。此外,据《西冲俞氏宗谱》记载,村中另设有家塾"乙照斋";村北部又建有一所"养余书屋",嘉庆癸酉科钦赐举人候选知县戴骆曾至书屋,并有《岭前听读》诗云:"书声何处韵悠然,静听由来在岭前。志切旃常书伟略,功深林石诵遗篇。荧灯不厌三更读,鹏路争夸万里连。桃李幸多佳子弟,公门丛立羡翩翩。"

　　"经书求学非做官,不为明堂进庙堂。"西冲古村书院数量之多,且保存完好,见证了西冲以教育促经商的发展理念,成为徽商文化的一个典型代表。

　　由上述可知,西冲人懂得普及教育的重要性,它不仅是为科考,而且也为经商。在《婆源县志》中,记述了几位西冲的文士,其中最突出的一位是俞恩锡,他"性灵敏,文操觚立就,连年日携八家文、钓竿、酒盏以自随,遇山水佳处,辄垂纶把卷,酒酣得诗一二联而归,惟性所适。工记得竹、石,能以鸡毛笔写颜鲁公书,画墨兰尤妙。自号铁鞋道人。有《兰花诗》数百卷、《味腴轩诗稿》四卷、《环溪垂钓》二卷、《论世臆说》一卷行世"。县志上记载西冲的书画家有:俞肇基,"能文善画,工书法,精篆刻"。俞锽,"幼喜绘事,长就傅金陵,读罢,即私习之。尝研究诸名家画法,以丹青艳冶,改粹墨竹石。自题诗句皆工"。另有一位隐士俞朗仙,他"超敏绝俗,耽吟咏,谐音律,乐琴书,吹竹唱歌,悠悠然自得。精制印色,工铁笔,不慕荣利,……凡镌篆器,均署名星江渔隐"。

除了上述人物外,西冲历代名流还有:

俞士荣:"字奇三,西冲人,幼失怙,孝事孀母。母殁,始出经商,归以其资,修敦伦祠,又造黄余坳路,并修冲头石岭(佛儿岭),所费共约五、六百金。邑侯彭礼滨,筵给额曰:'芳徽堪式'。"(乾隆《婺源县志》卷二十六之三)

俞士衿:字千青,西冲人,年十四失怙,哀能尽礼,弟幼家贫,母将以弟出绍,衿泣留。户挑贸易,养母抚弟,为之完娶。生子二龄,弟又早逝。视侄犹子,克慰母心,母年八十乃终,平生修祠宇,创兴祀,典仪完课,免族追逋,造力排解焉,尝举宾筵,邑侯彭曾赠额曰:'厚德永年'。"(乾隆《婺源县志》卷二十六之三)

俞俊祠:"(启华,号以周,字光考,士荣长子,承祧兄士昌)字用良,贡生,西谷人,幼读诗书,长兼服贾事,父母能得欢心。分家时,父念其虽外绍于兄,但仍顾家,勤劳俭朴,提携弟妹,于是另予千金,可他坚辞不受。比父故,仍均予弟兄。村外黄余坳路圮,承父志,独立捐修,冲头石岭崎岖,鸠工开辟,遂成坦途,经费约千余金。逢岁歉,义举多。"(乾隆《婺源县志》卷二十六之三)

俞俊礼:"字节斋,候选布政司理问,诰赠朝议大夫,西谷人,兄弟六,齿居二。兄绍伯,弟俱幼,服贾孝养在汉阳。闻母病危急湍归,阻风鄱阳,呼天泣号,风遽抵家,躬汤药,衣不解带。七旬余,母又思葡萄,灵逾百里外求之。父以灵独任家计,著有成劳,析产时,另贴银五百两,后灵仍均诸兄弟。三弟早亡,一子尚幼,五弟客殁,遗腹生男,皆扶持成立。经理金陵广仁堂、义冢、恤嫠念公局,精神固至。嘉庆丁巳年、壬戌年,金陵大歉,更侍者挈钱药相随,遇贫病厚意抚恤。它如创修道途,输费尤钜。子二:本仁,本仲俱职贡。"(光绪《婺源县志》卷二十九)

俞俊祐:"字振宗,号尧城,乳名富保,学名德游。候选布政司理问,六兄弟排行第五,事亲孝,随兄服贾金陵,相友爱,逾年长,二兄往楚,三、四兄在维扬。闻母病,孤身奔千里,暮不投宿,四昼夜归,居丧尽礼。祖有五桂堂,遗屋毁于火,谋共更新。族兄弟有难,出己赀以成之。析产怡然。岁歉议平,里人称颂礼师、膀友。"(光绪《婺源县志》卷三十三)

俞本仁:"字体之,西谷人,贡生,性端严,重伦纪,与弟仲建家庙,置祀田、祭器以备蒸赏,邑绅水部李、侍御汪并为之记。丁邑侯,额以'孝友传家'。族修谱建祠与弟仲倡,捐银四千两,祠址多藉仁地吴河。开文书院捐赀襄造,基狭,仁输已田廓之。嘉道间,叠遭荒歉,并以银一千两,赈金陵、婺源饥民。诸如京师会馆,本邑文庙、考棚,以及军饷、城垣,均输金资助。又本村炳蔚、志成二支社,购田数十亩,资给程费。享年八十有二。孙曾多列庠。"(光绪《婺源县志》卷三十四)

俞本仲:"字杰亭,西冲贡生,善事亲,与兄仁,友爱,不忍析产,周恤戚友,岁数百金,精外科,集秘方,求医者踵至,躬针灸不辞劳苦,施良药不计值。汪侍郎额以'懿行醇风'。性慷慨,陈邑侯捐修城垣,首输金五百。凡邑倡修其它宗祠、支祠、学宫、考棚、文社,以及金陵赈灾,京都会馆均与兄仁,并捐巨资,慨无吝色。"(民国《婺源县志》卷四十)

俞俊谮:"字敬瑞,号圣仪,赠州司马,颖悟遵格言,既长,以双亲年老,同兄服贾于外。为孝养计,兄贸金陵,劳苦走调,不避艰险。尝接母病信,地隔千里,二十日驰归,见母不起,呼天号泣,不逾月已毁,卒年未四旬,乡人哀之。邑侯丁给额曰'克笃天伦'。又闻遗有三岁孤,曰:谯有好情之心,惜有志未遂。今子候补知州,凡赈灾抚恤等,悉承先志,修其德云。"

俞卓吾:"谱名伟,(俊谯之子)西冲人,州判衔。生平喜施与,工岐黄,赏设药肆于金陵,贫病延诊者不受谢,时以药饵济。水灾捐赀,恤全活甚众。家居族议建祠,输数百金。肩任三载,不辞况瘁。它如解纷、释忿、善行等为一乡冠。"(民国《婺源县志》卷四十)

俞延:"(本仪长子)字宛之,西谷人,同知衔,性笃厚。父殁,事嫡庶三母,均得欢心。尝悯季叔友仁,仓指浩繁,资助业茶数年,亏折巨万负,延悉置不问,并售产代偿他逋。程某造屋,逼孙氏祖茔,几成讼,延居间出资调释。尤喜培植人材,倡建支社,置稔田,给课赀,文风日起。族中贫不能完辍学者,辄资助之。家道于是中落,卒亡怨尤。子五,嘉福痒生。"

俞仪:"字慕文,西冲人,国学生,性孝友,尤喜施与。族某负逋卖妻,仪挥五十金代偿,使伉俪完聚。至于村有兴倡善举,邑有建造公务,均踊跃捐输。"

俞承绪:"字缵三,西谷人,同知衔,少业儒工书。比长,服贾吴楚间。性慷慨好义,凡遇窘急相投者,无论远近、亲疏,糜不勉为周济。辛酉岁,发逆蹂躏里间,贫乏多不能自存,绪倾囊量给。越五年卒于汉阳。归榇之日,乡人哀之,咸为涕云。"

俞承祖:"(光洽,本杰四子)字孔邻,五品。"

俞风:"字良东,孝悌力弟,不贪荣利,中产仍竭力倡祠宇。"

俞兆灵:"布政司理问(候选),加二级。"

俞德游(俊祊):"布政司理问(候选)。字振。其妾高氏,年二十一岁,游死抚遗腹子儒。殁年九十四。"

奉直大夫俞兆灵旗杆墩      俞德游旗杆墩

俞明迢:"字秀成,号云甫,义名星采。附贡生,行敦孝友,学究群书,考试屡列前茅。邑绅吴宪文以女妻之。交游皆贤士大夫,屡试南闱,荐而不售。生平重义轻财,村内志成,柄蔚诸文会灯油租,应归己者悉让本家,入庠人均分,它若怜孤恤寡,葺路修桥,善举不一而足。且精医术,活人无算,还不受谢。乡里称为尚义之士。"(民国《婺源县志》卷四十二)

俞星焕:"(明邃,字鉴延,光汝二子)字择民,早失怙恃,顺事庶母,待异母弟友爱备至。营木业于金陵,善会计饶于财。族戚、后进登其门者,无不代为荐引,为诸侄课读、婚娶不啻己子。重修祠庙、桥路及金陵会馆,赈灾等善举,输金甚巨。以子煊,职封奉直大夫。"

### (二) 西冲花灯

分为提灯和斗躺灯两种。提灯点有几支蜡烛,20支蜡烛以上的提灯要两人撑着迎走,做这种花灯一般是生活富足、讲究排场且制作多有传承的人家。斗躺灯呈丁字形,两端各一盏,每盏只点一支蜡烛,迎灯时只需一个人提着走。迎这种花灯大多是节俭的人家,自己不会做,请人做也花不了多少钱。

西冲每年四个灯会,正月十三起灯日为"赏春灯会",正月十五元宵节为"上元灯会",正月十八满灯日为"和牛灯会",正月十九,称为"新添灯会"。灯节出灯要数元宵的"上元灯会"的规模最大且最隆重。

迎灯初夜叫起灯,到了黄昏有人绕村子敲锣打鼓一圈,叫做"催灯"。各家各户将点上蜡烛的灯先迎到村口祠堂里集中,到齐后再一盏一盏地排列迎出祠堂,顺着路线绕全村迎一圈。前面有两个灯牌引路,上写灯会名和"风调雨顺""国泰民安""银花齐放""爆竹并鸣"等吉祥语。接着是两支唢呐和一副大锣大钹,一个人专放鞭炮,中间是打"十番锣鼓"的乐队。后面即是一盏盏造型各异、烛光明亮、多姿多彩的花灯。花灯阵容庞大,情景壮观,声势非凡,十分热闹。迎灯结束,将灯提回家后要挂在堂前中间,将没有点完的蜡烛吹灭,并且要讲"发"了,不能说熄灯。

精致的花灯

旧时,西冲除春节迎花灯外,中秋节还有草龙灯以及冬瓜灯。每年有春祈秋禳的春秋二醮,每三年还要在道场打三天三夜的平安醮。

随着时间的推移,当年会做花灯的艺人多已辞世,西冲花灯的制作艺术,如今已面临失传的可能。但经过多方努力,西冲花灯得到挖掘整理与传承,2015年春节,西冲花灯又进行了盛大的展示,重现当年风采。

### (三)西冲俞氏谱牒

西冲俞氏谱牒自十六世世崇后,有过记录,至二十四世德宗后,历经沧桑,人情各异,谱牒迭经散佚,直到清乾隆五十六年(1791年),才又收集了明天启残谱,整理出德宗公后完谱。乾隆朝之后,由于西冲商人在商场上获得了巨大的成功,大量资金从外地源源不断地汇回家乡,俞氏裔孙因此有可能对谱牒进行全面整理,在道光四年(1824年)、同治四年(1865年)都进行了慎重的续修。民国十五年(1926年),在耕斋、汉宗两君努力下,又重修一次。

### (四)西施最后归宿的传说

传说吴国被灭后,西施与范蠡泛舟五湖,不知所终,民间传说是他们渡过鄱阳湖,翻山越岭先到了婺源的西冲村。范蠡后离去,西施从此居住下来,融入当地人生活。由于西施的落户,因为生活习惯的关系,就把那初次照影的池子,辟作了"吴王井"(水井头),石壁井(开窍泉)边则设琴台等。在康熙年间所修的《婺源县志》上载有"流二公子于婺源,大公子鸿葬湖(吴)山"。《江南通志·方舆志》云:"勾践灭吴,流夫差三子,其长子鸿死于此,因葬焉。"范蠡在外面做生意,结果成为富得流油的商贾,号称陶公。至今村头还存有"相公庙",就是纪念范蠡的。

# 第七章 历史文化名村

## 第一节 风水宝地——江湾

### 一、概述

江湾村位于婺源县东部,是江湾镇政府所在地,距县城28千米。

江湾背倚雄伟秀丽的灵山余脉,静卧后龙山怀抱,前有攸山高耸,一前一后成为江湾的天然屏障。清澈的梨园河呈蜿蜒的S形绕村而过。平缓的山麓与宽敞的河湾,为这里的人们提供了充足的日照和可开垦的土地以及灌溉通舟之利,使江湾成为一块山环水绕的风水宝地。

江湾全景(叶汉生摄)

江湾属亚热带湿润季风气候区,四季分明。年平均气温16.3 ℃,7月平均气温27.6 ℃,1月平均气温4.3 ℃,无霜期248天。年平均降水量1818.2毫米,春、夏两季约占68.7%。

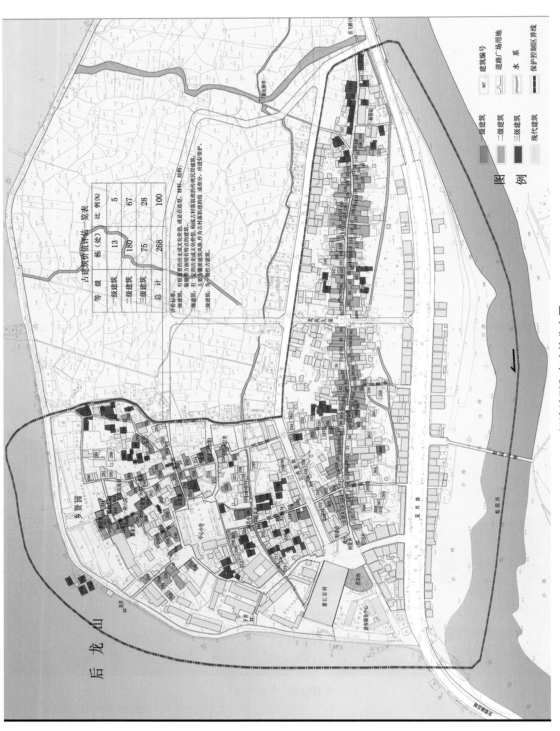

江湾地形和古建筑分布图

　　2020年江湾村有729户2524人,70%是江姓人口。经济以农业为主,盛产绿茶、江湾雪梨。随着旅游业的发展,江湾于2012年获评国家AAAAA级旅游景区,给村民带来三产收入的大幅度增加。目前村中有全日制完小1所,幼儿园3所,有镇中心医院1所。

　　古代的江湾是婺源通往徽州府的陆路要冲,有古驿道从村旁穿过。江湾现代交通更为便利,景—婺—黄高速公路设有江湾出口,婺源—黄山的省际公路从村中通过。从高速公路走,江湾距景德镇75千米,距黄山市只有50千米。现在,程控电话,移动、联通的无线电话,互联网,有线电视均已通达江湾。

　　江湾建于隋末唐初。最早在此聚居的是鲍、滕、叶、戴、何诸姓人家,现在村中滕家巷、何家巷以及鲍家州,都是那时的遗存。当时,村子称"云湾"。北宋元丰二年(1079年),"萧江"第八世祖江敌率族人迁居此地,子孙很快繁衍成巨族,其他姓氏人口逐步外迁,江姓占据了绝大部分生存空间,村名也改为"江湾"。

　　因为江湾地处皖、浙、赣三省交通要道,商旅辐辏,人流、物流、信息流通畅,使江湾在千余年历史中从一个防御型古村逐步发展成为一个经贸繁荣、群贤辈出的千年古村。

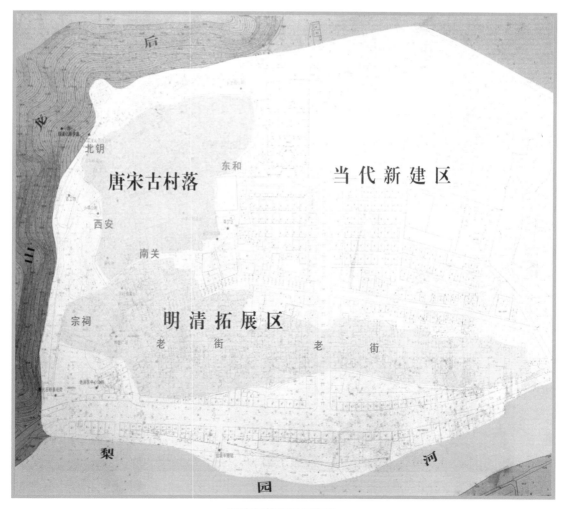

江湾村基拓展示意图

　　最早的江湾古村范围不大,只有紧靠后龙山脚的一小片地方。它东西南北各有一座村门,即东和门、西安门、南关亭、北钥亭,是为抵挡匪盗、猛兽偷袭而建造的防御性设施。随着人口增多和经济繁荣,江湾古村不断扩展壮大。这种扩展在古代宗族制度的有效管理下,显得十分规整有序,突出表现在四通八达的街巷依次完善,沿街巷的建筑格局、高度、水系、排水系统都得到了相应的规划和控制。这个过程大约经过了两个阶段。第一阶段是从南关亭向东南延伸出了一条河封巷,从东和门往南延伸出了一条添灯巷,使古村面积扩大了一倍。第二阶段是河封巷再向南辟出了一条横街巷,添灯巷向南发展出仙坛巷、八支碓巷,并逐步形成了呈东西走向、长达900米的江湾老街,村落南北向长方形的空间布局成为短边,向东拓展出一块长条形的空间,成为长边,构成了村落曲尺形整体空间布局。

　　风水宝地必然人文蔚然。江湾先后出现了江一麟、江永、江桂高等名儒仕宦以及一大批商贾巨富。这些先贤大多叶落归根,携巨款归隐乡里,修建宅院,起构祠堂,使官邸商宅密布于深街幽巷。延至今日,江湾村尚存有建于不同年代的古建筑268幢,其中有较重要的历史文化价值或在造型、材料、结构、装修方面很有特点的一级古建筑13幢,占5%;有一定历史文化价值或构成古村落肌理的二级古建筑180幢,占67%;一般性三级古建筑75幢,占28%。古建筑占地面积约4.5万平方米,加上近现代建筑,总建筑面积达7.71万平方米。公共建筑有人工引流挖筑的圳渠和三个小湖构成的"江"字形水系,有4座村门,5棵古樟,6座古亭,7口古井,9条古巷。全村有各级重点文物保护单位11处。加上山林、河流、田园等古村构成要素,江湾古村落列入保护规划的范围达23公顷。这是一个"天人合一"、地灵人杰的理想家园。江湾现为历史文化名村和中国传统村落。

滕家巷

驿道老街

## 二、钟灵毓秀的风水形胜

### （一）灵地天成

"风水"的实质就是指气候与水土。讲究居住环境的气候与水土，是人类聚居学的灵魂。英国李约瑟博士在《中国科技史》中就对中国传统风水术的科学性、合理性作了很精到的阐述。剔除风水术在长期发展中附会上的迷信色彩，还其科学的真实面目，才能更好地解读江湾地灵人杰之谜。

我们的祖先从宇宙、环境变化对人的影响，观察到人与自然是息息相关的整体这一规律，从而提出了天人合一、天人相类、天人感应等命题，直观地感悟到人与自然生态的统一性。星象运行、日升月堕、太阳耀斑、宇宙射线、地球磁场、彗星陨石、极光日蚀、火山地震、飓风洪水、潮汐涨落、干旱潮湿、寒来暑往，这些自然现象，无不对人体和生活状况产生影响，以至对人的命运具有举足轻重的意义。趋吉避凶的警觉性使他们对气候、水土有着本能的与经验的关注和探究。在长期的感知体认和摸索实践中，人们总结出一套使人类顺应自然、融入自然、利用自然、汲取自然营养的方法，这就是择基卜居的"风水术"。"一方水土养一方人。"直言之，风水术就是为人类寻求和营建一个与自然和谐相处的理想家园，使优良的生态、美丽的风光、丰饶的田园、富足的山川，为人类创造一个生息繁衍的最佳居所，让人们由此过上富裕的生活，形成文明的风俗，一代一代提升、完善，最终使生活在这样一个环境里人们的全面素质得到提高。这就是"地灵人杰"背后的奥秘。

环抱江湾的梨园河

从江湾区域的小环境来说,可说是藏风聚气的好风水的典型。江湾的祖山是灵山,状如莲花,故又名"芙蓉山",是吉瑞祥和的象征。江湾附近诸山状如九龙朝宗,趋向灵山。其中,江湾的父山和母山为朱笔尖,山形如魁星点斗的朱笔,发兆文运。江湾背靠的后龙山,山形如一条头朝东尾在西、摇头摆尾的活龙。后龙山全山密林覆盖,郁郁葱葱,地气充沛,气场旺盛。龙头向东远望灵山,仿佛在汲取灵山的灵气。梨园河水自东向西悠然地流经后龙山南,形成一大回环的曲线,"风水术"中称为"金带水",是典型的金城环抱格局。江湾村就安然地坐落在后龙山与金水河之间的明堂之位,天造地设的至尊风水宝地上。江湾河南岸不远,攸山俨如一只朝阳而立,却又回首北望龙山的凤凰鸟,形成龙凤呈祥的格局。后龙山与攸山(凤山)两尾弯曲相对,形成交尾状,构成乾坤交泰格局。梨园河水从两山尾处(即水口处)曲折西流,两山关锁水口,形成气场最严密的屏障。据当地民间的说法,攸山如火苗尖,与南方朱雀属火之理论相合。而朱雀其实就是凤凰的原型。梨园河水呈S形流过,使河两岸形成负阴抱阳的太极图双鱼状,赋予了生生不息的活力。

很容易用浅显易懂的语言来表述江湾的这种自然环境、地理形势。山挡风寒,水予灌溉生活之便,双龙交尾锁水口,则为江湾盆地营造了一个自己的小气候,使外界的邪气不致入侵。后龙山脉厚深长,有利林木繁育,庇护村子水土。梨园河水两岸平畴交望,是开垦良田的沃土。这样一方土地,当然有利于人的生活居住和生产发展以及文明的发育。又因为崇山峻岭重重围合,村落良田面积十分有限,发展空间也受到严重制约,造成了村人外流经商的社会现象。

后龙山和江氏宗祠

## (二)卜居和补基

萧江氏是如何发现这块风水宝地,又是怎样在这里兴旺发达起来的呢?

萧江祖先曾有过辉煌的历史。据《萧江世宗谱》载,萧江氏最早的祖先是帝喾,是上古五帝之一,属姬姓。帝喾之子简狄,简狄生子名契,被舜封为子姓。子契之后三十世生大乙,是为成汤,商朝的建立者。从帝喾到成汤,萧江氏祖先均为上古时期统治者,故被称为"天潢之派",意为皇族之后裔。

商朝第19位帝王名帝乙,其次子名中衍,中衍传至大心。大心因"平南宫长万有功封萧庸(今安徽萧县),子孙因以为民"。这是春秋时期的事。

自春秋至唐,萧江氏在萧姓时期再度成为君王统治者和"宰相氏族"。西汉时期,有宰相萧何。南朝齐国萧衍"仕齐为南雍州刺史,以功晋爵为梁王,历代齐而有天下,因以号,都建康",是为梁高祖武帝。其长子萧统,封为昭明太子,编有《昭明文选》。556年,陈灭梁,存国54年。有唐一代,萧江共有5人任为宰相,分别是:太宗瑀相、玄宗嵩相、德宗复相、宣宗显相、僖宗遘相;加上不属萧江一脉的萧华(相肃宗)、萧俛(相穆宗)、萧仿(相懿宗),时称"兰陵八萧",又称"八叶宰相"。萧江氏成为"台辅之宗"。

据《萧江世宗谱》载,萧江始祖萧(江)祯铭文有记:萧祯是唐僖宗年间太子太保同平章事萧遘的次子,因平乱有功,被唐僖宗敕封柱国上将军,领江南节度使,赐第新安之篁墩。唐光启三年(887年),萧遘因被陷害赐死,萧祯避祸隐居篁墩山中。因以从江来,遂以江为姓。姬—子—萧—江,萧江氏四易其姓,繁衍成中华一大族。

江祯生有三子,长子江董,次子江郑,三子江威。后梁末帝期间,三子叠分。萧江二世祖江董迁居婺源皋经(今大畈水路村),江郑迁居歙县溪南,江威则迁居衢之开化(浙江省)。江董迁婺后萧江一脉枝繁婺源,分布在全县20多处村落,其中尤以江湾、游坑、龙尾三村最为集中,被称为"萧氏三江"。清末状元张謇为江湾题写的一副对联:"江氏自节度(指江祯)易姓以来,叠分于婺、于歙、于衢,代挺闻人,粲乎溯兰陵八萧至昭明太子;云湾当有清重儒而著,其它若胡(胡培翚)、若程(程瑶田)、若戴(戴震),并称世哲,翕然推弄丸(江永自号)一老继晦庵(朱子号)先生",很精到地概述了萧江氏的历史与荣耀。

延至萧江六世祖江文采(又名江文汉),遇上了南唐国师何溥,字令通,人称何公仙。北宋太平兴国四年(979年),何公仙因被同行所害,改名慕真,来到江湾灵山隐居,与江文采结识。江文采与其子、萧江七世祖江元庆,赠田60亩(一说50亩),并出资修建了灵山碧云庵。何令通在碧云庵修道40年,于天禧三年(1019年)坐化升天。他生前为江文采指点建村马槽坞广溪(今之箬坑坞)以求发展。后来,他又看中了云湾这块风水宝地,指点江元庆之子、萧江八世祖江敌首迁云湾。

但是,何令通认为云湾的风水尚有欠缺之处,须一一补救才有利于江氏的繁衍发展。这些补救措施有5项。

一是培土补基。即接龙脉筑"仙人桥"。江湾父母山朱笔尖龙脉与后龙山之间有一处120米宽的凹陷,断了龙脉元气。所以江湾人要挑土填筑一座接续龙脉的桥。这座桥高38米,长120余米,顶宽只有2米,靠肩挑手提堆土筑成,工程十分浩大。传说江湾人的这种精神感动了上苍,八仙中的铁拐李专程至此察看3天,深受感动,情之所至,使用铁拐一指,呵口仙气,连接两山的土桥即刻成形。第二天江氏先人依旧上山筑桥,发现一夜之间,桥已自然天成,知有天助,故将此取名为"仙人桥"。这座仙人桥的实际功能是为村落遮挡寒流北风。

二是改河补基。即改变河道走向。在上街头村外沿梨园河外河沿,修筑了一条坚固的大坝,填土成地,使河道南移外拐,形成S形环抱村庄。这一工程实际上是人工营造一个河曲地段,使村庄南边的田地在河流自然的长期冲积下扩大田土,增加农田面积。

新坑桥　　　　　　　　　　　　　　　　穿村而过的水圳

三是引水补基。江湾人挖筑了一竖、二横、三池，形成了"江"字形水系。"一竖"是指发源于村落东面的坞头源的一条山溪，它由北向南从江湾村东部的一片农田中间穿过。江湾人在小溪流至新坑桥的下方筑一水坝，拦截溪水，在水坝上游开挖了一条水圳，引水入村。而淌过新坑桥坝的溪水则继续南流，在接近梨园河入口的岳飞桥处，又筑坝拦水，使溪水西流入村。"二横"中第一横是由新坑桥坝始向西流经村内的水圳。它穿过村东的一片水田，进入古江湾，从南关亭前流过，出村后至村西水口辛峰阁前注入荷花池，再流入梨园河。江湾人称此圳为"湖"。"三池"是指南关亭左右两侧的两个荷花池和村西辛峰阁前的一个荷花池。三个荷花池均与湖圳水系相通，夏日里荷花绿叶，池碧鱼乐，景色宜人。这一人工水系的营建，为江湾人生活、灌溉、消防提供了水利之便，成为江湾人不可或缺的生命线。

重建的村西辛峰阁和荷花池

　　江湾人还先后开凿了7口古井,呈北斗七星状分布于村中。这7口井在北斗七星的星位分别是:龙井,柄端摇光星位;滕家井,开阳星位;三角井,玉衡星位;添丁井,天权星位;南关井,天玑星位;下祠堂井,天璇星位;剑池井,天枢星位。江湾人的传说是,村南的攸山形似火苗尖状,为防火灾而凿井避之。实际上,这7口井都位于村中居住密集地区,为离梨园河较远的村里住户提供用水方便,当然也使消防灭火有了水源。从这个意义上来说,钎井为防火也是有道理的。

龙井

滕家井

三角井

添丁井

南关井

下祠堂井

剑池井

四是植树补基。在村周边四角和沿梨园河曲尺形长边的中间部位各种植一棵樟树，呈落地梅花形，取"梅开五福"之意，避邪祈福。实际上也为古村防风沙，添绿肺，改善了空气，美化了村容。

村中的两棵古樟树

五是镇物补基。古江湾在村头水口建有文昌阁、水口庙、文峰塔、牌坊、辛峰阁；在村的东、南、西、北各建有东和门、南关亭、西安门、北钥亭等四个村门，都具有风水意义，既有防御、观赏之价值，又有倡扬崇文重儒之风俗的功能。

重建的江湾牌楼（汪立浪摄）

南关亭

北钥亭

斯人已去,功德犹存。江湾人为感激何公仙,在村中央曾建有一座"仙坛",供奉朝拜何令通。现在仙坛已不在了,但一条"仙坛巷"却留下了永久的纪念。

### (三）宝地美景

江湾古村有自然的山水风光,加上人工营建的景观,构成了古村中一处处迷人的景象。《萧江世宗谱》中载有"云湾十景诗",描绘了这座古村宝地的美景。

一景柳州春绿:风和日暖柳含烟,摇曳丝丝起复眠;可喜王孙闲掩映,绿云一段挂前川。（此诗当写梨园河畔春柳吹拂之景。）

二景漱玉浓荫:溪流潺潺泻林迥,树影森森绕画亭;斜倚曲栏高枕卧,珮声时到梦中听。（此诗可能是写岳飞桥畔之景。）

三景溪桥夜月:水云一色月华凝,万月寒烟露气腾;人过板桥波弄影,悠然身贮玉壶冰。（此诗描绘新坑桥周边之景。）

四景灵岩积雪:参天拨地耸云端,岩畔幽人时往返;恐惹樵夫贪看弈,故将深雪闭玄关。（此诗当描写灵山、朱笔尖群峰涌雪之景。）

五景龙池荷香:遥望龙池碧接天,枝枝争向日中然;临风旖旎浑无语,时有清香透锦笺。（此诗当写荷花池风光。）

六景西岭松涛:鳞甲苍苍夕照中,露牙施爪舞迥风;奔腾几度惊残梦,错听钱塘浪拍空。（此诗描写村西关水口林山水交映的景致。）

七景东野秋黄:暑退秋高天宇宽,东郊晓前露光寒;高低嘉粒团珠润,背日黄云片片沾。（此诗描写村东边田园风光。）

八景北山岗翠:列嶂排云鬼斧修,松篁簇簇点山陬;两余斜日轻风过,滴滴岚光翠欲流。（此诗应是描绘后龙山绿树参天之景。）

九景南园梨雪:山阳昨夜一声雷,惊发南园雪万堆;淡日孤烟融冷艳,恍如玉女隔廉来。（此诗当写梨园河南岸梨花堆雪之景。）

十景蓉峰晓霁:朵朵芙蓉绚碧空,绮罗云积曙光红;分明一幅秋江画,庶莫移来小阁中。（此诗描绘远眺灵山所见之景。）

以上"十景"诗,艺术上平平,但所描绘景色今天仍能见到大部分。虽然一些景致已有很多破坏,如村两头水口,但可以让人想象江湾当年的风光。生活在山水画、田园诗般意境里的江湾人是有自信提升自己素养的。

### (四）江湾的大风水

徽州有"大徽州"与"小徽州"之别。"大徽州"指的是徽州人生活、经营、为官的全国各地,如扬州就被称为徽商的"殖民地";"小徽州"则仅有古徽州"一府六县":歙县、绩溪、祁门、黟县、休宁、婺源。所谓"江湾的大风水",大致包含以下几层含义。

一是江湾的自然地理与徽州的大区位紧密相连。江湾祖山灵山是黄山余脉,梨园河水流经县城星江后注入乐安河、鄱阳湖,最后汇入长江。古江湾水口亭中有一副对联:"赴省出休,大路进源登五岭;通衢到浙,长河直上往三浯。"很好地点出了江湾与外界的山水联系。

陆路可通徽州府与浙江省,水路可入货航运入长江。这一地理区位,使江湾与本省府县及外省的人口、经济、文化往来都十分密切、便捷,决定了江湾在汲取外部营养发展壮大自身过程中的有利地位。徽州文化是黄山特殊的自然环境所孕育出来的,江湾也不例外。

二是江湾的风水优势吸引了中原士族的眼光,成为他们避难、隐居、求生图存谋发展的首选之地。灵山引来了何令通,何令通把萧江氏引进了江湾宝地。萧江一族高品位的优秀素质和优良传统,使江湾这块风水宝地所得其人。人的优势和地的优势在江湾得到了最好的结合。由此,江湾形成了耕读传家、儒贾互补的社会风尚。

三是江湾处于"吴头楚尾"的多元文化交流、碰撞、融合的区位。比较发达、雅致的吴越文化和当地山越土著及荆楚文化的粗犷、浪漫特质在此交融,形成了江湾特有的文化传统。吴国太子鸿被流放到婺源,亡故后就埋在江湾湖山,可见江湾得到开发的时间也比婺源其他地方早五六百年,文化的积淀也就比较深厚,居民也就比较有品位。

四是江湾的山地环境与徽州其他地方一样,到明代就形成了人多田少的局面,人民无以为生,只好外出谋生,这就诞生了徽商。徽商在"大江湾"的全国各地发达后,纷纷把资金投入家乡建设,为江湾的发展创造了源源不断的输血机制。可以说,是全国各地的"大徽州""大婺源""大江湾",哺育了"小江湾"的成长、壮大。

"小江湾"是无法脱离"大江湾"的。江湾"大风水"之"大",是人与自然、自然与文化、特定地域与开放世界因缘际会形成的综合效应。江永,以远在其他地方的学生(如戴震、程瑶田、胡培翚)而成就其学术成就和人生价值。江一麟,在全国各地多处为官。江仁庆,则在上海实现了他的经商致富的梦想。江谦、江知源、江石溪,则在扬州等地成就了人生事业。而江湾的特色文化也通过这些名人传播到"大江湾"的许多地方。扬州就有萧江氏聚居的"江家大场"。江湾的地灵人杰,实际上是"小江湾"与"大江湾"互动发展的结果,是江湾"大风水"的山川地理、人文风俗、商贸经济等因素综合作用的结果。这才是地灵人杰的真正奥秘所在。

江湾乡贤园

## 三、精美珍贵的古代建筑

### （一）由礼堂和澹远轩

由礼堂和澹远轩坐落在江湾最古老的南北走向街巷滕家巷北段。临街有两扇大门朝东开，分别通往由礼堂和澹远轩，两者的内部还有门相通，形成一个整体。房屋建筑占地面积达360平方米。

外景

由礼堂由滕姓富商"滕百万"所建，时间大约在明朝末年，至今已有400多年的历史。屋墙用明式大方砖眠砌，出面雕有"滕"字。外立面立体层次错落有致，富有韵律感。清乾隆年间，一位江姓富商江有炎买下了这幢房子，并在房子南边栽有一棵银杏树的院落扩建了澹远轩，轩的梁、柱、板壁、房门就是用砍下的银杏树所做的，所以又叫"白果（银杏的别名）厅"。

正堂由礼堂内景　　　　　　　　　　　厨房

由礼堂的正堂坐北朝南。最南端是三披水天井。前进三间两厢,后进只一个小天井,无房,但建有三层楼阁。屋架为穿斗式,硬山墙围护,五岳朝天。堂前金砖铺地,梁架间有芦苇墙,方格眼式窗扇,这些都是明式民居的特征。

由礼堂的余屋部分由东向西扩展,共有四进,分别用作厨房、过厢和小后院、杂物间、茶叶作坊和猪栏。四进的门呈斜线而设,视线通透。由礼堂的正堂和余屋分别有门通澹远轩。轩坐西朝东。太师壁后有楼梯通往二楼,壁前是敞厅,两侧各有一间正房。敞厅前是天井院,有花台,十分宽敞。院南侧有一偏房,北侧是一过厢,有门折向通由礼堂。敞厅比院落高出约10厘米。这座轩屋闹中取静,给人一份闲适幽雅的感觉,是主人读书接客的好处所,表现了婺源商人亦贾亦儒的特色。

澹远轩内厅

滕字砖

## (二) 敦伦堂

西面和南面临街,大门朝南临街,其余两面邻着民居。建于明末,总占地面积275平方米,房屋占地面积125平方米。现辟为江一麟纪念馆。

临街的南大门为八字院门,门内是一个方整的花园。花园内有花台、水井、梨树,宽敞宜人。房屋的大门十分奇特,门扇由一色水磨青砖蒙面,上加铁泡钉加固,安全、牢固,防盗防火十分理想。门上铺首古朴、美观。这种门极为罕见,在江湾也只此一处。屋内正堂三间两进两层,穿斗式屋架,硬山墙围护。进门是一个三披水天井。檐柱呈中间大两端小的梭柱状。正堂有两间正房,没有踏步过厢。房板壁与梁架间有芦苇墙,方砖铺地。这些都符合明代建筑遗留宋式作法的特征。楼梯在前堂太师壁后。正堂后进是个带天井的小院,有花台。正堂天井两侧有门通余屋厨房。厨房南面有门通前院。整幢建筑平面布局规整,大气,简洁不繁,给人一种质朴大方的美感。

前院

砖质大门

正立面

内景

### （三）善馀堂

建于清末。西、南两面临街,其余两面是民居。大门和房屋均坐北朝南。善馀堂南立面外观十分富有美感。大面积的粉墙上点缀着门、窗,马头墙鹊尾灵动飞翘,院墙与屋墙又形成高低层次,富有音乐节律。在马头墙低凹处显露出黛瓦和两层木柱窗扇,给人以丰富的变奏乐感。

南立面

正堂内部梁柱结构

客馆前堂

书斋外观和小院

书斋内景

　　房屋的平面布局也在整饬中显参差,曲折贯通,富于变化。进入南大门后是一个小院,有青石板花台和花卉竹木。房屋正门为石库门枋,门罩上有砖雕。进入大门是正堂,三披水天井,三间两厢结构,为两层楼房。正堂后进有天井院落,分布有厨房、杂物间。西头有一个植花木的小院。二进西南有门通客馆。后堂均铺木地板。客馆天井东边有南门通向另一个小院,小院虽小,却很别致。西头是一处平房书斋,东面带有门廊,小巧玲珑。

整幢房屋平面格局近正方形,占地面积400多平方米,是较大形制的一座建筑。现辟为"江永纪念馆"。

### (四) 敦崇堂和中宪第

这是清同治年间户部主事江桂高的宅第,府名"中宪第",正厅堂名"敦崇堂",分正堂和客馆两部分,占地面积326平方米。正堂带有门院,院门朝南临街。门内是一个落轿间。院中以鹅卵石铺成"福寿双全"图案。院子北边可见一个两层楼,一层为砖墙,二层是板壁木窗。有青石板花台和鱼缸。院子西边是正堂屋门,朝东开。屋门上有门罩砖雕,以造型优美的龙纹图案为主,上方四个元宝雕刻的是梅、兰、荷、菊。

大门

柱头构件

"福寿双全"图

梁撑木雕

进入屋门,正堂坐北朝南,三披水天井,三间两进两层楼房。木构架为穿斗式。天井梁枋有一圈牡丹花纹,象征"锦堂富贵"。天井前方有一对斜撑雕刻着"刘海戏金蟾"及"和合二仙",象征着"家和万事兴"。二进为厨房和杂物间。

正堂门院北侧房屋底层也是余屋,用作杂物间,有门向东通向客馆。

客馆另有一扇南门临街。进入这扇门是一个极小的院落,院落西边有门进入客馆。客馆上堂铺木地板,下堂是三披水天井,内置太平缸。上、下堂之间设木板壁门,门扇上有木百叶窗和玻璃。通正堂门上方有木格冰裂纹。这些都显现出清末建筑西化的影响。

客馆前院和百叶门窗

门廊冰裂纹饰

### (五) 三省堂

三省堂名称语出《论语》"吾日三省吾身",是清末民国初期教育家、南京高等师范学校校长、江苏省教育司司长江谦的祖居。

这幢房子建于清朝中叶,西邻滕家巷,东、北两面是民居,大门开在南面,正堂坐北朝南,占地面积262平方米。

大门为石库门,门里还有一道仪门(又称二门)。过仪门就可看到这是一座典型的三间四厢结构的民居。四水归堂的天井开在中央,四角有四座卧房。二楼是跑马楼,连廊呈回字形连通,靠天井一边设美人靠,可凭可坐。房子有三进三天井,后两进也有会客厅和卧房。一进上堂东厢房踏步过厢外有门通余屋,是厨房、杂物间。厢房过厢踏步门扇上有"戟磬瓶鞍"(吉庆平安)木刻。户净上也有木雕。整幢房屋给人的印象是规整大气,华美精致。

大门

内景

**灵动逼真的双鱼雀替**

## （六）江仁庆故居

江仁庆于清末在上海经商,发达后回家乡建了这幢房子,占地面积200多平方米。房屋大门朝西临街而开。大门上有砖雕垂花门楼式门罩,砖雕内容是亭、台、楼、榭和人物、走兽,手法是深雕镂空雕,从近景到远景多达四层。门楣处空白,寄寓着商人等待后人步入仕途再光耀门楣。屋内正堂坐北朝南,三间两厢一进,南面是三披水天井,有石缸蓄水。天井东头有门通南边的余屋,是厨房和杂物间。房屋北边墙的下部约2米高,用13块青石板护墙,上方墙上有2个小窗,呈叶子形状,寄寓着主人叶落归根的故里情结。

**商字形砖雕门楼和留白门楣**

## （七）培心堂

这是古代江湾老街中段南侧的一幢商铺与住宅相结合的房屋,建于清代末年,占地面积190平方米。

培心堂与老街上其他商铺不同的是富有文化气息。大门临街朝东开,上有水磨砖雕门楼,工艺精湛。门楣额枋上书"乐山安宅"四个字,取《论语》"仁者乐山,智者乐水"语意,表达主人以仁安身安心的追求。大门内便是店铺,是为第一进。穿过店铺,又有一个小天井院,并建了一座漂亮的砖雕门楼。门楼上方四块元宝上雕的是四季花卉:桃、荷、菊、梅,寄寓商人祈求四季发财的心愿。四角上雕刻的是渔、樵、耕、读。门额上方一块为"九世同居",下方一块是"文王访贤"。左边一块刻了只雀鸟,右边一块雕刻的是梅花鹿,寄寓主人祈盼得到爵(雀)禄(鹿)。最下方蝙蝠和寿字连接起来的图案叫"福寿绵延"。额枋上题写了"拱宸萃庆"四字,"拱宸"形容星辰聚集之繁多,"萃"是汇集之意,"庆"是行善有庆之意,这四个字的意思是积德行善而引来人们景仰。这个小院子和门楼,将商铺与住宅相对隔开,起到似断还连的过渡串联作用。

穿过门院就到了住宅正堂。靠南边是一个三披水天井,北边是上堂,坐北朝南。房子三间两厢两层楼。

江湾老街上的这类"前店后宅"式建筑,都呈现出"横三进"的特点,而其他民居是"纵三进"。这种构造设计,兼顾了从商营业的需要和家居生活的需要,两者互相照应,相得益彰。

临街大门　　　　　　　　　　　　　　　　正堂大门砖雕门罩

## 四、多姿多彩的历史文化

### (一) 人才辈出

据民国《婺源县志》记载,江湾江姓由科举或荐辟等方式出任七品以上的文武官员有24人。还有许多隐居乡里的儒士文人,潜心研究学问,光耀词林者有19人,著作达92部。另外还出了许多精通医卜星相、琴棋书画的名士。

1. 清代著名学者江永

江永(1681~1762年),字慎修,号慎斋,萧江氏第三十代传人。江永出身寒儒世家,自小聪慧过人,6岁能日记数千言。后入私塾读书,过目成诵。他厌举业,轻利禄,蛰居乡里,教书为业,终身未仕。著名学者戴震、金榜、程瑶田都曾师从他。他博学多闻,苦读深思,长于比勘,穷其毕生精力,广摭博讨,搜集散见,以"勤考释,重辨微"之治学方法,勤奋著述,写下了大量治学必读的著作。他对经史百家、天文历算、声韵钟律、礼仪典章等均有重要创见,开创了皖派经学,堪称积学宿儒。据不完全统计,江永一生的著作有41种270卷,其中27种186

卷被收入《四库全书》。较为重要的著述有《礼书纲目》《数学》《推步法解》《古韵标准》《音学辨微》《四声切韵表》《律吕阐微》《春秋地理考究》《河洛精蕴》等。江永晚年号斋名"弄丸斋",自号"弄丸老人",把世间万事万物当作一"丸"探究研理。江永一生学术成就卓然,为世人所仰。清末状元张謇为江湾萧江宗祠题的对联中把江永当作继朱子后婺源最重要的文化名人。蔡元培先生题赞称江永:"礼书八十卷,韵目十三部。兀兀穷岁年,了了明古今。择卷偶有会,玄言时一吐。所弄非僚丸,圆转极天宇。我昔读公书,心焉慕仪矩;今朝披图像,须眉幸可睹。不朽有盛业,非必赖毫楮。万事丸中融,弄丸在何许?"翰林诗人许承尧赞江永:"先生综博精三礼,偶析玄言亦一奇。荏苒万期端莫敬,浑茫大宇道能弥。传经几辈昌高业,格物于今得达遽。一勺我惭知海味,喜从毫楮识风仪。"

江永手稿《弄丸斋记》

江永还利用自己所掌握的知识,经世致用,造福乡里。他为汪口村设计并指导建设了平渡堰。古代汪口村是婺源东乡"通舟止此"的重要船运码头,为了增加码头水深,在村下游建造了呈曲尺形的平渡堰,长边拦河蓄水,短边与河岸构成航道,同时起到了通航和蓄水的双重功能。江永还在江湾后龙山上设计建造了风碓,利用风力带动舂米,解决了大旱之年水碓无水舂米的难题。他还在乡里倡设"义仓",以丰补歉,使乡民得以渡过灾年的饥馑。

2. 明代爱国名臣江一麟

江一麟(1520～1579年),字仲文,号新源,萧江氏第二十五世孙。他自小跟祖父学习《易经》,聪明伶俐,19岁考中举人,明嘉靖三十二年(1553年)中进士。在安吉州(今浙江安吉县)知州任上,平抚矿乱,兴教撰志,"德声遍布四乡"。三年后升任工部郎中时,民众扶老携幼为他送行。严嵩陷害刑部给事中吴时来入狱,江一麟冒死上书,使其获救。在广平府知府任上,抗旱灭蝗,被朝廷考评政绩为"天下第一",升任广东监军副使,力剿倭寇海盗,因战功升任右副都御史,贵州巡抚。1576年,改任南赣巡抚,治绩显著,于次年升任户部右侍郎兼佥都御史,赴任淮安,总督漕运,巡抚凤阳。时黄、淮洪灾,百姓苦不堪言,江一麟提出"筑堤束水,借水攻沙"之策,刻苦任事,指挥施工,大功告成,而江一麟也因劳累过度病故于治河岗位上。弥留之际仍惦念漕务大事,"语不及私"。他病逝后灵柩归葬于江湾攸山脚下,神宗皇帝特派徽州知府高时到江湾吊唁,举行隆重的谕祭和葬礼。江一麟著作有《易说》《尚书约旨》《安吉州志》等。他平生廉洁,输金捐建了江湾萧江宗祠,并亲订了《祠规》,教化村民。

### 3. 清末教育家江谦

江谦(1877～1944年),字易园,号阳复居士,清末民国初期教育家、佛学家、社会活动家。光绪二十八年(1902年)奏保经济特科,宣统元年(1909年)公举为安徽省咨议局议员,宣统二年(1910年)举为江都资政院议员,1914年任江苏省教育司司长,翌年,任南京高等师范学校(南京大学前身)校长,曾为南通张謇创办通州师范,任监理、代校长。他以王阳明"知行合一"理论施教,注重"能读能耕"之四字训,矫正袖手空谈之旧习,为我国师范教育作出了重要贡献,曾获得三等嘉禾章。中年归故乡,创立"佛光社",精研儒佛合一之学。又与同乡江知源筹款重建了萧江宗祠。1944年,在上海病逝,葬江苏南通三余镇。江谦对语言学、佛学均有研究,撰有大量著作,主要有《宏法联语集》《佛家三字经注》《佛儒经颂》《心经颂》《天然声音学》《江易园讲演录》等,还为南京高等师范学校作了校歌(李叔同作曲),今为南京大学校歌,歌词曰:"大哉一诚天下动,如鼎三足兮,曰知曰仁曰勇,千圣会归兮,集成于孔。下开万代旁万方兮,一趋兮同。踔海西上兮,江东。巍峨北极兮,金城之中。天开教泽兮吾道无穷。吾愿无穷兮,如日方暾。"

### 4. 近代实业家江导岷

江导岷(1881～1947年),字知源(又作"滋园"),出身于商贾之家,自幼聪慧好学。14岁即随父在家开铺经商,善经营理财。1912年,经同乡江谦举荐,担任张謇创办的江苏南通通海垦牧公司总经理,组织实施开垦荒滩,使之变成青葱之沃野。其经营得法,使公司快速发展。为表谢意,张謇划出部分垦地酬谢他的两个学生江谦和江知源。江谦、江知源二人把地折价变卖后于1924年重修了萧江宗祠。江知源同时还在江湾创办了义仓学堂。

### 5. 江都名医江石溪

江石溪父亲江振鑫于清咸丰六年(1856年)前后,从江湾迁居扬州江都县仙女庙江家大场,开办经营一家木器店。江石溪出生在江都,聪颖好学,拜名医周公溪门下学习中医,六年业成,独立行医。因其医术精湛,且常为贫苦病者送医施药,深受患者和民众爱戴,成为当地的一代名医。石溪先生有强烈的爱国民主思想,民国初年,反对袁世凯卖国行径,斗争在前。1915年,受聘为张謇创办的大达内河轮船公司,任协理一职,还曾参与大丰、东台垦牧计划的制订与实施,得到张謇的信任与褒奖。石溪先生还擅长诗文、书画、音乐,尤精箫、笛、山水画,系扬州"冶春诗社"成员,是一位多才多艺的文士。其诗词遗作于1994年由江苏江都诗词协会编印出版了《石溪诗抄》。江石溪有7个子女,长子江世俊,六子江上青。江世俊生有五个子女,江泽民是其次子。

### 6. 革命烈士江上青

江上青(1911～1939年),原名江世侯,祖籍江湾。1927年7月在南通中学读高中时加入共青团,1929年秋考入上海艺术大学文学系,并加入中国共产党,任学生党支部书记,曾被国民党逮捕入狱。抗战前后积极参加救亡运动。1938年秋赴皖东北,任安徽六安专区秘书兼政治部主任、皖东北军政干校副校长、中共地下党特支书记等职。1939年7月29日,在安徽

泗县小湾村(今属江苏泗洪县)遭反动地主武装袭击,不幸中弹牺牲,年仅29岁。他牺牲后,其长兄江世俊深念手足之情,按江淮习俗,举行家祭,并将次子江泽民承祧于江上青。

### 7. 明代太医江一道

江一道(1535~1584年),字养初,自小随术士学医,究心岐黄,以药济人,医术高明,医德高尚,名噪一时。其胞兄江一麟在江淮督修淮河时,民工因患流行疾病死亡众多。江一麟便令江一道赴治淮工地为民工治病,救人无数。工部尚书潘季驯得知此事,待之以上礼,向朝廷举荐江一道任太医院吏目。

### 8. 江湾萧江始迁祖江敌

江敌(1061~1109年),字景仁。北宋元丰二年(1079年),年仅19岁的江敌率族人迁居到当时云湾村外的鲍家州上。当时,云湾村有鲍、滕、叶、戴、何等姓氏居住。有一年正月,江家一男孩在云湾鲍家居住地看灯放鞭炮,不慎引起火灾,烧毁了鲍家居住的茅草屋。江敌和族人向鲍姓人道歉并答应赔偿。于是将州地江姓居住的砖瓦房全部让给鲍姓人家住,江姓则在鲍家居住的废墟上重建家园。迁入云湾后,江氏一脉经几代繁衍,兴旺发达成为云湾第一大姓,云湾也就改名江湾。江敌成为萧江氏迁江湾的始祖。元丰三年(1080年),江敌任洪州进贤县(今江西进贤县)县尉期间,"多善政,民往往颂之"。大观三年(1109年),考中进士,发榜时,他已故于任上,补授将士郎。

## (二)名人与江湾

### 1. 何令通与江湾

何令通,即南唐国师何溥,字令通。他因得罪皇帝被贬,北宋太平兴国四年(979年),他来到江湾的祖山灵山隐居。萧江六世祖江文采慕名前去拜望他,并赠送他60亩良田,还为其在灵山建造碧云庵。为感谢江文采,何令通经过多方踏勘,指点江文采迁居游坑马槽坞。后又发现了云湾这方风水宝地,便指点七世祖江元庆、八世祖江敌想法迁入云湾发展,并按风水术原理对江湾风水进行补救:培土筑仙人桥,改河道、引水、挖井补基,植五棵樟树祈福。何令通实际上是江湾最早的建设规划师。

何令通隐居灵山期间写有《蓉峰四景诗》,借景抒情,排遣忧怀,诗录如下:

《半月岩》:怪石悬山腰,天然景奇绝。深如月半轮,万古无圆缺。

《金鸡石》:山中多乱石,此石独奇峭。金鸡鸣何为,为我唧丹诏。

《送客亭》:有客来山中,祗迎山道左。送至峰前亭,相对忘尔我。

《望家墩》:几回墩上行,墩上白云护。跌坐望东山,心若有所触。

### 2. 岳飞与江湾

南宋绍兴元年至三年(1131~1133年),岳飞率兵征伐李成,曾数次来到婺源。路经江湾,村人江致恭(江湾萧江氏十世祖)随军任幕僚,并捐家财充军饷。岳飞赠诗曰:"西风猎猎卷旗旌,鄱水湘江未足平。早晚黄金台下去,与君携手共功名。"为纪念岳飞过江湾史实,江湾人把村东头的一座桥命名为"岳飞桥"。

### 3. 张謇与江湾

张謇是清末状元,著名的实业家。他在南通兴办轮船公司、师范学校、垦牧公司,有三位江湾人给他出力良多。一位是为他创办南通师范的江谦,一位是任他的垦牧公司经理的江知源,还有一位是大达内河轮船公司协理江石溪。张謇曾言,他的事业有成,赖于不绝贤人助阵,功归"一兄一友两弟子"。其中的两弟子就是指江谦和江知源。张謇在自订《年谱》中提到"得士婺源江谦",并赞:"举止温而恭,察其业颇窥三代两汉之书,与人语辞顺而气下,益爱重之。"还在江谦祖母七十寿辰贺词中写道:"余学艺崇明书院之三年,得婺源江生谦,文嘉,叹以为美才。"当江谦、江知源筹款重建萧江宗祠落成后,他欣然为之撰联:"江氏自节度易姓以来,叠分于婺、于歙、于衢,代挺闻人,粲乎溯兰陵八萧至昭明太子;云湾当有清重儒而著,其它若胡、若程、若戴,并称世哲,翕然推弄丸一老继晦庵先生。"

### 4. 戴震与江湾

同属古徽州人的戴震曾拜江湾名儒江永为师,在江永的传授下,戴震成为传江永之学而集大成的高足弟子。江永虽十分饱学,却仍谦虚好学。一次讲学之余,他将研究算学中的十多个难题与弟子戴震切磋,说:"这些题目存疑已十多年了,你能试试看吗?"戴震分析推算,一一作了解答。江永看了不胜惊喜,兴奋地说:"十余年的疑问竟决之于一旦,你实在聪明过人!"江永病逝后,戴震作《江永事略状》,赞道:"盖先生之学,自汉经师康成(即郑玄)后罕其俦匹。"高度评价了江永的学术成就。

### 5. 文天祥与江湾

江湾人江守中,才华横溢,尝游学京都,为待补生,与文天祥同舍就学。他曾率三个学生上书劝行忠义,上不听,拂衣归隐。此时,文天祥为此作《送江待补还静山小隐》诗以赠,全诗如下:"天外为织云锦章,降为人间五色笔。碧云朱电驾夫容,照映山人读书室。百花头上万卷阁,夫容香霭归仙宅。光风霁月长在门,学士樵夫共分席。峰回路转月影圆,鸟啼花落人声寂。带径锄罢抱琴归,时挽红霞坐岩石。料应不是终南径,疑是桃源避秦客。静来勘破天地心,更与先生谭太极。"

## (三)民间故事和古楹联

江湾民间流传着许多动人的故事,千百年来口耳相传,构成了江湾古村的文化风韵,是一笔珍贵的非物质文化遗产。这些民间故事赖江湾村老人江金池搜集整理,形诸文字编印成册,使我们能一睹其精彩。

江湾民间故事大多是有关江湾村形成历史、名人传闻、村落风俗的内容。《何仙慧眼识江湾》记录了何令通指导萧江氏迁居江湾和多方补基,完善风水的故事。《岳帅预言出天子》《戴震陪师谒皇上》记录了历史文化名人与江湾的过往。《江绍牙杀子封山》《江全七捉鬼抵账》《铁癞痢血涌江桥》《好法师求雨灭虫》《硬拳头专打不平》反映了丰富的社会生活风情。故事最多的是江永先生,大约有十个,如《推四时巧取象胆》《江慎修悔泄天机》《梅雨天苦撑篙舟》《还人情关养猪精》《解旱情太阴借水》《忧民食巧造风碓》等。

这些故事多有机智、巧妙的情节,人物个性鲜明,语言平实,并带有许多神力浪漫色彩,寄寓了人们求善嫉恶的美好心愿和崇拜名人的神化思维。

江湾古代一些公共建筑上都悬有联匾,流传至今的古楹联有:

村头亭联:"赴省出休,大路进源登五岭;通衢到浙,长河直上往三浯。"非常准确而形象地描述出江湾地理位置的优势。

南关亭联:"万壑松涛倚北钥;一弯湖水锁南关。"既是对南关亭地理环境的描绘,"倚""锁"二字又写出其村门防御的重要性。又:"静坐当思己过;闲谈勿论人非。"富有哲理,是对亭子人群闲聚笑谈的一种警醒。

水口八角亭联:"八叶宰相之家皆为太子之后;一部文选而外尽是庙貌钟英。"叙述萧江氏的历史发展和家传渊源,笔底渗透豪迈之情。

水口辛峰阁(文昌阁)联:"水贴荷钱,买得湖光千万顷;山垂木笔,描成春色二三分。"传为江永所作,十分夸张而逼真地描绘出村西头荷花池与后龙山相辉映的景色和气势。

水口庙联:"雪趁风威,白占田园能几日;云从雨势,黑瞒天地不多时。"把绘景与述理巧妙地融合在一副对联中,景中含理,水乳交融。

## (四)民俗风情

古代江湾,农闲正月是最热闹的日子。从初一开始,举办灯会,搬演地戏,抬豆腐架巡游,老老少少都自娱娱人,洗去一年的辛劳,祝福来年的好运。

其中江湾的豆腐架游行最具特色。由四个汉子抬一杠台面,上面是彩装戏文装扮的童男玉女造型,十分形象逼真。这种民俗,强化村民对古代戏文扬善惩恶观念的教育,以最喜闻乐见的方式直观地教化民风,提高村民的审美水平。豆腐架出行时配有鼓乐,吸引观众。通过这一娱乐化的组织,强化了村民团结协作意识和向心力,是村民自治的一种有效手段。

八月十五中秋节,江湾要舞龙灯,庆贺丰收。龙灯一般有两种,一种是板凳龙,一种是禾秆龙。禾秆龙以稻草扎成龙头、龙身、龙尾,遍插香火。夜幕下舞龙时香火成线、成形,构成十分美观的灵动形象。这也是古代宗族乡村组织村民、教化村民、娱乐村民的一种好形式。

豆腐架巡游

江湾还有一种很特别的民俗:打字虎,即猜谜语,每年都要在祠堂里举行一次。由一位先生坐"虎"台宣读一个个谜语,猜中的人可获得奖励。为了鞭策年轻人读书,形成灵巧的思维能力,江湾规定:没有受过私塾教育的人进祠堂要交钱,等于买"门票"。每年在一定的时候,村里20岁的男丁就聚在一起,请先生坐"虎"台。虎台先生的报酬、奖品和笔墨纸砚的开销,都由20岁的男丁分摊。文会是江湾另一种独特的文化活动。每年正月初六,全村没有达到中等文化水平的青年男子,都要到祠堂参加"会文"。"会文"活动由村民自发组织的"文会"实施,宗族从祠堂公产中安排一笔资金供"文会"开支。每年都会推举一位先生做会文主持人。所谓"会文"就是写作文(用文言文写),每年只出一个题目,每人写一篇,限时完成,不得少于300字。文章写好后,主持先生便一篇篇批改。满了300字,语句通顺、立意新颖的,主持先生便用朱笔批一"宴"字,也就是说文章作者晚上可以在文会里喝酒吃饭了,这当然是每个青年都希望得到的荣誉。江湾人以这种通俗的方式激励村民苦读成才,起到了很好的作用。

# 第二节　诗画乡村——晓起

## 一、概述

晓起村,包括上晓起和下晓起两个自然村,位于婺源县东部江湾镇境内,西南距县城33千米。上、下晓起村均建在养生河边,两村相距0.9千米,有青石板古道相连。两村的地理环境近似。村落选址首先考虑背后有可依托的"龙脉"山,前面有环绕村庄的溪流。晓起两村四面青山环抱,古树密布,村庄、古屋、田畴、河流,错落交织,景色迷人。

晓起村位于亚热带季风性湿润气候区,年平均气温16.3 ℃,年平均降水量1818.2毫米,无霜期248天,全年日照时数约1858小时,有利于水稻、茶叶等农作物的生长。2020年全村有村民255户699人。下晓起有汪姓、江姓、俞姓,以汪姓为多;上晓起有江姓、洪姓、叶姓,以江姓为多。村民主要从事林、茶生产以及外出务工、经商。从2000年开始,晓起村依托优良的生态和文化优势,发展旅游业,至今每年有百万人次游客前来旅游观光,带动了村民致富。2006年,江西省社会科学院原副院长陈文华教授退休后来到晓起村,攻克一个个难题,试种皇菊成功,成为旺销的旅游商品,为晓起乃至婺源农民增加了一条产业致富之路。目前,晓起村几乎户户种菊,全县皇菊种植面积达2000多亩。村民们感激地称陈文华先生为"傻教授"。他辞世后,晓起村建了一座他的衣冠冢,皇菊在他身边,年年花开。

晓起村对外交通有硬化的公路。景(德镇)—婺(源)—黄(山)高速公路在晓起村附近3千米处有出口。村内均铺设了地下光缆,开通了有线电视、程控电话、宽带网络、移动通信网络。

据《晓川汪氏宗谱》(抄本)记载,下晓起始迁祖是思胜公,为歙州衙前兵马使、婺源镇都虞侯汪道安十五世孙,于南宋绍兴年间由休宁深渠迁此建村。据《婺源县地名志》载,唐末,始有洪姓徙迁到上晓起居住;据《济阳江氏统宗谱》记载,北宋中叶,江姓第三十六世祖郑八公由婺源大杞寺东园迁入,后又有叶姓、孙姓相继迁此居住,陆续形成了上晓起村落。从唐末建村至明代,晓起一直处于缓慢发展状态。清代至民国初年,晓起官宦,富商辈出,成为历史上的鼎盛时期,出现了"五代进士,四代一品"的繁荣局面。明清时期,晓起属婺源县东北万安乡长城里第十都。民国二十七年(1938年),改坊都制为区乡制,晓起属第二区龙川乡第一至第十保,乡驻地在下晓起。1949年后,属晓起区龙川乡,1958年改称晓起大队,1983年改为江湾乡(镇)晓起村委会。

上、下晓起村落选址布局

晓起古村的构成要素有:

(1)自然要素:上晓起周边有旗形山、象鼻山、笔架山;下晓起周边有后龙山、背后山、朱笔尖等,山上林木苍翠,有100年以上的樟、枫、栲、楠、柏、杉、桂等名木古树460多棵。段莘水在晓起村附近上游叫浤溪,下游叫湖溪,自北向南,环村而流。另有一条鹿儿溪(养生河)从西北向东南,蜿蜒穿过上晓起和下晓起,汇入段莘水,形成双河环绕的格局。

(2)人工要素:有东上路、里边大路、外边大路、南段桥巷、窑田巷、下店洪路等青石板铺筑的街巷、古道26条,总长度达到3000多米。有嘉年桥、双井、溪埠、下水道等古代公共建筑。有敦彝公祠、厅屋等祠堂建筑2座。有进士第、大夫第、荣禄第、儒林第、继序堂、礼耕堂、日升堂、百忍堂等古民居154幢。古建筑占地面积合计48406平方米,建筑面积达到64700平方米。现存历史建筑面积占全部建筑面积的88%。全村有各级文物重点保护单位12处。

(3)人文要素:有江人镜、江知纪等仕宦名达,有汪晋和等富商。还有保护生态环境的优良传统习俗和驮龙灯等民间艺术。

晓起村的这些富有价值的遗存,使其于2005年被评为江西省历史文化名村,现为中国传统村落。

下晓起村景观

上晓起村沿河景观

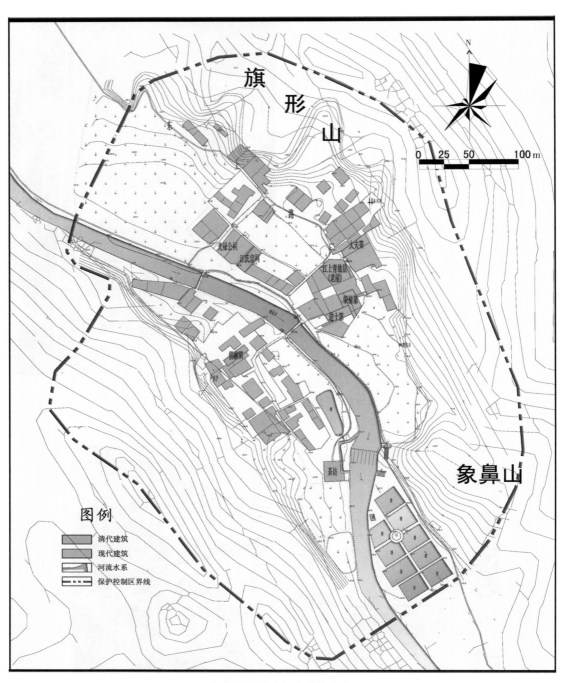

旗形山

象鼻山

图例

清代建筑

现代建筑

河流水系

保护控制区界线

上晓起村地形和古建筑分布图

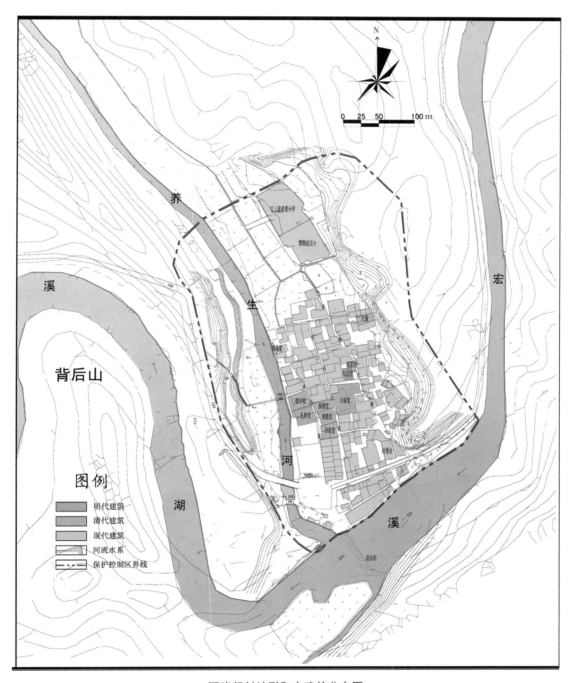

下晓起村地形和古建筑分布图

## 二、山环水绕

清代科学家婺源赋春人齐彦槐《冲麓村居》诗写道："芳郊雨初霁,桑者意闲闲。古树高低屋,斜阳远近山。林梢烟似带,村外水如环。薄暮东皋望,归来自闲关。"用这首诗来形容晓起村的风水环境也是十分恰当的。

上、下晓起村是坐落于山峦起伏的鹿儿溪(后称养生河)和段莘水交汇的河谷地带的两颗明珠。这里群峰环列,双河带绕,山峦多沿上晓起村东北方的靠山由东向西耸列,依次有象山、旗形山、狮山环抱,旗形山中有两座紧挨的山石,村人称为"八仙石",又叫"八仙搭桥"。村两头还有7座小山屏列,名出北斗七星的称号,由南向北,依次是枢山、璇山、玑山、权山、衡山、开阳山、摇光山,村人称为"七星赶月"。村的西南方向,有凹凸起伏的笔架山作屏障,因其与村庄靠得很近,村人以"壁上挂钟"来形容。笔架山最高峰为西天顶。这些山系的父山是朱笔尖,祖山是灵山。群峰簇拥,古木荫庇。一条鹿儿溪(民国十二年,即1923年,村人立碑禁渔养生,故改称养生河),呈弓形穿村而过,把村子分成河北、河南两半。河北村落布局犹如一只蝴蝶,两桥跨河,古桥犹如蝴蝶那美丽的两条触须。蝴蝶翩翩起舞,护佑村人兴旺发达。河南侧似船形,有一株千年香柏树仍苍翠挺立,犹如系船之篙。村东南方养生河流出村口处,北有象山,南有笔架山关锁,古樟枝干斜逸水面,绿荫匝地,形成优美的水口环境。古时,水口附近还建有印台、品池、文昌阁,可惜今已不存,只有水口埌仍然流瀑泻玉,溪水淙淙。远处,下晓起段莘水对岸有朱笔尖余脉乌纱,形似乌纱帽的纱帽山。因此,上晓起人形容村庄的风水是"东有乌纱帽,南有笔架山,西有七星赶月,北有八仙搭桥"。又有堪舆家言:"七星齐拱月,诸水尽朝东,狮象来护驾,必出贵人公。"

下晓起水口

上晓起水口

清代上晓起族人江本立在《地记》中还写道:"晓起源内一枝龙,天皇地市度行踪。入道穿帐来结穴,峦头气旺木星钟。左右旗鼓相护卫,前朝笔架贵人峰。有德之家方遇此,荣华富贵子孙隆。"反映了晓起的环境形胜和村人对美好未来的憧憬。

下晓起村东北方背靠后龙山,西南方近处有塔岭山隔养生河相望,远处则有背后山屏列。村南隔段莘水浥溪相守的有郁郁葱葱的朱笔尖余脉纱帽山。村水口处有养生河与段莘河汇流,有双碣关锁,古樟荫护,使村庄构成了"聚宝盆"格局。

　　背山、环水、面屏,使晓起村成为山环水绕的画里乡村。下晓起《汪氏家谱》中载有天鄱外史曾邦瑾所作的《晓川八景诗》,描绘出晓起村迷人的自然风光,兹录如下:

　　宝嶂龙壤:应龙雅隐出银湾,矢矫南来势莫攀。立有戾天云际会,甘霖霎尔遍人寰。(此诗咏后龙山景象。)

　　玉几双凫:天生玉几色苍然,快睹双凫相对栓。遥忆当年玉令鸟,翱翔时集圣人前。(此诗咏双堨关锁水口景致。)

　　石梁虹绕:彩虹延衮绕晴川,旭日光浮清且涟。宛得濠梁庄叟趣,缅怀题柱漫如笺。(此诗咏嵩年桥倒映鹿儿溪中的优美景观。)

　　珠岳星联:重基秀擢表雄州,两两星联踞上游。纬聚井奎昭景远,祥符珠岳世承休。(此诗咏双井映月景致。)

　　南屏佳气:千门大卜向明开,节彼南山翠作堆。柱颍朝来看爽气,葱葱郁郁接叁台。(此诗咏塔岭山锦峰景象。)

　　文峰焕彩:拨地撑天拊斗杓,焕发文光烛碧霄。岂是江淹遗彩笔,至今犹卓立中朝。(此诗咏原晓起村文峰塔景观。)

　　苍松涌翠:千寻古色秦封木,下下高高涌翠来。环长孙枝欣畅茂,好培桢干玉墀栽。(此诗咏纱帽山苍松涌翠的优美景致。)

　　二水迴澜:空明宝鉴无留影,燕尾逶迤不作波。养就金鳞桃浪暖,峥嵘头角跃天河。(此诗咏养生河、浤溪双水汇流碧浪翻滚的景象。)

养生河绕村而出　　　　　　　　　　后龙山古木参天

## 三、古建风姿

### (一) 祠堂

#### 1. 上晓起敦彝堂(江氏宗祠)

该祠堂又叫敦贵公祠,清光绪年间由村人、两淮盐运使江人镜出资重修。整座祠堂建筑面积达397平方米。

祠堂大门前有一方青石板铺就的小广场,婺源人称为"坦"。祠堂坦有五块石板上凿有圆孔,是古代安放旗杆墩插旗所遗留下来的。按古例,村里族人中举人、进士者可立旗旌扬,彰示一个家族的荣耀。祠堂大门两侧有八字门墙,开圆券门,北侧门墙保存完好,券门额上题有"曾庆"二字。祠堂大门为三开间。硬山墙为马头墙建筑。斗拱撑出飘檐,梁、枋上均有雕刻。屋面下是一卷棚。大门前设有木栅门。进入大门有天井和两庑廊通向享堂。享堂屋架为抬梁式。享堂后的寝堂部分高出地面约2米,为两层建筑,穿斗式屋架。

每年正月,祠堂里都要举行盛大的祭典。大门敞开,张灯结彩,享堂正中悬挂祖宗容像,三声礼炮,十通锣鼓,村人由族长带领,依朱(熹)礼三献三祭。礼毕,在门楼处搭上戏台,请戏班唱戏三天三夜,热闹非凡。

外立面

门廊卷棚

享堂

### 2. 上晓起光禄公祠

清光绪年间,两淮盐运使江人镜为祭祀本房先祖而出资修建,又称"十房厅"。面阔9.6米,进深18.8米,建筑占地面积180平方米。

祠堂前有一青石铺成的小坦,坦前用石护栏与门前水田隔开。行人出入之门设在北侧,入门之后有一小院,穿过小院才可走到祠堂坦。小院门楣上有两幅彩画"泛舟图",在婺源十分少见。从画风来看,可谓徽派彩画的典型之作。匠师下笔娴熟,线条流畅美观,画面上男女老少皆有,人物神态自如,栩栩如生。河中柳丝飘逸,波光粼粼。徽州古建彩画一般以墨为主,用矿物颜料敷色。因为墙上石灰是碱性的,故不宜用植物颜料,否则会起化学反应而褪色。这两幅画已有上百年历史,成天日晒风吹,还保留了鲜艳色彩,十分珍贵。

祠堂大门与敦贵公祠一样,也是木门构造。祠堂也有享堂、寝堂两进,天井、庑廊皆备。梁、枋、雀替均饰以木刻,工艺精美。

外景

内景

江氏宗祠、致和堂、光禄公祠外立面

### 3. 下晓起睦顺堂

这是一座家祠厅屋,建于明嘉靖年间,占地面积278.5平方米。

大门为牌楼式构造。门罩檐下有砖雕装饰,雕刻有花草卷纹和禽戏。石门枋、石台阶,造型简朴。整座大门造型阔大疏朗,体现出明代建筑的简朴。

祠堂内屋架也是三间结构,抬梁式,分门楼、享堂、寝堂三进,寝堂比地面高出约2米。梁、枋等木构件很少有雕饰,简洁朴素。

外观

内景

天井和梁架　　　　　　　　　　　　莲花石础

## （二）民居

### 1. 进士第

上晓起进士第,是清嘉庆四年(1799年)进士、江苏金匮县知县江之纪的宅第。原建于清康熙年间,咸丰年间被太平军烧毁,光绪年间由江之纪儿子江人镜重建。进士第正堂部分为三间两进两天井,第一进为两层,第二进后部为三层。大门前有门院和两层客馆建筑。二进的东侧各有门通余屋,三处余屋也各有一小天井,作厨房和杂物间用,都是两层。房屋建筑面积878平方米。

进士第院门朝西,院门为石库门,门框用青石条砌筑。进门是一个落轿间,有落地格扇门通向院内。落轿间檐下出花篮吊脚栏杆,雕刻精美。迎门是二层的客馆,楼下会客,楼上可住人,小巧精致。门扇雕刻图案,线条流畅大方。院内设有青石条花台和鱼缸,可资怡情助兴。南院墙中间部分凹下近2米,宽约3米,使房屋正堂大门上的"进士第"三字,在南边大路上的行人都能清楚地看到,也使门院内的采光更好。

外观　　　　　　　　　　　　进士第门楣和砖雕

进士第正堂大门十分气派,石库门枋,砖雕门罩,雕刻繁复精美,门额上一块2米多长的青石上有"进士第"三个阳文楷书大字,呈现出官邸的气势。门楼下方石地栿雕刻狮子图案,背脊弓挺,取俯视角度,突出狮子腾跃的动感威势。门下设"三步金阶",寄寓"连升三级"的愿望。大门扇用栗木制作,一对黄铜铺首精致美观而又有实用价值,可作"门铃"使用,一拍就会发出悦耳的铛铛声。

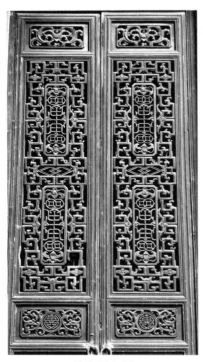

格扇门上部

进入大门后有一道中门(仪门)。拐进中门便是第一进厅堂"宝善堂"。天井为四披水,两侧不设厢房,使之成为两廊,显得十分宽阔。卧房窗栏板(户净)木雕极为珍贵。其中一块平面分割为九块。上排三开光内雕有八宝,中排三开光内雕人物,下排三开光内雕狮子,底足框条雕刻琴、棋、书、画,刻工圆润精美。通卧房的过道(退步)门扇的木雕也十分讲究,极富艺术性。婺源人一般把这种格扇门比喻成美女,门扇从上到下,最顶部的木板称"头板",上部大块长条板称"身板",中间小块板称"束腰板",下部大块长条板称"裙板",底部小块板称"束脚板"。这两处门共四块门扇由上到下,头板上雕夔凤,空灵飞跃。身板以回纹、卷草围护,中间的开光盒里雕刻的是梅、兰、荷、菊,上下共八个开光盒里雕刻的是"暗八仙"(八仙手持的法器)。束腰板上以回纹围起夔凤,正中寿字上雕一只蝙蝠,寓意"福寿双全"。裙板上雕刻着双鱼戏钱,寓意"年年有余"。束脚板上则又以夔凤图案与头板相呼应。刀工圆熟,线脚挺括,代表着木雕的极高水准。进士第二进为三披水天井,地面铺地板,比一进高出一个台阶,供老人居住,故又叫"高堂"。此进的户净、格扇门木雕也十分精美,值得欣赏。

大门

麒麟石础

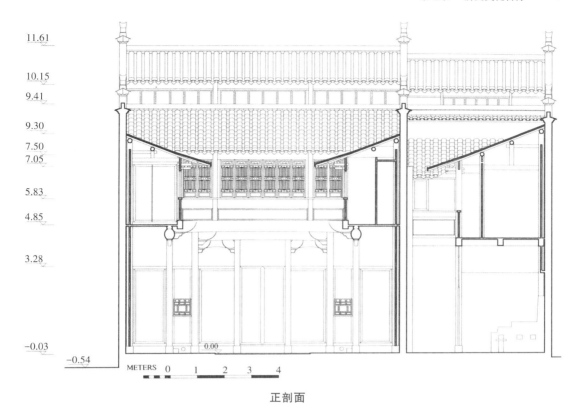

正剖面

## 2. 荣禄第

清光绪年间,在扬州任两淮盐运使的江人镜听说祖屋(原进士第)被太平军所焚,便亲绘房屋图纸,解银回乡建房修路。除重建了进士第外,还修建了江氏宗祠、光禄公祠、村里大路,并要家人为他在老家建造宅第,准备告老回乡时居住,这便是"荣禄第"。

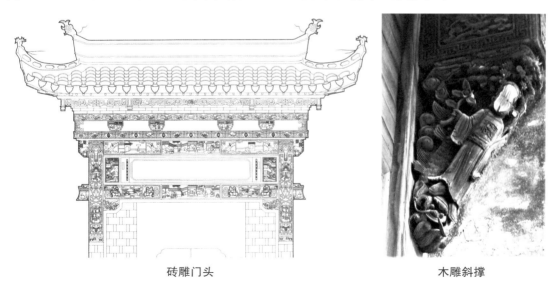

砖雕门头 木雕斜撑

荣禄第正堂叫"思训堂",坐北朝南,三间两进一天井。第二进后部有三层楼,其余为两

层。正堂西侧为接待官员来访和休闲的"双桥东墅",可惜毁于1958年的一场火灾,现只剩下门楼石枋。正堂东侧为余屋,三间两进两天井,与正堂之间有夹弄相通。这组建筑总面积达663平方米。

荣禄第正堂大门前有门院。院内靠西是落轿间,东头则是一座两层的客馆,可待客和居住。大门为石库门枋,砖雕门罩十分排场,雕工繁复精细。屋内梁、枋、雀替的木雕也精美可观。

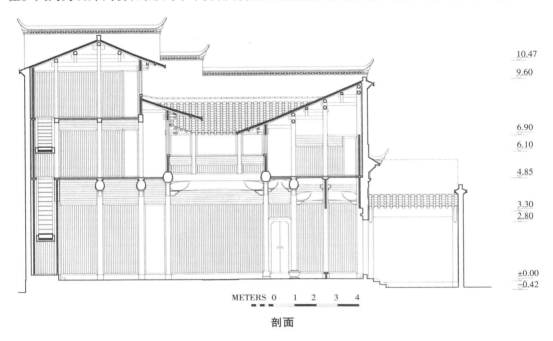

剖面

### 3. 大夫第

大夫第主人江人铎是江人镜的兄弟,此第营建时间稍晚于进士第和荣禄第,形制与进士第相仿,只是规模较小,建筑面积486平方米。

院门

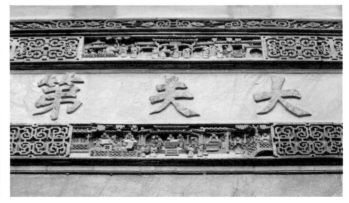

大门门楣和砖雕门罩

　　大夫第正堂叫"宝辉堂"，有三进院落，各院落入口都有砖雕门头，其中客厅前的门头最为精致。第一进院落有一座两层的倒座建筑，客厅上方有一根雕刻精美的大梁。第二进是正堂大厅，三间四房，廊下有厢房，格扇门窗木雕精美。第三进有三层楼。整幢建筑呈台阶状层层高起。第三进后边是余屋，作厨房、杂物间用。

梁枋和木雕

家谱箱

走马楼花枋和花窗

格扇门

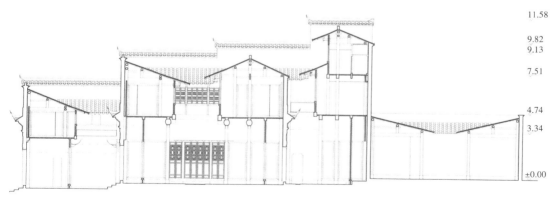

侧剖面

### 4. 敬修堂（江家老屋）

此屋建于清初。屋主人江春霖因开药栈而发家,建了此屋,是村中最古老的一幢住宅,村民又称之为"江家老屋",建筑面积759平方米。

此宅正堂坐东朝西,前有门院。门院朝北、朝西各有一门。大门有砖雕门罩门头。屋内为三间两进两层,二进后部为三层。前进有仪门构成一个小门厅,四披水天井,楼下四房,楼上是走马楼。前、后进之间太师壁后有一暗间。后进也是四房结构。前、后进北侧有门廊与北边的余屋相通,余屋部分为厨房、柴火间、猪圈。余屋北边山墙为观音兜半弧形,在婺源古建中极为罕见。

正堂大门　　　　　　　　　　　　　　　　　　　内景

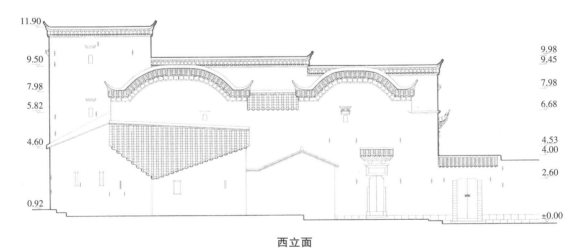

西立面

### 5. 致和堂

分正堂和客馆两部分,分别位于光禄公祠左、右两旁。建于清代晚期。致和堂正堂三间两进三层,面阔12.8米,进深24.8米,占地面积317平方米。客馆面阔3.5米,进深24.8米,占地面积86.8平方米。现为"今生今室"民宿。

致和堂、敦彝堂外景

院门

一进内景

大门                                                 二进内景

### 6. 儒林第

位于上晓起河南岸，叶姓居住区的中央位置。此屋先祖为叶姓，经商致富后建此宅供子孙读书，以期高官得中，光宗耀祖。宅第朝北面河。入口为一小院，石库门枋院门，院内青石铺地。临河院墙上开着花窗。正堂大门有砖雕门罩，石库门枋，做工精致。正堂部分三间三进两层，设有后门。建筑占地面积201.94平方米。

院门和大门                                      砖雕门罩

### 7. 继序堂

鸦片战争后，下晓起村茶商汪允璋、汪允珪兄弟趁出口通商之便，从事茶叶出口生意，致富后回家各建了一幢宅院。这两幢宅第坐北朝南，门前共用一个门院，门院南墙外便是汩汩流淌的鹿儿溪(养生河),临河院墙上有漏窗,可观景听水。院东、西各设一月洞门,青石板铺地,并有花台种植松柏花卉。继序堂在西,是弟弟允珪的宅第;哥哥允璋的宅第叫礼耕堂,位于东侧。

继序堂正堂部分三间两进两层,西侧有门与余屋相通,建筑面积达806平方米。

继序堂建筑值得一提的特色有二。

一是屋内12根方柱全部取材于树龄400年以上的红豆杉。大厅梁头雕回纹卷草,斜撑以奔放的卷草和工整的回纹围起锦袱,锦袱内雕出梅枝旁逸,穿插有致,逸气与细腻兼具。两过厢格扇门束腰板上雕刻"八骏图",马的神态生动逼真,俯仰屈伸富有动感。

门院

内景

上枋"文王访贤"、下枋"连中三元"砖雕

二是大门上巨幅门罩砖雕华美异常。最上方"福寿财喜"和"瓜瓞连绵"回纹图案衬托出中间四个元宝墩,上面分别刻着苏武牧羊、程婴杖孤、三顾茅庐等"忠孝节义"的故事。上枋大型人物故事是"文王访贤",下枋大型人物故事是"连中三元",画面中屋门前站着父母二

老,迎接高中新科状元、榜眼、探花的三个儿子荣归。人物喜气洋洋,高头大马也气宇轩昂,冰冷的砖块也富有了生气。四周镶嵌有"渔樵耕读"人物山水图案。两根悬柱上除六组戏曲人物外,在回纹图案中还雕刻了暗八仙。全部采用镂空雕刻,层次多达五六个,刀工炉火纯青。画面上人物、鸟兽无不须眉毕具,神情如生。楼台亭榭、山川舟桥、卷纹花草,无不线条流畅,比例匀称。全幅砖雕和谐完整,达到了远观清晰,近看逼真,情景相融、古雅隽逸的审美境界。

侧剖面

### 8. 礼耕堂

此宅为清光绪年间垄断广州府茶叶外销的茶商汪允璋所建。与继序堂一样,垂花门式门罩上,巨幅砖雕作品形象塑造及布局和雕刻手法都独具匠心。画面上的人物、鸟兽、亭台、楼榭等,交错迭现,情景相融,逼真生动。最大的一块额枋上是通景"琴棋书画"图,抚琴的、下棋的、读书的、作画的人物20多个,分成四组又似互相呼应,具有很高的艺术创意。两边雕刻着"鱼跃龙门""凤舞九天",富有活生生的动感。

大门

内景

　　室内为三进两天井两层,每进均是三间两厢。厢房的房门、窗棂、屏风,还有梁枋、斜撑、雀替都有精美的雕刻。石地栿、排水口等都饰以石雕,题材以高度形式化的卷云花草为主。全幢房屋建筑面积634.12平方米。

石础雕刻"封侯爵禄"

　　9. 日新堂

　　这是下晓起村规模最大的一组民居群,包括6幢房屋,10个天井,60多间房,建筑面积达1286.15平方米。始建于清雍正、乾隆年间,后来在主屋左右和后方又陆续加建了房屋,最迟的是道光年间所建。原来正屋都是两层,后在正屋第二进上加建了第三层,屋脊高11.64米。各单元房屋之间通过门、廊、骑楼、避弄相通,形若迷宫,兴旺时曾有14户汪姓人家共住此屋,全家族都可在一个门出入。曾国藩曾为此屋题匾"储英堂"。

大门　　　　　　　　　　　　　　　　　　内部梁架

## （三）公共建筑

### 1. 古道和街巷

晓起村坐落于婺源至休宁的一条古道旁。道路由青石板铺筑，古韵悠悠，一些石板上还刻下了手推车的车辙。从下晓起进村处的塔岭开始，古道曲折蜿蜒，穿过下晓起，又在上、下晓起间的田园间延伸，从上晓起水口与河流并行前伸。上下岭道旁还筑有石板栏杆。

下晓起进村古道

上晓起村头古道和石栏杆

上、下晓起村街巷两侧粉墙耸立，天际线起伏错落，富有韵律感。青石板路面整洁光滑，主要街道旁都有排水明沟或暗沟。下晓起的主巷道为"二横三纵"。"二横"，是村里最古老的巷道。靠近河的称"外边大路"，另一条称"里边大路"。上晓起也由从村边擦过的大路和东上路构成"二横"主干道。小巷则随屋曲折。

### 2. 古桥

晓起村原建有嵩年桥、南段桥等石拱桥和石板桥多座，现尚存有嵩年桥。

这是一座高大的单孔石拱桥，建于清康熙八年（1669年）。《婺源县志》记载："嵩年桥，里人汪继藩因通衢病涉，捐资独建，并建亭其上，以祈母寿，故名。邑人太史詹养沉（顺治十六年进士）记。"

### 3. 古埠

下晓起村沿鹿儿溪（养生河）建有一排"溪埠"，很有特色。溪埠是以青石垒就供人们洗涤用的设施，全用方石和条石砌成高低三层，可分别在河水涨退时使用。另又用青石砌成格状,洗涤时每人处一格,既科学实用,又坚固美观。同时,溪埠还按水流方向分为三段,上段洗食物,中段洗衣物,下段涮便桶,保证了用水干净、卫生。村中有民谣云:"东不嫁西不嫁,贪图晓起好溪坝。"

嵩年桥

石筑古河埠

### 4. 古井

下晓起西北角离河较远,凿有古井,井水清澈凉冽,甘醇可口。井壁和井台设计、建筑得很科学。井分大、小两口,大井用15块长方形青石板分两段砌作八边形内壁,石板之下砌三圈鹅卵石用以过滤水质。井口用整块青石凿成圆口,且外沿稍低斜,使污水不会流入井内。小的一口水位稍浅,供在大井汲水前清洗水桶用。两井前方都设有簸箕形水槽,便于将取用过的废水倒入槽内流进排水沟,以保持井旁路面干爽。月明之夜,站在井台间,可见两井各映一轮"玉盘",加上天上一轮,村人称此井为"三月井"。

双井

## 四、古风古韵

### (一)保护生态环境的传统风俗

自古以来,晓起人遵循"树养人丁水聚财"之古训,信奉"村前村后没有林,生下子孙不聪明"的传说,忌讳"赤膊来龙光水口,儿孙代代往外走",年复一年,代复一代,养成了大力植树造林、严格禁林护林的习俗。下晓起村头建有居安亭,居安亭后大樟树下有"樟树大神之位"碑,每年的农历七月半、正月半,村民便会聚集亭下桥旁,燃鞭炮,设供祭祀樟树大神。晓起人把树木当作神灵崇拜,多立碑加禁,祈求它们护佑全村百姓。为了保护林木,村里形成了"杀猪封山"的风俗。如果有人盗伐了禁林里的树木,便将其家养的猪杀掉,把猪肉分给全村人食用,以此惩戒盗木者。在这种优良传统的保护下,晓起村四周山峦上,眼望处尽是浓荫蔽日的名木古树,共有600多棵。古树中以樟树居多,仅200年以上的古樟就有400余棵。另有树龄在200年以上的国家一级保护树木红豆杉21棵,及珍贵的大叶红楠木。还有银杏、枫香、檀、杉、松、柏、桂、板栗、杨梅、苦槠、柿、栲、栎等多种古树。尤其是水口林中,古樟树干横斜参差,苍劲雄浑,叶片披青展翠。另外,晓起人还立碑保护河流。在进村的小桥头,就立有一块民国三十三年(1944年)合族公立的"养生河"石碑,禁止村民下河捕捞鱼虾。优越的生态环境使晓起成了鸟类的天堂,其中就有极罕见的国家一级保护动物、有"飞翔的大熊猫"之称的白腿小隼。

养生河碑

白腿小隼 (蔡茗鹏摄)

大叶红楠　　　　　　　　　　　　　　红豆杉

## （二）晓起人物

### 1. 上晓起江氏

上晓起人文蔚起，出过2名进士、8名七品以上的文武官员，还有文人学士5人，著作21部75卷。其中江氏一脉三代两进士，尤为突出。

江知纪，祠名信纪，字修甫，号石生，清道光六年（1826年）进士，曾任江苏省金匮县知县、直隶知州等职。诰授奉政大夫，政绩入省府县志。著有《白圭堂文集》《诗抄》《济阳江氏人物考》《太极图说解》《郑风补笺》《说史通》等。他两个儿子都成为名宦。一子江人镜（1823~1900年），字云彦，号蓉舫。清道光二十九年（1849年）顺天乡试中举，次年考取觉罗官学，任镶白旗汉学教习。咸丰三年（1853年）任内阁中书。咸丰十年（1860年），考取军机章京，参与镇压捻军起义，叙功赏戴花翎，升内阁侍读。同治九年（1870年）考察为一等，授山西蒲州知府。在蒲州，江人镜查禁溺妇，劝储积谷，捐薪俸资助书院，上奏河防与恤民之策，得皇帝采纳和嘉奖。后调任山西首府太原任知府，并代理山西按察使。其间，他清理积案，释放无辜，除陋规，减徭役，提款津贴各州县。曾有国人对外国传教士表示抗议，烧毁教堂，冲击神父，发生了"朔州教案"。江人镜在处理此案时，坚持胁从者不治罪，妥为处置。他在任时，山西连年发生瘟疫，灾祸殃及76州县，他大力赈灾民，募巨资，运粮米，按户散发，救灾民无数。三年办赈灾事后，余银20万两，全部交地方为善后之需。后改任河东盐法道，河东兵备。再任湖北盐法道，江汉黄德道，兼管中外通商事务，做到外固邦交，内存得体，不卑不亢。光绪十六年（1890年），升两淮盐运使，他清除积弊，减盐商供应费年计7000余金，且使国税有增，皇帝特下圣旨，赏一品花翎顶戴。平日教育子辈崇俭去奢，秉公办事，不谋私利，卒后赠"光

禄大夫"。江之纪另一儿子江人铎,也曾任七品以上官职。

江人镜"所生十子多为人杰"。长子江忠标官至兵部郎中(正五品)。次子江忠振,光绪二十四年(1898年)进士,江苏待用知府,使日英参赞。三子江忠赓,民国初国会众议院议员,江苏补用道,加四品衔。五子江忠淦、九子江忠翼,皆为日本政法大学学生,分别任浙江省警察厅厅长,振武军校部科员。八子江忠播,江苏补用知县。十子江忠羽,浙江知县。

2. 晓起商贾

下晓起茶商众多。据民国《婺源县志》记载,有"业茶武昌"的汪执中,"与叔业茶"的汪春高,"以业茶小康"的汪智炎,"经商武汉"的汪承显,"服贾汉皋"的汪智烈,"业茶于浙"的汪承修等。还有利用广州五口通商之机包揽茶叶出口业的汪允珪、汪允璋兄弟。其中最著名的是汪晋和。他性刚直好义,读书不倦。兄嫂殁后遗三孤,抚之如子,教养成人。亲族家有贫困者,尽力帮恤。邻里纠纷,调处立解。自幼继承先人茶业,艰苦经营,虽积累资金巨万,仍勤俭持家。平日蔬食布衣,往来休(宁)婺(源),不用车轿,而对公益事业却不吝捐输。他在屯溪创立"林茂昌"茶号,业务量为屯溪之最,质量也名列前茅。他还大力改良茶种茶技,先后获得清廷农工商部一等奖章和巴拿马万国博览会二等奖。北洋政府总统黎元洪曾授黄紫绶银质褒章"孝思锡类"以表彰。

上晓起商贾有"贾吴越间"的叶正运,"商于浙"的孙茂杭,"尝贩木钱塘江"的叶明绣,开设"茂纪申庄""仁泰隆鉴纪"茶号的洪国权等。

晓起商人是婺源徽商中的一支,经商者众,"斩获巨资"的亦多。《济阳江氏统宗谱》记载:"婺源绿茶取道五岭至屯溪,至粤东,时谓之做广东茶。彼时海禁既开,业此者无不利市三倍,如我邑荷田方氏、上溪头程、上晓起对河叶氏,皆因做广东茶而致巨富,俗谚谓:做广东茶发财,如去河滩拾卵石。盖言其获利丰而稳,易且逮也。"

# 第三节　小桥流水人家——李坑

## 一、概述

李坑村,位于婺源县城东部约10千米处的秋口镇境内。婺源至黄山的柏油公路从村外500米处穿过,交通便利。2020年全村有286户1206人,绝大多数均为李姓。全村有水田925亩,毛竹92亩,茶园220亩,山林5532亩,旱地302亩,油茶70亩。从2000年开始,李坑村发展旅游业,获评国家AAAA级旅游景区,带动了全村各类服务业的发展,村民收入有了大幅度提高。

李坑建村的始迁祖李洞,是唐朝皇室后裔。唐亡后,李洞的先祖李京曾隐居鄱阳昌水。为了子孙后代繁衍,他卜卦寻基,得乾卦九二之占"见龙在田",意为应选择带"田"字的地方建村居住,才会给家族带来好运。于是,在五代后梁贞明五年(919年)春天,李京举家迁至界田。李京长子德鹏于北宋乾德五年(967年)由界田迁居祁门浮溪新田;次子德鸾迁至婺源严田;三子德鸿迁至浮梁界田。三地李氏人繁丁茂,世称"三田李氏"。

李德鹏三世孙贵懋因从宋太宗御辽有功,授银青光禄大夫检校国子祭酒,兼殿中御史,后加御史中丞,并受到了诰封三代的殊荣。其长子李洞于北宋大中祥符三年(1010年),从祁门浮溪新田迁至婺源东部的塔子山。次年,再迁至距塔子山约1.5千米的理源双峰山下的小溪上游。买产筑室,构屋课子。因念先祖李京卜居"见田吉"之说,李洞将理源改为"理田"。景祐四年(1037年)冬,李洞的两个儿子李仁、李义,遵父命自双峰山下迁至小溪的下游约2.5千米处。李氏家族在此定居繁衍,逐步发展成为有千烟规模的"婺东第一村"。婺源人称小溪为"坑",故把这个沿溪流而建的村庄称为"李坑"。

李坑村现有历史建筑80处,其中民居68幢,有县、市级重点文物保护单位11处。历史建筑总面积9759.07平方米,其中一级建筑面积2740.76平方米,占28.1%;二级建筑面积3874.9平方米,占39.7%;三级建筑面积3143.41平方米,占32.2%。2005年,李坑被评为江西省历史文化名村,现为中国传统村落。

## 二、古村风貌

### (一) 山形水魂

李坑坐落于四面皆山的河谷地带。东面是高耸的双峰山,最高峰豸山尖海拔492米。北面后龙山,为村庄的靠山龙脉。南面有学堂山绵亘。西面有马鞍山、塔山,在村两头与后龙山形成夹峙形势,成为村庄水口的天然屏障。谷地形势是东高西低,北高南低。一座小孤山横亘谷地东谷,把村子分为南北两半。北边溪流叫上边溪,南边溪流叫下边溪,沿溪都建有村居,静静地卧在翠峦怀抱之中,河谷沃土则为村人提供了耕作园地。

李坑水街

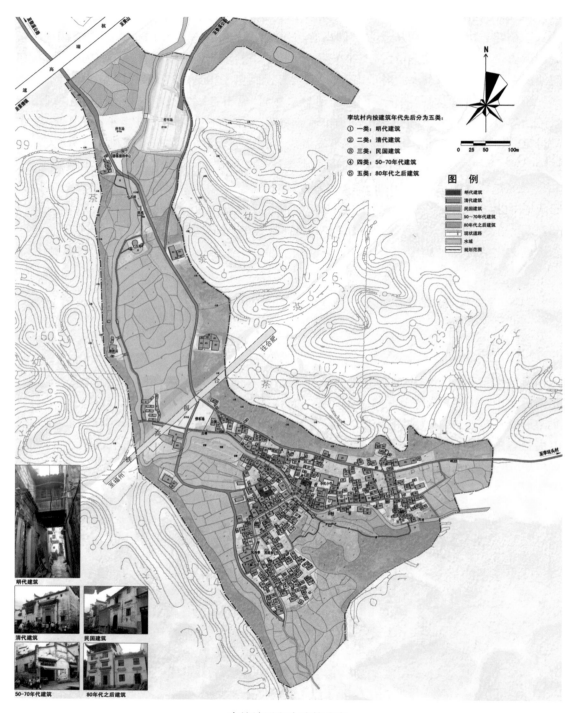

李坑地形和古建筑分布

有高山必有湍流。水,是李坑村的灵魂。发源于双峰山的上边溪、下边溪在李坑村中部交汇西流,形成"丫"字形水系。"树养人丁水旺财""溪水穿村而流,子孙吃穿不愁""沿溪生息,大吉大利""贵人门前水倒流(西流)",这些人为的"风水"意识,实际上都道出了水对人居的重要性。人,不可一日无水。清澈的水流是人们饮食、盥洗、防火不可或缺的资源,也是村落气候、景观的重要构成要素。

### (二)流水音符

蜿蜒流淌、穿村而过的溪流上,古代李坑人修筑了"五桥""五碣""五碓"。"五桥"仅指石拱桥,加上石板桥、木板桥,则有30多座。如果把小溪比作一曲乐章,这些桥、碣、碓就是一串串音符。桥便通津,碣则为提高水位,平缓水流,引水入塘养鱼和灌溉农田。水碓是古时舂米磨粉的设施。除了它们的实用价值外,还在古人心里起着蓄财、锁财的心理作用。只可惜五座水碓今已不存。

五座石碣由西至东分别是:杨柳碣、塔底碣、樟树潭碣、双龙碣、华西碣。这些石砌水碣,坚固美观,可过水,形成瀑流飞溅景观和潺潺流水之声。

华西碣

杨柳碣

五座石拱桥自西向东分别是:中书桥、彩虹桥、呈岗岭桥、永新桥、通济桥。

中书桥是李坑也是婺源较古老的一座宋代砖拱桥。桥长10米,宽4米,拱跨6米,拱高3米。桥面青石板铺就。最特别的是砖拱券砌,极为罕见。据《李坑宗谱》(手抄本)记载,北宋大观三年(1109年),李氏十一世孙李侃考中进士后,官至中书舍人,在京城为官多年后"遂欲上疏归养,适闻父丧奔归,继遭内艰,志隐不出"。见乡里行人挑担往来于破旧不堪的木桥,

极不方便,便捐资修建了这座桥。村人为了纪念出资人,便以李侃的官名来命名这座桥,现在是江西省重点文物保护单位。桥上游不远处便是杨柳堨,立在桥上观看,在堤柳映衬下,碧水自堨顶奔腾直下,哗哗飞泻,宛如白练,颇有几分"不嫌慢步观山景,何妨小坐听溪声"的意境。

彩虹桥和呈岗岭桥相距不过6米,都是通向理田中社庙的石拱桥。呈岗岭桥是明景泰年间村里一位名士捐资所建。桥长9.4米,宽4.3米,拱跨4.4米,拱高2.2米。为什么后来又重建了一座彩虹桥呢?要回答这个问题,就不得不提到李坑村明末清初的著名堪舆大师李景溪了。据《婺源县志·方伎》记载,李景溪精通风水术,著有《阳宅秘诀》和《雷霆心法》传世。他依据风水理论"水养财"之说,认为一村水口为一村风水命脉所系,讲究"天门地户",即要求村头来水方向要开阔,去水方向地形要"地户"紧锁。李坑村头两水汇合,"天门"宏大,而"地户"却是喇叭口,闭合不严,需要筑堨架桥,增加水口镇物来堵、守、锁。于是,李坑人建了三道水口来弥补风水之不足:外水口育山林护守,中水口托神仙把守(建有文昌阁、关帝庙),内水口则请祖宗守护(建有李氏宗祠)。彩虹桥也是为补基所建,以护卫乡里,因此,桥的龙门石上一面题"彩虹"二字,一面题"卫乡"二字。桥长8.8米,宽4.5米,拱跨5米,拱高2.8米。这也为村里增添了一道景观——"双桥叠锁"。

永新桥也是一座单孔石拱桥,建于清朝中叶,位于李坑通往县城的村口大路上。桥长9.7米,宽4.3米,拱跨4.5米,拱高2.8米。当年桥上还建有桥亭供行人歇息,周围景色十分优美,为理田十二景之一的"仙桥毓秀"。这是李坑流水上的第四个音符。

在上边溪和下边溪汇合处,双河并流后从通济桥圆孔券下流淌而出,两条溪流似两条活泼舞动的小龙,以水花戏耍着拱桥半圆券和倒影形成的圆珠,因此村人称此景为"双龙戏珠"。通济桥相传是村里三兄弟永通公、海通公、相通公共同捐资所建,时间是明正德年间。后来永通公的后代于清乾隆三十六年(1771年)又重修了这座桥,至今已阅两百多载岁月。桥长8.4米,宽3.9米,拱跨5米,拱高3.5米,古老而坚固,见证着古村的沧桑历史。

中书桥

彩虹桥

呈岗岭桥　　　　　　　　　　　　　　　　永新桥

通济桥　　　　　　　　　　　　　　　　石板桥

　　除了石拱桥外,小溪上还有一些古老的石板桥,留下了岁月的足迹。

　　流水音符最华彩的乐章是沿溪一处处水埠上浣衣洗濯的朴素无华的村姑、村妪、村童,还有他们的欢声笑语……

水乡乐章

### （三）古村风景线

步入李坑村，移步换景，眼前的青山、田园、小桥、流水、古宅，构成一幅幅连续不断而又富有层次节奏的图画。村口溪旁，古樟耸立，绿枝临水，成为古村空间风景的第一幕。前行便豁然开朗，河水向我们流来，水中倒映着粉墙黛瓦的古建身影，构成了古村空间风景的第二幕。随着小溪的弯曲转折，一条青石板小道带我们巡视了一遍古村河街的景致，这是古村空间风景的第三幕。最后，来到突兀耸立、傍水而建的申明亭和小广场，让我们目睹了古村空间风景的第四幕，使我们审美视觉达到高潮。李坑古村的空间布局，体现了起、承、转、合的典型规律，具有极高的艺术创造性。

不仅如此，李坑的先人们还以审美创造的手笔，来规划建设他们的家园，营建出迷人的村落景观，这就是"理田十二景"：

双峰耸翠：东望层峦秀气浓，豸山流荫列双峰。烟笼雾锁仙人室，雨施云行玉女踪。黛色凝苍形叠叠，岚光耸翠影重重。夸娥劈出摩星斗，任是金针不得缝。（此诗咏东距李坑约2.5千米的双峰山景色）。

两涧流清：不竭源头活水生，汇祥两涧爱流清。春波叠涨倾三峡，襟带湾环合一泓。半坞人烟飞缕缕，双溪云碓响轰轰。盈科渐进朝宗去，会海终须驾巨鲸。（此诗咏通济桥处上边溪和下边溪双溪汇流之景。）

蕉泉浸月：吾乡仙泽异常流，灵物深藏此地幽。潜鲤不惊无钓坠，游龙曾戏有珠浮。蕉翻洞口泉澄绿，月浸波心水自秋。窸转寒涛声细细，影摇光漾涌晶球。（此诗咏蕉泉及周边景色。）

柳堨飞琼：点点杨花弄晓晴，探幽柳外览飞琼。飘来钓叟披锦坐，落去农夫带雪耕。桥畔日高烟漠漠，堨前风紧玉盈盈。莫嫌絮迹轻狂甚，白眼垂青薄世情。（此诗咏杨柳堨及周边景致。）

学山静读：学山云拥锦屏舒，小筑幽人爱此庐。对月有时开秘箧，看此得意读奇书。案盈千卷星霜积，灯隔双廉雨雪居。太古羲皇同啸傲，北窗高卧乐如何。（此诗咏村西头学堂山景色。李洞、李缙曾在山上营建书屋，故名学堂山。现学堂屋已毁。）

道院钟鸣：闻道太玄真一观，此中曾住有奇人。仙桥脉毓飞霞客，天马灵钟古庙神。自昔符经留道院，于今剑气动星辰。钟声慢击通明殿，唤醒迷途识所遵。（此诗咏村北后龙山古代道观景色。今道观已毁。）

仙桥毓秀：隐隐飞霞落九霄，山灵钟秀毓仙桥。虹梁稳驾通全阙，铁杖横抛接斗杓。银汉不须填鹊翅，云衢从此迓星轺。桑真踏迹蓬莱近，一任扶摇万里迢。（此诗咏村西永新桥景色。）

天马钟灵：昂然气概跃天衢，待驾仙人上玉枢。雷响五更疑奋辔，风腾万丈绝尘驱。当年河上龙呈式，此日山头电御趋。声价昔曾求骏骨，而今胜地有骊驹。（此诗咏村西南马鞍山景色。）

锦屏西拱：迥环西拱面峰青，秀丽分明锦作屏。南拥学山人静读，北连文阁斗悬星。片云刻镂诗篇句，一卷收藏道德经。瑞应腾图开拾式，描成春色透疏棂。（此诗咏村西角山如屏、拱卫村庄的景观。）

华盖东呈：瑞笼宝顶画图呈，紫气东来自有晴。细雨轻飘开北丽，垂轮高拥动西清。黄人捧日仙桥过，玉女擎盘天马迎。风送御炉宁假盖，红云一朵现光明。（此诗咏村东边段头尖山景。）

金峰北峙：金障平临佳气浓，亭亭北峙耸高峰。端如王母居玄极，灿若长庚悯玉容。华盖东呈形矗矗，锦屏西拱影重重。烟峦崒崒迥环抱，罗列当前景物供。（此诗咏村北后龙山。）

玉几南横：玉韫山辉景气清，高岗如几列南横。仙翁化白形犹在，诗客题青句尚呈。文阁案排丹桂籍，学山坐听读书声。何年举去安廊庙，御手凭君写太平。（此诗咏村中部横卧的小孤山。）

两涧流清双龙戏珠

堤流清音

明代李坑的知名学者李爵，著有《唐诗绝句注解》《幽谷文集》等，也写有一首《题理田十二景》："青献双峦涧两流，堨边月挂柳梢头。锦屏华盖东西矗，玉几金峰南北幽。静读学山烟色曙，钟鸣道院籁声悠。仙桥诗渡飞天马，笑取椒塘水上毯。"

蕉泉碑

蕉泉

雪后的小桥流水古村

李坑，是大自然与人工匠心完美融合的一个典范。古街、民宅、石桥与青山、流水、田园交相辉映，处处可见山水田园诗画，富有流动变化之美，令人目不暇接。江南水乡周庄、同里、乌镇，驳岸高立，虽有水但混浊不堪，虽有岸但人与水隔，而且有水而无山，缺少登临远眺的条件,又为商业包装所污染,居民失去了正常生活的心态,小镇成为供人参观的标本。李坑的溪水清澈见底,富有灵气,并且有山可登高远眺,有水可润手濯足。桥贴水面,人水相亲。居民仍然在村中正常生活,保存着原生态的古村风貌。与西递相比,西递山在村外,水又仅仅是人工凿就的一泓,山水分离,缺乏灵韵。李坑则村包山,山环水,村内外见山,民居就像嵌在锦峰碧流间,山、水、村、人相亲相依,难解难分。李坑虽没有惊世骇俗的古建筑和雕饰,然而论人与自然生态的亲密关系,却十分突出,堪比宏村。但宏村周边没有绚丽而又冲淡的田园风光,没有古村的深奥与田畴的平旷的交响之美。唯有李坑集自然与人工之美而浑然天成。

## 三、古宅印象

### (一)李瑞材故居(丁馀堂)

丁,人丁;馀,即余;丁馀,即人丁兴旺之意。这座临水而建的商宅,是李坑村茶商李瑞材的故居,建于清嘉庆年间,距今有200多年历史。房子面阔14.3米,进深12.75米,占地面积182.32平方米。正堂三层楼,屋脊高10.55米。

外立面

大门

这幢商宅最突出的特色是它的立面设计与营建。站在河对岸欣赏它的整体,从下往上,先看到的是门院的围墙和漏窗,围墙上方露出大门砖雕门罩的华美。再往上看,可见深处二层楼的木格扇窗。往上,又深进一步,是三层楼的木格扇窗,木窗之上,是大面积的黑瓦斜屋顶。马头墙把正堂和余屋分开,余屋与正堂一样,也是墙-木格扇-屋顶,不过只有两层。整个立面体现出错综之美。粉墙、木窗、黑瓦,材质各异,色彩不同,形状变化,丰富而有序。马头墙直线面和一到三层楼的层层后退,形成景深幽阔之美。正堂与余屋又形成高低错落的对比,尺度恰到好处,每处点、线、面都中规中矩又富有变化的动感。

房屋正门前是一个门院。院门是典型的徽式垂花门楼,古朴中透着几分气派。小八字院门朝西开,为避"西方白虎煞星",在门额上画了吕洞宾的除妖宝剑和太上老君的驱邪"拂尘"。进入院子,一律的青石板铺地,光洁平整。

内景

院墙陶漏窗

梁架、天井

螺蚌形铜铺首

房屋大门是石库门枋,最上方是砖瓦构筑的拨檐式门罩,两边的飞檐翘角弧线优美。门罩下是以雕刻精美的砖雕装饰的"井"字枋。下枋上雕刻了一组人物戏文,形象逼真,栩栩如生。两边垂花柱及上枋,均雕饰梅花和"万"字组合图案。垂花柱头是两朵象征吉祥、平和的荷花托。特别之处在于门头上向屋内造了一个披檐,可使进出大门的人避雨。披檐水流落内天井。

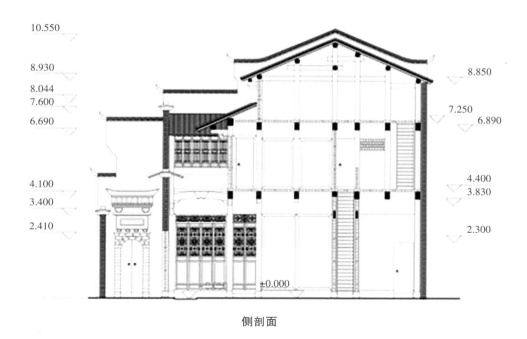

侧剖面

正堂为三间两进,前进两房,浅天井。卧房户净和退步格扇门雕刻精美。落水笕全部锡质,也值得一提。

## (二)大夫第(春蔼堂)

李坑茶商李登瀛在广东经营致富后为独生子李文进捐了个徽州府州同知、五品奉直大夫的官衔,所以李文进的这幢住宅被称为"大夫第"。面阔14.3米,进深12.75米,占地面积182.33平方米。大夫第的堂名"春蔼堂"也有来历。李登瀛生意兴隆,孝行出众,高朋满座,当年的婺源县令丁荫銮便送给他一副对联"及时小雨敷桐叶,借得春荫护海棠",并为其父子题写了"孝友可风"匾额。祖籍婺源晓墉的清代大学士、身为宰相的曹振镛也为他父子俩题写了"克升王国""露湛椿庭"两块匾额,祝愿其父子官升王侯,祖荫雨露恩泽后代男丁,世代为官。"春蔼"二字寄寓着报答祖上养育之恩的心愿。

大夫第最显著的建筑创意在它的绣楼。美人靠斜挑出墙外,高悬于水街之上。垂花悬柱上的木雕是两个精雕细刻的花篮。这座"飞来椅"式的绣楼,活泼灵动使高厚粉墙围护的典雅规整的古宅,平添了无限生机。这座供古代"大门不出二门不迈"的女眷们休闲女红的建筑,在徽派建筑中十分罕见,表现出古代匠师们企图突破沿袭了几百年的传统徽派民居形制的愿望。这种突破的尝试,在大夫第绣楼的营建上取得了突出的成果。

大夫第大门也是石库门枋,带砖雕门罩,但雕刻较简洁疏朗。虽捐官,门口也照官邸制作三步台阶。值得一提的是门口石地栿上的石雕。浅浮雕刻着"狮子滚绣球"图案,上方是一篓书,系有飘带,串着三枚铜钱,连着四季如意结,再连着一片黄金叶。古代狮子所滚绣球被称作"寰宇",代表着男权社会的地位和权威。图案表现了四季如意、连中三元的趋吉心愿,喻义"万般皆下品,唯有读书高"和"书中自有黄金屋"的流行价值观。

绣楼　　　　　　　　　　　　　　　　绣楼光影

　　大门里设有仪门。仪门内是三间两进，四披水天井，二楼为走马楼，上设有美人靠，木格扇窗。左侧通一个小院，有一小天井，楼上与飞向街道的绣楼相通。

　　天井周围的木枋上满是精美的木雕作品。中间表现的是琴、棋、书、画题材，两边是"暗八仙"图案，中间弈棋人物的桌下，一只硕大的老鼠于夜深人静时在弈人脚边觅食，十分生动有趣。"肥鼠"被视为"财神"，是人们求富心理的表现。另一侧雕有"鱼龙图"，上面是一条神威的虬龙，下方刻着一条鲜活的鲤鱼，勉励家人好学上进，实现"鲤鱼跳龙门"的梦想。雨挞板上还刻有"凤吹牡丹"图，对称的构图中见生动变化。另一幅《书生赶考》，人物呼应生动，形象拙朴有金石味。

绣楼悬柱垂花　　　　　　　　　　　　大门石础雕刻

下堂枋板木雕

暗八仙木雕

### （三）学塘屋和鱼塘屋

李坑村上边溪上游,与蕉泉隔河相对处,从明至清,建有一组带房族私塾和书斋客馆的建筑。其中有"智仁书屋",后院有月形泮池;隔蕉泉巷,又建有日池,合称"日月池"。现在,这组建筑中,村人称"鱼塘屋"的书斋客馆和鱼塘还保存良好,另有一幢清代所建新屋也尚在使用。

鱼塘屋的建筑格局与书斋、客馆类似。三间一进两层。楼下有两间房,从太师壁后上楼。另一方临着鱼塘,开着一排木格扇窗。屋外是个带鱼塘的花园。鱼塘石砌池畔,并有石台阶可下到水边埠头。行人的三边都围有石栏板。从院墙外的小河里引水入塘,进、出水口均在一边,水流在塘中转一圈后才流出,保持了水质的清澈。塘中养有婺源特产荷苞红鱼和冷水塘鱼,水面漂着饲鱼的青草,给人鲜活的气息。院子里有一株树龄800多年的紫薇树,有诗赞紫薇:"独占芳菲当夏日,不将颜色托春风。谁道花无百日红,紫薇长放半年花。"园中花台上还植有其他花木。

在这方寸小园,鱼池、花坛、古树、花木、老屋有机地融为一体,营造出一块心灵憩息的清静之所,令人赞叹古人营建的用心和匠意天成的艺术境界。 与鱼塘屋相邻的是"新屋"民居,是鱼塘屋主人居住的宅子。

"智仁书屋"匾　　　　　　　　　　　月池

后花园鱼塘　　　　　　　　　　　内景

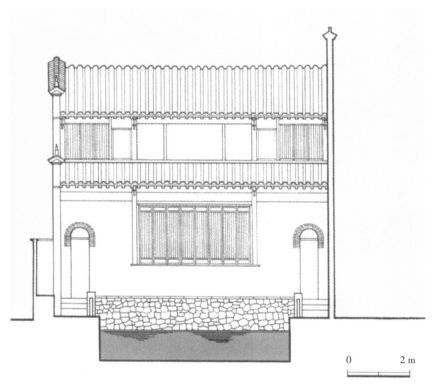

**鱼塘屋立面**(引自陈志华等《婺源》,清华大学出版社,2010)

新屋　　　　　　　　　　　　　　　　　　门院落轿间

## （四）李书麟故居（存德堂）

这是李坑村最大的一幢商宅，最早由村里在武汉经营木材的商人李少如建于清道光年间，后来由在江苏南通经商的木商李书麟买得。整幢住宅现存部分占地面积285平方米，有一个门院，四个大门，四个厅堂，五个天井。一道大门前带门院，院门朝东临河开，是八字垂花门楼，门前有照壁隔邪，座基用长条青石板砌筑，做工考究，墙上书龙凤图案"福"字，取"开门见福"意。院内青石板铺地，显得宽敞明亮。院门正对的一道门通向西侧的堂屋。院内北墙有两道门，西侧一道是正堂大门，东侧一道则通向余屋。正堂大门有砖雕门罩。屋内三间两进。一进天井三披水，带两间卧房。厅堂东侧设门通厨房余屋，西侧设门通西侧的厅堂，也是三间两进。这幢住宅另一道门开在东边临河路上，朝东而开。进门后是两个三间两进的厅堂，有门相通。四座门中朝南的两座，朝东的两座，但厅堂全部坐北朝南。宅内厅堂的梁、柱都十分粗大。主厅堂画押桌由4米多长的整块硬木板做成，十分罕见。

内景

院门                                                 大门内侧

### （五）铜绿坊（裕善堂）

这幢民居由经营铜绿生意的李有诚所建,建造时间为清道光年间。所谓"铜绿",是由醋酸和空气作用于铜而产生的绿色晶体,化学名称为"碱式碳酸铜"。古代制取铜绿的方法是用糯米蒸成饭裹在铜上,一段时间后,饭霉烂,剥去霉饭,铜的表面就生成铜绿,然后刮下来,就是铜绿产品了。它可用作杀虫剂、染料、建筑防蚁蝎、绘画原料、医药等。

大门                                                 内景

枋板雕刻"凤戏牡丹"

铜绿坊大门朝东,临河街。因为李有诚也捐了官,所以门前也设了三步石台阶。石库门枋带砖雕门头。进大门后要穿过仪门才到厅堂。正堂坐西朝东,三间两进四房,四披水天井。显得别致之处是在北侧建了一个小客馆,带小天井,形成倒座格局,小巧清幽,是读书、会客、品茶休闲的场所。房屋面阔13.8米,进深23.6米,占地面积325.68平方米。

老鼠葡萄雀替

## 四、古人古风

### (一) 李坑人物

李坑自建村以来,经科举考中进士者有19人,出任七品以上的文武官员有32人,并有17名能文善书的文士,留下传世著作29部。现择要简介如下。

李洞,李坑的始迁祖。字文瀚,名祁徽。生于北宋开宝元年(968年)正月初七辰时。曾任朝散大史,殿中御史。

李仁,李洞之子。北宋天禧元年(1017年)任征南前锋,后以战功封安南武毅大将军,曾遂父命筑"广思堂"并"改盘谷道院为盘谷书院",致力培育人才。

李文简,北宋元祐三年(1088年)进士,任翰林校书,改秘书正字,封尚书右丞。

李侃,北宋大观三年(1109年)进士,任中书舍人,封尚书左丞。

李操,北宋宣和三年(1121年)进士,任通仕郎,著有《守一集》。

李曦,北宋元符三年(1100年)进士,未仕,隐居于离李坑村2千米的黄莲寺。据民国《婺源县志》卷八载,黄莲寺,唐咸通年间敕建。宋熙宁年间理田进士李曦重建。……宋禅师佛印云游憩此,写照留题云:"汗衲染残云,知谁画得真。白头来古寺,清世有闲人。水底松千尺,潭心月一轮。若言吾幻化,何处是吾身。"

李知诚,生于南宋绍兴九年(1139年),字德实,号心庵,李坑李氏十四世孙。乾道二年(1166年),李知诚以武艺在京城临安考中武进士。后改授五经郎。淳熙三年(1176年)推恩为军抚司。他一心报国,却无奈朝廷议和,只得怏怏辞官,回故里李坑开馆授徒,以终天年。

李芾,字俊良,号竹溪,生于南宋末期。以祖荫步入仕途。初为南安司户,擢德清知县、永州知州。南宋咸淳元年(1265年),任临安(时为南京城)知府,抵制奸相贾似道的不法行为。元军南侵,李芾被起用为湖南提刑,与时任江西提刑的文天祥一道,共同抗击南侵的元军。未几,贾似道兵败芜湖,李芾复任为潭州知州,兼湖南安抚使,招3000兵马,死守潭州,

抵御元军。至德祐元年(1275年)十二月,城危,李苾嘱末将沈忠于破城之日杀自己全家。沈忠力劝无效,只得取酒让李苾家人痛饮一醉,后尽刃之。李苾也自引颈受刃。事后,沈忠火焚李苾所居,回家中尽杀妻子,而后自刎。元将阿里海牙敬李苾忠烈,准其从弟李菲厚殓李苾及夫人,扶榇归葬于李坑祖坟旁。事后,朝廷追赠李苾为端明殿大学士,谥忠节。李坑村人为其建有"忠观阁",塑李苾像祀之,并以沈忠为配祀。阁中有联云:"读何愧士,耕可明农,奕世清风,宗祧万年绵似水。义不忘君,孝能从父,满门正气,纲常千古重如山。"李苾的叔伯李一云、李一骥、李一正、李一庆闻知李苾死节后,遂结庐隐居于云门山,时人称之为"四隐君子"。有元一代,李坑人在李苾精神影响下,没有一人赴考做官。

李缮,字参仲,号钟山,宋高宗时,以恩科入仕。刻意学习,孜孜不倦。时任婺源主簿的吕仁甫长于易学,李缮父子以师礼从之。朱子回婺扫墓时,李缮与之讲论探讨,终日不倦。对李缮的为人品学,朱子极为欣赏,在其去世后,亲书墓碑曰"宋钟山李君之墓"。李缮还在李坑村南小山上筑室讲学,后人为纪念他,将此山称为"学堂山"。李缮传世之作有《论语西铭解义》《山窗丛书》等。

李季札,李缮子,师从朱子。曾把向朱子提问及朱子解答的问题,整理成《语录》一书,并著有《明斋蛙见录》《近思续录》《学训续篇》等。

李起,明崇祯七年(1634年)武科进士,四省副总兵。初授守备,镇守采石矶,兵民两便,巡更不惊,江右赖以安守。后擢参将,出征屡建功勋,阁部史可法褒赠"甲洗天河"匾,悬于李氏宗祠内。

李永裕,字履顺,生于明万历年间。20岁时中举人,后升任福建罗源县令,再擢为平乐府(今属广西)抚夷同知。他立社学,兴教化,使瑶、壮族民与汉人相亲。生平孝友至上,为人谦逊,外柔内刚。因与上司意见不合,告老回乡,终养天年。

李昭炜,清同治十三年(1874年)进士,由翰林院庶吉士授检讨,官至户部右侍郎。李昭炜家从曾祖起就是金陵巨商,后来,他祖父、父亲、叔父和三个兄长都因他得到封赠,因之,其父亲李紫有内阁中书衔。

## (二)宗族古风

李坑也是一个宗族制度管理下的古村。古时,曾建有李氏大宗祠、济德堂、纶恩堂、宏启堂、四十公祠、六房厅、老厅屋、新厅屋、汝祥公祠、沐林公祠等12座祠堂。还有申明亭、旌善亭、文昌阁、文峰塔等体现宗族管理的古建筑。祭礼之风、宗族抚恤之风、惩戒之风,遍于乡里。今仍存的申明亭就是最好的佐证。

明洪武五年(1372年),朝廷诏告天下建旌善亭和申明亭。前者用于表彰宣示村人佳行义德,后者用于揭露村人作奸犯科。这两座亭,都是古代宗族管理实施奖惩教化的场所。留存至今的申明亭,全国都已不多见,婺源也仅存此一座。此亭初建于明朝末年,后有修缮,为6米见方的跨街路亭。重檐,攒尖顶,檐翼上挑,曲线优美。四根木柱直通亭顶,下部离地2米处横枋上可搁条木,铺地板可成为戏台。亭内沿路两侧柱间架有栏杆凳,可供人歇息。

## （三）特色食品

李坑有两种特色食品及其制作技艺闻名遐迩。

一是李坑月饼。清朝晚期，李坑月饼红极一时，四方求购不断。其制作技艺关键在精选原料，用"三个半斤做一斤"，即半斤麦粉、半斤糖和佐料、半斤油，这样做出的月饼，香甜可口，酥软不腻，口感十分美妙。

二是李坑馔肉。相传100多年前，李坑的商人去广州经营茶叶生意，在广州学到烤制馔肉的技术，回乡后进行仿制，并改善提高。由于李坑制作的馔肉香喷可口，味道鲜美，因此很快在十里八乡传播开，吸引了许多购买者。

李坑馔肉的制作方法是：选用去皮拆骨的净猪肉，用纯豆酱、五香末、糯米、甜酒等做配料，拿竹筷子将肉穿好，挂在无烟木炭的旺火上不断翻转烤制，直到烤熟为止，便可食用。食用方法也很考究，可切片、蘸料食用，也可拌冬笋、香菇、菜心、菠菜等下酒。

申明亭下的光阴

# 第四节　查氏名村——凤山

## 一、概述

凤山村距婺源县城36千米，位于婺源县东北部，是浙源乡政府所在地。

自古以来，凤山村便是吴、楚划疆之区，地理位置十分重要。古代凤山，陆路处在徽州府通往饶州府的古驿道上。如今的凤山有一条36千米长的硬化省道公路，向南直达婺源县城，另有一条70千米长的公路穿村而过，向北越浙岭至安徽省休宁县，直达黄山市。

凤山村位于浙源水河谷地带。西北倚靠凤凰山余脉后径岭、朱唇坑岭、前径岭，东南有鼓楼山隔浙源水相望成为朝山。寒溪水在村东北角汇入浙源水，一条清流在村东部绕村穿行，凤山人家就在山环水抱之中。明代邑人汪士行有《登凤凰山》诗云："我行不百里，夜宿凤岭旁。凤凰去安在，五色想文章。不知几何年，来兹一翱翔。祗今但云山，目极天青苍。长呼不可闻，慨彼岐山冈。方今逢圣代，四海如虞唐。愿言览德辉，哕哕鸣朝阳。"诗中的"凤凰山"即凤山村的来龙山——凤山。山脉呈东西走向，山峦起伏，森林面积有12.55万亩，植被

凤山村鸟瞰（宋羽白摄）

覆盖率达90.2%，林木森森，郁郁葱葱，有樟、梓、檀、楠、松、柏、杉、桂等名贵树种，许多树龄都在百年以上。村边山麓，良田千顷，茶园绵延，生态环境优良，田园风光怡人。

浙源乡属亚热带季风湿润气候，四季分明，雨量充沛，日照充足，年无霜期约247天，年平均气温16.2 ℃，年平均降水量1993.8毫米，70%降水集中在春、夏两季。

2020年凤山村有412户1412人。村落占地面积13.5公顷。历史上的凤山是以农业为主的村落，经济欠发达。村人外出经商致富后携资回乡建设住宅、祠堂、道路、桥梁等，留下了一大批具有很高价值的历史建筑物。如今的凤山村农业主要种植林木、绿茶、水稻，全村现有农田720亩，茶地1100余亩，山林14000亩。凤山村现有完小1所，幼儿园2所，乡卫生院1所。全村通信网络完备，电话、有线电视、宽带网络均已进村入户，手机信号已覆盖。

凤山村是查姓聚居的古村落。查姓于五代南唐时期由歙县篁墩迁入婺源，始迁者为工部尚书查文徽之弟查文徵。对查文徵其人，《婺源县志》记载："查文徵，字希音，原居歙县篁墩，与兄文徽并著勋业，官至南唐宣歙观察使。遭乱世，挂冠游本邑，见西郊之廖坞岩壑幽秀，因结庐。其石罅有芳泉时出，尝枕漱以自娱，晚与邑宰廖公平暨一时名卿硕士修德讲学其间，遂终老焉，殁即葬北山之巅。后人号其山曰'查公山'。"

北宋乾德年间，查文徵子元修任职京城太常寺九品太祝。乱世中于乾德元年（963年）偕夫人程氏及甄、陶二子随父文徵公自休宁隐居婺源城西。一夜梦中有仙人指点："见凤而止，遇凰而居。"乾德二年（964年），空闲时，查元修应友人之约到婺北游玩。当走到双路口（浙源乡下属村名）时，指着远处一处蜿蜒的山峦，问里人土名叫什么？里人答曰："凤凰山。"曾在太常寺分管郊社、太乐、鼓吹、太医、太卜、廪牺六署事宜的查元修暗自思忖：此处有凤又有凰,岂不应了梦中仙人语?且此处山峦耸翠,溪流秀丽,可为百世之基。遂偕全家于凤凰山下铸炉坦(后改称查村,再改称山坑)定居。后人尊文徵公为一世祖,元修公为二世祖。从此,查氏在这里耕读并举,儒商结合,历经1000余年而不衰。

及至明末清初,查氏已繁衍成巨族,修建了龙天塔、德仁公祠、立德堂、慎修堂等大量建筑。

当历史进入康乾盛世,凤山查氏后裔十分兴旺发达,科甲鼎盛,文人学士著作颇丰,产生深远影响。康熙三年(1664年)建查氏宗祠,以祭祀、纪念查氏文徵公等先祖。

宣统元年(1909年),凤山(山坑)村隶属万安乡孝悌里十三都。宣统二年(1910年),凤山村隶属北三区明德乡。民国三十六年(1947年)凤山村隶属清华区明德乡。民国三十八年(1949年)凤山村隶属沱东区明德乡。

1952年4月,凤山村隶属四区凤山乡。1954年,凤山村设立了全县19个粮食仓库之一的凤山粮库。1956年撤区并乡,凤山村隶属凤山乡。1957年冬,凤山村隶属由浙源乡改称的高湖分场。1958年10月,凤山村隶属由高湖分场改称的凤山公社。1960年5月,凤山村隶属浙源分场。1983年底,凤山村隶属浙源分场改称的浙源公社。1986年底至今,凤山村隶属浙源公社改称的浙源乡。

民国初期,清朝政府闭关锁国和封建专制被打破,大量洋人洋商进入中国,对外通商扩大。婺源绿茶闻名世界,经营茶叶获利丰厚,凤山商人纷纷投资茶号(即茶叶精制厂),还开垦了许多梯形茶山。

亲水而居的古村

1936年至今，隶属婺源的凤山村经历了三次行政区划变动，对凤山这个古村落的继承、保护和发展产生了较大影响。但村民有文化素养，对传统建筑的保护意识较强，在社会发展过程中，没有对古旧建筑大拆大建，才使村落至今还能保持原貌。凤山村现有111处历史建筑，占地总面积达到17666平方米。其中有8幢古民居、1口水井为县级重点文物保护单位；1幢古民居为市级重点文物保护单位；1座古塔（龙天塔）为省级重点文物保护单位；查氏宗祠和客馆为全国重点文物保护单位。凤山村现为中国传统村落、历史文化名村。

## 二、查氏源流与人文

明代人戴廷明、程尚宽撰写的《新安名族志》载："查出素仲平王，封少子康于夏阳，以国为氏，世居河内县，传至唐河湖参议之裔曰师诣，从九江匡山药炉源徙宣城，转徙篁墩，官至游击将军、折冲都尉。一世曰昌士，唐吉王长史。三世曰文徽，历官工部尚书，迁休宁；弟父徽，官至歙观察使，居婺源。"另一版本作："查出姬姓，后稷之后，曰延，食采于查，因氏焉。唐有师诣者，自九江匡山药炉源徙宣城，乾符间避黄巢乱，复徙歙之篁墩，官至游击将军，折冲都尉。二世曰昌，子文徽，文徽居休、婺。"在"查·凤山"条下还载有："南唐观察史曰文徽始居婺治之西，与婺主廖公平极相友善，今有查公山、廖公泉名迹存焉。子曰元修，再徙凤山。元修子曰甄，无嗣，以文徽之曾孙曰永之入继焉，仕至龙溪尉。十一世曰体仁，仕宋光州助教；曰文玉，为岳州助教。十三世曰懋简，为常州教谕；曰必正，丰财乐施，置有田产直抵汪阴，曾孙云龙因徙于彼。十六世曰庆逢，为弋阳令。十七世曰仪昭，为淳安教谕。十八世曰元同，为融水令；曰君宝，迁浙之海宁。十九世曰仲谦，仕广州，挚幼子元复遂居于彼。二十一世曰士荣，仕武昌县。二十四世曰联芳，嘉靖戊□贡授宁海州教谕。"

凤山查氏枝繁叶茂，形成了十三门支派：查村北门，祀安宅公，号清立堂；里门，祀宽仁公，号忠孝堂；四房，祀震轩公，号经义堂；坞头，祀公齐公，号喻义堂；西门，祀骍公，号敦叙堂；下麻榨，祀骢公，号祗通堂；上麻榨，祀文泾公，号彝训堂；漆屋，祀立泰公，号彝叙堂；三房，祀立中公，号壬林堂；八房，祀永辉公，号尚义堂；七房，祀永显公，号敦睦堂；平坦，祀安宪公，号余庆堂；沱口大门，祀安祥公，号叙伦堂。

关于查氏从凤山迁浙江海宁的史实，《婺源查氏族谱》的记载是查氏十七世祖查瑜于元至正十七年（1357年）偕妻儿离开婺源凤山始迁的。他们顺新安江—富春江—钱塘江水道来到杭州嘉兴落脚。不久，查瑜发现离嘉兴几十里远的龙山（今海宁市袁花镇）一带土地肥沃，民风淳朴与故里一般，且龙山与祖籍凤山名称相对应，故又迁到海宁龙山之东定居，成为查氏迁海宁始祖。明清两代，海宁查氏科甲鼎盛，人才辈出，名臣文苑，出类拔萃，如查慎行、查穆旦、查济民等。康熙帝称其为"唐宋以来巨族，江南有数人家"。当今著名作家金庸（查良镛）就是祖籍凤山的海宁人。

金庸原名查良镛，1923年出生于浙江海宁。查氏迁海宁始祖查瑜迁居海宁后，其后人与祖籍浙源凤山来往密切，据《海宁查氏族谱》载，其字辈排行"秉志允大，继嗣克昌，奕世有仁，济美忠良，传家孝友，华国文章，宗英绍起，祖德再光"，根据字行，金庸系查氏三十九世良字辈。

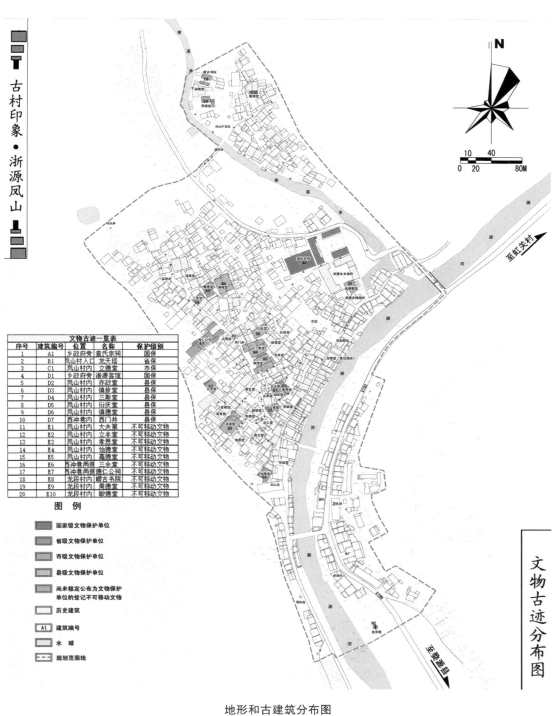

文物古迹一览表

| 序号 | 建筑编号 | 位置 | 名称 | 保护级别 |
|---|---|---|---|---|
| 1 | A1 | 乡政府旁 | 詹氏宗祠 | 国保 |
| 2 | B1 | 凤山村入口 | 龙天塔 | 省保 |
| 3 | C1 | 凤山村内 | 立德堂 | 市保 |
| 4 | D1 | 乡政府旁 | 浙源宫馆 | 国保 |
| 5 | D2 | 凤山村内 | 亦政堂 | 县保 |
| 6 | D3 | 凤山村内 | 慎修堂 | 县保 |
| 7 | D4 | 凤山村内 | 三斯堂 | 县保 |
| 8 | D5 | 凤山村内 | 衍庆堂 | 县保 |
| 9 | D6 | 凤山村内 | 慎德堂 | 县保 |
| 10 | D7 | 西冲巷内 | 西门井 | 县保 |
| 11 | E1 | 凤山村内 | 大夫第 | 不可移动文物 |
| 12 | E2 | 凤山村内 | 立本堂 | 不可移动文物 |
| 13 | E3 | 凤山村内 | 奉恩堂 | 不可移动文物 |
| 14 | E4 | 凤山村内 | 怡德堂 | 不可移动文物 |
| 15 | E5 | 凤山村内 | 嘉德堂 | 不可移动文物 |
| 16 | E6 | 西冲巷两侧 | 三余堂 | 不可移动文物 |
| 17 | E7 | 西冲巷两侧 | 德仁公祠 | 不可移动文物 |
| 18 | E8 | 龙段村内 | 藏古书院 | 不可移动文物 |
| 19 | E9 | 龙段村内 | 周德堂 | 不可移动文物 |
| 20 | E10 | 龙段村内 | 敬德堂 | 不可移动文物 |

图 例

国家级文物保护单位

省级文物保护单位

市级文物保护单位

县级文物保护单位

尚未核定公布为文物保护
单位的登记不可移动文物

历史建筑

A1 建筑编号

水 域

规划范围线

地形和古建筑分布图

金庸先后就读于嘉兴中学、衢州中学、重庆中央政治学校、东吴大学法学院,先后担任记者,编辑。1959年创办香港第一大报《明报》,1955年至今,先后创作了十多部武侠小说,成为海内外著名的武侠小说作家。

金庸与祖籍地凤山村来往密切,对家乡甚是挂念。1995年亲笔给凤山宗亲写了回信,自称"族叔",信的全文如下:

传宦族侄:

九四年五月来函收悉,因俗务缠身,加上办公室搬迁,久未作复,甚感抱歉。

来函中所提及查氏宗族渊源,我甚感兴趣,然而对家族历史我没有太多研究,所知有限,但根据长辈所言,我家的确于早年自婺源迁浙江海宁,故我们应是本家。

谢谢你向我提供查氏家族资料,望以后多作联系,匆此顺祝。

新春大吉

族叔查良镛

九五年二月五日

县、乡政府几次派人拜见金庸,并约定适时来凤山老家探亲。2003年,金庸又亲笔给婺源县人民政府写信,建议县政府拟命名的"金庸路"改名为"才士路",并表示在他百年后,如果"故乡领导眷爱不衰,或可将此路改名为金庸路"。2018年10月30日,金庸离世后第五天,婺源县便命名了"金庸大道",以示永久纪念。

凤山村历来重视教育,村中建有诸多教育舍馆与机构,至光绪止,村人通过读书科举而入仕者很多,查姓中进士12人,出任七品以上官员33人。

凤山历代进士、官员有:

宋:查文徽,南宋宣歙观察使。查元修,太常寺太祝(九品)。查陶,御史,工部尚书。查永之,尤溪县令。查逢庆,弋阳县令。

明:查士荣,永乐年间武昌知县。查秉直,嘉靖年间刑部郎中。查秉彝,嘉靖十七年(1538年)进士,太常寺卿。查联芳,嘉靖年间合浦知县。查廷芳,万历年间南京光禄寺署丞。

清:查培继,顺治九年(1652年)进士,浙江按察使。查嗣韩,字荆州,康熙二十七年(1688年)进士。查异,字声山,康熙二十七年(1688年)进士。查克建,字求雯,康熙三十六年(1697年)进士,凤翔知县。查嗣珣,字东亭,康熙三十六年(1697年)进士,吏部主事。查嗣琳,字德尹,康熙三十九年(1700年)进士。查慎行,字悔余,康熙四十二年(1703年)进士。查云标,字学庵,康熙五十一年(1712年)进士,礼部主事。查祥,字星南,康熙五十七年(1718年)进士,翰林院编修。查克上,康熙年间内阁中书。查复,雍正年间内阁中书。查其昌,乾隆年间内阁中书。查虞昌,字凤喈,乾隆十九年(1754年)进士,户部主事。查荫元,字履祥,光绪六年(1880年)进士,嵊县知县。查球琰,光绪年间光禄寺署正,朝议大夫。查世杰,赣州知府,朝议大夫。查世茂,朝议大夫,赣州知府。查有震,光禄寺少卿,奉政大夫。查有济,奉直大夫。查有成,奉政大夫。查有漳,奉政大夫。查有槐,奉政大夫。查仁淦,奉政大夫。查仁盛,奉直大夫。查仁坊,广东候补县丞,知县。查仁域,奉政大夫。查仁基,儒林郎。查洛州,奉直大夫。

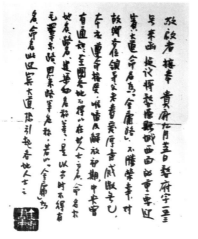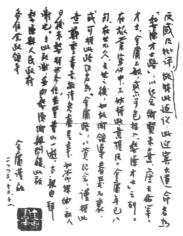

金庸亲笔信影印件

据初步统计,明代以来,凤山村查氏文人学士著作有21部29卷传世:

明:查湖,字北屏,著《耄龄示后》《贤亲堂贻训》。

清:查嗣廷,字右宏,号东山,著《行余集》《百梅一韵诗》《蒙童必读》。查光怀,字惟道,著《道迩篇》《宋孔约言》《完白斋诗话》。查三明,字德上,号拙拙夫,著《拙拙夫集》。查潜,字渊若,著《曙闻集》。查思滉,字我涵,著《棘忧草》、《清凉散》、《病后狂言》、《思滉文集》6卷。查涛,一名树清,字克臣,著《讲褥轩文稿》4卷。查庆曾,字青山,著《锄经堂文稿》《镜珊诗草》《砭已明言》。查人纲,字植卿,号兰谷,著《翔凤山馆诗文稿》《历代史选》《历朝诗别裁选本》。还有查雅圭,谱名美珂,字柴圭,善书画,尤工篆刻,其二子忠厚、忠尧皆有父风。

明代中叶以来,随着徽州社会经济的发展和人口数量的剧增,地处婺源北部的凤山,山多地少人稠,为寻求生计,成批的凤山人被迫背井离乡,远赴全国各地经商谋生。凤山的商人在全国各地有一套行商行话,别人听不懂,对乡音奉为知己。"无徽不成镇,无婺不成帮"的谚语,充分反映了凤山商人实力雄厚。经商使得凤山渐渐摆脱了封闭和落后状况,商人对凤山的发展起着积极的作用。有名望的凤山商人主要有:查学曦,字心瞻,号微明,清中叶弃举子业,往京口助祖经商。查延镇,字公逊,康熙年间业盐浙江。查焕炎,字烈斋,清中后期佐父经商于江浙黔楚间,积赀愈隆,助军需,济穷困千百不吝。

凤山村具有徽州千百年来所形成的独特的地方民俗文化。一年之中春节、清明、端午、中秋等传统节日,要举行包括祭祖、祭神、祭天地、唱戏、同年会等全村性祭祀和娱乐活动。中秋节和春节时舞板龙灯、禾秆灯,是村民庆祝节日的特色娱乐活动之一。凤山的灯彩家家自制,舞时合龙,全长100~200米。灯彩龙头,无论是制作之繁复,还是舞动之花式,均为婺源所独有,且在夜间表演,锣鼓、唢呐相伴而行,家家鞭炮迎送,宏伟壮观。

逢年过节,凤山的村民们还会做清明粿、糯米子(蛋)糕、甑糕等风味小吃。饮食上有一套极具乡土风味的蒸菜、糊菜菜肴。

凤山话为婺源正北乡话,属古吴语系,保存了大量古音的平、上、去、入声,对分辨古代诗歌的韵律极方便。古诗分不清平仄时,用凤山话一念,凡是发音短促的字,必定仄音无疑。

如毛泽东的七律诗《长征》，依次押韵为：难、闲、丸、寒、颜。若用现代普通话读，难、丸、寒押an韵，而闲、颜押ian韵；若用凤山话读起来，五韵一致。

凤山村至今还流传着许多有关宗族发展历史的传说故事，现据老人们的讲述记录整理如下十则。

### 1. 龙凤呈祥

"山不在高，有仙则名。"传说吕洞宾、铁拐李、何仙姑的故乡就在凤凰山下的岚山路村。现在村里还居住着吕、李、何三姓的后代。历史上在河上游建有一座"仙姑桥"，桥上神龛里奉着一尊手拿笊篱的何仙姑雕像。

又传说：黄喜坑有一条仙人路，这条路就在黄喜坑岭脚底的梅光亭背，它是一条排列整齐的仅一指宽的花岗岩石级，从路边一直向上伸展，弯弯曲曲，足有2米长，进入石洞后便隐匿不见了。三仙们便是从这里上天朝拜玉皇大帝，禀报人间善恶，然后又带旨下凡，为民求福的。后来因为他们私带了黄喜坑储秀庵中一和尚上天，触犯了天规，玉皇大帝下令封闭了这条仙人路。

"水不在深，有龙则灵。"浙水河在查村前面的报德桥下，有一个龙岩潭，龙岩潭里有一个龙洞，龙洞里住着一青龙。龙洞里的水四季清澈透底。"龙洞蟠青"便是凤山八景之一。传说龙洞直通高湖山，只要在高湖山井泉里撒一把谷壳，数日后便漂到龙岩潭。又传说报德桥头有一块古石，上面刻有许多古文字，如果谁能认得这些字，龙岩潭上就会飘起金水桶银担钩来。可是，直到现在，也没有谁能认得这些字，由于年深月久，自然风化，现在这些字更加模糊不清了，成了永远的秘密。

明万历年间，凤山人又在龙岩潭下游河边造了一座七层塔，取名"龙天宝塔"，与凤凰山遥遥相对，与凤山村合为龙凤呈祥之兆。

### 2. 十三门

十三世查经，子安富、安世、安鼎、安国、安礼、安宅，史称"六安"。后因安富、安国数传而止，故举堂兄弟安宪、安详补之，仍称"六安"。

查经68岁寿终，迁葬之日，送枢者多到千人。墓位于泥蛇田间的龙骨山上，今乘车所见公路下三个荒石堆便是。因为此地全是龙骨石，金井难以挖深、挖平，故用了13块石头将灵枢垫平，四周砌石填土，此葬法俗称浮堆。

后来，经数百年繁衍分支，凤山查氏发展为十三门派系，即沱口、北门、里门、西门、宁可榨、坞头、漆屋、七房、八房、大门、平坦、三房、四房等。

### 3. 百万富翁

清康熙年间，凤山出了三个百万公：查村、九家、花厅。九家（麻榨派）百万出资建宗祠（上祠堂），用以祭祀始祖文徽公。翕州太守题名为"孝义祠"。当时，八房花厅百万请求共同出资参与建祠，但九家不予采纳。花厅百万为争回面子，决定独资建造下祠堂，以祭祀三、七、八房、漆屋、坞头各派始祖廷椿公、伯东公，取名为"文德祠"。

### 4. 元宵迎灯

春节期间，凤山有"接傩神，祠堂吃酒，迎龙灯"三项民俗活动。

宋朝末年，安世后裔以谟从东村迁西村，安鼎后裔廷竹从东村迁山坑里，廷椿迁孝悌里。

廷椿后来发展为三、七、八房和坞头、漆屋各派。但始终承认山坑里是老祖宗、老祖居。所以，各项民俗活动山坑里都优先。山坑里初一首先接傩神，外门（廷椿以下各支派）应首先到山坑里祠堂拜祖宗、吃酒；元宵迎灯，外门须让山坑里先行。

有一年，外门的灯已到花桥头，里门的灯还未出水口庙，外门的灯等不得就先走了，结果为此打了一场架，里门人将外门灯打翻，人打伤。最后由西门头人出面调和，山坑里的灯提前到正月十三迎，以免同日相撞。西门头人还自己拿钱以里门人名义赔偿外门人的损失。外门人骂里门人是苗里蛆，里门人骂外门的苗子苗孙，大蛆小蛆，直到中华人民共和国成立后才休止。

### 5. 西门继祧

西门、麻榨是安世之后。安世有三子以谟、九万、以中。其中九万之子伯贵迁黟县珠岭下，以中幼殇，以谟子伯恭无传，继安鼎孙华叔三子与瑛为嗣。所以西门、麻榨亦是安鼎之后。

西门传到三十余世，有个老四家。除老大在家侍奉父母外，其余都在外经商，外有店，家有田，生活红火。有一年，父母双亡，在家的老大请风水先生看地，在东坑坞找到一块坟山。但风水先生说："此地虽好，唯独对老大不利。"老大写信与兄弟商量，兄弟难以答复。后来老大决定牺牲自己，将父母埋葬于此。但他向兄弟们提出，今后若我真的绝后，你们要将子女过继给我。兄弟们满口答应。几年后，老大真的后继无人，兄弟们也不失信，自愿将子女过继老兄名下。但奇怪的是过继一个殇一个，后来兄弟们只剩下一个子女了，就再也不敢过继了。这时老大有一个后妻，带来一个义女汪氏（16岁）又从沱川继来一个余氏（20岁），两者相配成亲，生子婆媳，延续香火。

西门三十七世允滋之母詹氏年长百岁，在勤裕造百岁坊，在查村造百岁坟。允滋本人带头组织修谱造祠，光耀一时。

### 6. 婆媳创业

宽仁公长房三十六世查济永，因年轻用心功读，不幸23岁病丧，膝下无子，又无住房。查济永遗孀汪氏与其孀居婆母余氏守闱，勤劳俭朴，努力拼搏，两代寡妇建得三间屋一幢，取名"懋德堂"。然后从休宁溪口继得洪德修次子应瑞为嗣，更名美顺，时年4岁。又从安头娶得程氏为媳，先后得六男二女，延续了查氏香火。

### 7. 仲之兴衰

宽仁公长房三十六世济培，字仲之，出身贫寒，靠帮本村七房六家打油卖油为生，因勤劳、诚实，深受老板器重。后来自己积了点钱，学来了技术，就自己开油坊，生意红火，越做越大，开了油坊又开茶行。先后建了勤裕新屋，花钱买了一个"大夫第"，并与西门允滋等共同组织扩建孝义祠，亲自设计图纸。孝义祠面对勤裕不利，仲之为全族复兴，不顾个人和小家族得失，坚持到底。当时也采取了三种弥补办法：① 将宗祠前进降低1米；② 大门开在右侧，不开当面门；③ 在勤裕村头种竹遮掩。尽管如此，自此勤裕村仍受影响，目前仲之所建房屋已倒，后裔先后外迁，可慰的是他的子孙在景德镇仍兴旺发达。

8. 文宦之家

太平天国后期,太平军不太平,到处骚扰百姓。有一次,太平军的散兵游勇途经凤山,村人查仁声胸前挂着包袱,脊背背着年老脚小的后母胡氏,向深山逃逸。不巧,路上遇到一兵,抢走了仁声胸前的包袱,并向仁声背上的胡氏砍了一刀,胡氏顿时血流如注。查仁声放下后母,双膝跪地求饶:"老爷,请杀了我,放过我母亲吧!"这位兵老爷见有如此孝子,感动地说:"好吧,有你这样的孝子,我不杀你们,你们跑吧。"连抢走的包袱也还给了他们。

查仁声如此孝道,赢得后裔人兴财旺。或从文,或从武,或经商,或从政,红极一时,至今不衰。在民国前后百余年中,他们先后在大中小学任教者有十人,县志称其为"教育世家",从政的地方官有十余人,又可称"文宦之家"。

9. 答对

凤山是书乡,自古以来办校风气盛行。礼堂、庙宇都是学校,还有前山书堂、启承书院、活源书屋等私塾私学。"西村夜读"便是凤山八景之一。

一天早晨,村里有户人家出殡化灵,正在早读的学生们趁先生倒尿壶之机,纷纷跑去看热闹。先生为此气得吹胡子瞪眼睛。于是,召回学生,手舞戒尺,向学生发了一通火,并宣布一条处罚规定:我出一对子,如对不上,每人十板屁股。先生的对子上联是"蔑缚纸糊,遮不得风,避不得雨,鬼要"(指纸糊的灵屋)。有一个学生见到先生的尿壶,便灵机一动,答出下联:"泥做火烧,装不得油,打不得酒,卵用。"先生听后无话可说,免去了学生一顿皮肉之苦,此生后来考取了进士,当了县官。

10. 百岁太教子

清末民国初期,凤山村出了一位百岁老婆婆,村人叫她"百岁太"。百岁太独生子外出经商失败,回家过年都是以石头充当银子,裹在包袱里。百岁太打开钱袋发现石头,不露声色,反而向邻里夸耀儿子经营有方,生意红火。于是,邻里纷纷入会,将钱交与她儿子经营牟利。以此,百岁太独生子振作起来,结果,在景德镇的生意从此顺利起来,成为查氏首富,以后还官运亨通,当上了婺源北三区区长。


## 三、古村今貌


### (一)人居胜境

凤山村四周青山环列,翠屏如画;绿水绕村,波光潋滟;田畴平展,四季锦绣。全村民居依山面水,顺势而建,西北高,东南低,格局舒展,错落有致。沿河建筑白墙黛瓦倒映河中,有河埠亲水,形成优美的水街景观。

古人总结了"凤山八景",描绘了这种人与自然相融的家园美景:

(1)凤屏飞翠——凤凰山四季青葱如画,满目怡人的绿色。

(2)龙洞蟠青——龙岩潭水常年清澈透底,游鱼细石可数。

(3)花桥春涨——石拱花桥下春水汤汤,波浪起伏。

(4)花桥秋波——秋天,浙水微波荡漾,清流倒映桥影。

（5）寒溪钓雪——冬雪之日,在寒溪畔垂钓,空灵的意境不可胜说。

（6）秋岭樵云——樵夫从逶迤的前、后径岭和朱唇坑岭挑柴下山,红叶遍野,秋阳温润。

（7）东亩朝耕——薄薄的晨雾中,耕作的人和牛犹如一幅水墨画。

（8）西村夜读——村西的文教堂等高楼之上,学子挑灯夜读,灯火一片,犹如希望的暖色。

**碧波桥影**

## （二）村落布局

凤山村古建筑沿西冲巷和官道两侧展开,空间布局状如鱼形。古街巷四通八达,主要道路有东官道、西官道、新街及18条巷道纵横交叉的街巷。东官道为青石板路面,路宽度2.5~4米,长度约900米;西官道为青石板路面,宽度2~4米,长度约580米。街巷均铺以干净爽洁的青石板。

虽然明洪武年间后,朝廷对民间建筑有严格的"三间"等级限制,但凤山古村落的建筑形制仍相当丰富,体现了凤山人的智慧与"变通"。村落的整体布局上,除规定的正屋并排三间外,又视功能需要在正屋的前后左右建庭院、书斋、厨房、作坊、花园、牲畜圈栏、柴火间等余屋。子孙繁衍家庭增大后不足居,常以回廊形制向外扩建。

古村空间布局的要素有:

古宝塔:龙天塔,位于村西浙水边,是全村的标志性建筑。

古水井:坞头井、庙下井、西门井、郎家井等,分布于村落节点处,方便村民汲用。

西门井

街边水圳

古街巷有纵向街:东官道、西官道、新街等3条;横向石板巷有18条:大夫巷、百岁巷、豆腐巷、花厅巷、六家巷、舞鬼巷、潘家巷、长生巷、七房巷、庙下巷、百万巷、麻榨巷、程家巷、三房巷、牌楼巷、善德巷、寒溪巷、四房巷。

古巷悠悠

公共溪埠有16处:寒溪9个溪埠,还有花桥头溪埠、上店溪埠、仁记溪埠、德记溪埠、路口溪埠、祠堂溪埠、戏台溪埠,形成了沿河洗濯的一道风景线。

古石桥:报德桥、聚秀桥、花桥。

古民居:立德堂、三斯堂、大夫第、慎修堂、慎德堂、亦政堂、立本堂等明清建筑共有111幢,其中重点文物保护单位建筑8幢。

古祠堂:查氏宗祠、德仁公祠。

古生活生产设施:鱼塘、水碓、水圳(渠)。凤山村处寒溪、浙水河岸,村中明沟暗渠密布,四通八达,可在梅雨季节及时排水,河水泛滥也进不了家门。

古消防设施：按宗族或房股备有水龙、水枪；马头墙可隔断邻家火势蔓延；墙面只开小窗，当邻家发生火灾时，用棉衣棉被浸水堵窗口绝火源；古宅天井下设镇宅缸，蓄水用于火灾时应急。

此外，凤山村还有消防小分队，是古村的消防组织，消防设备有：3台便携式水泵、20个灭火器，以及7个消火栓。

## （三）古建精粹

### 1. 龙天塔

凤山村标志性建筑。塔位于凤山村浙水河畔，共七层，每层高约4.4米，外加塔顶1.8米，共计高36米。塔基为六边形，对径5.5米，各边长3.5米，塔壁厚度1米，内空4.05米。塔内木梯可达塔顶。顶部为铁刹瓷质宝珠顶。檐角还悬挂着风铃，清风吹过，会发出阵阵铃声。

塔身青砖砌就，外抹白石灰。雪白的身影矗立蓝天碧野间，为凤山村平添优美景致。"凤山"村坐落于凤凰山下，这一取名"龙天"的高塔，龙凤结合，"龙凤呈祥"之意格外显然，体现了该地先民们驱灾避难、向往美好吉祥的不懈追求与良好愿望。古时凤山村屡遭火灾，村人集资建此塔用以镇火，因而取了"龙天"之名，取"天龙镇回禄"之意（"回禄"为传说中火神名，指火灾）。

塔内景和瞭窗

龙天塔砖木结构，始建于宋，后毁。明万历四十六年（1618年）十二月由凤山查岩、二中、玄淑、时贞、时镫、时锴、土彦、富孙、一思、应超等重建，匠人是黄寿、黄达。此塔曾于清同治年间由查信廷、查植三重修。1998年组织再修，并立有"铭志碑"一块于塔内。2001年又修，基本恢复了原貌。

龙天塔外景

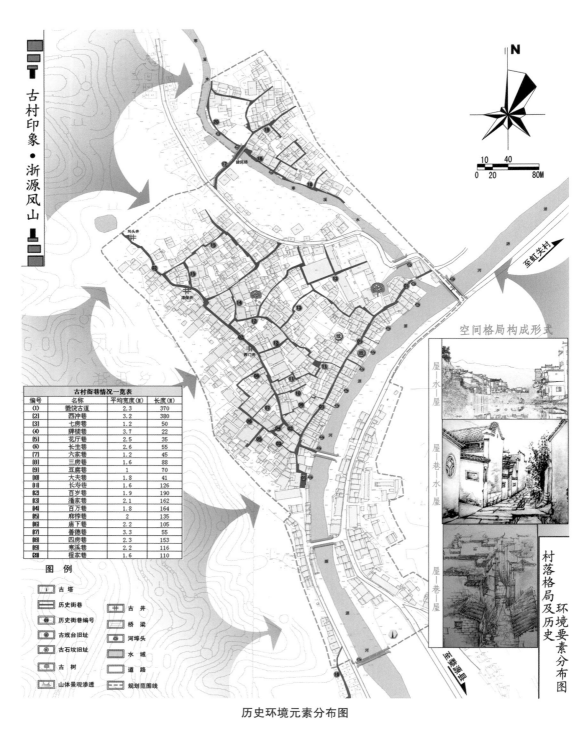

古村印象·浙源凤山

N

| 古村街巷情况一览表 | | | |
|---|---|---|---|
| 编号 | 名称 | 平均宽度(M) | 长度(M) |
| ⑴ | 徽饶古道 | 2.3 | 370 |
| ⑵ | 西冲巷 | 3.2 | 380 |
| ⑶ | 七房巷 | 1.2 | 50 |
| ⑷ | 牌楼巷 | 3.7 | 22 |
| ⑸ | 花厅巷 | 2.5 | 35 |
| ⑹ | 长生巷 | 2.6 | 55 |
| ⑺ | 六家巷 | 1.2 | 45 |
| ⑻ | 三房巷 | 1.6 | 88 |
| ⑼ | 豆腐巷 | 1 | 70 |
| ⑽ | 大夫巷 | 1.8 | 41 |
| ⑾ | 长寿巷 | 1.6 | 126 |
| ⑿ | 百岁巷 | 1.9 | 190 |
| ⒀ | 潘家巷 | 2.1 | 162 |
| ⒁ | 百万巷 | 1.8 | 164 |
| ⒂ | 府榨巷 | 2 | 135 |
| ⒃ | 庙下巷 | 2.2 | 105 |
| ⒄ | 善德巷 | 3.3 | 55 |
| ⒅ | 四房巷 | 2.3 | 153 |
| ⒆ | 寒溪巷 | 2.2 | 116 |
| ⒇ | 程家巷 | 1.6 | 110 |

图 例

- 古塔
- 历史街巷
- 历史街巷编号
- 古戏台旧址
- 古石坊旧址
- 古树
- 山体景观渗透
- 古井
- 桥梁
- 河埠头
- 水域
- 道路
- 规划范围线

空间格局构成形式

屋—水—屋
屋—巷—水—屋
屋—巷—屋

村落格局及环境要素分布图

至虹关村

至婺源县

**历史环境元素分布图**

　　龙天塔是婺源县唯一保留完好的高层建筑,比美国"自由女神"像高寿多了,虽经过400年风雨剥蚀,仍屹然兀立,具有极高的历史文化价值,是江西省重点文物保护单位。

## 2. 水榭客馆

修建于明朝,鱼塘水体面积90平方米,用大片青石板砌筑而成,水质清冽。鱼塘边有一棵千年桂花树,干粗枝茂,花香四溢。神奇的是朝鱼塘一边开黄色桂花,另一边开白色桂花,属金银树。为便于观鱼赏月,还在鱼塘上建有观鱼台廊,廊上用13片帘门与前堂相隔,形制特别。引水光入室,富有极高的创意,表现了工匠的杰出水平。帘门雕刻细致,古色古香,每片帘门的雕刻人物图案都出自《三国演义》。现为全国重点文物保护单位。整幢水榭占地面积266平方米,主体两层,墙高10.5米。

临水立面

门廊和桂花树

### 3.查氏宗祠

清康熙三年(1664年)为祭祀婺源查氏始祖文徵公而建,堂名为"孝义祠",当时规模不大。光绪十八年(1892年),查氏后裔查允兹、查仲兹、查启明等提议扩建查氏宗祠,并得到浙江海宁查氏迁支(金庸之祖)的资助,于光绪二十四年(1898年)建成。在提议扩建宗祠三人中,查启明财力稍弱,但他变卖了大部分家产、田地,其后人因此穷困潦倒。在他的感召下,全村人人出力,修建而成。宗祠占地面积2460平方米,坐西朝东,宽22米,直进六层,从外到内有广场、花园、头门、大坍池、享堂、寝堂。整个宗祠有近百根两人合抱的木柱,宗祠建筑宏大,檐柱雕龙画凤,横梁及檐角雕刻着堆花、虫鸟。现为全国重点文物保护单位。

五凤门楼

享堂

享堂抬梁和卷棚

童柱莲花托

寝堂

斗拱与檐口

梁下云板

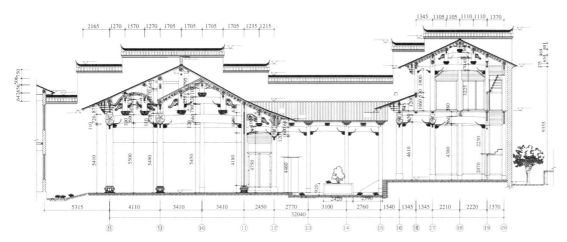

享堂和寝堂侧剖面

4. 立德堂

建于清初,占地面积400平方米,建筑面积740平方米,屋脊高9.5米。堂内天井四围梁枋雕刻保存完整,是上饶市重点文物保护单位。

天井四周梁枋遍布雕刻

百忍图木雕

文王访贤木雕

5. 三斯堂

建于清初,两堂并立,占地面积560平方米,建筑面积1320平方米,屋脊高10.79米。院门八字开,有三步金阶。有2个前院,72扇门,7个正堂,7个天井,象征七品府第,规模宏大。是婺源县重点文物保护单位。

院子大门

梁架

### 6. 大夫第

　　建于清初,占地面积580平方米,建筑面积980平方米。门楼石雕细腻,石刻"大夫第"三字保存完整。朝堂花门十余片,雕刻繁复精致。正厅为三间四合头布局,走马楼,雕刻丰富。屋内清一色石板铺地。两层,屋脊高9.8米。

大夫第门楣

厢房退步门上"福""禄"拐龙纹饰

大门

前、后进门上月梁和饰件

花枋雕刻

## 7. 德仁公祠

建于明末,占地面积700平方米,门楼部分完整,享堂已改建。

大门

梁架

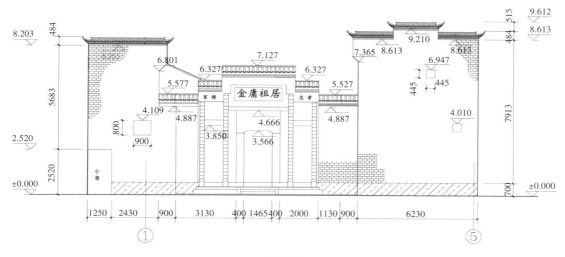

正立面

### 8. 慎德堂

建于明朝中期,占地面积600平方米,屋脊高9.08米。堂内两侧天井各摆设一个大鱼缸,鱼缸之间有一巨大石块,占地面积约90平方米。此屋处在凤山村中心点位置,与龙天塔相望。此屋出过百万公,传说建房时,在曲尺墙头九重砖下埋有财富十万零八千,意在让后代贫困时取用。

大门

堂名匾

"鹿倒"(禄到)斜撑　　　　　　前院罗汉松

### 9. 亦政堂

建于清初,占地面积400平方米,建筑面积1280平方米。门楼砖雕完整。前院花门雕刻丰富,石鱼缸工艺精湛。两层建筑,山墙高10.33米。

院墙　　　　　　　　　　院内石鱼缸

### 10. 衍庆堂

建于清初,占地面积500平方米,建筑面积1095平方米。门楼砖雕完整。平面布局特殊,进入大门后是个院落,院中有通体雕刻的木楼客馆,正对大门的楼下往里,是厨房;正堂三间一进四厢,有走马楼。两层,山墙高9.74米。

大门　　　　　　　　　　　　　　　客馆木楼(孙维敏摄)

双鱼斜撑　　　　　　　　　　　正堂内景

11. 得顺堂

建于清代中期。总占地面积650平方米,建筑面积160平方米。平面布局较复杂:院门前是临街通道,院中有两扇大门,通两幢宅子。北边宅子进门后又是一个小门院,正堂横置坐北朝南,三间三进三层,堂前地面有一块2米见方的青石,可以安放整张八仙桌,一家人同坐,故叫"团圆石"。南边宅子大门气派,进门后又是一个前院,正堂坐西朝东,三间两进两层。

临街通道

朝堂墙壁上的鲤鱼跳龙门砖雕

院门

梁枋和楼栏板

　　12. 嘉德堂

　　建于清代中期。占地面积175.3平方米,建筑面积350平方米。面宽16.66米,墙高8.74米。三间两进两层,前、后进两侧均设门,共有四门出入。一进三披水天井,两厢房。二进四水归堂,四厢布局。

梁枋和楼房板壁

格扇门

# 第五节　桃源仙境——庆源

## 一、概述

　　庆源村距婺源县城50千米,是段莘乡下辖的一个村委会所在地。2020年全村有286户973人。有水田568亩,林地7673亩,茶地300亩,油茶地100亩,是一个以农业生产为主的村落。村庄通县城的公路已硬化。

　　庆源村山高气清,土肥雾重,空气清新,不染纤尘,泉水清澈,古时有"段莘阳基,庆源阴地"之说。特殊的生态环境气候,使这里的物候要比山下推迟半个多月。

　　庆源为詹姓聚居村落,始建于唐广德年间,始迁祖是詹盛。清雍正七年(1729年)《庆源詹氏家谱》(抄本)记载:"公讳盛,字宗昌,行小八,唐玄宗开元十二年甲子(724年)十一月二十日戌时生。人品清高,不慕仕进。……性好读书,陪宾之暇手不释卷,间有余闲,放情山水,寻幽纪胜,乐而忘归。一日,登高望远,至于庆源,见其景幽势阻,外隘中宽,不减太行之盘谷、武陵之桃源,乃慨然曰:此真隐者之所居地。于是舍庐坑(位于浙源乡)故址,遂于代宗广德间,卜筑而徙居焉,号其地曰'庆源'。""盖取大易积善余庆之义而名之焉。云溪王炎晦叔(南宋文学家)曰,其间泉石清润,山谷环美,若武陵然,又号小桃源。"这一记载与明代戴廷明、程尚宽所著《新安名族志》所述相吻合,是可信的。庆源建村后,村人与婺源其他地方一样,儒贾兼习,求仕谋财,在宗族的有效管理和村中商人官宦的强大经济支持下,规划营建了村落的山、水、路和亭台、桥梁、水堨、下水道等基础设施以及祠堂、民居等建筑,使庆源发展成为一个繁盛的世外天堂。村落建成区域占地面积达10公顷。在漫长的历史进程中,庆源村虽也经历了风雨战火、内乱等洗劫,遭到破坏,但至今仍留存有57幢历史建筑,其中市、县级重点文物保护单位有8幢;具有较高价值的历史建筑15幢;具有一定价值的历史建筑34幢。另外,还有20余条青石板铺就的古街巷,石拱桥、石板桥16座,廊亭10座,石埠12座,还有早禾田井、朱家井、西江井、三房井、半边月井等古井6口,村中名木古树繁多,使古村透出绿色生机。

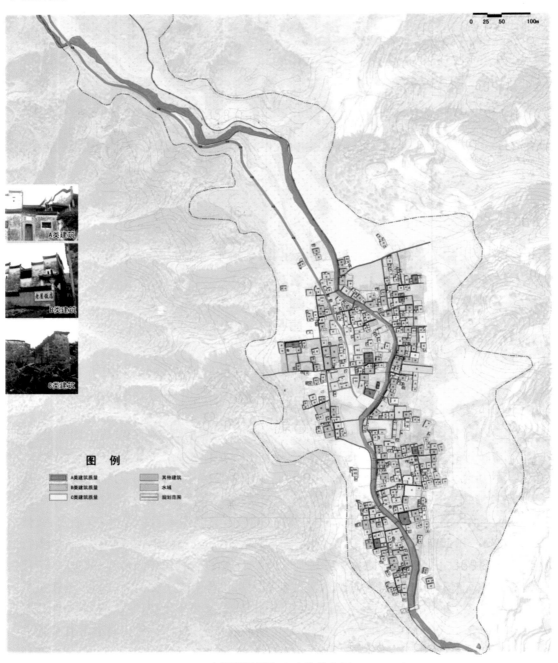

庆源村地形和古建筑分布图

　　庆源村自然环境优美,山水生态良好,古树名木繁多,庭院绿化丰富。传统聚落形态保存完整,格局清晰,空间肌理丰满。古建筑遗存极为丰富,形制、功能多样。古建筑占地面积近2万平方米;民俗文化和名人极为突出,傩舞艺术源远流长。所有这些汇成了庆源古村极高的价值,因而庆源在2007年被评为江西省历史文化名村,后又被评为中国传统村落。

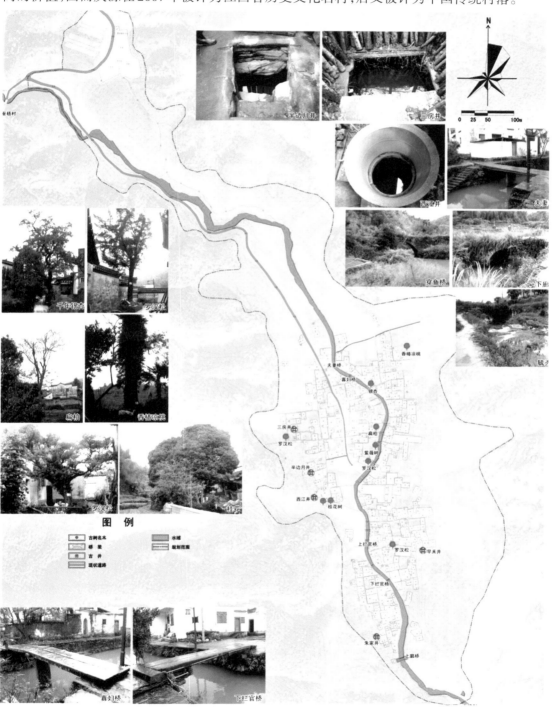

庆源村人工和自然环境分布图

庆源村貌

## 二、人间桃源

　　庆源古村地处高山峡谷,夹缝在两条五龙山的支脉抱合之中。一泓溪水穿村而过,整个村庄依山夹溪而建,"宅幽势阻,外隘中宽,不减太行之盘谷,武陵之桃源",宛若天上人间。村子左侧山脉称"观音合掌",右侧山脉称"天边来龙",主峰在村庄水流上方相对而峙。左侧主峰脚下突起一座圆形小山称为"明镜山",右侧相对有一座"玉屏岭",互相呼应。两山夹峙,天然生成"天外来龙挂屏岭,合掌观音坐镜台"的一方净土。

　　庆源人家沿溪两岸而建,形成"船"形布局。船身"倚屏对镜",船头、船尾则随山势的开合在村头、村尾形成两个狭窄的隘口,关锁全村的财气。村口有一座"别有天"古亭,形制虽简朴,却是外人进入村庄的必经之处,犹如扼守全村的卫士,又是欢迎远方客人的傧相。亭中墙上留有古人题诗:"空山隐卧好烟霞,水不通舟陆不车。一任中原兵马乱,桃源深处是吾家。"大门两侧有联云:"车马绝喧阗,忆前人三径怡情,托迹不殊陶靖节;鸡犬声相闻,惟此地是民安者,落花犹似武陵源。"横批为"桃源深处"。在村子下水口有座廊桥——福庆桥,高耸在翠谷两岸,巍峨庄重,是古村的标志性建筑。桥长23米,宽6米。桥廊内建有两层楼,高16米。廊桥有四门进出,墙窗砌日月之形。廊桥正门两侧有联云:"描来新月半弓,封成石磴;

添得闲云一片,锁住花村。"廊桥墙上还有"半空浮壁""翠映银屏""空谷传声""祥云出岫"等匾。普陀寺高僧云游此地时曾题诗:"翠园深处淡烟笼,古木深深一径通。流水小桥花细落,行者笑指武陵中。"这些题咏,无不突出地描述了这个古村桃源胜景的特点。

桃花源里人家

别有天古亭

下廊桥

　　庆源古村宛若深山水乡,在大山的皱褶里散发出湿润的灵气。全村民居犹如珍珠散落在流溪两旁,蜿蜒长达1千米,形成水街景观的长卷。全村街道、小巷、堤岸均用石块砌成,每相隔四五十步就有石阶延至溪畔的石埠头。粉墙黛瓦、飞檐翘角的古宅倒映在溪水中,和溪边埠头的浣衣女构成一幅绝美画卷。溪流两岸通过十余座石拱、石板和木板桥相连通,人在桥上走,影在水里流,是一幅流动的画。溪边还散布着一座座古色古香的风雨廊亭,里面有坐着闲聊、下棋、做农活的村民,古风扑面,仿佛时光倒流。

　　溪流是村民生活生产的血液,也是寄托了他们审美情趣的艺术作品。为了引水灌溉和流入鱼塘养鱼,村人在河里修建了7处石堨,拦水引流。"层层石堨出明镜,两岸人家水里生。"这些精致坚固的石堨,仿佛诗句中的韵脚,让一泻无余的河水产生急湍、静潭,给人多姿多彩的审美愉悦。

　　在庆源村中漫步,不时会被一株株古树所吸引。房前、屋后、院中、溪畔,有银杏、扁柏、罗汉松、紫薇树、桂花树、香椿等枝繁叶茂的绿色火炬点燃你视觉的激情。村子周围的田园,遍种了梨树、桃树、油菜,花开时节,桃红梨白,油菜金黄,庆源人家便笼罩在金山银海烟脂云中,田园牧歌的悠长韵味,久久回荡在你的心头。

水乡景致

清溪绕家门

桃红梨白

银杏树(王国红摄)

## 三、古建筑拾珍

### (一)詹励吾故居(敬慎堂)

　　詹励吾,1902年生于庆源,1982年病逝于多伦多。他外出经商时先在上海一家照相材料行做会计,1933年开始在汉口创办"华昌照相材料行",并相继在长沙、昆明、贵阳、成都、重庆等地设立了分行,业绩喜人。后来他又兼营棉纱、钢铁、瓷器等行业,到1945年时,资产已达50多万美元。

故居全宅是一组中西合璧的建筑群,占地面积达820平方米,为上饶市重点文物保护单位。以内院为中心,东、南、西三方均有两层楼房,北边是围墙。西楼临路,成矩形布局。东、南楼成曲尺形布局,有通道相连。

西楼由南、北两幢建筑构成。南幢是古民居和民国西式建筑的混合体,大门朝南入户。进屋后,西边是三披水天井,南北朝向三间两进两层,山墙高9.81米。一进两厢房,老式穿斗梁架。二进有两厢房和楼梯间,二楼廊道兼做阳台,外墙等都用西式做法。

西楼北幢除了可从南幢通道进入外,在西侧又开有侧门。入户后是四披水天井,三间四厢一层,采用传统建筑方法。

西楼南边有通道进入内院。院东边是敬慎堂的主楼。这是民国三十三年(1944年),詹励吾为母亲65岁寿诞所建。此宅门面左右两侧墙角各嵌有一方石碑。左为青石碑,刻有"家传孝友"四个大字,另有"吾家自咏之公初筑至余母洪孺人翻造此屋已七十二年"等字样。右为汉白玉石碑,刻有"慈荫永存"四个大字,小字是"中华民国三十三年,吾母洪孺人,年已六十有五,旦夕辛勤。替建此屋时,予远客昆明,遥寄兹石奠基,俾世子孙永念慈荫。詹励吾谨志""寿"。

此宅正楼外立面采用了西方建筑元素,开大窗,并饰拱券形窗楣。大门两侧墙上有砖雕"寿"字108个,手艺精湛,人称"百寿门"。门下石地栿刻有十几方印,文字有"茅屋是吾居"等。内堂对传统天井作了大改造,建成藻井式样的天窗,上覆玻璃明瓦,并有繁复的木雕装饰。内室共两进。门厅为一进,很宽敞,厢房四间全在二进。二楼围绕天窗开窗采光,类似四合头式的走马楼。

院子南楼是客馆,用西式建筑风格造有楼上廊道兼阳台,形成一层的风雨走廊。梁架开间较大而进深缩小,虽也分前后两进,但不设天井。

敬慎堂外景　　　　　　　　　敬慎堂大门两侧的"百寿墙"和寿字细部

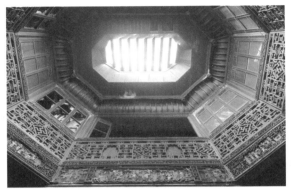

敬慎堂装明瓦的内天井

石地栿和刻印

南楼外景

敬慎堂主楼两进间月梁

西楼夔龙纹、鸱吻斜撑

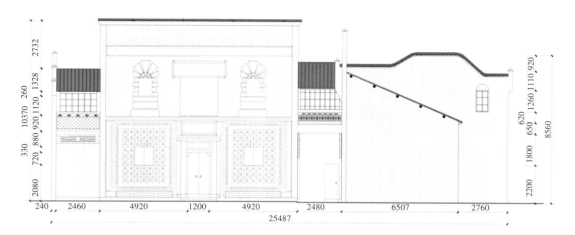

东南楼西立面图

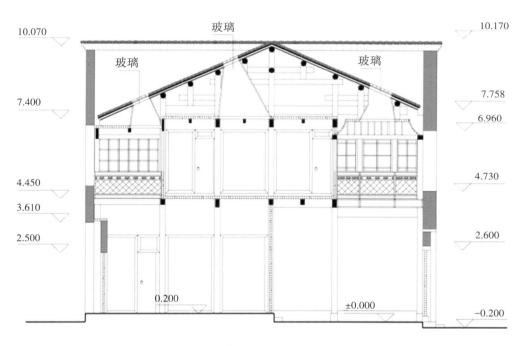

东南楼侧剖面图

## （二）敦复堂

敦复堂位于西边厅屋巷，清代建筑，砖木结构，两层，占地面积233平方米。

该宅的特别之处在于大门开在两侧。进入大门后便是第一进，四合头布局，枋板、大梁、雀替、斜撑都遍施雕刻，厢房外门是格扇木雕，很精美。走马楼栏板上方有木格图案装饰，显得十分华丽。第二进是两厢一天井布局，再往后是厨房等余屋。

从二层走马楼俯瞰一层天井和堂前图（詹欣民摄）　　　　　格扇门

### （三）永思堂

位于庆源村东北部，清代建筑，砖木两层结构，占地面积158平方米，墙高9.08米，为婺源县重点文物保护单位。

正屋前有个门院，面积较大，院门一角有一方"聚财池"，是流水鱼塘。大门砖雕门楼宏丽精致。内室只有一进，为一明两暗布局，太师壁后设楼梯，右侧又设一楼梯上余屋的二楼。室内各处木雕都很精致，"永思堂"匾字体浓墨大气。

侧墙大门和石板护墙　　　　　　　　　　　堂名匾

一层内景　　　　　　　　　　　　　　　　　梁架

## （四）大夫第

清末建筑，两层砖木结构，屋脊高9.58米，占地面积450平方米。其主人是詹玉如，他是典型的徽商，在乐平开有9家店铺，花钱捐官，故而住宅又叫"大夫第"。

该宅临河而筑，前有较大的门院，两个花漏窗很是美观。正面墙上窗子形状为花瓶、圆镜，寓意"平静是福"。大门为石库门枋，砖雕线条粗朴疏朗。室内设有中门，进中门后是四合头布局的第一进。太师壁后是第二进，只有两间房，无天井。屋内厢房门木雕精致，走马楼设计精巧通透，与敦复堂的密实形成两种不同风格。

临河外景　　　　　　　　　　　　　　　　八字院门

一层新式窗户

格扇门

梁架

梁枋和楼栏杆

（五）闽广杂货铺

位于村南部溪流北岸路边。前部是两层楼店铺，木门、木窗通顶，面阔15米，进深12米。店铺后是住宅，进深16米，墙高8.44米。这是一座商铺和仓库、住宅合一的建筑，代表了古代乡村商业建筑的典型形制,是商业史的见证文物。

临河店面外观

二进住宅内景

## 四、古文化撷英

### (一)人物

#### 1. 儒士

庆源全村出了进士2人,任七品以上文武官员8人,有著作传世者23人,著作达63部。

詹天表,明崇祯八年(1635年)御览武进士。詹养沉,清顺治十六年(1659年)进士。詹轸光,明万历七年(1579年)中举,二十六年(1598年)任亳州教谕,转北雍学正,后升为饶州丞,补授宝庆郡守,再知广西平乐府,为官清廉,革除积弊,后厌浮名辞官归故里,著书立说,有《阳春别墅录》《青隐山书》《蓟门草》《白门草》《浮海寓言》《会讲百八箴》《亚几稗语》《逃禅剩语》《狂夫之言》。詹鉴,明代人,筑"松岩书屋"于镜山之麓,郡侯彭公为之书匾,按察使李士实为之题诗曰:"高岩落落数株松,气夺寒空爱铁龙。尽日是谁看不足,山前应只主人翁。"詹伯麒,明代人,入山临池摹二王遗墨,十年苦攻,克肖其神,诗亦进于王孟之间,与海阳詹东图齐名,时称"新安二詹",著有《楚游草》《啸园诗集》。詹问石,清代人,建"隐园"读书讲学。詹天宠,清代人,精于绘事,尤善花卉,书法仿朱子,见者皆惊叹,阴阳星纬术数之书,无不精晓。詹烈,清代人,博览群书,作诗文援笔立就,有《兰畹诗存》。詹浩,清代人,设馆授徒,工诗文书画,著有《双梧诗草》《画家渲染笔谈》等。

#### 2. 商人

除了詹励吾、詹福熙外,庆源村外出经商者数不胜数,据光绪《婺源县志》记载,辑录较著名者如下:詹惟康"商于景德镇"。詹必亮"在昌江业瓷"。詹瑞云、詹大骥、詹允盛、詹桂生、詹延模、詹宽"服贾江右"。詹慎徽、詹昌期"经商乐邑"。詹元甲"客皖省设磁铺"。詹钦本"贸易石镇街"。詹钟大、詹心儒"贩茶于粤"。詹多荣、詹铨"创布业于乐邑"。詹鼎"贾江北"。詹永祥、詹佳"营木业于崇明"。

### 3. 医家

据民国《婺源县志》载,庆源村还出过不少良医。著名的有:詹添虎,"存心济众""凡遇时症,投剂如神,活人无算,求访者无虚日"。詹钟旿,素精岐黄,以利济为心,所全活不受谢,人称"有脚阳春",著作有《外科集验》。詹双弁,幼承家学,为文有奇气,"兼精岐黄,户外屦无虚日,起疴济贫,四方颂德"。詹坦贞,设"杏村斋"药肆,就医施药。詹逢旿,"深究岐黄,人有疾,延之即至,不受酬谢"。

### (二)傩舞

庆源古民俗文化最突出的是傩舞。

傩舞又称"舞鬼"或"鬼舞",产生于我国黄河流域的黄帝时代,完善于周礼旧制,是一种戴面具起舞,用以驱鬼避邪的原始舞蹈和礼仪活动,有"舞蹈活化石"之称。《婺源县志》卷十五上记有"詹养沉,清顺治十四年(1657年)进士……因主考官出错考题,詹为副考官,同时罢官回里"。传说他当时带来三个戏班子,这是庆源傩舞兴盛的开始。这三班名称分别是"天子八班"(属庆生案)、"诸侯六班"(属人寿案)、"大夫四班"(属香积案)。"案"是指某一神祇,各班为各自的神祇献祭傩仪。此三班又分别称为"铜""鬼""狮"班。后来铜班失传,"鬼""狮"班分别改称为"万顺班""仁和班"。历史上庆源以詹氏为主姓,巨商官宦者居多,而十大杂姓为"小姓",多以佃农雇工为生。有一年,小姓人家无意中葬了一桩风水宝地,地名为"金盆养鲤",风水先生说将来要发一斗粟米的官。这期间,姓方的小姓几户外迁浙江,数十年后不少人成为厚禄高官,其后代子孙于万历年间到庆源寻根认祖,来了庞大的马队和数乘大轿,并在原地立碑修坟,碑上字迹至今依稀可辨,上有"高祖方氏祖坟"和"万历年间立碑"字样。对于大部分留在庆源的小姓,詹姓人家想出了一个对策,在村中搭戏台筑庙坛,花钱请小姓人家夜夜做戏,这样每天夜里登台的大官小官不下百人,三年五载即可将风水宝地发尽。"佳人才子曲中来,将相帝王发戏台",神奇的传说演绎为浓郁的地方乡土文化风情。

庆源傩舞演出节目有《开天辟地》《小鬼打棒》《后羿射日》《双和合》《太白金星》《偷桃》《庆寿》《张天师遣四将》《魁星点斗》《丞相操兵》《夜叉打旗》《仙鹤磨嘴》等20多个。面具多为木雕,也有铜铸。摹绘人物、鬼神、动物头面,形状夸张,神韵生动。婺源民间流传"石佛人家挖木杓,庆源人家戴面壳",说明庆源傩舞戏在婺源有相当高的知名度。1958年,有人在庆源社坛下挖出一个当年演傩舞戴的铜面壳和社坛修复碑记,上有康熙年间重修字样。

庆源傩舞"铜、鬼、狮"三班,于每年正月初一至初三,轮流在本村的三个"众屋"(支祠)里演出,每个"众屋"演两场,均先跳傩后舞狮,所有节目全部要演完,俗称"全堂狮",而后将服装分天箱(上箱)、地箱(下箱)装好,上箱为素,下箱为荤,上箱留村内,下箱外出,然后到外地演出。一般一年分春、秋、冬三次外出,有时还到浙江开化和安徽休宁演出,节目大多为夜打目莲日舞鬼,还有舞狮,节目选择演出,称为"半堂狮"。

庆源傩舞在开始演出和结束时分别有"开彩"(开厨)和"封彩"仪式,还有为面具勾画翻新,请道士朱笔点睛的"开光"仪式等。"开彩"仪式在农历十二月二十三举行,点香烛鸣鞭炮,将面具拆洗、洗脸后便挂在壁上,等第二天(二十四)过小年时,供村民前来朝拜许愿还愿,到除夕晚子时一过,将菩萨、面具提到村中道上亭里,让来往行人在大年初一"拜菩萨年",而后装箱准备演出,相当于现在的开始一个"演出季"。"封箱"又叫"收傩",还叫"行水"或"过头"(换户头保管面具、服装、道具),即在全部演出活动结束后,将面具用皮纸包好,洗烫整治服装,装入箱或橱内,然后抬至负责当年保管的詹姓人家存放。庆源傩面具"开光"十年进行一次,俗称"十年两头转",即十年中头尾各一次。开光前要先"跌跤"问菩萨,选定开光师父(包括雕刻、勾脸师父和做法事的道士),选定后再杀鸡定时辰。做法是:先将开光斧放在大晒盘内,"龙头"(斧头柄与斧头结合部雕有龙头花纹)朝向上堂,然后杀公鸡抛入盘内,任其挣扎旋转,到停止不动时,鸡头对准了龙头,就是开光时辰,叫作"龙凤相对"。若不对准就要继续杀鸡,直到对准了为止。开光之夜,还要请道士做法事点眼开光和"出五猖"(追魂捉鬼仪式)、"发界牌"(表示村界的标牌)。开光后,要连演七天七夜目连戏,请傩神在"神台"(临时搭在戏台的正前方)上看戏,热闹非凡。

傩舞服装开始是用明朝夏布制成的"花衣",后来受目连戏、徽剧的影响才用上了蟒袍、靠服等。上身内衣不论,外穿戏装,下穿红衫裤,脚穿白布袜,黑布鞋,根据表演角色不同而有所变化。

傩舞道具多半是日常生活生产用具,如木棍、笊篱、晒盘、棕绳、木椅等。唯有开山斧用樟木雕刻而成,上有龙纹图案,斧刃处用铜皮镶边。后来受戏曲影响,也用上了马鞭、羽毛扇、宝剑、绣龙旗、方酒斗等。插在面具上的孔雀羽毛,为傩舞增添了不少妙趣和风姿。

傩舞音乐遵循舞止曲终原则,有"打击乐""曲牌""唱腔"三个部分。主要伴奏乐器有鼓、锣、钹、小锣、小钗等,丝弦乐偶尔用之。

庆源傩舞艺人较著名的有:

方银盛(1919~1997年),1925年师从方顺达、方达法学习狮傩,后参加"万顺班",20多岁时就带过班,并兼唱目连戏旦角和乐队司鼓。1953年参加"全国第一届民间歌舞会演"。他既能歌,又能舞,还有文化,对庆源班社的狮傩风格特点、唱腔等掌握得比较全面。

方禁平(1920~),自小从师学艺,是"仁和班"主要演员之一,能歌善舞,曾多次参加当地民间歌舞会演,1953年曾到武汉演出,能熟练表演戏班各个文武节目,如《单棒》《刘海戏金蟾》等,其中《刘海戏金蟾》于1986年入选《中国民族民间舞蹈集成·江西卷》录像节目。

江正旺,1953年赴京参加"全国第一届民间歌舞会演",主要打司鼓、吹唢呐,帮唱高腔。1977年逝世。


# 第六节　太极古村——游山


## 一、深山水乡

游山村,原名浚源村,又名凤游山村、凤游村,位于镇头镇西偏南8千米处,凤游山东麓的小河两岸,距婺源县城58千米,距景德镇30千米,与浮梁县、乐平市相邻。村庄有硬化公

路通达。

游山村处于崇山峻岭环峙的河谷地带。周边的高山有3座。一为大游山，又名凤游山、浚源山，为婺源县与景德镇界山，面积约为12平方千米，主峰海拔675米。二为鸡山，又名石老山，海拔485.8米，与赋春镇交界。三为蛟岭，海拔344米，西界景德镇市。群山植被茂盛，以常绿阔叶树为主。

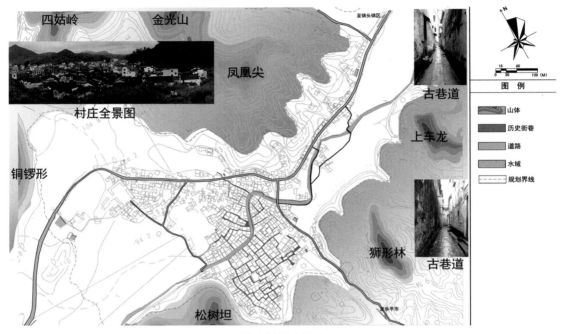

游山村风水形胜

村庄近处，也是层峦叠嶂，北有凤凰尖、金光山、四姑岭等为靠背，南有狮形林、上车龙为屏风。众山林涧中，有九条溪流汇入穿村而过的浚源河中，素有"九龙下海"之称。村居沿河两侧修建，清澈的浚源河呈太极图阴阳鱼形绕村淌过。青山碧水相映，古建倒映清溪，溪上横卧小板桥数座，溪中，数座水堨流水翻腾白浪。溪边，石埠浣衣者和风雨路廊坐凳上的憩人，笑谈着家长里短，一派小桥流水人家的闲逸，绘就一幅"深山水乡"的美丽画卷。

说起这条S形靓丽的河街风景线的来历，还有一个民间故事呢。浚源河原走村后山边而过。到了明代，村里发展到几千人，成了远近闻名的"千烟之村"。也就在这时候，村中出了个姓董的百万富翁，为人厚道，想为村里做点好事。他见村中人多，用水很不方便，于是出巨资开挖河道，将村后山边小河之水，引入村中。后来沿河两岸都建起房子，形成今天的繁荣景象。挖掘河道时，得到"静隐寺"一位王崇二祖师的指点。河道这么来回一拐，就是一个道家太极图。这是一个能避邪的图案，村民的愿望是能保护一村平安。此外，游山村到了明代，经商的人家已不下三分之一。河道从村中经过拐上几弯，目的是聚财，这也是村民都想富起来的愿望。

对游山村这方风水宝地，古人多有赞咏之辞。赐进士及第中顺大夫太常少卿兼翰林院学士国史总裁经筵官刘定之作有《凤游八景序》。游山董氏二十八世孙邑庠生董兆礼作有

《新增十景序》。"凤游十景"是指凤游赤壁、龙岩圣泉、八仙下棋、九龙聚会、儒林雅趣、危楼高插、太安仙洞、鸡峰曙色、文笔捍门、清溪鱼泳。清朝进士齐翀、戴冕、董思恺、董桂生、董忱、董其楫、董元吉、董廷对、董子帷、董甘霖、董洵等文人也为这些景物作序吟诗赞美。兹录一篇序文如下,以明"十景"的具体所指。

水乡人家

水街和风雨路廊

## 凤游八景序

　　徽有一名邑,曰婺源。婺源有一名山,曰凤游。其山始名濬源,唐天宝间适有彩凤来游,遂更名凤游。其地去县治西三舍许,邑之大族董氏,世居于是村,村始称濬源,今亦称凤游。是山之左,有一天井,深似无底。山之前有一石壁,高数百尺。山之麓有岩,岩下有一潭,潭方阔三四亩,原泉混混,引以灌田,可足数百顷。旱暵自远来请水者,咸有征应,因创龙王祠于其侧,遂以龙岩圣泉目之。南北有八峰,形如鹄立,如八仙下棋势。一水自凤游山发源,从西而东流,南北人家夹岸以居,因曰八仙下棋。山之东有山曰九龙,蜿蜒盘曲,如龙之状,董氏远祖建九龙神祠,以镇水口。其山东去十里许,有吴王墓在焉。每天指曙,明霞烂然,炫耀人目。山前高架一桥,画栋朱簾,光映溪流,三秋月明,尤为清致。此桥实董氏始祖知仁公首创,迨今子孙当斯时也,每论文赋诗,更唱迭饮于其上,有儒林雅趣,始因以儒林名。山南有危楼一座,高插霄汉,因名曰蹑云,实董氏九世祖五四公所创。名以蹑云者,意有拟于子孙以登高也。后因兵燹所毁,希俊公又继造之楼,虽重创而名则仍旧者,继先志也。西南一洞曰太安,尤为奇胜,有石龙、石棋、石钟、石鼓,仙迹不可枝数。董氏中字伯达者,实窆于其上,其门有贤裔名志信者,伯达之主器也。复以凤游八景自具事实,委其世戚汪君瑄氏,遍求当代缙绅贤士,以题咏之,可谓能善继善述者

也。予于志信虽未之识,而汪君则在京师相处日久,其可辞乎?遂为序之。

　　　　成化二年岁次丙戌秋九月上澣日

赐进士及第中顺大夫太常少卿兼翰林院学士国史总裁经筵官永新刘定之书

　　游山村属中亚热带温暖季风湿润气候区,年平均气温15.8 ℃,年平均降水量1840.5毫米,无霜期246天。全年日照时数约1848小时,有利于水稻、油菜等农作物的生长。浚源河上游有"锡皮笃埸""甌算笃埸",下游有"上水碓埸""中水碓埸""马形埸""旺林坦埸""燕尾埸",为水稻种植提供着灌溉水源。民国时期,游山村共有耕地5000多亩,但董氏宗族祠堂和支丁占有土地多达3万余亩。这些土地,除了游山村5000多亩,其余都分布在游山村周围地区。以游山村为中心,半径5千米以内的土地和山场,80%以上都归董氏宗族祠堂和支丁所有。此外,还有一大批土地分布在浮梁县和乐平县。

　　明代中期至民国时期,村中商业渐兴,其中茶商最为突出。鼎盛时期,游山村共有18家茶号。村民董仍光祖上曾开有3家茶号,经营的茶号分别是董三益茶号、乾生茶号、三益国记茶号,号主均为董国华。茶号经营最好的一年,一个茶号的年利润达1万光洋。他曾祖父生三子,他父亲的亲兄弟或堂兄弟共有18人,当时家中同锅吃饭的有60余人,他家在游山村有田400余亩,曾出资盖了一座书院,砌了一座石桥,修筑了一条5千米长的石板路。这就可见当年游山茶商的经济实力之一斑。

　　同时,游山村内商业也很繁荣。沿河街面店铺鳞次栉比,计有50多家。其中有百货店多家,药材店3~4家,豆腐店3~4家,屠店3~4家,油坊3~4家,剃头店3家,铁匠铺2~3家,漆匠铺1家(丰城人),糟坊2~3家,冥器店2家,银匠店2家。商业的繁荣提高了游山村的经济实力,也带动了村落建筑的发展。

水口林

## 二、前世今生

　　游山村是董氏聚居古村。游山村董氏,相传源于受氏于虞舜的豢龙氏。唐尚书左仆射董伯良渡江而南,他的次子董义(讳申,唐吏部侍郎),从河中虞乡万岁里,迁居江西银城(德兴)海川(海口),为海川始祖。董义生三子。据光绪《游山董氏家乘》记载,他的次子董知仁,讳熙,字光国,仕至荆南节度判官,升授奉议大夫,于北宋太平兴国年间,途经凤游山,因观山水之形胜,八仙下棋,九龙聚会,飞凤走马,狮象把门,感觉此地风水甚佳,辞官后偕弟董知义,在此定居,成了游山村的建村始祖。从此,董氏便在游山繁衍生息。

　　董知仁生子董益。董益生三子:长子董节臣,生子岩,迁鄱之利阳镇。次子董信臣,生子鉴。三子董贵臣,生子崧、徽、峕、岑。游山村董氏后分为三派:儒林派、竹林派、溪北派。其中儒林派(世居东村,建保和堂,属下四甲房)、竹林派(世居南村,建嘉会堂,分为一甲、二甲、上四甲、六甲、七甲、上八甲、九甲等房)是董信臣后裔。溪北派(世居北村,建崇德堂即星同公祠,属下八甲房)是董贵臣后裔。

　　董知仁后裔又迁徙到梅田、董村、田内、鄱阳、安庆、王封、池州、建德、竹陂桥、贵池、池口等地。董知义,离开凤游村,到浮梁槎溪定居,其后裔转徙到肇家建、狮山、北山、白虎桥、鄱阳、安庆、池州、秋浦等地。

　　宋、元、明时期,实行坊都制,游山村隶属于婺源县西南部的游汀乡凤亭里四十九都。民国时期,隶属于双凤乡第一、二、三保。

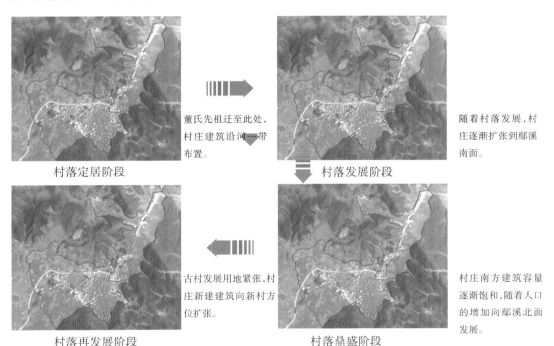

村落定居阶段　　董氏先祖迁至此处,村庄建筑沿河一带布置。　　村落发展阶段　　随着村落发展,村庄逐渐扩张到鄱溪南面。

村落再发展阶段　　古村发展用地紧张,村庄新建建筑向新村方位扩张。　　村落鼎盛阶段　　村庄南方建筑容量逐渐饱和,随着人口的增加向鄱溪北面发展。

**村落发展演变图**

中华人民共和国成立初期,游山村隶属于赋春区游山乡,1950改隶七区游山乡,1952年改隶八区游山乡,1956撤区并乡后,隶属游山乡,1958年撤乡建社,隶属赋春公社游山大队,1961年隶属游山公社游山大队,1968年隶属珍珠山公社游山大队,1972年划归镇头公社游山大队,1984年6月隶属镇头乡游山村委会,1995年3月至今隶属镇头镇游山村委会。

2007年7月,游山村被批准为江西省第二批历史文化名村。2008年,编制了《镇头镇游山历史文化名村保护规划(2008~2015)》,古村落保护有据可依,走上正轨。2013年8月,游山村被国家住建部批准为第二批中国传统村落。2020年游山村有838户2734人。全村有农田3463亩,茶地200亩,山林4.63万亩,森林覆盖率96%,主要从事种养业、农田耕种等生产活动,部分村民外出务工。

## 三、古村古建风华

游山村落面积有313亩,村域面积达26.8平方千米,是婺源县最大的自然村。现有民居480幢,其中明代建筑5幢,清代建筑150幢,现存古建筑占地面积2.6万平方米,传统建筑完好程度为75%。

游山村古街四通八达,有八甲巷、保和巷、节妇巷、嘉会巷、下街等数十条古街巷相连,大多数以青石板路面为主,宽度为0.5~2米,总长2000余米。浚源河沿河两侧街巷为主街巷,其余街巷为次街巷,村民由次街巷通过主街巷进出村落。

古村街巷

古村还建有完善的排水系统。街巷沿墙设有明沟或暗沟,排除古村生活污水和雨水。生活污水主要是村民的洗涤污水。古村内主要有3条排水沟:第一条是排水明沟,宽1米,深0.8米;第二条是排水明沟,有部分暗沟,宽1.2~1.3米,深1米;第三条是排水明沟,宽1.5米,深2米。

排水明沟和入户石阶 　　　　　　　　　　　　排水暗沟

九龙庙

游山古村落古建筑与婺源其他古村落相比,具有独特的风韵。由于游山村本身地处徽饶交界之地,历史上又时而属饶,时而属徽。故千百年来,在饮食、生活以及其他生产方面还保留了众多的饶文化风俗,同时又接受了徽文化的熏陶,徽饶文化在这个古老的山村交汇、融合。徽州的传统风貌建筑多数为两层的楼房,而游山的传统风貌建筑除了具有徽州"四水朝堂"的特点外,另增加一层,大多为三层;乐平、浮梁的上户人家大门口的左右两侧各有一个像磨盘一样大小的石刻钱模,游山传统风貌建筑天井的两个排水孔与上堂的一个排水孔也全都是石刻钱模。有些民居大梁木雕也有双钱图案。游山古村八家坦门前还有两个用石块嵌成的铜钱图案,名曰"双钱过街"。

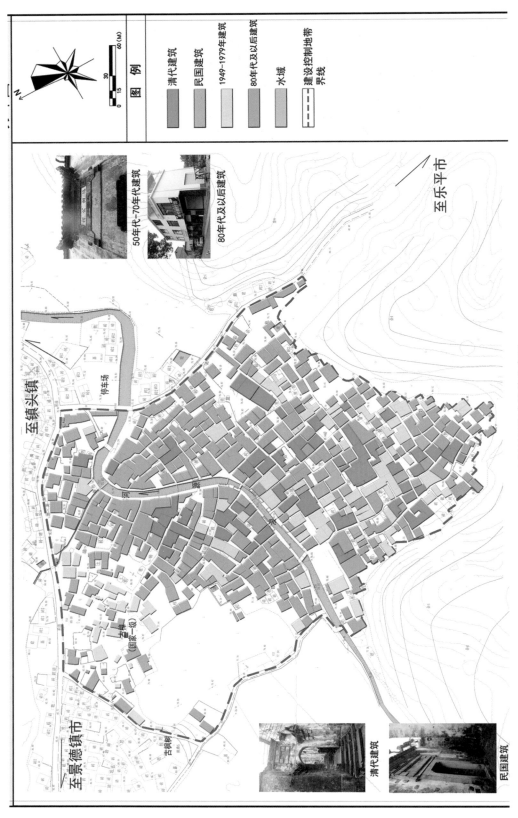

图 例

清代建筑
民国建筑
1949~1979年建筑
80年代及以后建筑
水域
建设控制地带界线

50年代~70年代建筑

80年代及以后建筑

至乐平市

至镇头镇

停车场

至景德镇市

古樟树（国家一级）

清代建筑

民国建筑

古村地形和古建筑分布图

"双钱过街"　　　　　　　象征铜钱的外方内圆井、外圆内方井

大梁上的双钱图案

　　对游山村古建筑,旧时有一句顺口溜形容:"一台三亭二世居,四星五岭六石桥,七房八形九龙会。"一台是指嬉戏台(上有牌匾:上下千古)。三亭是指函谷亭、瞻云亭、上门亭。二世居是指儒林世居、溪北世居。四星是指培元星、六墩星、兴仁星、六和星。五岭是指公岭、黄荆岭、羊冲岭、四姑岭、石下岭。六石桥是指儒林桥、题柱桥、迴谰桥、庆远桥、环溪桥、茂林桥。七房是指全村董姓分为七房,一甲、二甲、四甲(分为上四甲和下四甲)、六甲、七甲、八甲(分为上八甲和下八甲)、九甲,每甲都建有自己的祠堂。八形是指狮形、马形、鼓形、鱼形、梭形、象形、凤形、旗形。九龙会是指凤游山的九条山脉和九龙庙。

　　据《董氏家乘》记载,游山村历史上有以下建筑物:双节堂(明正统年间旌表董敬同妻汪氏和董元正妻汪氏)、建于康熙五十三年(1714年)的光裕堂(辰佑公祠)、建于乾隆四十二年(1777年)的继思堂(志枢公祠、桂祠堂)、贞训堂(乾隆年间旌表董希声妻吴氏)、约建于乾隆五十九年(1794年)的崇义堂、建于嘉庆十三年(1808年)的游山书屋(嘉庆辛未董勋铭写记)、建于道光十三年(1833年)的庆远堂(震秀公祠)、建于道光二十四年(1844年)的义仓(董扬芬写序、董雄飞写记)、重建于同治六年(1867年)的敦彝堂(玉保公祠)、重建于同治二年(1863年)的保和堂(竹林派琳公家祠)、重建于光绪十年(1884年)的贞和堂(原为董武佑第五子董志润的家祠,重修时改名为武佑公祠)、双节堂(清光绪年间旌表董本来妻张氏和董本万妻洪氏)、建于民国九年(1920年)的怀德堂(本材公祠)、嘉会堂(儒林派祠堂,又名大祠堂、俊济公祠)、星同公祠(又名崇德堂,溪北派的祠堂)、儒林桥(董知仁建)等。另外还有古井3口、古树6棵、古溪埠8处、古风雨廊6座、吴王靠4处、古店铺1处(吉祥商号)、庙宇2座(九龙庙、静隐寺)、旗杆石(墩)10多个,以及节妇牌坊等。

　　现在,游山村保存的传统风貌建筑多为徽派民居、祠堂,涵盖明代、清代、民国等历史时期。这些传统建筑主要分布在浚源河南北两侧。其中80%以上集中在南侧,其余在北侧。这些历史建筑中,有市级重点文物保护单位3处:吴灶泉宅、董盛光宅、董茂元宅;有县级重点文物保护单位10处:嘉会堂、儒林桥、庆远桥、题柱桥、茂林桥、董永森宅、贞训堂、董淦大宅、董国顺宅(董容春宅)、董盛允宅。游山村历史上祠堂多达36座,现还存有嘉会堂、星同公祠、贞训堂、保和堂、辰佑公祠、九甲祠、光烈堂、敦彝堂等8座。

下面,对游山村现存的古建筑做些介绍。

## (一) 古祠堂

### 1. 嘉会堂(俊济公祠)

此祠重建于清乾隆五十年(1785年),由支丁董希俊、董希济(十五世)倡议牵头建造,故亦称"俊济公祠"。希俊公、希济公兄弟二人,游山董氏十五世祖。父亲子英公,在明季之乱中,为保障一方乡民平安,单骑遇大寇,以寡不敌众死之。兄弟二人,幼失怙恃,被族豪占其基址,阴贼不良,几致孤命难保,宗祧之失传,良足惧矣。幸恩仆程桥,负二公逃,附适山祖姑接娘,赖姑抚养成人。及长,旋归故里,克光于前,昌厥于后。后希公生四子:真、胡、存、祖。济公生四子:师、武、辰、院。号称大祠堂八大股。堂名嘉会,取嘉宾会聚一堂之意。

嘉会堂坐落于村中心,坐南朝北,村门楼和享堂两进三间,占地面积260平方米。嘉会堂寝室供奉的神主,依中国家庙左昭右穆传统礼法排列。始祖董万洪的神主供奉于中龛正中;二世祖、四世祖为昭,其神主供奉于中龛左边;三世祖、五世祖为穆,其神主供奉于中龛右边。按徽州宗族左功右德的习俗,取得一定功名和对宗族有重要贡献的祖先之神主,列中龛左右配享。中龛中神主"永世不迁"。现为县级重点文物保护单位。

嘉会堂门厅墙壁上,嵌有《义田记》《祀天记》《学田记》碑刻各一方,是研究古代宗族管理"三田"制度的重要资料。

嘉会堂曾多次重修,最近一次是2014年,主要换了享堂、门券瓦面板。

大门　　　　　　　　　　　　　门楼砖雕

内景

侧梁、檐下斗拱、双凤朝阳木雕

门楼卷棚鸱吻托和梁架

侧梁和象鼻榫

2. 贞训堂（福相公祠）

此祠堂建于清末，存门楼、天井和梁庑、享堂三部分，占地面积182.6平方米，面阔11米，进深16.6米，屋脊高9.35米。福相公，十八世祖，他的孙媳吴孺人，年未三十，夫秉鸾公去世，堂遗二老，膝有双孤，孺人守义，自矢靡他事，上克敬，鞠子维勤，族党称为教节抚孤，士大夫赠匾，额其堂曰"贞训"，以贞操之志可为世训也。

四梁合柱结构

内景

大门 梁柱榫卯结构细部

### 3. 保和堂（琳公家祠）

清同治二年（1863年）重建，属董氏竹林派琳公家祠。占地面积187平方米，屋脊高10.94米。由门楼、两庑、天井和享堂构成。梁、枋、石础等线条简约流畅。

内景

檐口和梁架结构细部

天井坑

#### 4. 崇德堂（星同公祠）

建于民国九年（1920年）。占地面积136平方米，屋脊高9.2米。由门楼、天井、侧廊、享堂组成，三间式梁架。

大门

抬梁结构

内景

5. 光烈堂(秉衡公祠)

建于清代晚期。现存石库门和享堂,三间梁架,一层。占地面积180平方米。

6. 九甲祠

建于清代早期。占地面积200平方米,三间梁架,素朴简约,两层。现存大门和享堂。

光烈堂享堂梁架　　　　　　　　　九甲祠享堂和天井

7. 光裕堂(辰佑公祠)

建于清康熙五十三年(1714年)。占地面积200平方米,三间梁架,檐、拱做工考究。大门后修。

大门　　　　　　大门檐下大梁、斗拱、海浪牙饰板

敦彝堂享堂和天井

8. 敦彝堂(玉保公祠)

重建于清同治六年(1867年)。占地面积133平方米,建筑面积247平方米,三间两层。由门楼、天井、两侧庑廊、享堂组成,寝堂设在二楼。

(二)古民居

1. 依山楼

此楼依山势层层上建,多达三层,每上一层均错叠相连,上一层的天井与下一层的太师壁共墙,防渗水技术达到了极高超的水平。房屋建筑面积360平方米。第一层,堂前、石门柱、石门枋、青石板铺设走道。第二层,朝石山开天井,天井当中有一泉,泉水来自石山,用毛竹装筧而入,出水稳定,泉水冷冽清澈,烧沸泡茶,则清香扑鼻。再上第三层,学堂屋格式。天井朝外开,第三层的地面与第一层的屋顶等高,各部分之间都通过台阶相连。在楼顶可见游山村景。依山楼的雕刻相当讲究。无论是门窗梁柱,还是故事人物,花鸟虫鱼,都雕刻得古拙典雅,细致精巧,栩栩如生。

　　依山楼由本初公创建于清代后期。房屋外墙砖上"本初""复其"二字阳文。董本初,字复其,讳培元。一生行善积德,不放私债,不买祀产。保全于人者,大即食报于己者。翁生八子,二十四孙,三十六曾孙,一家之中,多至七十余人,其乐融融。建屋时为防子孙失和而分家,遂将房屋建成错杂相连结构,使子孙永远无法析产,必须和睦相居。

大梁雕刻

刻有"本初""复其"字样的墙砖

内景

格扇门

花枋和花格窗

依山升高的石楼梯

一层太师壁和二层天井共墙

### 2. 董永森宅

明代民宅,面阔11米,进深12.4米,现存建筑占地面积136.4平方米,建筑面积372平方米,屋脊高8.2米。地面呈正方形,房屋坐东朝西,三间,两层。大门朝北。进大门须先经过一个小院,小院东向是厨房。

此宅一楼深天井,环天井是四面回廊。一楼木柱方石础,有五间面积不大的房间。除照壁门上方的月梁有浅雕卷云外,全堂梁枋几无雕刻。厢房窗户有铜钱花雕饰,因而显得敞亮。

此明代民宅在乾隆年间曾出了一个叫董应寅的名医。董应寅以优良医德口碑著称。董应寅行医贫富同仁,贫家看病可先赊药记账,到大年二十四时病家未来付账的,他当晚毁账。此后至大年三十这几天,他都对来付账的人说"不必付账,已销",人称"舍药先生"。乾隆年婺源知县潘学簿以"德继杏林"匾送董应寅。

古匾

### 3. 董盛光宅

建于清代中期。大门为石库门,砖雕垂花门罩。穿斗式梁架,三间一进,两层,局部三层,屋脊高11.7米。占地面积206平方米,建筑面积520平方米。梁、枋和格扇门雕刻繁复。

大门

梁架和厢房格扇门

梁、枋雕刻

格扇门细部

## 4. 董茂元宅

建于清代中期。占地面积135平方米,建筑面积294平方米。穿斗式梁架,三间两进,三层,屋脊高10.7米。前、后进各有一个天井。梁、枋雕刻精致丰富。

侧梁和枋板及雕刻                        厢房退步门

## 5. 董香桂宅

建于清代中期。石库门,砖雕门罩,有瓶形外墙窗,窗上有荷叶窗楣。内部穿斗梁架,三间两进,三层。占地面积160平方米,建筑面积420平方米。一进四披水天井,走马楼。梁、枋雕刻逼真工整。

大门                        内景

梁、枋雕刻

## （三）古客栈

该客栈为清光绪三十年（1904年）游山茶商董新甫所建,建筑面积144平方米。客栈前门为半墙,以格扇门窗出面。门窗上雕刻精细,富丽堂皇。屋内梁枋、门窗都雕有人物、花卉。家中保留一套完整的清代木雕家具,做工很精细。屋内上堂地下正中有一枚"金钱"图案。村中商家都把金钱图案刻在房子正中,这是一种当地风俗。从建筑砖雕的图案上看得出来,这里的商家保留了历史上江西商人的性格特点,他们不计较雕刻什么内容,只按雕刻的多少来区分富与不富。经商的目的就是赚钱,因此当地商人把"钱"图案当作商家的标志,放在房子正中,直接体现出商人的心态。

临街外观

倒趴狮斜撑

格扇门冰裂纹饰和镜心雕刻

### （四）古桥、古亭

#### 1. 题柱桥

这座石拱桥始建于明万历年间，主持建桥人是徽光公（1548～1605年）。为单孔廊桥，桥廊内两侧有围栏和板凳，可供行人休息。桥长14米，宽5米。中间柱上两边各有对联一副，右边上联为"桥高亭更高重重关闭财气"，下联为"村大龙尤大隐隐稠密人烟"，横批为"高桥凉亭"；左边上联为"登高桥远眺儒林赞扬古迹"，下联为"站函谷遐思文笔羡慕前徽"，横批为"风景可观"。汉代司马相如家里很穷，可他读书却很用功，就是屡试不中，有一天过一座桥时，司马相如曾发誓，今后如不高中，决不过此桥。后来司马相如高中了，再过此桥时，给此桥取名"题柱桥"。这座石拱桥，也取名"题柱桥"，目的是勉励村人像司马相如那样发奋发达。后人有诗赞曰："方桥临水砌，唱和效龙吟。雅趣乘风月，高怀说古今。"

正立面

#### 2. 儒林桥

位于游山村西头，是一座平板石桥。桥有两座石礅，上架九块长条大石铺成桥面。为游山始祖董知仁首建，后裔孙董齐曾重建于清顺治十一年（1654年）。董齐曾非常有才干，见义必为,勇于担当,临难不畏,慷慨捐资建桥。诗赞:"桥成巨石号儒林,行人莫怯碧波深。月映滩头如碎锦,凭栏寄兴动长吟。"乾隆四十二年(1777年),邑庠生董兆礼在《儒林雅趣》中云:"桥结儒林碧水滨,不忧厉揭渡芳津。临流作赋成真趣,把酒催诗妙入神。老我惭非题柱容,后生谁是济川人。奚须取履推谦退,待聘恒多席上珍。"

桥立面

### 3. 环溪桥

清光绪二十四年(1898年),由村人董养晦捐资重建。此桥清末被洪水冲坏,村人出入不便。重建人养晦翁起而经营,不吝重资,不遗余力,不惮跋涉之劳躬,运石梁于数百里外(万年县施家桥),取其石性不易于磨砻而坚且久也。桥建通南北,工成石渡人。桥长9.8米,宽1.8米。

### 4. 庆远桥

建于清末,石拱廊桥。桥长13米,宽2.35米。桥上廊亭为后修。

环溪桥

庆远桥

5. 茂林桥

位于村头水口。建于清代中期，桥廊后修，为石拱廊桥。桥长 10.2 米，宽 6 米。

茂林桥

6. 回澜桥

位于村头水口处，为石板桥。桥长 8.6 米，宽 1.6 米。建于清代中期。

桥立面

桥面石板

#### 7. 函谷亭

函谷亭是游山村的大门,因为建在村中小河的下游,所以又称为"下门亭"。这座亭建于明代,单开间,重檐歇山,飞檐戗角,气势轩昂。八个戗角底下的铺作上各雕刻一只展翅而飞的凤凰,底下一层戗角的脊上各放置卧龙一条,寓意"龙飞凤舞"。村中习俗规定,凡婚嫁,新娘都必须经过此亭,因为亭上刻有龙凤,寓意"龙凤姻缘""龙凤呈祥"。亭上额枋上"函谷"二字出自于中国道教开山鼻祖老子过函谷关而得道成名的典故,故名。亭高7.56米,面阔、进深均为7.9米。

函谷亭背面　　　　　　　　　　　　举人旗杆墩

### 四、人文风情

#### (一)历史人物

游山村历史上人才辈出,人文鼎盛。始迁祖董知仁,曾任荆南节度判官、奉议大夫。还出了4位进士:北宋庆历二年(1042年)进士董安、南宋庆元五年(1199年)进士董初、南宋开禧元年(1205年)进士董宁、南宋嘉定十年(1217年)进士董节。还有历任皇议郎、散骑都尉的董贵臣,任朝议郎的董初,任高安知县的董骞等官宦。还出了董宏骞等名医。

游山村历史上的节妇烈女有:董希声妻吴氏、董宇周妻程氏、董士芹妻黄氏、董树元妻董氏、董远京妻张氏、董天义妻汪氏、董敬同妻汪氏、董元正妻汪氏、董以成妻汪氏、董益先妻潘氏、董清源妻沈氏、董福建妻戴氏、董国祥妻汪氏、董启沂妻江氏、董延繡妻齐氏、董树桂妻吕氏、董德薰女吉秀、董本来妻张氏、董本万妻洪氏、董昌治妻程氏、董卓甫妻钱氏等。

古时游山村以经商开茶行而著名,鼎盛时期共有12家茶号。白居易在《琵琶行》中描述的"商人重利轻别离,前夜浮梁买茶去"即在浮梁、游山一带。从现有的村落和一些遗迹可以看出,游山村曾富甲一方。中华人民共和国成立前,游山村的茶行曾开到上海、江苏、广州、安徽、湖北、九江等地。游山村的富商大贾有:董宏美、董学耕、董兆祥、董荣尚、董凤仪、董本

桓等。

现据光绪《游山董氏家乘》对游山村的一些主要历史人物做些介绍。

董知仁(二世),字光国。读书能文,博学通今古。游太学,讲三舍法,拜荆南节度判官,授奉议大夫。致仕,游新安,喜游山山水有八仙下棋之胜,谓宜隐者。盘旋,建桥曰"儒林";砌街曰"金钱街",遂世居焉。

董希俊(十五世),公与弟希济幼失怙恃,唯有姑,讳接娘,适涌山瑗十二程公,时族豪乘其幼而占其基,阴贼不良。公仆程桥即汪福寿,负公兄弟,逃附于姑,赖姑养教成立,遂与弟振居故里。

董骞(十九世),字德鹗,号慎斋,登正德癸酉乡试中式第十名,补进贤儒学教授,迁高安县知县,寻卒,制行纯笃,造理精详,讲易而生徒四至,临官而操守廉明,尊祖敬宗出于天性,著易效鼙及补遗行世。

董徽光(二十二世),字淑美,号焕宇,习书以学,任广东河源主簿,授将仕郎,制行端毅,资识超迈,潜心性学,游志艺林,迨至誉望远孚,而一时缙绅多折节纳交,兼悟禅学,修阴德,减租给贫,建桥济众,皆实行之可纪者,且虚怀接物,庇垢不留。

董本立(二十九世),字宅中,号桂堂,又号志大,覃恩敕赠修职仕郎。常持勤谨,素秉公忠,存心孝友,制行厚重,排难解纷,无愧仁人之号,轻财仗义,常存长者之风,植嘉木于村头,成然受福,布厚恩于族内,并不矜功,潘进士超赠额"古之遗爱",县志载质行。

董荣桐(三十世),字鸣凤,一字以良,号梧冈,一号朝阳,册名雍喈,由国学生敕授翰林院待诏,衔覃恩随带加二级,请父母并封祖父母八品,晋授修职仕郎。宣统辛亥本区得票当选议事会议员。冲和俭约,义重如山,能商能贾,手创艰难,是先民之特色,老生之常谈,施茶而建邮亭,渴者易饮,输租以奉祀,事寝成孔安,寿且康宁,五福可符于洪范,老弥好务,遗爱长传于人间。输租保和、敦彝二祠。年六十,婺源县知事葛给赠"周甲延龄"匾额。寿七十,江西省审判厅厅丞江峰青赠额"稀龄进德"。

董昌乾(三十一世),字健元,号惕庵,一号可贞,又号韫山,由邑庠生钦加同知衔,诰授奉政大夫,册名含章,豁达大度,超然尘埃,流连诗酒谪仙,才明货殖,传列文学科,人咸谓里中有颜回而莫测其汪汪千顷波。

### (二)民俗风情

游山村保留有徽文化和饶文化兼具的民风民俗,传承着傩舞、舞龙灯、砖石木"三雕"技艺等非物质文化遗产。在结婚的宴席上,乐平、浮梁与游山人都是用麻粿来招待客人,嫁女时,乐平、浮梁与游山人的女方兄弟要去探望自己的姐妹。这些都与婺源其他地方有所不同。游山村还流传着许多民间故事,兹录三则:

#### 1. 村名来历

相传唐天宝年间浚源山上飞来一只美丽的大鸟,绿羽长尾,头顶红冠高耸,一老者见了说:"此乃凤凰耶,凤凰不落无名之地,此大吉大利也。"人们恍然大悟,兴奋地喊着奔走相告。从此,"浚源山"改名"凤游山","浚源村"改为"游山村"。

## 2. 县官送匾

游山村头函谷亭上原有一块匾额"士民敦厚"。相传有一县官初到婺源上任,全县士绅纷纷前去朝拜、祝贺,唯独游山的士绅没有去。县官心想:游山村可是婺西的一个大村,本官初到婺源上任,怎不见游山村的人前来给我接风?心里甚是不悦。不久,游山村里闹出了事端,因为天旱,有两户人家争着为自己的田里引水,一位有钱人蛮横将水引入自己的田里。另一位穷人不服,趁着有钱人离开时,弯腰将其田里的水放入自己的田中。这时有钱人刚好赶到,怒气之下,举起锄头朝穷人的头上猛砸下去,穷人倒在血泊之中。这件事传到了婺源知县的耳里,知县暗自高兴,认为此案必经他审理,有了计较的机会。令人料想不到的是,村里的主事召集众士绅商讨处理此事,大家跪在作案者的父母面前,要求严惩其儿。无奈之下,其父捧着砒霜命儿吞下,一命抵了一命,了结了此案。县官闻之很是感动,题了"士民敦厚"的匾额送与游山村。这块匾额有很长一段时间,一直挂在函谷亭上。

## 3. 旺林坦

明朝中期,风水先生指出,游山村水口处"旺林坦"处要种树以遮挡水口,锁住财气,村运才会兴旺。由于"旺林坦"当时为一片稻田,归别村所有。游山村向该村租种了此处十亩地耕种稻谷,后来,不声不响地在稻田中植入树兜,逐渐十亩良田长成了一片树林,刚好锁住了游山村的水口。起初游山村还年年交给别村田租。但当"旺林坦"中的树木长大成林之后,就借口成了树林,不交田租。别村不服,向县衙告状,打起了官司。结果是游山村赢得了这片十亩"旺林坦"。

# 第七节　明经胡发源地——考水

## 一、概述

考水,古称考川,为紫阳镇下属的考水村委会所在地,位于婺源县中部偏南的丘陵地带,距婺源县城16千米,有三级硬化公路直通村内,2005年被评为历史文化名村。

村庄建于扁担山西北麓小溪旁,四面环山,东有玛瑙峰,南有凤山,西有西山,北有珊瑚峰,可挡寒流。村北溪流环绕,遍布茂林修竹。溪流名叫"槃水",是村庄"明经胡"始祖胡昌翼以《诗经·卫风·考槃》诗句"考槃在涧"而取名。平缓的山麓与盆地,为村民提供了充足的日照与可开垦的土地,是一方人居胜境。

考水村古街巷四通八达,清一色石板路,主要历史街巷有前街、后街和八家弄。前街和后街,均为南北向道路,道路宽度1.5~3米,青石板路面,前街道路长约320米;后街道路长约360米。八家弄为东西走向,道路宽度1.3~2米,青石板路面,道路长约71米。在村的北侧有一条石板古道,长453米。现有历史建(构)筑物26处(其中建筑23幢,古桥1座,古墓2座)。已列入上饶市重点文物保护单位的有1处(胡昌翼墓),已列入婺源县重点文物保护单

位的有3处(敦本堂、维新桥、胡清墓)。

2020年考水村有村民161户742人。全村有耕地1028.3亩,林地4921.9亩。考水村是以农业为主的村落,盛产绿茶。村庄附近,槃河上游,江西省AAAAA级乡村旅游点瑶湾,带动了古村旅游业的发展。

古人称赞考水"风水宝地"有"十足"之气象:"始祖明经是太子,双凤向阳朝帝殿,三支来龙结村基,四封桥头桂花香,五子登科祥云井,六角文笔秀峰尖,七哲名家是贤人,八字双狮把坳口,九曲双灵龟蛇守,双水回澜十字流。"下面依次解释一下这"十足"的含义,看完,你对考水的村落格局、主要建筑、历史人物就会有全面的了解。

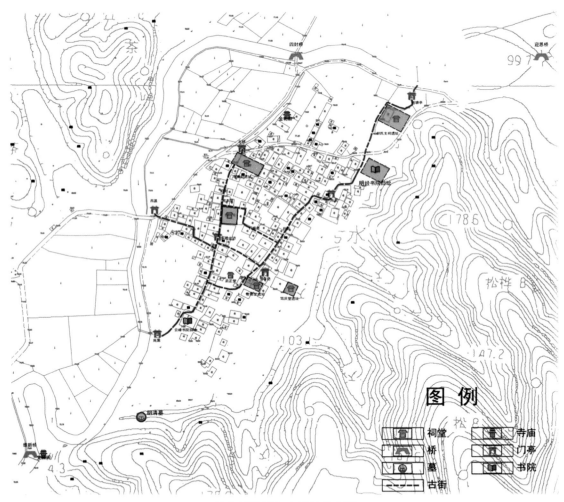

考水村地形和古建筑分布图

## 二、明经胡的来历

"始祖明经是太子",指的是"明经胡氏"建村考水的传奇历史。

据《明经胡氏族谱》记载,明经胡氏始祖昌翼公,乃大唐昭宗皇帝何皇后之子。当时宣武节度使朱温(全忠)握有重兵,权倾朝野,对唐室社稷垂涎已久。为了进一步控制朝廷,借故岐兵威逼京城,准备迁都于自己的势力范围内的洛阳。唐昭宗在朱全忠的胁持之下,无奈起驾迁都洛阳。唐昭宗预感到大祸即将来临,何皇后也惧怕朱全忠。乾宁四年(897年)迁都,人马来到陕州,三月朔日,何皇后临产,皇子呱呱坠地,这就是明经胡氏始祖李昌翼。昭宗知道已经不能逃脱朱全忠的虎口,就与何皇后暗中商量将皇子乔装成普通婴儿,携带一些宝玩和御衣,改姓易名,隐藏到民间,等到大局稳定之后,再重新入宫。当时昭宗皇帝的心腹胡清(胡三公)跟随皇帝御驾东迁,皇帝就将太子托付给他抚养。于是,胡三公带着太子,潜回他老家婺源。昭宗来到洛阳不久,就被朱全忠杀害。天祐元年(904年),德王裕的九位王子也惨遭杀害。李唐宗室仅存哀帝,而李昌翼隐存于外。

李昌翼与义父胡三公来到考川以后,因为义父姓胡,故从胡姓。胡昌翼于后唐同光三年(925年)登明经科进士。胡三公见昌翼已经长大成人,就将他的真实身份坦言相告,并且出示他从宫中带出来的御衣和宝玩。昌翼失声痛哭,于是无心仕途,从此隐居乡里,开设书院,传道授业解惑。据《婺源县地名志》载,胡昌翼虽在后唐同光乙酉中明经进士,但“义不屈仕”,尝构“绎思斋”“畅情池”而逍遥其上,并取《诗·卫风·考磐》中“考磐在涧”之义,易村名胡村曰“考川”。后乡人俗称为“考水”。传胡昌翼有遗兴诗二首云:“家住乡庄深僻处,就中幽景胜他人。林园满目犹堪玩,丘亩当门渐觉新。绎思斋中寻古义,畅情池上钓金鳞。人生但得长如此,任是湖边属汉秦。”“投簪搁笔厌文场,拂袖归来创小堂。但向湖中消日月,岂知世上有兴亡。醉乡往往眠芳草,归路时时送夕阳。倘若异时咸得志,林泉惟愿莫相忘。”为报答胡三公的养育之恩,但又不能忘怀祖姓,所以他的后人的所有胡姓家谱谱序中,都首列明经胡氏原为李姓,加上“明经”二字以示与其他胡姓的区别,也就做到了孝、义两全。

于是,婺源考川成为中国明经胡氏的发祥地。据《新安考川明经胡氏宗谱》卷一《考川总系》记载,胡昌翼生有三子:长子胡延进(一作政)、次子胡延宾、三子胡延臻。

胡延进字以礼,号节庵,知岩州军。宋太祖开宝末年,他担任绩邑令,迁居绩溪县龙塘胡里。此后他的子孙又相继迁居浑北、杨林、上庄。

胡延宾担任宣州刺史,后官至枢密副使,迁居歙县紫阳。他的曾孙胡权担任镇江通判,因此迁居镇江,后又迁居万年、石门、广信等地。

胡延臻生有二子:长子胡文昊,次子胡文晟。胡文昊担任京西转运使,生有四子。现在居住在婺源考水的,则是胡文晟繁衍的子孙。他有六子:胡令恭、胡令宝、胡令洵、胡令绪、胡令极、胡令敏。明经胡氏由此繁衍成甲、乙、丙、丁、戊、己、庚、辛、壬、癸十派。此后因考取功名或经商而又有胡氏子孙陆续外迁。世界文化遗产地西递的开基始祖是壬派胡。著名学者胡适就是绩溪县上庄“明经胡”的后代,“红顶商人”胡雪岩也是“明经胡”后裔。

明经胡氏后裔从二十三世祖起取一百字轮序排行于后:“圣世长清,兆锡嘉名,逢时辅赞,家学汝成,懋德常宏,大文昭炳,笃志敦修,惟良仰景,泰遇兴贤,建树必先,自新其本,毓秀联延,节传卓立,朝宗元吉,洪庆有钟,寿高福积,守道崇增,瑞云允升,咸思克济,祖述继明,作式绍之,益辉厚泽,麟耀祥晖,凤鸣腾达,百代同发。”胡三公、胡昌翼去世后,他们的墓都在考水。胡三公墓位于后山,现为县级重点文物保护单位。

胡清墓

胡昌翼墓

胡昌翼墓在考水村北侧,墓地为凤字形,墓葬为八卦形。墓葬与墓圈护围均以青砖垒砌成,其圆形墓圈护围直径6.6米,地面用卵石和碎石嵌成席纹。墓葬直径3.9米,高1.45米;墓葬外表八方的青砖上,分别刻"八卦"符号。较特别的是,墓葬顶端有一圆孔,圆孔直通墓穴,村人说:严寒时,孔内暖流气吐;酷暑日,孔内冷气贯出。墓前门堂长4.9米,宽3.8米。门堂前立有青石古碑一方,碑高1.5米,宽0.78米,厚9厘米,面刻阴文篆书"始祖明经胡公之墓"八个大字。碑座左右分别镌有篆书"明经胡氏""三延并茂"字样。碑前置有石香炉一座。墓室前的甬道,中以长1米、宽0.6米的七块青石板铺成,两旁的地面亦用卵石和碎石块嵌成席纹。

拜谒太子墓,须穿过九层坦地,然后再登九层"金阶"(共96级),方可抵达群山围拱、云气凝集的坟陵。伫立陵前眺望,前方峰峦九重,近者佳木葱茏,远处云树依稀。《素问》中说:"天地之至数,始于一,终于九焉。"唐皇子胡昌翼于北宋咸平二年(999年)十月初三无疾而终,享年96岁。因胡昌翼荣登明经科第,乡人敬称为"明经公",其后子孙世以经学传家,署其族号曰"明经胡氏"。

考水古村历史上是胡氏宗族管理的村庄,村内建有祠堂数座。

敦本堂,又称"遗经启后堂",位于前街与八家巷口处,清初建造,双天井,雕刻以花卉、线条为主。建祠主人意在把经书传给后代,并鼓励后人精于耕读,遂取此堂名,是县级重点文物保护单位。

孝友祠,胡志清祠,二十世祖,仕四公次子。建于明永乐年间,位于现村口文化站位置,其文化站外墙地基和墙脚是孝友祠遗址。

胡氏支祠,坐落于莲塘亭与明经书院之间,始建于南宋,中华人民共和国成立前被毁,现仅存遗址。

执礼堂,坐落于村中央位置,建于明洪武年间,1952年被毁。

世德堂,又名"七哲名家祠",位于后街,建于明洪武年间,"文革"时被拆除,现存遗址。

本仁堂,坐落于村中央位置,建于清朝,1952年被毁。

笃庆堂,位于村后,建于清朝,1958年被毁,现存遗址。

这些祠堂虽然多不存在了,但族祠楹联还是流传了下来:

(1)所言善所行善所思善,善日积而不知;厥身庆厥家庆厥后庆,庆方来而未艾。

（2）子世日繁皆本一人之身何分尔我；人情性异第由三代之道岂有古今。

（3）第一等好事只是读书；几百年人家无非积善。

（4）快乐每从辛苦得；便宜多自吃亏来。

（5）能受苦方为志士；肯吃亏不是痴人。

从这些联句中可以想见当年考水村深厚的文化底蕴。

敦本堂大门和外墙

四封桥

## 三、风水宝地

"双凤向阳朝帝殿"，指的是村南面有凤山双峰，像两只凤凰朝向北方的京都，忠心不二。明经胡氏为保忠义长传的好家风，就订立了《家训》："义祖大于始祖，儿孙不得复宗。改姓（李改胡）不改郡（陇西郡）。读书，起家之本；勤俭，治家之源；和顺，齐家之风；谨慎，保家之气；忠孝传家之方。竞忠尽孝，谓之人；治国经邦，谓之学；安危定变，谓之材；经天纬地，谓之度；万物一体，谓之仁。庶民之业唯仕唯尊，贾而崇义，儒而尚仁。读书知礼乃明经胡氏之尊崇，学优出仕为明经胡氏之族望，积德行善本明经胡氏之家风，集贾、儒、仕一族成明经胡氏之恒业也。"

"三支来龙结村基"，指的是村庄来龙山有龙、凤、虎三支象形山脉环抱，形成优良的小气候，又为村人提供丰富的动植物资源。

"四封桥头桂花香"，指的是村中有座"四封桥"，建于明嘉靖年间，宽5.5米，长14米，高2.5米。据《婺源县志》载，桥系明代尚书潘潢母、副使方舟母、金宪潘选妻、参政潘铖妻同建。这四位女性都曾是考水的姑娘，所嫁郎君都得中进士当上高官，她们也因此受到皇上的敕封。为了村人过河到对岸的"明经书院"上学方便，她们捐资建了此桥。这也为考水后代科举高中者众多作出了贡献。

祥云井碑

"五子登科祥云井,六角文笔秀峰尖,七哲名家是贤人",指的都是村庄历代尊师重教、人才辈出的盛况。村中有"祥云井",是著名"红顶商人"胡雪岩(本名光镛)为考水祖籍地捐资所建。为作育村庄文风鼎盛,村头还建有六角形"文笔塔"。

考水村人多能刻苦攻读,在科甲上取得了骄人的成就,并著述颇丰。考水村除胡昌翼于后唐同光三年(925年)荣登明经科进士外,据民国《婺源县志·科第》统计,自北宋熙宁至南宋咸淳,村中有16人登进士第。考水村在"科第接踵"的同时,由科举或征辟等步入仕途、出任七品以上的文武官员也不少。宋代有知严州军胡延进;宣州刺史、枢密副使胡延宾;京西转运使胡文昊;通奉大夫胡三省和胡结;朝请郎胡铉;参知政事胡绍;知南康军胡伋和胡湜;国子司业胡伸;金紫光禄大夫胡侃;吉州知州胡日新;灌阳知县胡杲;大理寺评事胡若凤和胡宁;承议郎胡抟;闽清知县胡持;泸州知州胡自厚;芜湖知县胡著;中奉大夫胡昌年和胡大年。元代有浮梁知州胡玑。明代有顺昌知县胡文疢;崇阳知县胡浚等。《明经胡氏家乘序》中载:"明经公而下,自五代历宋元至于我朝,代不乏人,照耀先后。翰苑驰声,则有曰'江南二宝,胡伸汪藻'之云;科第接武,则有曰'槃水十年三进士,祥云四世五登科'之名;著书行世,则玉斋、梅岩、双湖、云峰其人;捐田建学,则主簿龙泉公、总管玉湖公其人;若夫爵位之蝉联,资产之丰厚,不可胜论,他族罕能过之。"

南宋理学大师朱子曾为考水题词:"明经学校,诗礼人家。"相传还作有赞诗:"唐室遥遥孝义门,屹然双阙至今存。当时泣尽思亲血,化作恩波遗子孙。"

据光绪《婺源县志》载,元至大三年(1310年),乡人胡淀为纪念始祖明经进士胡昌翼,同时也是纪念朱子的题词,创建了"明经书院",一时"四方学者云集""历数年,学者至盈千人"。受明经书院影响,考水在历史上还先后建有石丘书院、云峰书院、藏书楼、藏云楼和精舍(女子学校)、文昌阁。明洪武二十年(1387年)《明经胡氏宗谱·序》载:"考川富贵繁丽,吾无所羡;惟此屋书声,他处所无,为可敬羡耳。"现仅存遗址。

所谓"七哲名家",是指考水的七位名儒:八世祖胡伸,十二世祖胡方平,十三世祖胡斗元、胡次焱、胡一桂,十四世祖胡炳文,十五世祖胡石邱。下面重点介绍胡伸、胡次焱、胡炳文三位。

胡伸,字彦时。为明经八世祖。幼颖悟,年十四随兄胡伋游学杭州,月试辄先出,又数居首。教官命移案就察之,问所用事,应对如响。苏文忠公闻之,遣鞍马召与语,其见叹异。后入太学,与同郡汪藻齐名,时人语曰:"胡伸汪藻,江南二宝。"北宋绍圣四年(1097年)与兄伋同登进士第,授颍川教授。元符二年(1099年),召为太学正,进博士。建中靖国元年(1101年),迁秘书丞著作佐郎,与修《神宗日历》及《礼书》。崇宁四年(1105年)除右正言,数月,以亲嫌改符宝郎,迁辟雍司业。后以直谏谪监杭州楼店务,继知无为军。在任为政慈恕,民绘其像于学宫。著有《四书解义》《胡氏棣华稿》《尚书注》等。其所著书经诸书,明永乐十二年(1414年)上命刊入《四书五经大全》,颁行天下。

胡次焱(1229~1306年),字济鼎,号梅岩,晚号余学。为明经十三世祖。少孤贫,母氏策励以学,劬书不辍,博览强识魁江东。南宋咸淳四年(1268年)登进士第,授官贵池县尉。德祐元年(1275年),元兵至贵,郡帅张林以城降,次焱守节不屈,以母老脱身归家,以《易》教授乡里终。著作有《梅岩文集》十卷、《四书注》、《唐诗绝句附注》、《文公感兴诗注》等。其《梅岩文集》十卷,明嘉靖年间由其族孙胡琏搜辑,胡琏外甥校刊,收入《四库全书》集部别集类。从创作上来看,胡次焱诗作的思想和风格都继承了陶渊明的传统,但又不简单地模仿陶诗,而能通过自身的经历和感受形成自己的特点。最能体现胡次焱创作思想和风格的代表作,莫过于《媒问嫠》和《嫠答媒》二首。他以媒劝嫠再嫁、而嫠答问守节的形式,象征性地表达了有人劝其仕元,而其决然不应的思想品格和精神面貌。"妾命青叶薄,妾心顽石坚"是诗人这种思想的高度集中表现。

胡炳文(1250~1333年),字仲虎,号云峰。为明经十四世祖。他自幼颖悟,"庭受父训,禀承家学"。12岁时,常夜读不辍,父母恐其劳累成疾,不让他学得太晚,而他依然不改初衷,用衣服蔽住窗隙之光,瞒着父母继续挑灯终夜默诵。稍长,"笃志朱子之学,上溯伊洛,接洙泗渊源",并对"诸子百家、阴阳医卜、星历术数靡不推究",终成元代一派学术大师。至大年间,族弟胡淀建明经书院,胡炳文代山长,以教四方来学,"东南学者宗之",夸其"彬彬有儒风焉",咸称之为"云峰先生"。延祐年间,他被荐为信州道一书院山长。后调兰学正,未赴。胡炳文所在的元代,虽然"朱子之学"被"定为国事,学者尊信,无敢疑贰"。但真正不为科举功名计,而醉心于义理,有志于阐发"朱子之学"的士人,却为数不多。正如胡炳文给汪古逸的信中所说:"年来老成凋谢,时文愈盛,而古学寝衰,……浓郁于文公之学者,百无一二。"同时,在此时期,"朱子之学"本身也未能得到光大发扬。揭文安公称:"圣人之学至新安朱子广大悉备。朱子既没,天下学士群起著书,一得一失,各立门户,急奇取异,附会缴绕,使朱子之学翳然以昏然。"这就是说,朱子故后,因朱门弟子体会不同,"朱子之学"的真谛已难以明了。在这种学术背景下,胡炳文以固守"朱子之学"为宗旨,以订正"异论"自任。《元史》载:"余干饶鲁之学,本出于朱熹,而其为说与熹牴牾,炳文深正其非,作《四书通》,凡辞异而理同者,合而一之;辞因而指异者,析而辨之,往往发其未尽之蕴。"《四书通·邓文原序》则说:"戾于朱子者,删而去之。有所发挥者,则附己说于后。如谱昭穆,以正百世不迁之宗。"《四库全书总目》亦云,胡炳文所作《四书通》对于"刊本先后之差,亦悉加考证。其于一家之学,用心亦勤且密矣"。由此可见,胡炳文在继承和发挥"朱子之学"方面,是付出了艰巨劳动的。因此,元代理学大师吴澄说:"有功朱子,炳文居多。"胡炳文一生著述甚丰,有《周易本义通释》十二卷、《朱子启蒙》、《易五赞通释》八卷、《春秋集解》、《大学指掌图》、《五经会意》、《四书通》二十六卷、《四书辨疑》、《性理通》、《尔雅韵语》、《纯正蒙求》三卷、《礼书纂述》、《云峰笔记》、《云峰诗余》、《云峰文集》二十卷、《孟子通》十四卷、《论语通》十卷等。寿八十四卒,集贤院札谥"文通"。

入明以后,徽商崛起,据《婺源县志》载,时考水村人在外营商的有"服贾粤东"的胡文焕,

"业木江北"的胡柏仁,"营业茶、木"的胡鸿基,"以木业起家,在苏州经营商务"的胡谦,"就贾苏、常间"的胡大复,"商楚三十年"的胡世迻等。大量的人才转入商业,使得科第成绩开始不振,再也不见有登进士第者问世了。对于科甲衰弱的原因,村人另有一种说法:由于他们明经胡氏始祖的父母和亲友均为后梁朱温(朱全忠)所杀,而明朝的当政者亦是朱姓,所以虽然考水读书风气甚浓,可村人却都不愿参加应试,为此也就没有进士了。不过,仍产生了一些不以科名显达的文士和书画家,并有不少著作传世,简介如下:

胡浚(1445~1520年),字德渊,号仰山。自幼颖悟,习春秋,常诵读达旦。纂修《惠郡孝宗实录》;辑《东坡谪惠诗》《东坡全集》十七卷、《仪注节要》等书刊行,著有《仰山文集》。

胡琦(1482~1528年),字廷玉,号瀛桥。邃于《易》学,远近师之,门人登高第者甚众。

胡琏(1475~1548年),字宗器,号菊友轩,又号潜斋。著有《菊友轩集》《宗老宴会集》《梅岩先生集》等。

胡瑾(1477~1561年),字重器,号蒲塘。著有《蒲塘吟稿》。

胡珙(1481~1557年),字廷享,号珊峰。习易经,门生潘滋、程霆、方舟等登高第。著有《百粤唱和诗集》《五赞通释》《星源学记》《寒泉文集》《易传释纂要》《星源人物传》《寒泉文集》《考川名物记》《贤友简书》《克己正家集》《世德录》《易传释纂要》《星源人物传》《珊峰文集》等。

胡玠(1483~1528年),字廷孚,号茗谷。习易经,曾构建"茗谷书堂"。著有《茗谷诗集》。

胡瓒(1485~1540年),字秉诚,号槃阿。能诗赋,有《槃阿诗集》行世。

胡安(1492~1528年),字孟静,号槃中。性颖悟,习春秋。知天文地理,医算历卜学、道德之奥,莫不通究。

胡宽(1501~1529年),字孟栗,号琴士。能琴,善篆刻,有《阁夜弹琴卷》《秋声录》刊行。

胡邦佐(1516~?),字朝卿,号南塘。涉猎经史,善楷书。

胡天衡,字虞英。著有《大学会纂》《中庸释义》。

胡元谱,字宗大。著有《纲鉴纂要》。

胡楷,字士端,号也林。著有《经义摘要》《随笔丛话》《陶潜诗钞》等。

胡鸿逵,字植卿。好游名山大川,文思愈畅,遥情胜慨,啸咏自如,兼解音律,博古通今。著有《济轩吟稿》。

胡潮,字可大。著有《四书易参订》《眉翁文集》。

胡廷标,字贵皋。善丹青,每游览,神怡走笔,即具一丘壑。尤精工画人物、竹、马,人竟宝之。

除上述外,考水村昔日儒生多兼通医术药理,不少儒生抱"不为良相,则为良医"的愿望,在诵经读史的同时,精研医学。如:胡萱,字村之,号草窗,业儒通医,济活颇多。胡邦平,号少竹,医学成家。胡世裕,字原顺,业儒未遂继父志,尤精医术,毫无利心,时称"长者"。胡世润,号怀竹,医术成家。胡家桂,字尚经,精岐黄术,有求必应,不受谢,人皆德之。胡嘉章,字伯益,工诗文,简劲纯粹,刻《去峰易通》《四书通》行世,精贯医术,著有《天地人事图》。

"八字双狮把坳口,九曲双灵龟蛇守,双水回澜十字流",指的是考水村的风水形胜。村庄的第二重水口有凤山和珊瑚峰如双狮紧锁,藏风聚气。还建有廊桥维新桥,桥宽6米,长

16米,高5米,清康熙十七年(1678年)重建,单孔石拱桥,桥上有四开间廊亭。有"桥亭典雅疑别墅,寮阁峥嵘掩村扉;群山脉脉拱村廓,秀水源源汇考川"等楹联,现为婺源县重点文物保护单位。

维新桥和龙门石桥名题额

槃河回澜　　　　　　　　　　　　　　莲塘亭

　　绕考水村向西南流的槃河,从维新桥下而过,桥东头则建有水圳,把水口山凹的径流,引向东北方的村内,灌溉田地,从而形成了"双水回澜"的风水格局。离村较远的第一重水口河湾处,则有双灵桥,桥下水流中有两块巨石,像龟、蛇一般守护着村民。先天的自然山水,经过人工营造后,变得更加宜人宜居。

　　考水历史上还有四座带有防御性的村门,分别是东星、南熏、西瀛、北钥。另外在东星门至迎恩桥之间还有一座莲塘亭。南熏亭长5.1米,宽5.05米,四面高3.8米的墙体以砖砌成,木屋架直接搭在两边的墙体上,无落地木柱,屋面覆小青瓦。莲塘亭,长9.3米,宽5.1米,四面墙体高约4米,建筑形式与南熏亭大致相同。

# 第八章　中国传统村落

到2020年底，婺源县共有28个中国传统村落，其中有7个是中国历史文化名村，本书第六章已作介绍，还有6个是历史文化名村，本书第七章已作介绍，本章对其余的15个中国传统村落，逐一作概述性介绍。对各个古村的概述，主要内容为村庄的地理环境、形成简史、经济社会简况、现存的古建古迹、人文特色等几个方面。

## 第一节　清华镇洪村、诗春村

### 一、洪村

洪村，位于婺源县清华镇西南方12千米处，距县城38千米。

村庄坐落在一个幽深的山谷里，北倚青翠的后龙山，南临半月形的鸿溪碧波，隔河有一片平畴田园，好似"聚宝盆"，是村庄的"明堂"。村庄隔河与山势平缓的案山——釜山相望。四周群峰环绕，古代只有一条石板古道，穿行于大山缝隙里，溯溪而上可达甲路等地，顺流而下可往清华、县城。现在有硬化的公路通达。山川环绕中，粉墙黛瓦的古村倒映在清溪里，绿樟红枫点缀其中，与田园风光构成古村的淳朴风貌。古人有诗形容洪村风水格局：山含浅碧云深锁，半月溪水半月村。

水边的洪村

洪村水街

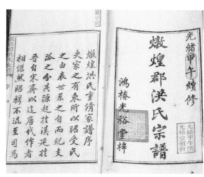

洪氏宗谱书影

　　洪村是洪姓聚居村落,始建于北宋天圣年间,鼎盛于明清时期。洪村保存的《敦煌郡洪氏支谱》记载:"始迁祖济公,字元祐,先世盱眙人也,……随父杞公居婺之洪源。宋初,偶来婺北鸿椿,见山川环绕,树木交翳,清流绵亘左右,慨然曰:此可以兴吾宗矣,因家焉。"婺源乡音"鸿椿"与"洪村"谐音,故后作今名"洪村"。

　　民间还流传着一个洪村开基的故事。洪村始祖洪济,原是车田洪源(今婺源大鄣山乡洪源村)人。他每年都要经过这里去甲路的亲戚家玩。有一年,他牵了一黄一白两只狗去甲路走亲戚,回来路过村中现在光裕堂的位置时,那两条狗就赖在那里,死活也不肯走了。狗是通灵的动物,虽然不会说人话,却也抵得上半个神仙。没办法,洪济就对那两只狗说:"这样吧,我在这后山坡上栽一棵白果树和一棵香樟树,白果树就代表你白狗,香樟树就代表你黄狗。如果明年白果树活了,我就带你白狗来;如果是香樟树活了,我就带你黄狗来;如果两棵树都活了,我就把全家都搬迁到这里来。"第二年,他特意来这里,看到这两棵树都活了。他仰天大笑:"这是天意啊!天命不可违。"不久,他便真的把一家老小都搬到这里来定居了。另一传说是,洪济在这里遇到一个道人,给他两颗种子,说是如果种活了,就可以搬家来此落脚。洪济种下了种子,第二年来看时,只见一棵樟树、一棵银杏树已经苗壮成长起来了,于是便举家迁此建村了。经过千百年的发展,终于繁衍成了现在这样一个古村落。洪济种下的这棵古银杏树至今还存活着,高30多米,胸围5.2米,为一雌株,每年产白果400多千克。与银杏相伴的还有一棵古樟树,它的胸围比银杏树还粗,达5.5米。虽然古樟早年遭雷击,主干已经腐空,仅存一根侧枝,但仍生机盎然。

　　洪村2020年有村民152户496人,2011年被评为"江西省生态村",2014年被评为中国传统村落。

　　几百年来,洪村人借优良的自然环境,又不断努力建设自己的家园。依村南的鸿溪水系,临水建村,得饮用、灌溉、洗涤之利。又引"江后坞"之水建"长生圳",从西到北,贯穿全村。村中各家各户都有一套排水系统,与鸿溪、长生圳相连。鸿溪河上还建有9座石堨,用于提升水位灌溉农田、带动水碓舂米、方便村民浣洗与防汛抗旱。历代洪村人不断完善村落的公共设施建设,建起了3条主要干道,7条长50米以上的巷道,以及5座石板桥、1座木廊桥组成的四通八达的路网系统,营造出一个理想的人居环境,提供了优越的人居条件。洪村核心区占地面积3.7公顷,现存传统建筑33幢,建筑面积9032平方米。建筑整体保存较好。其中光裕堂是全国重点文物保护单位;一经堂、"长寿古里"题刻,是上饶市重点文物保护单位;奉直大夫霭庭公祠、敦素堂、"公议茶规"碑、"养生"碑、"永禁赌博"碑等12处为婺源县重点文物保护单位。下面分别作一些介绍。

银杏

樟树

石板街道和路边的排水沟

下水和排水系统

### 1. 洪氏宗祠光裕堂

光裕堂建于清康熙年间，嘉庆年间重修。2006年，被列为全国重点文物保护单位。2008～2009年，用中央政府专项资金，对光裕堂进行了第三次大规模维修。

宗祠大门前有个前院，院内和院墙外有12个旗杆墩。墩石上分别刻着"恩科甲辰""奉政大夫""朝议大夫"等字样，这些旗杆墩记录着洪村昔日历史名人的光耀。

光裕堂现存部分占地面积378平方米，由门楼、享堂和寝室三部分组成，抬梁式三开间梁架，面阔13.5米，进深28米。

宗祠门楼是五凤楼形制。门楼内、外两侧的梁、枋上木雕人物故事，造型生动，刻工精美。以大门为界，门楼外侧，是卷棚轩，有6根方石柱，大门两侧还有一对一人多高的乌黑发亮的抱鼓石，显得十分华贵，据说是当年重修宗祠时，在南京经营木材的富商购买并运来的。门楼内侧，中央是覆斗式藻井，藻井四面的小斗拱玲珑小巧；中央高起部分用"米字拱"形成网状，两侧用斜出的插拱层层叠压在一起；上梁和花枋上，雕饰着人物故事，十分繁复。

门楼两侧有庑廊通享堂，中间是青石砌就的天井。左右两廊和享堂的前后廊，也都用卷棚轩。月梁、梁柁、檩垫和斜撑等，在满足各自功能的前提下，造型和雕刻又极富装饰性，繁简得宜，互相衬托，尺度恰到好处。

享堂梁柱排布科学而巧妙。前后金柱（五架梁上的梁架）之间，匀称和谐，疏朗舒展，全靠构件自身和它们的组合形式之美取胜，无需繁华的雕饰。5.4米高的五架梁，高度只有长度的十二分之一，做成月梁，曲线流畅柔美。三架梁也是月梁，位于瓜柱高度的三分之二处，造型线条同样灵动优美。梁头在瓜柱外侧有很长的象鼻榫，起到水平联结构件的作用，卷曲造型也十分灵巧美观。

前院和大门

三架梁、五架梁、象鼻榫、童柱及驼峰

瓜柱底的花篮形驼峰雕琢精细，和象鼻榫、脊檩下的云板一起，反衬出梁、柱等受力构件的简朴壮硕，使整体木构架呈现出阳刚美和阴柔美的交融。享堂的前檐柱向两侧让出，骑门梁长达9.6米,两庑廊的过海梁横跨三间长达9.5米,都做月梁形状,而高度分别只有长度的十五分之一和二十分之一,显得轻灵自如。

祠堂内景　　　　　　　　　　　　　　　　抱鼓石

### 2. 霭庭公祠

霭庭公祠与光裕堂相邻,是清嘉庆年间内阁中书洪钧所建的洪村洪氏"柏"房分祠,建祠时间在嘉庆二十一年(1816年)。"霭庭"是洪钧祖父洪永禧的字。洪钧的曾祖父洪起祥、祖父洪永禧都是奉直大夫,父亲洪立登是朝议大夫,洪钧本人和他儿子洪炳也是朝议大夫,孙子洪修政是奉直大夫,因此,这座祠堂也称"六世大夫祠"。它还有个名称,叫"三昼堂","三"是多的意思,寓意要把夜晚都当白昼一样,用来勤奋苦读和劳作,显出建祠人的良苦用心。

祠堂占地面积270平方米,由门楼、天井、享堂、寝堂几部分组成。

霭庭公祠的大门立面,为三间三楼式。门枋上的砖雕十分精致。屋脊雕的是鳌鱼,是龙的化身。石匾上方雕寿字、夔龙和琴棋书画,还雕有牡丹、荷花、莲叶、葡萄、松鼠,两边雕刻竹、松、菊、兰、柏、梅。下方雕有佛手、石榴、寿桃、柑橘。这些具象的雕饰,折射出儒家"修齐治平"的理想和气节,也反映了农家祈福的美好愿望,还寄寓了徽商求富求财的愿景。

大门内,两侧有庑廊通享堂,中间是天井。享堂梁柱是三间抬梁式架构。梁、枋上有丰富的木雕故事和卷云、花卉图案。

大门立面外观　　　　　　　　　　　　　　天井和享堂

斗拱、花枋和挂落

## 3. 敦素堂

这是清嘉庆年间内阁中书、朝议大夫洪钧的住宅,建于清嘉庆年间。房屋占地面积240平方米,建筑面积520平方米。

房屋有前院,一侧有"落轿亭"遗迹。大门为石库门枋,水磨青砖门面。门枋上的砖雕精湛,装饰华美。镂空砖雕图案是"八仙过海",场面宏大,人物灵活、传神。下方雕的是"观音送子"。二楼房窗为叶形,寓意"叶落归根"。

宅内梁架为三间三进穿斗式。第一进是门厅,有仪门。第二进是四披水天井四厢结构。第三进为三披水天井两厢结构。前两进为两层,第三进为三层。

在门厅中设一道仪门,风水术认为可以挡煞气。过去,仪门平日是不开的,人由两侧出入。若遇婚丧大事要开仪门时,也都有特定的习俗,如男子婚娶时,在门槛前放个火盆,新媳妇要跨过火盆才能进来,这样煞气就会被烧跑,也说是寓意日子红火。此外,门厅加一道仪门,房屋平面就像个"日"字。正堂上有一道太师壁,平面也像个"日"字,门厅和堂屋合在一起,就形成个"昌"字,这也是《鲁班经》所述的"吉宅"造型。

敦素堂中有"四世大夫"鎏金巨匾一块。匾长2.7米,宽1.1米。题赠人是"赐进士出身诰授资政大夫工部左侍郎前任安徽全省学政加五级纪录五次沈维鐈"。匾赠"貤赠奉直大夫处士洪起祥、诰赠奉直大夫处士洪永禧、诰封朝议大夫职贡生洪立登、诰封朝议大夫内阁中书洪钧"。赠匾日期是道光十八年(1838年)岁次戊戌仲春月谷旦。

据光绪《婺源县志》记载,洪钧是嘉庆十三年(1808年)恩科江南乡试举人,曾任过内阁中书,后乞养南归。洪钧的父亲洪立登是个富商,长年在金陵经营木业。据民国《婺源县志》载,洪立登热心捐资兴建,曾命洪钧在金陵购地增值贡院号舍及提调公馆,因此奉旨准建"乐善好施"坊。他们父子曾在婺源建立考棚,重修城垣、文公阙里,立社仓,造岭路、桥梁、茶亭等。

外观

门院

梁架和走马楼栏板雕刻

古匾

### 4. 寒梅馆

寒梅馆是洪村过去的私塾学馆。房屋地基为不规则六边形,寓意雪花六出,与屋内的冰裂纹窗一样,勉励孩子们勤学苦读。学馆占地面积260平方米,建筑面积510平方米。房屋位于山麓坡地,为找平低地与高坡的高差,筑起了均高2.2米的石挡墙填土,兼作屋墙基础,匠心精巧。

学馆坐北朝南,但大门开在西头,进大门后是后堂,转过太师壁门,才进入前堂。正屋部分形成穿斗式三间两进两层格局。东边有余屋,作厨房等用。

一层前堂有三披水天井,是学馆教学场所。天井两边梁枋上的木雕图案,有"福禄寿喜"、"琴棋书画"、梅花、菊花、兰花、荷花。堂前檐柱上一左一右两个木质烛台,可以左右移动,照亮不同方位,方便学子夜读。堂中最出彩的是一幅嵌在天井檐墙水磨青砖上的圆形大砖雕,名"教子图"。图左边雕刻的是"鲤鱼跳龙门",右雕一老者在谆谆教诲稚子,告诉他只有刻苦攻读,经过寒窗砺剑十年苦,才能蟾宫折桂,一举成名天下知。这幅砖雕"教子图",通过逼真的形象,天天激励着在这里学习的孩子。

石挡墙和基础

塾馆内景

"教子图"砖雕

可摆动的烛台

"琴棋书画"木雕

枋板"指日高升"木雕

### 5. 思善堂

思善堂是朝议大夫洪立登的住宅,建于清乾隆年间。洪立登主要在南京经营茶叶、木材和丝绸,他开了很多店铺,生意相当好,当时人们都称他"洪百万"。他把部分收入捐输给朝廷,得了个朝议大夫的荣誉。同时,富有后不忘乐善好施,帮衬、救济了很多急难或穷苦的人。他的事迹传到京城,皇帝也为之感动,曾经钦赐一座"乐善好施"坊。他把自己的住宅取名"思善堂",并在堂名匾两边挂上"职思其居,为善最乐"的四字对联。

房屋临鸿溪河而建,立面高低错落,十分美观。宅前有门院。正堂梁架三间两进三层。一进有四披水天井,四厢。梁枋朴素,少雕饰,有明代建筑遗风。房屋占地面积180平方米,建筑面积300平方米。

外观

大门砖雕门罩

### 6. 吴天赐宅

房屋临河而建,带门院。屋内是穿斗式梁架,三间两进三层。一进为四厢布局,四披水天井。清代中期建筑,占地面积200平方米,建筑面积380平方米。

八字院门

内景

### 7. 中翰第（一经堂）

"中翰第"又称"一经堂"，位于村前河岸大路边，系清乾隆至嘉庆年间内阁中书洪钧的官邸。占地面积503平方米。原先的中翰第占地面积2000余平方米，由正堂、客馆、花厅和余屋四部分构成。现在只残存了门楼和客馆。客馆穿斗式三间梁架，两进两层。一进正梁上雕的是"双龙戏珠"，栩栩如生，让人叹为观止。

中翰第门楣

### 8. 大夫第

大夫第大门

位于村前河岸大路边，光裕堂正前方，占地面积仅60平方米。此屋为两间结构，无水檐天井，采光主要依靠临河窗户。全屋比较老旧，保存一般。虽为洪村现存的唯一一座"大夫第"，但占地面积如此之小，建筑形制如此简陋，在婺源同类建筑中实不多见。其中原因，村中有个传说。这座大夫第的主人在告老还乡时，杭州一带流行瘟疫，他慷慨解囊，倾尽所有资财，买药请医，救治当地人，最后身无分文。回到家乡后，乡亲们被他的义举所感动，自发凑钱给他建了这座大夫第。

大夫第门楣

### 9. 村门

婺源古村落里,村门保存良好的不多,除了理坑村门外,洪村的村门富有丰富的历史文化信息。

村门面向鸿溪河,位于沿溪延伸的村落中段,是一座三层楼式砖砌牌楼,开有月洞门。门两侧有八字墙。月洞门上,嵌砌"长寿古里"四字石匾,阳刻行书,据考证,立于清嘉庆十五年(1810年)。八字墙两面,分别嵌有"奉宪养生"和"奉宪永禁赌博"两块禁碑。"养生"碑长117厘米,宽62厘米。"永禁赌博"碑长146厘米,宽86厘米。两碑均为嘉庆十五年(1810年)四月二十七刻立。永禁赌博碑上,另刻有"民国丁丑三月"字样。村门的牌楼上绘有"魁星点斗"墨画,祈愿村庄文运昌盛。

洪村被称为"长寿古里"是有来历的。历史上洪村人以长寿著称,最长寿者达119岁。据传,清乾隆五十年(1785年)正月,这个村有个叫锦文公的人,正准备做80大寿,却被选中上京城去参加乾隆皇帝举办的"千叟宴"。"千叟宴"又叫万寿节,在皇帝的生日时,在全国遴选1000位65岁以上的老人参加宴会。清代这种宴会举行过四次。康熙皇帝、乾隆皇帝各举行了两次。锦文公参加了"千叟宴",并荣膺钦赐他八品顶戴和银牌一块、簪缨玉杖(寿杖)一根。锦文公参加"千叟宴",成了洪村的荣耀一直被传为佳话。洪村人为什么能长寿? 当然与这里的山好、水好、空气好分不开,也与村民常常食用村中银杏树结的白果有关。医学研究证明,白果对人体健康十分有益,银杏树释出的极微量的氰化氢还具有抗癌作用。另外,村中还盛产"松萝茶",松萝对环境质量的要求十分苛刻,能产"松萝茶"的村落,生态环境肯定是很优越的。

"养生"即禁止下河捕鱼虾,说明保护生态环境是洪村的优良传统。婺源很多村落都有这样的村规民约。但"永禁赌博"碑却很少见,说明洪村古代宗族对社会的管理是十分严格的。

村门

村门楣额石匾题刻

### 10. 碑刻

洪村的碑刻很丰富,除了村门有上述3通碑刻外,还有"公议茶规"碑、茶号"合议"碑、禁林碑等。

光裕堂前院外墙月洞门边,镶嵌着一块清道光四年(1824年)五月初一立的"公议茶规"碑。其碑文为:"阖村公议,演戏勒石。钉公秤两把,硬钉贰拾两。凡买松萝茶客人入村,任客投主。入祠较秤,一字平称。货价高低,公品公买,务要前后如一。凡主家买卖客,毋得私情背卖。如有背卖者,查出,罚通宵戏一台,银五两入祠,决不徇情轻贷。倘有强横不遵者,仍要倍罚无异。"

从茶规碑看,当时洪村出产的茶叶叫"松萝茶"。松萝茶称得上是当时婺源绿茶中的珍品。古人曾有"松萝香气盖龙井"之誉,明朝冯时可在《茶录》中写道:"徽郡近出松萝茶最为时尚,远迩争市,价修用涌。"民国《中药大辞典》说松萝茶有消积、滞油腻、清火、下气、降痰等功用。由于松萝茶色香味皆优,当时来洪村收购的茶客很多。为此,宗祠设公平秤,主持公卖公买。另有一块茶号"公议"碑,得到县衙认可而立,说明上述民间茶叶流通中规则的制定,是宗祠、茶号商人、政府三方协议的结果。这为研究古代乡村宗族管理制度、商贸流通制度提供了可贵的第一手资料。

光裕堂内还存放着两块禁碑。一块为"同治二年吉日"立的"加禁养生"碑。另一块为"加禁山林"碑,上刻"下山碳坞山场初新众清业今被误烧经中挽情勒石嗣后内外人等毋许入山侵害如再犯者重罚光绪十三年□月经中约立"字样。这两通碑刻,再次说明洪村古代对生态环境保护的重视。

村门八字墙上的两通古碑 　　　　　　　　茶规碑

### 11. 古桥

洪村南面七八米宽的鸿溪河,阻隔了村民到河对面的田地劳动。据光绪《婺源县志》载,明代有洪村商人洪应俍,看到"村地滨河,恒病涉。族人有奇,输谷为造桥赀,赖俍生殖置田,永建桥亭,行人利济,乡族嘉之"。村民先后在河上建了十多座桥,离村庄较近的有6座。

培源桥。洪村村门正对的是培源桥,这是村人过桥到南坑田园耕作走得最多的桥。培源桥长8.7米,宽3.5米,

培源桥

桥面用 12 块长 4 米余、宽 55 厘米的长条青石铺成,中间有燕嘴桥墩,两侧架有石条凳。闲暇时,村民常聚此聊天。按桥墩上的碑刻记载,该桥名"培源桥",建于清乾隆年间,同治十一年(1872 年)曾重修。

居安桥。洪村的水口,在离村东头 100 余米处。水口原建有文昌阁、胡老爹庙、石坊、水碓等,现在只能见到一座带廊亭的石拱风雨桥了。这座为扼住关口、借以藏风聚气的风雨桥名"居安桥",桥身由块石砌筑成大石拱,长 14 米,宽 4 米,高 3.5 米。桥上有桥亭 5 间,木椽青瓦结顶,高 4.2 米,廊内两侧设有坐凳,可供行人憩息。桥拱的龙门石上,中央刻"居安桥" 3 个大字,旁侧能看清有"大明正德岁□□□菊月吉旦洪良书"等小字。由此看来,此桥距今约有 500 年的历史了。

馀源桥。馀源桥又称"上水碓桥",建于清乾隆四十二年(1777 年)春月。为"燕嘴平板石桥",长 8.2 米,宽 1.4 米,高 2.7 米,两块石板过溪。

居安桥　　　　　　　　　　　　　　　　馀源桥

杨柳桥。位于村水口胡老爹庙前。长 7.4 米,宽 1.5 米,高 2.7 米。

信治桥。位于洪村水口,石拱桥。长 14 米,宽 4 米,高 5 米。

新亭桥。位于洪村通往上堡的路上。为木廊桥,长 16.4 米,宽 5.3 米,高 3.8 米,桥面上廊亭高 3.5 米。此桥之廊亭最后一次修葺,是 20 世纪 70 年代末。

由于洪村盛产茶叶和木材,村中就出了不少经营茶叶和木材的富商。据民国《婺源县志》载,仅清一代,除数代在金陵经营木业的洪立登外,另有在广东一带经商的洪启煌、洪启炜,在江苏如皋的洪立佳,服贾屯溪的洪文堃、洪廷俊,服贾珠山的洪恩需,服贾乐邑的洪作梅,随父业茶于浙的洪祥鼎等。

洪村历史上还出过不少人才。有考中功名的举人、贡生、国学生;有在朝廷任实职的监察御史、内阁中书、巡政厅吏、布政司理问、州同知、知县;有朝廷任命赐赠各种荣誉职衔的大夫、儒林郎、登仕佐郎;有保卫婺城、保卫洪村而殁阵的烈士。洪村还有孝慈兼尽、白首完节、骂贼遇害、兰质松心事例而被旌表建坊、载入县志的节妇烈女。

洪村还有一支以吹打乐为主的民间乐队"永乐堂"。它发源于清嘉庆年间。到民国时期,虽时逢乱世,但还是很红火,在周边乡村小有名气。那时,乡村人家每逢寿辰、婚嫁、乔迁、殡丧等红白喜事,都需提前几个月甚至半年给永乐堂下"拜请帖",去专演"文武场"。永乐堂的锣鼓一敲,唢呐一吹,立刻吸引附近村民闻声赶来,看热闹,听乐奏。正常演出乐队一般为7人,1人为替补。常见的曲牌有《大开门》《满堂红》《将军令》《风入松》《金钱花》《点绛唇》《十番锣鼓》等。这支乐队至今还能演出。

## 二、诗春村

诗春村位于婺源县清华镇西北部,距清华镇政府所在地12千米,距婺源县城40千米。2014年11月,诗春村被列入第三批中国传统村落名录。2018年11月,诗春村入选第九届中国景观村落名录。2020年全村有238户869人。

这是一个施氏聚居古村,至今施姓村民仍然占90%以上。古村历史文化积淀深厚。据诗春施氏《宗谱》记载,施氏子孙是周汉名贤之后,诗书官宦之裔。周敬王三年(前517年),施之常受业孔门,为孔子弟子,并列七十二贤。唐玄宗追赠为乘氏伯,宋真宗追赠为临濮侯。西汉甘露三年(前51年),施仇为金明殿石渠阁易经博士,转司教郎,所以便有了"侯封临濮,经考石渠"的施氏郡望之称。施姓子孙在历朝历代官宦者甚多。如东汉延公为太尉鸿胪卿,安州刺史。东汉延公之孙椿公,为记室参军,初任西安郡守,次任渤海太守,后爵关内侯。然公,以武功拜昭武将军,封当阳侯。唐光启二年(886年),蠹公及第,唐天复三年(903年),蠹公官至散骑常侍朝请大夫,被尊为江南施姓一世祖。施氏《宗谱》从唐代蠹公后,共排了85代辈分用字:迈福希季德,宗继梁敏德,邦伯发仁周,天岳仲宜道,兆良尚金宗,时文如世用,道德应天廷,志学思从仕,邦家必大兴,礼盛和为贵,宗祈睦尚宏,绍庭原有训,光大永成名,忠孝家声远,诗书世泽长,一门罗俊杰,万代仰冠裳。先祖们为后代子孙延续设计了这样长远的蓝图,用心良苦,谋虑深远。

南宋绍兴十二年(1142年),唐蠹公十世孙施敏,字仲敏,由浮梁县榔田迁居婺北大安里下小坑附近的诗村,后来从唐诗"诗家清景在新春"而改村名为"诗春"。由此,诗春建村,至今已有880年历史。绍兴十八年(1148年),敏公以明经登进士第,初任西安令,继任知常德州,三任建康(今南京)太守。他任职西安期间,以经义化民,庭间无讼。邻邑有虞芮之争,漕司檄使按治,片言立决。继知常德州,释枉囚十三人。擢建康知府,平反营妇冤。岁大旱,公露祷三日,大雨如注。高宗深嘉之,时召陛见慰劳。守郡数年,见势不可为,告疾乞归。施倪环车乞留,士大夫交饯于道。既归,日对鸿儒理学谭经理义,以终天年。卒后葬在他生前选定的诗春村源口莲塘柏林嶂,墓地格局为飞凤下田形,跳架金龙案,丑山未向。墓碑题"宋故十世中宪大夫施公之墓"。敏公生有五子:德澄、德深、德滋、德海、德源。后裔分布大江南北,生齿浩繁。

婺源自古以来被称为"书乡",诗春同样不乏书香门第。历史上诗春人杰地灵,兴旺发达。据施氏《宗谱》载,宋高宗曾御赞"开国乘氏,有德斯彰。参稽百行,赞理三纲。自拔行间,策名甚光。历史弥芳,允初封乘、氏伯追封"。据谱牒载,自建村以来,在历朝任七品以上官员166人,其中有保存完好的名人锈像117幅。村口遗留下的几十个旗杆墩,见证了诗春昔日的辉煌。现将主要名人简介如下:

施邦遂,字仲亨,名可琛。定性聪敏,嗜学以明经。领省荐任浙江安吉州通判,条陈盐法,官有能声。施伯周,字宾王,号正叔,渊静粹雅,稽古力学,恬退。晦庵朱子登科后居婺源,省祖墓与伯周同游灵岩洞,谈论理气,题咏岩石,深器重之。后朱子入朝,荐伯周可侍讲诏,有司礼聘。伯周以韩侂胄当国,辞不赴,人称为"辞召隐士"。施仁俊,字逸卿,淳祐戊申举明经,秀异。公以书经选授宣议郎。施仁荣,以才举授迪功郎,湖南宣抚司提干。施让,字士谦,以茂才辟授广信玉山县主簿。施仲显,字均宪,志气倜傥,谋略超卓,以儒吏才充都元帅府擢授平阳尉。以廉能迁台州录事。施天祥,字嘉甫,号石泉。举茂才授临江军提领。解甲归里之后,始迁外施村。施天晓,字象贤,号晓山,举明经,官安仁教谕。施铸,曾任元中书检校。施时克,字士温,号云麓主人。少业儒,不求闻达,顾涉猎群书,日坐怡云馆中,喜与墨士交,泛茗饮醇,琴诗自娱,绰有幽人高致焉。郡侯唐公旌匾额曰"孝友维风"。施仲敬,明代以武功授指挥。朱元璋反元起义时,施仲敬帮助他打天下,建立了很大的功勋,被封为"武德将军"。朱元璋登基以后就下诏,对施仲敬说,只要是我朱家的天下,你施家永远为指挥官。朱元璋执政年间,诗春施家出了众多的武德将军。诗春也被朱元璋赐名"文武世家"。这就是诗春宗祠"允洽堂"中"文武世家"匾的来历。施海,其祖父由义军以武功授百户,寻升千户,施海袭职剿贼有功,明景泰元年擢凤阳留守卫指挥同知。海故钟袭职,钟故完尧袭职。施所学,字志伊,明万历年间,应天乡试举人,授六合县教谕,卒于官。施帮明,明朝新安镇抚。施彰,清嘉庆年间内阁中书。施圭锡,清朝内廷方略馆分校官,嘉庆年间布政司理问。

诗春,处于四面环山的河谷中。村庄房屋坐北朝南,北靠苍翠绵亘的后龙山,南对有十八道层峦起伏的天马山,东西两头锦峰夹峙。村民的茶山、菜地分布在村落北侧的缓坡上,水田则分布在村落南侧的小盆地里。夏天,各色荷花次序开放,炎夏雨后月,春归花寂寞,满塘素红碧,风起玉珠落。雨后的荷花艳丽欲滴更是让人想一亲芳泽。

古村荷塘

　　天马山麓，一条宽5米左右的清澈小溪——天马溪，从西向东流淌，在村庄的南面形成环绕的"腰带水"。溪中建有天马堨和聚财堨两座石堨，灌溉着百亩良田，流进崇山的缝隙。另有发源于北侧山峰的一条诗春溪，宽2米，建有8座水堨，8处洗衣埠，为村民浣衣、洗菜提供了便利，溪水清澈，沿村落东侧山底，贯穿村落南北，由北向南流去，与天马溪相汇，形成"丁"字形水系，构成诗春理想的环水格局。

天马山

天马溪和石堨

诗春溪

　　溪水出村处，是诗春的水口。古村的诗意就是从这里奏响了序曲。水口林木葱茏，樟绿枫红，还有楮树、红豆杉等名木古树。林荫下的天马溪上，跨河建有石拱桥，名曰"钟秀桥"，

村头水口

一头通向进村的石板古道，一头与天马山相连，是一座不连通道路的古桥，并不起交通作用。桥上建有廊亭四峰亭，方便行人小憩，旧时亭内备有茶水和暑药，免费供给路人。清嘉庆年间，为倡文运，祈祷学子仕途通达，将桥亭改建为"文昌阁"，阁内祀奉魁星及文昌帝。文昌阁重檐三层，翼角高翘，成为村落中的一大景观。每到春暖花开，盛暑金秋时节，登临远眺，令人心旷神怡。正如徽州古语形容的那样："祠堂社屋旧人家，竹对亭台水口遮。"现存钟秀桥、文昌阁于2018年按原貌重修，石桥拱和四峰亭为古建筑。

钟秀桥上游不远处，还有一座跨溪的石拱廊桥，一头接进村石板道，一头通徽饶古道"高升岭"。据施氏《宗谱》记载，施仲敏公"淳熙丙申在住基水口上造石桥一道，亭七间，号小溪桥。大监王炎赋诗云：横梁锦绣水朝东，衣紫归来御席同，吴兴故国忠节老，杏坛经训世裔宗"。为纪念敏公，村人又称此桥为"敏公桥"。现存敏公桥廊亭于2018年重修，石桥拱为原建筑。王炎（1137～1218年），字晦叔，一字晦仲，号双溪，婺源王村人，与敏公同时代。乾道五年（1169年）进士，调明州司法参军，丁母忧，再调鄂州崇阳簿，江陵帅张栻檄入幕府，议论相得。秩满，授潭州教授，以荐知临湘县。通判临江军，召除太学博士。庆元三年（1197年），迁秘书郎。四年（1198年），除著作佐郎，兼实录院检讨官。五年（1199年），迁著作郎兼考功郎，兼礼部员外郎。六年（1200年），除军器少监，迁军器监，所以称"大监"。后主管武夷山冲佑观。起知饶州，改湖州。不畏豪强，有"为天子臣，正天子法"之语，人多传诵。然终以谤罢，再奉祠。所居有双溪，筑亭寄兴，以白乐天自比。嘉定十一年（1218年）卒，年八十二。生平与朱子交厚，往还之作颇多，又与张栻讲论，故其学为后人所重。一生著述甚富，现存诗文27卷，总题为《双溪类稿》，又称《双溪集》。

钟秀桥和文昌阁

敏公桥

　　进出诗春的青石板铺成的古道,有东西向和南北向两条,在诗春呈十字交汇。上文提到的"高升岭"和村后"中岭",是南北向道路,北通古坦、浮梁等地,南往甲路、饶州等地。中岭古道两旁古松树成群,山林中云雾笼罩,恰似"中岭步云"。故有古诗云:北峙屏峰枕郭悬,攀藤附葛入青天。顿首倾向山头转,来往人从云里穿。日暮樵歌横碧汉,晴朝雾气罩村烟。路迷不认烂柯处,暂坐茅亭一歇鞭。东西向的古道则可通往清华,然后北折连徽州府,南下通县城。

　　诗春村,正像村名一样,富有诗情画意。村庄以山峦为骨架,以溪水为血脉,显山露水,林密隐居。古代有"诗春十景":啄谷秋香、花墩春色、天马南屏、角峰西照、中岭步云、奇峰插汉、碧麓传钟、松梢挂月、石岭瀑飞、禾墩晚眺。现在的诗春村,整体格局仍然保留了明清时期的风貌。民居、官商宅邸和街、巷、石桥、水圳、水碓、排水明沟暗渠等基本保留了原貌,至今仍然在使用。

　　整个村落布局是"燕形"。村落水口是燕子的嘴尖,进出的咽喉。粉墙黛瓦的微派民居聚落,犹如燕子的两翼,错落有致地排列。至今,全村还保存有62幢传统建筑,总建筑面积达18780平方米。其中建于明代的有17幢,建于清代的有32幢,建于民国时期的有13幢。传统建筑类型多样,包括祠堂、官厅、民居、书院等。传统建筑集中连片主要分布在村落的东北面和西南面。村落东北面集中了施锡忠宅、达源书屋、澄川别墅等23幢传统建筑。村落西南面集中了施旺太宅、施兆福宅、原泉书屋等27幢传统建筑。其余如允洽堂宗祠、施志福宅等10余幢传统建筑,则分布在村落东面。22条街巷构成村落完整的路网,街巷空间为"网格状"格局,巷道宽度为1～2米。横向的中春巷、敬承巷、本仁巷,竖向的诗春溪巷、上门巷、凤凰巷是村落的主巷道。诗春建村伊始就在村落西侧、北侧筑有防御的塞墙,有效地保护了村民免受盗贼侵扰。

高升岭古道　　　　　　　　　　　　　街巷

　　古代诗春是"千烟之村",人口多,古建筑也十分丰富。

　　宗祠有允洽堂。

书屋有11处:现存的有达源书屋、原泉书屋、诗春山房、澄川别墅等,历史上还有印泉居、用上居、古红书屋、方充书屋、鉴泉居、方中馆、竹摇青影。

亭阁有20处:友芳亭、集和亭、长春亭、金竹亭、飞跃亭、凝秀亭、四峰亭、关公亭、观物亭、南亭、承考亭、步云亭、卦池亭、敏秀亭、泗洲亭、西云亭、三云亭、祖荫亭、永丰亭、申明亭。

庙、坛有15处:寿安亭圣庙、境主越王祠、社稷坛、古社坛、三相公庙、七相公庙、张仙祠、玉虚阁、玉佛庵、斋胡帅帝庙、关帝庙、财神庙、关公祠、碧山庵、常安寺。

古桥有17座:接龙桥、慈母桥、永思桥、诗春桥、双溪桥、钟秀桥、迎恩桥、忠桥、永济桥、春桂桥、长乐桥、常安寺桥、奉母桥、三和桥、三义桥、大安桥。

村门

位于天马溪和诗春溪交汇处的双溪桥

诗春山房外观

村头半月塘

牌坊有7座:孝子坊、双孝坊、义夫坊、节孝坊(德檄公配)、节孝坊(良赐公配)、节孝坊

（应煦公配）、节孝坊（道渡公配）。

古井、塘有7口：村头半月塘、小坞口井、花墩脚井、管源立井、淘金坊井、碧山庵井、常安寺井。

下面介绍一些现存的古建筑。

1. 允洽堂

允洽堂是诗春施氏总祠。始创于明代末年，后多次维修。宗祠由门楼、享堂、寝室组成。原先祠前砌有"泮池"，现已不存。享堂悬明代御赐"文武世家"匾额。宗祠大门是黛瓦木门。祠堂内梁架穿斗式与抬梁式相结合，刚柔相济，轻盈舒朗。梁枋等构件上雕刻精美，门楼木雕图案最为丰富，"狮子滚绣球"梁柁顶着"兰花"倒座，雀替为"麒麟"图案，中央裙板雕刻"丹凤朝阳"和"鱼化龙"图案，左右裙板间雕刻"四季花卉"（桃花、荷花、菊花、桂花）以及"雀、鹿、蜂、猴"图案，表达了诗春人对四季发财、爵禄封侯的美好期盼。

享堂梁架和檐拱

宗祠禁碑

享堂和两庑

倒趴狮斜撑和雀鹿雀替

### 2. 施旺太宅

建于清乾隆年间,穿斗式梁架,三间四层,建筑面积797平方米,是诗春徽派民居中体量最大层数最多的民居,有前、后、左、右4个客厅。前厅月梁上雕有"福"字;悬挂"厚德载福"牌匾。4个厢房均有户净,雕刻图案都不同。每个厢房都有雕花古床保留至今,实为罕见。天井开在房屋中央,便于采光。走马楼的格扇窗和屋内楼梯设计巧妙,匠心独具。

大门

正堂和走马楼

屋面和天井

凤戏牡丹木雕

### 3. 施锡忠宅

建于民国时期。独到之处是门院内建有一个轿亭和一个客馆。轿亭门楼雕刻"文王访贤""四季花卉"图案,技艺精湛。正堂设仪门,穿斗式梁架三间两进,三层。正房之内左、右厢设有客座,带梅竹图案交错的圆弧挂落门饰,显出房屋主人的高雅品位。四披水天井也是开在房屋中央,明塘坑中放置一口镇宅缸。

门院内的客馆

正堂两侧客座的圆弧挂落

4. 施金元宅

建于清代中叶。正堂三间两进两层，梁枋雕有"龙凤呈祥"图案，造型逼真灵动。

5. 诗春桥

诗春桥是明崇祯年间所砌的石拱桥，又名"半边桥"。整座桥的形状一边有拱，一边无拱。据传，诗春桥原来两边都有石拱，明朝灭亡后，因为诗春人有功于明朝，也对明朝忠心耿耿，于是对崇祯皇帝导致亡国而不满，认为他最多也就是半个皇帝而已，为了铭记这段国耻，就把诗春桥改造成半石板、半石拱的半边桥。

施金元宅梁架和龙凤呈祥木雕

诗春桥

# 第二节 赋春镇甲路村、上严田村,秋口镇长径村

## 一、甲路村

### (一)前世今生

"甲路"村名是怎么来的呢?

据《星源甲道张氏宗谱》记载,唐朝时,由歙州(北宋宣和三年(1121年)改称徽州)城(今歙县),经婺源西北部至饶州古道,中船槽岭至梅岭10千米段,因修筑良好,人称之为甲级道路,简称"甲道"。唐广明元年(880年),歙县黄(篁)墩张彻,迁此道上的六山南麓的绣溪河边建村,并以"甲道"作村名,俗称"甲路",沿用至今。康熙《徽州府志·流寓》也记载:"张彻,浙西人,黄巢之乱,避地歙之篁墩,卜居婺源甲道。"张彻,字君胜,又字克明,号大三,是为甲路张氏始迁祖。彻公有三子十孙二十二玄孙,有五世孙七十六人。此后,甲路,便慢慢发展成为一个以张姓为主的千烟古村。

1933年,中共婺源县委在甲路村成立甲路区苏维埃政权,同时还组织了区武装游击队,1949年2月,中共浮梁县工委在此召开了第一次全县各界人民代表大会,成立婺源县人民政府。1949年初,辖区隶属信义乡第一、二保,后改属鄣西区甲路乡,1950年划入第七区甲路乡。1958年为赋春公社甲路大队,1961年改属甲路公社,1984年改为甲路乡政府所在地村委会。2006年"撤乡并镇",甲路乡和甲路村均并入赋春镇管辖。2014年,甲路村被评为"中国传统村落"。村里有九年义务教育一贯制学校,有信用社、木雕厂、甲路伞厂,有超市、菜场、卫生所。2020年甲路村有村民450户1600人。

### (二)地理环境

甲路村东南距婺源县城47千米,西距景德镇市58千米。县道王赋公路沿村南穿过,交通便利。

村庄处于群山环绕的河谷地带。北倚六山,南屏南龙山。山上古树成群,有古樟、古柏、株树、栲树、枫树50余棵,树龄都在300年以上,整个甲路村处于一片绿海之中。

源出金牛尖的绣溪,流至村东头后,猛一转弯成了一个"几"字,甲路村就在这"几"字头上。按风水术来说,村庄选址在"反弓水"位置,受上游水流冲蚀村基土地,村庄建设用地会越来越少。但因为甲路所在的河谷比较开阔,近似小盆地,四周山峦低矮,林木蓄水量不大,加上地势平缓,所以河流水量不多,流势也不凶猛,对村基的冲刷侵蚀,危害也就不大。村北六山上,还有两条溪流从两个山坞中自西北向东南流出,穿越村庄,汇入绣溪,村落水系呈"几"字形。民居沿两条小溪展开,村民生活用水十分方便。明代学者张聘夫有诗句"萦村绕

郭秀如脂，一带清光漫委蛇"，赞赏村前绣水弯曲清滢、波光粼粼的美景。绣溪中有块巨石，"石浮水面若印"，故称"印墩浮虹"。张聘夫还有《题印墩》诗一首："虬龙宝盖压津流，翥凤腾空架石邱。泉乱春声铿部吹，山横幽影荡层楼。印金肘后应长系，竹叶樽前故自浮。会听渔讴归返照，过桥野色合悠悠。"（民国《婺源县志》卷六十九）。

村落西南、西北，绣溪两岸，为大片茶园，村落周围分布有千亩良田，冬季均种植油菜，每当油菜花开季节，田野遍地金黄，与青山相映，与村郭相衬，构成一幅天人合一的美丽画卷。与婺源其他古村落一样，甲路古时也有"十景"：毓秀晨钟、西湖腾烟、金盆插柏、宝石悬崖、南亭鳖影、双叉桂月、洞岑盘松、秀水含霞、灵河古刹、双松插云，反映出村民建设诗画家园的审美追求。

### （三）整体格局

甲路村整个村落轮廓呈"船"形，就像一艘巨舰停靠在"几"字形流淌的绣溪顶部。徽派传统建筑集中连片分布在绣溪北岸、六山南麓。村落中轴线为穿村而过的青石板铺就的徽饶古道商业街。传统民居沿古驿道中轴线两侧及两条小溪两岸分布，主要为清代、民国时期建筑，少量为宋代末期，极少数为明代中期建筑。全部传统建筑占村庄建筑总面积的比例达45.6%，共保存传统建筑101幢，建筑面积27587平方米。其中明代6幢，清代32幢，民国时期63幢。此外还有3座古桥保存完好。绝大多数传统建筑中仍有村民居住生活，村落中的古巷道仍保持传统风貌。

徽饶古道穿村而过

商铺和古街

甲路村路网呈"井"字形分布。古道（老街）和新街（武穆大道）是村庄的交通主干道。甲路村北面是原县道王赋线，如今县道王赋线改道村南，形成了环绕村庄的公路环线，公路交通十分便利。县道王赋线往西通往赋春镇区和景德镇市，往东通往清华镇，是村民外出的主要通道。村中巷道布局合理紧凑，由东北至西南走向的古驿道（老街）石板路是村内主干道，长1000米，宽约3米，旧时两旁店铺林立，是村落最为重要的公共空间，在南宋时，就已形成

"上下街连五里遥"的景象。从临街敞开、前檐有雕花的檐板和装饰着小巧栏杆的银钱柜台可以看出,街两侧过去是一家挨着一家的店铺。历经数百载沧桑后,现古街青石板路面尚好;漫步其间,既有清新静寂的感觉,亦依稀可感昔日集市的繁华。萃和巷、敦仁里、六山巷、羊坑巷、言坑巷等村中16条石板巷道,成网格状与村庄主干道(古驿道)相连,形成四通八达的路网。村落中段,羊坑小溪与饶徽古道交叉处,建有岳飞为之题诗的"花桥",该桥为石拱廊桥,是村民休闲纳凉的重要场所。村东头言坑小溪与古驿道交叉处,建有"仁聚桥",该桥也为石拱廊桥,桥两侧小溪两岸修有洗衣埠。

### (四)古建遗胜

#### 1. 马廷鸾第

位于村后六山山麓,俗称"丞相府"。据民国《婺源县志》载,马廷鸾,字翔仲,号碧梧,原饶州乐平县人。自幼家贫,入赘婺源甲道张姓,遂寓居焉。南宋淳祐七年(1247年)中进士,历官中书、右丞相兼枢密院使。后因贾似道当政,不能施展才华,辞官归乡。该府第为马廷鸾长居甲路之第六子端益所居(另五子还居乐平),亦为其辞官归乡后除乐平原籍外的逸居之所。今存的府第,系明代修葺后留下的建筑。建筑三进三间,左右侧均有客馆。面阔12米,进深13米,高8米。厅前有深沟天井,明间有高覆盆木磉,方砖墁地。与府第一巷之隔的,是原占地面积约5亩的"马家花园",园景早颓废,现仅存花园中旧井一口。

明代建筑简朴的梁架　　　　　　　　　　神龛

木础　　　　　　　　　马家花园古井

### 2. 龙川书院

民国《婺源县志》载："龙川书院,在甲道镇,北宋嘉祐年间,张姓捐建,并割田购书,以教乡族子弟。"元代硕儒胡云峰曾于此讲学、著书。原院舍,为元末修葺后遗留下来的建筑。书院正厅三开间,明间宽7.6米,次间宽4.5米。檐柱高3.4米,金柱高5.2米,所有的柱子都是梭柱,轮廓线饱满而又柔和,非常富有活力。前檐柱在高1.15米处,圆周长1.12米,下端柱础上沿,圆周长1.04米。前金柱在同样位置的圆周分别为1.2米和1.13米。梁架简朴,近于草架,正面骑门梁作月梁。梭柱和月梁,看上去朴实无华,其实需要很精湛的制作技术,是种古典的、清雅的、静穆的美,它的艺术品位远远高于那些"百工""千工"的精雕细刻。厅内雕成莲花形的木柱础,造型很饱满,朵朵莲花生机盎然。可惜已毁,只剩老照片。

书院旧匾

莲花木础

### 3. 义塾屋

位于丁字街口往北,一条通往六山的直巷中。正门为侧开门,开在巷道旁,石库门高大气派,雕花青砖门头。正堂宽敞,正梁及两旁厢房均有精美木雕。前后两进,有花园和宽大的后院。后进是书塾,楼上设有课堂,楼梯宽且平缓,方便学童们安全上下。房子的右侧,是座客馆,用于接待好友。据光绪《婺源县志·义行》载,顺治时人张之益"祖居甲路通衢,立义塾训邻里子弟,人皆薰德,悉化乔野之风"。

花枋木雕

正堂内景　　　　　　　　　　　大门垂花柱托砖雕鸱吻

### 4. 张淦元宅

位于村中的小巷，为明代建筑。侧开石库门，进门地面有小石头嵌成的万福图案，寓意吉祥。屋内天井为典型的"明堂深坑"，堂前地面为正方形青砖铺地，稍有碎裂，整体保存较好。正梁及厢枋雕刻简洁，线条流畅。

内堂金砖墁地和八仙桌　　　　　　　　明式天井明堂深坑

### 5. 159号宅

建于清代中期。外观大气，门头上的墙画"百忍图"等比较罕见。内为三间两进一脊翻两堂梁架。梁、枋雕刻丰富精美。

大门外观

前院围墙墨画

内堂梁架和走马楼

木雕鸱吻雀替

6. 义井

在下街的街面上。据《婺源县志》载，昔村内"有仁、义、礼、智、信五井，惟此泉最甘，能御时疾"。井栏用铁铸成圆圈，厚9厘米，高43厘米。按井圈上的铭文，该井由村人集资掘于明万历四十二年（1614年）。井内壁对径70厘米，深约10米。井水清澈凉冽，甘醇可口。

7. 花桥

位于徽饶古道中段。从北边六山发源的一条小河往南流经这里，阻断了古道，所以这里建有一座单孔石拱桥。据《婺源县志》载，这就是宋岳武穆过此留题的"花桥"，又名"义方桥"。桥长8.8米，宽4.7米，拱径高1.8米。桥上有亭，砖柱，木椽青瓦结顶，内设有坐凳。亭中原设有供奉南宋抗金名将岳飞牌位的神龛，神龛旁挂着"武穆题诗存古迹，留侯进履仰遗风"木联。桥始建于北宋中叶，历数百载木廊亭圮，里人张文华孀妻俞氏命其子张杲果重造。随之不久桥亭遭火，村人张彦仪兄弟奉母命又造。至明万历初，桥亭再次毁，张彦仪之孙张应庚又重修。这座桥虽然几经磨难，岳飞却给它留下了一个美丽的名字——花桥。南宋绍兴元年（1131年），岳飞领兵征讨李成路经甲路。他见此地山清水秀风光绮丽，百姓宰猪担酒犒迎三军,顿生感慨,即兴吟下了"上下街连五里遥,青帘酒肆接花桥。十年争战风光别,满地芊芊草色娇"的诗句。"花桥"一名也自此后流传至今。现存石拱是原建筑,廊亭为新修。

铁圈井

花桥

### 8. 仙人桥

位于甲路村至冷水坑村的古道边。建于宋朝,是用青石垒成的石拱桥。桥长17米,宽4.5米,离河面10米。传说此桥是神仙所建,故名。过桥往右走一段小路再走1千米山路,有一座名为毓秀庵的小庙,毓秀庵历来香火兴旺,求神拜佛的人络绎不绝,都要经过仙人桥。

仙人桥

此桥原是木板桥,经常被洪水冲走,给老百姓出行造成很大不便,村民们便合计建一座石拱桥。可是由于多种原因,耗费了好多人力物力就是建不起来,工人们无计可施。夜里,有一个工头梦见一个白胡子、白头发、白衣服的老爷爷站在面前说:明天你准备好一百根扁担、一百担簸箕和应用工具放在工地上,第二天早上就可看到一座石拱桥。工头把梦境说给大家听,大家都觉得那只是个梦而已,不能相信,但也没别的办法,也只能试试看,就按梦里说的把扁担、簸箕和工具放在工地上就回家了。天刚亮,大家连忙跑到工地看个究竟,不禁惊呆了:宽宽的河面上果然架起了一座又大又高的石拱桥。大家想:一定是毓秀庵的神仙帮忙建的,于是,大家便叫它"仙人桥"。

9. 太医祠、太医墓

位于甲路村至冷水坑的古道边,距甲路村1千米。老祠建于清朝,后年久倒塌,现存祠为重建。祠里供着明朝太医张宗温等神灵像。祠边有"德善亭"。附近的山坡上有一块张宗温的墓地,墓地旁和路边有几个石碑,上面刻着:"妙手回春、华佗再世、医德回生、药到病除"等文字。太医张宗温告老还乡后,为民看病,不仅医术高明、药到病除,而且医德高尚,一般只收点成本钱,贫穷的人家分文不取,深得村民敬重。张宗温墓地一带,几百年来,立有"恩及西江""灵感巴西""德播九州"等上百个碑石。宗谱载有20余幅官绅撰写的纪念他的联文,其中婺源人、清代著名学者齐彦槐的对联曰:"术著生前,半帖有功真国手;灵昭身后,十全无失总婆心。"张元荣联文是:"为母疾专业一门,自昔孝思昭谱系;求神医果称半帖,到今仁术济乡邻。"

太医墓

太医祠

10. 土地庙、清泉井

土地庙建在太医祠边,占地面积只有10平方米,供奉土地神、社稷神。附近有清泉井一口,清澈见底。传说泉水能治病,患者多来此汲泉饮用。

土地庙

清泉井

此外,甲路村中丁字街口原有三座石牌坊,分别为"世芳坊"(旌表贡生张果)、"明经坊"

（旌表贡生张环、举人张聘夫）和"文魁坊"（旌表举人张仲、亚魁张文辉）。后毁，原址的痕迹还能辨认出来，旁边堆着旗杆石和雕刻莲花瓣的石柱础。

历史上，甲路还建有文昌阁。据民国《婺源县志·人物·孝友》载，清代甲路人张兆炜，"家贫，日以糜粥或杯豆自……业瓷于豫章"。稍有积蓄后，"尝于山南庵侧倡建文昌阁，立惜字会。凡有善举，咸乐从之"。由此可见，乡人对文运的看重，所以义行善举往往也多以建文昌阁、义塾等为先。

### （五）历史文化人物

甲路村人对文运很看重，历史上，甲路村曾建有"龙川书院""义塾屋"等书院馆塾，以教乡族子弟。自宋至清，涌现出张延千（北宋雍熙二年（985年））、张大亨（北宋元祐六年（1091年））、张颖（南宋建炎四年（1130年））、张循然（南宋乾道五年（1169年））、张文忠（明永乐十三年（1415年））、张作楫（明崇祯元年（1628年））、张贵良（清光绪三年（1877年））等7位进士。另还出了一些文人学者，如明代有张聘夫，著作有《郿雍集》《事文义窥》《两汉禁脔》《唐书管豹》《破蟋蟀诗》等；张成叙，著有《四书讲义》《尚书讲义》。清代有张翼先，著有《观书随笔》《诗文集》《批尔雅》；张其旌，著有《四书要旨》《性理发微》《一鉴斋诗》；张未堂，著有《诗经启蒙》《周易阐微》《历朝诗学正宗》；张成稷，著有《智愚铭》《衔窝集》《笃睦集》《唐诗心镜大观》。还有两位女诗人，张芸芳，著有《芸芳女士遗稿》，张婉仙，著有《倦绣吟》。

甲路还出过几位以"不为良相，则为良医"自勉的名医。

明代张宗温，"精仲景医书，凡伤寒诸症，半剂即愈，人号为张半帖"（民国《婺源县志》卷四十九）。他从小爱读诸子百家，后因母病，苦研医术，活人无数。路有病倒者，先生施药以治。大臣上荐，朝廷聘为御医而不就。死后葬社屋岭，后人访其冢墓求丹以服，亦有灵应。由是声遍郡邑，求丹者络绎不绝，题赠碑额数百方。

清代张明征，张宗温子。少学为文，受父亲影响，精研医术。曾身背药囊随叔辽左，以医术服务当地军民，为叔赢得口碑。赴京参加礼部考试，授太医。奉诏采药浙闽，回程途经金陵，时疫疠传染，丧亡遍道，遂开药馆，布剂施治，四方踵至，久无倦色。民国《婺源县志》卷四十九说他："以世精岐黄业受太医院官。后归籍开馆，施药于金陵，四方踵至，应之不倦。尝日暮归，遇江右浮邑有无告者患痢疾于途，视之恻然，令仆负置其里，以药饵调摄之月余，体复后仍给资遣归，并不诘其为谁氏子也。邑人詹轸光（平乐知府）叙其行曰：视天下犹一家，救路人如骨肉。著有《形症心法方书》行于世。"清代张盛昌，张明征子。读父书，医名渐盛。清代张公铖，"尝因母疾，究医术刀圭，所济被德者众"（民国《婺源县志》卷四十三）。甲路名医踵接有张图南、张本院、张棋、张循元、张起焕、张陵、张殿芬等，皆医术高明，造福乡间。

### （六）非物质文化遗产

#### 1. 甲路油纸伞制作技艺

甲路油纸伞，是江南传统名牌产品。相传起源于南宋时期。宋代丞相马廷鸾居甲路时，从京城带了一把油纸伞回来。从此，甲路人便开始仿制油纸伞，并不断改进工艺，世代相传纸伞制作技艺。清康熙三十三年（1694年），甲路的油纸伞就已列入《婺源县志·货属篇》，素有"景德镇的瓷器甲路的伞,杭州的丝绸不用拣"之誉。婺源甲路纸伞制作为全手工,以木竹、皮纸、桐油、皮油、柿树油、麻线等为原料,主要工序有:备料(油料、皮纸、木竹等)、熬油、槽船(做伞顶)、揉眼(钻伞辐线孔)、锻柄、装架、绕线圈、筑脑、贴皮纸、画伞面、刷油等。取材用料考究,伞面图画增添了审美情趣,不仅晴雨相宜,经久耐用,而且美观轻便,古朴别致,有较高的欣赏收藏价值。在1936年的粤湘鄂赣四省特产联合展览会和1943年江西省农工产品展览会上,甲路伞名声远扬。2013年8月,甲路纸伞制作技艺被列入江西省第四批省级非物质文化遗产名录,2020年,升级为国家级"非遗"项目。

甲路油纸伞制作技艺得到了良好的传承。婺源县甲路工艺伞有限公司是制作传承基地,也是一家致力于传统竹制工艺伞设计开发生产、销售的企业。下属的"甲路工艺伞文化园"占地面积1.8万平方米,年产量60余万把,在同行中规模最大。其开发的甲路油纸伞产品多次获奖,2012年11月,在"首届中国非物质文化遗产传统技艺大展"中荣获金奖;2012年12月,在"全国休闲农业创意精品推介"活动中获得产品创意优秀奖;2013年7月,在"江西省优秀旅游纪念品评选"活动中获得竹木类"二等奖"。

画伞

油纸伞

### 2. 甲路抬阁

甲路抬阁,原为昔日逢农历正月上旬、三月三、四月八和秋酿时进行的文娱活动。4名彪形大汉抬着方形平台,将俊俏男女儿童妆扮成戏剧故事人物造型,巧妙绑扎在抬阁上。孩童或坐或站或单腿悬空,在伸出的手、枪、剑上,还要站立另一个儿童妆扮的角色,组成一个个精彩画面,如《三结义》《闹天宫》《单刀赴会》《打金枝》《三岔口》《拾玉镯》等,令人叹为观止,不知内中机巧,被誉为"中华一绝"。抬阁平台四周,有用纸扎成龙、凤、鹤、祥云、水花等彩灯。巡游时,彩灯内点燃蜡烛,衬映穿着鲜艳服装的儿童,远远望去,恰似天仙下凡。抬阁上的人物虽不演不唱,但配上鼓乐开路、锣钹断后,加之围观者的喧闹沸腾,亦热闹非凡。抬阁左右两侧,另有两位青年汉子,手执长长的木叉,以防高处的孩童意外倾倒时救助,也可随时挑开沿途低垂的杂物,使高高的抬阁不至于受阻。

甲路抬阁巡游时,一般要出动七八台,分别妆扮不同戏文故事,长百余米。抬阁经过各家门口、店铺时,都要燃放鞭炮,以求来年平安吉祥。

传统抬阁活动,一般都由族中有经验的长者主持,有些环节对外保密(如人物妆扮、绑扎过程)。以前,抬阁巡游不许妇女参加,抬阁上的女像也由少男妆扮。现在没了这个禁忌,抬阁巡游变成了全族全村男女老少都参加的一种民俗活动。

抬阁中妆扮人物造型的孩童,都是在全乡全村精心挑选出来的,胆子要大,既要扮相俊秀,又要体形轻巧,还得有一站一坐几个小时的吃苦耐劳精神。每次选人时,家家户户十分踊跃。如果家里有孩童被选中,这个家庭便感到非常荣耀,家长要在活动前后杀鸡杀鸭,请邻里吃饭,以示庆贺。

2010年6月,甲路抬阁被列入江西省第三批省级非物质文化遗产名录。

抬阁表演

## 二、上严田村

### (一)地理位置和山川胜景

赋春镇严田村有上严田、下严田等5个自然村,其中上严田村是村委会所在地,古称严溪,地处婺源北乡尾、西乡头,距县城37千米。旧时,青石板铺就的徽饶古道穿村而过,两旁商铺林立,是一个重要驿站。现在,村庄北面是省道王赋线,往西通往赋春镇区和景德镇市,往东通往清华镇,是村民外出的主要交通道路。环绕村落周边修有水泥公路,犹如村庄外环线,便于村民出行和运输。

上严田村,处于四面青山环抱之中。村庄北面,船槽峡山绵亘至村边,形成"万石城"来龙山脉;在东北方,则有日山。日山山麓有"青萝洞"。洞中有天尊行道岩、湖来峰、花鞋石、天柱石、芝田、石钟、石鼓、天井等奇石景观。宣议郎李彦和曾构精舍于此,题其景曰"青萝印月"。南宋学者张舜臣题《青萝洞》诗云:"峰峦缥缈倚青云,古往今来事可询。歙地洞中名已旧,唐贤石上墨犹新。烟霞解锁无尘迹,花药能留不老春。公出桃源本仙裔,清游宁惜驻雕轮。"村庄南面有笔架山,盆地开阔,向东、西延展,垦有400多亩良田。

古村全景

两条小河分别由北至南、由东向西,呈"人"字形,犹如两条巨龙将村庄环裹,在村西头的水口处汇流,呈"S"形蜿蜒,像个太极图镶嵌在村头。流水潺潺,清澈见底,灌溉田园,也为村民洗濯提供了极大方便。

穿村而过的河流

村落水口古树参天,有樟、枫、槠等名贵古树,纷披掩映。特别值得一提的是"六合树",地上部分有黄连木、樟树、糙叶树、朴树各一棵和两棵槠树,共六棵古树长在一处,犹如六子合抱,同根长出一般。

六合树

水口林

古时,上严田村有"东木献秀、南火文映、西金耸抱、北水龙脉、中士基旺"镇基"五星",还有"严溪八景"之称。历代文人骚客为严溪八景吟咏所留存的诗篇积简盈匣,下面选录严溪朱氏古溪公二十世孙传心公所作八景诗,与读者分享:

一景青萝幽洞:青萝古洞峭高悬,迥向层霄象万千。内贮蛟龙升莫测,云行雨施降丰年。
二景双溪环带:双溪兴羡恰临渊,二水交流汇一川。待到夕阳斜照后,扶筇悄立看飞鸢。
三景蓬莱仙观:欲上蓬莱访羽仙,原期一会赴华筵。谁知迹在难寻觅,何日欣逢结宿缘。
四景万石山城:悬崖峭壁泂超然,莫作云台莫作莲。古迹宛如城一面,金城差逊石城坚。
五景桂湖清醴:桂湖清浅本无源,哪识中藏有醴泉。想是上天恩渥厚,因为布泽润良田。
六景虹桥锁钥:叠石成梁几许年,河深岂必鹊重填。彩虹双落交流处,锁住人间万顷烟。
七景枫井疏烟:掘井功成已及泉,数株枫树喜参天。秋来红叶添新色,映带疏烟分外妍。
八景重兴花雨:重兴古刹任盘旋,雨散花飞色最妍。暮鼓晨钟敲罢后,白云深处好参禅。

## (二) 建村历史和现状

民国十一年(1922年)《星江上严田李氏家谱》记载:"李德鸾自浮梁界田迁居于此,占得从田之签,以严治之,故名上严田。"北宋乾德二年(964年),21岁的李德鸾迁到婺源上严田村,娶里人方侍中长女为妻,在此成家立业,是上严田村李姓的始祖。光绪《婺源县志·寓贤》中记载:"李德鸾,字匡禄。才气过人。其先世京,本大唐裔,因黄巢乱,避地歙之篁墩,由篁墩迁于浮梁之界田。至德鸾,始寓婺之上严田。时婺隶南唐,昇元二年(938年)诏举卓异,有司以鸾应制,历扬中外,所至有声。累官为散骑常侍,赠金紫光禄大夫。厥后子孙蕃衍,英贤辈出。凡李氏居江南、江右者,俱奉鸾为鼻祖。"

元至元三十一年(1294年),婺源三都香田村朱灿,迁入严田,与李氏合居。之后,又有王、潘、胡等姓迁居严田。从此,诸姓杂处,和睦友善,明礼诚信,福泽绵延。

上严田村村域面积达12平方千米,村庄面积达140亩。2003年,婺源县人民政府公布上严田为第一批县级历史文化名村。近年来,投资100多万元,对村中"三线"、巷道、排水暗沟进行了清理和修缮,重现了村落古朴的特色,成为一个不收门票的传统村落景点,深受游客好评。2016年,上严田被评为"中国传统村落",镇、村引进广州客商维修保护古村,开发建设民宿,大力发展文旅业,取得了可喜进展。

2020年上严田村有226户966人。

## (三)古村整体风貌

静卧在山水间的上严田村,整个村落轮廓呈"人"字形排布,村内主巷道也是"人"字形布局,加上"人"字形水系,寓意此地"村族繁衍、人丁兴旺"。山、水、田、林、路、祠、宅、亭、桥、井,在这方水土上搭配得井井有条,不禁令人赞叹古人规划建设的至高智慧和至美情趣。村落至今仍保有原汁原味的徽州民风和徽派传统建筑,保留着明清时期徽州传统村落的整体风貌。

**古朴的村落景观**

上严田村的传统建筑集中连片分布在南北两条小溪之间,大多数传统建筑中仍有村民居住生活。传统建筑为典型的徽派民居,徽饶古道(老街)沿东南向西北穿村而过,徽派民居就建在古驿道两侧,主要为清代、民国时期建筑,少量为明代末期建筑。古驿道两侧仍有43幢保存完好的明清店铺。目前,全村共保存有传统建筑106幢,总建筑面积24014平方米。其中明末5幢,清代38幢,民国时期63幢。全部传统建筑面积占村庄建筑总面积的比例达65%。

村中巷道布局合理紧凑,由东北至西南走向的徽饶古道(老街)石板路是村内主干道。

新门巷、王家巷等村中12条石板巷道呈网格状与村庄主干道（古道）相连,形成四通八达的路网。村西的高道桥和村东的王关桥、村南水口的朱家桥等古桥至今还方便村人行走。

古巷古道

### （四）古建概览

#### 1. 秩叙堂

为村中朱氏宗祠,位于村中老街中段,占地面积约450平方米。祠分前堂、后堂和寝堂三部分,三堂之间有两个宽广天井,天井下对应深沟坍池。内部梁柁、斗拱、雀替等雕刻精美华丽。大门呈八字形,水磨青砖面墙。宗祠始建于清代前期,后多次维修。此祠原为五凤门楼,巍峨气派,飞檐戗角,风铃叮当。行人路过此处,文官需下轿,武官需下马。每年正月初二,全村朱氏男丁俱汇聚此祠中祭拜先祖、吃祠众酒、领丁饼。20世纪70年代,此祠门楼上部倒毁,重修后即成现存模样。此祠最后一次内部大修在2006年。

大门　　　　　　　　　　　　　　　门楼和两庑

三种童柱驼峰

卷棚和童柱托

2. 春晖堂

为村中李氏八家分祠,占地面积260平方米。始建于清代早期,后经多次维修。

3. 敦睦堂

为村中下朱分祠,占地面积300平方米。门楼、享堂、寝堂均保存较好。祠堂建筑简约朴素,为明代建筑风格,后经多次维修,最近一次为2018年。

春晖堂外墙和大门　　　　　　　　　　敦睦堂天井、两庑和门楼

#### 4. 恒兴客馆

清代建筑,为茶商所建的精美大气的客馆。前有门院,正厅木楼门面雕刻繁复精美。内为敞厅,三间两层,两侧有半圆形花格挂落装饰。占地面积120平方米,建筑面积240平方米。

院门和外墙

客厅中的装饰挂落

木楼门面

#### 5. 隆兴号客馆

位于村内大路街与小巷的分叉点上,受地形限制而呈三角形。两层,下层外砌墙,上层为木楼。木雕较粗糙简单,保存较为完好。一楼临街店铺经营粮食、杂货等,楼上供客商、贵宾休憩或谈生意。屋内木雕最吸人眼球的是暗八仙木雕,图案从左至右依次是:团扇、宝剑、鱼鼓、玉板、花篮、横笛、荷花、葫芦,分别为八仙所持宝物,寓意八仙过海,生意兴隆。建于清代早期,占地面积100平方米,建筑面积200平方米。

临街外立面 　　　　　　　　　　　　　　　花枋木雕

### 6. 朱家井

位于水口的石板路边，井口宽大，占地面积2平方米，水质清澈。

朱家井

### 7. 古石桥

上严田村从东至西，沿溪依次有四座石桥。

（1）中桥。因位于村当中而得名，联结村中主要巷道。此桥双孔，高不足2米。原桥于20世纪70年代倒塌后，又依原桥基本模样并用原桥石料重建。

（2）明德桥。位于村尾，原为松木桥，且桥上有廊亭。现为水泥桥，比较简易。

（3）朱家桥。位于水口，系单孔石桥。远观如一把铜锁，关锁水口。

（4）通济桥。位于上严田至巡检司的路上，单孔石桥，高架于河面上，且桥面上建有木廊亭。

中桥

朱家桥

历史上，上严田古村曾建有"振藻园""学静轩""钟英轩"等书舍馆塾，以教乡族子弟。还建有寺庙和庵堂四灵庵、龙华庵、永济庵、翠微庵、石山寺等。过去，村头水口的庙宇还有汪帝庙、关帝庙、五猖庙、社公庙、相公庙等，今均已不存。

## （五）人文传统

据《婺源县志·科第》记载，历代上严田村人登进士者有27人，并有多人出任七品以上文武官员。由此，上严田村也被誉为"进士村"。现将27名进士简介如下：李士严，字子安。北宋嘉祐六年（1061年）辛丑科进士。授承直郎，官至饶州通判。李友直，字元益。南宋绍兴五年（1135年）乙卯宏词科进士。初授大理评事，再任和州守，累官至朝请大夫。李知己，字智伸，号汲古。南宋绍兴二十四年（1154年）甲戌科进士。授德兴县尉，官至光禄大夫、大理寺丞。李冠之，字世亨。南宋绍兴三十年（1160年）庚辰科进士。授宣议郎，官至大理寺丞。李炳，字文仲。南宋绍兴三十二年（1162年）赐进士，授从政郎。初任筠州教授，再任严州教授。李则参，字彦伦。南宋淳熙五年（1178年）戊戌科进士。官至无为军学正。李行成，字立夫。南宋淳熙八年（1181年）辛丑科进士。授文林郎秘书掌阁，升朝散大夫、直宝谟阁。李大端，字子发。南宋庆元二年（1196年）丙辰科进士。李楫，字子济。南宋嘉泰二年（1202年）壬戌科进士。授将仕郎，任严州学正。李楠，字子崇。南宋开禧元年（1205年）乙丑科进士。授修职郎，任翰林院司书。李尚，字文之。南宋嘉定四年（1211年）辛未科进士。授通直郎，任瑞昌军金判，累官四川制置司参议。李升之，字日起。南宋嘉定四年（1211年）辛未科进士。授迪功郎，升朝请郎，官至南康军通判。李登，字崇之，号不庵。南宋嘉定七年（1214年）甲戌科进士。任兴山县尉，改池州司法，升临安守。李叔豹，字焦夫。南宋嘉定七年（1214年）甲戌科进士。授迪功郎，任刑部监狱。李嘉猷，字必宏。南宋嘉定十年（1217年）丁丑科进士。授将仕郎，任将作监丞。李玘，字子医，号春元。南宋绍定二年（1229年）己丑科进士。时同榜程元凤为相，不与交通，遂绝黉缘。李震宗，字隆甫。南宋绍定二年（1229年）己丑科进士。

授登仕郎,任江阴县判簿。李泰来,字亨叔。南宋淳祐元年(1241年)辛丑科进士。授奉议郎,任常熟府金判,升中奉大夫,任信州守。李念祖,字孝则,号淡圃。南宋淳祐元年(1241年)辛丑科进士。授承议郎,任无为军通判,官至淮东安抚使。李时,字当可,号愚谷。南宋淳祐四年(1244年)甲辰科进士。任隆兴府丰城尉,改文林郎,升徽州府金判。李碧山,南宋宝祐元年(1253年)癸丑科进士。授国子监录,升祭酒。李挑,字子蟠,号山泉。南宋宝祐四年(1256年)丙辰科进士。授从事郎,任绍兴府教习,知上元县事。李雷南,一名祥仲。南宋宝祐四年(1256年)丙辰科进士。授苏州府同知,迁武昌知府。李应奎,一名贵仲。南宋宝祐四年(1256年)丙辰科进士。授将仕郎,知余杭县事。李说学,字习甫,号觉斋。南宋咸淳四年(1268年)戊辰科进士。授修职郎,任国子学宾。李岳,字莱老,号乔山。元延祐二年(1315年)乙卯科进士。授将仕郎,任德兴县尉。朱锡珍,原名孔阳,字道南,号严溪。清道光二十一年(1841年)辛丑科进士。官至户部云南司主事。

明清时期,徽商遍布全国,上严田村人也出外闯荡,创下许多傲人业绩。他们经商致富后,荣归故里,兴建豪宅,使村落规模不断壮大,还毫不吝惜地输金捐银,资助建书院私塾,办义学,以振兴文教。因此上严田村自古一直保持崇文重教的村风。村里出过不少学人和传世著作,如清代李鸿瑞著有《芦洲诗集》,朱焕圭著有《四书解义》《十三经辨义》《读史管见》《音律考误》《六书精义》等书共百余卷。《婺源县志》还记载上严田清代有两位名医,一位是"善岐黄,全活甚众"的李振基,另一位是"精岐黄,活人无算"的李振琛。

古代的上严田村,在宗族管理下,通过立家训、严管教,培育出良好的村风。

上严田李氏家训云:"凡为吾祖之孙者,敬父兄,慈子弟,和邻里,时祭祀,力树艺。无胥欺也,无胥讼也,无犯国法也,无虐细民也,无博奕也,无斗争也,无学歌舞以荡俗也,无相攘窃奸侵以贼身也,无鬻子也,无大故不黜妻也。勿为奴隶以辱先也。有一于此者,生不齿于族,死不入于祠。"

上严田朱氏家训云:"训人不必多言,只是要读书、作好人而已。不欺天地,不蠹人伦。无犯国法,无媚鬼神。行勿愧影,寝勿锦衾。立志要高大,作事要量力。家齐而后国治。闺门严谨整肃,男女分别嫌疑。立心行善数千条,积德立命第一方。勿讼废祖业,谨戒省戏文。事求其可,勿流于邪;功求其成,勿流于泛。"

在优良村风熏陶下,上严田村古代涌现出许多忠孝节义的佳话,现据《宗谱》所载,记录几则如下,以示彰扬。

为母庐墓。李尚,李知己三子,年二十五,中进士,授予通直郎、江西瑞昌军金判,后任南京户部主事。因母病,回乡侍母,母故后在山上墓边搭棚守孝三年,期满仍不愿赴京履职,在严田生活了30多年,有孝子贤孙之称。

善多隐德。李耀先,太学生。少孤贫,入塾,师器重之。寻以家贫就商,精会计。咸丰间战乱中,居屋遭焚毁,率妻负母避难山中,甘旨(食物)侍奉无缺。里中众事,多耀先管理,出入清白。堂侄贫不能娶,耀先助佃田十亩。朱姓祠宇毁于兵火,助赀重构。乡邻遇纷难,则直言排解,修桥路则竭力输助,族中建祠、修谱,均耀先总理,洵无愧一乡善士。

乐施公益。李正封,字德卿。九品衔。家贫苦读,修洁寡言。清咸丰间,随中丞胡林翼营,助饷银百余两。同治间,族人创建宗祠,举为理首。又怜悯无嗣者和流寓者无依,立"同仁会",每年赈孤。对于里中兴筑"积谷仓",造"境主庙"等,皆为玉成。

望重圭璋。李宾佳,字士期。太学生。少失怙(父),事母供甘旨(美食);母殁,哀戚逾常。与弟析居,独偿夙拖欠债务数百金,无以累弟。居乡谨慎,不失礼于人。客杭州江干日久,解纷排难,有国士风焉。抚宪陶赠额曰"望重圭璋"。

拟之老莱。朱兆沄,字腾岸。事亲色养(承顺父母脸色),数十年如一日。父届期颐(百岁),兆沄年亦老且病,犹力疾扶持,无顷刻离开,厕牏(便器)身自浣涤之,劳役亦躬亲弗逮。以老事老,以病事病,人以为难得,拟之春秋时楚国隐士老莱子云。

孝节可嘉。李盛机妻汪氏,青年矢志抚孤子,复扶孤孙,辛苦备尝,宗祧赖承绍。乾隆七年(1742年),旌表建"节孝坊"。胡细庆妻朱氏,年二十二夫殒,家贫,未有嗣,氏坠高墙,久绝乃苏。父母劝之以舅姑(丈夫父母)垂老,终养为大。氏乃勤女红,孝养终身,并承绍侄为子成立。乾隆九年(1744年),旌表建"节孝坊"。潘水禄妻李氏,家贫,夫染恶疾,脓秽狼藉,氏外理田园,内侍汤药。夫故,抚夫兄子为嗣,勤苦无怨。年五十卒,入殓始知夜无睡被,卧牛衣云。

## 三、长径村

秋溪河,发源于婺源东部海拔638.8米的五洙山,往西南,流经里源村、秋溪村后,到达长径古村。一泓碧水从村庄南面汩汩淌过,倒映着青山绿树和粉墙黛瓦的房屋,形成了灵秀的水街景观。青石板砌筑的河埠上,不时飘起捣衣声和谈笑声。

长径村全景

　　古村北面,背靠大龙、青龙及白虎三座山峰。村南也有青山列屏,隔秋溪河相望。村落的水系,除了村南的这条秋溪河外,还有3条小溪,即源于青龙山的窑坑、源于大龙山的后边坑、源于白虎山的塘坑。原先,这3条小溪都是从北向南,直流进村前秋溪河的。但是,为了与"圣人门前水倒流"的风水相应,村人改凿了后边坑的河道,让它在村中拐了个90度的弯,转向西流,先与塘坑汇合,再流进村南的秋溪河。这样,水网遍及大部分村居,极大地便利了村民用水。

　　山峦环抱的秋溪河谷中,长径村形如长长的竹筏,停靠在河边。整个村落坐东北朝西南。村东头有百亩良田。西头的河湾处,形成了三面环水的小半岛,是茶园和菜地。古时这里是村庄的水口,有桥亭和水坝关锁。进出村庄的石板古道也从这里延伸进人家。

　　据《宗谱》载,长径历史上有珠山夕照、五峰古寺、南冈塔影、西庙寒潭、横翠晨耕、镜水涟漪、牌楼双耸、田园畈春、顾本垂虹、月池舞蹈、乔林翠秀、凌云钟声等十二景。

沿河水街

　　长径古村始建于南唐,距今已逾千年。光绪《婺源县志·人物·武略》"程湘"条中记载:"唐乾符年间,检校工部尚书程湘领兵镇婺,遂家焉……其孙温,字嗣恭,性耽图史,雅慕林泉,隐居长径,自附晋陶彭泽三径之致云。"

　　今天的长径村,是秋口镇下属的一个自然村,距婺源县城15千米,有柏油路相通。村域面积4.5平方千米,村庄占地面积123亩。2020年全村有209户800人,村民主要从事林、茶、粮生产。

　　古村历史悠久,较好地保存了原真性风貌,古建筑遗存丰富,并有国家级非物质文化遗产——傩舞,2013年被评为中国传统村落。

　　长径村集中连片的明清古民居多数仍有人居住,保存状况较好。还有石板铺就的街道、河埠、古桥、古井等古建筑。全村现存古建筑面积达11000平方米,其中列为县级重点文物保护单位的有5处。

　　清末鸦片战争前夕,长径村建程氏宗祠"崇本堂"。该宗祠主要由该村程金明、程金广、程金显三位茶商捐资,历时18年建成。祠名"崇本",意在勉励程氏后裔尊崇"忠、孝、廉、节"

之本为人处世。祠堂面阔15米,进深39米,占地面积585平方米。祠堂有四进,砖雕门枋,后进三层,楼梯侧上。可惜崇本堂已倒塌几年,但祠堂八字门的残垣断壁及墙面砖雕,仍显示出当年的宏伟气势。

　　长径村位于古时从江西省到安徽省的古道上。主干村道有2条,一条在村中间,一条沿河,都是自东北向西南并行。连接这2条主干道的支巷有10余条,主要的有北角巷、三排巷、八卦底巷、双门口巷、后坞口巷、担水巷等6条。

街巷

顾本桥

　　村内桥、亭众多,最多时路亭达14座,方便过路客和村民休息和避雨。现在还能见到大小桥梁7座。2座跨塘坑,分别为顾本桥、崇福桥;2座木桥跨村前秋溪河,其中一座今已改为钢筋水泥桥。最有名的是村头河边的"九步三桥",即9步之内就有3座桥。一座为石拱"述济桥",按桥碑记载建于明代,另两座为平板石桥,其中一座桥板只有1米长。今崇福桥及桥亭还保存完好。该桥亭由16根双柱构成,亭下流水潺潺,亭内凉爽宜人,是村人谈天说地、讲古论今的公共场所。

崇福桥　　　　　　　　　　　　　"九步三桥"

全村原有南山塔寺、五峰庵等七处庵堂寺庙,今均无存。只有吴家坑始建于明代的"五显财神庙"仍香火旺盛。长径村古有六口水井,即黄兴井、东富井、里边井、锅沿井、五头山井等。如今,村民都饮用自来水,六口水井均已废弃。古村宗族管理风俗也留下了一些遗存,有禁林碑、养生潭碑、孤墓总祭碑等。

长径村的古民居多为商宅,下面介绍6幢。

1. 程观金宅

建于清代中期。建筑面积355平方米。是一幢住宅兼读书楼的别墅。屋内以鱼塘为中心,三方均建有穿斗式梁架房屋,正面三间一进两层,两侧为一层三间余屋。另一方开矮墙,有利于充分采光和在楼上读书观景。县级重点文物保护单位。

外观

内景

2. 程开禄宅

建筑面积392平方米。清代中期民居。穿斗式梁架,正堂三间两进两层。砖雕门罩和屋内梁、枋、格扇门窗木雕精美,保存良好。县级重点文物保护单位。

门楼砖雕

木枋透雕花卉

"福禄寿喜"窗格雕刻

3. 程文生宅(永德堂)

建于清代中期。建筑面积325平方米。从门院入户。院中有木楼客馆。正堂三间两进两层。屋内木雕丰富,保存良好。县级重点文物保护单位。

大门

梁架

鸱吻雀替

梁枋木雕

#### 4. 程九斤宅

建于清代中期。建筑面积388平方米。这是一幢比较少见的"对朝堂"格式民居,上堂和下堂中间有砖墙和天井、门,上堂太师壁和下堂太师壁正面相对,由两组梁架组成,既相对独立又互相联系。上堂三间两进,较大气。下堂只有一进敞厅,较简朴。

大门　　　　　　　　　　　　　上、下堂中间的隔墙门

#### 5. 程学义宅

建于清代中期。建筑面积480平方米。穿斗式梁架,三间两进两层。开间尺度阔大,内部空间大气。雕刻丰富,保存良好。

门头　　　　　　　　　　　　　二进梁架

#### 6. 程祖义宅

建于清代中期。建筑面积560平方米。前有门院,正堂穿斗式梁架,三间两进两层。县

级重点文物保护单位。

院门和外墙

大门砖雕门楼

　　长径村历史上也出过一些名人。明代,有山东濮州知州程振理,中宪大夫袁州知府、后为陕西苑马少卿的程文著,刑部员外郎特授中宪大夫袁州知府程汝继,武进士程策等。清代,有敕封儒林郎程起烓、程承发,敕授儒林郎候选布政司理问程怀义,敕封儒林郎程坤文,敕封中书科中书程坤岐,敕授承德郎候选州司马程栋等。

　　长径,还是著名的傩舞文化村。

　　傩舞,是"中国舞蹈活化石"。所谓傩,是古代驱鬼逐疫的一种活动。它起源于远古巫术。为了驱逐恶鬼魔疠,巫师在傩仪中戴上面具,手执兵器,妆扮成比鬼疫更凶猛狰狞的傩神,踩着激越的鼓点,跳着狂热的舞蹈,以驱邪逐魔。周朝时,傩仪已经相当完备。《论语·乡党》就提到过"乡人傩",季冬时节,乡村广泛举行跳傩活动。《吕氏春秋·季冬》记载:"命有司大傩。"高诱注:"大傩,逐尽阴气为阳导也。今人腊岁前日,击鼓驱疫,谓之逐除是也。"宋代以后,傩仪活动从娱神驱鬼逐渐向娱人悦众方面演变,娱乐成分增多,节目也更为丰富,甚至出现了表现劳动生活与民间传说故事的内容,成为一种民间戏剧和舞蹈。

　　婺源傩舞,于2006年5月20日被列为国务院公布的第一批国家级非物质文化遗产。明清时期,婺源许多乡村都有在冬闲时节举行跳傩舞的习俗。但将这一传统保存至今的属长径村最为突出,因此,长径村又被称为"傩舞之乡"。目前,长径村"驱傩神班"有演员19人,面具55个,其中4个为原始木雕演具,表演节目有《开天辟地》等22个。

　　据《婺源县志》(1993年版)记载,傩舞"由明嘉靖间任陕西苑马寺卿的程文著(长径人)从陕西引来,在长径、秋溪及附近一带流传"。但早在程文著于嘉靖四十一年(1562年)中进士步入仕途前,婺源就已有了跳傩的傩班。休宁县茗洲村《吴氏宗谱》"茗洲吴氏家记"中载:"正统十四年(1449年),社中议,首春行傩人。婺源州(婺源于元元贞元年(1295年)升为州,明洪武二年(1369年)复为县)香头角抵之戏,皆春秋社首醵米物,酬与诸行傩者,遂为例。"日本田仲一成到婺源考察傩舞时,观看《元帅操兵》《后羿射日》《开天辟地》等傩剧后,认为其中诸侯、后羿、盘古等显武示威的面具角色,就属于上述所谓"香头角抵之戏"。

1953年,婺源长径村与庆源村傩舞两班合一,以《孟姜女送寒衣》《丞相操兵》等四个节目参加"全国首届民间音乐舞蹈会演",获"古典艺术奖"。1956年,中国舞蹈家协会副主席盛婕女士等三人亲临考察长径傩舞,认为傩舞是中国舞蹈艺术研究难得的"活化石",并在《中国民间歌舞》一书中发表了有关婺源傩舞的文章。1986年元月,长径村正式成立了"长径驱傩舞团",恢复了原有节目22个。同年3月,江西省《舞蹈集成》编辑部在长径村进行抢救性的拍摄录像。《丞相操兵》《孟姜女送寒衣》《太阳月亮》《饮毒酒》四个代表性节目入选《中国民族民间舞蹈集成·江西卷》。2002年《婺源傩舞》又入选了《中华舞蹈志》。2005年6月,由婺源县徽剧团和长径村傩舞团联合组队演出的婺源傩舞《追王》《孟姜女送寒衣》《丞相操兵》参加"中国·江西国际傩文化艺术周中外傩艺术展演",获得"金奖"和"优秀表演奖"。

长径村傩舞现有《开天辟地》《魁星点斗》《丞相操兵》《土地巡逻》《舞小鬼》《刘海戏金蟾》《双猴捉虱》《太阳射月》《孟姜女送寒衣》《打松鼠》《带回》《四仙》《送药酒》《饮毒酒》《小儿抛帽》《北斗星》《舞仙鹤》《收场》《打架》《追王》等节目22个。《开天辟地》描写盘古氏在混沌中,手执巨斧开创乾坤,那种巨人的力量和英雄气概,塑造得很有气魄。《孟姜女送寒衣》表现孟姜女千里寻夫,途中经历千辛万苦,感天地,泣鬼神,一路得到"土地""夜叉""乌鸦"的保护,终于来到了长城。当得知夫亡后,撞死于长城。《丞相操兵》(又名"舞花"),由"放叉打旗""丞相操兵""土地巡游""送药酒""饮毒酒"五个片段组成,各片段之间既可首尾相连,又能独立成篇。

长径傩舞表演形式有独舞、双人舞、三人舞、群舞、舞剧等,且多带情节。傩舞动作非常丰富,主要有:独具一格的女性舞步"妮行步";《开天辟地》中的"辟斧""拗斧""磨斧";《丞相操兵》中的"上、中、下十字架""操兵步""拍手一照""拍腿过河""耍羽毛""舞花""轮棍";《太阳射月》中的"摸胡点""单摸胡""双摸胡""摸云找月""射箭";《刘海戏金蟾》中的"金蟾步""撒金蟾""踩金蟾步""地挖门";《舞仙鹤》中的"寻食""抖翅""金鸡独立";《双猴捉虱》中的"猴步""猴打恋""捉虱";《舞小鬼》中的"鼻尖步""点地棍";《饮毒酒》中的"摸肚步""摸嘴步";《迎棒》中的"雪花压顶""磨粉""滚蛋""七寸棍";《打架》中的"单锁连""双锁连""莲花""双桥""单桥"等。

长径傩舞表演具有很强的艺术感染力。舞蹈动作朴素稚拙,粗犷雄劲,以夸张、变形和淋漓的原始神性来吸引观众。尽管表演充满着神秘的宗教色彩,但早已将巫术的驱鬼逐疫与戏剧的娱乐性融为一体了。《开天辟地》中盘古氏手持巨斧,在混沌中四面砍劈,表现出开创乾坤的巨人力量和英雄气概。《判官醉酒》舞态优美生动,酩酊醉态表现得真切细腻。《和合舞》诙谐、幽默且富于人情味。《孟姜女送寒衣》则以如怨如慕、如泣如诉之情调,表现凄楚。再如群体组舞《舞花》,全剧围绕秦二世胡亥篡位展开,表演过程以"夜叉打旗"始,继之"元帅操兵""丞相送酒",最后以"太子归天"结束。其"元帅操兵"突出表演六路诸侯进行练兵的仪式,主要动作有排列阵式挥舞长矛、刀枪对阵等;"太子归天"则表现了太子扶苏,蒙恬元帅与众军士酒后中毒的悲惨情景,主要动作有相互挽扶、挖嘴抓舌、撕扯胸衣、揉搓肚腹等,看后

令人黯然。

傩舞《开天辟地》

傩舞《丞相操兵》

长径傩舞音乐遵循舞止曲终的伴奏原则,主要由打击乐、曲牌、唱腔三部分组成。乐器有鼓、苏锣、小锣、大钹、小钹、曲笛、二胡、木鱼、碰铃等。以打击乐为主,弦乐偶尔用之。打击乐可分为通用的锣鼓经和傩舞专用锣鼓经两种。长径傩舞是江西省众多傩舞中唯一的"开口傩"。唱腔以"高腔"为主,兼唱"曲牌",原有曲本失传,通过回忆挖掘,找回大部分"曲牌"。

长径傩舞服装,开始是用明朝的夏布制作的"花衣",后来受当地目连戏、徽剧的影响,部分改用戏曲的蟒袍、靠等。一般穿着是外着戏装,下穿红彩裤,脚穿布袜、黑布鞋。内衣不论。道具,多半属人们平日生活和生产的用具,如木棍棒、笊篱、晒盘、棕绳、木椅等,唯有开山斧用樟木雕刻而成,上有龙纹图案,斧刃处用铜皮镶边。因受戏曲影响,部分节目也使用戏曲的道具,如马鞭、羽毛扇、宝剑、绣龙旗、方酒斗等。面具上插羽毛(长约120厘米)亦是长径傩舞中很有特色的装饰物。

面具是傩舞最重要的特征。长径村有傩舞面具55个。主要有:盘古氏、魁星、太阳、月亮、后羿、太白金星、观世音、八仙、八十四天将、二和合、二小鬼、判官、天师、孙权、子烈、关公、张飞、周仓、金吒、木吒、哪吒、唐僧、孙猴子、猪八戒、沙和尚、傩公、傩母、仙鹤、土地公、老鼠精、六诸侯、四天兵、四地将等。面具的雕刻,惟妙惟肖,栩栩如生,喜怒哀乐,老少妍陋,无一相似,实在令人惊叹。彩绘木雕面具,均采用浅浮雕与镂刻相结合的手法,造成一种独特的变形效果。其造像的变形绝不囿于一般雕塑原理,完全取决于民间艺人的经验感受和文化心态。傩面具不仅造型夸张,刻画的形象神气也咄咄逼人,它们或凶神恶煞而震人心魄,或善良憨厚而如闻其声,或笨拙怪诞而诙谐可亲。如"关公"红脸剑眉;"判官"怒目圆睁;"和合"笑容可掬;"沙和尚"憨厚大度;"观世音"端庄娴静等,其喜怒哀乐无一相似,均以其忠奸愚劣而分妍媸,惟妙惟肖。面具油漆色彩以红、黄、蓝、白、黑五色为主,使色彩强烈跳跃,形象鲜明突出;有的面具已油漆7次之多,其中一诸侯面具在背后注明最后一次油漆时间为清乾隆十九年(1754年),距今也有200多年的历史了。大多数傩乡建傩神庙宇供傩面具,而长径村,则以高橱或深篓藏之。正月里,起傩时铳响炮鸣、锣鼓齐鸣、三叩六拜、烛烧九天的仪式几乎处处一样,但长径在仪式之后,须由年长者分列橱两侧以长绳系橱门耳悄悄地拉开橱门,方可请出傩神(面具)。因为按民间传说,若被鬼气射中将惨相万状。

　　长径村的傩班规定在每年十月十五辰时,在程文著的"众屋"里举行"开箱"仪式,道士打醮完,开箱仪式结束。不到开箱之日,平时面具无论如何也是动不得的。开箱之日,傩班成员要全部到堂敬拜,此后,菩萨面前香烛不熄,日夜供奉。除夕晚上"跌玟"(旧时一种占卜形式)定时辰。时辰一到,便将"老郎菩萨"(同戏曲供奉的祖师)和面具一起抬到村头崇福桥亭里摆好,焚香点烛,让群众在大年初一朝拜,所谓拜菩萨年。长径村傩班每年的首场演出定在正月初二。初二在本村月池田内搭台演出一天,初三开始外出巡回演出。近几年每到春节,就有许多游客慕名来到长径过年,为的是赶看正月初二开演的傩舞。傩班在跳傩前是走巷串户"追王"。家家户户燃放鞭炮,在八仙桌上摆好糕点,泡上幽香浓郁的"婆绿"茶,争相迎进"傩神",请其用斩妖驱邪的古铜斧朝门上劈去,以斩绝一年之孽根;在牛栏猪舍猛地一刹,以促六畜兴旺;人也个个争相伸去脑壳,享受铜斧清脆地一刮,以祛灾逐疫。

　　长径村傩舞主要艺人有国家"非遗"传承人3人:胡振坤,1942年出生,已故;程长庆,1933年出生;程金生,1941年出生。江西省"非遗"传承人4人:程富宝,1950年出生;胡莲盛,1960年出生;程开禄,1962年出生;程焕平,1966年出生。上饶市"非遗"传承人1人:胡立和,1965年出生。婺源县"非遗"传承人3人:程九年,1958年出生;程冬付,1962年出生;程金保,1967年出生。

# 第三节　中云镇坑头村、豸峰村

## 一、坑头村

　　1140多年前的唐广明元年(880年),适逢黄巢造反乱世,"潘逢辰,字吉甫,世居闽之三山。当唐之季,上书阙下,不报。值广明之乱,道至新安,弗克归,避地歙之黄墩,后转迁婺源,择桃溪而居焉"(《新安名族志》),潘逢辰成为桃溪潘氏始祖,婺源潘氏也自此开始繁衍播迁。据《婺源桃溪潘三仕宗谱》记载,潘逢辰"洞明文学地理,精堪舆之学",他在卜居之地沿溪广植桃树,取村名为"桃溪"。后世地名俗化,因村落处在山谷溪流的源头,婺源又称小溪为"坑",所以桃溪改名为坑头。

　　潘氏建村坑头后,第五世潘舜辅在南宋绍兴二年(1132年)登第。明朝中叶,潘珏于明成化二十年(1484年)中进士,还涌现了弘治十五年(1502年)进士潘珍、正德六年(1511年)进士潘锜、正德十六年(1521年)进士潘潢、嘉靖十七年(1538年)进士潘钺、万历十一年(1583年)进士潘士藻和万历二十六年(1598年)进士潘之祥。出任七品以上文武官员的也有23人。坑头村因此享有"一门九进士、六部四尚书"之盛誉,指的是潘潢祖孙三代出了九位进士,潘潢一人就先后任过吏、刑、工、兵四部尚书。还有"二科六举人、两榜四进士""棠棣四联辉、乔梓一联芳"之盛。

2011年,坑头村以其保留较多的古建筑和乡村景观,成为第三批"中国景观村落"。2014年,坑头村被评为"中国传统村落"。

溪边古村

坑头村,位于婺源县西北部,距县城36千米。全村村域面积8平方千米,村落占地面积120亩。2020年全村有150户650人。

古村轮廓就似一条长龙,盘旋在鹅峰山脚下的桃溪河两岸。石板古道向南,连通桃溪下游潘氏播迁的孔村、豸峰村;向西,通甲路古村;北接洪村、清华。今有柏油公路直通村内。

古村四周青山簇拥,翠峦左右蜿蜒伸展,前后列嶂为屏。村北的凤形山、狮脑山与村南的案山,古树成群,有古樟、红豆杉、株树、栲树、枫树120余棵,树龄都在200年以上。

红豆杉古树

小巷

　　狭长的山谷之中,源出高尖降的荷坑、大船坑、小船坑3条小溪,自西北向东南,汇入桃溪,然后折向西南,迤逦穿村而过,澄碧的小溪盘旋曲折。蜿蜒的石板路连通着一幢幢粉墙黛瓦的古建筑,整个村落沿小溪两岸延展,从村口到村尾长达1.5千米。在大船坑、小船坑与桃溪交汇处的对岸,村人建造了一个直径达10米的圆形鱼塘,营造出"双龙戏珠"的风水格局。沿桃溪两岸形成一条长达1500米、宽约2米的水街。这条水街贯穿全村,旧时店铺林立,是村落最为重要的公共空间。水街边上沿河分布有30多处洗衣埠,80多口鱼塘,20多座石埠,三十六座半桥。巧妙的是村落中洗衣埠大多建在石拱桥下,村民洗衣时,太阳晒不着、雨淋不到。村内分布有青石板铺就的17条巷弄,连通各家各户。

　　坑头村来龙气势奔豁,水口曲径通幽,通往外界的八条山岭,青石板铺就,由村庄向外辐射。从上水口眺望,只见溪水潺潺,而不见源于何地,迎合了"天门开"的风水格局。从下水口看去,两山耸峙,难见溪水流向,是所谓"地户闭"的风水格局。坑头村周边的主要乡村有甲路、上严田、下严田、硖石、占港、孔村、对坞、松山等8个,距离都不到5千米,形成众星拱月之势。对这方风水宝地,元初学者滕塸就曾写下《题桃溪十景》一诗:"石门孤月一轮冰,峭壁飞泉瀑布声。碧井曲池春水冽,金山万卷晓云轻。桃花流水松壝雪,岸柳垂阴芳桂荣。犹记河阳花县好,山门此景亦天成。"(民国《婺源县志》)

　　坑头村从宋代至清代的700多年时间里,先后建设了一大批古建筑。目前,全村共保存传统建筑106幢,建筑面积24057平方米。其中明朝29幢,清朝19幢,民国时期58幢。全部传统建筑占村庄建筑总面积的比例达72%。其中有省级重点文物保护单位1处,县级重点文物保护单位11处。

石板路

溪路相伴

　　历史上,坑头建有祠堂21处。分别是:尊德祠(潘氏敬奉先人,1150年建,1960年拆毁)、仰贤祠(玺卿潘士藻、待御潘之祥为祀奉先人,1320年建,1970年拆毁)、桃溪潘氏宗祠(潘洪聚族1522年建,1910年倒塌)、赞肯祠(祀赠文林郎,潘炯出资1336年建,1963年拆毁)、乡贤祠(祀潘荣,1132年建,1930年倒塌)、瑞滋祠(祀奉先人,1862年建,1970年拆毁)、均三公祠(祀奉先人,1431年建,1971年拆毁)、敦伦堂(玺卿潘士藻1534年建,1987年倒塌)、达义堂(尚书潘鉴1519年建,1988年倒塌)、黯然堂(玺卿潘士藻1546年建,1988年倒塌)、与斯堂(潘文俊1540年建)、敬承堂(潘重庆支裔1490年建)、惇义堂(潘源生1380年建),以及春草堂、本体堂、成德堂、绳武堂、尚德堂、开先堂、玉春堂、崇本堂等。如此众多的祠堂在徽州传统村落中是不多见的。可惜这些祠堂如今大多倒塌消失。

坑头村传统徽派民居,明代的为石库门,门楼装饰简洁,屋内天井为深坑,堂前地面为青砖铺地,木格门窗,木雕简洁;清代建筑大门为石库门,门楣配以砖雕,横梁、木枋均有繁复的木雕,堂前地面为青石板;民国时期建筑,注重外表雕刻,木雕人物栩栩如生,艺术精湛。

下面,对村中保存良好的代表性传统建筑做些介绍。

### 1. 潘纪恩宅

位于村中部,紧邻桃溪。占地面积280平方米,清代末期建筑。两进两层,一侧有余屋及小院。大门开在侧面,是高大的石库门,水磨青砖门楼,砖雕图案精美,上有寿桃松鹤梅鹿莲荷,寓意吉祥如意。屋内正堂宽大,中天井浅坑,上方为走马楼。两侧为厢房,厢房的门扇均有精美的木雕图案。后堂宽敞,天井靠墙,底部有1米高护墙石板。梁枋雕刻有喜鹊啄梅图案。房屋地面为量身定制的青石板,尺寸大。天井均为大块石板围合。正堂八仙桌下为一块1.3米×1.3米的"团圆石"。另一侧厢房开有后门,使大门与后门成一条直线,形成空气对流,便于室内空气流通。后门外是厨房余屋,有个占地面积10平方米左右的小院,院墙下栽有栀子花等绿色花卉。

大门

天井和陶质下水管

房屋的主人潘纪恩,字筱圃,生活在清代末期。早年入左宗棠幕,曾任浙江常山、仙居、德清知县,候补杭州府通判。据传,潘纪恩在杭州府通判任上时,遭遇轰动一时的"杨乃武与小白菜"案。他在审阅该案案卷时,发现其中似乎有冤情,但由于牵涉众多官员,自认为凭自身难以翻案,但维持原判又有违自己的良心,一时不知如何是好。一天,他邀约一知己到茶馆中喝茶,向好友诉说了此事,探讨对策。好友听说此事后,一声不吭,用手沾着茶水在桌子上写了一个"病"字。潘纪恩恍然大悟,于是称病告假,没有再审此案,从而逃过一劫。潘纪恩后官至太守,一生颇有政绩,曾主修《仙居县志》。

梁架和格扇门

铜铺首

### 2. 上岸山居

位于村落中部南侧的山坳里,占地面积220平方米,明代建筑。屋内装饰简洁,少有木雕。前有小院,栽有千年牡丹、夜来香、栀子花、芭蕉等花卉。后有一口30平方米的鱼塘,鱼塘四周种有芙蓉、芭蕉、桂花、枣树、棕榈树,构成一个后花园。

上岸山居原为上岸书院,乃宋代末期潘荥创建。潘荥,字节斋,宋被元所代后,辞官归隐故里,一生以著书育人为业。著有《史要通论》行于世。原书院内有亭台楼阁数座。现前院还存有潘荥亲手所栽的千年牡丹。后院的清池,名叫"春草塘"。园内,春可赏牡丹国色,夏可听芭蕉细雨,秋可观芙蓉出水,冬可踏雪寻梅。

鱼塘

宋代牡丹（汪万斌摄）

外观

### 3. 潘灶保宅

明代建筑,占地面积120平方米,坐东朝西,两进两层砖木结构,由前厅、后堂组成。大门门拱砖砌,青石门槛正面雕刻有祥云图案,非常少见。前厅青砖铺地,深坑天井,靠墙有80厘米高的护墙石板。屋内梁枋、雀替木雕简洁,线条流畅,木格门窗,两侧厢房梁柁雕有圆形"寿"字,非常少见。上堂方砖铺地,是明代民居的特征。全堂为木质柱础,历经数百年仍未腐烂。

梁架的朴素之美

### 4. "节孝坊"书屋

明代建筑,占地面积180平方米,大门为"八字牌楼",水磨青砖门楼,精美砖雕装饰。大门为半圆形拱门,门额正中用青砖刻有"旌表故太学生潘篪妻俞氏节孝",两侧八字形墙体均有正方形青砖贴面,上下配有砖雕图案装饰。历经数百年风雨,门枋仍保持完整。进门是10平方米左右的过道,是家人休闲纳凉的场所。过道屏门后是一口八角形鱼塘,鱼塘两侧建有洗衣埠,塘中鱼游池底,池旁长有一株天竺,绿意盎然,花开枝头。鱼塘后面,则是居家的住房,内装简洁。

屋内鱼塘

### 5. 101-103号明代民居

大门开在一侧山墙,入门后是一个小过廊,再进到正堂。小三间,两进。梁枋不施雕刻,富有简约之美。堂前八仙桌下是三合土铺地,四周铺石板,俗称"金镶玉"。还有木础和深天井,都是明代民居的特征。

富有简约美的木结构和木础

深天井坑

## 6. 三十六座半桥

　　大的石拱桥跨度有20米,高6米,宽6米,小的仅有1米多。古时,坑头村民约定,只有考取科名者,才有资格在桃溪上建一座桥,36座石桥都是由有地位有名望的人捐建的。另有半座桥,是一位花钱捐官者建的,村人只允许他建半座桥,以示全村对科名的尊崇。每座桥的名称都与周边环境相辉映,形成了独具特色的景观。有樟树绿荫蔽地的"留荫桥",有罗汉松枝如霜雪的"松雪桥",有桂花飘香的"五桂桥",有杨柳依依的"杨柳桥"等。

松雪桥

锡远桥

古桥群

半桥

### 7. 太宰读书处

原为潘潢书屋,建于明弘治年间,大门门头上,现存有嘉靖三十六年(1557年)婺源知县郑国宾题的"太宰读书处"匾额。书屋前院有鸳鸯池一口。池上方的书屋,砖木结构,占地面积120平方米;建筑体前后两进,均为三开间,前堂有楼。

### 8. 石门孤月桥亭

位于上村入口处的小溪之上,占地面积约60平方米。既是一座廊桥,也是一座路亭,此亭于2014年底重建。亭边道路两侧有两块巨石竖立,形似"石门",故名。此处"石门孤月"是坑头十景之一。石壁弄亭两头靠山,下临山溪,两山对峙,自然形成一道峡口,空气流动快,微风习习,山风阵阵,坐于亭中,凉爽宜人,是村人夏季避暑纳凉的好去处。

门楣匾

### 9. 汪帝庙和土地庙

汪帝庙又称汪王庙,位于坑头水口,占地面积约40平方米。原庙建于明嘉靖十七年(1538年),有同年秋立的"桃谷汪王庙碑"为证,后于1966年拆除。1998年在原址上重建。庙门两侧有"汪威圣德英烈千秋黎民奉境王,帝面红光崇仁万古广众拜真神"的联文,庙内供奉汪帝木雕神像。

　　土地庙位于坑头村水口山脚,占地面积约20平方米。1942年倒塌,近年在原址上重建。庙内供奉着"土地公""土地婆"两位菩萨的木雕神像。庙口"公公十分公道,婆婆一片婆心"的联文出自原庙。坑头村人祭献土地菩萨,多为农作物种植之时,烧纸焚香,敬献鱼、肉、粿等供品,以祈求一年静安,五谷丰登。

汪帝庙

土地庙和济美桥

10. 鱼塘

　　坑头村历史上有80口鱼塘养殖冷水塘鱼,面积大的达半亩,小的也有60平方米,形状以方形居多,也有圆形和八边形的。目前还有20多口鱼塘继续使用着。

圆形鱼塘

八边形鱼塘

据传,明嘉靖年间,村里的进士潘潢,与当朝首辅严嵩同朝为官为友,每年将家乡坑头"两绝"——"坑头水酒""冷水塘鱼"赠与严嵩和同僚,京中传开了"坑头水酒桃溪鱼,官宦餐席不能离"的赞誉。古时村中有80多口鱼塘,引源头清泉养殖草鱼,肉质特别鲜美。因水质冷冽,塘鱼生长缓慢,一条十斤重的塘鱼要养上十年。坑头水酒的原料,严选当地深山农家田里出产的无污染雪糯,用村中纯净泉水配秘制酒曲,加入野生草药酿造。始终保持0～10℃的低温储存,让粮食谷物在低温中极致地发酵转化,坚持三个月以上的储存期,形成最恰到好处的甘醇,有与白酒截然不同的香气和滋味。仅15°的酒精度数,注入杯中,轻轻摇晃,略带黏稠的酒液形成"挂壁",色泽淡黄,芳香扑鼻。饮时常温、烫热两相宜。糯米酒甘甜芳醇,能刺激消化腺分泌,增进食欲,有助消化。糯米经过酿制,营养成分更易于人体吸收,是中老年人、孕产妇和身体虚弱者补气养血之佳品。

历史上,坑头潘氏仕宦名臣、文人、商贾良多。据不完全统计,明清两代坑头村有文人39位,传世著作达121部。潘珏任蕲水县宰十年间,重视粮仓积储,灾年开仓赈济。后转金华同知,寻迁为福建按察司金事。一日,见报解送无罪囚犯,叹曰:"杀戮无罪者,我力不能救,做官又何用!"因之辞官归乡。居家致力于学,著作有《三觐稿》《云萍唱和尾骥集》《甘棠集》《澹翁稿》《晚游录》等。潘珍以右副都御史巡抚辽东时,治边疆,严防守,因升兵部左侍郎。官至江西右参政的潘钺,以清慎著称,早年出守青州时,解烦涤苛,与民更始,对于巨奸大猾,搏击不稍饶恕,士民怀之。潘潢在吏部署选事时,宰相欲私荐二人,执意不从,为此改调礼部。督学福建时,严明学规,为诸生建立品行、学业二册,并资助贫苦学生。后升户部尚书,因议条例又与宰相意见不合,故改调南京工部尚书,又转吏部尚书,再转兵部尚书,留守南都。潘之祥任潜江知县时,见该县因水患年损田十之二,他筑河堤防之,使水患除而得肥沃。任山西道监察御史巡视长芦盐法时,坚持廉正剔蠹,所上奏章有"任用贤能,重事权,禁止盐官不法行为"等语,多切中时忌。最后,他在任江西布政司参议间分巡南昌、饶州、九江三郡时,因议损湖关税额与巡抚不合,称疾辞官归。后朝廷大臣屡派使者荐其出任,他均决意辞绝。学者潘荣,精通诸经,尤长于史。值元征宋,他秉节不事元,栖居二十载。著作有《通鉴总论》,提出治天下的"明、断、顺"三字方略:"明则君子进,而小人退;断则有功劝,而有罪惩;顺则万事理,而人心悦,而天下和。三者之要在身,身端心诚,不令而行矣。"(民国《婺源县志》卷二十一)潘峦,经纬象数及书画,皆窥其奥。尤精于音律,嘉靖年间荆、益诸王聘为纪善,考古乐章制器,聚徒按歌舞,颇臻其妙。他撰的《切韵指南》一书,所制雅乐准确。另著有《礼乐志》《文庙乐编》《八家行草》《君臣图鉴》《篆法辨疑》等书。潘峦的儿子潘中孚、潘中邦,均能继父艺,尤工绘事。潘襄龙善书法,尤工章草,索书者屡常满户外,艺林莫不推重。当代中国台湾著名的红学家潘重规,也是该村潘氏后裔。

民国《婺源县志·人物》中记载有不少坑头商贾。有"业木盐城"的潘钦铉、潘永秀、潘光余。"营木业于浙江"的潘津、潘大铦。"商粤东"的潘廷珍、潘作砺、潘朝勋。"服贾黔楚间"的潘联英。"服贾南滁"的潘周南等。他们大多能把儒家的伦理道德视为立身行事之本,虽以经商为业,犹不失儒者气度。如潘元达,"经商吴楚间,以信义著";潘士相,"尝贾孝感,值邑水浍诊,尽出其装以赈之";潘承裕,"以家贫弃儒就贾,利不忘义。通岐黄,不计贫富,求必应"。

坑头村祭汪帝民俗活动,历史悠久,延续至今,很有特色。这项活动又称"迎十八",即在汪华的出生日正月十八举行祭祀活动。汪华(586～649年),原名汪世华,字国辅,一字英发,歙州歙县人。隋大业年间,汪华为保境安民,起兵统领了歙州、宣州、杭州、饶州、睦州、婺州等六州,建立吴国,自称吴王。他实施仁政,百姓安居乐业。隋唐易代之际,武德四年(621年)九月,汪华审时度势,说服文臣武将,主动放弃王位,率土归唐。唐高祖李渊授予他上柱国、越国公。他逝后,唐太宗又赐谥号忠烈。后来自唐至清,历代帝王多次下诏,视他为忠君爱国、勤政安民的典范予以表彰。江南六州百姓奉其为神,拜为"汪公大帝""太阳菩萨""太平之主",建祠立庙不可胜数,四时祭祀,千年不辍。

坑头村祭汪帝设有"保孩案会"。该会有会友59户,每年祭祀活动由5户会友轮流共同承办,1户为会首,另4户为同会。按照会规:在正月十三、十五、十七早晨,由会首邀集会众祭神。祭毕,给每位会众发丁饼一对。正月十八黎明,会首办好果盒、酒、银纸、三牲、蜡烛、鞭炮等,鸣锣集合会众,到汪帝庙汪帝像前进行祭祀。巳时,会首再次鸣锣集合会众,迎汪帝神像进村入仰贤祠享祭。迎汪帝的队伍十分壮观,依次是:前后锣鼓各一面,各会户均举彩旗(亦称"蜈蚣旗")一面,七担檀香球,一副銮驾及汪帝神像。迎汪帝行程中,沿路人家堂前设案上香,燃放鞭炮迎接。在汪帝菩萨没有迎进祠堂之前,必须迎到上村头水口朝北偏东方向拜"婆娘"。汪帝神像用樟木雕成,树的来源就是朝拜的方向,雕成神像的樟树就成了汪帝的"婆娘"。

迎汪帝入祠堂后,日夜有专人守护,香火不断,红烛长明,祭仪人员众多,程序大体与祭祖相同,场面庄重,祭品丰富。祭祀持续到下午1时左右,再将汪帝菩萨神像送回庙中,会首散发给各会户祭礼的供品。祭汪帝的祭品有:全猪全羊(屠宰后,整只放在架子上)、五水果(适时采摘四季山果,用生长的毛竹进行保鲜)、五禽五兽(用面粉制作成五禽五兽模样,再涂上颜料)、五鲜五素,共有上百个品种,统一祭碗祭碟,依祭桌摆放。祭汪帝的保孩案会有45处田庄,每年收田租275秤,按规例正月二十一进行结账,并办理下一轮的交接事项。

古时,在坑头村,祭汪帝期间是村中最为热闹的日子,村中要组织演戏3～5天,以示喜庆。坑头村家家户户都要邀请邻乡、邻县的亲朋好友前来做客、看戏。在坑头村祭汪帝活动期间进行演出的,除了串堂班,还有村中自行成立的戏班。坑头村人潘甫(号亦疑道人),在其著作《瓿余录》中,以一副桃溪的演戏联记述了演出的情景:何必名都梨园,但令孰可勤,孰可惩孰可激发,一一曲肖真情,略施扮演以登场,也使顽廉懦立;趁此醋歌挑诋,且喜若者生,若者旦若者丑净,人人各呈妙技,倘进秀良而为士,会看霞蔚云蒸。

祭汪帝活动(王国红摄)

## 二、豸峰村

### （一）古村的兴建与发展

自从唐广明元年（880年），潘逢辰为避黄巢之乱迁居桃溪上游的坑头村以后，生齿日繁。延至北宋末年，据《桃溪潘氏豸峰支谱》记载，桃溪（今坑头）潘氏孟房派第十二代，以潘良俊为首，整派从桃溪迁出，顺桃溪而下，来到回龙山下结寨，时名"寨峯"。

潘氏迁此，最初选择定居在现在的豸下湾，因这里有两口终年不涸的古井。但豸下湾地形狭窄，到五世祖初公时，他依风水术，将居住范围扩展到桃溪河湾处的现在豸峰村的中心区域。后又延伸到桃溪对岸的栎林坦一带。

明清时期，古村繁荣起来。当时，外出经商的人，把商业利润带回故乡"广兴栋宇"。住宅不仅造得规模宏大，且内部雕饰也非常精致。村中的潘氏宗祠企贤堂（现村委会所在地）也建得十分气派。祠堂前有照壁，还有旗杆等物，寝堂有两层，形制规格很高。后来，村落人口分枝发叶，发展到九个支系，各据一片，形成几个建筑群。九个房派中，目前一、二、七、八派情况不详，村中也无后代，三、四派有少数后代，这六派也无祠堂存留下来。五、六、九派则人丁兴旺，并又分衍出多个房头。五派祠尚义堂，六派祠立本堂，九派祠养源堂，现还存遗址。目前村中保存良好的成义堂、资深堂、承志堂及棣辉堂，只是五、六派中房头的祠堂。

传说入清之后，因为村落富甲一方，引起四周村庄眼红，向到村中巡查的朝廷官员密报"寨峯"村名有结寨谋反之意。幸好村中有人在朝中当官，得知消息后火速派人将此告知村民。村民聚集祠堂商议，情急之中想出按方言谐音将"寨"改为"豸"，原来"山"在夅上的"峯"改成山字旁的"峰"，原来的"寨峯村"一夜之间变成"豸峰村"，躲过了这一无妄之灾。

清咸丰年间，太平军在豸峰附近作战，但一直没有进驻豸峰。然而，村民却组成民团主动出击攻打太平军，结果惨败，招致太平军入村，使村庄房屋多被焚烧。但由于村民具有较强的经济实力，战后不久，大部分建筑又恢复重建起来。

古老而美丽的豸峰村，以她特色的徽派建筑、深厚的人文历史、优美的生态环境，先后荣获"中国民俗文化村""中国传统村落"称号。成义堂被列为第六批全国重点文物保护单位，资深堂和5幢民居被列为江西省重点文物保护单位。2020年全村有古民居80多幢，242户1100人。

### （二）风水形胜

豸峰村位于婺源县中部的中云镇，距县城25千米。

桃溪水从西北向东南流经村庄东面，似玉带缠腰，民居集中建在河湾泮位。西有回龙山高耸，东有碉楼山起伏若笔架，这组山峦又被村人称作"九龙下海"，给整个村庄带来财富和好运。村巷道形同太极图，负阴抱阳，左辅右弼，前有案山，后有靠山，村庄东西南北四个方向有四座金字面山头，恰如四星相照，护着整个村落。豸峰村东、西两山夹峙，可利用建设、开垦的土地非常少，好在河谷北面和南面比较开阔，可供开垦农田。历代豸峰村人，克服地理环境的不足,通过营建水口、开掘人工水系、调整房屋朝向,来优化村庄风水环境,形成村落景观,作育人丁和财运。

豸峰村有外上水口、内上水口、下水口等三个水口,林木茂盛,有樟、枫、槠等古树与清溪相伴。村头来水处为上水口,去水处为下水口。从外上水口向桃溪河上游眺望,只见河水潺潺不见其源出何处,此即风水术的"天门开"。从下水口观之,两山峙卫,不见水流往何处,正所谓"地户闭"。

外上水口,开挖有两口水塘,为镇上游孔村村口的红庙之火。内上水口附近的回龙山麓,有五世祖初公墓,《桃溪潘氏豸峰支谱》中有潘初公墓风水图,上有墓碑、厝堂,形制等级较高。墓对面的高山脉络清晰,在初公墓前峰回路转,小溪由本来的西向转为西北向,迎向初公墓,故称作"回龙顾祖"。在桃溪一侧有水口亭,又叫"望夫亭",亭有八砖柱,柱上搭建三间木构架,人字形屋面,长6.6米,宽5.35米,屋脊高4.5米。

下水口建有维新桥、引胜桥和"桃源初步"亭。此亭《婺源县志》有记,为潘元达建作"施茶"之用,可以关锁村落气运。亭子内为三间木构架,外砌砖墙,长7米,宽4.4米,屋脊高6.2米。桃溪南来水在此拐弯回流向北,再折向东,形成一个"秤钩湾"。风水术认为回澜曲护,聚财旺民。清末时,桃源初步亭前还有"孝子坊",表彰村中孝子潘荣生。引胜桥桥头有"同胞进士坊"(又称"科第联芳坊"),明代建,表彰官至河南布政使的潘镒、潘铉两人。坊后毁,现柱础仍存。出引胜桥里许,有茶亭。清代晚期,这里还有汪帝庙、关圣庙等建筑,现在已不存。豸峰的最外围与龙山村交界处,有"节妇坊",坊上有"玉洁冰清"字样,表彰优贡生潘煌继妻俞氏、增贡生潘鸣龠妻俞氏,今已毁。

下水口和"桃源初步"亭

豸峰村南面水田的灌溉,全依赖人工水渠。村民在上水口筑石坝引河水入渠,渠水穿过回龙山麓的水田,在内上水口处入村,流入村东水田后,再经田中的排灌水系注入河里。现豸峰河道中共有石坝四处,另外,为了宣泄山上的泉水及山洪,村中在回龙山、雕楼山麓也开挖了水圳。全村有水井三处:第一处为豸下湾的古井,水质清洌,供豸下湾村民饮用;第二处为水渠在豸下湾村形成的双井,主要供豸下湾村民洗涤之用;第三处位于村东头,因水质较差,现仅用来浇地。这三口水井,除实用功能外,村中人认为也有镇消此处山坞阴煞的作用。

豸峰村水系在人工改造过程中闪烁着先民的智慧光芒。桃溪河的自然落差在3～4米,如果没有石坝的拦蓄积水,河水涨枯不定,会极大影响村民的生活及农业的发展。石坝的修建拦蓄了水量,抬高了水位,特别是第一道石坝的作用尤为明显。外上水口的双塘其实是减缓水流速的"减消池",村北河边原有四口塘,加上七星塘所在地,正好是洪水经常冲毁河岸的地段,塘的开挖,实际上使得洪水来时河道变宽,以减缓洪水流速,避免村东较低田地受灾害。村中水渠的开凿,使渠水不致在流淌中过多地渗入地下,从而保证了水田能得到充沛稳定的灌溉用水。旧时,村民认为水碓会破坏风水,一支碓设在上水口之上;另一支设在引胜桥下,用于制约原栎林坦上程氏人家。栎林坦后的山形似母猪,风水形容为母猪下槽。栎林坦又为阳地,潘氏害怕原住于此的程姓人家兴旺,故立水碓以破之。奇怪的是,程姓果然一蹶不振,栎林坦最后沦为村中墓葬之所,程氏后代迁往村西南边的一处坡地。

为求村落好风水,村人把村庄建筑格局建为圆状,形似铜锣,西北侧的豸下湾,则是一根锣锤,为了避免这面"铜锣"裂缝,村中巷路蜿蜒曲折,没有一条贯穿的直街,外人入村犹如进入迷宫。弯曲的道路可以藏风聚气、留住财源,村民在兴建房屋时,当外墙达到一定的长度后定会弯折,从而形成了弯弯曲曲的街巷。村中无直街是为了避免"铜锣"裂缝,村内不钎井是为了不使该"锣""哑音"。这曲折的巷道,除了避免"碎锣破边"的风水禁忌外,也利于防御外来的侵扰。高墙窄巷迂回曲折且路路相通,弯曲的道路使视线不能畅通,而大同小异的巷景又使来人莫辨方向,容易迷路。村内巷道宽一般只有1.5米左右,最宽处不过2～3米,最窄的仅能过一人。全村唯一较直的街道是位于村东南部的一段官道,它沿桃溪由村西部入,从村东南部出,是全村等级最高的路,宽而且以青石板铺地。沿这条官道顺桃溪上可达坑头村,下可到引胜桥,去往婺源县城。由于村落的中心是企贤堂,因此该祠堂居整个村落的道路系统核心,村内主要道路都在其周围展开。

豸峰村的房子大多不朝南向开门,因为在风水术中,南方为火,而火能克金。而以经商为主的豸峰村的先民,均不朝南开门,为的是怕影响财运。

豸峰村民在建设家园过程中,还不忘赋予山川诗情画意。豸峰历史上就形成了四景、十景之说。《瑾廷家谱》载有"寨峰四景"及配诗:

寨冈文笔(文笔峰):连络来阳笔插天,山川有意孕才贤。山前读易谁家子,莫似阳雄著太玄。

田心石印(村南头一块圆形隆起的田地,村民将其附会为一颗"官印",由于这颗"印"落在村头,故村中代代出官,长盛不衰):天造贞珉半亩方,土田著水四边相。乡民护作斯文印,此屋诗书不断香。

曜潭云影:一湾溪水碧泓涧,昭见天心云往来。安得以心如似水,闲中风月且敲推。

东岸春阴:习习风吹水满田,密槐疏柳布前川。当年童冠和三五,曾借清阴坐午天。

光绪《桃溪潘氏豸峰支谱》也载有"豸峰十景"之名:寨冈文笔、田心石印、曜潭云影、东岸春阴、水口诰轴、船漕山庵、倒地文笔、鸡冠水石、笔架文案、回龙顾祖。

豸峰古代有"祭天灯"风俗,该风俗也是一种依风水观念而形成的活动。全村有上天灯、中天灯、下天灯三处。上天灯在涵庐旁,中天灯在村中潘亮生宅的墙头,下天灯在水口亭处(现已不存)。天灯的位置一定是三岔路口处。最常见的是一种上有小菩萨的石灯笼。祭天灯并不拘于固定的时间,也没有一定的形式。村民只要有什么要求或家人生病需要"叫魂",都可在晚上,上香点灯,向天灯老爷诉说、祈祷。

街巷　　　　　　　　　　　　　潘亮生宅墙角上的天灯台

### (三) 古建生辉

#### 1. 成义堂

成义堂位于村东南角,前临桃溪水,整个祠堂占地面积520平方米。

成义堂属豸峰村六房支祠中一个房头的祠堂,建造年代较晚,成于清同治年间。当时六房后裔中有兴来公一脉,家境富足,出钱兴建了成义堂。这一时期豸峰经济最为发达,建成后的祠堂也是精雕细琢,尽显奢华。此祠建成后重修过两次,一次在民国初年,另一次是1994年由兴来公后代潘启琦筹资重修。

祠堂形制颇有特点。祠平面基本保持中轴对称,入口两侧建有八字照墙,门头上刻有"簪缨世家"四字,门屋为顺应沿河地势,与主轴线偏转了一个角度。进入门屋后的第一进庭院由四面高墙围合成一个封闭空间,院内没有廊庑,两侧有小门可通附院书楼。正面墙上用砖雕砌成三开间牌楼形式,上刻"通奉大夫晋三公祠"。穿此入内为一"四水归堂"的庭院,三面围廊。后为两层高的寝堂。与一般祠堂不同,成义堂内的享堂,是扩大的廊间。寝堂是整座建筑最为华丽的部分。

南部附房是两层楼房加一庭院,院中有一半圆形泮池。

祠内建筑细部装饰丰富,仅斗拱就有米字形、斜拱等近十种。梁垫、柱础等处多作高浮雕、透雕。最为精彩的是寝堂底层,正面月梁两端的雀替是倒爬着的两只木雕狮子,惟妙惟肖。大厅天花正中一螺旋形斗拱构成的覆钵藻井,堪称一绝。

大门 　　　　　　　　　　　　享堂藻井

龙灯舞进祠堂(张银泉摄)

享堂梁架 　　　　　　　　　　　　天井和屋面

寝堂二楼

祠堂书楼泮池

祠堂书楼

柱础和石雕

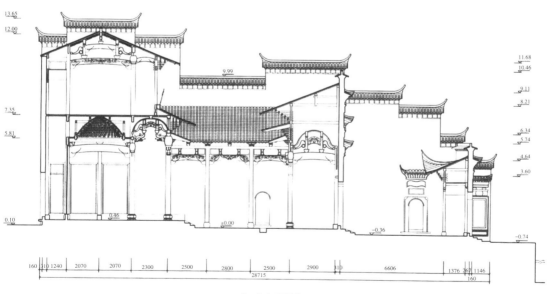

祠堂剖面图

## 2. 资深堂

资深堂与"成义堂"相邻,前临桃溪水,另两面为民居。其址原为矛峰村五房支祠棣辉堂。该支祠毁于太平天国时期。19世纪末,矛峰村六房筹资新建资深堂。民国《婺源县志》记载:"资深堂,下祀潘友同,其裔孙鸣铎独输八千余金建。"1985年,后院进行了部分修缮。

资深堂占地面积640平方米。三进三间,前宽后窄,略成倒梯形平面。入口类似"五凤楼"形式,有三门。立面为牌楼式门楼。

第一进院落两侧为三开间走廊再加一间高起的廊庑与享堂连接。其柱头下一对木雕狮尤为精美,雄狮居左,母狮处右,母狮怀中还有一小狮正翘首嬉戏。用作拜祭、宗族议事和执行宗法的享堂雍容大方,檐下一根月梁跨度8米,高0.8米,为一整株白樟木所成。后进为寝堂,两层。

祠堂内部雕饰华美。檐下大量运用斜拱、异形斗拱。室内方、圆、八角、莲花形各色柱础有六种之多。在月梁、丁头拱、额板等处均有精美的雕刻。

门楼内侧

庑廊和天井

寝堂和天井

卷棚、童柱、驼峰和象鼻榫

### 3. 涵庐

涵庐最初由潘氏富商建于清乾隆年间,民国时曾为安徽省教育厅厅长的潘方跃所有。潘方跃早年曾留学海外,受到西方文化的影响,购得涵庐后,将它改建成中西合璧的宅子。全宅有 3 幢房屋,总占地面积 360 平方米,建筑面积 720 平方米。临河两幢,一幢是客馆,只有一进,进大门后,围绕天井三面有房,两层楼;另一幢是附房,门开在内院一侧,三间单进,两层。客馆后面是正堂,三间两进,一进四厢,有走马楼,二进两厢,前、后进中间是"一脊翻两堂"梁架,有三层楼。

该屋在立面处理上,徽州民居的马头墙虽仍然保留,但附房的山墙却作圆弧状。墙上的门窗形式则为西式拱券做法,这在当时的小山村中,是十分时髦的装饰。在立面和细部上,还使用了一些带曲线的西洋"巴洛克"处理手法,甚至连英文字母也作为时髦上了墙面。但在内部仍沿用徽州传统的木架结构和平面形制,不同的是二层围绕天井为一圈西式栏杆装饰的跑马廊。

外观

中西合璧的内门　　　　　　别致的侧门和窗形　　　　　　枋板所镶嵌的瓷板

客馆西式栏杆走马楼　　　　　　　　　　新式格扇

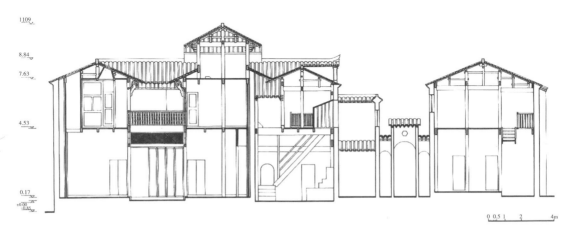

剖面

542

#### 4. 七星屋

这是豸峰村规模最大的一幢商宅,占地面积达550平方米,因屋内有大小7个天井,故被村民称为"七星屋",实际堂名叫"延年堂"。房屋建于清代后期,主人是富商潘红颂。整幢建筑呈两条轴线,形成两个相对独立完整的部分。这两部分虽大致对等,但有较明显的等级区别,东侧为主,其入口门头上有"瑞霭门闲"门匾;西侧为次。

东侧建筑前有狭长门院,院子一头有两层小客馆,另一头有门通另一个方形院落,院子有门通余屋。正堂屋内三间两进三层,屋脊高10.7米。一进为四厢布局,二进有一间厢房,另有厨房。余屋则是敞厅厨房。

西侧建筑前有较大的院子,入户后一进进深只有3米,很小,二进是个大敞厅,两边有厢房。梁架为穿斗式三间,三层,屋脊高11.15米。后门通另一个小院。

两列建筑的厨房无分隔地集中建于一块,寄托了宅主对后代世代融洽不分爨(灶)的希望。厨房在同一天井周围布置两个灶,西侧灶台上空有一类似轿厢的木屋,无底,由此可直接运送食物到二楼,方便在楼上就餐。该宅还有精致的花园客座,其中水池兼有观赏、消防两种功能。

门院

梁枋木雕

格扇上方的三重木雕

内景

## 5. 潘永泰宅

由富商潘启褥建于清代中叶,现由后裔潘永泰居住。整幢房屋占地面积320平方米,分两路布局。

一路带很大的院子,院西是正堂的入口,门头上枋采用高浮雕技法刻出双狮戏球图案,两侧柱上的浮雕则是排列规整的植物图案。屋内一进四合头,二进也有两厢,前、后进均为三披水天井。院落南部和东部是客馆,木结构梁架,斜撑均饰有精美的木雕,雕工细腻,线条流畅。别致之处是堂屋的正门,由于受风水术的影响而故意建成斜门,其方向迎合山中一股泉水的来向。由于水在风水术中意为财,这样做显然是为了取聚财之意。宅内楼梯踏步数也按"建除满平定执破危成收开闭"的十二月建,取17步、21步等吉数。

大门

大门门头砖雕"双狮戏球"

另一路进屋后左侧有一个横座厅堂,形成曲尺形平面布局。内堂三间穿斗式梁架。两路建筑均为三层,屋脊高12米。

入户院子和客馆

正堂格扇

### 6. 潘先熊宅

清代晚期潘氏富商所建,占地面积350平方米。

前有较大的门院。屋内三间穿斗式梁架,正堂和余屋同一轴线到底,共有四进。一进四披水天井,四合头,走马楼。二进与三进共一个四披水天井,中间建墙。四进是厨房。

一、三进为三层,其余为两层,屋脊高11.7米。梁枋雕刻较多,四季花卉雕工精湛。

正面外观　　　　　　　　　　内景

枋板镂空雕"喜鹊啄梅"

六边窗　　　　　　院墙上的石刻"福"字屏

# 第四节　思口镇河山坦新源村、龙腾上村

## 一、河山坦新源村

### （一）山川形胜

新源村,位于婺源县中部思口镇河山坦村委会境内,距思口镇10千米,距县城25千米,有硬化的县道公路通达。

村庄坐落在"燕窝形"山谷之中。从县北大鄣山发脉,逶迤而来的羊儿尖发源的南北向南溪,与由上堡蜿蜒而来的东西向大溪,在村南水口交汇,溪水潺潺,将新源村环抱。水口古树参天,樟绿枫红,还有楠木、红豆杉等珍贵名木。这里旧时建有文昌阁、大士阁、宗贤祠、节孝祠、土地庙、水口庙、节孝坊、社坛等人文建筑。

水口林

村落四面环山,北有来龙山环抱,南有剑山屏障,东有茅冲岗守护,西有香炉山遮掩,形成一个四面围合、藏风聚气的谷地。周边重峦叠嶂,古树参天,青山翠竹,生机盎然。村南面,剑峰挺秀,护卫村落。村北面,来龙蜿蜒逶迤,郁郁葱葱,怀抱村落。村庄北有上村畈,南有水口畈,良田千顷,可资生口。

　　村落建在山谷台地上,村落布局由"里店"和"外店"两个板块组成,以村中的"合子亭"为界,亭以北为"里店",以南为"外店"。村落最初为"里店"板块,随着村落人口的繁衍壮大,部分村民在村南建房居住,逐步形成"外店"板块。村落离溪流较远,为解决生活用水,村落四周均有水井,历史上最多时达36口井,现仍存有6口井。在合子亭的南北两侧建两口大塘。北侧为"莲花塘",占地面积约100平方米,是里店人家洗衣之所。南侧为"桃花塘",占地面积约1000平方米,是外店人家的洗涤之所,兼具蓄水灌溉水口农田的功能。这两口大塘位于村落中央,也是全村重要的消防水源。整个村落传统徽派民居分布集中而连片,古貌依旧。民居粉墙黛瓦,古巷幽幽,安静祥和。

**巷路和古建**

　　村落外围有石板古道,绕村一圈,四通八达。往北,越新岭可达清华镇洪村。往南,经罗溪村可到思口镇区。往东,越茅冲岗可去何公村。往西,经双岭,可往上堡村。

　　新源村内的道路街巷由1条主干道和10条支巷构成。主干道宽约3米,长约400米,是洪村至思口古道的一部分,自西向东折向南面,贯穿全村。主街平坦曲折,民居沿主街两侧分布。10条支巷与主街交叉,使民居呈南北东西延展状态。村内巷道全部由青石板铺就,并沿巷道设置了排水沟。

石板路和排水沟

通往山外的古道

新源村占一方山川形胜,古有八景:

灵岩铜渚。村西北有崖窟称"铜发窍",涌出清泉在羊儿尖下盘旋环绕,直通南溪,近处有石泉,入口甘洌。

鹤唳钱冈。西麓泉涧流经镕经书屋,东折南流,旁边有一小山墩名为钱冈,是以前钱姓人居住的旧址。俞氏先祖恒公曾在此处注释《易经》,闻有鹤在空中飞鸣,故称。

东岭晴云。村东与钱冈对峙的山峦称东岭,树木葱郁,绿竹成荫,恒公有《竹林赋》描写极尽其态。天开日朗之时,风摇竹动,上有片片云飞。

北山雾雪。村后北偏东有高山,冬天多有积雪,状若银屏,雪后转晴,玉树垂珠,霁色辉映。

荷池月皎。村北泉水流入池塘,风起荷动,叶盖生凉。夜里东山上皎月映照入池,仿佛水底蟾宫。

杏畔泉香。村中原有杏林一片,有地名称杏林畔,衍庆亭边有池,一股清泉从村后注入,故称。

剑峰挺秀。剑峰为村南屏障,巍峨耸立如天然文笔,秀石高磊,苍松古木攀崖而立,云烟缭绕,钟灵毓秀,故称。

云涧回清。剑峰下清溪源远流长,至村口旋转潆洄,清澈如镜,天光云影在其中徘徊,渊潭渟蓄,积富之兆。

## (二)古村今昔

据《新源俞氏家谱》载,唐元和九年(814年),俞沆为躲避战乱,从宣城迁歙县篁墩,其孙俞昌从歙县篁墩迁婺东万安乡千秋里四都长田(今潋溪一带)定居。俞昌之后,"文"字辈分居婺源各地,形成著名的婺源俞氏十八派。俞氏十世祖刚公,自丰乐迁附近的何公源枣木下,后卜宅欲迁新源未果。十一世祖景公,承父志于北宋咸平三年(1000年)迁新源,是为新源始祖。建村初期,因村子坐落于相邻的何公村岭背山谷中,故定村名为"山岭下"。后来在村西北又修筑了通往清华洪村的石磴道,并取名"新岭",故改村名为"新岭下"。后来又改村名为"新源"。

新源俞氏定居后,人口繁衍,枝繁叶茂。后人因做官、经商等,迁福建、四川、浙江、南京、苏州等地不计其数。新源俞氏人才辈出,商业实力强劲,是木商、茶商中的一支劲旅。清代邑人俞廷策在《文林郎拱北府君行述》中记载:"景公八世孙恒,登宋淳祐甲辰(1244年)科进士,官翰林行省左史。皇上曾钦赐砖街,至此,文官下轿,武将下马,显赫一时。"在《婺北新源俞氏家谱》中,有清代中叶江南才子袁枚为晓峰公60岁生日作的寿文。又有清嘉庆年间浙江巡抚阮元为朝议大夫俞升潜写的墓志铭。清光绪二十八年(1902年),由俞永宗等纂修完成《新源俞氏家谱》十卷,自此,新源俞氏自立一派。

新源村兴于宋明,盛于清末民国初期。随着徽商的崛起,村中涌现出一些木商、茶商,积累了大量财富,回故里大兴土木,建祠堂,造书斋,重视子孙教育,促进了村落的发展。新源俞氏,书香门第,诗礼传家,人才辈出,收录《婺源县志》者达17人。其中著名的有:

俞恒,字正孚,号德庵。南宋淳祐四年(1244年)进士,御赐砖街,官翰林行省左史,有惠政。俞允兴,二十世赞公,太医院太丞,并封子孙世袭。曾重修砖街,尊崇贤达,鼓励后人。俞季友,字有信,号侣霞。元大德时,以贡士辟授祁门县教谕,升严州学正,世乱改胡姓,洪武初复姓。俞文恕,字行之,号约我。明建文四年(1402年)举人,永乐七年(1409年)会试副榜。山东泰安州学正,浙江遂安县训导。俞雁,字云峰,号东竹。音童公次子,建家庙,营祀田,独力建锁源桥以关合一村气脉,堆东峰尖以迎秀气,钎水井以备不虞。俞诲,号纯初,万历二十九年(1601年)进士。云南道监察御史,襄阳府右参政兼佥事,南瑞道驻省按察使兼参议。俞居辰,字拱北,号敬所,崇祯九年(1636年)进士,浙江新昌县令,有政声,深得百姓爱戴。俞廷策,字仲三,号在竹,居辰公次子,太学生。考授州同知。俞登云,字锡颖,号澹庵,廷策公次子。清康熙元年(1662年)贡选南陵教谕,转升淮安府教授。俞国伦,字明五,号毅斋。直隶吴桥知县。俞兆昆,字兰圃,号篯先,建村头石亭,村人以其子名石次亭。又立石栏杆以防失足,造乌鸡墈路以便行人。俞大塔,字元标,号蝶寄居士。书画家俞大本,字涵静,著有《握云集》。俞凤,字文珊,号桐屿。东鹿县丞,吴桥知县,有《桐冈诗集》。俞升潜,字用初,号健斋。朝议大夫,乾隆三十三年(1768年)举人。扬州府训导,著有《易经辨义》《健斋日知录校存》。俞粹纯,字希文。奉政大夫,道光十五年(1835年)未恩科贡生。陕西直隶乾州州判。以知州升用,著有《十三经经义参存》《经训感应篇》《读易检身录》《诗文集》等。俞梓显,字亦临。朝议大夫,五品通判,四品封典。俞悠璠,字坚定,号韫山。太学生,候选布政司理问。赠奉直大夫,扬州木商。俞悠旭,字健光,号晖山。为人倜傥任侠,钦谕办团练保境,杀贼有功,获六品军功,赠奉直大夫。

今天的新源村村域面积达5.3平方千米,村庄占地面积4万平方米。2006年,村中有3幢古民居、1座古祠堂列为县级重点文物保护单位。2013年,村中俞氏宗祠(义庆堂)列入第七批全国重点文物保护单位。2018年,新源被评为中国传统村落。2020年全村有84户298人。

### （三）古建遗存

明清时期，新源村是个千烟古村，古建丰富，形制多样。有宋进士翰林俞恒御赐砖街，有忠贤祠、节孝祠、节孝坊、社坛、土地庙等，有宗贤家塾、科第流芳、芝兰书屋、仰贤书屋、破愚斋、大士阁等启蒙儿孙之处，现都已不存。目前，全村共保存传统建筑43幢，建筑面积9231平方米。其中清朝26幢，民国时期17幢。村内还有1座古亭，保存完好。全部传统建筑占村庄建筑总面积的52.6%。下面对主要古建筑做些介绍。

#### 1. 义庆祠

村中原有三座宗祠，分别为：村中"义庆祠"、村北"正中祠"、村东"承德祠"，现仅存"义庆祠"。

祠堂位于里店中部，为新源村"俞氏宗祠"，因由村内四位德高望重的先贤筹建，故俗称为"四亲义庆祠"。该祠始建年份不详，于明嘉靖三十二年（1553年）毁于大火，嘉靖三十八年（1559年），由新源父老筹资重建，中途因资费不足，历时六年，于嘉靖四十四年（1565年）重建成功。

义庆堂坐南朝北，面朝后龙山的菖蒲尖，祠堂前有120平方米小广场，青石板铺地，空间开阔。祠堂主体由门屋、坍池、享堂和两层的寝堂等组成，前后排在一条纵轴线上，占地面积600平方米。祠堂面墙高大，中有四柱三层门楼，门楼两侧由水磨方形青砖贴面，上有三层檐角飞挑，气派非凡。中为石库门，门额正中嵌有长条石匾，阳刻"俞氏宗祠"四个大字，四周用立体砖雕装饰。门楼底部为石雕暗八仙，图案精美，门前两侧原有石狮一对。

祠堂门屋结构复杂、木雕精美、气势巍峨。内侧（坍池侧）是华丽的三间"五凤楼"，歇山顶，中央一间高起，前檐一共有四个翘角，运用多层斗拱挑起；中间月梁用祥云图案装饰，中间立体镂空有人物故事。月梁上方的梁枋立体镂空木雕双凤牡丹，梁枋上方为冰裂寒梅和双龙戏珠木刻，木雕技艺之精湛令人叹为观止。两侧庑廊上六根月梁均雕刻有戏剧人物图案。享堂三开间，前檐两侧挑起，两侧檐角内各有一只展翅欲飞的凤凰，栩栩如生；太师壁上方悬挂"义庆堂"匾额，木柱支撑的梁枋上满布雕刻图案，豪华大气。享堂与寝堂之间有后天井，寝堂为两层三间，下层为敞开式，两侧有厢房，东厢房有楼梯上至二楼，二层北侧靠墙设有神橱供先祖神位。整个祠堂地面均用大块青石板铺就，端庄大气。

大门外观

门楼和庑廊

屋面

雀替、斜撑和官帽饰板

### 2. 俞荣坤宅

位于里店香炉山脚下,占地面积130平方米,为清代木商宅院。房屋坐南朝北,正屋有双重大门,外大门为石库门,宽1.8米,三步台阶,门额有砖雕装饰门罩。内大门也是石库门,但门罩简洁,没有砖雕装饰,门额正中嵌有一个"吞兽"砖雕,以吞对面菖蒲尖邪气。正屋为两进三间三层楼房。前有天井,两侧厢房,梁枋和门扇木雕简洁。

大门

门楼砖雕

### 3. 俞锦春宅

位于里店后龙山脚下,为明末清初商宅,占地面积320平方米,该宅由前院、正屋和余屋三部分组成。整体建筑坐北朝南,前院占地面积约60平方米,靠东侧建有一花台,内种有枇杷树、栀子花、石榴树等。正屋为石库门,上有简洁砖雕门罩,上刻祥云、花卉图案,端庄大气。房子为两层砖木结构,三间两进,前进宽大,中间浅天井,内置一口太平缸;左右厢房,上为跑马楼。后进狭小。两侧厢房门扇雕牛羊嬉戏的精美图案,正堂两侧的月梁刻有仙鹤,寓意吉祥,正堂大梁木雕线条简洁。正屋两侧为余层,用作厨房和堆放杂物。

外观

大门

### 4. 俞好娌宅

位于外店,占地面积200平方米,为清代民居,由正屋和余屋组成。正屋坐东朝西,大门开在北侧巷道旁,为石库门,上有砖雕门罩,刻有四朵向日葵。正屋两进三间两层,梁枋雕有祥云图案,梁柁雕有万福和梅花图案,装饰精美。左右厢房有花格门扇,户净木雕十分精美,镂空雕有葡萄、松鼠。堂前为深天井,中置有长方形石台,上放太平缸。靠墙贴有1米高的青石护墙板。

大门和外观

天井

梁架

### 5. 合子亭

位于村落中央,是里店与外店的分界点,也是村落初期的村口,占地面积60平方米,建于清代,一层一进,长7米,宽8米,高5米,为传统徽派建筑,粉墙黛瓦马头墙,内为木柱结构,两侧有供人歇脚的条凳,主干道南北向穿亭而过。村人娶亲嫁女都要经过此亭,娶媳妇进了此亭,就成了本村人,嫁女儿过了此亭就成了外村人。所以此亭又称"发月亭"。

### 6. 接脉亭

位于村东茅冲岗的岭头,是去往何公村的路亭,占地面积35平方米,建于清初,一层一进,长7米,宽5米,高4米,四周墙体用青石垒成,墙面平整,保存状况较好。

### 7. 惜子亭

位于村南大溪与小溪交汇处,去往上堡的石板道上,占地面积20平方米,建于清康熙二十七年(1688年),一层一进,长5米,宽4米,高4米,墙体由青石垒成,上盖青瓦,石板道穿亭而过,南侧有石阶供人歇脚。靠山一边的亭壁中央供奉着"泗洲大圣"神龛,上书"弟子林遇春、室人程氏立"。民间传说,"泗洲大圣"专心管辖一箭之地,属于地方保护神,保佑来往行人平平安安。

### 8. 汪家亭

又称"遗痴亭",位于村落西侧通往上堡的石板道上,名为黄茅埠的地方,占地面积48平方米,建于清乾隆十一年(1746年),一层一进,长8米,宽6米,高5.6米,四周墙体下部4米用青石块垒成,厚达1米,里外出面平整坚固。墙体上部1.6米用青砖砌成,上盖瓦面。亭子建得十分考究,石亭一侧留有两个石窗,内圆外方,两窗之间,嵌有一块石碑,上题"遗痴"二字,下面是一篇刻于乾隆十一年(1746年)九月的碑文,字迹已经剥落难辨。后人有歌赞亭曰:"山环矗矗,水绕盈盈。不痴其生,遗痴斯亭。不求乎福,自可祥徵。行人高歌,游士闲评。渺然千古,一笑风清。"

### 9. 外店井

位于外店香炉山脚下,建于明代,为并排双井,内侧一口1米见方,为饮用水井,外侧一口1.2米见方,用于洗菜。此井泉水清澈甘甜,至今仍发挥作用。是外店村民主要饮用水源。

合子亭

外店井

## 二、龙腾上村

### (一)家在山水蟠龙间

龙腾上村位于婺源县中部思口镇,距县城20千米。村子离县道清灵公路只有1千米许,有一条乡村公路相连,交通便利。

村庄坐落在古坦-清华水的河湾汭位。大河自北向南奔流,至此受山峦阻挡,形成"S"形蟠龙状的河曲,龙腾上村就处于"S"形上面河曲西岸的台地上。村民称这段河流为"龙溪"。

村落整体呈"船"形沿河岸展开。风水术认为船底板是不能挖洞的,为了不破坏村落的风水,龙腾上村内没有钎一口水井。宽达40余米的古坦-清华水沿河,分布有4处水埠、1处古码头。河中有一处突出于水面的巨石,形似牛,村人称之为"石牛排"。

村庄的街巷布局由1条主巷和6条支巷构成,主巷宽约3米,长约300米,平坦曲折,少有台阶,由南至北贯穿全村。支巷东西向与主巷交叉。村中巷道均为青石板铺就,并沿巷道设置了排水沟,历经数百年,状况良好。民居沿巷道两侧分布,集中而连片,风貌依旧。

村落东侧河对岸有一大片土质肥沃的沙洲和低丘,开垦成了茶园。村西、南方,则有连片的农田和耕地。农耕和茶业,养育龙腾一代代村民。

龙腾上村,西有花山,山上植被茂密,毛竹青翠,东面隔河与案山相对,符合徽州传统的枕山临水面屏的村落选址标准。村后的花山轮廓似一条长龙,而对岸的案山轮廓似一只飞凤,象征此处是龙凤呈祥、安居乐业的风水宝地。古坦-清华水岸边、花山和村内,古树成林,有古樟、糙叶树、柏树、枫树等28棵,树龄都在200年以上。

村落北面水口处,利用河床自然涧石,依势建起一座石堨,灌溉良田。水口还有两株古樟,枝干粗大,横柯斜逸。古时有诗称赞龙腾曰:"绿水回环绕岸行,双樟连理百姿生。嫦娥偷药千秋恨,羞见人间万种情。"

山水龙蟠的村居,景色十分宜人,古人为之命名了"十六景",包括:龙石腾云、柳桥初日、竹院残霞、春涨桃鱼、石栏萍鸭、金鸡出岩、香象临渡、魁杓联阁、仙棋点波、飞舟迴渚、悬崖倒枫、月沼荷风、屏山松雾、岭庵晓磬、峡泉霄春等。

河湾边的村庄(詹欣民摄)

村巷

水口古樟

### (二) 村落的形成和发展

龙腾上村始建于元末。《龙腾俞仕宜公支谱》记载："十九世仕宜公,字有义,号子闻。元顺帝元统元年癸酉二月十三亥生。公初艰于嗣续,议以仕德次子辉文承嗣,不幸早过,继配汪氏,生子庚七,遂与共居上村九郎园,是为龙腾上村始祖。"后程、胡、宋、王等姓迁入合居。相传村基初辟时,有鱼鳞龙云腾于前溪石上,因名其村为"龙腾"。后人有诗赞曰:"龙腾嘉号有来由,传说祥氛破晓开。石在潭心通罅隙,云从村口作徘徊。仰希阙昊虹升井,遥鄙蛮乡蜃吐台。地久钟灵占必发,近闻烧尾一声雷。"

龙腾上村兴旺于清代中后期。当时村中涌现出一些木商、茶商,积累了大量财富。他们多回故里兴土木,造祠堂,建书塾,培育人才,促进了村落发展。村庄南部龙腾下村的"昶公祠",是龙腾俞氏的总祠。一条长约300的主街自南向北迂回曲折贯穿全村。村落主体为清代、民国时期建筑。历史上,龙腾村建有文澜书屋、竟成书屋、牧林仵书屋、御书阁等文教建筑。据谱载,其中的"竟成书屋",曾有邑内名人齐彦槐为之撰诗:"潇洒园亭村落间,绿畴红树水回环。偕前万卉成金谷,门外双峰似玉山。美产不如佳子弟,胜游终日旧乡关。扁舟已向江南发,回首松榆尚欲还。"有清一代,龙腾村文人名士良多。著名的有俞文谦,授恩州府知府,诰授朝议大夫;俞文招,授四川嘉定府知府、成都府知府,升授建昌上南兵备道,御赐福字,赏戴花翎,又诰授中宪大夫。

最值得一提的是龙腾的茶商,是他们为龙腾的繁荣奠定了经济基础。历史上龙腾出产的茶叶享誉中外。1915年,龙腾茶商俞仰清在龙腾设厂,并以协和昌茶庄"祥馨永"商标的珠兰花茶,获巴拿马国际博览会一等奖。包含龙腾茶业在内的"婺源绿茶制作技艺",于2015年列入了国家非物质文化遗产名录。同一年,龙腾上村还被列为中国传统村落。2020年全村有121户462人。

### （三）古村落古建筑遗产

龙腾上村共保存传统建筑55幢,建筑面积13473平方米。其中清朝建筑30幢,民国时期建筑25幢。全部传统建筑占村庄建筑总面积的比例达63%。其中有5幢被列为县级重点文物保护单位。

下面,对村中现存的传统建筑做些介绍。

1. 俞文鉴宅

位于村庄南部,占地面积300平方米,是一座民居与客馆相结合的富有特色的建筑。整幢建筑由前院、中院、正屋、余屋四个部分组成。前院占地面积约35平方米,三面围墙,侧开院门,院内种有橘树、铁树、月季,是一座小型花园。中院占地面积约25平方米,正面开有高大的石库门,水磨砖雕门楼,上刻有戏曲人物故事及花瓶、方鼎等吉祥之物。中院右角栽有一株桂花树。正屋两层三间,正面为木质门窗,二层向外飘出50厘米,梁柁为倒趴狮子,雕刻十分精美。梁枋为深雕人物故事。

院门和外观

正屋楼上楼下两侧均为住房,颇有客馆形制。房门均为双开木雕门,图案做工考究。后堂面积与前堂相当,有天井,天井上部有花窗装饰。梁枋精雕细刻,图案精美,右侧是松鹤、梅鹿,延年益寿;左侧是麒麟、桃李,子孙繁衍。门窗、梁柁、枋板均有夔龙纹装饰。

大门和桂花树

客馆木楼

2. 俞改旺宅

建于清道光年间,占地面积300平方米,是一幢豪华别致的商宅。房屋正面,宽16米,开有正门和偏门。正门为高大石库门,水磨青砖雕刻门楼,颇有气势。正屋两进两层,前后均有天井。前为浅坑天井,中立石磴,上置太平缸。后也为浅坑天井,靠墙有1米多高的护墙石板,中有六角石磴,上置太平缸。前堂正梁正面及下方均有精美木雕,两侧梁枋各有三层木雕,题材为人物故事、田园风光、瓜果花卉、经商生活场景,木雕图案总体完整无缺,非常难得。两侧厢房的门扇从上到下均有雕刻,下板为山水画卷,中板为人物故事,上部为木格小件木雕装饰。值得一提的是,堂门为正反双面雕刻。后堂壁上建有神龛。正屋前有近50平方米的院子,侧面还有近40平方米的花园。

大门砖雕门罩

屋内梁架和雕刻

双面木雕

格扇裙板"琴棋书画"雕刻

### 3. 俞德寿宅

建于清朝中期,占地面积120平方米,一进两层,后为厨房余屋。此屋前有天井,浅坑,由几块大石板围合而成,前有1米多高的护墙石板。正堂八仙桌下有一块1.2米见方的团圆石。正梁下方地面有一块3.38米×0.75米的巨型石板,在民居中难得一见。两厢房门腰板雕有戏曲人物故事,上部为雕花木格。正梁雕有三团祥云,装饰简洁。两侧梁枋,深刻木雕花卉、戏曲人物故事,立体生动,有鸥吻梁柁。

梁架和花枋　　　　　　　　　　　　天井花格矮墙

### 4. 俞卫东宅

　　建于清朝末期,占地面积260平方米。坐北朝南,高大石库门,水磨青砖雕刻门楼。两进两层,屋内正堂宽敞明亮,中天井,走马楼。两侧有厢房。后堂天井内有一个2.2米×1米,由四五块石板围合而成的石缸,用于养鱼,兼作消防太平缸。石缸上方有青石板,摆放花盆。屋前有一个青石板铺地、近30平方米的院子,带石库院门。

院门　　　　　　　　　　　大门　　　　　　　　　　　大门砖雕细部

梁枋和雕刻　　　　　　　　　　　　倒鹿斜撑

### 5. 胡老爹庙

位于村东北,占地面积约120平方米,建于清代,主奉胡老爹。胡老爹即宋代婺源县城人胡得胜。其父胡发,是张天师的检察将军。得胜继父通神,午睡汗流浃背,醒来后说某处风浪要覆舟,某处城池要失火,后皆应验。死后立祠,四方人士多来祈祷。张天师后裔张与才,赐得胜为"忠靖灵远大师"。元至正年间,镇南王上奏封其为"忠靖护国灵应侯",后又晋封"忠靖护国灵验王"。胡老爹庙是一个建筑群,共4组:胡老爹庙、忠靖王庙、玉皇庙、南天门,有土地、社公、汪帝、关公、五显、钟馗、观音等神灵塑像,既有地方神,又有正神;既有道,又有佛。

### 6. 古码头

位于村东婺源著名茶商俞仰清茶厂旁的清华水岸边。码头长约30米,河岸高约6米,有30多级台阶直通村巷。旧时龙腾村茶叶加工产业发达,商品货物主要通过水路运输,是商品货物外运的重要码头。码头两侧的古树见证了龙腾当年的辉煌。

### 7. 挹云亭

位于龙腾村南部水口,通往思溪村的古道上。为清道光二十六年(1846年)建筑,占地面积40平方米,乡邑名士汪文翰为之作《挹云亭记》。

挹云亭

古码头

# 第五节　浙源乡岭脚村,沱川乡篁村,段莘乡东山村

## 一、岭脚村

### (一)徽饶古道浙岭脚下的古村

浙源乡岭脚村,因坐落在明清时期徽州府通往饶州府的"徽饶古道"浙岭脚下而得名。徽饶古道从南向北,贯通岭脚村,然后蜿蜒爬上高耸的浙源山。翻过浙岭就是安徽省的休宁县地界。古时,这条浙岭是挑夫接踵的重要商道,是古代饶州至徽州到杭州的主要通道。粮食、茶叶、木材、山货、瓷器、木炭、牲畜及日用百货经这里源源不断地运进运出,丰富了徽州、杭州、上海、九江、南昌、武汉等地市场。浙岭在古徽州占有重要地位。古徽州东有率山,南有浙岭,西有黄山,北有江滩,并称为古徽州四大隘口。岭脚村的先民们,为此而修建了老岭和新岭两条登山石阶。石板古道平均宽度2米,最宽处4米,台阶宽度30~40厘米不等,高度10~13厘米。明清时期,对这条徽饶通衢,历代官方不停修缮,浙岭头茶亭里有十块婺源县正堂县令签署的记载历代修缮浙岭的石碑。20世纪初由婺北"镜心堂"牵头,在江南诸省及香港等地募捐现洋7325元,对浙岭进行了维修。

浙岭是徽饶古道最精华的一段。沿途有很多古迹。

岭头,有"同春"石亭,始建时间不详,重建于清乾隆二十二年(1757年),石木结构,由切割平整的石块砌成基础,单层,进出口门额有青石刻亭名匾。 岭道沿途还有鼻孔梁亭,建于雍正九年(1731年),石木结构;燕窝亭,郭村王氏所修建,体量较大,亭子的壁上嵌着一块"泗州大圣"的神位石碑。

五代年间,有方婆在岭头终生为行人免费施茶,她去世后葬于岭头,过往旅人为感激她的善行,会从岭底带一块石头放在她坟上,因此,这座墓又被人们称为"堆婆冢",墓由大小石块、砖头堆砌而成,高5~6米,占地面积60多平方米。

岭头东侧山凹,有四季不涸的"一线泉"。泉眼上方石壁嵌有青石碑刻"一线泉"三字,题刻时间为清道光元年(1821年)春月吉旦,落款为"珠崖孙敏浦题"。右侧下方青石小碑一块,刻有"云根"二字,落款为"云湖詹奎",詹奎是清代著名书法家,岭脚村人。

岭头同春亭旁,立有"吴楚分源"石碑,碑高1.6米,宽0.7米,厚0.08米,碑面阴刻"吴楚分源"四个隶书大字,笔力刚劲,也是詹奎所题。

浙岭独特的地理位置,吸引了许多历史文化名人来到这里,留下了许多诗文。宋代诗人权邦彦在《又在浙岭路中》诗曰:"一抹冷云遮半岭,千重古木满岩隈。山深林合失昏昼,路转溪回迷去来。鹰隼翻空何事击,猿猱缘壁为谁哀? 此行步步山寮界,归雁诗图相对开。"

### (二)山川形胜

岭脚村位于婺北浙源乡,距乡政府所在地10千米,距县城52千米,有省道公路通村。村

域面积35平方千米,村庄占地面积近18万平方米。

发源于浙源山南麓的浙溪,由东北向西南,呈"S"形穿过岭脚村。东坑、西溪两条山泉,汇流至浙溪,将岭脚村分为三片,浙溪西面为河西,浙溪东南面为河东,浙溪东北面为里村。民居建在山麓开阔的三溪两旁,山环水绕间,村人筑坝成池,垒石成埠,构成水边人家的景观。

岭脚村北面雄伟壮观的浙源山,为其挡住了寒流与狂风。位于村落西南的狮山、象山锁住山谷口子,形成村庄的水口。穿村而过的汩汩不息的浙溪,为村人提供了生产灌溉与生活之水。锦峰簇拥,河川如练,村落四周有开阔的盆地,阳光充沛,利于开垦田地。春到岭脚,三溪两岸,桃红梨白,柳绿菜花黄,优良的自然环境和村民的精心营建,使这里不仅能满足人们物质生产和生活的需求,还形成了一个世外桃源般的审美空间。

浙岭古道和同春亭

溪边人家

浙源溪边

村头东坑溪

村落格局

村落地理环境(詹东华摄)

　　明清时期,经过历代村民的建设,岭脚村水口成为人工和自然结合的经典景观。整个水口按照"五行相生"格局进行布置,并有"狮象把门"之说。昔日岭脚村,在"两山并峙为捍门"的狮山、象山种植树木,在溪流上横架藏风聚气的石拱桥,还在水口修建文笔塔、文昌阁、水碓、佛经幢等建筑,形成完整的"五行"格局。在水口,还有按二十八星宿排列的28棵古树,使水口不仅关锁严密,建筑群景观完美,同时又显示了家族的富有和荣耀。今天,村头还有一棵被雷击烧空了树心却仍然挺立茂盛的古樟,被人们赞为"树坚强"。村落水口,不仅改善了村落的环境及景观,而且成为村人进出村口停留、歇息以及举行部分宗族活动的公共场所,形成"绿树村边合,青山郭外斜"的村落环境特征。

"树坚强"(詹东华摄)

古村春深

## （三）村落今昔

　　岭脚村古称"环川"。据《环川詹氏宗谱》记载,婺源詹氏八世祖必明公为山阴县令,其子九世祖詹朗,于唐咸通年间迁岭脚村河西浙岭古道里边(官路里)的桂花树下,是为岭脚詹氏开基之祖,迄今已有1300多年历史。

宋末，詹王佛由官路里迁里村石屋，取重龙山为本支正脉。村人称这里为"石壁堂前"。房屋虽已倒塌，巨石尚存，还在石头上遗留下几步石台阶，让人遥想当年卜居营室的艰难，也体现出古人融自然元素为一体的浑然天成的匠心。

明洪武年间，随着詹氏家族人口和财力上的不断发展，里村地域范围狭小，詹远一师从风水大师董德章，深明地理，确定了河西、河东为岭脚未来村落发展建设基址，全村风水格局初步确立。他还建有求雨坛，地处浙源山脚下，三星桥头，七星塘南侧，为浙源山龙脉与浙源河水龙脉交汇点，求雨极为灵验。 明嘉靖年间，詹世权考取府庠生，立詹傅户，杂收境内山税，为岭脚詹氏入泮之祖。明嘉靖年间，詹世华在皇建城出家，有"詹半仙"之称。明万历年间，詹世华长子詹金实迁岭脚段，开始营建水口林、环清桥、后龙山。明天启元年（1621年），詹应阳京都钦取武解元，官至密云总兵，后遭时变殉节。明崇祯七年（1634年），詹鹏先中武进士，后守备镇江时，值流寇猖獗，羽檄交驰，每出战，身先士卒，多受矢石伤，崇祯十年（1637年）带兵康山湖追剿流寇，水陆夹攻之，杀贼无数，四月二十五血战阵亡，骸没无踪，巡抚题奏优恤。敕赠怀远将军，皖城立庙，以旌其忠焉。明崇祯年间，詹守畿经营有方，为"詹有乾墨局"的创立打下基础。清乾隆年间，詹有章、詹有乾叔侄俩创立"詹有乾墨局"。 清乾隆年间，詹彦文到詹有乾墨局学艺，出师后创立"詹彦文墨局"。 清嘉庆年间，詹斯琼、詹斯莹、詹斯琦、詹斯瑄、詹斯珪五兄弟到詹有乾墨局学艺，出师后创立"詹公五墨庄"。清道光年间，詹斯莹次子詹斗山出师后创立"詹斗山笔墨庄"。 清咸丰年间，岭脚詹氏组织民团，抗击太平军，作战英勇，牺牲惨烈，受到朝廷嘉奖。詹斯圻为曾国藩幕僚，献策立功，赠五品大夫，任宣城令。

岭脚村历史上还出过不少名人。詹奎，斯令公，籍名奎，号云湖，书法功力深厚。幼失怙，有至性。母老，双目失明，先意承志，尽得欢心。殁，葬祭如礼。昆季久析箸，伯兄馨贸迁湖南，闻病驰往视之。殁，治丧事。侄坤病危，医药罔效，仲兄声继逝，遗孤仅十龄，公念伶仃，后为完聚婚教成立。兄宿逋，力为代偿。殁年七十有一（《婺源县志·孝友》）。"吴楚分源"碑为其所题。詹文烜，名逢光，号梦仙。光绪《绿树祠詹氏宗谱》主编之一，还著有《新安乡音字义》《制墨准绳》《环川詹氏忠义传》《环川八景诗》《光绪戊寅环川璁公房支谱》等。詹有乾，"詹有乾墨业"的开创者，墨业始于清康熙时期，主要经营范围在湖广等地，兼营文房四宝，产品远销南洋、欧美。詹书祥，在广西桂林开创詹书祥墨局，在云贵一带享有盛誉。后裔詹笠亭精于制墨，号称"墨精"。詹逢光，编写《制墨准绳》，作为岭脚詹氏制墨教科书。詹彦文，名刚，字彦文，号萃，贡生，生于乾隆十七年（1752年），卒于道光二十二年（1842年）。年幼到"詹有乾墨庄"学艺，艺成后创立"詹彦文墨庄"。他主要在湖南经营墨业，发家致富。詹文忠，号斗山。嘉庆元年（1796年），詹斗山在杭州祖业"詹公五墨庄"学习制墨工艺。道光元年（1821年），他从杭州贩墨入闽，最后落足福州。詹斗山所卖的墨坚如

**石壁上筑屋遗存的石台阶**

石,香如麝,黑如漆,为此供不应求。詹斗山认为福州墨业大有开拓前景,于是从徽州聘来墨工,设立制墨作坊。同时,以自己的名字为牌号,选择南街宫巷口为店址,创立詹斗山笔墨庄,除在南方销售,更远销南洋。

岭脚是一个因制墨业而兴盛的古村。村庄的制墨业始于明朝中期,逐渐形成徽墨中的詹有乾、詹彦文、詹斗山、詹书祥四大著名品牌。岭脚四大徽墨品牌中詹有乾墨业开创于清康熙时期,主要在湖广等地经营。詹彦文是詹有乾的侄子,在詹有乾墨局学艺。他由于为人聪颖,又能吃苦耐劳,深得詹有乾欣赏,不仅倾囊相授,还在詹彦文艺成后借给他本钱,另外创立詹彦文墨局。詹有乾墨业传到第五代(嘉庆年间)的时候,岭脚詹氏家族子弟詹斗山,又在詹有乾墨局学艺。詹斗山也是岭脚詹氏家族中的佼佼者,艺成以后,认为中华大地詹氏墨局已经很多,唯独广东等地很少,于是在广东创立詹斗山墨庄,兼营文房四宝,产品远销南洋、欧美等地。与詹斗山同辈的兄弟詹书祥,艺成后则在广西桂林开创詹书祥墨局,在云贵一带享有盛誉。

2015年,岭脚村被评为中国传统村落。2020年全村有310户977人。

### (四) 古建遗产

岭脚村保存有较多的历史街巷和徽派民居,村落格局几百年来没有变化,村落整体风貌保存完好。以民居为主体的明清古建筑至今还保留有59幢,其中列入县级重点文物保护单位的有8幢,建筑面积达16648.76平方米。其中明代及明代以前的建筑8幢,清代建筑48幢,民国时期建筑3幢。大夫第、詹广任宅、立本堂、詹广彬宅等20幢传统建筑集中连片分布在里村片;棣芳堂、晖吉堂、礼耕堂、志勤堂、詹福全宅等28幢传统建筑集中连片分布在河西片;贻桂堂、玉涧堂、如松堂、仁本堂、得本堂等11幢传统建筑集中连片分布在河东片。岭脚村中原有13座祠堂,最著名的是敦伦祠,均被拆毁。村内交通以街巷为主,共计有40多条枝状伸展的街巷,主要有河西古道、河东古道、鱼塘巷、东坑古道、西坑驿道、段村古道等。这些巷道基本都由青石板铺砌而成。为方便生活,村道上还建有廊亭和天灯柱。明代古驿站位于河西古驿道旁,目前尚残存遗址。

连片古民居　　　　　　　　　　　　　村落小景

巷道

一线天街景

石天灯

石板古道

佛经幢

下面介绍几处主要的古建筑。

1. "钦旌孝子"宅（嗣服堂）

建于清乾隆年间，由徽墨名家詹彦文建造。詹彦文长年在外经营墨业，其弟詹伟夫在家务农，奉养母亲。詹彦文回家为母亲做60大寿时建了此宅，并为其弟请旨旌表，受赐建了这座"孝子坊"。大门为石库门枋，砖雕门罩，特别之处在于门罩镶嵌"钦旌孝子"匾额，这种融合了牌坊功能的门罩在徽派民居中不多见。古宅三间两进三层，属四合屋，设有四个厅堂，有走马楼，天井开在房屋中间便于采光。梁枋和雀替木雕技艺精湛，图案人物栩栩如生。宅子占地面积201.8平方米，建筑面积427.8平方米。县级重点文物保护单位。

门院　　　　　　　　　　　砖雕门楼和"钦旌孝子"匾

### 2. 晖吉堂

建于清乾隆年间,由墨商詹宜珍建造。书法家詹奎就是他的后人。咸丰年间,5000清兵驻浙岭抗击太平军,詹奎率家人煮饭供给,日费粮近百担。此宅分前后两进,两个厅堂,两个天井,设有走马楼,门窗格扇、梁枋雕刻简洁大方,线条流畅。占地面积236平方米,建筑面积449平方米。

院墙外观　　　　　　　　　　　大门砖雕门楼

### 3. 贻桂堂

建于清朝中期,占地面积177.22平方米,建筑面积332平方米。此宅分院子、正堂、余屋三部分。院子位于街角,呈三角形。正堂前后三进,两个厅堂,三个天井。石库门枋,砖雕门罩。屋内梁枋雕刻技艺精湛,手法细腻,在人物造型和背景上采用了深浮雕手法。雀替、门窗则采用浅浮雕和透雕相结合手法,使人物形象栩栩如生。余屋具有厨房等功能。

外观

堂名匾

### 4. 中和堂

清朝中期民居,穿斗式梁架,三间两进两层。占地面积210平方米,建筑面积400平方米。

内景

### 5. 古桥

明清时期,岭脚浙源溪、东坑溪、西溪上建有石拱桥和石板桥9座:镇西桥、浙源桥、三星桥、河东桥、河西桥、永安桥、彩虹桥、玉虹桥、履安桥。其中最大的是浙源桥,浙源桥为石拱桥,长15米,宽5米。

### 6. 洗心埠

村庄中部大溪埠处,有一个冬暖夏凉的泉眼,泉水清澈,用平整的青石板围建,像一口井,泉上石磅安碑一块,上书"洗心埠"。明正德年间詹希昌选址建造,清嘉庆年间重修,勉励人们修身养性,从善如流。

浙源桥　　　　　　　　　　　　　　　　　　　　洗心埠

### 7. 七星塘

詹远一次子詹仕礼在明宣德年间选址,按北斗七星的位置所挖的七口石砌活水鱼塘,以风水镇物祈求天地护佑全村平安、兴旺。

### 8. 明理亭

位于里村。明宣德年间詹仕义选址建造,清光绪年间重修。路亭夹路而建,两边有长条木板当凳子坐,是村民们的活动中心。除供休憩外,村民有争执常到路亭找人评理,原悬挂有匾额"明理亭"。

七星塘之一　　　　　　　　　　　　　　　　　明理亭

## 二、篁村

篁村位于婺源县北部与安徽省休宁县交界的沱川乡,距县城55千米,有硬化的县乡公路通达。

村落始建于北宋宣和二年(1120年),系余氏始祖余道潜由安徽桐城迁婺源的始居肇基之地,亦是婺源余姓的发脉之地。余道潜,北宋政和八年(1118年)进士,与理学圣人朱子的父亲朱松同科,曾任桐庐主簿。博览群书,精于天文、地理。为政严明,民甚德之。因不愿摧眉折腰与奸臣同流合污,盘剥百姓,决定弃官归隐乡间。村名取自王维《竹里馆》"独坐幽篁里,弹琴复长啸。深林人不知,明月来相照"的诗意。后来,篁村余氏枝繁叶茂,播迁到沱川理坑等村庄,使沱川成为婺源境内最大的余姓聚居之乡。

历史上,篁村耕读传家,文风昌盛,儒贾众多,人才辈出。明清两代,有知名学者余诚、余德润、余柴、余守经、余升、余鉴、余亚龙、余煌、余文蔚等。值得一提的是清代天文学家、数学家余煌,一生著有《二十星距离》《勾股三角八线纂要》等著作十余部。

今日篁村,村域面积5.3平方千米,村庄占地面积2万平方米。2020年全村有137户396人。

篁村地处婺源北部祖山大鄣山麓。绵延起伏的山脉,在这里三起三落,村人称之为"三台地"。山峰峭壁森严,巍然屹立。梅雨季节,山洪暴发,高瀑悬垂,夺人心魄。古时有歌赞曰:"大三台、小三台,重重叠叠滚下来。牛鼻穿田宰相地,三盆金果决点元。"

村落坐北朝南,发源于大鄣山的沱水从村前绕过,形成宽阔的河谷盆地。村庄北倚大鄣山余脉驼峰山,南朝笔架山,村居依山面水,田畴如画。

**村落全景**(半乡居民宿供稿)

篁村整体格局,呈东西带状分布。村两头离河较近,村中间是民居集中的地方,称篁村湾,离河较远。从沱水筑坝引水的水圳流经村中,村中还掘有水井四口,水质清澈,为村人提供洗涤和灌溉之便。水圳之水注入村边月池,月池旁原有文昌阁、上亭、水龙庙等公共建筑。

村中街巷,青石板铺就,平整清洁,随路还建有完备的排水系统。整个村落,仍保存明清时期格局,民居、官商宅邸和街、巷、石桥、水圳、水塌均保留了古建筑原貌。全村现有徽派古建筑60余幢,占全村建筑一半。截至目前,有各级重点文物保护单位8处。其中有全国重点文物保护单位余氏宗祠(余庆堂),市级重点文物保护单位1处,县级重点文物保护单位6处。还有一批具有一定文物价值的古建筑及相关配套附属设施。2015年,篁村被评为中国传统村落。

集中连片的古村民居

河埠

街巷

路亭

篁村的水口,位于村落西南面的山谷口。这里有枫、樟古木,形成村落的绿屏。水口处有廊桥——"大夫桥",为市级重点文物保护单位。大夫桥始建于宋代,历代多次修葺。桥长16米,宽4米,廊亭高5.68米。桥两头为石砌桥墩,上架三根大木梁,梁上铺木地板。廊亭四柱三间,两边设美人靠座凳。两端门额上分别题有"凤鸣篁墅""鹤和松林"。北端桥头有竖联:"廊引篁溪水,桥渡有缘人。"它是古时沱川通往清华镇古道上的重要津梁。除交通作用外,过往行人还可在此歇脚小憩,或观赏风景,或遮风避雨,或纳凉聊天,或读书下棋。距离这座桥50余米的上游河面上,原来还有一座结构样式相同的廊桥,桥两端门额上分别题有"翰林风月""福地烟霞"的匾额。旧时,两座大夫桥临河相望,桥下河水清澈,游鱼嬉戏,堤岸古木参天,花香鸟语。月夜观赏,两桥之间,明月倒映,树影婆娑,是篁村过去"双桥锁月"的

景观所在。

大夫桥的北头小山包上有一座万罗庵。该庵始建于宋代，因庵旁有座小山名"万罗山"而得名。原先万罗庵有专职尼姑，多数是"红沙日"所生的女孩，自小被送入庵堂修行。古时，婺源乡间认为"红沙日"是个"凶日"，该日出生的女孩，犯血光之灾，生育会难产，甚至性命不保，因此得削发为尼，不用生育，可以得善终。至20世纪50年代，因为破除迷信，庵中年轻尼姑全部还俗嫁人后，万罗庵便没有了专职僧尼，只有一老妇在这里居住，照看香火，接待信士弟子。

庵堂中间是正殿，两层结构。楼下供奉"西方三圣"，中间为南无阿弥陀佛，两边是南无观世音菩萨和大势至菩萨。二楼供奉的菩萨有释迦牟尼佛、地藏王菩萨、消灾延寿药师佛和文殊菩萨等。

庵中西边一间，进门左边是社坛，供奉土地公、土地婆。上座左边供奉的是汪帝菩萨。汪帝菩萨，名汪华，汪氏四十四世孙，隋末唐初，汪华起兵保障江南六州百姓免遭兵灾战乱之苦。大唐初定，汪华归顺李唐王朝，受封为"越国公"。百姓感其功德，立祠祭祀，汪华成了徽州百姓敬仰的地方保护神汪帝老爷。座上右边供奉的是名道行高深的道士，叫胡老爹。他原是婺源县城人，传说他曾作法借来西湖三尺水，降雨解救旱情。他去世后，人们立祠祭祀纪念他。若遇天大旱，人们便备办祭品叩拜，祈求胡老爹降雨，若不能很快降雨，就把胡老爹的偶像搬到烈日下暴晒，过不了几天，天就会下大雨。庵的东边是住屋和厨房。

大夫桥

万罗庵外观和内景

沿溪边的青石板路前行,村口处有一棵树龄逾千年的罗汉松,干枝虬结,苍翠如盖。相传,婺源余氏始祖余道潜,钟爱婺源沱川的山水形胜,有一年,他经过这里时,看到山势雄峻,风光秀美,于是就在这个地方倒插一棵罗汉松,以测这里的风水。谁知这棵罗汉松,当年竟发新枝,数年后更是枝繁叶茂,尽显祥瑞之兆。于是余道潜一家就在篁村定居下来。到明朝中后期,其子孙遍布沱川乃至婺源许多村庄,而且甲第相望,仕途显赫,成为仕宦大族。

这棵罗汉松,树干中空,表面起条纹向右扭转,突兀的苞瘤上小枝密布,凹陷的沟洼苔痕斑驳,2米多高就分生侧枝,粗枝10多个,遒劲曲折,绿叶油润。村民还给一些粗枝取有名称,如"正心殿""香火宫""三层楼""仙佛桥"等。这棵罗汉松是雌株,存活近千年,仍然开花结果,果实就叫"罗汉",每年5月间开花,8月间果实逐渐成熟,有时12月还能摘到果实。每到果实成熟时,那些六七岁的孩童,便三五成群爬树摘"罗汉",折果枝。别担心这些孩子会有什么不测,据老人们说,这树自古至今还没有出现伤亡事故,即使从树上跌下,也会安然无恙。

罗汉松

沿着石板古道穿过村头街巷,一方半月形池塘,倒映着天光云影,豁然出现在眼前。相传,北宋时余道潜从安徽桐城迁居篁村,把笔架山看作村落的文脉所在。笔架山西边有一峰,峰下有一泉,叫作"文泉"。文泉从山体岩石中渗出,清澈凉爽。夏天的时候,村里的孩子们会三五成群背着竹篓,提着水壶去那里提水回家,供家人解渴。过去,这口"文泉"的水,是当地文人学士磨墨的首选之水。村中私塾先生启蒙教育学童,第一次学习磨墨写字,也一定要到文泉取水,以便开启文运。余道潜还在篁村头倒插罗汉松一株,以后又逐步把篁村建成有"文房四宝"象征建筑的村庄。笔架山下,挖半月形水池为砚池,砌长条石磴为墨,以田畈为纸,还植下一株红豆杉,像如椽之笔,与笔架山相映。这些"文房四宝",既是意象,又有实物,连通山水与人文,寄寓着人们对文运亨通的美好期盼。

"笔"——红豆杉

"墨"——长条石磴

"纸"——田地（半乡居民宿供稿）

"砚"——月池

　　"始基甲第"位于村中央，为篁村余氏宗祠，享堂名为"余庆堂"，为第六批全国重点文物保护单位。祠堂坐北朝南，正朝笔架山，祠前就是巨笔红豆杉树。该祠建于明永乐十年（1412年），面阔13米，进深33.6米，占地面积436.8平方米。大门为五凤楼，八字墙，立面三间四柱五重檐，门额上嵌"始基甲第"四个浮雕字。门楼砖雕以凤凰、牡丹图案为主，还有麒麟、鹿、鹤、鱼等吉祥物图案，以及葵花、莲花、如意、祥云等图案，衬以蔓带、"万"字、海浪等纹饰。精湛的砖雕艺术，古典的造型，彰显出门楼的高雅大气。祠堂有五个门出入，享堂和寝堂都有天井，地势前低后高。享堂大厅方砖铺地，几十根粗大的柱子，虽不工于雕梁画栋，却不失古朴大方。昔日，享堂两旁立柱上有"人物思三代，文章祖六经"的对联，横梁上也挂满了"甲第开基""才德迈伦"等字样的匾额。寝堂楼上有神龛，存放祖宗牌位，村民称香火宫。上得楼来，朝南方远眺，祠堂前面那棵高大的红豆杉，正好架在更远处的笔架山上，真是一幅奇景！

大门和外观

寝堂楼上所见屋面、红豆杉笔和笔架山

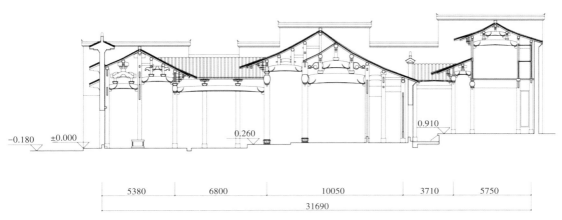

剖面图

　　余庆堂的西边是"正中堂",占地面积130平方米。石库门朝东,有砖瓦门楼,是明代初期建筑。穿斗式梁架,三间两厢。屋内有天井、鱼缸。堂前地面全用方砖铺成,大堂两边方柱上,挂有对联一副:"正直存心无虞无诈,中和处世不倚不偏。"这幢建筑,是古代篁村余氏家族议事和处理宗族事务的地方。

　　翰林祖屋,位于余庆堂西北的巷路边。这幢房子建于明朝末年,占地面积220平方米,石库门,砖雕门楼,门楼两边兜头各雕一组人物图案,下枋正中雕人物一组,左边"刘海戏金蟾",右边"东方朔捧桃",中间是"天官赐福"和"张仙送子",寄寓了"福禄寿、财丁贵"的愿景。屋内分前堂、后堂和客馆三部分。前堂方柱素础,方砖和青石板地面,天井照墙上有一方形"福"字匾,瓷字红漆板,两边花枋各雕人物一组。厢房两边有花格扇门共8片,腰板都雕有人物故事。楼下两边正房有户净两块,主图案以三国故事为题材,东边是"长坂坡",西边是"空城计"。木雕工艺线条流畅,层次分明,故事场面宏大,形神俱备,栩栩如生。据《婺源县志》记载,堂前正中悬挂的"誉流惇史"牌匾,是清乾隆七年(1742年)探花马宏琦送给房子的主人余守经的。余守经,字觉民,沱川余氏十九世祖,他的后人有南京都司余陞、翰林院编修余鉴、翰林院庶吉士余文蔚等。现在,这幢古宅已被其后人保护维修后开办了"半乡居"民宿。

外观

内景

## 三、东山村

婺源东北部的段莘乡坞头岭北边岭下,有东山、石佛、槎口三个大村落。古代民间流传着一句俗语"东山省,石佛县,槎口金銮殿",指的是东山村出过一个省官,石佛村出过一个县官,槎口村则出过一个京官。东山村出的这个省级官员,就是江峰青。

江峰青(1860～1931年),字湘岚,号襄楠,晚号息庐老人。清光绪十二年(1886年)进士。由浙江嘉善知县累官至道员、大学士。宣统年间,任江西省审判厅丞,一品封典,授荣禄大夫。民国初奉母命还乡后,被公举为安徽省议会议员,并任本县紫阳学社社长兼商、农、教育会会长等职。

江峰青为官开明,政声优良。在知嘉善县时,设庠馆,重修《嘉善县志》,深得当地士民称许。光绪二十七年(1901年),江西新淦县(今新干县)天主教徒在法国天主教士梅望馨和美国耶稣教士列格思的挑唆下,聚众斗殴。江峰青负责审理此案,循理公断,伸张正义,并写下了《金川教案述略》一书。

民国后,他写了《甲寅寄国务卿条议》二十条,列出"兵灾之后,民益贫困"之现实,极力反对"增税"。民国九年(1920年),江峰青在家乡主持重修《婺源县志》。他捐助修志银洋1000元,亲任总纂,历时六载,终于民国十四年(1925年)书成刊行。

江峰青还能诗善画。诗作以律绝为多,学宋诗之理趣,清新隽永。诗作内容多反映社会现实,表达对军阀混战的不满,对宦海浮沉的慨叹,抒写自己的理想抱负。他有一首诗写道:"闲来随喜入禅林,佳木葱茏落照深。红绮散霞千嶂晚,绿荫如水一蝉吟。经堂瓶钵嗟零落,故国山河感陆沈。白发萧然臣朽矣,冲霄剑气尚千寻。"他的画作用墨超逸,意境深远。他的楹联也有很多佳作。扬州二十四桥、南昌滕王阁、杭州西湖平湖秋月、北京陶然亭等处都留有江峰青的联句。在婺源,他最有名的对联,是为回头岭路亭写的两副劝世联:"因怎的,急忙忙,这等步乱心慌,必是负屈含冤,要往邑中伸曲直;倒不如,且坐坐,自然神休怒息,宁可情容理让,请回宅上讲调和。""莫打官司,三个旁人当知县;各勤稼穑,百般生意不如田。"他留下的著作主要有《戊戌新政刍言》《策论》《癸卯时务策》《里居楹语录》《婺源存古学社课艺》《紫阳课艺约选》《桃花村盖簪录》《魏圹书斋随笔》《魏圹揭帖录存》《紫云峰唱和集》《潜峰纪胜诗集》《莲廊雅集》《清隐庐文赋诗存》等。

江峰青归乡后,在东山村兴建了"进士第""荣禄第"等建筑,还创建了"东山学社"教育乡人子弟。在村口捐建了"江家宗祠",出资将途经东山的古石板道修缮一新。为了增添村落景色,江峰青还捐资购地,在村落水口东侧的山塝植李树、梅花,沿山势,修造上、中、下三座亭子,常邀当地文人墨客来此间,赏景聊天,吟诗作对,并命名此地为"习园塝"。又在村落水口的西侧山塝,种植桃树,修建道路,桃花盛开时,常携友人来此赏花畅游,并命名此塝为"桃谷"。"桃谷"位于村落水口的永济桥头旁,是座水口园林,江峰青写的《鳌溪桃谷记》对其有详细描述:"儿子家瑞,前于本里水口桥头山麓,种桃花二三十株,缭以围墙,题其楣曰'桃谷'。予辛亥还山,谓此间风景不减桃源也,又辟地补种桃树百数十。得泉水一泓,自石隙出,泠泠作响,名之曰'桃花泉',又曰'琴泉'。构小亭其上,坐而听之,如大弦小弦之迭奏也。穿沟导流,砌方塘贮之,曰'浣花塘'。之上凿石如葫芦式,中有石骨如小鱼二尾,曰'双鱼洗'。流水下注,栩栩欲活。塘以北有葡萄架,炎天纳凉其下,晴翠欲滴。再由桃花泉亭上岭,望见有老叟倚山立,则老人窝也,窝中石如老人状。……再上,则桃花夫人祠,颜曰'栖息'。前朝鹦鹉山,其石函三小榭,分三级,层累而上。榭之外,石路盘旋,取象于北斗,曰'七星路'。路旁印须亭,题石'桃都招隐'。其左灼华山馆,楼阁三层,最上层曰'锦云楼',旁达紫陌红尘阁。循之字岭再上,曰'避秦台',台右有亭,题额'一啸'。其旁凿小池如月半规,掬水煮茗,清沁肌骨。再上,有亭翼然,曰'桃源深处'。亭后梯行十数步,为先大夫荣禄公祠堂。登楼四望,有俯视一切之概。楼之右山石如蹲狮,与避秦台左首石狮子遥遥相望,若子母然,予因建驯狮亭于祠堂之侧,亦谷中胜景也。谷虽不大,遵道而南,折而西,一二百亩,度晋武陵不过如是。"江峰青孙女、台湾师范大学教授江芷在《寻梦瑶》中写道:"寻好梦,东山中,东山故里万山中。桃谷观花先祖植,茶园采叶族人间,乐无穷,乐无穷。"

江峰青一家,还出了几位文人才女。一位是江峰青的弟弟江蔚青。他文尚瑰奇气,诗崇清隽,著作有《芝岚吟草》《退思堂诗存》。一位是江峰青之女江瑜,《婺源县志》说她:"能文,工诗。十二龄下笔,七八百言时与。工笔画、炭画、珠算。通音律,以古诗词译成今谱,琴韵悠然。"还有一位是江峰青妻王纫佩,幼聪慧,入塾读书,过目便能记忆。书法秀润,能属文,有《佩珊珊室诗集》,采入四朝诗史。

江峰青去世后,墓葬位于东山村水口外的山垄之上,占地面积约120平方米。墓门宽约6米,中立一墓石,上书"六十二世祖江公峰青之墓"。江峰青逝世后,棺木厝于家三年,在五世孙出生后,才五世戴孝,出殡入土。

今天的东山村,还存有江峰青所建进士第和荣禄第。

进士第,位于村落中部鳌溪边,占地面积500平方米,由前院、正堂、客馆、花园、马厩四个部分组成。前院占地面积约35平方米,三面围墙,墙体上有琉璃花窗,院门临鳌溪侧开。客馆为两层,正门开在院内,在右侧靠鳌溪巷道开有侧门,为石库门,青砖门楼,正对笔架尖。正堂居中,高大石库门,水磨青砖门楼,门额为蓝底,上书"进士第"。门楼有精美砖雕装饰,图案有亭台楼阁,花鸟鱼瓶,寓意吉祥如意。正堂前开浅坑天井,置太平缸,两层两进,三开两厢,正梁、厢枋均有精美木雕。后进也有浅坑天井,梁枋木雕繁多。此正堂为江峰青及家人生活起居之所。正堂左侧有个占地面积40平方米的小花园,栽有桂花、月季、石榴等四季花卉,是茶余饭后休憩之所。正堂后侧,有个面积约30平方米的马厩,门临后巷道而开。整座"进士第"规模宏大,集起居、待客、休闲于一体,功能齐全,在古民居中不多见。

进士第外观

门楣题额

　　荣禄第,位于村落西北鳌溪边,来龙山脚下,为江峰青在清宣统年间受封一品荣禄大夫后所建。房屋占地面积130平方米,正面宽近15米,开有正门和偏门。正门坐北朝南,为石库门,水磨青砖门楼,门额为蓝底,上书"荣禄第"三个阳文大字。侧门开在鳌溪边,青石门槛、门柱,上有门罩。正屋两进两层,前后进均有天井,梁枋木雕简洁大方。

侧门

大门石础雕刻"封侯爵禄"

　　东山村,距县城50千米,位于段莘乡政府所在地南偏西5千米处,有硬化的县道公路通达村中。

据民国《婺源县志·人物》记述,明代人"江炫干,北乡谢坑江村人。因父葬东山,庐墓居之,为东山始迁祖"。江氏建村后不久,继有庐坑詹姓迁入合居。据《婺源县地名志》载,村名古称"鳌溪",后乡人依《诗·豳风》篇名"东山"改为今名。2019年,东山村被评为中国传统村落。2020年全村有89户224人。

村庄位于青山环抱的山谷里,四周群山涌翠,古树成林,植被良好,有古樟、槠、桂花、紫荆、柏、枫等树龄200年以上的古树32棵。西北是海拔894.5米的郭母山,东北为笔架尖,南面是开阔的田园,远处是玉屏山。一条源出郭母山的鳌溪,从村落西侧的坳口流出,由西北至东南方向穿村而过,小溪宽约4米,溪流清澈见底。村庄房屋便排布在鳌溪两岸,坐北朝南,呈船形布局。村庄南边玉屏山麓,一条外边溪由西向东流淌,在村南与鳌溪汇合后,流出村落水口。整个山谷东、南侧是较平坦的田地,日照充足,为村民提供了耕作的基地。鳌溪和外边溪四季不涸,水量充沛,提供了灌溉之利和村民生活用水。山谷四周的山坡分布有梯田和连片茶园。

村落整体由上东山、东山、下段三个片区呈"品"字形构成。上东山板块位于山谷北侧山麓,为詹姓聚居区。东山板块位于山谷西侧坡地,为江姓聚居区,是村落的主体部分。下段板块位于鳌溪与外边溪的交汇处。

东山村的街巷布局由两条主巷呈"十"字交叉构成。一条主巷沿鳌溪南岸设置,宽约3米,长约170米,由西北至东南贯穿全村。沿鳌溪分布有3座石拱桥,2座石板桥,7处洗衣埠,6座石塌。另一主巷自东北向西南贯穿全村。两条主巷交叉点位于江峰青的"进士第"门前,并连接5条支巷。村中巷道均为青石板铺就,并沿巷道设置了排水沟,历经数百年,状况良好。整个村落传统民居分布集中而连片,风貌依旧。

村落全景

街巷　　　　　　　　　　　　　　　河埠

目前,东山村共保存传统建筑48幢,建筑面积7756平方米。其中清朝建筑13幢,民国时期建筑35幢。全部传统建筑占村庄建筑总面积的比例达86%。除了江峰青所建的进士第、荣禄第之外,还有如下建筑值得介绍。

1. 鱼塘人家

建于清末,为传统徽派民居,占地面积300平方米,位于村落南部的下段,前临鳌溪,门前为东山村前往石佛村的古道。此屋大门原先为石库门,水磨青砖门楼。门前建有骑路亭,沿溪设有美人靠,供来往行人休息。此屋曾被一度作为商店,大门被改建成店门。正屋两层两进,前后天井,正梁与厢房均有木雕装饰,线条流畅大方。房屋北侧有个小院,开有侧门;南侧有个70多平方米的小园,园中有一口20平方米的鱼塘。旧时,主人在小园中种菜、养鱼,颐养天年。如今,此处面山临溪近路,青山绿水稻田,仍不失为一处恬静幽然之所。

鱼塘人家外观

溪边石板桥

2. 永济桥

位于东山村落水口,是东山村水口的关锁,宽约4米,长约8米,桥上建有两层廊亭,上下层之间有楼梯相通,廊亭两侧有美人靠,供行人休息。此桥是东山村通往石佛村的必经要道,也是东山村的南大门,水口的重要景观。

### 3.双桂桥

位于村落中的鳌溪之上,宽约3米,长约5米,桥下有座石竭,溪水飞流,溅出白色浪花。鳌溪上游有两株古桂花树,一株开白花,为银桂;另一株开黄花,为金桂,故名此桥为"双桂桥"。如今,有一株金桂尚存,且长势良好,成为村中一景。

# 第六节　大鄣山乡菊径村、黄村、水岚村

## 一、菊径村

### (一)"中国最圆的村庄"

婺源西北部海拔1400米的香油尖山林中,点滴万涓,汇成婺北重要水系古坦水。清澈的溪水盘曲如带,菊径村便位于其中的一个河湾汭地,古坦水从村落西、南、东三面,呈"U"字形绕村而过。村前水流如环,村后龙山葱郁。村庄北靠来龙山、笔架山,南面隔河与连绵锦峰相望。环山古树成群,有古樟树、金钩树、株树、栲树、槠树、枫树37棵,树龄都在200年以上。从村落正南面的半山腰俯视,山环水绕的菊径村,犹如一个大脸盆,所以,当地人称菊径村为"脸盆村",而网友们看到村落的全景照片后,都把她称为"中国最圆的村庄"。据《何氏宗谱》记载,菊径村的选址为始迁祖何嘉依据"山有来龙昂秀发,水须围抱作环形,明堂宽大斯为福,水口收藏积万金,关煞二方无障碍,光明正大旺门庭"的村址风水规则所卜定。

村落全景(詹欣民摄)

菊径村是大鄣山乡下属的一个自然村,距县城51千米。县道清灵公路(726县道)沿莒源溪从村庄对岸呈圆弧形环村而过,有1座廊桥,2座水泥桥,5座木板桥,把村庄与公路相连。清灵公路往东南通往县城,往西北通往灵岩洞景区。

木板桥

水口古樟

水口山水和宗祠、廊桥

村中传统徽派建筑的粉墙黛瓦,与村后山坡上的红叶绿荫相映成画。村庄的水口,建有何氏宗祠和虹亭廊桥,旁有千年古樟,绿荫如盖。村落外围沿莒源溪形成一条长达500米、宽约2米的青石板铺就的河街,该河街是村庄的主街巷。河街边上沿溪分布有10处洗衣埠、2座石堨。村内共有16条支巷,支巷布局呈"井"字形,与水街相连,也由青石板铺成,宽为1~1.5米。阳沟古巷、骑路亭巷、迎秀轩巷、永和堂书院巷、田米弄巷是村中出入的主要通道。整个村落传统民居分布集中而密集,由于人多地少,传统民居的占地面积大多数在100平方米左右,巷道深曲,古韵悠然。

### (二)经历八百年风雨的古村

菊径村,是一个以何姓为主的千烟古村,古有"斯乡廿里尽何家,莒水同源处处嘉,团集云初联谱牒,多生碧玉长新芽"之说。

《何氏宗谱》记载:"宋乾道己丑年,何嘉由乐平柳桥(今江西省乐平县上河)卜居婺源九径,以山水缭曲言也。因当地皆茂莒树,亦名莒径。"何嘉,字叔纬,南宋绍兴二十一年(1151年)出生,墓在横坑朱家山(平原山)。其父何铸,字伯璇,号元济,生于北宋元符元年(1098年),宣和三年(1121年)进士。曾任弋阳县令,卜居乐平柳桥上河,官拜御史中丞、刑部侍郎,因岳飞案罢官。为避险散心,途经菊径,发现地理环境非常特别,适合隐居,于是回乐平上河,携带长子何贻,迁居今婺源上田,三子何嘉,便迁居今菊径。相传,南唐国师、中国著名的风水大师、婺源何氏一世祖何溥,字令通,曾亲自帮助对村落进行过规划设计。

明永乐十六年(1418年),裔孙式恒取陶渊明《归去来兮辞》中"三径就荒,松菊犹存"之句,更名为菊径。今天的菊径村,村域面积22.5平方千米,村庄占地面积4万平方米。2019年,菊径村被评为中国传统村落。2020年全村有238户742人。

街巷

河坝

### (三)古建筑风貌

菊径村是一个古风犹存的徽州古村落,古建筑主要有祠堂、民居、桥梁、河埠、水坝等。

村中原有祠堂5座,何氏宗祠坐落在村落北端。在村中,从东到西,依次建有下门祠堂、中门祠堂、上门祠堂、后门祠堂。这4座支祠为何氏四兄弟各自创建,并且布局在一条直线上,在徽州古村落中很少见。传统徽派民居则集中分布在三面环水的南北向长条形半岛上。婺源沱川乡理坑村明代著名学者余绍祉先生《晚闻堂集》中还记载,在菊径附近的一座山上,有一古代学府,名曰"养天台学府"。这是一处远近闻名的书院。后"养天台学府"衰败,"学府"变身庙庵。庙庵建有"地下坟",据菊径村老人说,"地下坟"采用瓮葬方式处置仙逝者。

目前,全村共保存传统建筑81幢,建筑面积15088平方米。其中明朝1幢,清朝50幢,民国时期30幢。有3处县级重点文物保护单位。全部传统建筑面积占村庄建筑总面积的比例达58%。村落里的传统民居绝大部分都有村民居住,因此保存较好。

现择主要古建筑介绍如下。

1. 何氏宗祠

宗祠名为"雍肃堂",位于村庄东南去水水口处。宗祠坐东北朝西南,占地面积511平方米。布局依次是门楼、前坍池、享堂、后坍池、寝堂。宗祠由砖木石的梁架穿斗式和抬梁式结合构成,仅汉白玉覆盆柱础就有20个。菊径何氏宗祠前坍池、享堂均为3开间,后寝堂是5开间。外墙由青条石砌基,墙体青砖,屋顶黛瓦。双坡屋顶半掩半露,山墙造型有云形、阶梯形等,呈翘首长空的马头墙,增强了祠堂气势,体现了宗法威严。宗祠寝堂五间两层,第一层叫"饼台",每次宗族活动时,是老人、尊长品茶歇息的地方。60岁以上的长者可以在"饼台"上享用装满糕点的"桌盒茶"。第二层为阁楼,也是祠堂的最高层,是专门供奉列祖列宗神主牌位之处,这就是"寝堂"的原意。现为省级重点文物保护单位。

享堂

寝堂

门楼卷棚、童柱、驼峰、象鼻榫

### 2. 虹亭廊桥

位于村庄东南去水水口处,是旧时从石板古道进入村落的必经之桥,也是浮梁瑶里至婺源清华的必经之路。虹亭廊桥建于明初,长27米,宽3米。桥中央有一青石垒砌的"燕嘴"作桥墩。桥身架木梁,梁上铺木板,上有青瓦结顶廊亭。桥墩两侧各有供行人休息的带"美人靠"的亭凳。

虹亭廊桥

### 3. 中门祠堂

祠堂名为"贻穀堂",建于清代早期,坐北朝南,大门开在两侧东、西山墙上。东门上有"贻厥孙谋,穀我士女"联。上句出自《尚书·五子之歌》:"明明我祖,万邦之君,有典有则,贻

厥子孙",意为后世子孙谋福佑。下句出自《诗经·小雅·莆田》"迨其吉兮,穀我士女",意为让后代衣食无忧。这就是祠名的来历。祠堂现存部分为一敞厅式结构,近年做过维修。厅下部有三披水天井。穿斗式梁架,三间。占地面积180平方米。

**祠堂内景**

### 4. 何秋萍宅

明代晚期民居。屋内有石砌深天井坑、木础,梁枋和门扇富有素朴简约之美,都是明代民居的特征。正堂部分穿斗式梁架,三间两进两层。余屋部分是厨房。房屋占地面积220平方米。

**大门**　　　　　　　　　　　　　　　**素朴的梁架**

窗户、板壁和檐拱

明式深坑天井

### 5. 何荣华宅

清代中期建筑。占地面积156平方米,坐东北朝西南,两层砖木结构,由前厅、后堂组成。前厅青石铺地,浅天井,门罩、梁枋、门窗、雀替、石柱础均有雕饰,集木雕、砖雕、石雕于一体。堂前正厅地面有块2米×2米的团圆石,其上刚好能放置一张八仙桌。紧挨着"团圆石",还有一块2.5米×1.8米的巨型石板,十分难得。现为县级重点文物保护单位。

梁枋雕刻

晒楼

6. 何晓炜宅

清代中期建筑。占地面积168平方米。坐东北朝西南,两层砖木结构,由前厅、后堂、两厢房组成"三间一直"形制。前有高大石库院门,门前除了进家石台阶踏步,几无空地。前后两进都有天井。后门为砖雕门楼,门额砖雕琴棋书画栩栩如生。屋内全堂青石板铺地,梁枋、梁柁、门扇、户净木雕精美。

后门

门头琴棋书画砖雕

7. 吴凤英宅

清代中期建筑。占地面积160平方米。坐东北朝西南,穿斗式梁架,三间两进,前进两层,后进三层。梁枋雕刻工巧。

厢房退步格扇门　　　　　　　　　　　梁枋和雕刻

### 8."泰山石敢当"石碑

"泰山石敢当"石碑是一种风水镇符,一般镶嵌在丁字路口的房屋墙上,用来避挡直对的巷路上冲来的邪气。菊径村的"泰山石敢当"共有4块,嵌于村中民居墙体上。刻立"泰山石敢当",必须选择在冬至日后的甲辰、丙辰、戊辰、庚辰、壬辰和甲寅、丙寅、戊寅、庚寅、壬寅这带"龙""虎"的10天进行。除夕还要用三片生肉祭祀"泰山石敢当",以使神石辟邪趋吉的威力不衰。

## 二、黄村

黄村位于婺源县西北部大鄣山乡境内,距县城44千米,有硬化的县道清灵线公路从村边通过,向东可通往清华和县城。

古村坐落于由西向东流淌的古坦水北岸珠山山麓的河曲地带。村南为宽达20余米的古坦水,沿河分布有4处洗衣埠、3座石堨(分别为青苗堨、中堨、水口堨),还有2座水碓(青苗堨水碓已毁,中堨水碓现还留存)。村北有古树参天、郁郁葱葱的后龙山珠山,山上有古樟树、银杏树、柏树、槠树、枫树等29棵。村南隔河相望有笔架尖,翠峦起伏。河谷东有下段畈、西有前山畈良田千顷。这是一方宜居宜耕的风水宝地。

村中建筑坐北朝南,集中连片地沿清澈的古坦水一字排开布局。街巷二纵四横。一条宽约3米、长约400米的纵向主街,自西向东贯穿全村。主街平坦曲折,没有一步台阶,民居沿主街两侧分布。另一条纵街沿河而筑,宽约3米,长约480米,一边沿河一边是民居,东头水口建有黄氏宗祠(经义堂),西头建有一座石堨,引流灌溉农田。有四条南北向的支巷与两条主街交叉连通,成为民居南北延展的通道。村内巷道全部由青石板铺就,并沿巷道设置了

排水沟。在村中行走,幽深的小巷,斑驳的老墙,古朴沧桑,仿佛穿行于时空隧道。

黄村于2019年被评为"中国传统村落",目前,全村共保存有传统建筑97幢,建筑面积17855平方米。其中明朝末年3幢,清朝35幢,民国时期59幢。其中黄氏宗祠(经义堂)被评为全国重点文物保护单位,另有县级重点文物保护单位6处。全部传统建筑面积占村庄建筑总面积的比例达58%。

村东水口后龙山和祠堂等建筑

村边的古坦水和木板桥

街巷

下面介绍几处重要的古建筑。

1. 黄氏宗祠(经义堂)

位于村庄东头,北靠林木茂盛葱郁的来龙山珠山,南临古坦水,东有水塘、空地,西向大路。祠堂内因有102根柱子,又被俗称为"百柱宗祠"。该祠始建于清康熙二十一年(1682年),1982年,经义堂照片作为我国古代建筑艺术之一在法国巴黎展出。经义堂1985年被婺源县人民政府列为第一批县级重点文物保护单位,2000年被江西省人民政府列为省级重点文物保护单位,2006年被国务院公布为第六批全国重点文物保护单位。

经义堂坐北朝南,布局很典型,全堂建筑砖木结构,平面布局依次由庭院、门楼、享堂、后堂、寝堂四进五开间构成,进深60米,开间20米,占地面积1200平方米。全堂102根柱,除4根方石柱外,其余全是杉木圆柱,柱径50~70厘米,屋脊高12米,墙高12.5米。正堂中央与寝室中央及两廊均"金砖"铺地,余皆大块青石板,最大石板长600厘米,宽70厘米,厚18厘米。四周封火墙,内装杉木板壁。顶部16处卷棚,由水磨青砖构成。

门楼前有个长方形院子,两侧有圆拱门。祠堂前院内,列有清乾隆年间置的八棱旗杆石4对。

祠堂大门,中间为木栅门,两侧为水磨青砖八字门墙,墙上嵌"万字钩锁"图案。上部砖雕戏剧、鸟兽、花草等纹饰。

门楼结构较为复杂。屋顶为九脊顶,五凤楼,横梁深雕"双龙戏珠"等图案,承托花枋。以门阀为界,内外两半分别处理,外半是华丽的三间五凤楼,歇山顶,中央一间高起,前檐一共有四个翘角;内半是一个三间单檐歇山顶。因为其巧妙利用了门屋内板门和墙的屏障,故而内外两部分虽形式不同,但并不影响其完整统一。大门的梁、枋和花板,有浅浮雕、深浮雕的几何纹样和人物场景图案。明间门槛两端石板和抱鼓石的基座都作浮雕;前檐4根方形石柱础,四面作"搭巾",搭巾内的浮雕分别是"鹭鸶戏莲""凤戏牡丹""仙鹤凌云"和"喜鹊登梅",构图极富装饰性。大门左右梢间前有青砖影壁,壁身大面积贴水磨"富贵万字"砖。上部仿木结构,作上、下枋和垂花柱;枋子表面满覆薄薄的绵纹和"万字不到头",上面再点缀仙鹤、云头、卷草等。兜肚作人物高浮雕;雀替为灵芝。

大门门楼

八字门墙上的砖雕

大门前的抱鼓石

从门楼看庑廊、享堂和后龙山

　　享堂五开间,下堂两廊与上堂沟通,石阶三级,登上月台,台长820厘米,宽410厘米,高80厘米。享堂前后檐都作卷棚轩,且富雕饰。太师壁上方悬挂清康熙文华殿大学士张玉书题"经义堂"匾额。享堂柱子周长1.5米,柱础有八棱仰莲、锦袱方础、高覆盆、素方础四种,棱角锋锐,线条雕刻丰满且有张力;明间两根前金柱的柱础,左用青石,右用白石,象征青龙白虎。木柱支撑的梁枋上满布雕刻,有"鹿鸣幽谷""狮子滚球""鳌鱼吐云""龙凤呈祥"等图案。

　　享堂后天井有一道墙，中央开着拱门，门前七级台阶，门洞上做青砖门头，雕饰与大门影壁相仿，有锦纹和"万字不到头"作地，字牌上刻着"寝室"二字。进门隔一个狭窄的天井便是寝室，寝室亦为五开间，中央三间全部敞开，后金柱与后檐之间做神橱供先祖神位；两个梢间用堂板隔出，前檐做通间格扇。梢间有夹层，有楼梯，是储藏礼器、祭器、祖像、灯笼、幡、帐等用的。梢间前接廊庑，廊庑内又有洞门，下台阶通向享堂后天井的廊庑。整个祠堂，包括享堂前的两翼敞廊，都安装吸壁堂板。全堂分别用青砖和石板铺地，享堂前沿的一块青石板，竟有6.4米长、0.4米厚。

享堂的方砖墁地

角檐下的倒狮、鸱吻斜撑

享堂和寝堂间的隔墙、石台阶

寝堂

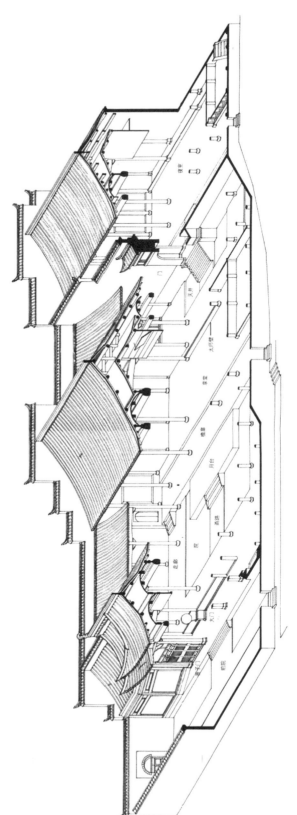

经义堂纵剖面（引自陈志华等《婺源》，清华大学出版社，2010）

经义堂轴测图（引自陈志华等《婺源》，清华大学出版社，2010）

该祠堂始由黄村族人集资兴建,后由巨商黄声翰助资竣工。整个建筑前临小桥流水,后贴青山绿树,逐进升高,雄伟壮观。由于该堂建于清代早期,故多处保留了明代建筑的风格特点,如"覆盆础""格扇窗""金砖铺地"等,是婺源县明清建筑的衔接点形制。该堂的建筑结构还有别于其他同类建筑,如建有"月台""寝室重门"等。几百年来,堂内水磨青砖券棚、梁枋,无须清扫,一尘不染,既无蜘蛛丝网,又无燕雀垒巢,令人赏心悦目。

该堂在1964年由村民集资修缮过一根横梁。1983年寝室右上角墙倒塌4米,1991年该堂又发现了白蚁侵害。经文物主管部门先后拨款维修,已修复了角墙,防治控制了白蚁。2007年被列为全国重点文物保护单位后又作了维修。

### 2. 敦仁堂

位于村中央部位,占地面积235平方米,为明末黄村一位号称"百万"的木商所建。房屋正面宽近15米,大门为高大石库门,配三开间砖雕装饰,十分气派,在传统民居中难得一见。屋内天井深坑面积达20多平方米。天井四周为走马楼,相当宽敞,建筑木雕简洁,线条流畅。在这座老宅的背后还流传着一个"百万一朝穷"的故事,大意是这家主人自恃财大气粗而惹上一桩人命官司,为平息这场官司,一日之内赔尽百万家财,从此家道衰落。该宅现已维修保护用作民宿。

大门

梁架

梁柱和雀替细部

### 3. 黄德鹏宅

明末建筑,占地面积120平方米,位于村内深巷之中。原为并排的两座规制、造型、工艺一模一样的建筑。相传为明末村中同榜中举的父子所建。建筑坐东朝西,石库门,上有简洁砖雕门罩,两层砖木结构,由前厅、后堂组成,前后均有天井,前厅青石铺地,深坑天井,天井排水竖笕砌在墙中,天井中间为一整块的石台,上面放置着太平缸,坑内有精美鲤鱼、荷花装饰的排水孔。木格门扇、正梁仅雕刻少许线条,梁柁有木雕装饰,厢柱上钉有铜质衣服挂钩。

大门　　　　　　　　　　　　　　正堂一进

素朴的木结构　　　　　　　　　明末的铁门栓

4. 逆子亭

位于黄村村落中段南北向街巷临河的街口，是间雕镂精致的过街亭。过街亭下的门洞里，左右设有供人纳凉聊天的木条凳。相传在清代，村中有个黄姓人家出了个逆子，此人对父母非打即骂，十分不孝顺，引起村中族人的愤慨。黄氏宗族的族长召集众人商议，决定予以严惩，以正风气。众人商议后，决定将这个逆子"活埋"，以儆效尤。其母闻听，虽说儿子不孝，但要活埋，未免于心不忍，于是下跪求情，请求族人免其儿子一死。鉴于其母求情，族人商议后决定，要其子当众下跪认错，保证今后不再犯，并出钱在村口建一座路亭，方可免一死。相传，这座亭施工时，这个逆子每天跪在旁边看着。后来，这座位于河边巷口的亭子成了村人纳凉的好场所，并且黄村人家娶亲都要经过这座亭子，以告诫娶进门的媳妇要孝敬公婆。

### 5. 澄碧斋鱼塘

位于村落北侧的小山坳里,四面环山,和睦坑沿山脚流过。清代,村人在此建造了一所占地面积200余平方米的供村人子女上学受教之所——"澄碧斋"。在澄碧斋旁,建造了一口鱼塘,象征砚池,祈求文运。鱼塘占地面积约40平方米,为正方形,四周由青石堆砌而成。澄碧斋如今不复存在,但这口鱼塘仍清澈澄碧,保持原先风貌。

逆子亭

澄碧斋鱼塘

### 6. 和睦坑洗衣埠

位于村落北侧的山坳里,占地面积约30平方米。小河沟两岸建有宽大的石板,供村人洗衣、洗菜。相传,这是外村的一大户人家为嫁到黄村的女儿捐建的,后来,洗衣埠所在的这条小河沟被称为"和睦坑"。

黄村,始建于后周时期,《新安黄氏宗谱》记载:"黄德,字昱初,行六,居士,后唐长兴元年(930年)生,后周广顺元年(951年),自石门(又名'石门坳',位于古坦村西北16千米的山坳里,因村南侧岩壁形似门,故名)迁此建村。"后张、薛、吴姓等迁入合居。因村前横着一条自西向东流淌的溪流,村名原称"潢川",后乡人俗称"黄村"。

黄村兴盛于明末清初。随着徽商的崛起,村中涌现出一些木商、茶商,积累了大量财富,回归故里大兴土木,建造祠堂、书斋,重视子孙教育,人才辈出,促进了村落的发展。

和睦坑洗衣埠

有清一代,黄村先后出过宁朔知县黄恩、山阳知县黄辉、直隶州州判黄文涛、荆州府通判黄昌侃、永平府通判黄鸿猷、绍兴府守备黄执中等文武官员,还涌现出27位有著述传世的文人,著作共有49部。文士中较优秀者有:黄文瀚,善诗词,工篆隶,尤精铁笔,著作有《捃竹馆诗》4卷、《捃竹馆词》1卷、《词律摘要》2卷、《晴翠楼丛话》2卷等。黄都,工书法,擅钟、王、虞、褚、苏诸家,人以草圣张旭目之,大家祠宇厅堂,皆具重金求书联匾。黄文达,工诗词,著有《石菖蒲馆诗钞》4卷、《绿梅花龛词钞》2卷。黄铎,喜吟咏,书法与父黄鼎(精铁笔,善草书,尤耽吟咏,著有《秋园诗钞》10卷)齐名,人以羲献比之,又工画,著有《胏余诗集》4卷。黄启兴,潜心经史,兼通六书、篆隶、勾股,工诗,所著诗稿有《吟窗小草》《南州草》《砾鸣集》《观云集》10余卷和《毛诗集古笺注》40卷。黄景祺,工古学,善书法,远近索书无虚日。黄鸿猷,工诗,有《南巡诗》,书法遒劲摹钟、王。黄文珪,工绘画,喜吟咏,著有《酒痴吟草》等。

2020年黄村有227户755人。

## 三、水岚村

水岚村是詹氏聚居古村。据水岚村《詹氏宗谱》记载,婺源詹氏始祖是隋大业年间迁到婺源庐坑村定居的东阳赞治大夫詹初,号黄隐。唐开元年间,黄隐公第四代谨信公迁浮梁辛正都内窑之詹村街。谨信公之后十二代敏之公,于南宋嘉定年间,让他的第三个儿子千九公,迁居到与浮梁一山之隔的婺源水南,后繁衍成村。村庄初名"水南",及至清代,村民取唐代王维《送方尊师归嵩山》"瀑布杉松常带雨,夕阳彩翠忽成岚"诗意,改名"水岚"。2019年,水岚村列入第五批中国传统村落名录。2020年全村有215户867人。

大鄣山是婺源北部的祖山,主峰擂鼓峰海拔1629.8米,是婺源第一高山。大鄣山脉逶迤向西,经清风岭、仰天台、五股尖,直至海拔1400米的香油尖。香油尖是古坦水的发源地。古坦水向东南奔流,汇鄣山水等支流,形成了古代所称的"婺水"。水岚村因位于香油尖西南坡中段海拔520米的幽谷中,所以又被称为"婺水源头第一村"。村庄西、北两面与今景德镇市浮梁县接壤,距婺源县城65.5千米,有硬化的乡村公路通达。

水岚村四周崇山峻岭环绕,北倚后龙山,南屏书形山,东携新龙山,西带庙山。发源于香油尖的潺潺的溪水,由东而西,穿村汩流。村庄坐落山谷,受地势狭窄的限制,房屋只得沿溪流两侧,依山参差错落而筑。因此,民居的规模不大,雕饰也比较简朴,水墨墙画较多。但徽派建筑高低错落的马头墙和粉墙黛瓦、飞檐戗角,与婺源其他古村落一样,令人发思古之幽情。村巷纵横幽深,四通八达,青石板路给人沧桑之感。春来时,桃李若霞,梨花胜雪;夏到时,群山葱郁,竹木滴翠;秋临时,枫红如炬,漫山斑驳;冬降时,萧簌简肃,皑雪素洁。古老村落的时光流转,如云雾出岫。村中还保留着通向浮梁县和山下村落的青石板古道,在大山的皱褶里绵亘,犹如刺破封闭的利刃。山坡间的层层梯田,展现着先民们开拓的艰辛。

《徽城竹枝词》有歌云:"祠堂社屋旧人家,竹树亭台水口遮。世阀门楣重变改,遥遥华胄每相夸。"这是对徽州村落景观的形象描述。水口,是婺源古村落的标配。水岚村的水口,是婺源境内保存良好的水口之一。水口峡谷幽深,岩壁陡峭,竹木茂密,藤蔓缠挂。清澈的溪流,顺山势起伏,或急湍,或舒缓,随意漫流。水口两侧山上,佳木葱茏,翠林茂密。古树林中,珍贵树种有红豆杉、樟、枫、香榧等,有一棵香榧古木,胸围达4.5米。水口中,为关锁水流而筑的石塌,横卧清溪之中。

粉墙黛瓦的古民居

石板路巷

民居大门和道路

　　扼守村庄关口、藏风聚气的水南桥,横卧于村头溪谷上。这座单孔石拱桥建于清康熙二年(1663年),长13.6米,宽4.5米,高4.3米。桥东端立有"如来佛柱"经幢。古时,传说如来佛祖有破除一切罪孽魔障的法力,于是乡民将它从寺庙请进民间,让它担负起护境安民的重任。桥西端是座汪王庙,为祭祀徽州重要地方先圣汪华所建。隋唐之际,天下动荡,汪华被众人拥戴,攻取了歙、宣、杭、睦、婺、饶六州,自称"吴王"。后于武德四年(621年)归顺唐朝,持节总管六州军事,授歙州刺史,位上柱国,封"越国公",死后谥号"忠烈王"。乡人因汪华保护地方百姓安宁而为之立祠崇祀，称"越国公汪王神"，俗称"汪公大帝"。元代礼部尚书汪泽民（婺源浮溪人）有诗记之："锦帆忘返干戈起，天产英雄定六州。唐诰表忠垂宇宙，宋臣编史失春秋。风云神异来车马，祠庙蒸尝拜冕旒。让德固宜绵百世，昭陵无处问松楸。"

　　村头汪帝庙隔壁，便是詹氏宗祠肇英堂。祠堂建于清代中期。整座宗祠，由前院、门楼、两庑天井、享堂、寝堂等部分组成，占地面积360平方米。大门外侧为三间廊厅，檐下花枋镂空雕造型大胆夸张，层次丰富，技巧高明。享堂三间抬梁式梁架，素朴少雕饰。寝堂有两层，安放牌位。汉白玉石础，珍贵罕见。村民正月舞龙灯时会在宗祠内盘柱收灯，场面十分壮观。该祠为江西省重点文物保护单位。

村头汪帝庙和远处的宗祠

汪帝庙、水南桥和水口林

如来佛柱

祠堂院门

祠堂大门

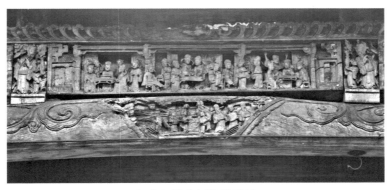

祠堂门楼内侧梁枋雕刻

祠堂镂空雕凤戏牡丹

夸饰而优美的卷叶纹雕刻

镂空雕鹭舞莲荷

天井和享堂

寝堂

汉白玉石础

　　村中还有"福生公祠（著存堂）"和"福阳公祠（世和堂）"两座祠堂，为主祭谨信公后裔十八世祖福生公、福阳公所建，建于清代晚期。

　　现存的著存堂，在下堂一侧和上堂两侧各开规模相当的一门。下堂侧门进入后便是厅堂，中间为四披水深天井和两庑廊。上堂是敞厅，当为享堂功能。上下堂均为三间抬梁式梁架，素朴少雕饰。此祠没有寝堂，也没有二层，只在上堂壁后面砌有1米高的砖台，当是安放牌位的龛座。整座祠堂占地面积200平方米。

大门

上堂

下堂

抬梁式屋架

世和堂大门开在下堂右侧的斜边上。进门后是一个三披水天井和下堂敞厅。中间是四披水深坑天井和两庑。上堂有两层,二层是放牌位的地方,所以兼具享堂和寝堂的功能。上、下堂均为三间抬梁式梁架,简洁素朴,很少雕饰。整座祠堂占地面积220平方米。

堂名古匾

大门内侧和天井

檐口和梁架

水岚村东北角的台地上,建有一座"法官庙"(法官是民间对礼忏、打醮道士之尊称),供奉的是詹氏祖先"万六公"。据《詹氏宗谱》记载,万六公有呼风唤雨的神通,因此设庙祭祀,成为村民祈雨、祈福的场所。旧时,村民捐资定时或择吉延请道士在此开设道场,诵经焚表,弘法布施,祈求阖村平安、消灾避祸。

内景

除了崇祀建筑外,水岚村还尚存清代民居28幢。兹介绍2幢如下。

101、102号宅,大门为石库门,带砖雕垂花门罩。进门是一个三披水天井,檐下花枋雕刻丰富。正堂两进,穿斗式梁架。前进三间两厢,中间设太师壁明堂。后进为厨房余屋。占地面积110平方米。

大门

梁架和雕刻

詹立全、詹金志宅，边门入户，格局不大，只有一进。穿斗式木梁架，三间。明堂居中，两边是厢房。梁枋雕刻精湛。占地面积90平方米。

"文公阙里出书生，处处苦读又勤耕。""婺学自宋有兴无替，紫阳振铎，钟鼓管弦之声未息也。"数百年前，水岚人詹赞元作有《勉子读书十首》，又作有《立秋日示子》云："飒飒秋风到芰荷，光阴又是半年过。窗前岁月全非昔，案上书卷读几何。得意每因功黾勉，无成只为学蹉跎。青衿近日酬多士，未识吾儿也想么？"旧时，村里就建有族人会文与教化子弟之所"月麓山房""敬业斋"等。水岚村《詹氏宗谱》卷之一"科名"中，列举水岚詹氏先辈有名头的人物有："乡饮僎"9人，"国学生"24人，"岁贡生"3人，"郡庠生"1人，"登仕郎"6人，"武庠生"2人，"敕封修职郎"1人，"贡生候选按察司知事邑庠生"1人，"候选县丞"1人，"军功六品"2人，"军功八品"2人。

梁枋和雕刻

敬业斋遗址

明清时期，水岚的商人主要是茶商，也有依托土纸生产及运销的农工负贩。现在，水岚村村民主要从事茶叶和油茶生产。水岚高山绿茶，在"婺绿"中堪称佳品，尤以"水岚仙枝"出名。高山上的油茶树，没有污染，其籽压榨精制而成的茶油，更富含不饱和脂肪酸、维生素E和茶多酚，市场上也很受青睐。

水岚村与婺源其他古村一样，至今保留着年节舞龙灯的遗风。中秋舞稻草扎的"禾秆龙"，龙身上插上线香，有"五谷丰登"字样和吉庆图案，舞龙结束后送至村口溪涧。元宵则舞板龙灯。板龙灯由128节长约1.2米的灯板接连而成，每板装有3个圆形灯笼（与县内别地装一对花篮灯或灯笼不同），灯笼上裱有剪纸花草。夜间，红烛燃于灯笼内，长达150米的巨龙在村里、田间游动，煞是好看。舞龙灯时，鞭炮齐放，锣鼓震天，一派喜庆场景。收灯时，龙灯要迎进宗祠肇英堂，绕柱盘旋，展示出舞龙灯的高超技巧。

**舞龙灯场景**(张银泉摄)

# 第九章　古建筑群

## 第一节　水墨上河古建筑群

　　古建筑群位于秋口镇上河村"水墨上河"景区内,距县城6千米,该景区于2020年被评为国家AAAA级旅游景区。在波光潋滟的砚湖畔和澄澈的河流两岸,耸立着20多幢风貌各异的清代徽派古民居,构成了"小桥流水人家"的村居格局,是一处旅游观光、休闲度假的胜地。这里有水口、廊桥、文峰塔、码头、古亭、五显庙等婺源古村落的常见建筑,有婺源传统的婚俗、寿庆等展示,有徽商历史、历代官制等陈列,在"尚荷书院",还有中国书院历史文化的展览。古建筑林立的水街上,茶吧、酒吧、各类特色饮食,可以让你一饱口福。还有名家艺术馆、砚文化馆、纸伞工艺馆和各类文创小店让你流连忘返。景区内移步换景,有许多令人惊喜尖叫的网红打卡点,让你美拍不停。景区内还有带游泳池、健身馆的四星标准酒店以及滨湖木屋,向你提供优雅的度假体验。

　　现把景区内主要的古建筑介绍如下。

**水墨砚湖**(詹欣民摄)

**古建筑群鸟瞰**(詹欣民摄)

**水街**(詹欣民摄)

### 1. 大夫第

　　建于清同治年间。房屋坐北朝南,砖木结构,建筑工艺精致。占地面积270平方米,分为官厅和宅第两部分。宅第是私人住宅,名"德泽堂",为三间四厢两层建筑。天井在屋中央,二楼为走马楼围合。上堂主梁镜心和下堂花枋木雕,十分精美大气。官厅则是会客场所,为五间敞厅,两厢两层建筑,天井设在下堂。大梁粗大,斜撑分别为鹿、鹤圆雕,造型生动,雕工精巧。现屋内有《历代官制》陈列。

门楣和砖雕"双狮戏球"

外观

宅第"德泽堂"内景

官厅梁架

枋板木雕"大夫第"

"鹿鹤同春"斜撑圆雕

## 2. 润沛堂

建于清光绪年间。三间两进两层砖木结构,前、后进均有两个厢房,各有一个天井。占地面积200平方米。屋内格扇门和雕刻特别精美,腰板上12幅三国故事木雕,人物神态动作栩栩如生,令人赞叹。现屋内有《徽商》陈列。

外景

内景

枋板木雕

格扇门

### 3. 怀义堂

建于清咸丰年间。建筑占地面积240平方米。大门前有门院,门院一侧是精美木楼,俗称"小姐楼",楼下为落轿间。房屋主体部分为三间四厢两层砖木结构。屋内木梁、花枋、门窗雕刻十分华美。现屋内有婺源婚俗陈列。

外观

门院绣楼

仪门和正堂

### 4. 继承堂

占地面积150平方米,三间两进两层两天井,前后进各有两厢房。格扇门、花枋、雀替雕刻精良。建于清同治年间,现屋内布置为传统寿堂,有《婺源古代寿礼》陈列。

正堂

俯瞰梁架结构

枋板木雕

雀替雕刻福、禄、寿三星

5. 怀玉堂

建于清咸丰年间,占地面积220平方米。正堂部分三间两进两层两天井,前后进各两厢。余屋部分为敞厅,也有两层。正梁硕大,镜心雕刻人物,斜撑雕有八仙,神态逼真生动。

外观

内景

大梁包袱雕刻 斜撑雕刻"八仙"

### 6. 和煦堂

大门开在西侧，建有角楼，外立面错落有致。正堂三间单进两层两厢一天井。天井一侧有"和合二仙"斜撑。建于清道光年间。

外景 斜撑雕刻"和合二仙"

枋板雕刻"太白醉酒"

### 7. 抱朴堂

从堂名即可见屋主人对老庄的偏爱。建于清同治年间,三间单进两层两厢一天井。建筑占地面积只有60平方米,体量虽小,但门楼砖雕和室内雕饰十分丰富,花窗特别精致。

门罩砖雕

梁架

### 8. 敦义堂

建于清咸丰年间。正堂部分三间两进两层一天井,前、后进各有两个厢房。余屋部分二楼是木楼敞轩。建筑占地面积200平方米。屋内梁、枋雕刻刀工细腻灵动。

外观

大门和天井

枋板雕刻

### 9. 木楼商铺

造型美观,十分抢眼。二楼美人靠通透敞亮,与建筑的雕刻华美繁复形成疏密有致的韵律。建筑占地面积120平方米,建于清光绪年间。

花窗

花枋细部

外观

### 10. 光照堂

三间单进两层两厢,下堂天井,有古老八仙桌和画押条案。厢房门窗简洁朴素,两侧枋板浅雕。二楼可眺望周边古建屋面和绿色山林。建于清咸丰年间,占地面积130平方米。

天井和大门

梁架

正梁包袱雕刻"汾阳王"

## 11. 庆善堂

　　三间两进三层两天井，前、后进各两厢。花枋雕刻和倒趴狮斜撑，神情毕肖。三层楼上可俯瞰周边古民居和山林的优美风光。占地面积150平方米，建于清咸丰年间。

三楼眺望所见美景

倒趴狮斜撑

### 12. 百忍堂

三间单进两厢三层一天井。主梁上有"百忍图"雕刻,非常精美。月梁上下有雕饰枋板。门对砚湖,可赏湖上风光和文峰塔影。占地面积80平方米,建于清同治年间。

正梁包袱雕刻"百忍图"

屋面

月梁上、下枋板雕饰

### 13. 观止书屋

该房屋为主人读书处,因此,多处设计格扇门窗增加敞亮采光效果,体现雅致清幽的风格。屋前带门院,院门为圆形砖券。三间两进两层,后进有天井和侧门,前、后进各有两厢房。占地面积132平方米,建于清同治年间。

外观

门院和砖券圆门

二进梁架

二楼格扇窗外砚湖风光

14. 敦仁堂

　　房子设有仪门,三间两进两层一天井,前进四厢,后进敞厅设楼梯,梁架结构朴素大气。大门口有照壁。二层走马楼用格扇窗围合。雀替做工精良。占地面积233平方米,建于清道光年间。

仪门、大门和照壁

雕花雀替

二层走马楼格扇窗围合

15. 宏业堂

建于清咸丰年间。占地面积142平方米。三间两进两层两天井,前、后进各两厢。梁架简约大气,梁、枋雕刻富有立体感,生动逼真。厢房格扇门雕刻精美,下身板浅浮雕山水画风格体现精良。

正梁和楼面

外景

格扇门

16. 光裕堂

建于清道光年间,为茶商居所。三间两进三层两天井。前进四厢房,后进两厢房。格扇门腰板雕刻《西厢记》故事,人物虽在"文革"中被铲去面部,但还能观赏到神情动作的灵动精致。建筑占地面积142平方米。

外景 内景

格扇门腰板雕刻

### 17. 嘉学堂

建于清光绪年间,占地面积112平方米。有仪门,三间单进两层四厢,中堂壁后设楼梯。梁架结构朴素大方,雀替人物雕刻刀工以拙朴取胜,体现屋主尊学养性的志向。

天井与梁架 内景

石库门大门

斜撑雕刻"和合二仙"

18. 吟风楼

前店后宅式建筑。通体木楼立面,精巧华美。一进为店铺,二进三间两厢两层一天井。二楼美人靠卷棚上下,刻有人物故事、花草卷纹与倒趴狮柱托一起,构成大型木雕长卷。店面格扇门犹如雕刻时光,一进和二进之间是石门框,给人穿越时空的感觉。建筑占地面积120平方米,建于清同治年间。

外景

木楼美人靠和雕刻长卷

店铺通住宅的石库门

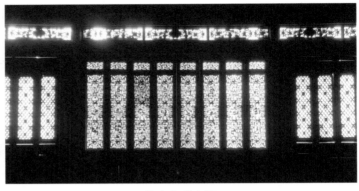

格扇木雕大门

### 19. 商铺

占地面积90平方米,建于清光绪年间。木门面,一进两层,二楼设晒台,供晾晒农作物之用。

外观

晒楼(王启德摄)

# 第二节　熹园古建筑群

熹园古建筑群位于婺源县城锦屏路,这里古地名叫"朱家庄"。熹园总占地面积近2万平方米,是一座徽派园林。园中湖水荡漾,亭阁翼然,古木掩映,给人清幽典雅的享受。园中集中展示了朱子文化,是纪念这位文化伟人的一处圣地。园中辟有"歙砚文化展览馆",把产于婺源的四大名砚之一的歙砚历史文化作了形象介绍,还能体验砚台的制作技艺,是国家文化产业示范基地和国家非物质文化遗产"歙砚制作技艺"保护传承基地。目前,熹园已被评为国家AAAA级旅游景区。园林中心位置是湖面,建筑围绕湖水布局。古建筑群便坐落在湖的东侧,共有明清时期徽派古民居、古祠堂、厅屋、古桥7处。

熹园古建筑群总览

园林景观

## 1. 引桂桥

单孔石拱桥,建于明嘉靖年间。桥长18米,宽6.8米,拱高5.5米,拱长11.25米。

引桂桥

2. 澹成堂

清咸丰年间大茶商所建,占地面积200平方米,规模宏大,是一座豪华的商宅。大门高大气派,砖雕门罩极尽繁复,石门柱础石雕简约生动。走进大门,可以发现内部构造与大多数民居全然不同。虽然也是三开间,但不分前后进,以大天井为界,可分成上堂与下堂两部分,仿佛是敞厅的格局。上堂全敞,是会客宴宾的场地。下堂一层,有两间厢房,与上堂二楼的房间一道,可供居住。一层高达5.4米,大天井,宽7.8米,进深5.9米,尽显宏阔气象。整幢房屋用料十分考究,梁柱均由名贵的银杏木制成,可见房主人的富有。

大门和侧门

上堂敞厅

下堂和天井

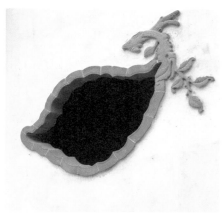

落叶窗

## 3. 绣楼

绣楼是古代女子生活和做女红的专门建筑,以木楼丰富精美的雕饰为特色,一般在楼上设半敞的美人靠座椅,供女子观景休憩。这座绣楼建于清同治年间,前有门院,院子面阔4.8米,进深6.6米。整幢房子分正厅和闺房两部分,占地面积93.5平方米,二层檐高9米,构造精巧,做工精细,雕刻精美。

院门和正厅大门

闺楼

木雕

### 4. 善庆堂

建于清光绪年间,窗户镶有玻璃。占地面积145.86平方米,分正堂和客馆两部分。正堂面阔10米,进深9.35米,大门里面设有仪门,三间单进两层四厢,天井在房子中央。客馆从侧门入,天井设在进门的左侧墙边,屋架面朝天井,三间两厢两层。

大门和仪门

正堂内景　　　　　　　　　　　　　石拱侧门

雕花户净

### 5. 祠堂

　　这是一座小型的房派家祠,占地面积虽然只有150平方米,但仍然保留了祠堂必备的门楼、享堂、寝堂三部分格局。门楼和享堂面阔8.4米,进深11.2米,中设天井,宽4.3米,深1.6米,两侧设庑廊,享堂名"笃庆堂"。享堂两侧各有一门通二进的寝堂。寝堂面阔8.4米,进深6.6米,设有侧门,中有天井,两层,一层有神龛,供奉先人灵牌。全祠木构件雕饰简朴,洁净大方,当是明代晚期建筑。

天井坑　　　　　　　　　　　　　　大门内廊

享堂

### 6.修齐堂

建于清代晚期的一幢官邸,占地面积117.8平方米,堂名显示出屋主人"修齐治平"的儒家理想。进大门后有仪门,从仪门两侧进入,可见宽敞的厅堂,面阔9.5米,进深12.4米,三间单进四厢,中设天井,宽3米,深1.4米。上堂部分为三层建筑,其余部分为两层建筑。

上堂

雕花格扇门

户净雕刻

### 7. 厅屋

厅屋是古代村中同姓家族聚众议事、办理公共事务兼具祭祀功能的场所,日常均可开门使用。而祠堂却很正规,一般只有在规定日期祭祀时才能开放使用。厅屋建筑一般也只有门楼和敞厅,不像祠堂那样必须建有寝堂。这座厅屋面阔8.5米,进深22米,占地面积187平方米,建于清代晚期。大门是三间露明梁柱的门廊。进门后是门厅,两侧带庑廊,上厅是主体建筑,为集会、祭祀场地。天井设在屋中央。

门廊

厅堂和天井

庑廊

# 第三节　瑶湾古建筑群

瑶湾古建筑群位于历史文化名村紫阳镇考水村附近的瑶河两岸。三足鼎立的寿桃山犹如绿色屏障,清澈的瑶河水日夜潺潺,琵琶湖碧波荡漾,荷花园绿叶田田。这里的古戏台可上演悲欢离合剧情,古茶楼可品味酸甜人生,古民居可生发怀古幽情。这是一处江西省 AAAAA 级乡村旅游点,旖旎的田园风光,古雅的亭台楼阁,还有美食和民俗体验,让人流连忘返。

水墨瑶湾

瑶河人家

田园风光

福瀑

琵琶湖

1. 百福厅

为了寄托幸福美好的期盼,屋主人在大门格扇门腰板和花枋上用各种字体雕刻了100个"福"字,房屋因此得名"百福厅"。这是一幢建于清代晚期的宏大建筑,面阔18.8米,进深30.8米,占地面积579.04平方米。整幢建筑由门院、正堂、后院、客馆四部分组成。从侧边进入院门,便是落轿间,与之相对的是绣楼。一侧有青石板栏杆,做工精致。另一侧便是大门,全由木质格扇门组成,门上方梁、枋遍布雕刻,有一百个"福"字、人物故事、花卉纹和各式图案,丰富繁复。正堂三间两进两层,前、后进地层各有两个厢房。梁架大气,用料精良,雕刻生动。正堂后面有两庑廊通往客馆,中间是大院落,十分宽敞,可用作大型集会活动。

外观

门院、绣楼

落轿间

院墙上的陶制漏窗

院内石栏杆

木雕"福"字

内景

枋板木雕

花窗、斗拱、斜撑

## 2. 同心堂

建于清代晚期。面阔 13.6 米,进深 30.2 米,占地面积 410.72 平方米,规模很大。大门前有门院。房屋呈规整矩形,三间两进两层。前进有四厢房,天井位于屋中央,楼上为四方连通的走马楼。后进两厢房,天井在后墙处。枋板和格扇门窗,雕刻华美。

外观

大门

一进内景

格扇门

二进内景

3. 念恩堂

　　大门开在侧边,进门后是天井位,与门相对有小廊厅。正堂三间两进两层,前后进各有两厢房,后进小天井也位于后墙处,是典型的"一脊翻两堂"构造。梁、枋和门窗遍施雕刻。面阔10.1米,进深13.8米,占地面积139.38平方米。建于清代晚期。

大门

天井

一进内景

大梁雕刻和花窗

二进梁架结构

4. 茶楼

　　建于清代晚期。面阔10.4米,进深16米,建筑占地面积166.4平方米。门面全堂花格门窗,雕刻精美,斜撑人物木雕生气灵动,尽显古雅风致。进门后是敞厅格局,两侧空间是茶室的最好位置。三间两进两层,不设天井,全靠门窗空格采光通风。推开楼上的花窗,田园风光尽显眼底。

外观

门前檐廊、月洞门

正堂

茶室

大门枋板木雕

大门斜撑雕刻

5. 戏台

建筑采用传统的戏台五凤楼屋顶，通过斗拱发戗，支撑飞檐，犹如凤凰展翅。三开间屋架，梁、枋木雕精致大气。面阔15.6米，进深8.85米，占地面积138.06平方米。建于清代晚期。

正面

正梁斗拱和雕刻

石础

# 第十章　古建筑保护利用的典范——古宅民宿

　　2013年婺源县政府组织的普查统计数据显示，全县还保存有1949年前建设的古建筑4000多幢。这笔珍贵的文化遗产，保护维修需要巨额资金，是一个沉重的负担。如何解决缺乏资金等难题，闯出一条古建筑保护利用的新路？婺源县大力发展古宅民宿的做法，交出了一份令人满意的答卷。

　　婺源古宅民宿发轫于2011年，第一个投资开发者是吴志轩先生的尚逸轩团队。吴志轩毕业于东南大学建筑系，后来在北大光华学院读了研究生。2010年末，他们团队一行来婺源考察投资项目，找到了笔者。当时，笔者在县政府工作，正好分管文化等方面的工作，常常为古建筑的保护发愁，便向他们建议，在婺源租赁古民居，维修保护后，改造开发成乡村度假客栈。他们研究后接受了笔者的建议，于2010年12月，便来婺源寻租古宅。他们开发的婺源第一座古宅客栈"九思堂"，坐落于清华镇花园村，是一座年久失修的百年老宅。经过近一年维修打造，使濒于倒塌的古宅重获新生。客栈设有7间客房和厅堂、茶室、书馆、花园，于2011年10月开业迎客。至今，尚逸轩公司在婺源已开发建成的古宅民宿还有继志堂、云何堂、留耕堂以及尚逸工坊务本堂。2020年12月，吴志轩在江西省文旅厅发起组织的全省旅游民宿联盟成立大会上，当选为第一任会长。

　　一花引来百花开。在九思堂模式引领下，北京、上海、广州、深圳、杭州等地投资者纷纷来婺源开发建设古宅民宿，先后建成营业的有明训堂、归去来兮、西冲院、儒意堂、福绥堂等100多幢。目前，婺源古宅民宿的发展方兴未艾，并从单幢古宅民宿，向分布各个古村的多幢古宅民宿连锁式运营发展，向具有一定规模的集中连片古宅民宿群发展，从单调的吃住设施，向研学、非遗传承、乡村建设等乡居综合体发展，并与各类业态合作，开辟时尚消费的新领域。这些古宅民宿，传递生活美学，追求产品创新，弘扬地方文化，引导绿色环保，与当地村民实现共生共赢。

　　古宅民宿的开发，不仅仅维修了古建筑，保护了文物，还盘活了乡村闲置资产，形成了乡村产业，有利于带动农民就业，增收致富；有利于吸引外地和本土人才聚集乡村，促进文明村风的形成；有利于文化遗产的保护传承和地方文化的弘扬。因此，发展古宅民宿是全域旅游的重要抓手，是促进乡村振兴的有效途径。

　　婺源县委、县政府为大力促进民宿业的发展，出台了许多举措。一是重视规划。将民宿产业发展纳入《婺源县全域旅游发展规划》。二是强化合力。成立了全县民宿工作领导小组，由县政府分管旅游领导任组长，旅游、发改、财政、消防、规划、国土、文物等单位为成员，统筹解决民宿产业发展中存在的问题。三是完善制度。制定了《婺源县民宿产业扶持暂行办法》（婺办字〔2016〕61号），出台了《民宿（农家乐）特种行业许可实施办法（试行）》《民宿（农家乐)办理特种行业许可证流程》等地方性准入标准和管理制度,推行民宿"申请即验收、达标则发证"便民措施。四是引导成立了民宿协会。建立、推行行业自律机制,协调会员之间的关系,组织培训、交流活动,成为政府与民宿业主沟通的桥梁。五是项目倾斜。在全县秀美乡村建设和涉农资金项目安排上,优先打造民宿发展集聚村,着力改善村庄道路、公厕、停车场、污水处理等硬件设施。六是资金扶持。将民宿企业纳入"旅游信贷通"和创业就业扶持资金的范畴,降低企业融资成本。七是广泛营销。制作完成婺源主要民宿名录,通过婺源旅游各大窗口、网络客户端,推出"每日美宿"栏目,提升外界关注度。八是帮助投资者协调与村组和村民的关系,营造亲商安商的优良发展环境。这些得力措施,推进了婺源民宿业的蓬勃发展,2018年11月30日,文旅部在浙江湖州召开的全国民宿产业大会上,婺源县向大会作了经验介绍。

本章选取了39处56幢主要的古宅民宿进行介绍,概述了古宅的建设年代、规模、形制,民宿开发者保护维修的理念、做法,以及民宿的各类设施、功能、活动,以展示其在保护利用古建筑方面取得的成果和经验。

# 第一节　尚逸轩公司九思堂、留耕堂、继志堂、云何堂

## 一、九思堂

九思堂位于清华镇花园村,是吴志轩和尚逸轩公司保护开发的婺源第一幢古宅民宿。

民宿所在的花园村真是一座大花园!村落之美美在罗景河。水面平阔,一面青山茂林,一面修竹丛茗,晴时澄澈纯碧,雨时烟霭空濛,春秋如绿毯点缀花样年华,暑夏是碧波荡漾的清凉世界,而冬季,则是"独钓寒江雪"的寂然。

九思堂古宅由茶商江有孚先生建于1902年,占地面积300平方米(包括院子),建筑面积260平方米。宅子坐北朝南,由门院进大门。正堂三间两进三层,屋子一侧有余屋厨房,后有院落。屋主江有孚,最初是个读书人,因为屡试不中,不得不另谋生路。后来靠同窗的帮携,在浙江做木材生意,很快发了家。接着衣锦还乡,修了九思堂。虽然已是大富之人,但功名未得的遗憾始终萦绕在江有孚心头,加上传统观念"士农工商"的划分,还是希望子孙后代能够求取功名,故而在九思堂正堂前面照壁上绘有"魁星点斗,独占鳌头"图。魁星是主宰文章兴衰的神,明清之际的大学者顾炎武认为神像不能像"奎"而改"奎"为"魁",取之字形,为鬼举足而起其斗。故魁星神像头部像鬼,一脚向后翘起,如"魁"字的弯钩;一手捧斗,如"魁"字中间的"斗"字,一手执笔,意思是用笔点定中试人的姓名。我国唐宋时期皇帝殿前陛阶上镌刻有巨大的鳌鱼,凡翰林学士、状元和承旨官朝见皇帝时立于陛阶正中的鳌头上,故称入翰林院为"上鳌头",这就是"魁星点斗,独占鳌头"的由来。堂名"九思"则出自《论语》季氏篇"君子有九思""视思明,听思聪,色思温,貌思恭,言思忠,事思敬,疑思问,忿思难,见得思

义"，可见古宅主人对文化的尊崇。

经过全面修缮和改造，九思堂民宿于2011年10月1日开业，成为婺源第一幢徽商文化度假宅院。民宿共设置7间客房及茶室、书画室多处闲适疏朗的公共空间。民宿还编写了《九思堂黄历》，引导大家深度体验真实古朴的婺源，品味洒脱自在、澄静宁和的生活态度和生活艺术。

正堂会客室

度假客人体验活动

院落空间

客房

## 二、留耕堂

留耕堂坐落于中国历史文化名村、著名的徽墨名村浙源乡虹关村。浙水绕古村而过，村中老宅众多，古风犹存。村头水口有一株古樟，树龄已1100多年，冠幅达2000平方米，被誉为"江南第一樟"。留耕堂就与古樟相毗邻，宅子前院还有一棵树龄300余年的桂花树和柿子树，仲秋时节，柿丹桂香，动人诗兴。

整个虹关村基本都是詹姓族人，与詹天佑同宗，历史上曾有80余家墨号，其中40余家墨号的墨品被故宫珍藏，其中包括詹成圭给乾隆皇帝所制御墨。留耕堂就是制墨巨匠詹成圭，在雍正年间为他的第三个孙子詹国涵所建。老宅占地面积418平方米，建筑面积780平方米，分为正堂、客馆、余屋三部分。正堂三间两进两层，前后进各有一个三披水天井。客馆分男、女两部分,男客馆两层,带一个三披水天井;女客馆三层,带一个四披水天井。余屋厨房也分前后两部分,各有一个天井。全宅有六个天井。房主詹国涵(字泰舒)没有继承墨业经商,而是专心读书,虽没有得中功名,却得到了状元、兵部尚书、左都御史彭启丰(字芝庭)的青睐,为之题写"留耕堂"匾额,并落款"泰舒年学兄嘱,芝庭彭启丰题"。

留耕堂建成距今近300年,是尚逸轩公司民宿中目前体量最大、历史最久的一幢老宅,由国际知名的三文建筑/何崴工作室设计,历时四年半才维修改造完成。民宿有13间客房,每间房都安装了地暖,给入住客人更舒适的体验。整幢民宿意在通过传统与现代融合的设计手法,反映传统文人的生活情趣以及精神追求。内设笔墨纸砚、琴棋书画等文化元素与生活空间,以及"高山流水""鱼跃龙门""蟾宫折桂""如椽巨笔"等艺术装置,并有青年艺术家文那所作大幅壁画"墨神图"。留耕堂庭院内还设计建造了既有历史的厚重宁和,又有现代灵动简约的咖啡馆和酒吧,上设露台空间,让人心驰天地,神游古今。留耕堂保护利用项目荣获2020年美国《酒店设计》杂志"修复、改造+转换"大奖。

尚逸轩公司近十年来不但在婺源保护古建开发民宿,而且积极投身乡村建设事业,为民宿所在乡村兴办公益事业。他们举办了重阳慰问老人活动,民宿中的图书室定时向村里儿童开放。他们坚持每月10号捡拾垃圾,带动村民一起参与,促进文明村风的形成。

院落和外观

咖啡厅和露台

图书室

客房

中、日茶道交流活动

古道考察活动

### 三、继志堂

继志堂古宅坐落于徽墨名村虹关村万安巷,建造者詹汇川,也是清代著名墨商,主要在湖北武汉经营墨肆。宅子为前后两进三层,宅内大梁、牛腿、花门雕刻精美,保存完整,栩栩如生,为木雕精品。房屋占地面积170平方米,建筑面积420平方米。

继志堂是吴志轩团队来婺源遇见的第一幢古宅。那是2010年12月18日,恰逢大雪。从清冷静谧的徽饶古道走进继志堂,大片大片的雪花无声、轻盈地落在太平水缸和花草上,那一刻,缘分便暗暗结下了。

继志堂的维修保护和改造利用,重在体现"传承"二字。因此,公共空间,陈设布置基本按照老宅原样,正堂的物件都是原物原位,只是增加了茶台和琴几。全宅设7间客房,利用余屋改建了厨房和餐厅。与继志堂同期开发了老宅"务本堂"的"尚逸工坊",可供度假客人体验文房四宝的制作。

外景

正堂公共空间

客房

尚逸工坊手工体验

## 四、云何堂

云何堂所在的清华镇梅泽村，仅40余户人家。从主路进去，沿清溪而行，三里而至。沿途青山碧水，点缀黛瓦白墙，微雨或初晴时，更有烟雨缱绻，真如世外桃源。一座板凳桥横跨清溪，目之所及，无一山一水一宅一石一田一陌不赏心悦目，真如清静世界。村里无一丝商业气息，常可见村民列坐于村头，悠然自得，与之闲谈，更显亲和热情。

云何堂建于清代晚期，距今150年左右。宅子坐南朝北，屋前有院子，三间两进，前进设仪门，后进有三层。古宅占地面积240平方米，建筑面积500平方米。前堂天井四周，有保存完好极为精美的人物木雕。房主为戴姓，堂名佚失。尚逸轩公司将其定位为一个禅意空间，于是据《金刚经》中的"应云何住？云何降伏其心？"，将堂名定为"云何堂"。整个设计风格为新中式，内设"鉴月池""荷山壁""停云榭"，其中意境，留待客人来自己静静品味。

云何堂设有8间客房，辟有禅修室、茶室等活动空间，可以品尝到清、素为主的美食。民宿附近有一株巨型古梅，可在梅树下静修或举办各种雅集。

公共活动空间

琴室

客房

古梅树下的雅集

# 第二节 明 训 别 院

来自广东的几位教师和医生,于2012年开始安家婺源,在思口镇延村维修保护明训堂,迈开了在婺源建设连锁式民宿的步伐。8年过去了,他们坚持深耕婺源,在"明训别院"的统一品牌下,已经保护开发了4幢古宅民宿,即位于延村的明训堂、世德堂、37号老房子以及位于江湾镇上坦村的云水谣。目前,他们正在建设第5幢民宿。

明训别院民宿同仁,被现代作家许地山先生的一段话所打动:"在城市住久了每要害起村庄的相思病来,我喜欢到村庄去,不单是贪玩那不染尘垢的山水,并且和村里的人攀谈,我常想到村里听庄稼人说两句愚拙的话语,胜过在那邑里领受那些智者的高谈大论。"因此,他们来到乡村,保护古宅,建设民宿,希望那是一个有着诗情画意的家,它枕着小河,傍着竹林,让你流连,娴静,梦里梦外,水云一方。

为了这个梦想,他们倾力倾心,精心谋划,在老木工、老泥工们的一砖一瓦操持下,让一幢幢濒于损毁的古宅获得了新生,为喜爱乡村的都市人营造了一个家,一个雅致、安宁的田园之家。

## 一、明训堂

清道光年间,延村茶商金永俅在金陵(今南京)、宁波、广州等地开设了9片茶庄,号称"九龙下海"。他通过广州"十三行"做起了外贸生意,秉承"通天下货,谋天下财,利天下人"宗旨,生意兴隆,富甲一方。他贾而好儒,讲求道德文章,儒风代代相传。他用所赚利润在家乡投巨资,先后建起了明训书堂(保鉴山房)、明训堂(住房)、福绥堂(客馆)等一组建筑。这组建筑间有过街廊连通,雨天不打伞也不会淋湿,因此有"穿堂过户"之称。他儿子金芬(谱名时煜)乐于施金济困,知县将其事迹上报朝廷,金芬因而得朝廷赐"乐善好施"匾额彰表,后来,金芬还捐了个中宪大夫的官衔。到了金芬儿子金永健执掌家业时,已是光绪年间。当时清廷大臣冯国璋(1916年冯国璋曾任代总统)的"国家海禁开,东方大事起"的谏言被有限采纳,茶叶外销渐旺。资政大夫金永健及时抓住这一机遇,创办了"鼎盛隆"茶号。鼎盛隆品牌绿茶,在1915年与茅台酒一起,在巴拿马荣获国际博览会金奖,将婺源绿茶成功推向国际市场而饮誉欧美。传到近代,其后裔金富仁成为延村首富。现在,这3幢古宅都已由三家投资方维修保护,建成了民宿,明训堂就是其中的一幢。

明训堂古宅占地面积410平方米,建筑面积1100平方米。从东侧门进前院,院中有落轿间和小客厅。正堂三间三进,各有一个天井。一进四厢围合,四披水天井,二层是走马楼。一、二进为两层,三进和东侧余屋有三层楼。

院门和外景

　　明训堂民宿的保护开发,注重营造清雅、淡洁的公共空间,或供阅读品茶,或供瑜伽,或供悟道。它们在传统中不经意透着现代时尚元素,雅致讲究中不失自然素朴。全宅有11间客房,16个床位,提供特色餐饮饱你口福。

正堂多功能空间

发呆区

蜜月房

## 二、世德堂

　　世德堂老宅建于清朝中期,三间三进,两层,占地面积210平方米,建筑面积400平方米。民宿在维修保护和开发中,对古宅只作修复,开设了10间客房,13张床位。对已倒塌的余屋进行仿古式改造重建,开设了餐厅、茶室等公共空间。重点放在花园的打造上,利用古旧的砖瓦、木料和当地花木,引水筑池,营造出一方典雅的乡村休闲场所。

花园

餐厅

茶室

日式客房

### 三、37号老房子

这幢古宅是延村现存的最早建成的宅子,具有明代民居的特征,底层较低矮,二层较高,梁、柱不施雕饰,简约朴素。现存部分是三间敞厅,只有一进,占地面积150平方米。房子经维修改造后,一层开设了书吧和酒吧,二层建成了旅舍,有7间房18个床位。后院建有活动和休闲设施。

庭院

休闲吧

**看得见风景的房间和浴室**

### 四、云水谣

明训别院·云水谣坐落于江湾镇上坦村村头,枕山面水,门前一棵百年古樟屹立溪边,护卫着一方水土,古樟的枝条延伸至水面,晨雾起,竹筏停泊在岸边,恬静雅淡。这里是冯小刚导演的电影《我不是潘金莲》的主要外景地。

云水谣由原孙氏宗祠改造而成。整座祠堂由前院、大门、享堂、寝堂等部分组成,面阔21.8米,进深62.8米,占地面积1360平方米。前院有石质抱鼓石一对,旗杆莛一对,青石板铺地。大门与享堂、享堂与寝堂之间各有一个天井,天井边有廊庑连接。寝堂部分为两层建筑。祠中铺地石板、石栏杆及石栏板、抱鼓石、旗杆礅、石础等石质构件均有精美雕刻,形态丰富。祠中木质梁柱,用材硕大罕见,布满雕刻,享堂主梁直径达1.6米,主梁上的木雕经过百年洗礼,仍旧完好如初,刻画着22位神仙给王母娘娘送蟠桃贺寿的场景,人物神态各异,栩栩如生。左侧和右侧分别为麒麟送子和麒麟抱球,麒麟送子寓意添子添财,麒麟抱球寓意财源滚滚。各式动物、植物图案精雕细琢,栩栩如生,巧夺天工。

祠堂建于清同治年间,由村中富商孙吉天、孙君本、孙靖山等人发起建造,耗银5万两,历时五年始成。1949年后,该祠曾用作小学、仓库。20世纪60年代,村人筹资进行了修缮,2001年又一次进行了维修。

云水谣的修缮改造理念是"修旧如旧",力图通过民宿的形式,让更多的人认识并了解徽派建筑,让徽派老宅以另一种方式焕发新生。

在功能划分上,老建筑部分作为公共区间,包括接待厅、餐厅、休息区、茶室、棋牌室、会议室等。新建部分为客房,共设客房12间,20余张床位。客房面积都在60平方米以上,以中式古典设计风格为基调,大面积开窗纳景,房房有景。客房基准价位区间为800~1500元。民宿餐饮在当地农家菜的基础上加以改良,少盐少油,更适合大众口味。民宿提供的文化娱乐包括汉服古装体验、宋瓷制作参观、文房四宝制作体验等。

云水谣的服务理念是,通过差异化、富有人情味的服务,让每一位住客找到回家的感觉!

宿在山川诗画间

多功能空间

太极拳切磋交流活动

客房

# 第三节　思口镇延村归去来兮、福绥堂、九叶民宿、天净沙、儒意堂

## 一、归去来兮

　　"归去来兮"民宿于2014年由古民居"金德堂"修葺改造而成。"金德堂"是一幢建于清乾隆十八年（1753年）的徽商老宅，总占地面积680平方米（包括门院和后花园），建筑面积450平方米。古宅三间三进两层。从大门进入后是庭院，然后依次为前堂、中堂、后堂。大门带"商"字砖雕门楼。中堂前梁、左右梁和正梁各有雕刻，中心部位为戏曲人物，画面间由松鹤柏鹿陪衬。门窗、楣窗均雕镂图案。

正堂活动空间　　　　　　　　　　　茶室

客房　　　　　　　　　　　　　　　外国游客学做小吃

"归去来兮"民宿内共有15间客房,每间客房的房型和面积都不一样,客房的房名都出自陶渊明的诗句,15间房的房名如下:山泽游、爱丘山、东篱下、归园田、南野、思故渊、墟里烟、荷锄归、远人村、恋旧林、胡不归、带月、见南山、相与还、归去来。民宿内配备茶室、KTV、图书室等设施,可供旅客免费使用。餐饮菜品都为婺源特色美食,有荷包鲤鱼、粉蒸肉、清明粿、糯米子糕、糊豆腐等。

后花园和餐厅

## 二、福绥堂

福绥堂是延村明训堂建筑群中规模最大的一幢,于清嘉庆年间由茶商金文谏始建,其后人又作了扩建完善。全宅占地面积600余平方米,主要由6大部分,即前院、前堂、中堂、后堂、厨房和后院组成。后堂有三层,其他部分为两层。由前院右侧门入内,上方是一绣楼,与绣楼相望的则是客馆,古时主人家留宿客人所用。

福绥堂大门为"商"字门楼,砖雕石雕技艺精湛,图文装饰寓意深刻。门楼顶端左右两旁鳌鱼栩栩如生,有避火免灾保平安之意,上方横端的缠枝花卉意为幸福绵延不断,下方的"松鹤""雀鹿蜂猴"意为延年益寿和"爵禄封侯",左右两旁的荷花意为和和美美、家和万事兴。门楼左右两端翘角处悬着两片砖雕落叶,寓意徽商从小外出经商,却心系家乡,希望终老时"落叶归根"回归故里。这两片砖雕落叶,也有"安居乐业(落叶)"的寄寓。

福绥堂雕梁画栋的精湛技艺令人叹为观止。一楼前堂和中堂16根方柱为红豆杉建造,最长的直通屋顶有8米多。柱础均为雕花青石。木雕图有《福禄寿喜财吉星高照》、《九世同居》、《古城会》、《文王访贤》、《汾阳府拜寿》、八仙人物、琴棋书画物件,以及凤凰牡丹、博古等,斗拱梁柁上的这些木雕图文栩栩如生。前堂、中堂、后堂两侧均为厢房。

二楼主要有大厅和厢房,均可倚窗观景。后堂三楼为公共空间,可观星赏月、挥毫泼墨、品茗细聊、静读浅思、听琴对弈。凭栏相望,古村落的粉墙黛瓦、层叠斑驳的马头墙、"四水归堂"的建筑文化和远处的连绵山脉尽收眼底,鸟语花香、鸡鸣狗吠的村居生活着实让人沉迷,这就是古徽州文化的神奇与魅力所在。

福绥堂先后有两位将军入住过,所以又被称为"将军府"。第一位入住的将军是左宗棠。左宗棠(1812～1885年),字季高,湖南湘阴人,"晚清四大名臣"之一。左宗棠出兵狙击太平军到婺源后,有一年多时间都在婺源、景德镇、玉山与白沙关之间奔忙。左宗棠在婺源的行营分两处,办公在附近(距延村1千米)的思溪村,休息则在延村与自己的好友张之洞有交往的金銮(大善人金芬的孙子)家的福绥堂。第二位入住的将军是国民党陆军上将唐式遵。1943年,唐式遵把婺源作为后方,指挥第二十三集团军在安徽抗日,他是国民党抗日名将。唐式遵(1883～1950年),字子晋,四川省仁寿县人。他把司令部设在福绥堂共一年零八个月。

20世纪50年代初期,福绥堂最后一位主人金富仁之子迁出此宅,政府将此宅分配给三户农民居住。福绥堂历经百年沧桑,风霜雨雪,虫蛀蚁蠹,年久失修,多处梁柱面临坍塌。2014年,"婺源茶艺"省级"非遗"传承人方秀瑛、李念、汪玲三位女子,合力抢救性修复保护福绥堂,特请国家级"三雕""非遗"传承人精心打造,使福绥堂重现徽商古宅当年的辉煌,成为一座以传承婺源茶文化为主题内容的典雅的徽式度假宅院。在传承古徽州文化的同时,合理地将现代化设施配装于房内,让人感受古老的文化与现代的文明、感受时空的穿越、感受诗意的乡村生活。来此度假的客人,可以过着"日出而作,日落而息"的淳朴生活,享受"故人具鸡黍,邀我至田家"的融洽邻里关系,感受"谈笑有鸿儒,往来无白丁"的雅集文会,续写"红袖添香,琴瑟和鸣"的爱情故事。总之,在这儿能享受到世外桃源般恬静舒适的慢生活。

室外活动空间

福绥堂民宿设有客房13间及茶室、书吧、棋苑等休闲空间多处。民宿主人发挥自身茶艺"非遗"传承人和徽剧演员的特长，不时举办茶会和堂会。在这里，没有繁华的都市夜景，没有灯火通明的街巷，只有一片片简约纯色的马头墙，一条条青石板小道，一缕缕思古之幽情……

客房

茶室

阅览工作室

茶艺品赏

## 三、九爿民宿

九爿民宿，在保鉴山房（又称"明训书堂"）的基础上保护维修改造而成，也是延村明训堂建筑群中的一幢。主体建筑是朝东的横坐厅堂，三间两层。一层是个大敞厅，只有一进，当为讲堂，为采光更好利于读书，前墙砌了一个凹口，使天井露空面更广。全幢建筑占地面积230平方米，建筑面积450平方米。

2015年，婺源旅游股份有限公司对古宅进行了维修保护，建设了九爿民宿。在大门东边建了户外小广场，挖筑了荷花池。在东北侧扩建了茶室、餐厅等公共空间。对古宅在保护基础上进行了适当改造，共建有5间客房，均有高档卫浴设施和空调，软装既古色古香，又符合现代审美风尚。

民宿环境

正堂活动空间

吧台

客房

卫浴设施

## 四、天净沙

这是婺源的第一家"洋民宿"。

爱德华，英国伦敦小伙；廖敏欣，江西南昌姑娘。起初，廖敏欣去英国留学求职，回来以后，在上海的一家世界五百强公司上班。爱德华来自英国传统家族。他们俩的人生，在遇到对方之后开始峰回路转。两人确定恋爱关系之后，爱德华准备学一年中文，他们俩便辞了工作回到南昌。此时，爱德华的英格兰朋友来访，想要看看真正的中国传统景致。他们随性地开车，走走停停，去了很多地方，最后在婺源停留下来。

婺源山林俊秀，流水潺潺，街巷里能够听到不知名鸟儿唱歌。虽是全国知名的旅游目的地，但仍然质朴随性。住惯了上海和南昌的他们，非常喜欢如此的自然气息。他们决定在婺源找一个落脚点，做一个度假小屋。经过一番寻觅，终于在延村发现了一个老宅子。

这个宅子有300多年历史，建于清代中期，占地面积400多平方米。宅子大部分为两层，局部三层，有三个天井，走廊蜿蜒，别有洞天，过去最多时住过100多人。廖敏欣首先注意到很多门上都贴着褪色的"囍"字，色泽斑驳老旧，但仍旧浸润着旧日喜庆余韵。爱德华则表示，外墙墙体是灰白色，寥落简陋，好像没有什么。但一走进去，人一抬头，就能看到满满精致的雕花木刻，先人的无尽匠心扑面而来。老宅在风雨和时光中，垂垂老矣，破败不堪。但是它经年的气韵和生活气息，仍然在空气中氤氲，久久不散。

那之后，他们用了两年时间修复老宅。他们保留了老宅中最珍贵的过往和渊源，一张缺页的旧报纸、斑驳的老海报、半张盖着邮戳的信封……14间房，每一间都按照原主人的职业和生平，尽力还原了或闪耀或隐匿的最初韵味。

但作为一个民宿，舒适度才是王道。考虑到木质结构的老房子，最大的问题就是隔音，他们采用了欧洲双墙的做法，在楼板、天花板及房间隔墙都加了双层隔音设备。

老宅氛围修旧如旧，下榻又舒适如新，他们仍然感恩于建造与生活在这个古宅的先辈与长辈们。

花园

酒吧

在老宅的院子里,他们搭建了一个通透的阳光棚,里面安装了壁炉,朋友们来了可以在里面尽情喝酒品茶,聚会神聊。

经过两年多对老宅的保护维修和打扮,"天净沙"民宿开业的那天,他们在里面举行了婺源传统婚礼,在村头的溪水划船捕鱼下厨,全村人都来凑热闹,说一些蹩脚又感人的情话。

一年后,他们的宝宝出生了。

正堂活动空间

客房

烛光晚餐

## 五、儒意堂

儒意堂古宅建于清朝中叶,占地面积260平方米,建筑面积520平方米,三间两进两层。进院门后,依次为前内院、前堂、后堂,左右厢房,东面厨屋。

古宅的主人金经昌,别名金石声,是我国城市规划教育的奠基人之一。早年毕业于同济大学,并到德国进行道路与城市工程专业的继续深造,成为了一名出色的设计工程师。虽身在海外,却心系祖国。1946年,怀着满腔报效祖国的情怀回到了祖国的怀抱,开始了他城市规划的教学生涯。同时期为同济大学教授,同时担任城市规划室主任。后期担任同济大学城市规划研究所所长和中国建筑学会城市规划学术委员会副主任委员。治学严谨、热爱祖国的他,创立了教研室,长期致力于城市规划教育事业,为祖国的城市规划与建设输送了一批又一批人才,奠定了祖国规划建设事业的基础。他是改革建设的先锋,也是婺源人的骄傲。

行走在山清水秀的婺源,一个个村子,仿佛是绿色大海中的一叶白帆。远离纷繁的尘

客房

世,来到这个万山环抱、古道逶迤的世外桃源,让人心灵顿时安静下来。经过维修保护后建成的"儒意堂"民宿,粉墙黛瓦,檐角高翘,天井回廊,雕刻精美。民宿既有古典的韵味,又有现代的卧室和活动空间;既保留了徽派古建筑的原始风貌,又能满足现代人对舒适生活的要求。

儒意堂总共有16间客房。民宿内餐厅、客厅、酒吧、咖啡厅、会议厅等一应俱全。餐饮菜品在婺源特色美食基础上作了完善提升,给人难忘的享受。

大门和院落

茶室

正堂多功能空间

度假客人体验活动

# 第四节 思口镇思溪村花田溪、积微山舍、七叶衍祥

## 一、花田溪

2015年，一个河南洛阳"80后"青年来到婺源，租下了思溪村一幢破旧的老宅，踏上了让他的民宿梦开花的艰难历程。他是同济大学风景园林专业硕士，年薪百万的规划设计师，还曾获全国优秀景观设计师称号。他和团队经过三年的维修改造，终于2018年1月5日在上海迪士尼小镇举行了开业发布会，把"花田溪"打造成了婺源的网红民宿。他的名字叫马志刚。

"花田溪"民宿占地面积460平方米，建筑面积1200平方米，传承了原民居的徽派风格，又按照当今乡村度假的多元消费需求，设计建设和举办了许多深受客人喜爱的项目。首先是客房设计，18间房主题各异，有可以躺在床上欣赏星星的星空房，有体现不同地域风情的民俗房，有以青花瓷和石雕文化为特色的雅趣房，还有满足出行家庭不同年龄爱好的全家福主题房。民宿内还建有儿童娱乐室、台球室、卡拉ok设施、多功能活动露台、壁炉，以及精心设计的美拍小场景，每处都可以拍出网红照。餐饮上，既有乡村风味的农家宴，也有鸡尾酒、咖啡等都市饮品，还有大众喜爱的火锅、烧烤。"花田溪"还不时举办陨石科普研学、农耕文化体验等文旅活动。民宿还对当地土特产进行精深加工，开发出米酒、油、霉豆腐等系列伴手礼，不让度假游客空手而归。在管理和服务上，"小马哥"马志刚不断探索，总结出一套科学的程序和"品控"方法。"小马哥"经常戴着白手套检查卫生，穿着红拖鞋体验服务，发现问题马上研究解决，使"花田溪"的服务让客人真正享受到家的温暖。"花田溪"保护了老宅，解决了当地部分农副产品的销路和近20个村民的就业，赢得了社会各界的赞誉，被婺源县委、县政府评为2017年度发展民宿产业先进单位。

天空之镜：露台餐桌

窗外的花田

景观美宿

酒吧

网红美拍场景

## 二、积微山舍

2015年夏天,澍德堂遇见了一位叫徐婷婷的女子。

她从小在婺源长大,目前定居上海。在外打拼多年,心中总有一份牵挂挥之不去。她想念婺源的山,婺源的水,婺源的板凳桥,婺源的粉蒸菜……

人到中年,她怀揣田园梦,回到日思夜想的老家婺源,一路寻找,寻到思溪。看到澍德堂,她眼睛一亮,这仿佛就是她梦中到过的地方!

澍德堂背靠绵延的来龙山,满目青翠。弯弯的玉带河,在她身边汩汩流淌。飞檐戗角的徽派老屋,长满故事。这是她魂牵梦萦的故乡,这是她心灵栖息的家园。

经过整整两年的精心修复,破旧的澍德堂恢复了生机。她力求保持老宅的外部面貌和气质韵味,只是改造宅子的内部使用功能。修复后的老屋有了一个诗意的名字——"积微山舍",寓意是见微知著。

深灰色的砖砌成一人高的波浪形院墙,好像一首首乐曲,又似一丝丝涟漪,与粉墙黛瓦的老宅色彩一致。半亩方塘里,睡莲静静卧在清澈的水中,几条红鱼在莲叶下嬉戏。

门楼气宇轩昂，高贵大气，石雕砖雕木雕精美绝伦，显示着徽商昔日的风华。

老宅有前后天井，均由大块的青石砌成，呈长方体向下凹。待在老屋，足不出户，吹风听雨看月数星，仿佛回到久违的童年。后天井的墙上长满了青苔，斑驳陆离，像一幅写意画。

脚踩青石板，走向老屋，走进厅堂。"澍德堂"匾高悬堂上，"彩笔千秋光大业，清襟万里慕高风"的对联分列两旁。"望重东山"的匾额高挂。一张红豆杉八仙桌昭示着澍德堂祖上的富贵身份。

15间客房，宛如《诗经》里走出的女子，都有一个诗意的名字：卷耳、楚茨、蓼莪、兼葭、玄鸟、关雎、子衿、子佩、桃夭、月出、采薇、湛露、淇奥、野有蔓草、南有嘉鱼。

坐在典雅的茶室，欣赏着木雕菊花竹韵，听轻悠的禅音，看堂主表演茶艺，慢慢啜饮，你的心渐渐安静，忘记了尘世的喧嚣与烦恼。

你可以暂时离开手机电脑，来书吧小坐。堂主备了满满一架书，"满架诗书一屋香"。挑一本喜爱的书，静静地坐在书桌前，享受一顿精神食粮。读累了，你可以拿起桌上的毛笔，临帖习字。

在三楼休闲花廊，靠近楼梯的白壁上，大小不一的麻色蒲团拼成一个熊样的图案，坚硬的墙壁顿时活泼起来。三盏黄里透着黑线的南瓜灯垂直而下，仿佛听见南瓜花开的声音。一小篮一小篮满天星从对面竹壁扑面而来，像一个个灵巧的娃娃，调皮地眨着眼睛。鸟儿叽叽喳喳，不时从这家屋瓦飞到那家屋瓦。你可以着一身休闲衣裳，或捧一本书，或品一盏茶，或饮一杯咖啡，或和知己聊聊天，或什么也不做，只是静静地坐着，做一个闲人，享受这乡居的宁静。

外景

茶室

书吧

　　拾级而上，登上高高的木质观景台，堂主名之映翠台。清晨，朝霞映红了你的脸庞，一群鸟儿叽叽喳喳飞向蔚蓝的天空，一村的粉墙黛瓦，尽收眼底，与后山的青山绿树相互映衬，十分养眼。黄昏，一朵绮丽的晚霞伏在山头，夕鸟投林，农人荷锄归来，一览思溪村景，聆听天籁之音。

小客人采摘食材

客房

## 三、七叶衍祥

　　"七叶衍祥"的由来与清王朝高度提倡敬老有关。乾隆曾下旨各地，如有上见祖、父，下见曾孙、玄孙者，可具结呈报，经核实后给予奖赏。这是中华民族敬老尊贤传统美德的一个见证，劝化人们积德扬善，追求家庭完聚，乐享天伦。据《婺源县志》载，俞文炳之妻程氏，思溪人，年90岁，亲见七代五世同堂，道光二十八年（1848年），题请"七叶衍祥"匾，赏缎帛银两。

　　古宅建于清代中期，占地面积320平方米，建筑面积620平方米，三间两进两天井两层。2015年时，房子破旧，损坏严重，幸得投资人租赁维修保护，开发成民宿，延续了古宅的生命。

　　民宿中有12间客房，以二十四节气命名。民宿中还设有茶室、咖啡室等，餐饮菜品以婺源特色美食为主,还可以组织客人举办各种文化旅游活动。

正堂活动空间

客房

庭院

怀旧角落

壁炉休憩空间

# 第五节　思口镇西冲村墅家·墨娑西冲院、西府隐居、从前山居

## 一、墅家·墨娑西冲院

十年前,"墅家"品牌创始人聂剑平先生许下宏愿:"我有一个理想,让全天下的人都能住上别墅。"于是,他从保护开发婺源西冲院第一家民宿开始,几年来,已经建设了丽江雪嵩院、宁波韩岭院、苏州同里社、惠州玉庐汇等"墅家"品牌民宿。聂先生自称是非专业建筑师、非专业商人、非专业旅行者。正是这种跳出传统"专业"思想束缚的定位,使他在民宿开发理念上,形成了与众不同的独特视角,彰显出"墅家"品牌的个性风采。

走入西冲村口,苍翠的巨大古树静静矗立,透过茂密的枝叶向村内望去,青山绿水粉墙黛瓦,墅家·墨娑西冲院在光影中展现开来。谁曾想到,这处舒适的乡间度假居所,是由2组近200年历史的破旧的清朝老宅改造而来? 设计师重光了古宅的前世,改写了古宅的今生。

墅家·墨娑西冲院民宿的主体,由正和堂(又称"职思堂")、耕心堂两组相邻的古宅组成。古宅的建设时间在清道光年间,占地面积1010平方米(含院落),建筑面积1877平方米。

正和堂由两路建筑构成。东边一路是家祠,南边是门楼,中间是庭院,北边一层是敞厅,二层是楼厅。西边一路是三间两进两层的民居。关于职思堂家祠,《西冲俞氏宗谱》记载:"念我赐赠朝议大夫先君子节斋公,身在江湖,心怀乡井,无日不以培植水口为念切。然以基址难图,故有志未逮,不肖等藉庇蒙庥,欲酬罔极之恩,急体未竟之愿,不惜多金,零收地址,得尺则尺,得寸则寸,或毁方而就圆,或裁长而补短,聚米亦可成山,成裘何妨集腋? 迨既获其全业,乃鸠厥工,乃庀厥材,筹划固已多年,成功难于不日,创造在壬午之夏(1822年),告竣乃甲申之春(1824年),于以妥先灵,于以藏木主,于以定祀典,于以展孝思。李水部颜之,张太守书之,堂曰:职思堂。"可见这座家祠的建成来之不易!

耕心堂也由两路建筑构成。东、西两路都是三间两进两层的民居。

两组古宅主体建筑方正,两侧山墙俗称"马头墙",梯级形状,高出屋面。白墙、青砖、黑瓦、飞檐、天井既朴素典雅,又端庄灵动。但徽派民居受布局和采光的限制,容易带给人阴冷逼仄的感觉。在保护维修和民宿改造中,需要解决的一大问题,就是如何克服这一不足,满足现代人的住宿功能需求,让客人在感受老宅岁月气息的同时,有一份放松舒适的居住体验。

如何在恢复古建筑的同时,有所创新,以适应现代人的审美需求? 设计师围绕这个问题做了大量的工作。传统徽州老宅最大的特点是有天井无院落,视觉感官比较阴暗难以久居。设计师利用家祠前的空地加建一幢由一层咖啡厅和二层水景房构成的两层小楼,家祠与小

楼自然形成了一处有回廊的院落,使空间变得更有层次感。所有古建筑天井及公共部分完全按照老宅原样恢复如旧,而客房室内,沿外墙一侧保留了原样,新隔墙均为白色石膏板面刷涂料。聘请国家非物质文化遗产传承人修复古宅梁栋木雕。地板刻意挑选了带节疤柞木,原有木结构体,均保持原样,自然而不露痕迹地将新与旧完美融合。室内色彩基本以黑白灰为主,局部间以跳跃的红色、绿色、黄色,使得空间不显沉闷,具有现代时尚的气息。家具则大部分根据当地徽州家具款式做了简化设计,上色则从法国新古典家具中吸收灵感,上了三种不同颜色。同时为了让建筑与乡村生活融为一体,老宅前开挖了一处荷塘,将原本完全幽闭的徽州民居改造成一个远山、近水、休闲平台、咖啡厅、祠堂内外交融呼应的休闲空间,古典美与现代美和谐共生,完美地展现在人们面前。

来墅家·墨娑西冲院度假,不仅能满足你住别墅的愿望,还能让你体验许多令人惊喜的乡村活动。

你可以游览西冲村、俞氏宗祠,了解村落文化、宗祠文化、徽派建筑。西冲村是叱咤当年的徽州木商世家——西冲俞氏故里。这里至今依然流传着当年的种种传说和传奇故事。徽州文化中的宗祠文化、徽派建筑特色依然完整传承。

你可以漫步田园。风景好的地方,随意走走都是享受。两座树木茂盛的山林将西冲村夹在中间,典型的山谷地貌让这里成了水的天堂。村民们会在自家门前流过的小溪里淘米洗菜洗涤衣物,也会蓄起水池养起满塘的小鱼。每日晨起与黄昏时分,最适合在村中随意漫步。淳朴的浪漫弥漫在整个村落里,散落在家家户户升起的袅袅炊烟中。

你可以徒步古驿道。徽饶古道是几百年前徽商入赣的经商要道。如今,西冲村村边依然保存着一段始建于唐代的青石板路。走在上面,无法想象这样的路在古代有百余千米长,吴国和楚国在这里分水,饶州的茶和徽州的墨由它开始流向四面八方。

你可以制作当地糕点。西冲院的厨娘素有民间米其林大师的美称。来西冲院,你可以和她一起下厨房,认识各种只有婺源才有的原生态食材,学最地道的西冲美食。

你可以学习编制竹筐。西冲的一幢民国老宅里,有位专门做鸡笼和熏衣篓的手艺人。看他在一条悠长的小巷里,在斜长的暮光下,编制一件作品像编织一寸光阴。或者跟他一起,在他的指导之下做一个小物件。

你可以临溪煮茶。婺源自古被誉为"茶乡",茶圣陆羽曾提到"歙州茶生婺源之山谷"。西冲村有一口长生泉,泉水全年不断,清澈心扉。晨起打一壶山泉水,柴火慢煮,静静等待沸腾的到来。冲一泡滚茶,看一本闲书。这里可能没有那么多茶艺的表演,有的是对着一片荷塘,饮茶读书,享受时光流过的淡然与美好。

你可以在山间写生。西冲村相传为西施终老之地,就连山林间的风景也似乎沾染了几分美人的动人风采。在西冲院荷花塘与山林之间有一条蜿蜒的小路,是村民放鸭赶牛、进山劳作的途经之地,也是西冲村风景的精髓所在。在这里,支起画板,肆意挥洒,颜色与线条在指尖变化,白色的纸张也被赋予魔法。

你可以练习书法。在西冲院老宅的天井下,放置了一桌笔墨纸砚供客人书写。砚台为远近闻名的鱼子龙尾砚,出于本县龙尾山。墨块选自古徽州绩溪的老字号——胡开文。敬候来者,将这旧时的华光,浓、淡、枯、润……化在纸笔之间。

　　你可以骑着自行车环游周边村落。西冲村周边思溪、延村、清华、月亮湾等地都是婺源著名的旅游景点。从西冲院出发,从清晨到日落,沿途骑行,每一个时刻,景色都各不相同。傍晚返回,吃一碗热饭,品一盏香茗,洗上一个热水澡,剩下的就是跳上躺椅,对着湖光山色悠然自在了。

　　你可以画油纸伞面。婺源特产甲路纸伞制作技艺是国家级"非遗"项目。在一切可以涂鸦的地方画上只有自己才懂的图案,是小时候最喜欢做的事情。那些画里,藏着童年的喜怒哀乐,藏着童年的纯真时光。在西冲院,孩子们可以随心所欲地为油纸伞画上他们心仪的色彩。这种极具仪式感的艺术表达,让孩子们的想象力和创造力无限发挥。伞面绘成的那一刻,创造带来的成就与自豪说不定会成为终生难忘的体验。

外景

演艺餐厅

内院多功能活动空间

你可以品尝咖啡、茶点。下雨天的西冲院有美人出浴的清丽脱俗。如果什么都不想做，那么在一个安静的午后，泡上一壶明前好茶，看雨水在荷叶上共舞，看荷花随微风轻轻摇摆，慢享这一份得天独厚的悠闲与静好也是不错的选择。

墅家·墨娑西冲院民宿有18间客房，27张床位。餐饮以婺源菜为主，为每位光临的客人提供管家式服务。

带地暖的客房

乘竹筏赏美景

## 二、西府隐居

"西府隐居"民宿，由西冲村内古宅"三房"维修改造而成。"三房"是一幢体量很大的古宅，占地面积360平方米。清朝中叶，主人建此房给三个儿子居住，故称"三房"。屋内有三个天井，两层建筑，三户人家可在屋内互不干扰地居住生活。此屋总体格局保存完整，局部建筑构件受白蚁侵害。2014年10月，来自广东的李正雪先生承租了此屋，聘请能工巧匠对古宅进行了全面修复，利用其作民宿，并命名为"西府隐居"。

正堂公共空间

歌舞雅集

"西府隐居"民宿，将传统徽居特色与现代舒适元素完美融合，延续"三房"曾经的端庄和

雅致，又注入新的慢生活元素，为长期生活在城市的朋友们提供一解乡愁的隐居之所。民宿共有11间房，你可以来这里品茶、习字、抚琴、浣纱、锄荷，享受难得的"半日闲"。

吧台

餐厅

客房

卫浴设施

## 三、从前山居

"从前山居"民宿的前身，是古宅"同德堂"，建于清代中期，是一幢前店后宅加私塾的建筑。建筑面积700平方米，三间三进两层，布局繁复严谨，充分考虑了采光、通风、排风、灭

庭院活动场地

火、防盗、储存、居住、出行等生活需求要素。马头墙白粉，屋瓦黛灰，内天井烟雨阳光更是一大特色。原主人主要以收购茶叶、炒制并经由徽饶古道售卖到京沪及海外为主要商业模式。老宅年久失修，已经有些损毁。2015年，广东省民宿行业协会会长、江西从前慢公司杨虎董事长，为了抢救保护古宅并开发利用，承租了同德堂古民居。经过三年的修旧如旧复建工程，"从前山居"民宿于2017

年春节正式开门迎客。

从前山居民宿的设计理念是,以乡隐文化为主题,客房均以李白、白居易、陶渊明、王维等大隐士的字号命名,致力于为度假客人提供乡村慢生活的体验。

在民宿特色方面,民宿内大部分家具为创始人杨虎收购自民间乡村,共计有100余件老家具、家什。

客房分布方面,独栋两层的贵宾房有2间,四合院内设有1间贵宾房,中堂设有3间双床客房,三进厅堂设有2间双床客房,二楼设有5间双床客房,共计13间客房。客房面积为25~108平方米,床的宽度为1.4~2米。

从前山居乡村餐厅可同时容纳40人就餐,菜品主要是当地农家菜,亦提供火锅、打边炉等个性化餐饮服务。

从前山居会议室可容纳25人开会,并配有投影、音响设施。

外观全景

阳光茶室

阅读吧

客房

卫浴设施

# 第六节　思口镇花满堂、见外、睦伦堂

## 一、花满堂

　　琉璃乡院·花满堂民宿，位于思口镇漳村，原是一幢建于清嘉庆年间的徽商老宅。房子坐南朝北，占地面积226平方米（含前院），建筑面积420平方米。三间两进两层，一脊翻两厅梁架。一进有四披水天井，两间厢房。二进是三披水天井，也设有两间厢房。老宅于2014年大修，并于2015年开业。除了古宅外，还建有临河的景观餐厅和观景露台，民宿总占地面积达600平方米。

外景

　　民宿内共有13间客房,每间客房的房型和面积都不一样。还配备了茶室、影院、图书馆等设施,可供旅客免费使用。民宿可体验包清明粿、中秋拜月活动等。餐饮菜品多为婺源特色美食,有荷包鲤鱼、清明粿、糯米子糕、糊豆腐等。

正堂多功能空间

客房卧室

卫浴设施

景观餐厅和酒吧

观景露台

## 二、见外

见外民宿位于思口镇漳村。民宿共有两幢建筑，一幢是老宅，一幢是新宅。老宅建于清末，三间两进两层，前、后进各有一个三披水天井，占地面积200平方米，于2016年开始大修，2018年开业。整个民宿总占地面积400平方米，建筑面积700平方米。民宿中有13间客房，设有茶室、咖啡室等公共空间。餐饮菜品以婺源特色农家美食为主。

庭院活动空间

大门入口

古宅天井改造的景观

茶室和书吧　　　　　　　　　　　　酒吧

## 三、睦伦堂

　　睦伦堂民宿位于龙腾村的翠谷田园间,主体是建于清朝晚期的一幢古民居,另外利用倒塌的余屋和后院,建设了休闲吧和户外活动花园,总面积1000余平方米。

　　睦伦堂古宅,面阔10.7米,进深25.6米,占地面积274平方米。大门临街,进门后是落轿间,有前院,进深2.5米。正堂建筑三间三进,第三进有三层,其余为两层。一进有三披水天井,两厢房,进深7.9米。二进进深6.4米,也是三披水天井两厢房。三进是厨房,有个三披水小天井。

　　古宅历经150多年风雨,总体格局依然,但也有相当部分损毁。幸好有一天与民宿主人吴女士结缘,得到她倾情倾力保护维修,从2016年开始,经过两年的精心修复,百年老宅重焕光彩,吸引了八方来客,为之增添生气。

　　睦伦堂民宿设有13间客房,可以为度假客人提供特色餐饮,组织举行各类有文化内涵的体验活动。民宿所在的中国传统村落龙腾村,青山环抱,碧水如带,宛如桃源之境。村中古巷悠悠,徽居耸立,古风依旧。这些,就是民宿主人选中睦伦堂的原因,也是都市人花多少钱都买不到的。

后花园夜景　　　　　　　　　　　　酒吧和茶吧

品茶

客房

户外骑行

# 第七节 蚺城街道厚塘庄园

　　厚塘庄园,位于县城蚺城街道潋溪河畔的千年古村塘村,距婺源高铁站1.5千米,距AAAA级旅游景区梦里老家演艺小镇、水墨上河,均为2千米,距AAAAA级景区江湾24千米。民宿始建于2008年,历经多年营造,2016年正式对外营业。

　　厚塘庄园,因位于塘村后塘地段而得名。塘村是紧邻县城的古村落,于北宋中叶由俞姓始建。因俞、鱼谐音,塘村俞姓的先辈们取"鱼入塘必衍之兆"而得此村名。

　　塘村有典型的徽派村落布局和徽派建筑。村头河畔更有一大片令人叹为观止的千年金丝楠木群水口林,还有樟、枫、槠等古树名木。古木参天,绿荫铺地,有诗人吟道:"流连不独恋溪山,水口风光讶巨楠。荫底垂杆消永昼,此间信是子陵滩。"可见这里的风景何等惬意,文化底蕴何等深厚。

在整个村落中,后塘书院历经几毁几兴,明清时曾是大户人家私塾,供整个家族修身冶学。经太平天国战乱,日渐荒废。许是书香气息浓厚,1949年后,书院两度被改为学校,分别为后塘中学(五七中学)和梅林中学(下呈中学),后来相继搬迁。而厚塘庄园便是在"后塘书院"遗址上修复而成的,历时多年营造,延续了传统徽文化的古朴隽永,描绘了"新"后塘的时尚风情,承载着老徽州的亲切记忆。名木古树,马头墙,小青瓦,庭院错落,花木繁茂,厅榭精美,充满了诗情画意。

厚塘庄园的开发理念是:营造"明清文人庄园",保持原生态乡土情怀的古徽州田园禅茶生活,打造以古徽州传统文化生活为核心体验的高端度假产品。"乡村文化生活"是核心,让度假客人感悟生态优美的田园环境和独特的古徽州文化遗产共同融入的宁静庄园,由精致乡土生活而衍生出配套发展的多业态产品,有机融入徽州文化展示、古村落观光、农业采摘、特色餐饮、精品美宿、婚礼策划、马术俱乐部等多种休闲度假旅游业态。

庄园鸟瞰图

厚塘庄园占地面积28万平方米,包括茶食山房迎宾区、后塘书院美宿区、茶蔬田园生活区、乡村马术运动区等四大板块。由七幢年代不同的徽派建筑,通过五进大小庭院连接而成。目前共有20间客舍,每套都是单独设计,与众不同,营造精美舒适的徽文化园林式入住体验。庄园以中国古徽州传统文化生活体验为亮点,向度假客人提供恬淡、飘逸、幽致的士大夫田园生活。

### 1. 茶食山房迎宾区

茶食山房为厚塘庄园入口处标志性建筑。客人在停车场下车后,在迎宾引领下,可步入一座三进院落。茶食山房建筑总面积约1600平方米,是一座可容纳200人就餐的多功能文化餐厅。采用"保护迁移"与"新旧共生"的方式,糅合现代材料,将新老建筑融为一体,涵盖了中餐宴席、团建会议、品茗、禅茶文化展示等多种功能,在"新旧相融"与"保护创新"的同时,传统生活方式之典雅,谦恭待人接物之礼俗,拥抱乡野自然之融乐,都在其中得以体现。

茶食山房核心建筑为清嘉庆年间大夫第——谦正堂。总建筑面积约320平方米,室内雕刻精美,木雕故事种类多样,仅主梁上即刻有八仙贺寿、空城计、出师表三个不同类型的民间故事。天井处有八个造型独特的斗拱,取自"才高八斗"的寓意,今采用"保护迁移"与"新旧共生"方式对古宅精心修缮,增加了玻璃天棚,大大提高了整个空间的利用率和舒适度,将新老建筑融为一体,整体重现徽派建筑的新特色。

茶食山房外观夜景

谦正堂餐厅

谦正堂的二层,结合古宅的"回"字形走马楼空间,布置有两个精品茶室,小型休闲茶吧,可细细体味徽派建筑的室内空间与窗外厚塘园林的四季之美。

茶食山房二楼还建有春日厅,为会议、培训、雅集、餐聚等多功能厅。"春日"取自朱子的一首诗名。大厅占地面积约150平方米,可容纳60~80人。

婺源是南宋理学家朱子故里,朱子一生注重礼仪,热情好客。他常以精心加工制作的地方特产待客,形成了富有特色、美味可口的"朱子家宴"。厚塘私房菜在徽菜的基础上加以提炼,精选园内自产有机食材,搭配古法食补养生智慧,带您品尝最地道的徽州味道。不仅色香味形俱全,而且蕴含了浓郁的书卷气息。在这里用餐,不仅舌尖上品味了一席传统文化浸渍的乡土美食,而且心灵上饕餮了一席乡土美食烹制的传统文化。在这里,可以吃得放心,朋友,安坐叙事,开怀畅饮,尊享私房名菜,体味"文公"风华。

### 2. 后塘书院美宿区

后塘书院美宿,在古代后塘书院和原有学校旧址基础上改建而成,为典型的徽州园林式建筑。建设中采用尊重历史、新旧共生理念,修复改造了原有20世纪七八十年代的老校舍,整体保护性迁建了三幢明清老建筑,并采用传统徽州工艺将其完整修复。将不同时期建筑融为一体,利用古徽州建筑元素——马头墙,统一其建筑风貌,并赋予其客房、餐厅、咖啡吧、茶室、会议等新功能。

园内客房区域主要由四幢建筑围合而成。每幢建筑配备了若干的共享空间:小书吧、观景阳台、荷花小院、茶室等,以便于客人之间的交流和休闲活动。进入到每间客舍,均通过亭、廊、台、小院落等建筑空间过渡,既保证了客人的私密性,又让空间变得更加有趣。每幢楼分别装修成适应不同游客需求的高端客房,设置有独立舒适的卫生间和浴室。入住的客人可享受到传统与现代相融合的服务设施。在房内开窗位置充分考虑室外园林借景,临窗眺望,四季景色各异,给人以美的享受。下面对四幢建筑做些介绍。

(1)礼和堂(大夫第):始建于清乾隆年间,三层建筑,占地面积280平方米。原为龙尾村江姓家族府邸,当年房屋主人曾受朝廷赐封奉直大夫,故也称"大夫第"。宅子坐北朝南,采用"保护性异地迁建"方式对古宅精心修缮,基本格局以"四水归堂"的天井为中心,一层为书院茶室,二层为舒适客房。中庭改造为空中鱼池,增加了一层空间的舒适性和二层客房观鱼的趣味性。室内雕刻精美,青石板铺地,斗拱横梁上木雕精美,刻着"百忍成金"等经典民间故事。阳光从天井上透过空中鱼缸落下,浮动的光影在栩栩如生的浮雕上缓缓流动……这里的一砖一瓦都是故事,整体展现了徽派建筑特色和古徽州文化韵味。

礼和堂禅茶室　　　　　　　　　　　　　　礼和堂空中鱼缸

(2)方塘书屋:始建于清初,两层建筑,占地面积260平方米,原是赋春冲田村一处官宦人家的读书楼。传说此楼曾经是清代著名科学家齐彦槐读书、休息的场所,后因年久失修,即将倒塌。现采用"保护性迁建"方式将其修复保护。书屋木楼精致,横梁上木雕精美繁复,且保存完好,刻着"文王求贤""三顾茅庐"等故事。二楼美人靠处刻有"立夜雪坐春风""读书处"九个字,点明了这幢古宅的功能。现利用其作为公共文化活动空间。

(3)滴翠书舍:始建于20世纪60年代,占地面积240平方米,临荷花池而筑。20世纪60~80年代,厚塘曾经是老梅林中学校址所在地,此楼原为教师宿舍和办公楼,现结合新功能改造为四间雅趣客房。

滴翠书舍外景　　　　　　　　　　　　　　　客房庭院

(4)冠佩楼:因面对全园最高峰——冠佩山而得名,分三层依山而建,砖木结构。此楼与冠佩山、县城旧县衙所在地龙墩,同处一条中轴线上,曾几度毁于战火,现运用徽州工法将其修复,开设了两套客房。楼前两棵百年樱花树已长成"连理枝",每年三月,樱花开满枝头,是拍摄"樱花雨"的最佳摄影点。

冠佩楼外景　　　　　　　　　　　　　　　冠佩楼客房

### 3.茶蔬田园生活区

这里有百亩茶园和相关配套的茶叶制作车间、百亩果蔬采摘园。客人可在此做一日农夫,体验农耕之趣。茶园内有乌牛早茶、龙井、本地上梅州早茶,并套种了桃树、李树、杨梅树等果树。同时,结合地形建成了长达3千米的山地自行车骑行道。每年还会举办持续三周的杨梅节,酿造杨梅酒,烹制杨梅菜品等活动,杨梅缀青枝,烂漫照厚塘。这里还有垂钓池塘,有大面积水体和丰富的岸线。

### 4. 乡村马术运动区

占地面积46000余平方米。园区为四季常青的杨梅林所覆盖,茶园小溪环绕其间,有优美的自然风光,充满了郊外野趣。现有两处马场,一处为有800米赛马跑道的正规马场,另一处为儿童马术训练场。采用开放式马厩,内有十个单间,拥有阿拉伯半血、蒙古半血、澳大利亚纯血和阿根廷半血等各品种马十余匹,以及相应的专业马术设备,可供客人四季骑游。

乡村度假生活

儿童马术训练场

厚塘庄园除了为客人提供丰富多彩的休闲度假体验设施外,还因地制宜,因宜制趣,因趣制奇,因奇制胜,通过园林和山水画的完美结合,营造出天然画卷般的园林美。

远处是由茶园、果园、农田等组成的自然乡野风光。近处,厚塘书院内的园林更为精致。因地形有高有凹,有曲有深,形成高低错落的层进院落,利用大小不一的循环水景将各院串联,形成塘、池、泉、溪等多种水景,动静相兼,活泼自然。充分利用水面倒影,使得景影相应,造就一种奇妙的幻景。同时,上百棵名木古树和精挑细选的百块奇石,分布于其中,有500年的红花檵木、1300年的紫薇树,还有红豆杉、金丝楠木、百年樟树、银杏、红枫、樱花、腊梅等上百种不同的植物错落有致地排布,各种花木的生长、开花、凋谢,反映了自然界季节和时令的改变。随着四时流转,处处有情,景景生诗,含蓄曲折,余味无尽。

整个园子巧妙地利用自然地形和环境的特点,巧用匠心精心布局,将各种能增添艺术情趣、丰富画面构图的外界因素引入园林空间,通过形、声、色、影、香诸因素的有机结合,力求达到最大景效和最美意境。

漫游厚塘,值得打卡的景观,令人目不暇接:

镜池水榭:占地面积1500平方米,是全园入口处风水池。顾名思义,此水池如同镜面一般,将周边的徽派建筑、连绵群山、天空碧云倒映在池中,亦将世间喧嚣阻隔在外。既是园内标志性景观,亦是园内消防用水及景观用水的主要水源。镜池-抱月广场及水上舞台,可举行徽剧、傩舞、中秋拜月、水上禅茶、荷塘听曲等特色文化活动,亦可举办户外婚礼、小型酒会及高端茶会等活动。

荷塘亭台:坐落在园中部700平方米的荷花池内。四面皆水,莲花亭亭净植,岸边柳枝婆娑。亭外形古朴大方,四面通透。亭中有抱柱联:"闲步芳亭消俗虑,静居雅室悦清音。"古亭功能多样,可品茗赏花,也可作为草坪酒会的临时水榭。

紫薇芳园：这里有树龄300年以上的紫薇树群，夏季交替开紫红色花，可以延续百日以上，形成夏日里一道亮丽的风景。

春风茶亭：婺源自古山道间、大路旁均有路亭，路亭之多不可胜数。路亭多为商贾或乡人捐田修建，亭内常年免费施茶、草鞋，路亭建筑形式多为木瓦顶，围以石墙或砖墙。亭内通常有坐凳，供人歇脚。明清时期，厚塘原有一条青石板古道通向婺源县城，古道上有路亭若干。经历风雨沧桑，目前古道仅500米，周边村落老人仍喜由此道前往县城。坐春风亭，由厚塘庄园新建，遵从建亭古意，为途中行人、过客提供一处遮风挡雨、停留休憩的去处。坐入亭中，便可一览青翠茶园美景。

镜池　　　　　　　　　　　　　　　　　　　荷塘

"建一座园林过日子。"当城市化让园林梦断时，厚塘庄园试图通过将明清文人园林意境的延续，复活"雅集"，推广乐活、慢活、雅活生活方式。厚塘雅集切合当代语境，与时俱进。它是一种美好生活形式的温故和尝试，更是一种雅文化传统的呈现和演绎。

镜池水榭雅集

厚塘庄园结合二十四节气和现有农业资源，开发出"农+旅"四季活动套餐，把旅游简单的"吃住行"提升为乡村休闲度假游，给客人提供不同的乡村度假休闲定制活动。运用庄园得天独厚的地理条件，结合自身农业资源，策划出马术表演、茶艺表演、水上汉服秀等活动，根据不同季节、节日、人群,搭配组合,提供多样化度假活动方案,以满足不同客人的需求:三月油菜花节,四月采茶制茶,五月端午泛舟,六月杨梅采摘节,亲子暑假水上游,中秋拜月祭祀,重阳登高孝亲游,秋季红枫采菊节,春节暖冬盛宴等活动,都得到了客人的一致好评。

# 第八节　江湾镇今生今室、吾宅、松风翠、廿九阶巷

## 一、今生今室

今生今室民宿,坐落于中国传统村落上晓起村。晓溪河水从门前穿过,青山古树环绕,黑瓦白墙装点,在雨中,在阳光下,都是一幅田园诗画。民宿距离著名景点江氏宗祠、江家老屋、进士第、荣禄第、大夫第很近,皆步行5分钟可至。

民宿的主体古家祠"十房厅"、古民居"致和堂",距今已有200余年历史。

"十房厅"又称"光禄公祠",与它附近的江氏宗祠敦贵公祠一样,都是清朝晚期两淮盐运使江人镜出资所建,是上晓起村江氏第十房的家祠。祠堂前有一小广场,门楼五间,进门后有天井,两侧庑廊通享堂。后面的寝堂已改作他用。祠堂面阔9.6米,进深18.8米,占地面积180平方米。门楼卷棚和梁柁以及享堂的梁、枋,都有寓意美好的雕刻。

致和堂,面阔12.8米,进深24.8米,占地面积317平方米。老宅三间三进,每进都有天井。第三进为三层,其余为两层,建筑面积达700平方米。

2015年,"十房厅"和致和堂已有部分损毁。经过民宿主人李念女士投资保护维修,两幢古建筑又重光旧貌,再添新彩。

"十房厅"现在被用作大型集会活动场所,可以举办茶会、音乐会、歌舞表演和研学活动。致和堂设有13间客房,中式装修,五星配备,古代建筑工艺的精湛与现代生活的舒适性完美融合。民宿还利用老祠堂的配套余屋,建设了厨房、餐厅,开设了茶室、儿童游玩区、书吧等公共空间。

"十房厅"多功能空间

客房

今生今室秉承徽州传统,传承茶艺文化。无论走到哪里,都能感受到独特的文化气息,体验到别具一格的徽州韵味。春游芳草地,夏赏绿荷池,秋饮黄花酒,冬吟白雪诗。今生今室是陶渊明笔下的世外桃源,也是我们心中的理想乡居。在这里,隐去都市繁华,褪去灯火通明,满目是马头墙,青石路,乡村情。情之所至,心之所向;心之所至,情之所倚。来到今生今室,心安处即是家。

禅修室

茶室

茶会

琴箫会

## 二、吾宅

清代著名学者齐彦槐,有一首诗咏他家乡婺源的古村:"古树高低屋,斜阳远近山。林梢烟似带,村外水如环。""吾宅"民宿就坐落在这样一个诗画般的古村——下晓起村。这是一个"中国传统村落",也是婺源最早开发的景区之一。

　　"吾宅"民宿,藏身于古村青石板街巷里,幽僻而不张扬,但骨子里透着悠长的高贵。民宿主人是前华为高管,他聘请了顶级设计师设计,历时五年,对三幢相连的祖宅进行了维修保护,改造成一家房间设施超五星级的臻品民宿。民宿占地面积320平方米,建筑面积1280平方米,主体建筑两进三层。客人可以在这里尊贵体验14间风格迥异的古徽派风格客房。民宿建成后,荣获了由"携程旅游"、网易、今日头条评选的2018年江西旅游酒店"蓝杜鹃奖"最佳精品酒店、最佳设计酒店双最佳大奖。

　　民宿的老宅是典型的徽州"四水归堂"的格局,见证了家族的风雨沧桑,记录了人生的苦辣酸甜。修葺她,保护她,让她重放异彩,是民宿主人整个家族的心愿。

　　吾宅的建造者想较完整地保留历史的记忆,所以,在老宅保护改造过程中,充分复原了记忆中原有的古徽派庭院的特色,在这个基础上,结合江南园林景观设计技巧及现代舒适休闲风格,营造出私家、幽静、古朴、素雅的意境。

　　推开吾宅大门,时光倒转,一生痴绝处,无梦到徽州……徽派建筑色彩平淡,自然以天然木色为主调,辅以白灰色调,青砖黛瓦。以白灰的变化组成单纯统一的建筑色调,具有质朴典雅之美。这种色彩格调与中华"圣人"朱子的"大抵圣人之言,本自平易,而平易之中其旨无穷"的思想是一致的。吾宅大堂地面,全部用老青石板铺成。正堂木柱子不知有多少年历史了,很多人担心会朽烂,老人们却说,你们现在买的那些昂贵的家具都腐烂了,它们还是会好好的!吾宅民宿带给你老的建筑、老的质感、老的温暖!

大堂空间

多功能书房

　　吾宅的设计师把婺源的山水、花鸟、人文都引入为设计元素,使每一间客房都有不同的主题、景观和体验,并且带有浓郁的婺源特色。低调奢华的血统,是吾宅优雅的开始。

　　心安之处是"吾宅"。吾宅民宿拥有千亩私家纯天然农家茶园和百亩私家有机"皇菊"基地、1口鱼塘、10亩农家菜园、10箱土蜂,加上"吾宅农庄"鸡鸭成群。可以用自家地里产的最新鲜的食材招待客人。顶楼阳光餐厅,全透明的设计,从日出到日落,不错过婺源晓起每个角度的景致。

　　人生最美好的事情,就是把时间诗意地消磨在"吾宅"。在这里,可以深度体验明清徽派建筑的美,零距离感受徽文化;可以带着孩子来一场说走就走的亲子游,观赏油菜花海,漫步田间古道;可以在花园、露台、雨廊、晒太阳、喝茶、看书、听雨、发呆;可以下棋、打游戏、运动、

泡吧。在民宿顶楼,还可以泡个既能看到油菜花又能观赏到皇菊的山泉浴,晚上还能手捧红酒,欣赏漫天星辰。

望得见青山的客房

卫浴设施

露台泡池

景观餐厅

## 三、松风翠

松风翠民宿坐落在婺源旅游东线上的中平村,古代称为"三省边塞,徽州锁钥"之地,距国家AAAAA级旅游景区江湾古镇仅2分钟车程,距国家AAAA级旅游景区晒秋人家篁岭7千米。民宿园区占地面积20183.65平方米,古木参天,一泓清溪的静谧,数座古建的温雅,具有与生俱来的朴实与温暖。民宿主人程华振先生,对古建筑怀有很深厚的感情,把8幢散落在偏僻乡村的濒于损毁的古民居,搬迁到松风翠,异地集中保护起来。粉墙黛瓦的徽派古建筑与山水田园交相辉映,古朴典雅。这里晴天蓝天白云,惠风和畅;雨天云雾缭绕,烟雨蒙蒙。夜幕中,山色如黛,虫鸣蝉叫蛙声一片,俨然徽州桃花源。

民宿有家庭亲子房、标间、大床房33间,适合亲子陪伴、度假、会务和养生。民宿还设有餐厅、茶舍、书房、禅室、会议室等,每一幢徽式大墅里,还为你备选了笔墨纸砚,可挥毫泼墨,可即兴写生。这里有丰富的文化生活体验、休闲养生、特色美食制作等活动,还可以体验当地的特色传统文化:垂钓、品茶、欣赏徽剧表演等。民宿园中还建有取山峦之形设计建造的山茶油精炼厂,可让客人体验制油工艺,了解食油文化。

2020年,松风翠被评为江西省AAAAA级乡村旅游点。

松风翠民宿园

度假客人荡秋千

采芹居,宅名取自《诗经》"思乐泮水,薄采其芹","芹"与"勤"谐音,寓有勤奋刻苦之意,为古人高士、隐士之间交往礼仪与饮食方式的自谦语,亦为修身与养生之道。房子建筑面积280平方米,三间两进两层。

善利楼,建筑面积313.6平方米,始建于清初,历史悠久,三间两进三层古建筑,在徽派建筑里较为少见。古民居与周围环境山水相依,人与自然和谐相处。

采芹居客房

善利楼客房

宗古楼,建筑面积285.49平方米,始建于清初,三间两进三层古建筑。

客房

套房会客厅

　　九和楼，建筑面积754.46平方米，三间三进三层，是民宿群中体量最大、雕刻最多的一幢徽派建筑。

天井和楼面

楼厅休闲空间

　　和合楼，楼名取自《周易》中"乾道变化，各正其命，保合太和，乃利贞"一言，意为万物各得其正，保持完满的和谐，万物就能顺利发展。建筑面积260平方米，三间两进两层。后进设有豆腐坊，可供客人体验做豆腐。

　　尚义堂，建筑面积137.2平方米，三间两进两层，木雕、石雕、砖雕"三雕"精美，保存较多。

和合楼正堂活动空间

尚义堂外观

　　问渠楼，因临流而建，故楼名取自朱子诗句"问渠哪得清如许，为有源头活水来"。建筑面积132.67平方米，三间两进两层。

　　临溪楼，建筑面积96.6平方米，三间一进两层，小而聚气，临溪而建，听泉读书，宁静致远。

问渠楼和临溪楼外景

问渠楼会客空间

晤园,园名取自《兰亭序》中"晤言一室之内",意求立此晤园,以会天下之高明。

院落

禅房

## 四、廿九阶巷

江湾镇上坦村,群山环抱,清流映带,是冯小刚导演的电影《我不是潘金莲》的主要外景地。走过横跨一碧汪汪河流的木板桥,穿过月洞门里的29级台阶,曲径通幽,引人入胜,见到高耸的马头墙时,我们便来到了廿九阶巷——徽州慢生活民宿。

民宿傍河而建,由2幢沧桑古宅组成。

**门前碧波荡漾**

　　一幢是建于清雍正十二年(1734年)的"微照堂"。堂名取"紫微高照"之意,距今已有280多年历史,是村内保存较好的商宅,2007年被列为上饶市重点文物保护单位。宅子临添丁巷,占地面积305平方米,建筑面积482平方米。"微照堂"原主人是商界领袖、茶叶大王孙友樵。他创办的"怡新祥"茶号,诚信经营,财源广进,因此花巨资在家乡建了此宅。由于受地基局限,正堂只能坐东朝西,而大门朝西是不吉的,因此,"微照堂"入户布局独特,大门前有两道院门。第一道门朝西,走进后是类似退步的小院,向北折,便是第二道院门,院内是矩形花园。与第二道院门错位同向的才是入户大门。通过这样的设计,宅子的大门便朝南了,改变了门位的风水。门楼砖雕为文王访贤、郭子仪拜寿。进入大门,是恢弘的单进厅堂,四披水天井,一层四厢围合,二层是走马楼。天井上堂大梁,木雕为九世同居,下堂梁,木雕为吉星高照、五福临门。上门头右边月梁木雕为文王拉辇,左边月梁木雕为赵匡胤黄袍加身、杯酒释兵权。正堂的东侧是余屋,一层作厨房,二层有木楼凉亭。余屋东面是后花园。

　　另一幢在"微照堂"西边,隔一条小巷,是临河而建的客馆,分男客馆和女客馆两部分。一层是会客的敞厅,二层是客房,有临河的美人靠木楼。占地面积118平方米,建筑面积166平方米。

　　民宿堂主精通茶文化,还是位女诗人。用了两年多时间维修保护这两幢古建筑,让她们再展芳华。这家画里乡村的民宿,是她心灵的港湾,也是与有缘的朋友共度慢时光的秘境。

　　民宿有客房11间,床位16张。有茶室、香馆、书吧、露台休闲吧等配套度假设施。在这里,你还能品尝到土到掉渣、洋到正点的各式餐饮。民宿还会不定期地举办堂会、茶会、诗会等雅集活动,让客人享受到乡村慢的情调。

院门和外景

四水归堂天井活动空间

外国游客在新春堂会上　　　　　　　　门对青山的茶室

廿九台阶　　　　　　　　　　竹筏仙境游

古典客房　　　　　　　　　　见山客房

# 第九节　秋口镇月亮湾·俞家、悦园·婺扉、懿德堂、志善堂

## 一、月亮湾·俞家

　　江西五大河流之一的饶河,从五龙山源头一路向西,在流经婺源县城东北郊时,河面豁然变得宽阔,水流亦平缓了许多。河中一片经年累月冲积而成的沙洲,呈月牙形伸展在波光粼粼的水面上,这里坐落着一个古老而又簇新的村落——外俞村。外俞村不大,却占尽山光水色。村中有3幢建造于清康熙年间的徽派建筑,特别显眼。这里,昔日是徽商府邸,今日已变身为俞家民宿。这里距离婺源北高速收费站450米,周边景区有月亮湾、水墨上河、李坑等。距离世界濒危鸟类蓝冠噪鹛栖息地石门州只有1000米。民宿位于婺源旅游东线、北线的汇集点,四通八达,十分便利。

　　月亮湾·俞家民宿所在的外俞村(古代又称"九家里"、玉田村),曾经是一个俞姓的聚居地,它与石门村、沙城里、汪口等村的俞姓一脉同宗。唐天祐三年(906年),俞昌奉父之命携家眷从歙州篁墩来婺源避难,首迁县城所在地附近的长田村,成为婺源俞氏始祖。在此后的200年间,俞氏家族经过几代的繁衍,已是枝繁叶茂、人丁兴旺。为了生计和发展,他们也别无选择地走上先辈的老路,有的外迁异乡,有的分户建村,足迹遍及四方。就这样,北宋大观元年(1107年),一位叫俞杲的朝议大夫,晚年辞官回乡,在风水大师的指点下,相中了外俞村这块风水宝地。此后,俞氏便在这里繁衍生息。

　　到清康熙年间,俞应元因创办"宝珍茶号"而富甲一方,因其膝下有九子,故斥巨资兴建了九幢相对独立而又连成一片的房屋,称"九家里"。在很长一段时间里,这组豪宅都是村人引以为傲的建筑。俞应元虽是一个商人,却取财有道,自视清高,他的品格从现在尚存的堂匾"竹节松龄""竹节松筠"中就可见一斑。这九幢古宅现存的只有"馀绪堂""馀绮堂""馀沣堂"三幢。2014年,三幢老宅破损严重,朱德枝女士出资进行保护维修,开办了民宿,历时两年多,才让古宅重新焕发出生机。

　　月亮湾·俞家民宿总占地面积2200平方米,总建筑面积1880平方米。其中"馀绪堂"占地面积360平方米,建筑面积720平方米。"馀绮堂"占地面积320平方米,建筑面积640平方米。以上两幢宅主要用作客房,另设有会议室、茶馆、咖啡馆、酒吧、棋牌室等。"馀沣堂"占地面积260平方米,建筑面积520平方米,主要作为餐厅。三幢古宅均为三间两进两层,穿斗式梁架古民居。马头墙如五岳朝天,天井实现了天人合一的对话,充满了古徽州的文化气息。三幢古宅共有27间高端度假客房,44张床位。另外,民宿前院、后院、周边余地约有1200平方米,用作露天休闲吧、烧烤平台等。

　　花的世界五彩缤纷,民宿的世界五味懿醇。月亮湾·俞家民宿主人的胸腔里酝酿着某种情怀:择一境,筑一舍,痴一物,持一事,日渐形成婺源传统特有的生活方式。游人至,则以茶

酒迎客,与其谈风月聊世事,故事里,举手投足间,皆流露出俞家的生活态度与文化素养……

内庭院

咖啡座

多功能空间

古装琴房

蜜月主题房

古风主题房

卫浴设施

"非遗"传承研学

## 二、悦园·婺扉

悦园·婺扉民宿，取"幸福乐园、婺源门户"之意，位于秋口镇王村。这里离婺源县城中心区只有5千米，距婺源北高速路口只有1千米，交通便利。

据王村《王氏家谱》记载，唐广明元年(880年)，时任江南西道观察使的王仲舒第四子王弘，避黄巢之乱而落脚此地。之后，王氏也出过仕宦和商人，如宋代的进士王炎(号双溪先生)，就是王村人。

王村有清华水和江湾水在村口交汇，古时是古镇清华到紫阳镇的必经之地。明清时期，这里古宅连片，兴旺一如婺源其他古村。但后来，据村里老人说，当年太平军想经过这里攻打县城，王村人全村阻击，与之展开激烈交锋，那场战役后，全村古宅剩下就不多了。悦园·婺扉民宿所保护利用的2幢古宅，显得特别珍贵。

悦园·婺扉民宿主体是2幢古宅，总占地面积220平方米，建筑面积400平方米。古宅原有堂名"怀德堂"，现改为"三茗堂"。悦园·婺扉还建了3幢附楼，占地面积和建筑面积均为500平方米左右。古宅是民宿的住宿区，与厨房、接待厅、书吧3幢新建筑分列100平方米庭院的北、南、东三侧，西面为其他民居。

古宅是清末王姓茶商所建，坐北朝南，一幢是主宅，另一幢是当年茶叶加工及接待来宾的房子。古宅原先就有100平方米左右的院子，由围墙围着。主宅两进两层，梁架三间，楼下每进两间厢房，楼上四间，没有仪门，天井为旱天井，维修后的古宅有四披水天井。

古宅整体比较简单，门口为石门枋，顶部为琴棋书画的砖雕，部分作了修复。室内前厅有垂花柱(花篮和祥云雕刻)，主横梁雕刻"五福图"，两侧雕刻花枋。

悦园·婺扉民宿于2016年初动工，2017年4月开业。民宿主人揭先生因父亲"知青"下放而出生于婺源，在婺源读书到初中后就回上饶读书，之后一直在外读书及工作，只是偶尔回老家探望父母亲及留在婺源的兄长。由于常年在外奔波，看似朋友遍天下，却总感觉自己是浮萍。他经常心想：老了的时候，谁能和我唠嗑？谁能陪我喝些小酒？自己最终会在哪里落脚？那时候，他心中总浮现一片金黄的稻田，稻田旁一幢斑驳的老屋，老屋前有一棵没有几片叶子的老树，几只鸟雀在树梢划过湛蓝的天空。这样的地方只能是婺源了！这种想念多了,便于2015年辞去房产销售总监的职务回婺源寻访古宅,寄托自己的情怀。

悦园·婺扉民宿设计建设理念是:老宅像老人,有阴晦腐朽也有亲切慈祥。要去除阴晦腐朽,保留和提升亲切慈祥,尽可能保留原有格局,提升居住的舒适性。

悦园·婺扉民宿的运营服务理念是:真正做到让每一个客人有回家的感觉,要让每一个客人带着魅力婺源的好感回去,让每一个客人尽可能多地了解婺源。悦园·婺扉民宿做的不是博物馆,而是有亲切感、可亲可近的梦中老家,以此得到顾客百分百的高度认可。经常有远方的客人发来消息说:"我××号回家,给我留房!"

在修复古宅建民宿的过程中,揭先生对古宅冬暖夏凉的系统性组合、室内湿度的平衡、各建筑构造的功能、"三雕"工艺、婺源本土花草的由来、古宅中对礼仪秩序的讲求等都如饥似渴地探究,增长了不少知识。现在,他经常与对徽文化感兴趣的来客,分享和讨论这些问题。

悦园·婺扉民宿有10间客房,12个床位。餐饮在婺源本地农家菜基础上,结合城市的精致,口味适当调淡。民宿会根据度假客人预约,组织开展绘瓷、砚雕、品茶、下棋、投壶、傩舞、婺源文化酒令等文娱活动。

外景与庭院

书吧

正堂活动空间

客房

古乐雅集

书画交流活动

## 三、懿德堂

婺源东线旅游的第一个国家 AAAA 级旅游景区是"小桥流水古镇——水墨上河",懿德堂臻品民宿,就坐落在这个景区的小溪边。民宿占地面积 1800 平方米,由一幢清同治年间所建的老宅"懿德堂"和一幢新中式的新宅组成,中间以园林、亭台、长廊相连接。新旧共生,古典与当代生活共融于一个建筑美学空间之中。

懿德堂古民居,一层占地面积达 220 平方米,三间两进两天井。第一进两层,四厢房,二层为走马楼。第二进为三层。大门为石枋青砖,带砖雕门楣。一层高达 5 米,屋脊高 12 米,梁柱硕大,木雕精美,显得十分大气。

懿德堂民宿主人黄新发,是婺源本地人,毕业于美术学院,对文化艺术有独特的见解,不仅善书法、绘画,还喜爱禅宗、茶艺、古琴、摄影、收藏等。1994 年南下广州,曾先后从事过绘画、新闻、广告、企划管理工作,现主要从事房地产策划和设计。他评价自己的工作时说:"我只是换了一个方式在土地上画画而已。我们营造的不只是房子,是和谐美善风尚,小桥流水人家的大美生活。"

懿德堂堂名取自《诗经·大雅·烝民》:"天生烝民,有物有则,民之秉彝,好是懿德。"为清同治年间茶商奉养老母亲精心修建而成。150 多年后,民宿主人黄新发先生,为奉养在婺源家乡的八旬慈母,购下这幢老旧的古宅,花巨资修缮改造,供母亲起居。多余的房间可供来此休闲度假的客人入住。黄老太太虽年高,但精神矍铄,她不喜都市繁华,而偏爱故土的这般淳朴与清静。她可以和入住客人聊婺源的风俗民情和往事掌故,让客人品味乡愁。在与客人的闲话中,她也可以免去老年的寂寞。黄先生说,春路雨添花,百善孝当先。老宅的前缘也是为母而建,世间万般皆可等,唯有行孝不可迟。懿德堂,是一份赠与母亲的礼敬,也是一个建筑艺术家对生活与艺术的新思考,是天命之年心愿的实现。

因此,黄先生修葺和改造懿德堂民宿的理念是,以对中国传统文化的再生与传承为出发点,以"新旧共生、多元集约、普世价值、人文关怀"为宗旨,将中国传统的建筑文化及儒家礼孝思想贯彻其中,既有传统的传承,也有当代的创新,既有传统文化艺术,也有当代观念艺术,使民宿成为宅子主人的生活化场景、与朋友分享的生活美学空间。

懿德堂鸟瞰　　　　　　　　　　　　　正堂一进空间

历时三年,懿德堂在修复过程中,逐一突破难点。从第一步修缮"三雕"开始,精工细琢,拆除、修缮、复原装嵌,到后来的整体功能需求改造,做到采光干燥、防腐舒适,最后到打磨艺术品与空间陈设,终于打造出一个新旧共生的美学空间。700多个辛勤的日子,艰辛与喜悦共存。一座老宅的保护利用,在尽可能保留其神韵的同时,融入现代生活功能和审美观念,使懿德堂焕然新生。

在古宅的具体维修保护过程中,首先将老宅的防水与防虫工程重新设计施工。在尽量保持原宅的空间布局的前提下进行改造,以期更加适应当代人的生活与审美需要,同时修复木雕格扇门、地面、天井、木雕等,恢复原建筑的风貌。内部空间尽量裸露原有屋架结构,让古老的木头肌理与现代的装饰材料在质感上形成强烈的视觉冲击,使空间的时代感与历史感共存。

懿德堂民宿共设有9套客房。老宅有4套艺术主题客房,在尽量保持原宅的空间布局的前提下,加入现代化的卫浴、寝具,以期更加适应当代人的生活与审美需要。四墙落白,原木家具、采光、通风、隔音、隔热面面俱到。新宅有5间套房,其中带书画、影视、茶室的豪华套房2间。客房中式家具的元素与现代材质的软装巧妙兼容,空间相互辉映,体现了移步变景、不动声色的空间转换技巧。将其中的经典元素提炼,并加以丰富,给传统家居文化注入了时尚的气息。

民宿老宅与新宅之间的庭院里,有参天的古枫树、古樟树和青翠的竹林。园林建设中,保留了原有的树木,依据地形,建造了长廊、水系、亭榭。遵循徽派园林的构筑原则,进行适当的改造,使建筑从审美与实用上更贴近当代人的生活。各个功能区域分布合理,空间转换自然和谐。景观造型古朴素静,绿植栽种恰到好处,营造了一个充满清幽雅致、传统又不失现代气息的徽派园林,与懿德堂古建相得益彰,使室内外空间相融共通。

新宅一楼是美术馆。采用现代极简的设计风格,画作、摆件、雕刻等完美地在空间内摆放。纯白的墙面配上圆形漏窗,几枝翠竹,随风摇曳。

二楼图书室

二楼多功能公共空间

民宿功能性的公共空间,让古老的梁架与新材料、新用具相融合。将自然的柔光与灯光照明相结合,营造一种闲适优雅的居住氛围,辅以各式各类风格的家具、布艺、摆件、绘画等软装,让古老与现代完美地在一个古宅空间里共生。

宽敞明亮的厨房临溪而建,全木质结构与老宅相互辉映。

入住民宿的朋友,均可参观及使用公共空间,提供免费早餐。民宿还可应客人预约要求,组织举办文旅活动和雅集,提供婺源深度出行咨询服务和旅行线路定制服务。

三楼茶室

临溪餐厅

庭院园林

美术馆

客房

## 四、志善堂

位于 AAAA 级旅游景区李坑村的小河两边。民宿由 2 幢古宅组成,一幢主楼志善堂主要用作客房,另一幢用作餐厅、酒吧。

主楼志善堂建于清代末年。面阔 8.6 米,进深 20.8 米,建筑占地面积 178.88 平方米。三间三进两层,一进设天井,前、后进各有两厢房。三进余屋原作厨房,现改作公共空间,可品茶、阅读。房屋保护维修后设有 10 间客房。

主楼外观　　　　　　　　　　　　主楼内景

景观客房　　　　　　　　　　　　古典风客房

多功能空间

酒吧

# 第十节　浙源乡水岸边、宝德堂、玉润堂

## 一、水岸边

2018年前,你来这里,看到的只是一幢破旧的建筑、一片焚后的茶厂残垣、一座颓敝的榨油坊。今天,它已变身为一家名叫"水岸边"的民宿。主人姓於,设计师出身。看看图片中粗犷里融细腻、沧桑中带时尚的风格,你能猜出他的性别和年龄吗? 当然也不难想象创作这一作品付出的代价!

桃花灼灼的地方就是水岸边

整个民宿有20间客房,另外有青年旅社25张床位,旺季的时候可以容纳80个人食宿。民宿中还有咖啡馆、图书吧、烧烤露台、帐篷草坪、茶室、影视厅、会议室、亲子活动室。既然叫"水岸边",当然离不开水。除了庭院里的游泳池可以让你嗨起来,民宿边上还有天然的河流泳池! 这些都不稀奇,难得的是,还能带你享受星空帐篷、山林茶食等独一份的体验!

民宿的餐饮,一般提供应季食材,也可定制,帮客人定制生日餐、烛光晚餐等。团建的时候提供茶歇,也可定制山顶火锅、溪边餐食等,根据客户的需求布置不同的餐桌及餐具。

民宿组织的多彩活动,分为室内活动和户外活动。在室内,可以画画,做手工,喝茶,做陶艺,草坪诗歌朗诵,好书分享,围炉夜话,打麻糍,烤全羊,K歌等。在户外则可以爬山,抓鱼,溪边喝下午茶,采摘,走古道,看云雾,赏日出等,让你融入大自然。

作品好是因为作者棒。但"水岸边"的选址也加分多多!她坐落在中国历史文化名村——浙源乡虹关村,得文脉之助,又正逢村中写业生方兴未艾,再得人气之热!转念一想,这也不对,看中风水宝地,靠的也是一双慧眼。除了慧眼,还有民宿主人对乡村对古建的拳拳深情,如果没有这份火热的感情,是不可能殚精竭虑,战胜无数困难来打造这部作品的。

青山绿水的地方才能叫水岸边

老厂房边的泳池

图书馆

咖啡馆

带壁炉的沧桑老屋活动空间

草坪餐桌

露天茶食空间

卧看星云

帐篷露营

制陶研学

## 二、宝德堂

查记酒坊宝德堂,是一幢历经200多年风雨的古宅,位于浙源乡政府所在地凤山村。宝德堂前门临街,后墙临水。浙水潺潺,从宝德堂墙脚下流过,四面云山青翠欲滴。这是一座前店后坊楼居的亲水古宅,占地面积200平方米,建筑面积440平方米。房子三间两进三层,穿斗式梁架。

从清代早期查邦私公在此创立查记酒坊至今,已传承了11代。堂中一直曲蘗繁衍,风炉未断。宝德堂就是徽州古法酿酒的活化石。它保留了11代完整的传承脉络,继承了独门的古法药曲制作工艺、古法的天锅收酒工艺以及诸多传统的酒事酒俗酒礼。邦私公后裔查永红先生维修保护祖宅,把它建成了一座酿酒主题民宿,设有品酒、煮茶、书画、会友、宴席、垂钓等十几处公共空间,4间客房全部带独立卫浴、闭路电视、无线网络。

宝德堂所处的凤山村,是中国传统村落,也是武侠小说大师金庸(查良镛)的祖居地。来宝德堂民宿度假的客人,可以在茶余饭后,去凤山村的查氏孝义祠追溯金庸家族神秘的历史,可以去衍庆堂观摩婺源最华丽的清末木雕,听一段饶河里撑百万的辉煌传奇,可以去三斯堂发古思幽,追寻一个明末时期凤山最光耀的家族,可以去探寻凤山三宝和三座暗石桥,可以翻越后径岭去黄喜坑感受渺无人烟恍若仙境的桃源峡谷,可以在花桥春涨时垂钓,可以在凤屏飞翠中采摘一山野果,可以在秋岭樵云下看夕照斜塔,可以在寒溪钓雪中享受一段隔世的清幽。

外景

正堂公共空间

古法酿酒体验区

品酒雅座

天井梁架

亲水阳台

入住查记酒坊宝德堂民宿，你可以在春天里看菜花、品春酒、摘茶叶、学做清明粿；你可以在夏天里到清澈的小溪捉鱼摸虾，在宝德堂里一试荷花盏、听蛙声、数萤火虫；你可以在秋天里挖红薯、采野果、舞草龙、学酿皇菊酒；你可以在冬天里围炉煮酒，感受传统年味。

到宝德堂民宿度假，犹如打开一扇遥望世外桃源的窗，让你的心找到一方可以涤荡一切尘嚣的净土。

## 三、玉润堂

玉润堂民宿，坐落在浙源乡岭脚村河东组70-2号。

玉润堂古宅，系徽墨名家詹有乾后裔詹春舫于清嘉庆年间所建，后裔詹德兴于2017年中秋节开始维修，开办民宿，2018年春节前完工，2019年正式开始营业，共有10间客房。

《环川詹氏宗谱》载："三十六世宜珏，曰攀三子。名康平，字符瑞，号春舫，又号吉斋，籍名晖，国学生，生于乾隆辛卯(1771年)七月初九寅时，殁于道光戊子(1828年)四月初二戌时。"民国《婺源县志》载："詹晖，号春舫，环川(今岭脚村)人。幼失怙，顺母恭兄，人无间言。乡人某侵陵强贷，晖不与较，坦然应之。构居室曰'玉润堂'，楹帖多集格语，深得持躬涉世之方。"

詹春舫的长子詹斯铨，名一贯，字汝衡，号选轩，籍名铨，国学生，敕授修职郎议叙府经历，列《省志孝友》，奉旨旌表建坊，入祠春秋享祀。詹春舫的孙子詹文烜，字逢光，号梦仙，著有《新安乡音字义》《制墨准绳》，参与编修《庐源绿树祠詹氏宗谱》。詹春舫的曾孙詹恒怀，名酉才，字邦荣，清末民国初期主持詹有乾墨局。

玉润堂民宿由正屋和厨屋两幢连体建筑组成，占地面积约155平方米，建筑面积约350平方米。

主屋大门朝东，为传统一天井两进三开间格局。一楼为堂前，两间正房。二楼四间大床房。三楼是"梦仙阁"，为休闲、读书、品茶、小型聚会功能区。

厨屋一楼为柴火灶大厨房和餐厅，可容纳60人就餐。二楼为一个小厨房和两个标间。三楼为两个标间。

民宿窗外的景观

正堂活动空间

玉润堂民宿所处的岭脚村，是中国传统村落，距中国历史文化名村虹关村只有2.5千米，与安徽休宁县交界。村庄处于锦峰环峙之中，徽饶古道穿村而过，蜿蜒至村后的浙岭头，山上有堆婆冢、同春亭、一线泉、"吴楚分源"古碑等古迹,这里还是著名的浙源至官坑古道的必经之地,是户外徒步爱好者走古道登山怀古的好去处。村中古建保存很多,积淀传承了很浓厚的徽州文化风习,值得前往体验。在浙岭半山,俯瞰岭脚村,梯田环列,屋舍俨然,犹如世外桃源。

梦仙阁休闲吧

木堂壁客房

农活体验

## 第十一节　沱川乡半乡居、理尚往来,段莘乡艺墅·忆家

### 一、半乡居

半乡居民宿,位于风光优美的婺源旅游北线上一个建于北宋的古村落篁村。

民宿主体为清初建筑。穿斗式木构架,占地面积210平方米,建筑面积500平方米。古宅历史上为从官大户人家,书香门第。老屋分正堂、后堂、偏堂。正堂两层高,三披水天井,东侧房一、二楼各1间,西侧有西厢房等3个房间。后堂共三层高,三披水天井,共有房3间。此屋曾出过翰林、进士数名,是名副其实的才子之家。

堂前挂"誉流惇史"木匾一块。清乾隆七年（1742年），德高望重的屋主余守经81岁大寿，探花马宏琦仰慕他的声望与学识，祝寿时送来这块木匾，意为"美誉流传千载"，悬挂堂前至今。

全屋连环木雕，门楼砖雕。大堂枋板木雕，东边"长坂坡"，西侧"空城计"。大门门楼砖雕，左为"刘海戏金蟾"，右为"东方朔捧桃"。雕刻工艺精细非凡、栩栩如生。

这幢老宅，原已破旧不堪，濒临倒塌。在广东工作的后裔余红雨女士，在此屋出生、长大，为抢救保护祖宅，毅然返乡创业，花费200多万，历时两年半，亲自设计，修缮改造，创办起"半乡居"民宿。

民宿于2017年1月1日营业。共有8间客房：尚书房、翰林府、进士阁、高山流水、话桑麻、梦江南、平湖秋月、和敬。

**俯瞰民宿和周边环境**

**正堂活动空间**

除了古宅设施外，半乡居民宿，还在当地拥有农场100余亩。半乡居农场，有机种植，所有作物，不打农药、不喷除草剂、不施化肥。农场拥有水稻认种区，可以为都市人代种有机水稻，每认种一亩地，可以在半乡居古宅民宿免费住宿10天（包吃包住）；半亩，可住5天；2分地可住2天，体验幸福的乡村生活。农场还设有野餐活动区，可接待公司团建聚会等。住半乡居古宅民宿，吃农场竹筒饭，过着两点一线的简朴放松生活，享受人生难得的清闲。

半乡居古宅民宿客房，除了免费供农

场田地认种的会员入住外,也通过各大订房平台和线下销售给需要的度假客人。

晒楼

多功能楼厅

客房

农场研学活动

## 二、理尚往来

　　理尚往来民宿,坐落在"中国历史文化名村"沱川乡理坑村。民宿总占地面积820平方米(含院落),建筑面积780平方米。

　　民宿主体建筑是古宅"宝善堂"。主人余霖雨,恩赐七品,于清乾隆三十六年(1771年)建了这幢宅子,至今已有250年历史。2013年,因风雨侵蚀,古宅时常漏雨,梁柱潮湿腐烂,面临倒塌的危险。在外务工的古宅后人为了保护祖宅,毅然回理坑老家,下决心修缮祖居,让她一代代传承下去。于是,后人花了近两年时间出外考察、学习,寻找老木工,老砖工,筹备材料,在2015年秋月开始动工保护修缮。按修旧如旧,并与现代生活相融合的理念,精心保护修葺,装修打造成一家环境优雅、住宿舒适、吃得放心、玩得开心的臻品民宿。

　　古宅坐北朝南,大门口就是村公路,有院子。进大门先到小院子,再到大门、仪门,进入正堂、后堂。另有大花园、厨房等建筑。正堂略大,后堂略小,总占地面积360平方米。古宅梁架三间穿斗式,三进三层。每进都有一个天井,一进四披水,二、三进三披水,各进都有两间厢房。

　　古宅梁枋、户净、格扇腰板、斗拱、雀替、斜撑等构件上都有雕刻。正梁雕刻"九世同居",

花枋雕刻"文王访贤",户净雕刻菊花和荷花,大门砖雕"喜上眉梢"。

民宿有14间客房,20张床位。民宿内有前台、大堂、后堂、会客厅、茶室、书房、古筝室、书画室等休闲度假设施。二楼圆式回廊别有洞天。入住客人还能参与农家劳动体验、钓鱼、游泳等乡村特色活动。民宿餐饮都是地方农家新鲜食料经过精心加工而成的特色佳肴。

正堂多功能厅

书画创作室

客房

客房会客室

品茶赏艺

娱乐弹唱

### 三、艺墅·忆家

有"桃源人家"之美誉的段莘乡庆源村,曾出过一位"照相器材大王",名叫詹福熙。

詹福熙出生于清光绪十三年(1887年),12岁离家赴上海学做生意,先在一家生丝店做学徒,再到"五洲药房"做掌柜。后来到日本人下里弥吉开的"千代洋行"经营照相器材。抗日战争开始后,他在上海自行创办了"华昌照相材料行",又相继开了四五家连锁店和三家当铺,还在屯溪开了"家祥"布店,在乐平开了"天元"布行。他一生勤勉好学,以仁义经商,承继了儒商的优良传统。

詹福熙发达后,于民国初年在庆源村中部的祖居"倚屏对镜楼"边建造了"福绥堂"。宅子位于河东岸,临水而建。门院带门圈,有一株罗汉松,苍翠挺立。宅子正堂砖木穿斗结构,三间两进两层,四合头布局。全宅占地面积521平方米,为上饶市重点文物保护单位。

倚屏对镜楼是庆源村最美观的一座建筑。它的正立面,木门窗通顶,一整面的木质门、窗及木雕梁、枋、斜撑,透出古色古香的幽情。五岳朝天的马头山墙也作了变形,成为弓状弧形山墙,前檐部分山墙突出,慢慢向下收束,每层跌落都作优美的修饰。一层两边窗楣上分别砖雕着"倚屏""对镜"字牌,因房子前对圆镜山,背靠屏风山,故名。正门前是个院子,院内有水塘一方,倒映着木楼的情影和流霞碧天。此楼建于晚清,只有一进两层,是詹福熙父辈所建,用作读书课子休闲之所。

福绥堂和倚屏对镜楼现已由北京客商全面维修保护和利用,开办了"艺墅·忆家"民宿。

民宿外观

民宿有9间各具特色的客房,典雅温馨。还有休闲茶室、棋牌室、影视厅、阅读吧、书画创作室等公共空间。有2个带鱼塘的花园,可供客人休闲、运动。餐厅雅致舒适,饭菜可口。

民宿所在的庆源村,是中国传统村落、历史文化名村。一条小溪穿村而过,春天一到,两岸桃花灿烂,田野油菜花金黄一片,吸引无数游客前来观光。入住民宿的客人,可以一览乡村田园春光,体验农家风情,观赏徽派建筑的深厚底蕴。民宿还能为客人定制旅游服务,举办各类文旅活动,让人乘兴而来,尽兴而归!

后花园

正堂多功能厅

茶室

古宅天井下的餐厅　　　　　　　　客房和卫浴设施

倚屏对镜楼外观　　　　　　倚屏对镜楼花枋、卷棚和冰裂纹窗饰

# 第十二节　清华镇志成堂，许村镇许家大院

## 一、志成堂

志成堂民宿，坐落于清华镇清华老街27号。附近有全国重点文物保护单位彩虹桥。

民宿主体由一幢建于清朝初年、至今已有280余年历史的徽商老宅维修改造而成。2016年，民宿主人从上海回乡创业，发现家中老宅年久失修。于是，他召集了家中的兄弟姐妹共同出资修缮老宅。在此过程中，发现造成老宅破败的根本原因有三点：一是屋顶漏水，造成房屋木构件腐烂；二是宅子闲置没有人住，门窗紧闭，得不到通风，没有人气滋生了腐败；三是产权不明晰，因为历史原因，一幢宅子有很多房主，没有主理人，造成了宅子损毁得不到及时的维修。所以，即使现在把志成堂修缮好了，用不了多少年还是会坏掉。为了志成堂能够永续存留、利用，民宿主人决定将祖宅维修改造成精品度假民宿。

志成堂占地面积650平方米（含院落），建筑面积1100平方米。古宅临清华老街开院门，临街建有两层商铺、客馆。进院门后通过一个小院，才到大门口。

正堂空间

正堂穿斗式三间梁架，一脊翻两堂结构。两进，前进两层，后进三层。前堂四厢房，四披水天井，二层是走马楼。后堂左右有厢房，三披水天井。

古宅维修改建完成后，共设11间客房16个床位，以及厨房、餐厅等。为了丰富客人度假生活，还建有带壁炉的多功能休闲空间、半敞式露台茶室、棋牌室、台球室、后花园等。民宿可为客人组织游览婺源景区、采茶、制茶、品茶、学画伞、学木工、徒步古道、体验民俗等多种文旅活动。

客房

露台茶轩

学画伞

学制茶

## 二、许家大院

"许家大院"民宿,坐落于"婺西绿谷"许村镇许村108号。民宿大院内共有5幢建筑,总占地面积3600平方米,建筑面积3000平方米。

大院南面为一幢古宅,占地面积500平方米,建筑面积1300平方米。古宅堂名"垂裕堂",始建于晚清时期,是一组具有鲜明徽派建筑风格的晚清民居,距今有将近200年的历史,是沪上徽商许运和、许信和两兄弟用来做茶叶交易和居住的场所。

大院东西各一幢建筑,分别为日潭楼(20世纪50年代砖木结构两层建筑)、文化楼(20世纪90年代初砖混结构两层建筑),原由许村镇政府办公楼改建而来,现作为住宿用房。中间一幢建筑为多功能宴会厅和厨房。大院后面为运动场。

"垂裕堂"古宅,坐北朝南,大门临许村主路巷。古宅现存有正堂、客馆、余屋三部分。正堂前面有一个院子,占地面积260平方米,三间穿斗式梁架,一脊翻两堂结构,三层。平面布局有两进。前进四厢,四披水天井,楼上是四方连通的走马楼。这是典型的徽派建筑,集木雕、砖雕、石雕"三雕"于一体。檐角雕刻着两只"老鼠"。走进大门,首先映入眼帘的是石库门,门楼正上方的砖雕刻画着一群富商、官宦衣锦还乡的情景。这幢建筑里还藏有一张高2米、长2米、宽1.5米做工精致的楠木古床。女眷楼多层斗拱层层相扣,将屋檐挑出近1.6米。其下的美人靠,主梁柱头分别镂空雕刻迎春、荷花、金菊、腊梅,寓意春夏秋冬,诗书耕读,幸福美满。

正堂前院有月洞门和走廊与客馆隔墙连通。客馆前有院子,院中有半月形泮池和石榴古树。客馆占地面积140平方米,三间两进。一进是男客馆,一层是敞厅会客场所,二层为卧房,不设天井。二进为女客馆,有三披水天井,一层和二层均有卧房。

女客馆后面是余屋,用作厨房和杂物间,占地面积100平方米,穿斗式三间梁架,两层,有一个四披水天井。

许家大院建于清代晚期,后改为许村镇政府办公楼。镇政府迁往新址后,房屋空置,亟待保护维修。乘婺源发展全域旅游之东风,许村镇党委、镇政府引入客商葛先生,成立许家大院文化旅游有限公司,修缮古宅,开发民宿和文旅业态,使百年老宅重获新生。

正堂大门

客馆门面

客馆前院泮池　　　　　　　　　　　　正堂多功能厅

民宿于2019年9月19日动工维修建设，2020年7月23日正式开业。许家大院秉持"精致不粗、高雅不俗、舒适不累"的设计理念，将"韵致徽派"和"现代商务"融为一体，以高雅温馨却不失简约内敛的设计风格，将人文与自然完美融合，成为集公共文化服务、写生接待、研学旅行、徽派文化展示、休闲娱乐等功能为一体的文旅综合体。

许家大院民宿有客房34间，床位168张。以本地特色和川派餐饮为主，内设8～20人不等包间4间，并有宴会大厅，可供200人同时就餐。

大院内设羽毛球、气排球、乒乓球、门球等运动场地，可供来宾休闲运动。宴会多功能大厅配备多媒体系统，可以做会议、娱乐、集会之用。另有多功能影音室、酒吧，在运动休闲之余可一展歌喉娱乐。对于喜欢闹中取静的客人，大院内设有茶吧和书吧，茶余饭后畅游书海，抚古追今，也是人生快事。除了接待高端度假客人外，民宿还能为写生、研学、各类异地教学培训提供食、宿等服务。

天井休闲吧　　　　　　　　　　　　　客馆影视厅

# 参 考 文 献

［1］ (清)吴鹗.婺源县志[M].清光绪九年(1883年)本.

［2］ 葛韵芬,江峰青.婺源县志[M].民国十四年(1925年)本.

［3］ 婺源县志编纂委员会.婺源县志[M].北京:档案出版社,1993.

［4］ 陈志华,李秋香.中华遗产·乡土建筑·婺源[M].北京:清华大学出版社,2010.

［5］ 龚恺.豸峰[M].南京:东南大学出版社,1999.

［6］ 龚恺.晓起[M].南京:东南大学出版社,2001.

［7］ 陈爱中.徽州五千村·婺源卷[M].合肥:黄山书社,2004.

［8］ 毕新丁.虹关[M].南昌:江西人民出版社,2015.

［9］ (明)戴廷明,程尚宽,等.新安名族志[M].合肥:黄山书社,2004.

［10］ (清)许承尧.歙事闲谈[M].合肥:黄山书社,2001.

［11］ 陆林,凌善金,焦华富.徽州村落[M].合肥:安徽人民出版社,2005.

［12］ 朱永春.徽州建筑[M].合肥:安徽人民出版社,2005.

［13］ 刘敦桢.中国古代建筑史[M].北京:中国建筑工业出版社,1984.

［14］ 潘谷西.中国建筑史[M].北京:中国建筑工业出版社,2004.

［15］ 梁思成.中国建筑史[M].天津:百花文艺出版社,1998.

［16］ 梁思成.中国建筑艺术二十讲[M].北京:线装书局,2006.

［17］ 楼庆西.中国古建筑二十讲[M].北京:三联书店,2001.

［18］ 林徽因.林徽因讲建筑[M].西安:陕西师范大学出版社,2004.

［19］ 罗哲文.中国古代建筑[M].天津:上海古籍出版社,2001.

［20］ 刘敦桢.中国住宅概说[M].天津:百花文艺出版社,2004.

［21］ (宋)李诫.营造法式[M].北京:中国书店,2006.

［22］ (明)午荣.鲁班经[M].海口:海南出版社,2003.

［23］ 梁思成.清式营造则例[M].北京:清华大学出版社,2006.

［24］ 梁思成.清工部《工程做法则例》图解[M].北京:清华大学出版社,2006.

［25］ 孙大章.中国民居研究[M].北京:中国建筑工业出版社,2004.

［26］ 李浈.中国传统建筑形制与工艺[M].上海:同济大学出版社,2006.

［27］ 赵广超.不只中国木建筑[M].上海:上海科学技术出版社,2001.

［28］ 李允鉌.华夏意匠[M].天津:天津大学出版社,2005.

［29］ 刘大可.中国古建筑瓦石营法[M].北京:中国建筑工业出版社,1993.

［30］ 谢玉明.中国传统建筑细部设计[M].北京:中国建筑工业出版社,2001.

［31］　长北.江南建筑雕饰艺术·徽州卷［M］.南京:东南大学出版社,2005.

［32］　楼庆西.乡土建筑装饰艺术［M］.北京:中国建筑工业出版社,2006.

［33］　程建军,孔尚朴.风水与建筑［M］.南昌:江西科学技术出版社,1992.

［34］　高友谦.中国风水文化［M］.北京:团结出版社,2004.

［35］　何晓昕.风水探源［M］.南京:东南大学出版社,1990.

［36］　曹昌智,邱跃.历史文化名城名镇名村和传统村落保护法律法规文件选编［M］.北京:中国建筑工业出版社,2015.

［37］　(美)约翰·H.斯塔布斯.永垂不朽:全球建筑保护概观［M］.北京:电子工业出版社,2016.

［38］　詹显华.婺源之路:发展全域旅游的探索实践［M］.北京:中国旅游出版社,2016.

# 主要古建筑分类索引

为方便读者查阅,兹对书中介绍的婺源县现存主要古建筑420处,分祠堂、书屋、商铺、牌坊、古桥、古道、亭台阁塔、庙庵、井塘碣圳、民居10类,编制索引。民居数量较多,分别以其所处的乡镇和下属的村落、古建筑群为序排列。单体古建筑以全国、省、市、县四级重点文物保护单位为序排列,属同一保护级别的以建筑年代先后为序排列。单体建筑分别加括号注明保护级别简称(国保、省保、市保、县保)和建造年代,未列入重点文物保护单位和建造年代不明的,不加注,另有一部分加注别称等说明。单体建筑后第二个括号内的数字是本书介绍该建筑主要内容的页码。

13. 坑头古桥群（县保，明至清，石拱桥）（529）

14. 游山村儒林桥（县保，清代，石板桥）（458）

15. 游山茂林桥（县保，清代，石拱廊桥）（460）

16. 理坑村观音桥（县保，清代，石板桥）（187）

17. 理坑村百子桥（县保，清代，石板桥）（186）

18. 理坑村天心桥（县保，清代，石板桥）（187）

19. 篁村大夫桥（县保，清代，廊桥）（574）

20. 诗春桥（县保，清代，石拱石板桥）（493）

21. 诗春钟秀桥（县保，清代，石拱廊桥）（488）

22. 晓起村嵩年桥（县保，清代，石拱桥）（378）

23. 长径崇福桥（县保，清代，石拱廊桥）（516）

24. 长径村顾本桥（县保，清代，石拱桥）（516）

25. 李坑村通济桥（县保，清代，石拱桥）（386）

26. 李坑村永新桥（县保，清代，石拱桥）（386）

27. 李坑村塔山桥（县保，清代，石拱桥）（386）

28. 考水维新桥（县保，清代，石拱廊桥）（470）

29. 水岚村水南桥（县保，清代，石拱桥）（601）

30. 罗溪村罗溪桥（县保，清代，廊桥）（056）

31. 庆源下廊桥（县保，清代，石拱廊桥）（428）

32. 江湾村新坑桥（县保，清代，石拱桥）（338）

33. 甲路仙人桥（清代，石拱桥）（500）

34. 思溪村延寿桥（清代，石板桥）（263）

35. 篁岭村步蟾桥（清代，石拱桥）（282）

36. 李坑村彩虹桥（清代，石拱桥）（386）

37. 游山村环溪桥（清代，石拱桥）（459）

38. 游山村廻澜桥（清代，石板桥）（466）

39. 洪村培源桥（清代，石板桥）（483）

40. 洪村居安桥（清代，石拱廊桥）（484）

41. 洪村徐源桥（清代，石板桥）（484）

42. 诗春村敏公桥（清代，石拱桥）（488）

43. 诗春村双溪桥（清代，石板桥）（490）

44. 上严田村朱家桥（清代，石拱桥）（512）

45. 长径九步三桥（清代，石拱．石板桥）（516）

46. 岭脚村浙源桥（清代，石拱桥）（571）

47. 菊径村虹亭廊桥（清代）（587）

48. 熹园引桂桥（清代，石拱桥）（627）

49. 坑头村石门孤月桥（清代，廊桥）（530）

50. 汪王后村石板桥（清代）（056）

## 六、古道（11条）

1. 徽饶古道浙岭段（省保，唐至清）（054）

2. 婺源至休宁黄茅驿道（唐至清）（053）

3. 婺源至休宁冯村驿道（唐至清）（054）

4. 婺源至德兴海口驿道（唐至清）（054）

5. 徽饶古道婺源段（唐至清）（054）

6. 婺源至浮梁古道（唐至清）（054）

7. 婺源经汾水至乐平古道（唐至清）（054）

8. 婺源经盘山至乐平古道（唐至清）（054）

9. 婺源至德兴古道（唐至清）（054）

10. 婺源至开花马金古道（唐至清）（054）

11. 婺源经大鳙岭至开化古道（唐至清）（054）

**七、亭台阁塔（18座）**

1. 凤山村龙天塔（省保，明代）（413）
2. 浙岭同春亭（省保，清代）（060）
3. 浙岭鼻孔梁亭（省保，清代）（061）
4. 黄村路亭（县保，清代，逆子亭）（598）
5. 漳村水龙庙（明代）（041）
6. 虹关村水龙庙（明代）（255）
7. 虹关村永济茶亭（清代）（251）
8. 李坑村申明亭（清代）（079、400）
9. 察关村文昌阁（清代）（018）
10. 理坑村水龙庙（清代）（185）
11. 篁岭村戏台（清代）（288）
12. 庆源村别有天亭（清代）（428）
13. 游山村涵谷亭（清代）（461）
14. 考水村莲塘亭（清代）（471）
15. 新源村合子亭（清代）（553）
16. 龙腾村挹云亭（清代）（561）
17. 岭脚村明理亭（清代）（571）
18. 瑶湾戏台（清代）（643）

**八、庙庵（10座）**

1. 龙腾村胡老爷庙（清代）（561）
2. 孔村社庙（清代）（091）
3. 坑头村汪帝庙（清代）（530）
4. 篁岭村五显庙（清代）（299）
5. 西冲村相公庙（清代）（320）
6. 西冲村关帝庙（清代）（320）
7. 游山村九龙庙（清代）（445）
8. 甲路村太医祠（清代）（501）
9. 篁村万罗庵（清代）（575）
10. 水岚村法官庙（清代）（607）

**九、井塘堨圳（45处）**

1. 汪口村平渡堰（省保，清代）（196）
2. 清华方塘（市保，宋代）（098）
3. 虹井（市保，宋代）（063）
4. 廉泉（市保，宋代）（143）
5. 理坑金家井（市保，宋代）（188）
6. 甲路村马家花园水井（市保，明代）（496）
7. 江湾龙井（县保，宋代）（339）
8. 甲路义井（县保，明代）（499）
9. 虹关村古石堨（县保，明代，平公堨）（254）
10. 虹关村长生圳（县保，明代）（255）
11. 清华夫妻井（县保，明代）（063）
12. 黄村鱼塘（县保，清代，澄碧斋塘）（599）
13. 思溪古井（县保，清代，六边井）（265）
14. 凤山村西门井（县保，清代）（412）
15. 江湾下井（县保，清代）（339）
16. 江湾剑泉（县保，清代）（339）
17. 晓起双眼井（县保，清代）（379）
18. 岩前村水圳（明代）（029）
19. 许村水圳（明代）（029）
20. 洪村水圳（明代）（041）
21. 岩前村沼池（明代）（061）
22. 济溪村双堨（明代）（062）
23. 察关村石堨（明代）（062）
24. 江湾南关井（清代）（339）
25. 江湾滕家井（清代）（339）
26. 虹关村万安水池（清代）（147、255）
27. 延村镇宅井（清代）（224）
28. 篁岭村五色塘（清代）（283）
29. 西冲村吴王井（清代）（312）
30. 江湾添丁井（清代）（339）
31. 江湾村湖圳（清代）（338）
32. 李坑村华西堨（清代）（385）
33. 李坑村杨柳堨（清代）（385）
34. 李坑村蕉泉（清代）（390）
35. 李坑村日月双塘（清代）（395）
36. 游山村外圆内方井（清代）（447）
37. 游山村外方内圆井（清代）（447）
38. 诗春村半月塘（清代）（490）